Maritimea

Maritimea

MEERE · OZEANE · SEEHANDEL · SCHIFFFAHRT

Vorwort
Philippe Cousteau

Chefberater
Charles F. Gritzner

h.f.ullmann

© Millennium House Pty Ltd
52 Bolwarra Rd, Elanora Heights, NSW, 2101
Australia
www.millenniumhouse.com.au

Text © Millennium House Pty Ltd 2009
Karten © Millennium House Pty Ltd 2009

Originaltitel: *Maritimea. Above and Beneath the Waves*
Original ISBN 978-1-921209-62-8

© 2012 für die deutsche Ausgabe:
h.f.ullmann publishing GmbH

Projektleitung für h.f.ullmann: Lars Pietzschmann

Übersetzung aus dem Englischen: Jacqueline Dubois
Lektorat: Barbara Gibas, Berlin
Produktion und Satz: Jacqueline Dubois, Berlin

Covergestaltung: Simone Sticker

Gesamtherstellung: h.f.ullmann publishing GmbH

ISBN 978-3-8480-0178-1

10 9 8 7 6 5 4 3 2 1
X IX VIII VII VI V IV III II I

www.ullmann-publishing.com
newsletter@ullmann-publishing.com

Herausgeber
Gordon Cheers

Mitherausgeberin
Janet Parker

Künstlerischer Leiter
Stan Lamond

Projektmanager
Loretta Barnard, Janet Parker

Chefberater
Charles F. Gritzner

Mitwirkende
Gary Aguiar, Donald J. Berg, Roland Boer,
Robert Coenraads, Adam Clulow, Roman
Cybriwsky, Alan Edenborough, David W.
Greenfield, Charles F. Gritzner, Jeffrey Gritzner,
David Hamper, James Inglis, Nicholas Irving,
Thomas Lewis, Bruce V. Millett, Jonathan Nally,
Tanya Patrick, Zoran Pavlovic, Richard Pelvin,
Douglas A. Phillips, Robyn Stutchbury, Aswin
Subanthore, Noel Tait, H. Jesse Walker

Designer
Avril Makula

Lektoren
Loretta Barnard, Helen Cooney, Kate
Etherington, James Inglis, Heather Jackson,
Carol Jacobson, Dannielle Viera, Jan Watson

Bildrecherche
Carol Jacobson, Kathy Lamond, Chantal
MacClelland, Tracy Tucker, Michael van Ewijk

Zeichner
Andrew Davies, Glen Vause

Kartografischer Berater
Damien Demaj

Kartografen
Marion Byass, Warwick Jacobson

Register
Di Harriman

Produktion
Simone Coupland

Verlagsassistentin
Michelle Di Stefano

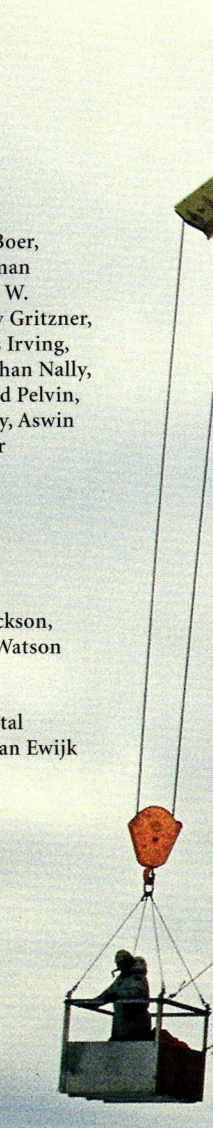

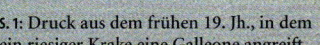

S. 1: Druck aus dem frühen 19. Jh., in dem
ein riesiger Krake eine Galleone angreift.

S. 2–3: *The Act of Sacrifice by Captain
Desse toward the Dutch ship 'Columbus'*
von J. A. Theodore Gudin (1802–1880).

S. 4–5: Wissenschaftler gehen in der Arktis
von Bord eines Eisbrechers.

S. 6–7: Delfine (*Delphinus delphis*)
und Sardellen (*Engraulis mordax*) vor
der Küste Mexikos.

S. 8–9: Fischerboote bei Rupen, einem
Fischerdorf an der indischen Westküste.

S. 12–13: Mantel an den Rändern einer
Riesenmuschel (*Tridacna* sp.).

S. 20–21: NASA-Aufnahme des Meeresbodens vom Weltall aus.

S. 28–29: Der Leuchtturm Phare d'Ar-Men,
Bretagne, Frankreich.

S. 44–45: Zügelpinguine (*Pygoscelis antarcticus*) auf einem Eisberg in der Antarktis.

S. 138–139: Das Great Barrier Reef,
Queensland, Australien.

S. 154–155: Ein Himmelsgucker (*Urano-
scopus bicinctus*) versteckt sich im Sand.

SEITE 226–227: *The Death of Captain Cook*
von George Carter (1737–1794).

S. 296–297: *A Sea Battle with Sardinian and
Venetian Warships* von Luca Carlevarijs
(1663–1729).

S. 342–343: *Der Regenbogen* vom russischen
Künstler Iwan Aiwasowski (1817–1900).

S. 386–387: Der Hafen von Marseille, Frankreich, gemalt von Claude Joseph Vernet
(1714–1789).

S. 398–399: Vier neue Flüssigerdgastanker
(LNG) an der Insel Goje, Südkorea, im
Februar 2009.

S. 414–415: Die Super Aviator, ein zweisitziges Unterseeboot für die Erforschung
der Tiefsee.

Vorwort

Der Autor Arthur C. Clarke schrieb einmal: „Wie unangemessen, diesen Planeten Erde zu nennen, ist er doch eindeutig Planet Ozean."

Unsere Beziehung zum Meer ist lang und vielfältig, von antiken phönizischen Seeleuten, die ihr Leben auf dem Mittelmeer verbrachten bis zu gewaltigen Kreuzfahrtschiffen, die den Atlantik in wenigen Tagen überqueren. Seit *Homo sapiens* erstmals aufrecht an der Küste Ostafrikas stand und in die Ferne sah, hatte das Meer entscheidenden Einfluss auf unsere kulturelle, politische und wirtschaftliche Entwicklung.

Trotz der Tatsache, dass zwei Drittel unseres Planeten von Wasser bedeckt sind, bleiben über 90 Prozent des Ozeans weiter unerforscht. Von Gebirgsketten, die 50 000 km lang sind – viermal so lang wie die Anden, die Rocky Mountains und der Himalaja zusammen – bis zum tiefsten Punkt der Erde, dem Marianengraben, der fast elf Kilometer tief ist, von Korallenriffen mit einer größeren Artenvielfalt als im tropischen Regenwald bis zu den winzigen Würfelquallen, die in jedem Tentakel genug Gift haben, um 60 Erwachsene zu töten, sind die Ozeane voller Wunder, die man sich kaum vorstellen kann. Noch erstaunlicher ist vielleicht, dass die Ozeane das gesamte Leben auf dem Planeten erhalten – sie produzieren bis zu 70 Prozent unseres Sauerstoffs, regulieren unser Klima und liefern über einer Milliarde Menschen ihre Hauptproteinquelle.

Meine Reisen führten mich in alle Ozeane, von der Arktis bis zum Südpolarmeer. Ich sah unglaubliche Wunder, aber auch gewaltige Veränderungen. Jedes Jahr werden 70–100 Millionen Haie getötet, meist für den Handel mit Haifischflossen. 25 Prozent der Korallenriffe sind verschwunden, weitere 25 Prozent sind stark gefährdet. Sich verschiebende Meeresströmungen schmelzen Packeis und zerstören Kelpwälder. Ich könnte die Liste beliebig fortsetzen. Der Schlüssel zu einem zukunftsfähigen Planeten ist einfach – Menschen, bewaffnet mit Wissen und Leidenschaft. *Maritimea* ist eine inspirierende Erforschung der Schönheit unserer Meere, eine faszinierende Sammlung unseres Wissens. Es erinnert uns an die lebenswichtige Rolle der Meere und gibt uns die nötige Kompetenz, unsere Verantwortung für den Schutz und die Erhaltung des Planeten zu erkennen, den mein Vater einst „unser Wasserplanet" nannte.

PHILIPPE COUSTEAU

Inhalt

Mitwirkende

CHEFBERATER

CHARLES F. GRITZNER

Charles F. „Fritz" Gritzner ist ein Distinguished Professor für Geografie an der South Dakota State University in Brookings, South Dakota, USA. Er lehrt und forscht inzwischen im fünften Jahrzehnt an der Universität. Neben dem Lehren reist er gern, arbeitet mit Lehrern zusammen und schreibt, um seine Leidenschaft für Geografie zu teilen. Als Mitwirkender an *Maritimea* hatte er die Gelegenheit, seine „Hobbys" zu kombinieren. Professor Gritzner diente als Präsident und Geschäftsführer des National Council for Geographic Education und erhielt die höchste Auszeichnung des Rates, den George J. Miller Award für hervorragende Dienste in der geografischen Ausbildung, sowie zahlreiche weitere Ehrungen als Lehrer und Forscher vom NCGE, der Association of American Geographers und anderen Organisationen.

MITWIRKENDE

GARY AGUIAR

Gary Aguiar, seit 1999 außerordentlicher Professor für Politikwissenschaften an der South Dakota State University, hält Vorlesungen über amerikanische Politik. Sein Hauptinteresse gilt der Lokalpolitik. Er stammt aus Hilo, Hawaii, wo er als Fremdenführer, Hotelmitarbeiter und Lehrer arbeitete. Er ist in der Lokalpolitik in Brookings, South Dakota, aktiv und promovierte an der Indiana University–Bloomington.

DONALD J. BERG

Donald J. Berg ist Professor für Geografie an der South Dakota State University, USA. Er wurde in Fargo, North Dakota, geboren und erwarb seinen BA (Geschichte) und MA (Geschichte) an der North Dakota State University sowie seinen MA (Geografie) an der University of California in Berkeley, wo er auch in Geografie promovierte. Von 1966–1969 diente er in der US-Armee. Seit 1969 lehrt Professor Berg an der South Dakota State University und schrieb Beiträge für die *Encyclopedia of Global Warming and Climate Change* (SAGE, 2008), die *Encyclopedia of Race, Ethnicity, and Society* (SAGE, 2008) sowie *Earth* (Millennium House, 2009).

ROLAND BOER

Roland Boer ist Forschungsprofessor an der University of Newcastle, Australien. Er hat 13 Bücher und über 200 Artikel über verschiedene Themen wie Politik, Kultur, Geschichte, Religion und Reisen geschrieben, und seine Werke wurden in acht Sprachen übersetzt.

ADAM CLULOW

Adam Clulow promovierte an der Columbia University, USA, und unterrichtet heute an der School of Historical Studies der Monash University, Australien. In seinen Forschungen konzentriert er sich auf die Geschichte der Piraterie und der maritimen Gewalt in Ostasien. Dr. Clulow arbeitet zurzeit an einem Manuskript, worin er die Beziehungen zwischen dem Tokugawa-Shogunat und der Niederländischen Ostindien-Kompanie zu Beginn der japanischen Moderne untersucht.

ROBERT R. COENRAADS

Dr. Robert R. Coenraads ist Geowissenschaftler und Autor vieler Bücher und wissenschaftlicher Publikationen. Seit er 1975 seinen Tauchschein bei der Professional Association of Diving Instructors (PADI) machte, erforscht er die Unterwasserwelt. Zu den Höhepunkten gehörten dabei das Tauchen in den heiligen Cenoten der Maya. Im Laufe seiner 30-jährigen Karriere erweckten Reisen in einige der ärmsten Regionen der Erde großes humanitäres Interesse in ihm. Dr. Coenraads ist Präsident der FreeSchools World Literacy – Australia und hat ein Netzwerk aufgebaut, das die kostenlose Ausbildung unterprivilegierter Kinder in Indien und Thailand unterstützt. Er glaubt fest daran, dass die Ausbildung für alle Menschen der Schlüssel zur Lösung von Problemen wie Überbevölkerung und Armut ist. Die Mitarbeit an der Entstehung hochwertiger Lehrbücher wie *Maritimea* ist ein großer Schritt in diese Richtung.

ROMAN CYBRIWSKY

Roman Cybriwsky ist Professor für Geografie und Stadtforschung an der Temple University in Philadelphia, USA. Er lebte viele Jahre in Tokio, Japan, und ist Experte für die Geografie Ost- und Südostasiens. Unter seinen wichtigsten Publikationen sind Bücher und Artikel über Tokio, Singapur, Jakarta, Phnom Penh und andere Städte. Zudem ist er Fotograf und Autor und arbeitet zurzeit an einem Bildband über Tokio mit ukrainischem und russischem Text sowie einem Drehbuch für einen Krimi mit Schauplatz in Tokio und Kiew.

ALAN EDENBOROUGH

Alan Edenborough befasst sich seit 40 Jahren mit unserem maritimen Erbe, insbesondere der Restauration von Schiffen. Anfang der 1970er-Jahre entdeckte und barg er die Bark *James Craig* (1874), die vollständig restauriert ist und wieder ab Sydney in See sticht. Inzwischen arbeitete er als Spezialberater der Sydney Heritage Fleet und ist zudem Herausgeber des vierteljährlichen Magazins der Flotte, *Australian Sea Heritage*: www.shf.org.au. Alan ist Mitglied des Steering Committee und des Council of the Australian Register of Historic Vessels, ein großes Projekt des Australian National Maritime Museum in Zusammenarbeit mit der Sydney Heritage Fleet: www.anmm.gov.au/arhv.

DAVID W. GREENFIELD

David W. Greenfield ist Forschungspartner im Fachbereich Ichthyologie der California Academy of Sciences in San Francisco, USA, und Professor Emeritus an der Universität Hawaii, wo er auch Ichthyologie lehrte, sowie Forschungspartner am Bernice P. Bishop Museum in Honolulu, dem Field Museum in Chicago und den Moss Landing Marine Laboratories in Kalifornien. Er hat über 100 Abhandlungen über Fische sowie ein Buch, *Fishes of the Continental Waters of Belize*, veröffentlicht. Er hat ausgedehnte Feldstudien in Nord-, Mittel- und Südamerika durchgeführt. Zurzeit beschäftigt er sich mit der Systematik von Korallenfischen, besonders in Hawaii und auf Fidschi, wo er eine Reihe neuer Arten entdeckt hat.

JEFFREY ALLMAN GRITZNER

Dr. Gritzner ist Professor im Fachbereich Geografie der Universität von Montana, USA, und Geschäftsführer des Earth Restoration Project. Er ist Autor zahlreicher Bücher, Monografien und Artikel, in denen er sich mit wirtschaftlicher Entwicklung, Energie, Land-, Forst- und Weidewirtschaftssystemen, Umweltgeschichte, Verbindungen zwischen wirtschaftlicher Aktivität und ökologischer Sanierung, den Trockengebieten der islamischen Welt und der Prähistorie der Neuen Welt befasst. Er war u. a. Vizevorsitzender der Commission on Environmental, Economic, and Social Policy, IUCN, Hauptkoordinator Primary Coordinator der Montana Geographic Alliance, Internationaler Koordinator des Drynet South Institute, Direktor des Programmes für Threatened and Endangered Cultures, Direktor des Public Policy Research Institute an der Universität Montana und Vorsitzender der Great Plains/Rocky Mountain-Abteilung der Association of American Geographers. Er ist Mitglied der International Union for Conservation of Nature and Natural Resources (IUCN), der Commission on Ecology, der Ethnozoölogy Specialist Group (SSC) und der World Alliance of Mobile Indigenous Peoples. Zudem hat er in der internationalen Redaktionsleitung für Global Environmental Change: Human and Policy Dimensions (1990–2004), der Redaktionsleitung des *The Montana Professor* (1990–heute) und der internationalen Redaktionsleitung für *The Arab World Geographer* (2003–heute) gearbeitet. Dr. Gritzners Werk wurde im *International Directory of Distinguished Leadership*, *Who's Who in American Education*, *Who's Who in Science and Engineering*, *Who's Who in the World* und *World Who's Who in Environment and Conservation* erfasst.

DAVID HAMPER

David Hamper ist ein erfahrener Autor und Dozent. Zurzeit arbeitet er als Assistant Principal Staff an der International Grammar School in Sydney, Australien. Einige Jahre lang war David an der Entwicklung der Lehrpläne für Geografie beteiligt; er hat umfangreiche Erfahrung bei der Ausbildung von Erdkundelehrern. David hat als Autor und Co-Autor zahlreiche Texte über eine Vielfalt an Themen verfasst, z. B. Physio- und Humangeografie, Menschenrechte, Ökosystemverwaltung sowie Auslandsbeziehungen und -abkommen. Zudem hat er Beiträge für mehrere Atlas-Projekte geschrieben, z. B. *Earth*, herausgegeben von Millennium House, und etliche Artikel in Fachzeitschriften veröffentlicht.

JAMES INGLIS

James Inglis ist ein australischer Lektor und Autor mit Sitz in Melbourne. Er hat Beiträge für diverse nationale und lokale Zeitungen und Zeitschriften geschrieben und auch Beiträge für Bücher über Geschichte und andere Geisteswissenschaften und Wissenschaften verfasst. 2008 erschien sein Buch *Fighting Talk*. James ist ein scharfsinniger Sprachanalytiker, vor allem, wenn Sprache für niedere Zwecke eingesetzt wird.

NICK IRVING

Nick Irving vollendete seinen Bachelor of Arts in Geschichte mit Auszeichnung und arbeitet im Moment an seiner Doktorarbeit in Geschichte an der Universität Sydney, Australien. Seine Forschungsgebiete sind Militärgeschichte, die Geschichte des Friedens und der Kalte Krieg.

TOM LEWIS

Dr. Tom Lewis ist Militär- und Maritimhistoriker und hat als Marineoffizier, Divemaster und Oberstufenlehrer gearbeitet. Der Autor von sieben

Büchern besitzt einen Doktor in Strategischen Studien sowie einen MA in Literatur und Politik. In den letzten 25 Jahren hat Tom über 1100 Artikel in den Bereichen Geschichte und Bildung verfasst. Er hat acht Literaturpreise gewonnen und ist Redakteur der Magazine, *Warship* und *Headmark*, dem Magazin des Australian Naval Institute. 2003 wurde ihm die Medal in the Military Division of the Order of Australia für seine Verdienste an der Militärgeschichte verliehen.

BRUCE V. MILLETT

Dr. Bruce V. Millett ist Spezialist für Klimatologie, Geoinformationssysteme (GIS), Feuchtgebietökologie und Fernerkundung. Er ist Assistant Professor im Fachbereich Geografie der South Dakota State University, USA, und hält Vorlesungen über Atmosphärische Wissenschaften, Klimawandel, Physiogeografie, GIS und die Auswertung von Luftaufnahmen. Seine Studien konzentrieren sich auf die ökologische Modellierung der Feuchtgebiete der nördlichen Prärien Nordamerikas. Dr. Milletts Arbeit umfasst drei Aspekte: Er rekonstruiert historische Datensets, führt Feldstudien durch und erstellt digitale Höhenmodelle für Feuchtgebietsimulationen. Zusätzlich verwendet er Luft- und Satellitenaufnahmen zur Kartierung und Darstellung charakteristischer Merkmale der Feuchtgebiete der nördlichen Prärien in lokalem und regionalem Maßstab.

JONATHAN NALLY

Jonathan Nally ist ein preisgekrönter australischer Autor, Drehbuchautor und Rundfunksprecher, der sich auf Wissenschaft und Militaria spezialisiert hat. Er hat mehrere Zeitschriften gegründet und herausgegeben und ist Produktionsleiter, Designer und Mitwirkender an der australischen Zeitschrift *Warship*. Zudem tritt er seit Anfang der 1990er-Jahre im australischen Radio und Fernsehen auf, von Kinderprogrammen bis zu Livesendungen über große Technologie- oder Wissenschaftsveranstaltungen. Heute konzentriert er sich ausschließlich auf das Schreiben.

TANYA PATRICK

Tanya Patrick ist Redakteurin von *Scientriffic*, des Wissenschaftsmagazins für Kinder, das von der Australian Commonwealth Scientific and Industrial Research Organisation (CSIRO) herausgegeben wird, und zudem Autorin von *Polar Eyes – an Antarctic Journey*, ein interaktives Buch über Antarktika. Tanya hat Erfahrung in Wissenschaft und Grafikdesign und setzt sich leidenschaftlich dafür ein, Wissenschaft interessant und zugänglich zu machen. Seit sie 2004 Redakteurin von *Scientriffic* wurde, hat sie Hunderte von Geschichten verfasst und lektoriert – z. B. über die Aufklärung einiger Mythen über Haie. In den Jahren 2006–2007 erhielt sie eine Kunstfellowship der Australian Antarctic Division. Die Fotos und Berichte ihrer Reisen wurden weltweit veröffentlicht.

ZORAN „ZOK" PAVLOVIĆ

Der Geograf Zoran „Zok" Pavlović arbeitet und lebt in Eagan, Minnesota, und unterrichtet an der Universität Wisconsin–Barron County. Seine Forschungsgebiete sind die traditionelle Kulturgeografie, insbesondere die landschaftlichen Veränderungen in der Vitikultur, die Evolution des geografischen Denkens und die Geografieausbildung. Er erwarb seinen BA und MA an der South Dakota State University und arbeitet zurzeit an

seinem Doktor für Geografie an der Universität Minnesota. Seit 2001 schreibt er für die Chelsea House Publishers/Facts on File-Serien *Modern World Nations*, *Modern World Cultures* und *Global Connections*. Unlängst saß er in dem Ausschuss, der die Broschüre *Why Geography is Important* herausgab, gesponsert von der National Geographic Society und dem Gilbert M. Grosvenor Center for Geographic Education. Zudem hat er an *Earth* von Millennium House mitgewirkt.

RICHARD PELVIN

Richard Pelvin arbeitete beim australischen Verteidigungsministerium und dem Australian War Memorial, bevor er sich als Forscher und Autor für Militärgeschichte selbstständig machte. Er hat mehrere Artikel und Abhandlungen über Militär-, Marine- und Luftfahrtgeschichte veröffentlicht. Zudem ist er Autor von *ANZAC, An Illustrated History 1914–1918*, *Second World War, A Generation of Australian Heroes* und *Vietnam, Australia's Ten Year War 1962–1972*. Zurzeit arbeitet er als Forschungsassistent für das Defence Honours and Awards Tribunal und schreibt an einem Buch über die Operationen der Royal Australian Navy im Mittelmeer während des Zweiten Weltkrieges.

DOUGLAS A. PHILLIPS

Doug Phillips ist Erzieher und hat 26 Jahre lang in der öffentlichen Bildung gearbeitet. Dabei hat er über 3500 Präsentationen auf lokaler, bundesstaatlicher, nationaler und internationaler Ebene gehalten. Dougs Fachgebiete sind Geografie, politische Bildung, Geschichte sowie andere Sozialwissenschaften und die Lehrplanerstellung. Als Lehrplanentwickler hat er bei der Erstellung von über 100 Lehrplänen u. a. in Mazedonien und Bosnien-Herzegowina mitgewirkt. Er hat an Grund- und Oberschulen, Colleges und Universitäten gearbeitet. Angefangen hat er als Klassenlehrer; später übernahm er viele Verwaltungs- und Führungspositionen. Doug war Vorsitzender des National Council for Geographic Education und ist Gründer der South Dakota and Alaska Councils for the Social Studies in den USA. Unter seinen vielen Auszeichnungen ist der Outstanding Service Award von dem National Council for the Social Studies. Zudem hat er mehrere Auszeichnungen in Geografie, Wirtschaft, Bürgerkunde, Sozialkunde und amerikanischer Geschichte erhalten und wurde vom US-Kongress für seine Arbeit geehrt. Desweiteren wurde Doug Phillips vom Alaska Council for the Social Studies zum Mr. Social Studies ernannt.

ROBYN STUTCHBURY

Robyn Stutchbury liebt die Natur. Nachdem sie einige Jahre Biologie unterrichtet hatte, erwarb sie einen Abschluss in Geologie. Beides zusammen hat ihr, so glaubt sie, ein tiefes Verständnis für die Erde und ihre Vorgänge vermittelt. Später brachte sie ein Abschluss in Wissenschaftskommunikation auf den Pfad des freiberuflichen Schreibens. Für *Maritimea* verfasste sie Entstehung der Ozeane und Meere, Das Kräftespiel auf dem Meeresboden, Korallenriffe, Das Great Barrier Reef (inklusive Anmerkungen zum Ningaloo Reef), Pazifische Atolle und Korallenriffe und Andere Atolle und Riffe. Zudem wirkte sie bei *Natural Disasters* und *Geologica* von Millennium House mit. Zu ihren anderen Werken gehörte das Buch *Exploring Nature in Lakes, Rivers and Creeks*, das sie mit ihrem Ehemann, Dr. Noel Tait, geschrieben hat

sowie – über ihre Firma Peripatus Productions Pty Limited – verschiedene Artikel für wissenschaftliche Publikationen.

ASWIN SUBANTHORE

Aswin Subanthore ist ein Kulturgeograf aus Chennai, Indien. Zurzeit schreibt er an der Universität Wisconsin – Milwaukee, USA, seine Doktorarbeit. In seinen Forschungen befasst er sich mit den Auswirkungen neuer Immigranten in amerikanischen Stadtgebieten. Sein Fokus liegt dabei auf Südostasiaten aus dem postkolonialen Indien. Zudem hat Aswin an zwei Büchern über Ägypten und Saudi-Arabien der Chelsea House Publishers in New York mitgewirkt und einen von Fachleuten geprüften Artikel über den Tsunami im Indischen Ozean (2004) geschrieben. Als Dozent hat Aswin fünf Jahre lang an zwei amerikanischen Universitäten Vorlesungen über Kultur- und Regionalgeografie gehalten.

NOEL TAIT

Als Kind verbrachte Dr. Noel Tait seine Freizeit in den Gezeitentümpeln bei seiner Heimat Sydney, Australien. Erst später erkannte er, dass er seine Liebe für Naturgeschichte in eine akademische Karriere umsetzen konnte. Er erwarb seinen BSc an der Universität Sydney und den MSc sowie den Doktor an der Australian National University. 1969 schloss er sich dem Kollegium der brandneuen Macquarie University in Sydney an. Noels Interesse am Lehren und Forschen hat sich aus verschiedenen Gründen immer auf die Wirbellosen konzentriert, nicht zuletzt dank ihrer großen Vielfalt. Schließlich machen sie 99 Prozent der Fauna unseres Planeten aus. Außerdem weisen sie im Meer ihre größte Vielfalt auf, und so wurden die Gezeitentümpel seiner Kindheit zu einem Freiluftlaboratorium. Im Zuge seiner Karriere als Dozent veranstaltete Noel regelmäßig Studienfahrten nach Heron Island am südlichen Ende des Great Barrier Reef. Dort zeigte er seinen Studenten das Wunder der größten und komplexesten Struktur, die jemals von lebenden Organismen geschaffen wurde. Auch nach seiner Pensionierung arbeitete er noch immer mit Kollegen in Australien und Übersee zusammen. Eine neue große Herausforderung war die Produktion eines Buches über Naturgeschichte für Kinder.

H. JESSE WALKER

Harley Jesse Walker wurde 1921 in Michigan, USA, geboren, wuchs in Kalifornien auf und besuchte die Universität von Kalifornien in Berkeley; dort erwarb er seinen BA und MA. Seine Doktorarbeit schrieb er im Fachbereich Geografie und Anthropologie der Louisiana State University (LSU) in den USA. Seit 1960 arbeitet er an der LSU und ist dort zurzeit Boyd Professor Emeritus. In seinem Unterricht und seinen Forschungen hat er sich vor allem mit Küstengeomorphologie, Hydrologie, küstennaher Ozeanografie, der Kryosphäre sowie dem Küstenschutz befasst. Bei seinen Forschungen bereiste er alle Kontinente; die arktischen Deltas und die ostasiatischen Küsten faszinierten ihn dabei jedoch besonders. Er hat mit nationalen und internationalen Geomorphologieorganisationen zusammengearbeitet und über 150 Abhandlungen veröffentlicht. Die Universität Uppsala, Schweden, verlieh ihm die Ehrendoktorwürde; außerdem erhielt er die Patron's Royal Gold Medal der Royal Geographical Society of England und den Lauréat d'honneur der International Geographical Union.

Unser Wasserplanet

Ozeane – das gewaltige, miteinander verbundene „globale Meer" – bedecken 71 Prozent der Erdoberfläche. In vieler Hinsicht ist das riesige salzige Gewässer jedoch das letzte Grenzland unseres Planeten, das noch seine größten Geheimnisse enthüllen muss. Obwohl wir heute viel mehr über den „Blauen Planeten" wissen als in der Vergangenheit, bleiben noch zahlreiche Fragen offen. *Maritimea* repräsentiert den kühnen Versuch, dieses Wissen zusammenzufassen und dem Leser einen umfassenden, „State of the Art"-Überblick über den maritimen Lebensraum zu geben. Da das Meer ein so komplexes Studienfeld ist, haben wir uns dabei Hilfe von Experten aus vielen Fachbereichen geholt.

Vieles von dem, was wir über das Leben im Meer wissen, ist jüngeren Datums. Erst Mitte des 20. Jh. begannen Wissenschaftler z. B. das Konzept der Plattentektonik zu verstehen, den Schlüssel zum Verständnis über den Ursprung der Ozeanbecken. In unserem Wissen über Gezeiten, Strömungen und Wellen herrschen noch viele Lücken. Erst kürzlich wurde erkannt, dass die meisten Rohstoffquellen im Ozean begrenzter Natur sind. Lange Zeit glaubten wir, der Ozean sei ein wahres Füllhorn an Reichtum, das uns endlos versorgen würde. Heute wissen wir, dass das nicht der Fall ist. Viele Arten erleben einen rapiden Rückgang. Das Gleiche gilt für die Nutzung der Meere zur Abfallentsorgung. In den letzten Jahrzehnten wurden in der Mitte des Atlantiks und auch des Pazifiks riesige Müllfelder entdeckt – einige von der Größe der Vereinigten Staaten! Manche Gewässer sind so verseucht, dass gefährliche Rote Fluten und Ähnliches an vielen Küsten zur Normalität geworden sind.

OBEN Wasserverschmutzung ist eine große Gefahr für das Meer. Die Schadstoffe stammen aus Industrieabfällen, Öllecks an Schiffen und zahllosen anderen Müllarten. Sie alle tragen zum Rückgang der Artenvielfalt im Meer bei.

UNTEN Korallenriffe sind nicht nur wunderschön, sondern weisen auch eine große Artenvielfalt auf. Hier schwimmt eine Schule von Doktorfischen (*Acanthurus sp.*) auf ihrer endlosen Suche nach Nahrung über ein Riff.

Seit der Mensch zum ersten Mal die endlose See erblickte, wurde er von ihr sowohl angezogen als auch abgestoßen. Für einige Völker, antike wie zeitgenössische, bietet das Meer eine Fülle an Möglichkeiten. Einige Gelehrte sind sogar der Ansicht, die Küste Äquatorialafrikas am Indischen Ozean sei die frühe Heimat des *Homo sapiens*. Die ersten Menschen hätten dort einen Überfluss an Meeresbewohnern vorgefunden, um sich zu ernähren. Heute zieht es Millionen von Menschen zur Erholung ans Meer, zur Beobachtung seiner fortwährenden Veränderungen, zur Ausschöpfung seiner Reichtümer, zum Betreiben von Wassersport oder zur Nutzung als Reiseweg in die Ferne. An vielen Küsten zieht sich ein schmales, dicht besiedeltes Band entlang – ein weiterer Beweis für die nie endende Anziehungskraft der See.

Andere sehen eher die „Hier leben Ungeheuer"-Warnungen früher Landkarten. Für sie ist der Ozean ein bedrohlicher Ort, den es zu fürchten und um jeden Preis zu vermeiden gilt.

Für viele antike Völker des Mittelmeeres waren die Säulen des Herakles (Straße von Gibraltar) das Ende der bekannten Welt. In den Gewässern des Atlantiks lauerten schreckliche Seeungeheuer, Seegraswiesen, aus denen kein Schiff sich befreien konnte und viele andere fürchterliche Hindernisse auf die Abenteurer. Dank dieser und unzähliger anderer negativer Vorstellungen über das Meer ist es nicht verwunderlich, dass die Europäer unter den letzten Küstenbewohnern waren, die sich auf die Weltmeere wagten. Als Magellan seine Reise über den Pazifik unternahm, waren die Weltmeere schon Tausende von Jahren früher von zahlreichen anderen Völkern befahren worden.

MARITIME EXTREME

Das Meer ist ein Lebensraum der Superlative! In fast jeder Hinsicht stellen seine Charakteristika die terrestrischen Gegenstücke in den Schatten. Wäre die Erde eine perfekte Kugel mit glatter Oberfläche, wäre sie drei Kilometer hoch mit Wasser bedeckt. Die höchsten Berge, tiefsten Schluchten, längsten Bergketten sowie die größten Plateaus und Ebenen der Erde liegen alle unter Wasser. Stünde der Mount Everest (der höchste Punkt der Erde über dem Meeresspiegel) auf dem Boden des tiefsten Meeresgrabens, läge seine Spitze noch immer etwa 1,6 km unter der Wasseroberfläche.

Die Ozeane enthalten einen großen Anteil der gesamten Biomasse des Planeten und sind vermutlich

OBEN Illustration einiger eingebildeter Seeungeheuer aus *Cosmographia* des deutschen Kartografen Sebastian Münster (1488–1552). Das Werk enthält Details der bekannten und auch der unbekannten Welt.

OBEN RECHTS Diese Würfelqualle *(Chironex fleckeri)* lebt in den tropischen Gewässern Nordaustraliens. Das Gift eines Exemplars kann über 50 Erwachsene töten.

Heimat der meisten Tier- und Pflanzenarten. Der Blauwal ist das größte Tier aller Zeiten. Ausgewachsen kann er bis zu 32 m lang werden und 190 t wiegen. Fünf der zehn tödlichsten Tiere leben unter Wasser, darunter auch die gefährlichsten: die Würfelquallen (die giftigsten stammen aus der Irukandji-Gruppe).

Aus menschlicher Sicht ist der Ozean äußerst wichtig. Etwa die Hälfte aller Menschen leben innerhalb einiger Hundert Kilometer vom Salzwasser. Viele der bedeutendsten Städte der Welt begannen ihre Existenz als kleine Seehäfen. Eine Reihe von Thalassokratien (Seemächte) wurden zu den mächtigsten Völkern ihrer Zeit. Einige der größten Schlachten in der Geschichte wurden auf See ausfochten, und die

Ozeane waren zudem Schauplatz mancher der größten Abenteuer der Menschheitsgeschichte.

LEBENDIGE MEERESUMWELT

In vieler Hinsicht ist der Ozean kaleidoskopisch, denn er verändert sich ständig. Salzgehalt, Wassertemperatur und -druck sowie andere Eigenschaften ändern sich von Ort zu Ort und zeitabhängig. Meerwasser hat im Schnitt einen Salzgehalt von 3,5 Prozent, aber diese Zahl schwankt beträchtlich, abhängig von der Region. Auch die Wassertemperatur ist veränderlich – sie kann in seichten tropischen Gewässern 32,2 °C erreichen oder in eiskalten Gebieten auf −1,7 °C absinken, bevor das Wasser gefriert. Der Wasserdruck steigt mit zunehmender Tiefe, wie jeder Taucher weiß. Im Challenger-Tief, mit fast 11 km Wasser über dem Kopf, liegt er bei 1,125 kg pro cm^2!

Das Meer ist ständig in Bewegung. Wellen streicheln sanft das Ufer oder branden mit brutaler Wucht an die Küste. Die Gezeiten steigen und fallen präzise wie ein Uhrwerk, in einigen Regionen zweimal am Tag, in anderen nur einmal pro „Gezeitentag" (24 Stunden, 50 Minuten). Mancherorts ist der Gezeitenwechsel kaum messbar; in der kanadischen Bay of Fundy erreichen sie z. B. aber Unterschiede von 15 m. Strömungen ähneln breiten Flüssen, die über die Meeresoberfläche fließen. Diejenigen, die aus der Region um den Äquator kommen, bringen warmes Wasser an die Pole, während die Strömungen aus nördlichen Breiten kaltes Wasser in die Gemäßigten Zonen befördern. Auf diese Weise beeinflussen sie das Klima in vielen Gebieten. Tief in den Ozeanbecken verlaufen Gegenströmungen – die Natur versucht stets, ein Gleichgewicht zu schaffen.

OBEN Eine Welle, gemalt vom japanischen Künstler Hokusai (1760–1849). Wellen entstehen durch die Reibung von Wind am Übergang von Wasser und Luft.

UNTEN Vom Wetterphänomen El Niño ausgelöste Wellen branden 1983 gegen Häuser in Laguna Beach, Kalifornien, USA.

EINFLÜSSE VON LAND UND MEER

Die Weltmeere und die Landmassen der Erde beeinflussen einander in vielerlei Hinsicht. Diese gegenseitigen Einflüsse können ganz einfach sein, wie Silt, der durch Landerosion ins Meer gespült und anschließend mithilfe von Wellengang, Strömungen und Gezeiten zur Entstehung von Sanddünen, Stränden, Barriereinseln und Sandbänken führt. Sie können aber auch sehr komplex sein wie der vermutete Zusammenhang zwischen Temperaturen an Land, Luftdrucksystemen, Windgeschwindigkeit und -richtung, der Entstehung von den Wetterphänomenen El Niño oder La Niña, Temperatur- und Niederschlagsbedingungen.

Den meisten wissenschaftlichen Studien zufolge begann das Leben im Meer, und einige Lebensformen passten sich schließlich an die Bedingungen an Land an. Selbst wir Menschen besitzen körperliche Merkmale, die auf einen Ursprung im Meer hindeuten. In der Embryonalphase besitzen wir noch die Reste von Kiemen und unser Blut – abgesehen vom Hämoglobin – ähnelt sehr der Zusammensetzung von Meerwasser.

Die offensichtlichsten Land-Meer-Einflüsse sind jedoch atmosphärischer Natur. Durch den Wasserkreislauf verdunstet Wasser aus dem Meer, wird vom Wind an Land transportiert und fällt dort in Form von Regen, Schnee, Hagel oder Graupel. Der Niederschlag beeinflusst Klima, Vegetation, tierische Lebensräume, Erdboden und Gewässer. Auch die Temperatur hängt stark von den Bedingungen im Meer ab. Das Meer selbst hat eine relativ konstante Temperatur, sodass Regionen, die nahe einem großen Gewässer liegen, wärmere Winter und kühlere Sommer haben als landeinwärts gelegene auf gleichen Breitengraden. Zudem wirken sich Meeresströmungen stark auf die Temperaturen aus. Dank warmer atlantischer Strömungen und vorherrschender Westwinde ist

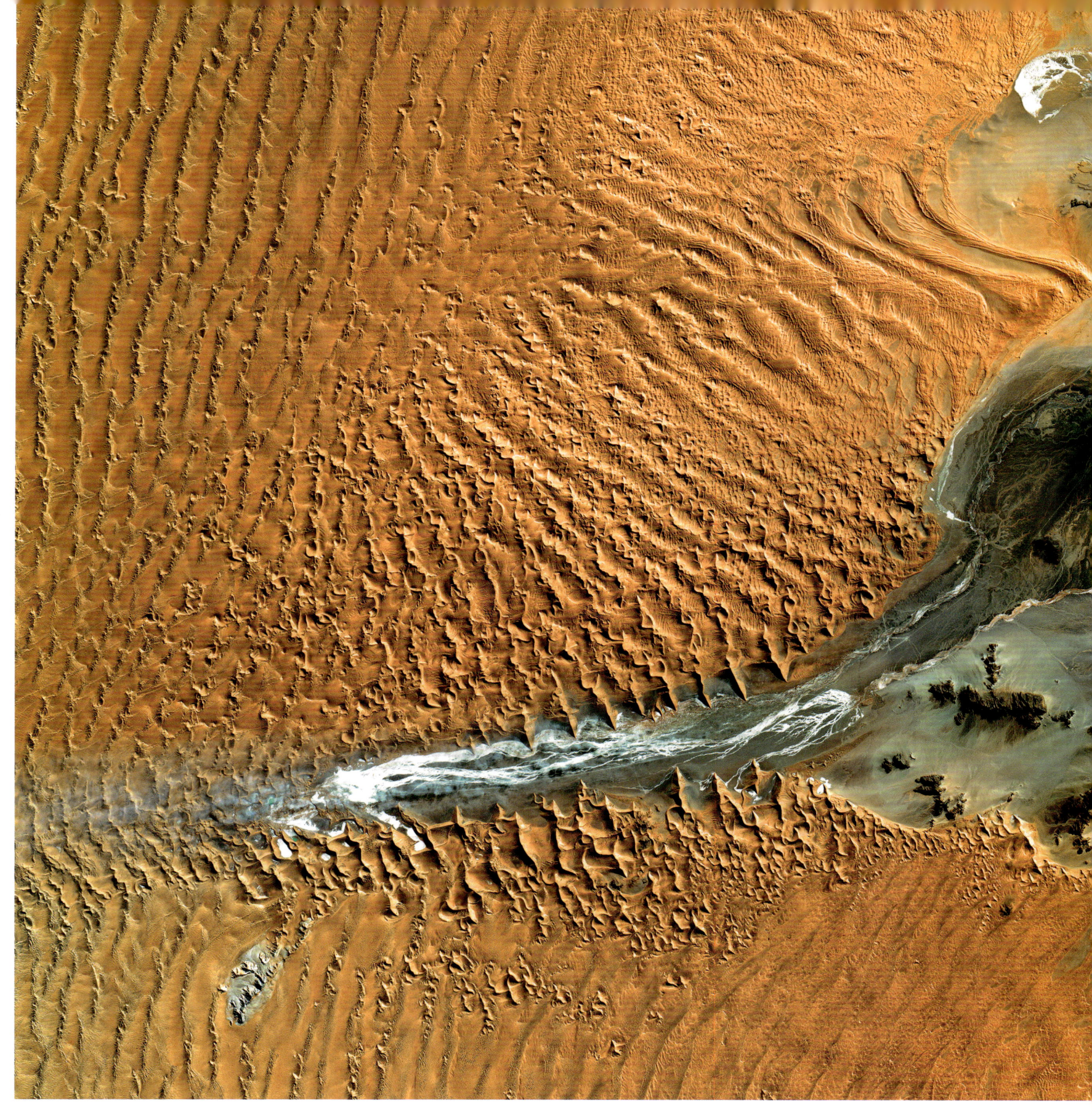

ein Großteil Westeuropas z. B. viel wärmer als weit im Landesinneren gelegene Orte. Viele Stürme entstehen ganz oder teilweise über dem Meer. Hurrikane bilden sich über warmen tropischen Gewässern und ziehen ihre Kraft aus ihnen. Selbst Tornados benötigen zur Entstehung warme feuchte Luft – in den USA aus dem Golf von Mexiko – die auf kühlere trockene Luft trifft.

AUSWIRKUNGEN

Was an Land geschieht, kann enorme Auswirkungen auf das Leben im Meer haben. Die großen Abfallfelder in Pazifik und Atlantik haben wir bereits erwähnt. Plastikteile, Styropor, verschiedene hölzerne Objekte –

OBEN Küstenwinde haben in der Namib-Wüste, Namibia, für die Entstehung der höchsten Sanddünen der Welt gesorgt. Einige sind bis zu 300 m hoch! Dieses NASA-Bild wurde im Jahr 2000 aufgenommen.

fast alles, was schwimmt, kann vom Land ins Meer geraten und dort zur Umweltverschmutzung beitragen.

Nährstoffreiche Abwässer aus der Landwirtschaft und anderen Quellen fließen ins Meer, wo sie zur Entstehung von Algenblüten und Totwassergebieten beitragen. In Regionen mit hoher Verdunstung ist die Salinität höher, in Gebieten mit starkem Süßwasserzufluss niedriger. Da es weniger dicht ist, treibt Süßwasser wie eine Linse auf dem Salzwasser und kann z. B. noch mehrere Hundert Kilometer vor der Amazonasmündung im Ozean nachgewiesen werden.

Eisberge, eine potenzielle Gefahr für die Schifffahrt im Nordatlantik, sind gewaltige Eisbrocken, die von

terrestrischen Gletschern gekalbt wurden. Eine kleine Anzahl Meeresbewohner sind anadrom, d. h., sie können sowohl in Süß- als auch in Salzwasser leben. Das bekannteste Beispiel ist der Pazifische Lachs. Er verbringt sein Leben im Meer, kehrt zum Laichen aber in den Fluss zurück, in dem er geboren wurde. Auch einige Arten von Aalen und Haien wechseln problemlos zwischen Süß- und Salzwasser.

DER MENSCH UND DAS MEER

Es ist eine typisch menschliche Eigenschaft, Dinge zu klassifizieren, benennen und gelegentlich mit mystischer Bedeutung zu versehen. Das Ergebnis kann verwirrend sein. So bezeichnen wir z. B. so verschiedenartige Gewässer wie Salzseen (Saltonsee, Turkanasee), aber auch große Teile des zentralen Nordatlantiks (Sargassosee) und zahllose Einbuchtungen an den Küsten mit dem Namen „See". Ein kurzer Blick auf die Karte enthüllt jedoch eine ganze Reihe ähnlicher maritimer Merkmale, die allgemeine Bezeichnungen wie Golf oder Bucht tragen. In der Antike wurde die Anzahl der Meere – erst im Mittelmeerraum, dann weltweit – so ausgelegt, dass sie mit der mystischen Zahl „Sieben" korrespondiert. Auf vielen frühen Karten sieht man sieben eindeutig identifizierte Meere.

OBEN Eisberge sind große Eisbrocken, die von Gletschern abgebrochen sind. Die größten Eisberge gibt es in der Antarktis, besonders um das Ross-Schelfeis herum.

UNTEN Eine Windhose. Diese wirbelnden, sehr zerstörerischen Luftsäulen entstehen oft über dem Meer.

Maritimea schließt sich der International Hydrographic Organization an und identifiziert fünf Ozeane: den Arktischen (Nordpolarmeer), Atlantischen, Indischen, Pazifischen und Antarktischen (Südpolarmeer; Gewässer südlich des 60. Breitengrades).

Die Geschichte hindurch hat sich unsere Abhängigkeit vom Meer auf vielfältige Weise gesteigert. Das wird an der Anzahl von Wissenschaftlern verschiedenster Felder deutlich, die sich auf meeresspezifische Studien spezialisiert haben. Am eindeutigsten ist die Ozeanografie mit ihren vielen Unterarten. Wie jedoch die unterschiedlichen Werdegänge der Autoren bestätigen, die an diesem Buch beteiligt sind, studieren Gelehrte vieler Wissensbereiche Themen, die mit dem Meer zu tun haben. Unter ihnen sind Biologen, Geografen, Historiker, Küstenmorphologen, Ingenieure, Klimatologen und Geologen, ebenso wie Ökonome, Politwissenschaftler, Militärstrategen und viele andere, die zu unserem wachsenden Wissen beitragen.

MARITIMEA NÜCHTERN BETRACHTET

Der Ozean wurde in Prosa, Poesie und Musik verklärt. Wer in unserer westlichen Kultur kennt nicht Ernest Hemingways *Der alte Mann und das Meer*? Und im englischsprachigen Raum kennen viele wenigstens einige Passagen aus Samuel Taylor Coleridges berühmten Gedicht, *Die Ballade vom alten Seemann*:

Day after day, day after day,
We stuck, nor breath nor motion;
As idle as a painted ship
Upon a painted ocean.
Water, water, everywhere,
And all the boards did shrink;
Water, water, everywhere,
Nor any drop to drink.

Seemannslieder liefern Gelehrten und anderen Zuhörern lebendige Berichte aus dem Leben auf hoher See. Auch bekannte Filme wie *Titanic* und *Der Sturm* oder Fernsehserien wie *The Deadliest Catch* beweisen unsere Faszination für das Meer. Zahlreiche Maler wählen die See – Wellen, Strände, Schiffe und andere Themen – als Quelle der Inspiration für ihre Werke.

Alle, die an der Produktion von *Maritimea* beteiligt waren, schließen sich damit zahllosen anderen an, die versucht haben, die Romantik, die Stimmungen und Launen, die Bedeutung und den Reiz der ruhelosen See einzufangen.

Charles F. Gritzner

OBEN Die Cantino-Planisphäre aus dem Jahr 1502. Auf ihr ist die Demarkationslinie des Vertrages von Tordesillas eingezeichnet, der 1494 in Kraft trat. Er teilte die neu entdeckten Länder jenseits Europas entlang einer Grenzlinie von Norden nach Süden zwischen Spanien und Portugal auf.

RECHTS Das Meer hat den Menschen schon immer fasziniert. Über die Sieben Meere zu segeln, war sogar Thema eines Weihnachtsliedes.

I saw Three Ships come sailing in On Christmas Day, on Christmas Day, I saw Three Ships come sailing in On Christmas Day in the Morning.
OLD CAROL

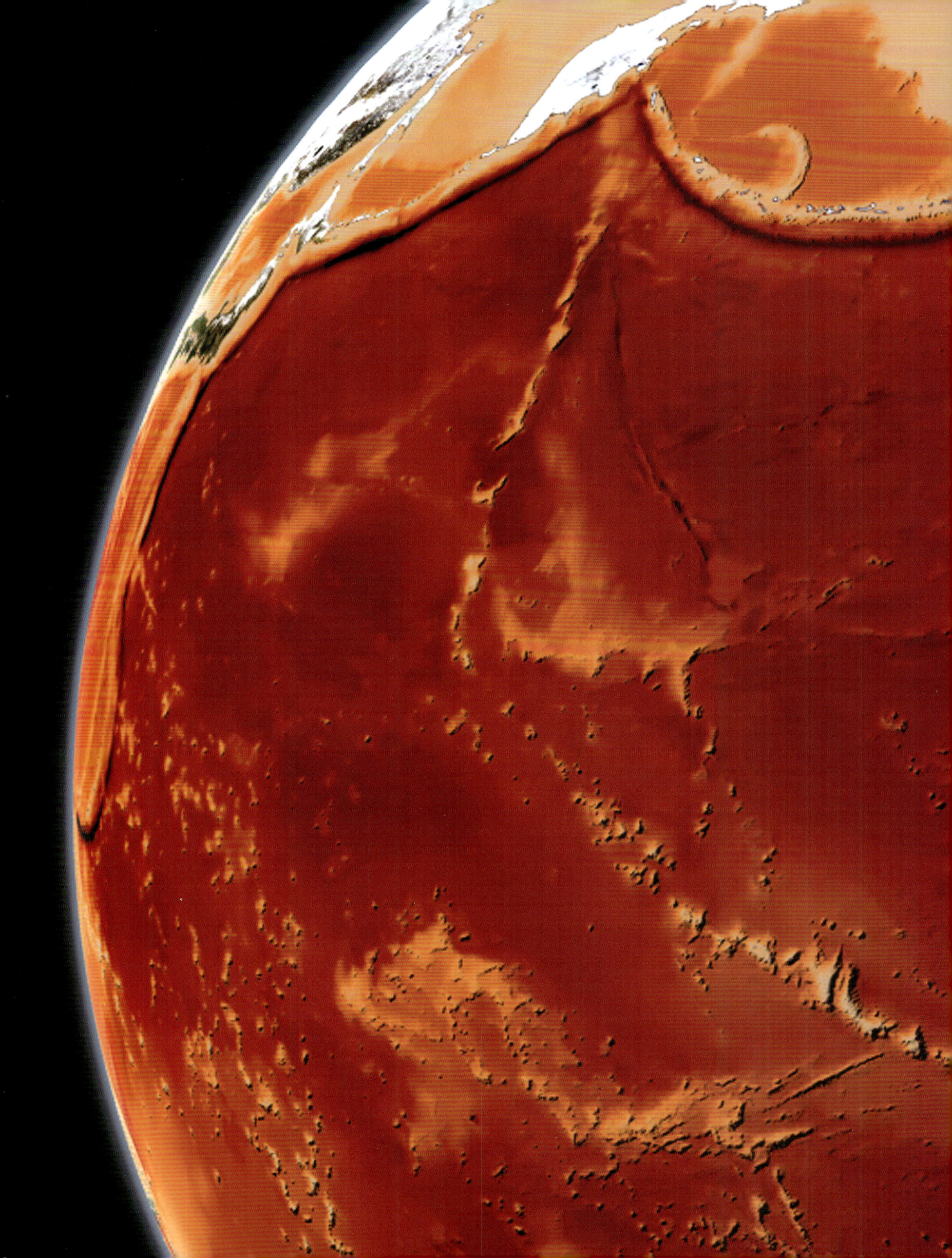

Die Ozeane der Erde

Die Erde ist der einzige Planet des Sonnensystems, an dessen Oberfläche es Wasser gibt. Wie würde sie ohne Wasser aussehen? Vielleicht wie der Rote Planet Mars, auf dem einige Landschaften durch Wassererosion geformt scheinen. Wo ist das Marswasser heute? Und wo kam unser Wasser her?

Ozeane, Meere und Seen bedecken über 71 Prozent der Erdoberfläche. Um zu verstehen, wo dieses Wasser herkam, müssen wir die Entstehung der Erde vor etwa fünf Milliarden Jahren betrachten. Zunächst war sie nichts als eine Masse extrem heißer, geschmolzener Materie ohne gasförmige Atmosphäre, die ständig von metallischen Meteoriten und Eiskometen beschossen wurde. Vielleicht brachten diese Kometen oder andere vereiste Massen das Wasser mit sich.

Wasser kann die Erde auch von den inneren Planeten Merkur oder Venus erreicht haben. Womöglich ist auch das Wasser des Mars noch da – gefroren, unter der Oberfläche. Über den Ursprung des Wassers auf der Erde und anderen Planeten ist wenig bekannt.

Als die junge Erde erkaltete, begann das geschmolzene Gestein eine feste Kruste zu bilden. Die Schwerkraft zwang dichteres Material ins Zentrum der Erde, sodass das leichtere Gestein an die Oberfläche „trieb", wo es im Laufe von 200 Millionen Jahren auskühlte und vor etwa 4,4 Milliarden Jahren die erste kontinentale Erdkruste bildete. Als der Erdmantel sich langsam verfestigte, entstand die ozeanische Erdkruste.

In dieser Zeit stieg Wasserdampf in die sich entwickelnde Atmosphäre auf, erkaltete, kondensierte zu Wolken und regnete schließlich ab. Danach floss der Regen durch die abkühlende Kruste und erodierte die felsige Oberfläche in den tiefen Ausbuchtungen, die durch frühe tektonische Aktivitäten entstanden waren. Daraus bildeten sich die ersten Ozeanbecken.

WAREN DIE OZEANE SCHON IMMER GLEICH?

Geologisch gesehen sind die Ozeane relativ jung. Die älteste ozeanische Erdkruste entstand „erst" vor etwa

RECHTS Vor etwa 250 Millionen Jahren entstand der Urkontinent Pangaea; die gesamte Landmasse auf der Erde war verbunden. Vor etwa 240 Millionen Jahren begann Pangaea zu zerbrechen – Laurasia und Gondwana entstanden. Vor etwa 180 Millionen Jahren teilte sich Gondwana in die heutigen Kontinente.

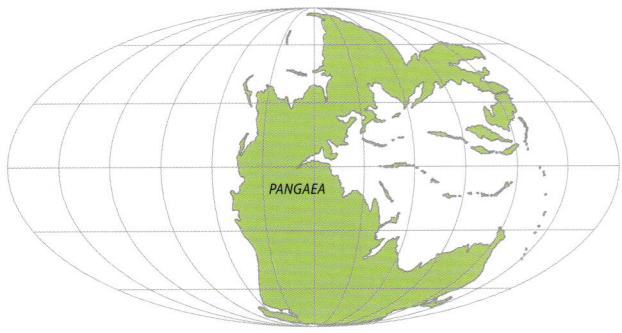

Vor 240 Millionen Jahren

Vor 200 Millionen Jahren

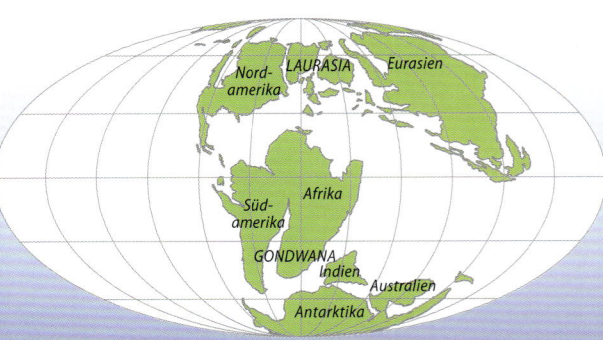

Vor 120 Millionen Jahren

170 Millionen Jahren, während die älteste kontinentale Erdkruste über vier Milliarden Jahre alt ist. Ozeanische Erdkruste entsteht an Ozeanrücken, von denen sie sich zu den Rändern der Platte ausdehnt und dann durch Subduktion wieder in den Erdmantel integriert wird. Was wurde aber aus den Ozeanen, die vor 170 Millionen Jahren existierten? Um diese Frage zu beantworten, müssen wir uns einmal die Superkontinente der Vergangenheit ansehen.

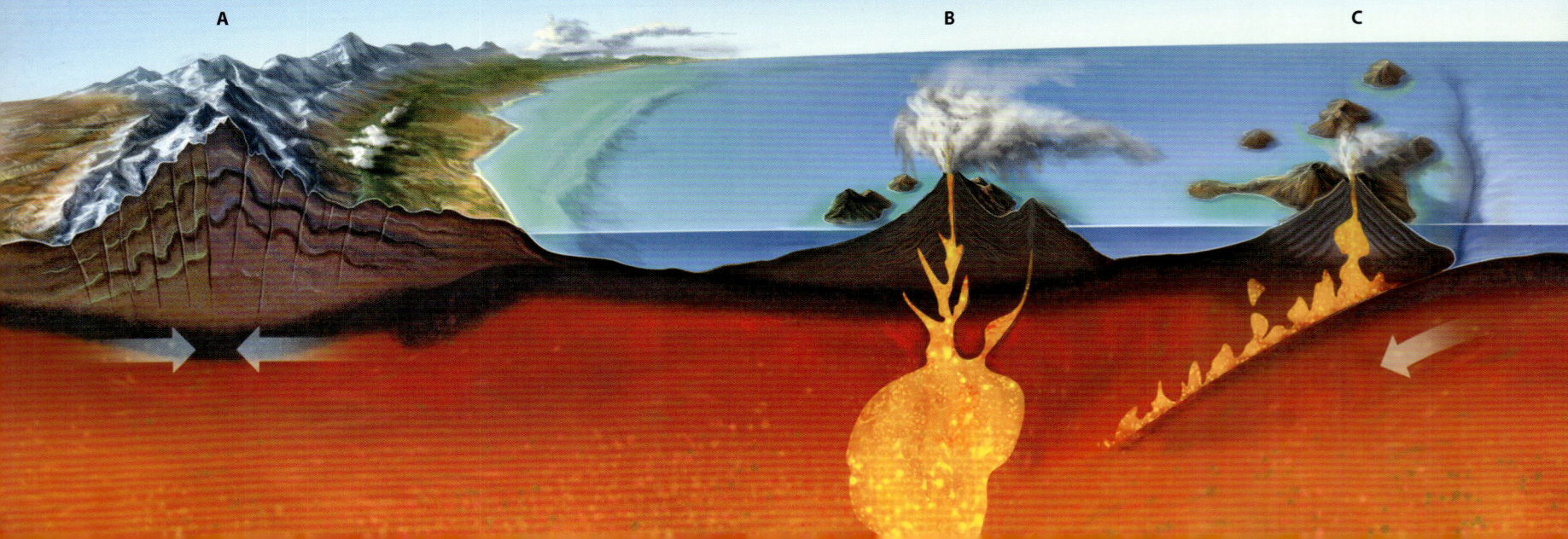

SUPERKONTINENTE UND SUPEROZEANE

Form, Position und Tiefe der Ozeanbecken haben sich im Laufe der Erdzeitalter dramatisch gewandelt. Superkontinente entstanden und zerbrachen durch tektonische Vorgänge wieder. So veränderte sich die Verteilung der Landmassen und die Größe und Form der Ozeane.

Konvektionsströme im Erdmantel zerreißen die Kontinentkruste und führen zu Zusammenstößen der Einzelteile. Zeitweise fügten sich die Teile der kontinentalen Kruste zu einem einzigen gewaltigen Kontinent, einem Superkontinent, zusammen. In den letzten drei Milliarden Jahren gab es mindestens vier Superkontinente. Sie zerbrachen in kleinere Kontinente und vereinigten sich wieder – in Zyklen von etwa 250 Millionen Jahren. Kontinentale Kollisionen lassen wenige große, das Zerreißen der Erdkruste mehrere kleine Kontinente entstehen.

Der älteste Superkontinent Rodinia entstand vor etwa 1,3–1,1 Milliarden Jahren. Umgeben war er vom Superozean Mirovia. Vor 830–745 Millionen Jahren zerbrach Rodinia, und vor etwa 300 Millionen Jahren fügten sich die Einzelteile zum letzten Superkontinent Pangaea zusammen. Dieser war von dem weltumspannenden Ozean Panthalassa umgeben.

Vor etwa 200 Millionen Jahren zerbrach Pangaea in zwei Teile; im Norden entstand der Kontinent Laurasia, im Süden Gondwana. Diese Trennung führte zur Entstehung des späteren Pazifischen Ozeans.

Als das östliche Nordamerika sich vom nordwestlichen Afrika abtrennte, entstand der Atlantik. Gondwana bestand aus dem heutigen Südamerika, Afrika (mit Madagaskar), Antarktika, Australien, Neuseeland und Indien. Australien spaltete sich als letzter Kontinent von den Überresten Gondwanas ab und begann, nach seiner Trennung von Antarktika vor etwa 90 Millionen Jahren, nordwärts zu wandern. Damals waren bereits alle größeren Ozeane entstanden, und die Trennung Antarktikas und Australiens führte schließlich zur Entstehung des Südpolarmeeres, des jüngsten Ozeans.

Was geschah in dieser Zeit mit dem Meeresspiegel? Grundsätzlich gilt: Sind die Kontinente verbunden, ist der Wasserstand niedrig, sind sie getrennt, ist er hoch.

OBEN Mt. Erebus auf der Ross-Insel ist der aktivste Vulkan Antarktikas. Geologen schätzen ihn jünger als eine Million Jahre.

Ist der weltumspannende Ozean jung, ist der Meeresboden vergleichsweise niedrig, was zu einem höheren Wasserspiegel und größerer Überflutung der Kontinente führt. Ist er älter, ist der Meeresboden abgesunken, was zu einem Sinken des Meeresspiegels führt.

Zu Zeiten Pangaeas war der Meeresspiegel niedrig; je mehr es zerbrach, desto stärker stieg dieser an.

PLATTENTEKTONIK

Schon früh wurde erkannt, dass einige Kontinente wie Afrika oder Südamerika in sich wie Puzzlestücke zusammenpassen, man wusste jedoch nicht, weshalb. Der deutsche Wissenschaftler Alfred Wegener schlug 1915 die Theorie des Kontinentaldrifts vor, die mit der Begründung verworfen wurde, keine bekannte Kraft könne Kontinente über solche Entfernungen bewegen.

In den späten 1960er-Jahren entdeckte die Wissenschaft, dass die Kontinente auf den Platten „treiben", die von Konvektionsströmen innerhalb der geschmolzenen Gesteinsschichten der Erde bewegt werden. Die Kontinentalplatten bestehen meist aus kontinentaler

Angewandte Plattentektonik

Die Zeichnung unten zeigt, wie Konvektionsströme im Erdinneren die Bewegungen der Erdplatten steuern und zur Entstehung der Landformationen um uns herum führen.

A. Kollision Wenn leichte, dicke Kontinente kollidieren, zerbrechen ihre Ränder und falten sich nach oben, was zur Entstehung hoher Gebirgsketten wie dem Himalaja und den Alpen führt.

B. Hotspots Auf dem Meeresboden über Hotspots im Erdmantel entstehen Vulkaninseln, bis sie durch die Bewegung der Erdplatte verschoben werden. Der Vulkan stirbt, sinkt ab und neue Inseln entstehen.

C. Vulkaninseln durch Subduktion Dichtere, dünnere ozeanische Kruste schiebt sich unter leichtere, z. B. jüngere ozeanische Kruste. Die sinkende, schmelzende Ozeanplatte lässt Magma aufsteigen, was zur Entstehung vulkanischer Inselbögen wie den Philippinen führt.

D. Mittelozeanischer Rücken Hier entsteht neue basaltische Erdkruste, indem Magma in die Risse eindringt, die durch die Plattenbewegung entstehen, und fest wird.

E. Vulkanische Gebirgsketten durch Subduktion Kontinentale Kruste überlagert ozeanische Kruste sehr leicht, die daraufhin absinkt und schmilzt. Magma steigt auf und bildet vulkanische Gebirgsketten wie die Anden.

F. Rifting Rifting geschieht in der Mitte großer Kontinente, die über Schwächezonen sitzen. Die Landmasse steht dort unter großem Druck, wodurch sie zerbricht und auseinandertreibt.

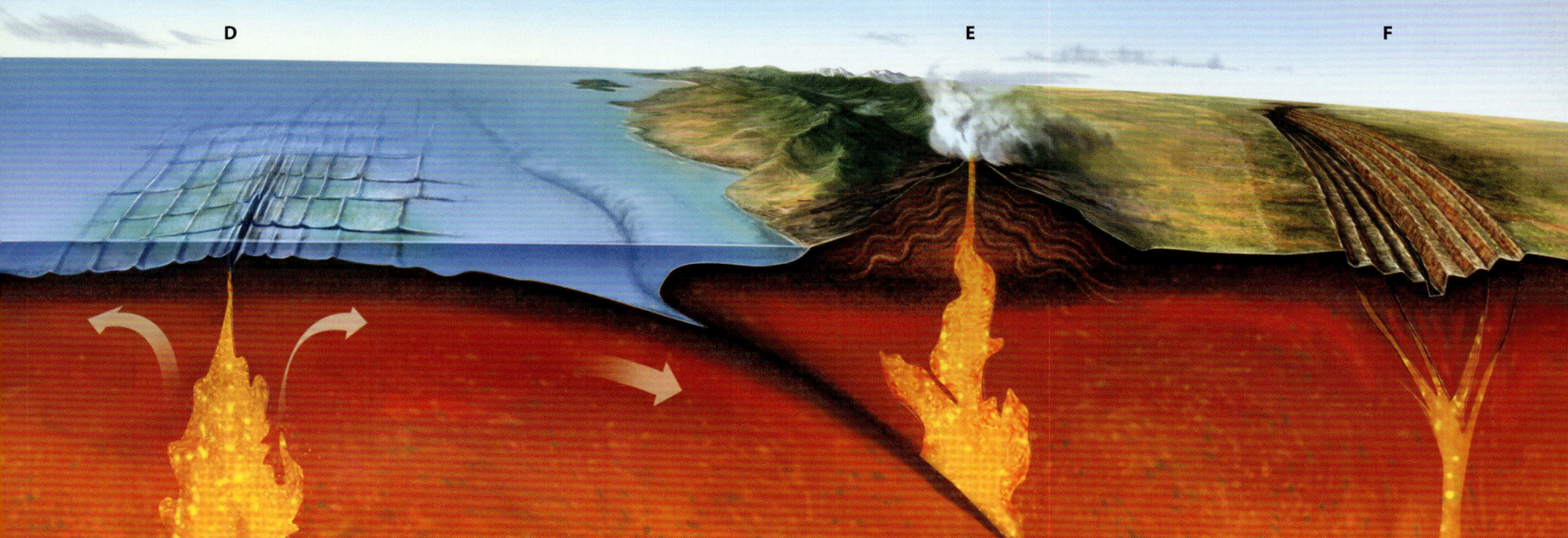

D   E   F

OBEN Der San-Andreas-Graben ist Teil des Pazifischen Feuerrings, eines gewaltigen seismischen Gürtels, der den Pazifik umspannt.

UNTEN Mt. Bromo im Osten Javas bricht aus und spuckt Asche und Lava. Der auf dem Pazifischen Feuerring gelegene Bromo ist ein Schichtvulkan.

und ozeanischer Kruste. Die Erdoberfläche besteht derzeit aus sieben großen und mehreren kleinen Platten. Alle sind miteinander verzahnt und, mit Ausnahme der Antarktischen Platte, in ständiger Bewegung. Das Wissen um die Plattentektonik revolutionierte unser Verständnis über die Vorgänge auf der Erde. Es gibt drei Arten von Plattengrenzen. Konvergierende Grenzen entstehen in Bereichen, in denen Platten kollidieren. Durch die Subduktion der Indo-Australischen unter die Eurasische Platte und dem folgenden Auffalten der Subduktionszone entstand der Himalaja.

Die Entwicklung hochauflösender Satellitenkameras ermöglichte es uns, Plattenbewegungen sehr genau zu messen. Divergierende Platten driften auseinander und sorgen für die Entstehung neuer Erdkruste. Die Australische Platte bewegt sich jährlich um ungefähr 66 mm nach Norden, weg von der Antarktischen Platte. In diesem Tempo wird sich Australien Asien in einer Million Jahren 67 km und in zehn Millionen Jahren – einem geologischen Wimpernschlag – 675 km nähern.

Bei konservativen Plattengrenzen (Transform-Störungen und Intrakontinentale Scherzonen) gleiten zwei Plattenteile aneinander vorbei. Ein typisches Beispiel ist der San-Andreas-Graben in den USA. Viele Transform-Störungen entstehen im rechten Winkel zur Erdachse und verursachen starke Erdbeben.

DER PAZIFISCHE FEUERRING

Trifft wandernde ozeanische Kruste auf den aktiven Rand einer Platte, entsteht eine Subduktionszone. Der Pazifik ist von den aktiven Rändern der Westküsten Nord- und Südamerikas, den Aleuten und Kurilen, Japan, den Philippinen und der Indo-Australischen Platte umgeben. Subduktion führt zu heftiger geologischer Aktivität in Form von Erdbeben, Vulkanausbrüchen sowie der Entstehung von Bergen. Auf dem pazifischen Feuerring kommt es zu mehr Vulkanausbrüchen und Erdbeben als anderswo auf der Welt – 80 Prozent der größten Erdbeben finden hier statt.

DIE HEUTIGEN OZEANE UND MEERE

Im Grunde gibt es auf der Erde nur einen Ozean. Dieser erstreckt sich von Pol zu Pol und umspannt den gesamten Globus als ein salzhaltiges Gewässer. Aus praktischen Gründen unterteilen wir ihn jedoch in fünf geografische Gebiete. Vom größten zum kleinsten sind dies: Pazifik, Atlantik, Indischer Ozean, Südpolarmeer und Nordpolarmeer. Kontinentalränder, Archipele und anderen Strukturen bilden die Grenzen der Ozeane. Pazifik und Atlantik werden durch den Äquator in Süd- und Nordhälften unterteilt.

Der Begriff „Meer" oder „See" ist recht allgemein gehalten. Im Grunde beziehen sie sich auf ein salines

Gewässer, das rundherum von Land umgeben ist. Das Kaspische Meer ist ein von Land umschlossener Salzsee. Das Mittelmeer wird von Europa, Nordafrika und dem Nahen Osten begrenzt, ist zum Atlantik hin aber offen. Ein Meer kann auch Teil eines Ozeans sein – die Tasmansee zwischen Australien und Neuseeland ist Teil des Pazifiks. Die Sargassosee wird im Nordatlantik von Meeresströmungen umgeben, grenzt jedoch an keine Landmassen an.

Tektonische Kräfte, die von den Konvektionsströmungen im Erdmantel getrieben werden, sorgen erst für Risse in der kontinentalen Kruste und zerren sie schließlich auseinander. Sobald ein Kontinent zu zerbrechen beginnt, führt der Druck aus den Konvektionsströmen zur Bildung einer Kuppel in der Kruste und der Entstehung eines ausgedehnten Hochlandes. Im Laufe der Zeit schafft das Rifting Spannungsrisse oder Verwerfungen, die sich auseinanderbewegen und tiefe, flache Täler bilden. Krustenblöcke rutschen in die Verwerfungen, wenn der Grabenbruch sich weitet. Geschmolzenes Material aus dem Erdmantel quillt als basaltisches Magma in die Verwerfungen und lässt an der Oberfläche Vulkane und Inseln entstehen.

Durch weiteres Rifting dehnt sich das Tal aus und wird tiefer. Geschmolzenes Material aus dem Erdmantel bildet beim Abkühlen basaltische ozeanische Kruste. Schließlich durchstößt der Grabenbruch den Rand des Kontinents, und Meerwasser fließt hinein – nach und nach oder als reißende Sturzflut. Die Wände der Riftzone werden zu neuen Kontinenten auf beiden Seiten des entstehenden Ozeans.

Der Atlantik besitzt einen Mittelozeanischen Rücken – einen Teil der längsten Gebirgskette der Erde –, die sich vom Norden Grönlands bis zur Antarktischen Platte erstreckt. Der Rücken bewahrt die Form des ursprünglichen Grabenbruchs, und die kontinentalen Küsten waren einst dessen Wände. Auf beiden Seiten

dehnt sich das Ganze weiter aus, da ständig neue Kruste gebildet wird, und die Kontinente werden immer weiter auseinandergedrückt. Liegt die Küste des Kontinents an einem tektonisch aktiven Rand führt der Unterschied in der Dichte dazu, dass die dichte ozeanische Kruste unter die weniger dichte kontinentale Kruste rutscht und wieder in den Erdmantel integriert wird, wo sie schmilzt.

Diese Prozesse laufen über Jahrmillionen hinweg ab und werden von starken seismischen und vulkanischen Aktivitäten begleitet. Die gewaltige ostafrikanische Riftzone und der Baikalsee in Russland z. B. treiben noch heute auseinander. Irgendwann in der Zukunft wird sich Afrika von Norden nach Süden teilen, und der Baikalsee wird zu einem echten Meer werden.

OBEN Panoramabild der Erde bei Tag. Hoch entwickelte Satellitentechnologie ermöglicht es der Wissenschaft, mehr darüber zu lernen, wie die Erde und ihre Ozeane entstanden.

UNTEN LINKS NASA-Bild des Baikalsees im Osten Russlands. Der etwa 25 Millionen Jahre alte See ist der tiefste der Welt. Da er seit Millionen von Jahren weiter auseinanderreißt, geht man davon aus, dass er irgendwann zu einem Meer wird.

FOLGENDE SEITEN Die direkte Erdoberfläche besteht aus zwei Schichten: der Lithosphäre – die Erdkruste und die feste oberste Schicht des Erdmantels – und der Asthenosphäre. Die Lithosphäre ist in sieben große und zahlreiche kleinere Erdplatten zerbrochen. Die Platten treiben über die Erdoberfläche, und stoßen an konvergierenden (Kollisions-), divergierenden (Ausdehnungs-) bzw. konservativen Plattengrenzen aneinander. In diesen Gebieten kommt es zu verstärkter tektonischer Aktivität – in Form von Erdbeben, Vulkanausbrüchen bzw. der Entstehung von Gebirgen oder Ozeangräben.

NORDPOLARMEER

Grönland

Grönland becken

Baffin-Bucht

Davisstraße

Jan Mayen

Beaufortsee

Brooks-Kette

Nördl. Polarkreis

Alaska

Hudson Bay

Labradorsee

Kanadischer Schild

Mittelatlantischer Rücken

Island

Britisch Inseln Irland

Aleuten

Königin-Charlotte-Inseln

Nordamerikan. Platte

Aleuten-Graben

Juan-de-Fuca Platte

GREAT PLAINS

Appalachen

Neu-England-Tiefseeberge

Corner-Tiefseeberge

Flores

Biskaya-Schwelle

San-Andreas-Verwerfung

Nördl. Wendekreis

Sierra Madre Occidental

Hatteras-Ebene

Nares-Tief

Sao Miguel

Iberische Halbin

Atla

S

Golf von Mexiko

Bahamas

Oahu Maui

Hawaii

Revillagigedo-Inseln

Kuba

Puerto-Rico-Graben

Kapverdisches Becken

Karibik

Karib. Platte

Kapverdische Inseln

Pazifische Platte

Mittelamerikagraben

Cocos-Platte

Trinidad

Sierra-Leone-Schwelle

Tabuaeran

PAZIFIK

Nordostpazifisches Becken

Galapagos-Inseln

Guayana

Guayana-Becken

Kiritimati

Äquator

Ostpazifischer Rücken

Amazonas-becken

ATLANTIK

Ascension

Selvas

Samoa-Becken

Tuamotu-Archipel

Nazca-Platte

Anden

Brasilian. Bergland

Brasilianisches Becken

Mittelatlantischer Rücken

St. He

Rarotonga

Tahiti

Südl. Wendekreis

Herzog-von Gloucester-Inseln

Oster-insel

San Felix

Chile-Becken

Atacamagraben

Trinidade und Martim Vaz

Kermadecgraben

Pitcairn-Inseln

Austral-Inseln

Südwest-pazifisches Becken

Juan-Fernandez-Inseln

Südamerikan. Platte

Rio-Grande-Schwelle

Tristan da Cunha

Louisville-Rücken

Pampa

Argentinisches Becken

Gough

Chatham-Inseln

Chile-Rücken

Patagonien

Atlant

Pazifisch-Antarktischer Rücken

Südl. Polarkreis

Südost-pazifisches Becken

Schottische See

Falkland-Inseln

Südl. Sandwich-Inseln

Scotia-Platte

Antarktische Platte

Südl. Shetland-Inseln

A

Amundsensee

Bellingshausen-see

Antarktische Halbinsel

Weddell-Meer

Plattentektonik

Tektonische Plattengrenzen (Pfeile weisen auf die Bewegungsrichtung hin)

Pazifische Platte | Antarktische Platte | Juan-de-Fuca-Platte | Nazcaplatte | Cocosplatte | Karibische Platte | Nordamerikanische Platte

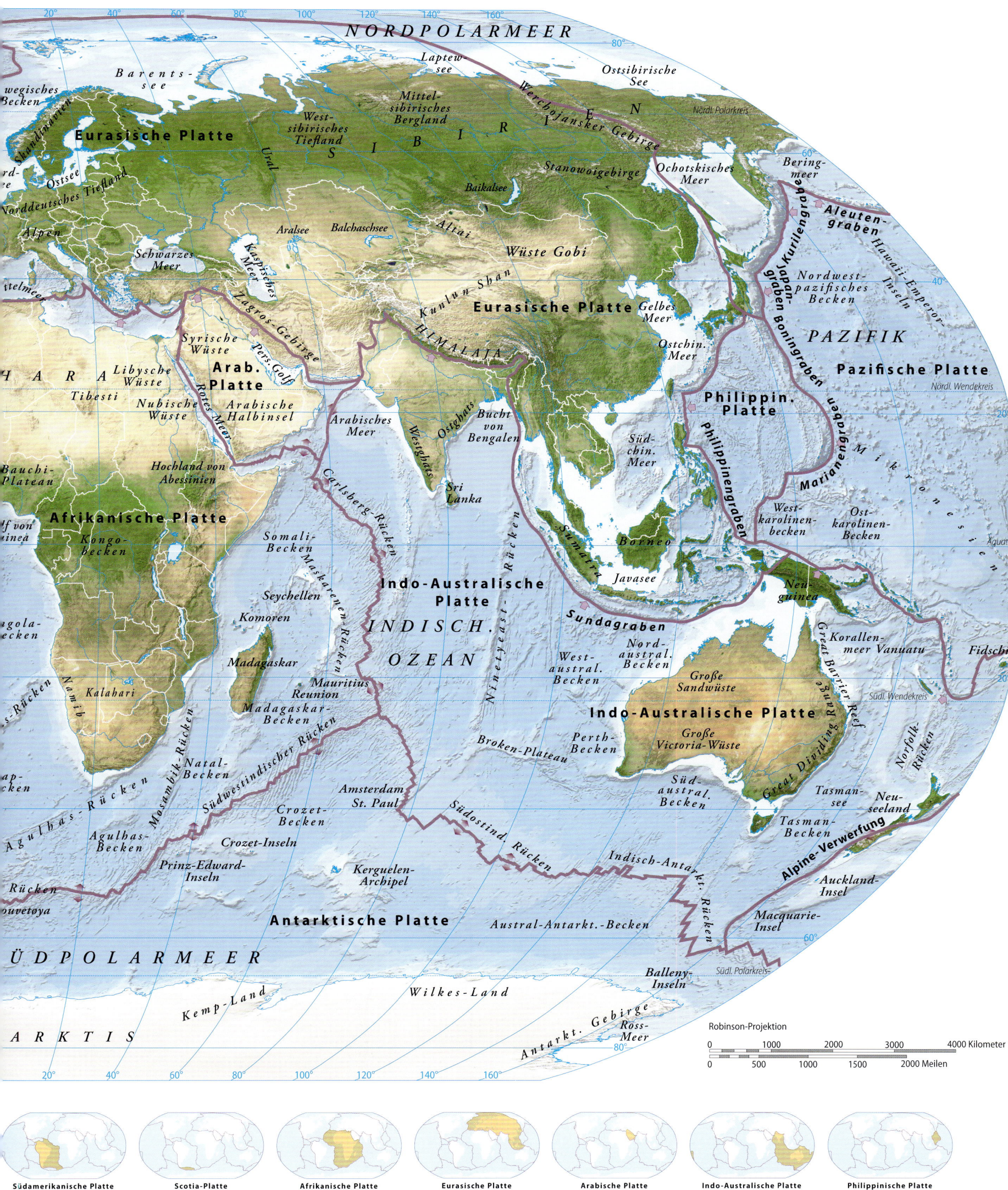

NORDPOLARMEER

Laptew see

Ostsibirische See

wegisches Becken

Barents- see

Eurasische Platte

Mittel- sibirisches Bergland

Werchojansker Gebirge

Nördl. Polarkreis

Scandinavien

West- sibirisches Tiefland

S I B I R I E N

Ural

Ostsee

Norddeutsches Tiefland

Alpen

Ochotskisches Meer

Stanowoigebirge

Bering- meer

Aleuten- graben

Kurilengraben

Aralsee

Balchaschsee

Altai

Baikalsee

Wüste Gobi

Nordwest- pazifisches Becken

Hawaii-Emperor-Inseln

Schwarzes Meer

Kaspisches Meer

Kunlun Shan

Eurasische Platte

Gelbes Meer

PAZIFIK

ttelmeer

Zagros-Gebirge

Pers. Golf

H I M A L A J A

Ostchin. Meer

Japan- graben

Boningraben

Nördl. Wendekreis

Syrische Wüste

Arab. Platte

Libysche Wüste

H A R A

Tibesti

Nubische Wüste

Arabische Halbinsel

Rotes Meer

Arabisches Meer

Westghats

Ostghats

Bucht von Bengalen

Süd- chin. Meer

Philippin. Platte

Pazifische Platte

Philippinengraben

Marianengraben

Sri Lanka

Bauchi- Plateau

Hochland von Abessinien

Afrikanische Platte

f von inea

Kongo- Becken

Somali- Becken

Carlsberg-Rücken

Maskarenen-Rücken

Seychellen

Komoren

Indo-Australische Platte

INDISCH. OZEAN

Ninetyeast-Rücken

Sumatra

Borneo

Javasee

West- karolinen- becken

Ost- karolinen- Becken

M i k r o n e s i e n

Äquator

Sundagraben

Neu- guinea

gola- ecken

Madagaskar

Mauritius Reunion

Madagaskar- Becken

Nord- austral. Becken

West- austral. Becken

Große Sandwüste

Korallen- meer Vanuatu

Fidschi

Rücken

Namib

Kalahari

Agulhas-Rücken

Mosambik-Rücken

Südwestindischer Rücken

Crozet- Becken

Amsterdam St. Paul

Broken-Plateau

Perth- Becken

Große Victoria-Wüste

Indo-Australische Platte

Great Barrier Reef

Great Dividing Range

Norfolk- Rücken

Südl. Wendekreis

ap- cken

Agulhas- Becken

Crozet-Inseln

Prinz-Edward- Inseln

Kerguelen- Archipel

Südostind. Rücken

Süd- austral. Becken

Tasman- see

Tasman- Becken

Neu- seeland

Alpine-Verwerfung

Rücken ouvetøya

Antarktische Platte

Austral-Antarkt.-Becken

Indisch-Antarkt. Rücken

Macquarie- Insel

Auckland- Insel

60°

ÜDPOLARMEER

Balleny- Inseln

Südl. Polarkreis

A R K T I S

Kemp-Land

Wilkes-Land

Antarkt. Gebirge

Ross- Meer

80°

0   1000   2000   3000   4000 Kilometer

0   500   1000   1500   2000 Meilen

Südamerikanische Platte | Scotia-Platte | Afrikanische Platte | Eurasische Platte | Arabische Platte | Indo-Australische Platte | Philippinische Platte

DER DYNAMISCHE OZEAN

Die wechselnden Launen des Meeres

Als der spanische Eroberer Ferdinand Magellan den südlichen Ozean, wie er damals genannt wurde, erreichte, taufte er ihn in Mare Pacificum um, lateinisch für „friedliches Meer". Weder der Pazifik noch ein anderes der Weltmeere werden jedoch einem solchen Titel gerecht. Tatsächlich ist das Meer so lebendig, vielfältig und gefährlich wie das Land.

DIE EIGENSCHAFTEN DES MEERWASSERS

In der Aussage des englischen Dichters Samuel Coleridge aus seiner *Ballade des alten Seemannes*: „Wasser, Wasser überall, doch kein Tropfen zum Trinken" steckt viel Wahrheit. Wasser beherrscht die Erdoberfläche, doch 97,6 Prozent davon sind salzig. Bis das Salz durch einen teuren Prozess entfernt wird, ist das Wasser zum Trinken, Bewässern und für die Industrie nutzlos.

Im Durchschnitt beträgt der Salzgehalt 3,5 Prozent. Im halb umschlossenen Roten Meer, das so gut wie keinen Süßwasserzufluss hat und eine hohe Verdunstungsrate aufweist, liegt der Salzgehalt gar bei über vier Prozent. In der Ostsee, in die viele Flüsse münden und wo die Verdunstung gering ist, sind es weniger als zwei Prozent. Würden man den Weltmeeren alle Mineralien entziehen und sie auf die Erde schütten, würden sie die Oberfläche 120 m hoch bedecken!

Die durchschnittliche Oberflächentemperatur liegt bei 17 °C. Bei 3,5 Prozent Salinität liegt der Gefrierpunkt des Meerwassers bei −1,7 °C. Solche Temperaturen herrschen in den Gewässern der Arktis und Antarktis, wo es deshalb große Eisflächen gibt. In flachen tropischen Gewässern kann die Temperatur

UNTEN Dieses Foto der NASA, aufgenommen von Astronauten der *Apollo 17,* zeigt die Ausdehnung der Meere vom Mittelmeer bis hinab zur polaren Eiskappe der Antarktis.

UNTEN Das Meer ist ein launischer Ort. Je nach den vorherrschenden Bedingungen können Wellen sanft einladend schaukeln oder wild aufgewühlt unablässig auf die Küsten einstürmen.

31 °C erreichen. Durch das Gewicht des Wassers entstehen große Unterschiede im Wasserdruck. In einer Tiefe von 1000 m ist der Druck 1000-mal höher als auf Meereshöhe. Dieser Druck sorgt für Ohrenschmerzen, wenn wir in die Tiefe tauchen. Außerdem müssen Taucher langsam auftauchen, damit sich der Körper auf die Druckveränderungen einstellen kann. Meerestiere haben sich an die verschiedenen Tiefen angepasst – Tiefseefische würden an der Oberfläche bersten; Lebewesen aus dem Flachwasser würden dagegen in der Tiefe zerquetscht werden.

WASSERBEWEGUNG

Die See ist ruhelos. Brechen sich Wellen an der Küste, führt ihre Kraft zu Erosion und anderen Schäden. Die Gezeiten heben und senken den Meeresspiegel zweimal täglich. Strömungen befördern Wasser, Eisberge, Wärme und verschiedenen Unrat über große Entfernungen. Küstenbewohner haben sich diese Bewegungen schon immer zunutze gemacht. Der Geograf Carl Sauer glaubte sogar, dass die Küste des östlichen Äquatorialafrikas die Wiege der Menschheit gewesen sei, da bei Ebbe kleine Tümpel mit einem leicht zugänglichen Nahrungsangebot freigelegt wurden.

In Gegenden mit großen Gezeitenunterschieden mussten der Fischfang, die Navigation und andere Aktivitäten auf diese abgestimmt werden. Wenn die Flut kommt, strömt sie oft mit großer Kraft als gefährliche Flutwelle Flussmündungen hinauf. Wellen – besonders solche, die von Stürmen generiert werden – können an der Küste für schwere Schäden sorgen, sind

aber bei Surfern beliebt. Riesenwellen, inklusive der Tsunamis, verwüsten ganze Landstriche. Heutzutage können wir dank modernster Technik die Kraft der Wellen, Gezeiten, Strömungen und sogar Temperaturunterschiede zur Stromerzeugung nutzen.

MEER UND KLIMA

Betrachtet man die Sonne als den Treibstoff, der die meisten Systeme der Erde antreibt, so sind die Ozeane der Motor, zumindest in Bezug auf Klima und Wetter. Die meisten Niederschläge, Temperaturen, Luftdrücke und Winde werden von den Meeren beeinflusst. Der Wasserkreislauf ist ein endloser Prozess von Verdunstung und Abregnung. Wasserflächen heizen sich nicht so schnell auf und kühlen sich nicht so schnell ab wie Landmassen. Deshalb gibt es in Küstenregionen meist

OBEN Deep-Rover-Tauchboote haben die Erforschung der Tiefsee revolutioniert. Taucher können heute sogar in der Tiefe Schweißarbeiten ausführen.

OBEN RECHTS Während des Monsuns beobachten Menschen in Mumbai, Indien, die gewaltigen Wellen, die von der Flut hervorgerufen werden.

RECHTS Überall auf der Welt sind Freizeitaktivitäten am und im Meer beliebt, z. B. Schwimmen, Surfen und Tauchen.

wärmere Winter und kühlere Sommer. Warme und kalte Strömungen befördern große Wassermengen, die das Klima fern ihrer Quellen beeinflussen. Kalte Strömungen sind für die Entstehung der trockensten Wüsten verantwortlich. Viele Windsysteme werden von den Luftdruckbedingungen beeinflusst, die über den Meeren entstehen.

Die Eigenschaften von Meerwasser

Die chemische Formel eines Wassermoleküls, H_2O, zeigt, dass Wasser aus zwei Wasserstoff- und einem Sauerstoffatom besteht. Die Wasserstoffatome sind in einem Winkel von fast 105° mit dem Sauerstoffatom verbunden. Dies macht das Wassermolekül asymmetrisch, wodurch ein Ende positiv geladen ist und das andere negativ.

DAS WASSERMOLEKÜL

Wasserstoffatome haben einzelne Elektronen, die sich meist in der Nähe des Sauerstoffatoms aufhalten, d. h., die Außenseite ist positiv geladen. Das Sauerstoffatom hat acht Elektronen, meist auf der dem Wasserstoffatom abgewandten Seite, sodass diese negativ geladen ist. Befinden sich Wassermoleküle nah beieinander, werden ihre positiv und negativ geladenen Bereiche von den gegensätzlichen Bereichen anderer Wassermoleküle angezogen. Diese schwachen Bindungen nennt man Wasserstoffbindungen. Wassermoleküle werden ständig in verschiedene Richtungen gezerrt, was zum Bruch der Bindung und zur Anheftung an andere

Wassermoleküle führt. Diese Anziehungskraft nennt man Kohäsion, und sie sorgt für die hohe Oberflächenspannung des Wassers. Wasserstoffbindungen halten Wassermoleküle zusammen und bilden so eine Oberfläche, die stark genug ist, dass ein kleines Insekt darauf laufen kann oder wir ein Glas knapp über den Rand hinaus füllen können.

SPEZIFISCHE WÄRMEKAPAZITÄT

Die Temperatur der Meere steigt und sinkt nur langsam. Dies hilft bei der Regulierung der Erdtemperatur, indem die Temperaturunterschiede zwischen Tag und Nacht und von Jahreszeit zu Jahreszeit verringert werden. Wärme und Temperatur sind ähnliche, aber leicht unterschiedliche Konzepte. Wärme ist die Energie, die durch die Vibration von Atomen oder Molekülen erzeugt wird. Objekte mit langsam vibrierenden Molekülen erzeugen weniger Energie als solche mit schnell vibrierenden. Die Temperatur misst die molekulare Bewegungsenergie einer Substanz, d. h., wie schnell deren Moleküle vibrieren. Die Menge, die benötigt wird, um die Temperatur von 1 g einer Substanz um 1 °C zu erhöhen, nennt man spezifische Wärme. Die spezifische Wärme von Wasser ist fünfmal höher als die von Granit. Daher benötigt 1 g Wasser fünfmal mehr Energie, um seine Temperatur um 1 °C zu steigern (siehe Tabelle unten). Eine weitere Konsequenz der hohen Wärmekapazität von Meerwasser ist, dass es seine Temperatur über große Distanzen aufrecht erhalten kann.

UNTEN Meerwasser enthält Hunderte von Viren. Durch das Hinzufügen von Farbe (rechts) können Forscher sie isolieren und untersuchen, um das komplexe Zusammenleben von Viren und Lebewesen besser verstehen zu können.

RECHTS Die Struktur eines Wassermoleküls in verschiedenen Aggregatzuständen. Die Wasserstoffatome sind weiß, die Sauerstoffatome rot.

Spezifische Wärmekapazität

SUBSTANZ	ZUSTAND	SPEZ. WÄRME JOULE/GRAMM °C
Ammoniak 0 °C	Flüssig	4,600
Wasser	Flüssig	4,186
Meerwasser	Flüssig	3,930
Alkohol (Ethanol) 0 °C	Flüssig	2,400
Olivenöl	Flüssig	1,960
Holz	Fest	1,700
Asphalt	Fest	0,920
Aluminium	Fest	0,900
Quarzsand	Fest	0,830
Granit	Fest	0,790
Graphit	Fest	0,720
Quecksilber	Flüssig	0,140
Gold	Fest	0,129

DIE DREI AGGREGATZUSTÄNDE VON WASSER

Die Erde ist im Sonnensystem einzigartig, denn ihr Temperaturspielraum ermöglicht es Wasser, in drei Aggregatzuständen vorzukommen. Unter 0 °C ist es fest und bildet Eis oder Schnee. Zwischen 0 °C und 100 °C ist es flüssig, und über 100 °C wird es zu Gas, dem Wasserdampf. Den Übergang von fest zu flüssig nennt man schmelzen und von flüssig zu fest gefrieren. Wird Flüssigkeit zu Gas, so nennt man das Verdunstung, umgekehrt heißt es Kondensation.

Wasser kann auch direkt vom festen in den gasförmigen Zustand übergehen (Sublimation) und umgekehrt (Deposition). Als Gas sind Wassermoleküle sehr lebhaft und verbinden sich nicht miteinander. Flüssige Moleküle haben weniger Energie; ihre Bindungen brechen ständig auf und bilden sich neu. Eis bildet sechseckige Kristalle, in denen die Wassermoleküle eingeschlossen sind und nur schwach vibrieren.

Eine besondere Eigenschaft des Eises ist, dass es etwa neun Prozent weniger dicht ist als Wasser. Wasser weist bei 4 °C die größte Dichte auf. Diese verringert sich, wenn Eiskristalle entstehen. Allein aus diesem Grund treibt Eis auf dem Wasser und macht das Leben im Ozean möglich. Wäre Eis dichter, würde es zum Meeresboden sinken und das Wasser von unten nach oben zufrieren lassen. Da es jedoch schwimmt, ist es der Sonnenstrahlung ausgesetzt, schmilzt und hält so den Großteil der Weltmeere in flüssigem Zustand.

SALINITÄT

Die meisten der im Meerwasser gelösten Chemikalien stammen vom Land. In den Meeren gibt es etwa 72 chemische Elemente, meist in sehr geringen Mengen.

Eines der wichtigsten Elemente ist Natriumchlorid (NaCl oder Salz). Die Salinität misst die Menge des im Meerwasser gelösten Salzes. Diese wird durch die Salzmenge ausgedrückt, die in 1 kg Meerwasser enthalten ist. Ist in 1 kg Wasser 1 g Salz gelöst, beträgt sie 0,1 Prozent.

Der Salzgehalt der Meere liegt zwischen 2,8 und 4 Prozent, wobei der Durchschnitt etwa 3,5 Prozent beträgt. Süßwasser aus Regen oder Flüssen verringert den Salzgehalt, während Verdunstung und Eisbildung die Salinität erhöhen. In Polargebieten ist der Salzgehalt geringer – zwischen 2,8 und 3,2 Prozent –, denn schmelzendes Eis „versüßt" das Wasser. In gemäßigten Regionen liegt die Salinität meist bei 3,5 Prozent, da die Verdunstung hoch und der Niederschlag gering ist.

In Gebieten um den Äquator ist durch den hohen Niederschlag der Salzgehalt des Meeres niedriger. In trockenen Regionen der Tropen kann die Salinität jedoch 3,5–3,7 Prozent erreichen. In den Meeren, die fast ganz von Land umschlossen sind, schwankt der Salzgehalt extrem. Das Rote Meer hat durch die sehr hohe Verdunstungsrate eine Salinität von vier Prozent, während diese im Schwarzen Meer mit den zahlreichen Flusseinmündungen bei unter zwei Prozent liegt.

OBEN Salzernte in der Saline Hon Khoi in Vietnam. Seichte Tümpel werden mit Meerwasser geflutet, das dann im Sonnenlicht langsam verdunstet. Anschließend wird das Salz von Arbeitern abgetragen.

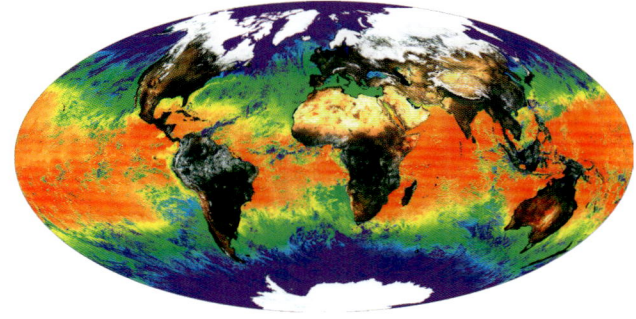

OBEN Ein Taucher betritt eine Dekompressionskammer. Um ihn wieder an den normalen Druck zu gewöhnen, wird der Luftdruck darin langsam erhöht oder gesenkt.

OBEN RECHTS Dieses NASA-Bild zeigt die Reflexion der Landmassen und die Oberflächentemperatur der Meere.

RECHTE SEITE Ein Sicherheitstaucher wartet mit einer extra Flasche Mischgas an einem Seil darauf, Taucher, die von einem Tieftauchgang aufsteigen, gegebenenfalls zu unterstützen.

RECHTS Ein Probenentnahmegerät für die Tiefsee wird vom Forschungsschiff *Thomas G. Thompson* in den Nordpazifik abgesenkt. Geräte wie dieses erlauben es Forschern, Tiefseeproben vor Ort zu studieren.

TEMPERATUR

Etwa 71 Prozent der Erdoberfläche ist von Meeren bedeckt. Die Wärme der Sonne wird vom Oberflächenwasser absorbiert und bleibt dort viel länger erhalten als auf dem Land oder in der Atmosphäre. Die Meere dienen als riesige Wärmespeicher mit einem Temperaturspielraum zwischen dem Äquator und den Polen von 34 °C (während dieser an Land 140 °C beträgt).

Die Oberflächentemperatur (SST = sea surface temperature) wird knapp unterhalb der Oberfläche gemessen. Aufgezeichnet wird sie von Bojen, von Schiffen auf Höhe des Wassereinlasses der Motoren oder auch ferngesteuert über Satelliten. Langzeitstudien der Messungen zeigen jährliche Fluktuationen von den Tropen bis zu den Polen. Tropische und Polarmeere erfahren dabei Unterschiede von weniger als 5 °C, während diese in gemäßigten Gewässern mit 10 °C am größten sind. Dank der Messungen verstehen

wir heute Strömungen, saisonale Wetterschwankungen und langfristige Klimaveränderungen viel besser. Ein Beispiel ist El Niño, eine Schwankung des ozeanografisch-meteorologischen Systems mit großen Auswirkungen auf das Wetter weltweit. In einigen Regionen führt El Niño zu katastrophalen Hochwassern, in anderen zu extremer Dürre. Die SST ist zudem ein entscheidender Faktor in der Entstehung tropischer Wirbelstürme. Erreicht sie 27 °C oder mehr, werden aus tropischen Depressionen oft Wirbelstürme.

Direkt unterhalb der Oberfläche liegt eine Schicht, deren Temperatur durch Wind- und Wellenbewegungen saisonal schwankt. In Tiefen von 100 m ist die Temperatur hingegen relativ konstant. Jenseits dieser Schicht folgt eine Sprungschicht, in der die Temperatur schneller sinkt. Darunter liegt die Tiefsee, die etwa 90 Prozent des gesamten Meeresvolumens ausmacht. Dort sinkt die Wassertemperatur langsam auf 3 °C. Das tiefste und kälteste Wasser – zwischen –0,8 °C und 0 °C – hat seinen Ursprung in der Nähe der Antarktis und fließt in nördlicher Richtung.

DRUCK

Der Wasserdruck lässt sich gut mit dem Luftdruck vergleichen, der auf Meereshöhe am höchsten ist und mit jedem Höhenmeter abnimmt. Die Schwerkraft konzentriert und komprimiert die Luftmoleküle in der unteren Atmosphäre. Auf Meereshöhe übt Luft einen Druck von einem Bar (1 kg/cm²) aus. Unser Körper kompensiert dies, indem er mit dem gleichen Druck nach außen wirkt. Die Wassermoleküle im Meer sind bereits äußerst stark komprimiert, deshalb steigt der Wasserdruck mit zunehmender Tiefe konstant. Wasser ist schwerer als Luft. Alle zehn Meter steigt der Druck um ein Bar. In 20 m Tiefe herrscht ein Druck von drei Bar, in 30 m sind es vier Bar.

Ungeschützte Taucher können problemlos einem Druck von 3–4 Bar standhalten, müssen aber nach einem langen oder tiefen Tauchgang Dekompressionszeiten einhalten, um der Dekompressionskrankheit zu entgehen. Beim Abtauchen reichert sich das Körpergewebe des Tauchers mit Stickstoff an. Steigt er nun zu schnell auf, perlt der Stickstoff in das Gewebe aus, anstatt abgeatmet zu werden. Die Symptome reichen von Juckreiz („Taucherflöhe") und Gelenkschmerzen bis zu Lähmungen und Tod. Viele Meerestiere haben sich an die Bedingungen in der Tiefe angepasst, indem ihr Druck im Körperinneren dem Außendruck gleicht.

Gezeiten und Wellen

Das rhythmische Ansteigen und Abfallen des Meeresspiegels an den Küsten nennt man Gezeiten; die langperiodischen Wellen werden von der Erdrotation sowie den Anziehungskräften von Mond und Sonne ausgelöst. Die Anziehungskraft des Mondes ist stärker, da er näher an der Erde liegt. Der veränderliche Wasserspiegel versetzt das Wasser waagerecht in Bewegung und verursacht Gezeitenströmungen. Diese sind vor allem an Küsten mit schmalen Passagen sehr stark.

UNTEN Die Wellen, die sich an den Felsen der hawaiianischen Küste brechen, lassen den abenteuerlustigen Surfer ganz klein wirken. Wellen entstehen, wenn Wind über die Wasseroberfläche weht. Durch die entstehende Reibung bilden sich Wellen.

In vielen Häfen werden seit Jahrhunderten die Gezeiten genau gemessen. Das Wissen um die Spanne der Tiden und Tidenströmungen ermöglicht es uns, den Zustand des Küstenökosystems zu überwachen und die Navigation für die Schifffahrt und die technischen Voraussetzung für das Bauen an der Küste zu verbessern.

Die Gezeiten werden durch veränderliche Anziehungskräfte von Sonne und Mond im Rahmen der Erdrotation ausgelöst. Die Stärke der Anziehungskraft hängt von Masse und Entfernung ab. Die Sonne ist das größte Objekt unseres Sonnensystems – ihre Masse ist 27-millionenfach größer als die des Mondes. Der Mond liegt aber 390-mal näher an der Erde. Die Entfernung zwischen Erde und Mond beträgt im Durchschnitt 384 403 km, während es von der Erde zur Sonne 150 Millionen km sind. In Bezug auf die Anziehungskraft

ist die Entfernung zwischen zwei Objekten entscheidender als ihre Masse. Die Gravitationskraft der Sonne ist daher nur etwa halb so groß wie die des Mondes.

Die Anziehungskraft des Mondes verursacht zwei Flutberge – einen auf der dem Mond zugewandten und einen auf der abgewandten Seite. Der Mond zieht das ihm am nächsten gelegene Wasser an und löst so einen Flutberg aus. Auf der anderen Seite ist die Gravitationskraft des Mondes am geringsten und sorgt für einen weiteren Flutberg. Zwischen den beiden Flutbergen liegen zwei Gebiete mit Ebbe. Erde und Mond drehen sich um einen gemeinsamen Schwerpunkt, der etwa 4800 km vom Mittelpunkt der Erde entfernt ist. Eine vollständige Rotationsperiode dauert 24 Std., 50 Min. – 54 Minuten länger als eine Umrundung der Sonne. Die zusätzlichen Minuten treten auf, weil die Erde und

der Mond sich in die gleiche Richtung umeinander drehen, wie sich die Erde um ihre Achse dreht.

Alle 24 Std., 50 Min. entstehen durch die Erdrotation also zwei Fluten und zwei Ebben. Im Schnitt kommt die Flut alle 12 Std., 25 Min., und die Ebbe folgt ihr nach 6 Std., 12,5 Min. Den Höhenunterschied zwischen Ebbe und Flut bezeichnet man als Tidenhub. Die Bay of Fundy an der Atlantikküste zwischen Kanada und den USA hat einen sehr großen Tidenhub von 17 m. Anderenorts spürt man die Unterschiede kaum.

DIE MONATLICHEN ZYKLEN
VON SPRING- UND NIPPTIDEN

Mondphasen sind das Ergebnis verschiedener Beleuchtungswinkel der Mondoberfläche. Der Mondphasenzyklus wiederholt sich alle 29,5 Tage. Es gibt vier Hauptphasen: Vollmond (die beleuchtete Mondseite ist der Erde vollständig zugewandt), Neumond (die beleuchtete Seite ist der Erde vollständig abgewandt), zunehmender Mond (eine Hälfte der der Erde zugewandten Seite ist beleuchtet) und abnehmender Mond (die andere Hälfte der der Erde zugewandten Seite ist beleuchtet). Nipptiden (kleine Fluten) treten bei Halbmond auf, Springtiden (große Fluten) bei Voll- und Neumond. Starke Springtiden bilden sich, wenn Erde, Sonne und Mond in einer Linie stehen. Schwache Nipptiden entstehen, weil sich die Gravitationskräfte von Sonne und Mond durch die rechtwinklige Stellung zueinander aufheben.

GEZEITENSTRÖMUNGEN

Die senkrechte Bewegung von Wasser sorgt für waagerechte Gezeitenströmungen. Bei Flut fließt sie an die Küste, bei Ebbe in umgekehrter Richtung auf das Meer hinaus. Kurz nach Beginn von Ebbe oder Flut sind die Strömungen am stärksten. Gezeitenströmungen können in schmalen Durchlässen eine Geschwindigkeit von mehreren Knoten erreichen. Stauwasser tritt auf, wenn es kurz vor dem Gezeitenwechsel praktisch keine Gezeitenströmung mehr gibt.

WELLEN

Meereswellen entstehen durch Reibung von Wind und Wasser auf der Wasseroberfläche. Wellen können Tausende von Kilometern über den Ozean reisen; sie können leichte Riffel auf der Wasseroberfläche sein oder fast 30 m hohe Giganten. Interessanterweise bewegen sich die einzelnen Wasserpartikel in der Welle praktisch nicht vorwärts, bevor sie bricht. Wasser ist schlicht ein Medium, durch das sich die kinetische Energie hindurch bewegt.

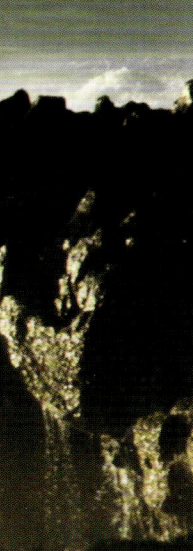

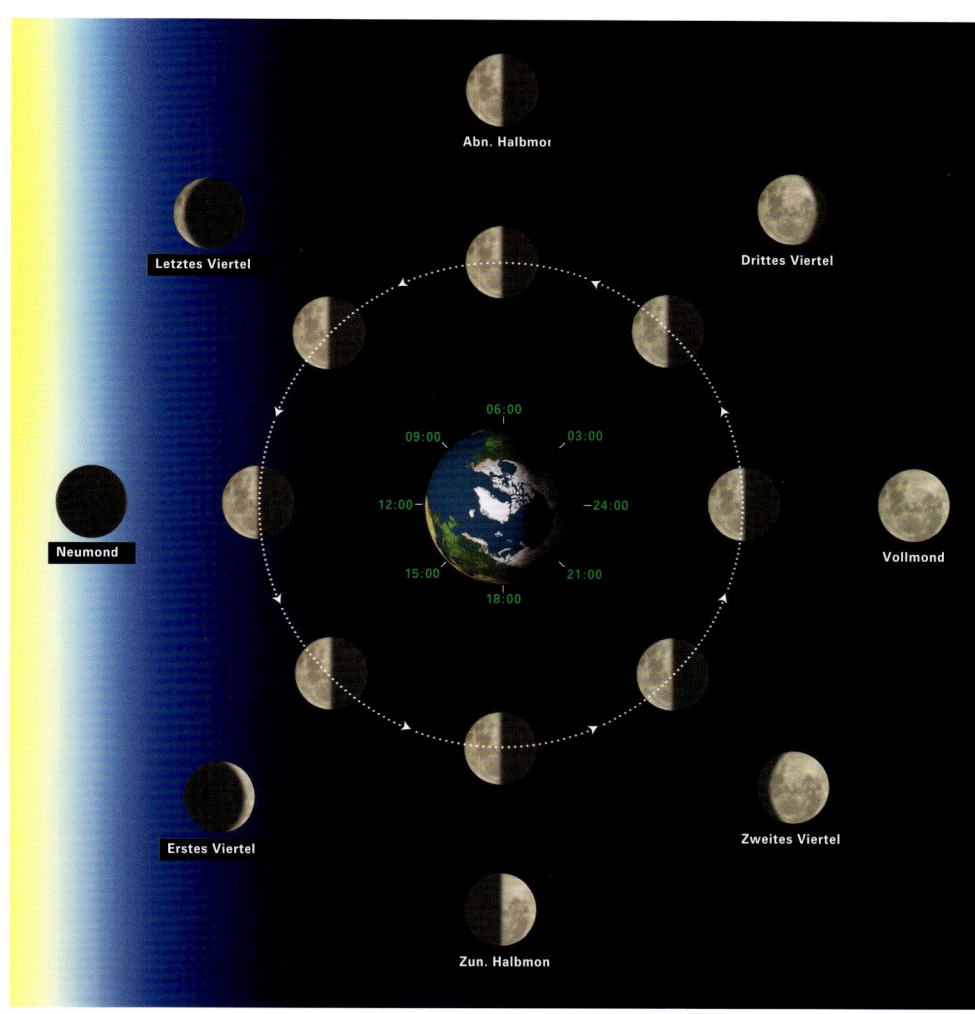

OBEN Die Mondphasen. Der innere Ring zeigt den Mond von oben gesehen. Von der Erde aus sehen wir nur den uns zugewandten Teil. Das ist der beleuchtete Teil des Mondes innerhalb des weißen Kreises.

LINKS Bei Ebbe liegen diese Fischerboote in Portugal auf dem Trockenen. Jeden Tag gibt es zweimal Ebbe und Flut.

Eine Wellenreihe besteht aus mehreren Teilen. Der Wellenkamm ist der höchste Punkt der Welle, das Wellental zwischen zwei Wellen der tiefste. Die Wellenlänge ist die waagerechte Distanz zwischen den Kämmen zweier aufeinanderfolgender Wellen. Die Wellenhöhe ist die senkrechte Distanz zwischen Kamm und Tal. Die Wellenperiode misst den zeitlichen Abstand zwischen zwei Wellenkämmen. Diesen berechnet man, indem man einen Fixpunkt bzw. ein schwimmendes Objekt nimmt und zählt, wie viele Sekunden zwischen zwei Kämmen vergehen. Eine Wellenperiode kann zwischen 0,5 Sek. und 12 Std. (bei Gezeiten) lang sein.

OBEN Der Bug dieses Schiffes zerteilt gewaltige Wellen, die durch einen Sturm entstanden. Unter diesen Bedingungen können Wellen 6 m hoch werden.

RECHTE SEITE Omaha Beach, Calvados, Frankreich. Wellen und Gezeiten spielen bei der Entstehung eines Strandes eine wichtige Rolle, denn sie sorgen für die Erosion und Ablagerung von Sedimenten.

WELLENBILDUNG

Wellen werden von vier Faktoren beeinflusst: Windgeschwindigkeit, Fetch, Dauer und Wassertiefe. Bei Kontakt mit der Wasseroberfläche verursacht Wind Reibung und eine Druckveränderung. Größere Windgeschwindigkeiten verstärken den Effekt und die Höhe der Wellen. Als Fetch (Windlauflänge) bezeichnet man die Länge der Anlaufstrecke des Windes über Wasser ohne große Richtungsänderung. Gleichmäßige Winde, die über eine lange Strecke wehen, erzeugen höhere Wellen. Als Dauer bezeichnet man die Zeit, in der die Wasseroberfläche anhaltendem Wind ausgesetzt ist. Die Wellenhöhe wird von der Wassertiefe beeinflusst, weil Energie sich auch in tieferem Wasser fortsetzt. Ist die Wassertiefe größer als die Hälfte der Wellenlänge, spricht man von einer Tiefwasserwelle. In seichtem Wasser kann eine Welle ihre Energie nicht nach unten ableiten, sodass sie kopflastig wird und zusammenfällt.

WELLENARTEN

Wind sorgt für die Entstehung verschiedener Wellenarten. Diese Wellen entstehen in dem Gebiet, in dem der Wind weht. Kommt dieser in kurzer Zeit aus mehreren Richtungen, bilden sich sogenannte stehende Wellen, die dann kollidieren. Eine direkte Vorwärtsbewegung gibt es nicht. Im Jahr 1805 entwickelte der Engländer Sir Francis Beaufort eine standardisierte Methode zur Beschreibung der Wellengröße, die heute noch genutzt wird (siehe Kasten rechte Seite). Dünung entsteht, wenn die Wellenenergie sich vom Entstehungsort fortpflanzt und einheitliche symmetrische Wellen bildet, die große Entfernungen zurücklegen können.

BRECHENDE WELLEN

Eine Welle bricht, wenn die Basis den Kopf nicht mehr stützen kann, z. B. wenn sie vom tiefen Wasser ins flache Wasser an der Küste gelangt. Es gibt drei Arten von Brechern, die von der Steilheit der küstennahen Seegrundneigung abhängig sind. Schwallbrecher bilden sich an relativ flachen Küsten, an denen der Wellenkamm sanft über die Vorderfront der Welle gleitet. Sturzbrecher entstehen an Küsten mit mittlerem Gefälle und machen viel Lärm, wenn die im sich überschlagenden Wellenkamm eingeschlossene Luft freigesetzt wird. Reflexionsbrecher entstehen an sehr steilen Küsten. Die Wellenbasis läuft im gleichen Tempo wie der Kamm, sodass die Welle kaum bricht.

RIESENWELLEN

Riesenwellen sind gigantische Wellen – viel höher als vom Wind erzeugte und mit anderer Form. Die Wellenfront ist sehr steil und das Wellental äußerst tief. Viele Wissenschaftler hielten Berichte über diese Wellen für fragwürdig, bis Messungen am 1. Januar 1995 eine Riesenwelle an der Draupner-Bohrinsel in der Nordsee bestätigten. Sie hatte eine Maximalhöhe von 25,6 m.

Die Beaufortskala

STÄRKE (KN)	WIND (WMO*)	KLASSIFIKATION	WIRKUNG AUF DEM MEER
0	Unter 1	Windstille	Spiegelglatte See
1	1–3	Leiser Zug	Leichte Kräuselwellen
2	4–6	Leichte Brise	Kurze, kleine Wellen mit glasiger Oberfläche
3	7–10	Schwache Brise	Leichte Wellen mit erster Schaumbildung
4	11–16	Mäßige Brise	Kleine, länger werdende Wellen (90 cm–1,2 m) mit zahlreichen Schaumköpfen
5	17–21	Frische Brise	Mäßige Wellen (1,2–2,4 m) von großer Länge, zahlreiche Schaumköpfe, erste Gischtbildung
6	22–27	Starker Wind	Größere Wellen (2,4–4 m), überall Schaumköpfe, verstärkte Gischtbildung
7	28–33	Steifer Wind	Relativ hohe Wellen (4–6 m), Schaumstreifen von brechenden Wellenköpfen in Windrichtung
8	34–40	Stürm. Wind	Relativ hohe Wellen (4–6 m) von größerer Länge, Köpfe werden verweht, überall Schaumstreifen
9	41–47	Sturm	Hohe Wellen (6 m), verwehte Gischt, dichte Schaumstreifen, eingeschränkte Sichtweite durch Gischt
10	48–55	Schwerer Sturm	Sehr hohe Wellen (6–9 m), überhängende Kämme, schwere Brecher, weiße Flecken auf dem Wasser
11	56–63	Orkanart. Sturm	Extrem hohe Wellen (9–14 m), brüllende See, stark eingeschränkte Sicht
12	64+	Orkan	Luft mit Schaum und Gischt erfüllt, Wellen über 14 m, See völlig weiß, keine Sicht mehr

*World Meteorological Organization

Strömungen

Das Wasser in den Meeren ist ständig in Bewegung, und Meeresströmungen sind das Transportsystem, das Wasser von einem Ort zum anderen befördert. Strömungen haben großen Einfluss auf das Klima, aber auch auf marine wie terrestrische Ökosysteme. Wir unterscheiden zwischen Oberflächenströmungen und Tiefenströmungen.

UNTEN Die Beobachtungen des norwegische Polarforschers Fridtjof Nansen über Polartiden und Strömungen inspirierten die Studien des Physikers V. Walfrid Ekman, der die Auswirkungen untersuchte, die Wind hat, der stetig über eine Wasserfläche weht.

GANZ UNTEN Ein Seestern schwebt auf dem Zweig einer Peitschenkoralle im Roten Meer.

Oberflächenströmungen werden vor allem vom Wind angetrieben und kommen in den obersten 400 m des Meeres vor. Sie machen etwa zehn Prozent des Meerwassers aus. Die restlichen 90 Prozent bestehen aus Tiefenströmungen. Beide sind zum Großteil für den globalen Wärmeaustausch verantwortlich.

OBERFLÄCHENSTRÖMUNGEN

Oberflächenströmungen werden durch den Wind angetrieben, mittels atmosphärischer Zirkulationsmuster. Das Tempo einer derartigen Strömung beträgt etwa zwei Prozent der Windgeschwindigkeit, vorausgesetzt, die Windgeschwindigkeit bleibt längere Zeit konstant. Bläst Wind z. B. zwölf Stunden mit 20 Knoten (37 km/h), läge das Strömungstempo bei 0,4 Knoten (0,75 km/h). Strömungen verändern sich in Richtung und Tempo, da sich äußere Gegebenheiten ebenfalls ständig ändern.

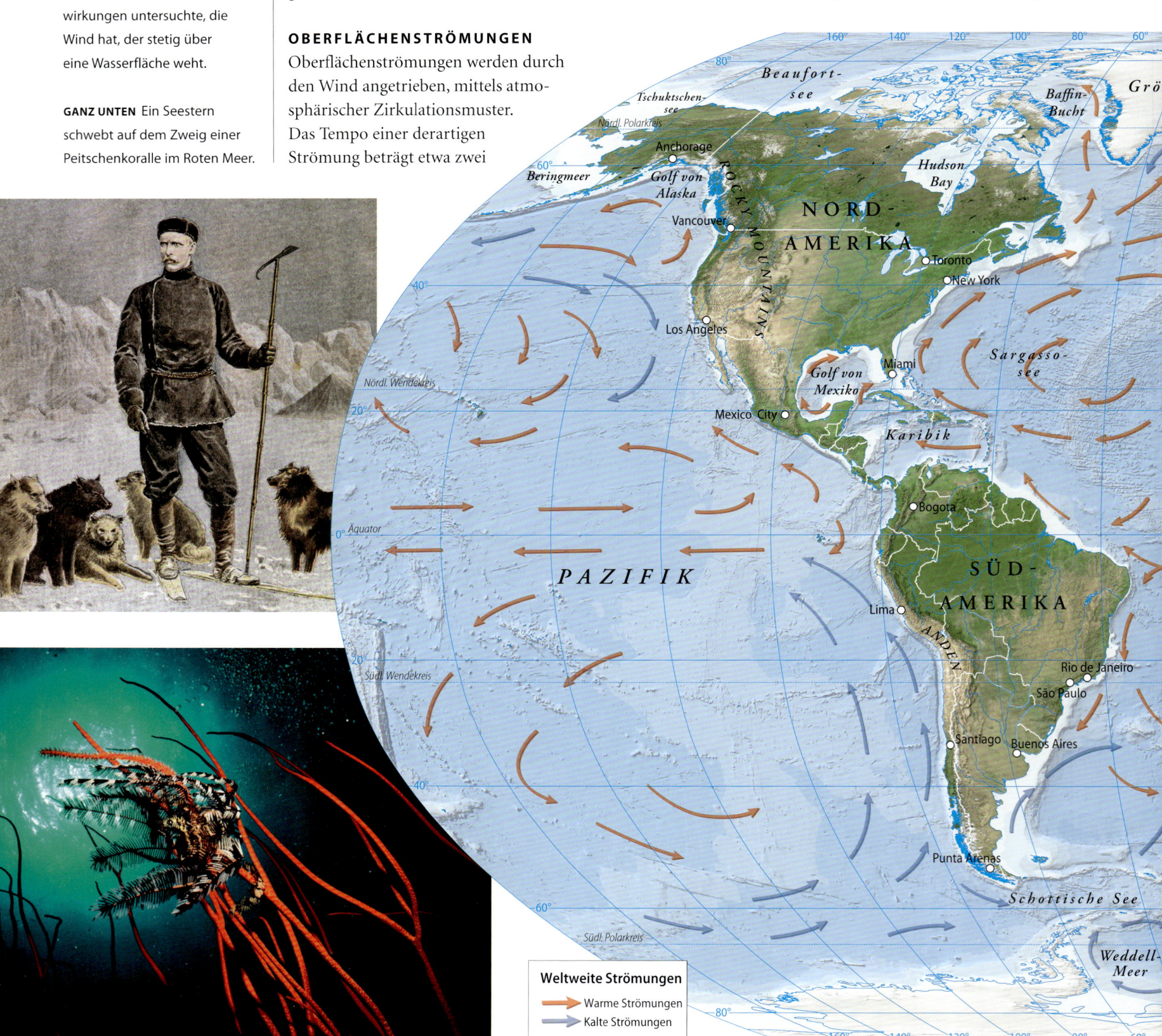

Weltweite Strömungen
→ Warme Strömungen
→ Kalte Strömungen

DIE CORIOLISKRAFT

Ein weiterer Faktor bei den Meeresströmungen ist die Corioliskraft. Sie wurde 1835 erstmals von dem französischen Ingenieur Gaspard-Gustave de Coriolis (1792–1843) entdeckt und beschreibt die Ablenkung eines sich frei bewegenden Objekts aufgrund der Erdrotation. Auf der Nordhalbkugel werden Objekte nach rechts (im Uhrzeigersinn) abgelenkt, auf der Südhalbkugel nach links (entgegen dem Uhrzeigersinn). In höheren Breitengraden wirkt sich die Corioliskraft stärker aus.

EKMAN-SPIRALE UND EKMAN-TRANSPORT

Die kombinierten Auswirkungen von Wind und Corioliskraft veranlassen Strömungen dazu, in einem Winkel zur vorherrschenden Windrichtung zu fließen. Diesen Effekt nennt man Ekman-Spirale, nach dem schwedischen Physiker V. Walfrid Ekman (1874–1954), der 1905 als Erster das Phänomen beschrieb.

Gewöhnlich beträgt der Winkel zwischen Wind und Oberflächenströmung im offenen Meer 45°. In seichten Küstengewässern können es aber auch weniger als 10° sein. Jede Schicht fließenden Wassers versetzt die darunter liegende Schicht in Bewegung. Die untere Schicht wird zudem von der Corioliskraft abgelenkt. Das führt zu einem spiralförmigen Fließmuster, das sich von oben nach unten fortsetzt. Am Übergang zwischen den einzelnen Schichten kommt es aber zu

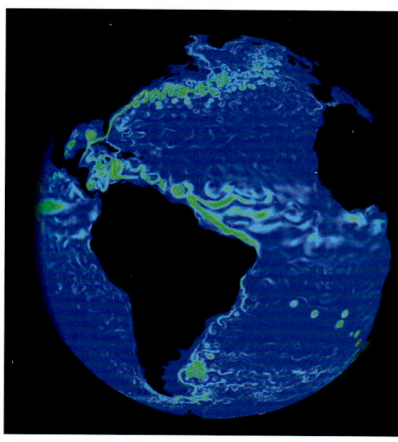

OBEN Dieses NASA-Bild zeigt die Fortbewegung der Meeresströmungen. Die hellgrünen Bereiche deuten auf schnell fließende, die blauen auf langsamer fließende Strömungen hin.

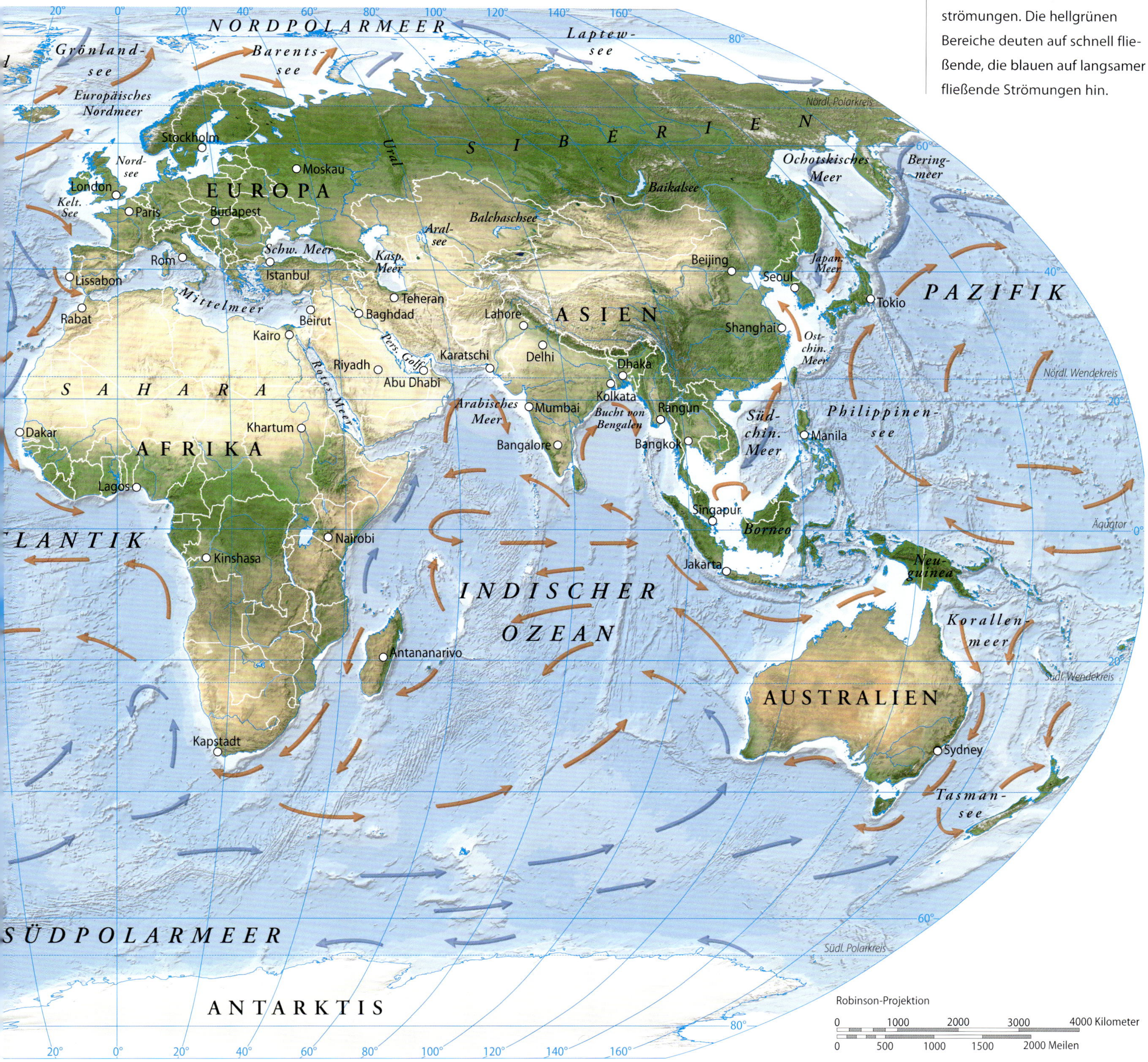

NORDPOLARMEER
Laptew-see
Grönland-see
Barents-see
Europäisches Nordmeer
Nördl. Polarkreis
SIBIRIEN
Ochotskisches Meer
Bering-meer
Stockholm
Nord-see
Moskau
Ural
EUROPA
Baikalsee
London
Kelt. See
Paris
Budapest
Balchaschsee
Japan. Meer
Rom
Schw. Meer
Aral-see
Beijing
Seoul
Tokio
PAZIFIK
Lissabon
Istanbul
Kasp. Meer
Shanghai
Ost-chin. Meer
Rabat
Mittelmeer
Teheran
Beirut
Baghdad
Lahore
ASIEN
Kairo
Pers. Golf
Karatschi
Delhi
Dhaka
Nördl. Wendekreis
Riyadh
Abu Dhabi
Kolkata
SAHARA
Rotes Meer
Khartum
Arabisches Meer
Mumbai
Bucht von Bengalen
Rangun
Süd-chin. Meer
Manila
Philippinen-see
Dakar
Bangalore
Bangkok
AFRIKA
Lagos
Singapur
Borneo
ATLANTIK
Nairobi
Jakarta
Neu-guinea
Kinshasa
INDISCHER
Korallen-meer
OZEAN
Äquator
Antananarivo
AUSTRALIEN
Südl. Wendekreis
Kapstadt
Sydney
Tasman-see
SÜDPOLARMEER
60°
Südl. Polarkreis
ANTARKTIS
80°

Robinson-Projektion

0 1000 2000 3000 4000 Kilometer
0 500 1000 1500 2000 Meilen

Wirbel bilden. Insgesamt gibt es fünf
große subtropische Wirbel: zwei im
Pazifik, zwei im Atlantik sowie einen
im Indischen Ozean. Meeresströmungen fließen entlang der Wirbelränder;
einige dieser Strömungen sind relativ
warm, andere eher kalt.

Die Strömungen an den westlichen
Rändern sind besonders stark und tief.
Sie befördern warmes Wasser aus der
Äquatorregion an die Pole. Die fünf
warmen Strömungen sind der Golfstrom (Nordatlantik), der Kuroshio
(Nordpazifik), der Brasilstrom (Südatlantik), der Agulhasstrom (Indischer
Ozean) sowie der Ostaustralstrom
(Südpazifik). Der größte und stärkste
von ihnen ist der Golfstrom. Er bewegt
sich mit einer Geschwindigkeit von
4 kn (7,4 km/h) und befördert etwa
300-mal mehr Wasser als der gewaltige
Amazonas in Südamerika.

Auch an den östlichen Rändern gibt
es fünf Strömungen. Sie transportieren
kaltes Wasser aus nördlichen Breiten in
die Tropen. Zu den fünf kalten Strömungen gehören der Kanarenstrom
(Nordatlantik), der Benguelastrom
(Südatlantik), der Kalifornienstrom
(Nordpazifik), der Humboldtstrom
(Südpazifik) sowie der Westaustral-
strom (Indischer Ozean). Sie alle sind
flacher und befördern weniger Wasser
als die westlichen Randströmungen.

Querströmungen fließen von
Westen nach Osten oder umgekehrt.
Strömungen, die von Osten nach
Westen fließen, transportieren Wasser
entlang der Äquatorialbereiche der
Wirbel und werden von Passatwinden angetrieben. Es
gibt sechs Äquatorialströme, die in Nord- und Süd-
äquatorialströme geteilt werden. Sechs Strömungen
fließen entlang der nördlichen Wirbelränder und
transportieren Wasser von Westen nach Osten. Letztere werden durch die vorherrschenden Westwinde
angetrieben, die jedoch nicht so zuverlässig wehen
wie die Passatwinde. Die Strömungen sind daher
breiter und langsamer als die Äquatorialströme.

Der Antarktische Zirkumpolarstrom befördert die
größten Wassermassen. Er fließt ostwärts auf der Höhe
des 60° südlicher Breite um die Antarktis. Angetrieben
von ständigen Westwinden umkreist er den antarktischen Kontinent, anstatt zu einem rotierenden Ozean-
wirbel zu werden. So hält er warmes Wasser von der
Antarktis fern und fördert die Aufrechterhaltung des
gewaltigen Eisschildes. Das ist nur im Südpolarmeer
möglich, da die Ost-West-Strömungen auf der Nordhalbkugel von Kontinenten unterbrochen werden.

OBEN Starke Gezeitenströme
schieben Wasser aus der Nordsee und dem Atlantik durch die
schmale Straße von Dover. Auf
diesem Foto, aufgenommen am
14. März 2001 vom Advanced
Spaceborne Thermal Emission
and Reflection Radiometer
(ASTER) auf NASAs Terra-
Satelliten, sieht man schnell
fließendes Wasser als weiße
Streifen dargestellt.

Energieverlust, wodurch sich tiefere Schichten langsamer bewegen. Da sich der Fließwinkel mit zunehmender Tiefe vergrößert, kann die Strömung in der Tiefe
in entgegengesetzter Richtung zur Oberfläche fließen.

Der Ekman-Transport neigt dazu, Oberflächenwasser im Westen und im Zentrum der Ozeane anzustau-
en, was zu einer Höhenänderung des Wasserspiegels
führt. Zudem führt er Oberflächenwasser von den
Küsten weg, wenn Bodenwinde in der gleichen
Richtung wehen, in die die Küstenströmung fließt.
Das führt zu einem Auftrieb kälteren Tiefenwassers,
das wichtige Nährstoffe für viele Meeresbewohner
liefert. Fällt dies weg, sterben zahlreiche Tierbestände.
Berühmte Beispiele dafür sind die Wärmeperioden
während des El Niño im tropischen Pazifikraum.

OZEANWIRBEL UND -STRÖMUNGEN

Die langfristigen, durchschnittlichen Muster der
Oberflächenströmungen verdeutlichen, dass sie riesige

Die riesigen Kontinentalmassen auf der Nordhalbkugel verhindern die Entstehung großer Strömungen wie des Antarktischen Zirkumpolarstromes. Stattdessen bilden sich kleinere subpolare Wirbel um saisonale Zirkulationsmuster herum, z. B. das Aleuten- oder das Islandtief. Diese Systeme rotieren in entgegengesetzter Richtung zu den subtropischen Wirbeln. Das führt dazu, dass die Ekman-Spirale Oberflächenwasser aus der Mitte der Region wegtransportiert, und nährstoffreiches Tiefenwasser gelangt an die Oberfläche.

TIEFENSTRÖMUNGEN

Tiefenströmungen werden durch die Dichte des Wassers und die Erdanziehungskräfte angetrieben. Die Strömungen sind eigentlich ein zusammenhängender, gewaltiger, langsam fließender Tiefseestrom, der die Weltmeere miteinander verbindet. Der Dichteunterschied hängt mit Veränderungen im Salzgehalt und der Wassertemperatur zusammen. Das ganze System bezeichnet man als thermohaline Zirkulation, nach den griechischen Wörtern „therme", Wärme, und „halos", Salz. Umgangssprachlich wird das System auch „globales Förderband" genannt.

DER GOLFSTROM UND DAS KLIMA

Die Dichte des Wassers erhöht sich, wenn die Temperatur sinkt und/oder der Salzgehalt steigt. Beide Prozesse finden im Nordatlantik und dem Südpolarmeer statt. Im Nordatlantik fließt warmes Wasser vom Golfstrom in Richtung des Pols und kühlt dabei langsam ab. Kalte trockene Winde aus Kanada, Grönland und Island senken die Meeresoberflächentemperatur auf −2 °C. Gefriert das Meerwasser, werden Salze ausgefällt, sodass Eis entsteht, das aus Süßwasser besteht – gleichzeitig steigt der Salzgehalt im restlichen Wasser. Dies macht die Wassersäule dichter als das sie umgebende Wasser, und sie sinkt nach und nach zur Tiefseeebene ab. Dort dehnt sie sich langsam aus und fließt durch die Weltmeere. Auf ihrem Weg treibt ein Teil des Wassers im Indischen Ozean an die Oberfläche; der Rest gelangt schließlich im Pazifik an die Oberfläche. An der Oberfläche fließt es zurück in die Polarregionen. Ein ganzer Zyklus dauert etwa 1000 Jahre.

Der durchgehende Fluss des globalen Förderbandes hat starken Einfluss auf unser Klima. Der Golfstrom fließt nordostwärts und mäßigt die Temperaturen in Westeuropa. Würde das Förderband langsamer werden oder stehenbleiben, könnte sich auch der Golfstrom verlangsamen oder umgeleitet werden. Die Temperaturen in Europa würden sinken, was zu einer Verkürzung der Vegetationsperiode und einer Abnahme der landwirtschaftlichen Erträge führen könnte.

Das thermohaline Zirkulationssystem besteht zwar aus mehreren Teilen, der Nordatlantik ist jedoch eine ganz entscheidende Komponente. Hinweise aus paläoklimatischen Studien deuten an, dass das globale Förderband bereits in der Vergangenheit versagte. Vor 12 000 Jahren kam es in der Jüngeren Dryaszeit zum

auffälligsten Ereignis. Nach Ende der letzten Eiszeit begannen die Temperaturen wieder zu steigen, als sie ganz plötzlich im Nordatlantik für einen Zeitraum von 1000 Jahren erneut sanken. Klimaforscher sind der Ansicht, dass der rapide Zufluss von Süßwasser aus schmelzenden Gletschern, Gletscherseen und Eisbergen den Salzgehalt des Wassers und somit seine Dichte verringerte. Das zeigt uns, wie schnell sich das Klima ändern kann.

Heute sind die Voraussetzungen jedoch anders. Die Veränderungen in der Beziehung zwischen Sonne und Erde sowie erhöhte Kohlendioxidwerte erschweren eine Vorhersage, wie das globale Förderband auf einen starken Süßwasserzufluss durch das Schmelzen des grönländischen Eisschildes reagieren würde.

LINKS Dieses Bild wurde 1994 vom Spaceshuttle *Endeavour* aufgenommen. Es zeigt einen Wirbel im nordatlantischen Golfstrom im Sonnenlicht. Ein Wirbel bewegt sich in entgegengesetzter Richtung zur vorherrschenden Strömung.

UNTEN Eine Luftaufnahme von Schmelzwasserseen und -flüssen auf dem Packeis Grönlands, aufgenommen im Jahr 2006. Befürchtungen werden laut, dass die Erderwärmung das Abschmelzen dieses zweitgrößten Eisschildes der Welt beschleunigt. Das würde zu einem starken Anstieg des Meeresspiegels führen.

Der Mythos der „Sieben Meere"

Die 71 Prozent der Erdoberfläche, die von Meerwasser bedeckt sind, wurden willkürlich in Ozeane, Meere, Seen, Golfe, Buchten usw. aufgeteilt. Ihre Anzahl, Definitionen und Namen sorgen jedoch seit langer Zeit für Diskussionen. Jede Kultur dieser Welt hat ihre eigenen Vorstellungen von und Bezeichnungen für die Gewässer in ihrem Gebiet. Frühe Zivilisationen im östlichen Mittelmeer glaubten z. B., die Erde sei eine Scheibe, umgeben von einem Strom, der die Welt umfließt.

DIE SIEBEN WELTMEERE

In der westlichen Zivilisation gab es Streit, seit die antiken Griechen die großen bekannten Gewässer mit der mystischen Zahl Sieben in Verbindung brachten. Früher konnten weit gereiste Seefahrer sich damit brüsten, „die sieben Meere" besegelt zu haben. Für die ersten griechischen Seeleute waren die sieben Meere *Mare Internum* (Mittelmeer), Euxine (Schwarzes Meer), Ionisches Meer, Ägäis, Kaspisches Meer und zwei Gebiete des Indischen Ozeans, das Rote Meer und der Persische Golf. Später wurden daraus Mittelmeer, Schwarzes Meer, Kaspisches Meer, Adria, Rotes Meer, Persischer Golf und Indischer Ozean. Mit zunehmendem Wissen begannen auch die Europäer, sieben Meere zu definieren. Neben dem Arktischen und Indischen Ozean wurden Atlantik und Pazifik in Nord- und Südsektoren unterteilt und die südlichsten Gewässer als Antarktischer Ozean (Südpolarmeer) bezeichnet.

OBEN Der Anemonenfisch geht eine symbiotische Verbindung mit der Seeanemone ein, frisst alles, was dieser potenziell schaden könnte und produziert bei der Verdauung Nährstoffe für die Anemone.

UNTEN Bei Ebbe werden am Seal Beach in Oregon, USA, mit Algen bewachsene Brandungspfeiler sichtbar. Die Spitzen der größten Pfeiler sind bei Flut gerade noch zu erkennen.

SÜDLICHE GEWÄSSER

Im 20. Jh. wurden auf den meisten Karten und Globen nur vier Ozeane dargestellt: Atlantik, Pazifik, Indischer und Arktischer Ozean (Nordpolarmeer). Auf einigen wurde schließlich der Antarktische Ozean hinzugefügt, der heute vor allem als Südpolarmeer bekannt ist, dessen nördliche Grenze – je nach Auslegung – zwischen dem 35° und 60° südlicher Breite liegt.

Die Bezeichnung bleibt jedoch weiter inoffiziell. Für die International Hydrographic Organization liegen die Gewässer des Südlichen Ozeans (auch Südpolarmeer oder Antarktischer Ozean) südlich des 60° südlicher Breite. Die meisten Geografen erkennen dagegen weiterhin nur vier Ozeane an.

OBERFLÄCHE

Die weltumspannenden Meere sind riesig – sie bedecken 106 Millionen km^2 des Planeten (Gesamtoberfläche: 150 Millionen km^2). Allein das Pazifikbecken ist bereits größer als alle Kontinente und Inseln der Erde zusammen genommen!

Viele Unterteilungen zwischen den Ozeanen bleiben so vage und umstritten wie ihre Anzahl und Bezeichnungen. Fügt man dann noch die Meere, Seen, Golfe und Buchten hinzu, ist die Verwirrung komplett.

Die physikalischen Eigenschaften von Meerwasser wie Temperatur und Salzgehalt variieren sehr, abhängig vom Standort. Ebenso wichtig sind die Tiefe und der Wasserdruck in den Ozeanen und Meeren.

UNTERWASSERREGIONEN

Geologisch gesehen ist der Meeresboden vielfältig und weist zahlreiche Extreme auf. Die höchsten Berge der Welt, die längsten Gebirgsketten, tiefsten Schluchten und größten Plateaus liegen alle unter Wasser.

Strukturell gesehen wirken die gleichen tektonischen Kräfte, die zur Entstehung terrestrischer Landformationen führen, auf den Meeresboden ein, obwohl Faktoren wie Verwitterung und Erosion eine völlig andere Rolle spielen.

FLORA UND FAUNA

Wie an Land, so sind auch die maritime Flora und Fauna von Umweltbedingungen abhängig. Korallenriffe, Seetangwälder und Gezeitentümpel sind vielfältige Lebensräume. Die Ozeane nehmen drei Viertel der Erdoberfläche ein, bieten aber 300-mal mehr bewohnbare Regionen als die terrestrische Biosphäre. Es gibt keine genauen Zahlen, es scheint jedoch, als existiere die Mehrzahl aller Lebensformen der Erde im Meer.

DER KONTINENTALSCHELF

In ihrem Nutzen für den Menschen und ihrer Erscheinungsform unterscheiden sich Küstengebiete sehr. Einige, wie die US-amerikanische Pazifikküste, haben einen sehr schmalen Kontinentalschelf, zerklüftete hohe Küsten und hervorragende Tiefwasserhäfen.

In anderen Gebieten, z. B. dem Golf von Mexiko, ist der Kontinentalschelf sehr breit und die Küsten fallen flach ab. Hier gibt es viele vorgelagerte Sandbänke. Die meisten Häfen werden an seichten Flussmündungen wie dem Mississippidelta gebaut.

RECHTS Whitehaven Beach auf Whitsunday Island, der größten Insel der Whitsunday-Gruppe vor der Küste Nordqueenslands, Australien, ist weltweit einer der hellsten Sandstrände.

OBEN Ein Adélie-Pinguin *(Pygoscelis adeliae)* beobachtet vom Schutz eines Eisberges in der Antarktis aus einen Seeleoparden. Pinguine ernähren sich in erster Linie von Krill.

Der Atlantische Ozean

Der Atlantik ist nach dem Pazifik das zweitgrößte Gewässer der Erde. Der s-förmige Ozean bedeckt etwa ein Fünftel der Erdoberfläche zwischen den westlichen Küsten Europas und Afrikas sowie den Ostküsten Nord- und Südamerikas. Im Norden und Süden grenzen das Nord- bzw. Südpolarmeer an den Atlantik. In Bezug auf den Schiffsverkehr ist der Atlantik der geschäftigste Ozean.

OBEN Dieses Satellitenbild zeigt Hurrikan Isabel, der im September 2003 über dem tropischen Zentrum des Atlantiks kreiste. Er befand sich 2036 km östlich der Inseln unter dem Winde und zog mit 22 km/h in west-nordwestliche Richtung weiter.

UNTEN An dieser ungewöhnlichen Küste Brasiliens schlängelt sich ein Fluss durch die Sanddünen am Strand, bevor er sich in den Atlantik ergießt.

DAS MEER DES ATLAS

Der Atlantik ist nach Atlas benannt, dem Gott, der gemäß der griechischen Philosophie den Himmel auf den Schultern trug. Herodot, der griechische „Vater der Geschichtsschreibung", verwendete in seinem Werk *Historien* aus dem 5. Jh. v. CHR. als Erster die Bezeichnung „Meer des Atlas".

Der Atlantik bedeckt etwa 76 762 000 km², eine Fläche, die siebeneinhalbmal größer ist als die USA und zehnmal größer als Australien.

AUSSEHEN UND MERKMALE

Der Atlantik ist der zweitjüngste Ozean der Welt. Er entstand durch das Zerbrechen des Superkontinents Pangaea. Vor etwa 100 Millionen Jahren tat sich in Pangaea eine Kluft auf, und Afrika und Südamerika begannen, auseinanderzudriften. Dieser Kontinentaldrift setzt sich bis heute fort und erweitert den atlantischen Ozean jährlich um mehrere Zentimeter.

Im Durchschnitt ist der Atlantik 3926 m tief. Zählt man angrenzende Gewässer wie das Schwarze Meer, die Ostsee, die Karibik, die Labradorsee, die Nordsee und das Europäische Nordmeer dazu, liegt die mittlere Tiefe nur bei 3333 m. Der tiefste Punkt ist das Milwaukee-Tief im Puerto-Rico-Graben mit 8605 m, nordöstlich der Insel Puerto Rico in der Karibik.

Die Topografie des Meeresbodens wird durch den Mittelatlantischen Rücken charakterisiert. Dieser ist 1500 km breit, 7200 km lang und verläuft von Island im Norden bis hin zur Südspitze Südamerikas.

Atlantische Meeresströmungen fließen auf der Nordhalbkugel im Uhrzeigersinn und auf der Südhalbkugel entgegen dem Uhrzeigersinn. Im Nordatlantik beeinflussen nach innen gerichtete Strömungsspiralen große Teile der Sargassosee und verhindern, dass Treibgut, das hineingesaugt wird, die See wieder verlassen kann. Dieses maritime „Schwarze Loch" war stets für seine Braunalgenwiesen bekannt; heute wird es zunehmend zur Mülldeponie für menschliche (Plastik-)Abfälle.

Im Atlantik liegen viel weniger Inseln als im Pazifik. Unter ihnen sind Grönland, Großbritannien, Irland, Island, Bermuda, Neufundland, Ascension, die Falkland-Inseln, Madeira, die Kanarischen Inseln und Kap Verde sowie zahlreiche kleine Inseln in der Karibik.

DER MENSCH UND DER ATLANTIK

Der Atlantik wird seit langer Zeit von Seeleuten befahren. Von den Phöniziern und den Wikingern zu den Passagieren auf modernen Kreuzfahrtschiffen war der Ozean stets eine Quelle des Abenteuers und der Wunder. Der nordische Entdecker Leif Eriksson war vermutlich der erste Europäer, der Amerika betrat. Nach der Überquerung des Atlantiks landete er um das Jahr 1000 auf Neufundland. Im Laufe der nächsten fünfeinhalb Jahrhunderte folgten ihm dann Kolumbus, Vespucci, Cabral, Verrazano und viele andere.

1912 machte der Nordatlantik weltweit Schlagzeilen als die „unsinkbare" *Titanic* auf ihrer Jungfernfahrt einen Eisberg rammte und unterging. Rätselhaft ist auch das Bermudadreieck in der Karibik, in dem viele Schiffe und Flugzeuge auf unerklärliche Weise verschwanden. Zu den anderen Gefahren des Atlantiks gehören Nebel, der in minutenschnelle auftreten kann, sowie Hurrikane, die gewaltige Wellen erzeugen.

Die moderne Schifffahrt auf dem Atlantik wird vom Seehandel beherrscht. Der Transport über das Meer stellt die kostengünstigste Verbindung zwischen Häfen in Europa, Afrika und Amerika dar.

DAS LEBEN UNTER WASSER

Das Leben unter Wasser ist im Atlantik bunt und vielfältig und reicht von Walen und Robben bis zu zahlreichen Seegrasarten. Einst gab es große Bestände an Kabeljau, Flunder, Hering, Sardine, Makrele, Aal, Barsch, Schellfisch, Thunfisch und Hummer; durch Überfischung wurden die Bestände in vielen Gebieten jedoch drastisch reduziert.

OBEN Manhattan, New York, USA, kann einen der größten Passagierschiffterminals der Welt vorweisen. Hier dockt gerade ein Kreuzfahrtschiff am Terminal im Hudson River an, der in den Atlantik fließt.

LINKS Das an der Ostküste Afrikas gelegene Namibia grenzt an den Atlantik. Die Luftaufnahme zeigt eine gewaltige Kolonie Südafrikanischer Seebären, die sich in der Brandung bei Kap Frio, Namibia, tümmeln.

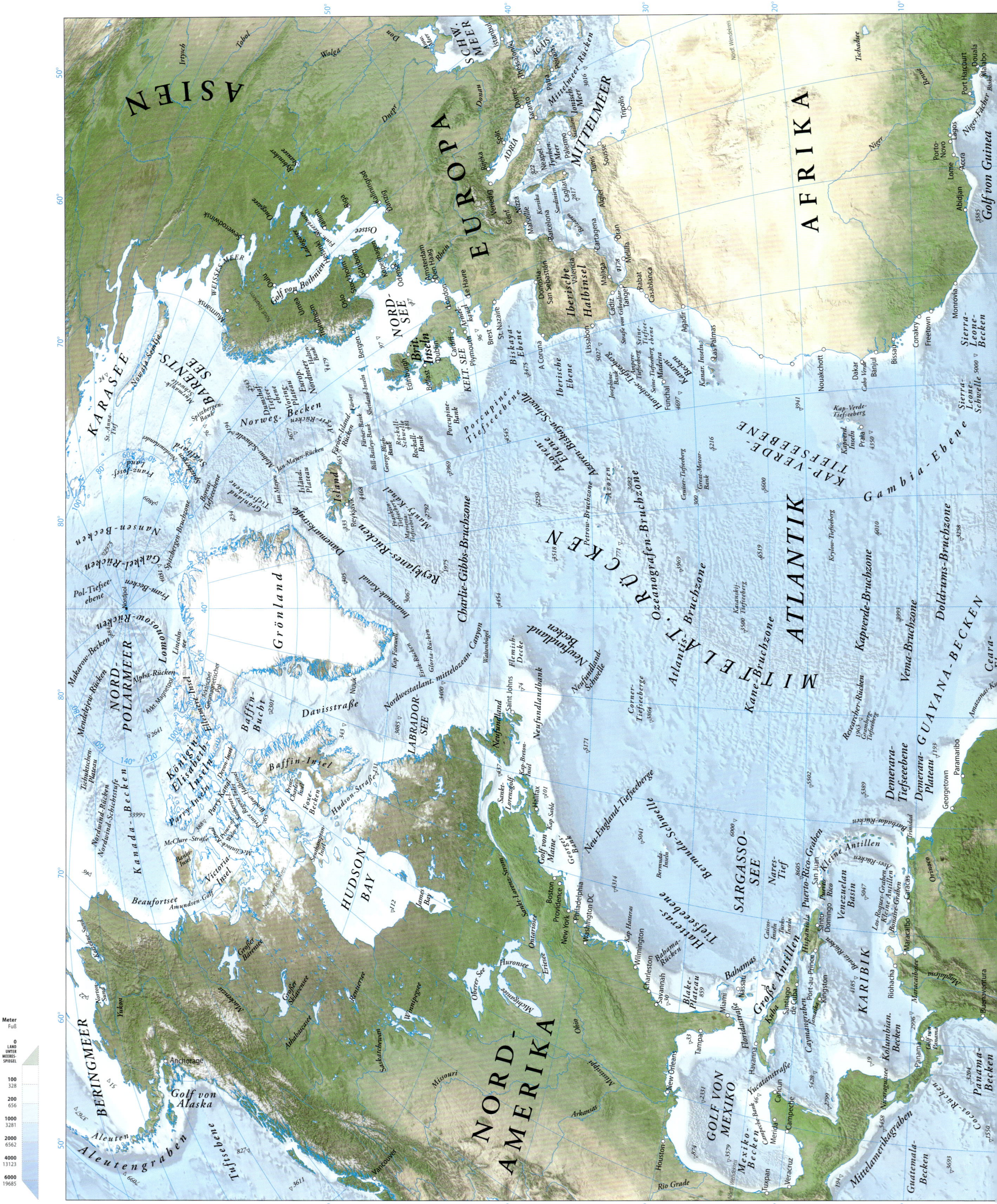

ASIEN

EUROPA

AFRIKA

NORD-AMERIKA

ATLANTIK

MITTELATLANTISCHER RÜCKEN

KARASEE

BARENTSSEE

WEISSES MEER

NORDSEE

SCHW. MEER

MITTELMEER

Grönland

NORD-POLARMEER

HUDSON BAY

BERINGMEER

Golf von Alaska

LABRADOR-SEE

SARGASSO-SEE

KARIBIK

GOLF VON MEXIKO

KAP-VERDE-TIEFSEEEBENE

GUAYANA-BECKEN

Golf von Guinea

Aleutengraben

Tufisebene

Baffin-Insel

Baffin-Bucht

Davisstraße

Island

Iberische Halbinsel

1:41 300 000
Lambertsche Azimutalprojektion

0   750   1500   2250   3000 Kilometer
0   500   1000   1500   2000 Meilen

Meter
Fuß
0
LAND UNTER MEERES-SPIEGEL
100   328
200   656
1000   3281
2000   6562
4000   13123
6000   19685

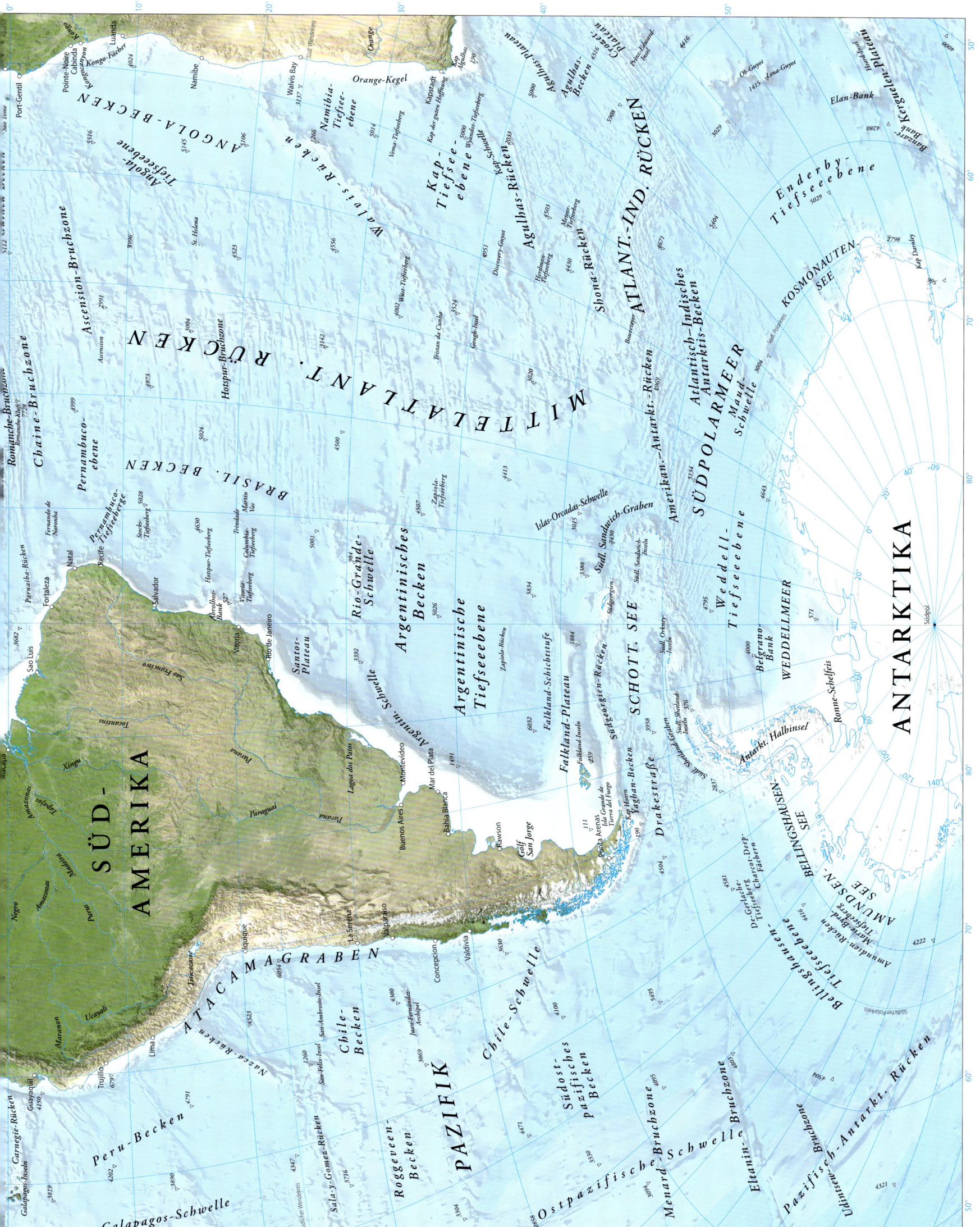

Der Pazifische Ozean

Der Pazifische Ozean ist zweifelsohne fehlbenannt. 1520 gab der portugiesische Entdecker Ferdinand Magellan dem Ozean den Namen *Mare Pacificum,* lateinisch für „friedliches Meer". Im Gegensatz zu seinem Namen ist der Pazifik allerdings alles andere als friedlich – wird er doch durch schweren Seegang, Taifune, Erdbeben und Tsunamis charakterisiert.

OBEN An der wunderschönen zerklüfteten Küste Zentralkaliforniens – bei Big Sur – erhebt sich das Santa-Lucia-Gebirge aus dem Pazifik. Die Strände, Buchten und Klippen, die das Ergebnis wilder Pazifikwellen sind, bilden eine der großartigsten Küstenlandschaften in den USA. Das Gebiet beginnt knapp südlich San Franciscos und erstreckt sich bis kurz vor Los Angeles.

DER GRÖSSTE OZEAN DER WELT

Der vielgesichtige Pazifik ist mit 155 400 000 km² der größte Ozean der Welt – er ist 15-mal größer als die Vereinigten Staaten und bedeckt fast ein Drittel der gesamten Erdoberfläche.

Er erstreckt sich von der Arktis im Norden bis zur Antarktis im Süden. Die östlichen Grenzen des Pazifiks bilden Nord- und Südamerika, die westlichen Asien und Australien.

Das gewaltige Pazifikbecken ist zugleich das älteste Ozeanbecken der Welt. Insgesamt liegen über 30 000 Inseln im Pazifik – mehr als in allen anderen Ozeanen und Meeren zusammengenommen. Sie werden unter der Bezeichnung „Ozeanien" vereint. Die größte dieser Inseln ist Neuguinea. Etwa 40 Länder grenzen an den Pazifik oder liegen mittendrin, vom kleinsten Inselstaat der Welt, Nauru, bis zu fünf der sechs größten Länder der Erde: Russland, China, Kanada, Australien und die Vereinigten Staaten.

ENTSTEHUNG

Der Meeresboden des Pazifiks ist tektonisch äußerst aktiv, was der Region den Beinamen „Feuerring" eingetragen hat. In vielen Gebieten sind Erdbeben und Vulkanausbrüche beinahe an der Tagesordnung. Viele Pazifikinseln entstanden durch vulkanische Aktivität. Unter ihnen sind auch die hawaiianischen Inseln, die sich, geologisch gesehen, rasend schnell auf Alaska zubewegen. Die Plattenbewegungen führten zudem zur Entstehung des tiefsten Punktes der Erde, des Marianengrabens, in dem der Meeresboden im Challenger-Tief, 300 km südwestlich Guams, auf 10 911 m abfällt.

GEHEIMNISSE DER TIEFE

Unter der Meeresoberfläche werden inzwischen viele Geheimnisse enträtselt. Meeresströmungen fließen auf der Nordhalbkugel meist im Uhrzeigersinn und auf der Südhalbkugel entgegen dem Uhrzeigersinn. Im Pazifik leben zahllose Meeresbewohner, vom winzigen Krill

und Plankton, der Basis der Nahrungskette, bis zum größten Geschöpf der Erdgeschichte, dem Blauwal, der über 34 m lang werden und 180 t wiegen kann.

DIE MENSCHEN DES PAZIFIKRAUMES

Einen Großteil unserer Frühgeschichte über stellte der Pazifik eine nahezu unüberwindbare Grenze dar. Für die ersten Seefahrer und ihre eingeschränkte Technik war der Ozean zu riesig und feindselig. Dies änderte sich mit den ersten Migrationen der Polynesier, die ihr Einzugsgebiet bis nach Tahiti, Hawaii, Neuseeland und die Osterinsel ausweiteten. Der portugiesische Entdecker Ferdinand Magellan war der Erste, der bei seiner Suche nach einer westlichen Route zu den Molukken 1519–1521 die Welt umsegelte. 1521 wurde er auf den Philippinen von Eingeborenen getötet, aber seine Reise inspirierte zahlreiche andere Europäer, auf der Suche nach Handel, Abenteuer und Schätzen den Pazifik zu überqueren.

Bald folgten Entdecker, Glücksritter, Unternehmer, Siedler, Missionare und andere, die viele Gebiete im Pazifikraum kolonisierten. Das Meer stellte zwar eine stets gegenwärtige Gefahr für die Reisenden dar, aber durch technische Fortschritte wurden die Risiken im Laufe der Jahrhunderte stark herabgesetzt.

Einst war der Pazifik eine lebensbedrohliche Gefahr für den Menschen; inzwischen hat sich die Situation ironischerweise umgekehrt. Überfischung, Abfallbeseitigung und andere Umweltverschmutzung beeinträchtigen das Leben im Pazifik. Die meiste Verschmutzung stammt vom Land, wo Pestizide, Plastik und andere Abfälle produziert und ins Meer geschüttet werden. Gegenwärtig gibt es bereits ökologische „Todeszonen".

Der Pazifik enthält einen Überfluss an Rohstoffen, die wir im Alltag nutzen, z. B. Erdöl und -gas, Mineralien, Sand und Kies und liefert 60 Prozent des Fischfangs. Zukünftig sind wir gefordert, ein Gleichgewicht zwischen Nutzung und Nachhaltigkeit zu finden.

OBEN Auf Bora Bora, einer Insel in Französisch-Polynesien, erhebt sich im Zentrum der Mt. Otemanu. Bora Bora wird gern als Kulisse für romantische Filme genutzt und ist von einer gewaltigen Lagune umgeben, die von einem Korallenriff geschützt wird. Französisch-Polynesien liegt im Südosten des Pazifiks und ist ein französisches Protektorat.

ASIEN

AUSTRALIEN

IND.
OZEAN

OCHOTSK.
MEER

BERING-
MEER

JAPAN.
MEER

GELBES
MEER

OST-
CHIN.
MEER

NORDWEST-
PAZIFISCHES
BECKEN

SÜD-
CHIN.
MEER

PHILIPPINEN-
SEE

West-
marianen-
Becken

Philippinen-
Becken

BUCHT
VON
BENGALEN

Andamanen-
see

Andamanen-
Becken

Golf von
Thailand

SULU-
SEE

CELEBES-
SEE

Sulu-
Becken

Celebes-
Becken

MIKRONESIEN

Karolinen

Westkarolinen-
Becken

Ostkarolinen-
Becken

PAZI

ZENTRALPAZIF.

BECKEN

P O L Y N

MELANESIEN

Melanesisches
Becken

BISMARCK-
SEE

SALOMONEN-
SEE

Neu-
guinea

JAVASEE

BANDASEE

ARAFURA-
SEE

TIMOR-
SEE

KORALLEN-
MEER

Korallenmeer-
Becken

Queensland-
Plateau

Südfidschi
Becken

NINETYEAST-RÜCKEN

WHARTON-
BECKEN

Zenith-
Plateau

Cuvier-
Plateau

Perth-
Becken

Broken-Rücken

Naturaliste-
Plateau

Südaustralisches Becken

Tasman
Sea

Chatham-Schwelle

Süd-
fidschi
Becken

SÜDOSTINDISCHER RÜCKEN

Südindisches
Becken

Kerguelen-
Plateau

ENDERBY-
TIEFSEE-
EBENE

Australisch-Antarktisches Becken

Sri Lanka

Chennai

Chittagong

Rangun

Hai Phong

Da Nang

Nha Trang

Bangkok

Borneo

Sumatra

Java

Sulawesi

Celebes

Jakarta

Surabaya

Singapur

Manila

Cebu

Davao

Darwin

Port
Moresby

Townsville

Brisbane

Sydney

Adelaide

Melbourne

Hobart

Wellington

Christchurch

Auckland

Nord-
insel

Süd-
insel

Kuching

Shanghai

Hongkong

Macau

Kaohsiung

Tokio

Osaka

Nagoya

Hiroshima

Fukuoka

Kyushu

Honshu

Hokkaido

Wladiwostok

Chongjin

Inchon

Pusan

Kagoshima

Dalian

Yantai

Qinzhou

Haikou

Hainan

Nikobaren

1:50 600 000
Eckert-IV-Projektion

Meter
Fuß

0
100 328
200 656
1000 3281
2000 6562
4000 13123
6000 19685

750   1500   2250   3000 Kilometer
500   1000   1500   2000 Meilen

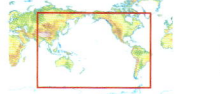

Pazifik

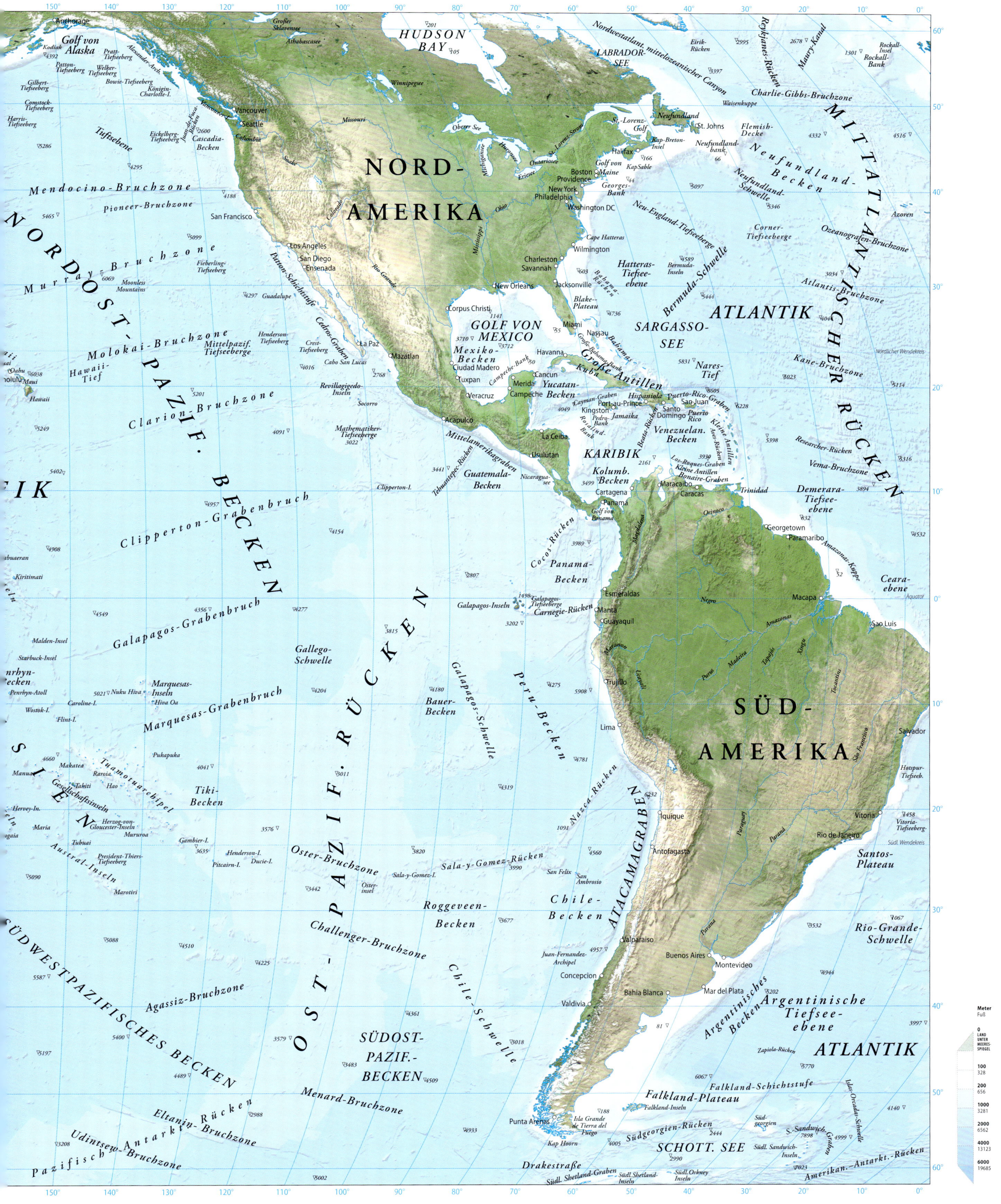
HUDSON BAY
NORD-AMERIKA
SÜD-AMERIKA
ATLANTIK
NORDOST-PAZIF. BECKEN
OST-PAZIF. RÜCKEN
SÜDOST-PAZIF.-BECKEN
SÜDWESTPAZIFISCHES BECKEN
MITTATLANTISCHER RÜCKEN
GOLF VON MEXICO
KARIBIK
SARGASSO-SEE
LABRADOR-SEE
SCHOTT. SEE
ATACAMAGRABEN
Golf von Alaska
Mendocino-Bruchzone
Pioneer-Bruchzone
Murray-Bruchzone
Molokai-Bruchzone
Clarion-Bruchzone
Clipperton-Grabenbruch
Galapagos-Grabenbruch
Marquesas-Grabenbruch
Oster-Bruchzone
Challenger-Bruchzone
Agassiz-Bruchzone
Menard-Bruchzone
Eltanin-Bruchzone
Udintsew-Bruchzone
Pazifisch-Antarkt. Rücken
Galapagos-Schwelle
Chile-Schwelle
Peru-Becken
Chile-Becken
Nazca-Rücken
Sala-y-Gomez-Rücken
Roggeveen-Becken
Bauer-Becken
Tiki-Becken
Gallego-Schwelle
Panama-Becken
Guatemala-Becken
Kolumb. Becken
Venezuelan. Becken
Yucatan-Becken
Mexiko-Becken
Große Antillen
Kleine Antillen
Argentinisches Becken
Argentinische Tiefsee-ebene
Falkland-Plateau
Falkland-Schichtstufe
Südgeorgien-Rücken
Drakestraße
Santos-Plateau
Rio-Grande-Schwelle
Ceara-ebene
Demerara-Tiefsee-ebene
Vema-Bruchzone
Kane-Bruchzone
Atlantis-Bruchzone
Ozeanografen-Bruchzone
Charlie-Gibbs-Bruchzone
Reykjanes-Rücken
Neufundland-Becken
Neu-England-Tiefseeberge
Bermuda-Schwelle
Hatteras-Tiefsee-ebene
Nares-Tief
Anchorage
Vancouver
Seattle
San Francisco
Los Angeles
San Diego
Ensenada
La Paz
Mazatlan
Acapulco
Veracruz
Tuxpan
Ciudad Madero
Corpus Christi
New Orleans
Jacksonville
Miami
Havanna
Nassau
Charleston
Savannah
Wilmington
Washington DC
Philadelphia
New York
Providence
Boston
Halifax
St. Johns
Cancun
Merida
Campeche
Kingston
Port-au-Prince
Santo Domingo
San Juan
La Ceiba
Usulutan
Cartagena
Panama
Maracaibo
Caracas
Trinidad
Georgetown
Paramaribo
Macapa
Sao Luis
Esmeraldas
Manta
Guayaquil
Trujillo
Lima
Iquique
Antofagasta
Valparaiso
Concepcion
Valdivia
Buenos Aires
Montevideo
Mar del Plata
Bahia Blanca
Punta Arenas
Kap Hoorn
Rio de Janeiro
Vitoria
Salvador
Hawaii
Galapagos-Inseln
Oster-insel
Juan-Fernandez-Archipel
Falkland-Inseln
Meter
Fuß
0 LAND UNTER MEERES-SPIEGEL
100 328
200 656
1000 3281
2000 6562
4000 13123
6000 19685

Der Indische Ozean

Der Indische Ozean ist das drittgrößte Weltmeer. Er enthält über 20 Prozent der gesamten Wassermenge, bedeckt eine Fläche von 67,5 Millionen km² und hat eine Küstenlänge von über 66 500 km. Er wird von den Kontinenten Asien, Afrika und Australien begrenzt.

KLIMA UND STRÖMUNGEN

Der Indische Ozean erstreckt sich zwischen dem 30° nördlicher Breite und dem 60° südlicher Breite sowie dem 20° bis 147° östlicher Länge. Das Klima aller an den Ozean angrenzenden Länder wird von seiner Temperatur und seinen Strömungen stark beeinflusst. Seine Oberfläche wird durch ein Strömungssystem charakterisiert, das sich im Süden entgegen dem Uhrzeigersinn bewegt und im Norden sowie am Äquator mit dem Uhrzeigersinn.

Die zeitgleichen, entgegengesetzten Strömungen halfen Entdeckern, Seehändlern und Zivilisationen seit Jahrtausenden und halten dabei ein Ökosystem mit zahlreichen Tier- und Pflanzenarten aufrecht.

UNTEN Eine typisches Szene an der Südküste Sri Lankas: Fischer schwimmen hinaus in hüfthohes Wasser und klettern auf Stelzen, die sie im Boden verankert haben. Von dort aus angeln sie, durch einen Wellenbrecher vor dem Atlantik geschützt.

Das Klima im Indischen Ozean wird nicht nur von Meeresströmungen reguliert. Monsune (vom arabischen *mausim*, „Jahreszeit") unterstützen seit Anbeginn der Zeit landwirtschaftliche Anbauflächen für Millionen von Menschen. Aus Hochdrucksystemen, die sich in der heißen Luft des südwestasiatischen Sommers entwickeln, entsteht der südwestliche Monsun, der in nordöstlicher Richtung über Südasien hinwegzieht.

Im Winter entsteht durch Tiefdruckgebiete über der kalten Luft Nordasiens der nordöstliche Monsun. Die jahreszeitlich abhängigen Winde bringen den Bauern entlang der Küste wertvolle Niederschläge.

Nicht alle Wetterphänomene im Indischen Ozean sind jedoch positiv für den Menschen. Häufig treten

durch heftige Tiefdruckgebiete charakterisierte Sturmsysteme und tropische Zyklone auf, die oft verheerende Niederschläge mit sich bringen, vor allem an den Küsten Asiens. Besonders der Südosten Chinas und Südasien sind in den Monaten April bis Dezember betroffen. 2008 richtete Taifun Kalmaegi mit Windgeschwindigkeiten von bis zu 120 km/h in weiten Teilen Chinas, Nord- und Südkoreas und Japans Schäden an. Eine der größten Naturkatastrophen seit Beginn der Aufzeichnungen war ein Tsunami, der am 26. Dezember 2004 durch ein schweres Erdbeben vor der Insel Sumatra ausgelöst wurde. Von Indonesien bis zur afrikanischen Ostküste kamen dabei über 225 000 Menschen ums Leben.

KULTUR

Kein anderer Ozean hat so sehr zur reichen Kulturgeschichte des Menschen beigetragen wie der Indische. Zahlreiche Zivilisationen tauchten an seinen Küsten auf und verschwanden wieder, und seit über 5000 Jahren gibt es Berichte über die Reisen tapferer Krieger und Händler. Von den Ägyptern bis zu den Völkern des Industales in Südasien war der Indische Ozean Lebensraum für einige der ältesten Kulturen der Erde. In der sumerischen Stadt Ur, im Südosten des heutigen Iraks, fand man 5000 Jahre altes indisches Teakholz und im Südosten Indiens antike römische Münzen.

MENSCHEN UND RELIGIONEN

Die Geschichte der Völker im Indischen Ozean ist eine Geschichte großer Entdeckungen und Reisen. Westliche und östliche Zivilisationen bereisten und kolonisierten die Küsten rund um den Indischen Ozean Tausende von Jahren bevor die Wikinger nach Südeuropa und Kleinasien vordrangen oder die Europäer die Neue Welt erreichten. Um 510 V. CHR. segelte der griechische Geograf Skylax von Karyanda den Indus im heutigen

Pakistan hinab, überquerte den Indischen Ozean und gelangte ins Rote Meer. Seefahrer nutzten die Meeresströmungen als natürliche Navigations- und Antriebssysteme, zusammen mit den Monsunwinden, die ihre Segel aufblähten.

Durch die Reisenden und Siedler, die ihren Glauben mit sich brachten, erblühten die größten Religionen der Welt in den neuen Ländern. Arabische Händler brachten den Islam über das Arabische Meer in das Gebiet des Indischen Ozeans, wo dieser sich in Süd- und Südostasien zu Hinduismus und Buddhismus gesellte und dem ohnehin reichen religiösen und kulturellen Mosaik einen weiteren Stein hinzufügte.

Die Missionsreisen des Apostels+ Thomas im 1. Jh. und die spätere koloniale Expansion Portugals, Großbritanniens, der Niederlande und Frankreichs führte das Christentum im Indischen Ozean ein und ließ Handelswege zwischen den Küstenstädten entstehen.

MITTELMEER

Alexandria
Tel Aviv-Jaffa
Port Said · Gaza
Kairo
Suez
Nahr Dijla · Nahr Dijil

Kuwait City
Buschehr
Manama · Bandar Abbas
Doha · Dubai
Abu Dhabi · Maskat
GOLF VON OMAN
Karatschi
PERS. GOLF

Dschidda

ROTES MEER
948

Port Sudan
818

Indus
Indus-Fächer
236
Sur · 3164
Maskat
Porbandar
Surat
GOLF VON
KHAMBHAT · 83 · Mumbai

al-Hudaida
Tschadsee
Aden · Al-Mukalla · 3033
GOLF VON ADEN
Tanasee · 1224 · Berbera · Sokotre
Dschibuti
Mount Error

ARABISCHES
3778 · MEER
Arabisches
Becken

Mangale
Badag

LAKKADIVENSEE

AFRIKA

Niger
Benue
4922
Abidjan · Accra · Lome
Porto Novo · Lagos
Port Harcourt
Bioko · Malabo

GOLF VON GUINEA
Principe
Guinea-
Becken · Sao Tome
4036 · Port-Gentil · Libreville

Turkanasee
Albertsee

Kongo

Mogadischu

5040

4361

4320
Lakkadiven
Maledive
Male-Atoll
3007
Addu-Atoll

Carlsberg-Rücken
3910 · 3483

4579

Somali-
Becken

4599

Coco-de-Mer-
Rücken

Owen-Bruchzone

Minicoy-I · Kap Comorin
2694

Thiruvananthapura
1937

Chagos-Lakkadiven-Rücken
Chagos-
Archipel
Diego
Garcia
2046

MITTELIND. RÜCKEN

IN
OZI

4801

Pointe Noire
4464

Kongo-Fächer
Krong-Fächer
5437

Viktoriasee

Mombasa · 1473

Tanganjikasee
Daressalam
Pemba
Sansibar · Sansibar
Mafia-I. · 3572

4650

Amiranten-Graben
Praslin · 55
Mahe
Amiranten
Seychellen
5316

St.-Pierre-I.
Astove-I.
Farquhar-
Gruppe

3999

2498

Saya-de-Malha-
Bank

4512

Vema-Bruch-
zone
4074
3161
4494

Luanda

Angola-Becken
4050

Angola-
Tiefsee-
ebene

5059

Benguela

Namibe

Sambesi

Aldabra-
Gruppe
Assumption

Grande
Comore
Moheli · Anjouan
Mayotte
Pemba

3668

Komoren

Malawisee

3010

Tanjona
Bobaomby
4388
Antsiranana

Agalega-Inseln

Maskarenen-
Becken

Nazareth-
Bank
Tromelin

Cargados-Carajos-I.

Maskarenen-Plateau

Vema-Graben
Vema-Graben

Mauritius
4128
Reunion

Rodrigues-
Insel
Rodrigues-
Rücken

Egeria-Bruchzone

5021 · St. Helena
4021

Mahajanga

Kanal von Mosambik

Madagaskar

Maskarenen-Ebene

4718

5013

ATLANTIK

Beira
3007

Bassas da
India
Europa

Toliara

Madagaskar-
Becken

5293
4498

INDOMED-BRUCHZONE

SÜDWEST-INDISCHER RÜCKEN

5048

Tanjona
Vohimena

Madagaskar-
Plateau
4957

Natal-
Becken

Maputo
1745

Durban

Walvis Bay
5002
1164
Namibia-
Tiefsee-
ebene

Walvis-Rücken

4453 · 2080

Mosambik-Plateau

Walters-
Untiefe · 985

Mosambik-Schlchstufe

5006

Indomed-Bruchzone

4983

Prinz-Edward-
Inseln

Atlantis-Bruchzone

Prinz-Eduard-
Bruchzone

Amsterdam-I.
St.-Paul-I.

4499

Port
Elizabeth · East London

MITTELATLANT. RÜCKEN

4501 · 696

Vema-
Tiefseeberg

Kapstadt
Kap der guten Hoffnung
Kap Agulhas · 195

Agulhas-
Bank

Kap-
Tiefsee-
ebene

Wüst-
Tiefseeberg

5164

Kap-Schwelle

3887

Kap der guten Hoffnung

5113

4000

5006

3569

Südwest-Indischer Rücken

4498

340

3520

4026

Agulhas-
Rücken

Agulhas-
Plateau
3035

5500

Agulhas-
Becken

5022

Del-Cano-
Schwelle
Crozet-
Plateau

Crozet-Inseln

Crozet-
Becken

5003

457

Kerguelen-Plateau

Kerguelen-Archipel

500

3987

Tristan da Cunha

Gough-Insel

Discovery-Guyot

4584

4974

4151

4502

Kohler-
Tiefseeberg
McDonald-In.

Hear

Elan-Bank

Ban

Zapiola-
Tiefseeberg
3997

Meteor-
Tiefseeberg
3828

4514

ATLANTISCH-IND. RÜCKEN
4007

5022

4581

5406

4658

5293
Enderby-
Tiefsee-
ebene

3978

Meter
Fuß

0
LAND
UNTER
MEERES-
SPIEGEL

100
328
200
656
1000
3281
2000
6562
4000
13123
6000
19685

1:37 500 000
Lambertsche Azimutalprojektion

0 · 500 · 1000 · 1500 · 2000 Kilometer

0 · 250 · 500 · 750 · 1000 Meilen

ASIEN

PAZIFIK

MIKRONESIEN

GOLF VON
BENGALEN

GOLF VON
TONKIN

SÜD-
CHIN.
MEER

PHILIPPINEN-
SEE

GOLF VON
THAILAND

ANDAMANEN-
SEE

Borneo

Große Sunda-Inseln

JAVASEE

SULU-
SEE

CELEBES-
SEE

MOLUKKENSEE

Sulawesi

BANDASEE

Neu-
guinea

MELANESIEN

BISMARCK-
SEE

SALOMONEN-
SEE

Mittelindisches
Becken

NINETYEAST-RÜCKEN

Wharton-Becken

Kleine Sunda-Inseln

ARAFURA-
SEE

TIMORSEE

GOLF VON
CARPENTARIA

KORALLEN-
MEER

Great Barrier Reef

Perth-
Becken

Broken-Rücken

AUSTRALIEN

SÜDOSTINDISCHER RÜCKEN

Südaustralisches Becken

TASMAN-
SEE

Südindisches Becken

Tasman-Bruchzone

Macquarie-Rücken

Neuseeland

Das Südpolarmeer

Das Südpolarmeer – der Südliche Ozean – liegt zwischen dem 60° südlicher Breite und der Antarktis. Es bedeckt eine Fläche von über 20 Millionen km², inklusive einer Reihe kleinerer Meere und Seen. Geologisch gesehen ist es unser jüngster Ozean.

OBEN Die nach ihrem bevorzugten Lebensraum, dem Weddellmeer, benannte Weddellrobbe (*Leptonychotes weddellii*) wird mit hellem Fell geboren. Mit zunehmendem Alter wird es dunkler und bekommt Flecken.

UNTEN Ein Taucher schwimmt mit einer Gruppe Krabbenfresser (*Lobodon carcinophaga*) unter dem Eis vor der Insel Signy in der Antarktis.

ANTARKTISCHE KONVERGENZ

Ein entscheidendes Merkmal des Südpolarmeeres ist der sogenannte Antarktische Zirkumpolarstrom. Dieser transportiert, gewaltige Wassermengen um den Kontinent herum. Angetrieben von starken Westwinden fließt der langsame Strom von der Wasseroberfläche bis in eine Tiefe von 3000 m und befördert mehr Wasser als jede andere Strömung auf der Erde.

Meereswissenschaftler fanden kürzlich heraus, dass der Strom großen Einfluss auf die globale Meereszirkulation hat. An der Nordgrenze trifft sein kaltes Wasser auf wärmeres südwärts fließendes Wasser. Diese Zone nennt man Antarktische Konvergenz (Meinardus-Linie). Die Grenze veranlasste die International Hydrographic Organization im Jahr 2000 dazu, das Südpolarmeer offiziell anzuerkennen. Zuvor galt es als Teil des Atlantischen, Pazifischen und Indischen Ozeans.

EISIGE TIEFEN

Das Südpolarmeer ist mit Durchschnittswerten von 4000–5000 m sehr tief. Es gibt einige flacherer Bereiche, aber selbst der antarktische Kontinentalschelf ist ungewöhnlich tief. Ein Merkmal des Meeres ist sein Packeis, das im Spätsommer (Januar–März) ungefähr 3,4 Millionen km² bedeckt. Im tiefen Winter sind es sogar 18,7 Millionen km².

DIE ROARING FORTIES

Über Jahrhunderte fürchteten Seeleute den hohen Seegang und die heftigen Winterstürme des Südpolarmeeres, die durch den Temperaturunterschied zwischen dem wärmeren Wassern im Norden und dem eiskalten Wasser aus der Eisdecke noch verschärft werden.

Die Region südlich des 40° südlicher Breite ist als „Brüllende Vierziger" bekannt – dank ihrer Winde, die stärker sind als irgendwo sonst auf den Weltmeeren. Als Schiffe noch einzig durch Wind angetrieben wurden, riskierten mutige Seeleute trotzdem oft die Fahrt durch die gefährliche Region, um die starken Winde auszunutzen. Gewaltige Eisberge, zum Teil Hunderte Quadratkilometer groß, die sich von der Eisdecke gelöst haben, treiben durch das Meer. Zusammen mit der festen Eisdecke, die sich plötzlich bilden kann, machen sie eine Fahrt durch die Gewässer zu einem äußerst gewagten Unterfangen.

DAS KÄLTESTE WASSER

Die Temperaturen im Südpolarmeer liegen zwischen 10 °C und −2 °C und machen die Gewässer so zu den kältesten auf der Erde. An einigen Stellen ist die Antarktis von einer 200 m dicken permanenten Eisschicht bedeckt. Dennoch ist das Südpolarmeer sehr produktiv und weist hervorragende Fischfanggründe auf. Im Sommer (Dezember–März) ist die Produktivität so hoch wie in Gewässern der Gemäßigten Breiten.

UNTERKÜHLTE BEWOHNER

Einige Meeresbewohner haben sich perfekt an ihre eiskalte Umwelt angepasst. Von den über 20 000 Fischarten in den Weltmeeren leben weniger als 150 im Südpolarmeer, und fast alle von ihnen sind endemisch. Die meisten sind Bodenbewohner, die auf dem Kontinentalschelf leben. Ihre Körperflüssigkeiten enthalten eine Art Frostschutzmittel.

Im Frühling sorgen die Meeresströmungen für Auftrieb von Tiefenwasser, das enorme Mengen an

Nährstoffen an die Oberfläche befördert. Plankton und Krill vermehren sich rasend schnell und ziehen Bartenwale wie Buckel-, Mink- und auch die seltenen Blauwale an. Sie fressen gewaltige Mengen der winzigen Meeresbewohner. Selbst Zahnwale wie der Pottwal erscheinen auf der Bildfläche; sie ernähren sich aber vorwiegend von dem Überfluss an Tintenfischen.

EISIGE LEBENSRÄUME

Im Sommer zerbricht das Packeis in Eisschollen. In den langen Sommertagen explodiert die Algenpopulation am unteren Ende der Nahrungskette förmlich, was zur Entstehung von noch mehr Krill und Plankton führt.

Das Südpolarmeer beheimatet vier Robbenarten: Krabbenfresser, Seeleopard, Antarktischer Seebär und Weddellrobbe. Das Meer bietet den von Eisschollen aus jagen Robben einen perfekten Lebensraum. Auch

Pinguine benutzen Eisschollen als Ausgangspunkt; sie brüten dort, ernähren sich vom Überfluss an Krill und kleinen Fischen und sind ihrerseits begehrte Beute für Seeleoparden und Orcas. Der Orca oder Schwertwal, das größte Mitglied der Delfinfamilie, besitzt keine natürlichen Feinde.

SUPERMARKT DER MEERE

Trotz seiner Abgeschiedenheit steht das Südpolarmeer vor einer Reihe umweltbedingter Herausforderungen. Jährlich werden über 100 000 t Meeresfrüchte gefangen, darunter auch gewaltige Mengen Krill. 1980 wurde das *Übereinkommen über die Erhaltung der lebenden Meeresschätze der Antarktis* ratifiziert, das das Südpolarmeer schützen sollte, aber umfangreicher illegaler Fischfang bringt viele antarktische Arten wie den Schwarzen Seehecht an den Rand der Ausrottung.

OBEN Wind und Wellen haben diesen fantastischen Eisbogen aus einem mächtigen Eisberg herausgearbeitet, der im Südpolarmeer vor der Antarktischen Halbinsel treibt.

1:18 700 000
Polarstereografische Projektion

0   250   500   750   1000 Kilometer
0   125   250   375   500 Meilen

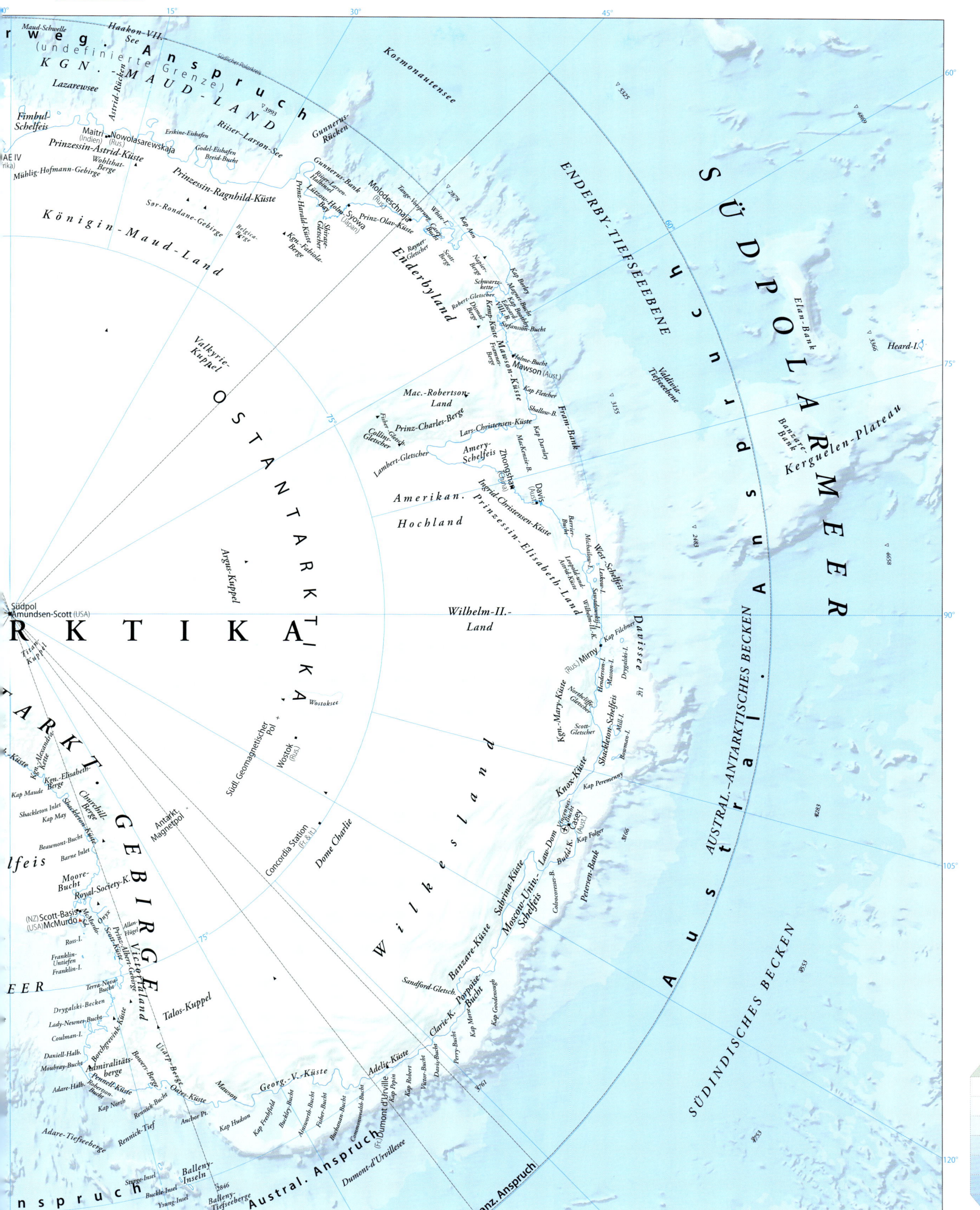

Das Nordpolarmeer

Das kleinste der Weltmeere, das Nordpolarmeer, ist zugleich das am wenigsten befahrene. Es bedeckt eine Fläche von etwa 14 060 000 km², und der Großteil davon liegt nördlich des Polarkreises. Seine Grenzen bilden Kanada, Alaska, Russland und Grönland. Mit Ausnahme eines größeren Abflusses zwischen Grönland und Skandinavien ist es vollständig von Land umgeben, und seine Küsten sind insgesamt über 45 000 km lang.

GEOGRAFIE

Am Nordpolarmeer liegen eine Reihe kleinerer Meere, darunter die Beaufortsee vor der Küste Alaskas und Kanadas, die Barentssee im Osten vor der skandinavischen Küste, die Ostsibirische See und die Karasee bei Russland. Die Tiefen variieren im Nordpolarmeer stark, wobei der flachste Teil – etwa 150 m tief – im Südosten vor Skandinavien liegt.

Vor der Küste Alaskas, wo der Kontinentalschelf am schmalsten ist, ist das Wasser am tiefsten; der Meeresboden sinkt hier im Fram-Becken auf 5502 m ab. Das Nordpolarmeer weist eine mittlere Tiefe von 987 m auf. Innerhalb des Meeres liegen zahlreiche größere Inseln, die sich meist entlang der Küsten erstrecken. Die bedeutendsten von ihnen sind die Königin-Elisabeth-Inseln an der kanadischen Küste.

STILLGEWÄSSER

Das Nordpolarmeer ist in zwei ausgeprägte Bereiche unterteilt: Im Osten liegt das Eurasische, im Westen das Nordamerikanische Becken. Getrennt werden die zwei vom Lomonosow-Rücken. Auch Auswüchse der ausgedehnten atlantischen Rücken erstrecken sich bis in die Arktis. Der Meeresboden ist daher stark unterteilt, was dort zur Entstehung einer Art Stillgewässer führt. Zusätzlich hat das Tiefenwasser im Nordpolarmeer einen wesentlich höheren Salzgehalt als das Oberflächenwasser, was die Dichte des Wassers erhöht und die Fließgeschwindigkeit weiter verringert. Das gewaltige Stillgewässer ist äußerst kalt.

Das Oberflächenwasser, das bis in eine Tiefe von 46 m reicht, zirkuliert im Uhrzeigersinn um die polare Eiskappe. Dieses Rotationsmuster bezeichnet man als

UNTEN Vorsichtig auf Stelzen über Felsvorsprüngen balancierend wurden diese Fischerhütten in Vestvagoy, Norwegen, als Kontrast zur kalten Umwelt des Nordpolarmeeres leuchtend rot angestrichen.

LINKS Das Arctic National Wildlife Refuge in Alaska liegt am Rand des Nordpolarmeeres. In der Region gibt es keinerlei Straßen, obwohl sich an der nördlichen Grenze eine Siedlung der Inupiat und an der südlichen eine der Gwich'in befindet. Der Fußweg zwischen den beiden Siedlungen dient als beliebter Wanderweg durch die Wildnis.

Wirbel, und es ist das Ergebnis der vorherrschenden Winde in der Region. Innerhalb des Nordpolarmeeres gibt es zwei rotierende Hauptströmungen: den Beaufort-Wirbel, der sich um das Nordamerikanische Becken dreht, und den Barents-Wirbel, der die dominante Strömung im Eurasischen Becken darstellt. Der Labradorstrom, der sich durch die schmale Davisstraße über die Baffin-Bucht zwischen der Baffin-Insel und Grönland in die Labradorsee ergießt, befördert Wasser aus der Arktis. Eine weitere kleine Strömung fließt durch den äußerst schmalen Roes-Welcome-Sund in die Hudson Bay.

UMWELT

Im äußersten Norden gelegen, ist die Arktis polaren Klimabedingungen ausgesetzt, die durch ständige kalte Temperaturen und eine nur leichte Erwärmung in den Sommermonaten gekennzeichnet sind. Die Gewässer sind von einer ganzjährigen Eisschicht bedeckt, obwohl die durch den Treibhauseffekt ausgelöste globale Erwärmung anfängt, Umfang und Fortbestand des Eises zu bedrohen. In der kältesten Jahreszeit hat das Meereis eine durchschnittliche Dicke von drei Metern, kann aber stellenweise bis zu zehn Meter dick werden und verbindet alle Landflächen miteinander.

Eisberge sind ein typisches Merkmal der Arktis und stellen eine große Gefahr für die Schifffahrt dar. Meistens werden sie von den riesigen Gletschern Grönlands und Nordkanadas gekalbt. In jüngster Zeit lösen sich auch gewaltige Eisinseln vom Schelfeis der Ellesmere-Insel nördlich Grönlands.

2005 brach ein riesiger, fast 66 km² großer Eisberg vom Ayles-Schelfeis ab, trieb durch das Nordpolarmeer und schmolz innerhalb von drei Jahren. Klimaforscher warnen davor, dass ein derartig massiver Zerfall des

Schelfeises ein weiterer Hinweis auf die katastrophalen Auswirkungen der Erderwärmung ist.

TIERWELT

Die außerordentlich kalten Gewässer der Arktis mögen uns als eine der lebensfeindlichsten Umgebungen der Erde erscheinen – dennoch ist das Nordpolarmeer Lebensraum für eine erstaunliche Vielfalt an Meeresbewohnern. Am unteren Ende der Nahrungskette bilden Kieselalgen – einzellige Algen – die Basis des Lebens innerhalb des Ökosystems. Am anderen Ende steht das wohl ikonischste Lebewesen der Arktis, der Eisbär. Da er am Rande des Packeises lebt und sich von Robben ernährt, ist sein Lebensraum und damit auch der Bär selbst durch die Eisschmelze massiv bedroht.

OBEN Das Aufkommen des Ökotourismus auf der ganzen Welt hat Abenteuerlustigen zahlreiche neue Möglichkeiten eröffnet. Hier geht eine Frau im eiskalten Wasser des Nordpolarmeeres am Nordpol schwimmen, während ihre angemessen gekleideten Mitreisenden auf dem russischen Eisbrecher *Yamai* vom Eis aus zuschauen.

1:18 700 000
Lambertsche Schnittkegelprojektion

0   200   400   600   800 Kilometer

0   100   200   300   400 Meilen

MEERE, SEEN, GOLFE UND BUCHTEN

Meere, Golfe und Buchten liegen meist am Rand eines Ozeans, was ihre Küsten für die Ansiedlung und Nutzung durch den Menschen vorteilhaft macht. Weltweit gibt es Tausende von Meeren, Golfe und Buchten – viele davon ohne Namen. Wie stets bei Ortsnamen besteht auch bei ihnen eine direkte Verbindung zwischen der Bedeutung eines Ortes und der Frage, ob er einen Namen erhält.

NAMENSGEBUNG

In viel befahrenen Gewässern existieren viele Namen – eine Karte des Mittelmeeres weist z. B. über 24 Seen, Golfe und Buchten auf. Eine detailliertere Karte eines kleineren Teils des dicht besiedelten, historisch bedeutenden Gebietes enthüllt noch wesentlich mehr derartige geologische Formationen. In der sehr kleinen, aber bevölkerungsreichen Ägäis gibt es etwa 30 ähnliche Strukturen. Auch im ziemlich kleinen Puget Sound, in Washington, USA, existieren mehr als 24 Buchten oder Golfe. In Gebieten mit geringerer wirtschaftlicher Bedeutung, z. B. dem Nord- oder Südpolarmeer, wurden weniger geologische Merkmale benannt. Natürlich gibt es auch hier Ausnahmen, wie an den spärlich besiedelten Küsten Südchiles und Argentiniens.

VERWIRRENDE VIELFALT

„Karten", so sagte der Naturkundler und Autor Peter Steinhart 1986, „sind ein Weg, Wunder zu ordnen". In Bezug auf die Namensgebung von Seen, Meeren, Golfen und ähnlichen Strukturen wie Sunden, Fjorden, Häfen, Zuflüssen oder Ästuaren ist da sicher etwas Wahres dran. Wie kann die Nomenklatur zu so ähnlichen Formationen nur so uneinheitlich und verwirrend sein? Selbst ein kurzer Blick auf eine Meereskarte enthüllt bereits eine scheinbar willkürliche und gegensätzliche Art und Weise, Namen zu verleihen. Wie stets in der Toponymik (Wissenschaft der Ortsnamen), basieren nahezu alle Ortsnamen auf der Wahrnehmung ihres ursprünglichen Entdeckers.

Selbst Karten, die viele Details zeigen, enthüllen eine verwirrende Vielfalt. Im Deutschen unterscheiden wir zwischen „die See" und „der See". Die Sargassosee liegt z. B. mitten im Nordatlantik und besitzt keinerlei Küsten, die Nord- und Ostsee grenzen u. a. an Deutschland, und der Aralsee oder der Große Salzsee in Utah, USA, sind im Gegensatz dazu vollständig von Land umgeben.

In Bezug auf physische Merkmale – abgesehen von der Größe – unterscheiden sich der Persische Golf, die Hudson Bay oder auch der Maracaibosee in Venezuela kaum. Es gibt fast keine Unterschiede im Aufbau des Golfs von Mexiko und des Karibischen Meeres (Karibik). Das Gleiche gilt für das Arabische Meer und die Bucht von Bengalen, die beide den indischen Subkontinent flankieren.

SICHERE HÄFEN

Gewässer, die vor Sturm, Wellen und starken Strömungen schützen, stellen hervorragende Häfen dar. Viele der größten Städte unserer Erde liegen an Golfen oder in Buchten (oder wie auch immer sie vor Ort heißen). Da diese meist seicht und geschützt sind, ermöglichen sie uns den Fang zahlreicher Meeresbewohner wie Fischen, Krabben, Hummern und vielfältigen Schalentieren. Zusätzlich bieten sie häufig auch Annehmlichkeiten wie schöne Landschaften oder Freizeitmöglichkeiten. Vielerorts sind Küstengewässer heute jedoch zunehmend mit Bohrinseln übersät, da sich die Ölindustrie immer mehr auf küstennahe Gewässer konzentriert.

Was steckt hinter dem Namen?

Mit den folgenden Definitionen wollen wir versuchen, etwas Klarheit zu schaffen:

SEE: Als *die* See (das Meer) bezeichnet man oft ein kleineres Gewässer innerhalb eines großen Ozeans, z. B. ist die Nordsee ein Randmeer des Atlantischen Ozeans. *Der* See (Süß- oder Salzwasser) ist ein Stillgewässer, das vollständig von Land umgeben ist und Zuflüsse haben kann.

GOLF: Eine große, meist tiefe Meeresbucht. Im Deutschen wird dafür auch der Begriff „Meerbusen" (z. B. der Bottnische Meerbusen) verwendet.

BUCHT: Eine meist seichte Einbuchtung an der Küste eines Gewässers, die wenige Meter aber auch Hunderte von Kilometern breit sein kann.

LINKS In einem kleinen Boot mit handgenähten Segeln kann die Überquerung der Bucht von Bengalen gefährlich sein. Sie ist die größte Bucht der Welt.

RECHTS Auf Zakynthos, Griechenland, heben sich die weißen Klippen vom blauen Mittelmeer ab. Es ist die Heimat der bedrohten Unechten Karettschildkröte (*Caretta caretta*).

UNTEN Isla San Francisco im Golf von Kalifornien ist ein sicherer Liegeplatz für Jachten, die entlang der nordamerikanischen Westküste segeln. Der Golf ist auch als Cortez-See bekannt.

Die arktischen Meere

Die Gewässer in der Arktis – nördlich des Nordpolarkreises – bestehen aus vielen kleinen Meeren, die fast komplett von Eis bedeckt sind. Da dieses Gebiet um den Nordpol herum liegt, befinden sich die Meere innerhalb der Territorien der Länder, die sich in die Region hinein erstrecken: Kanada, Dänemark, Russland, die USA, Island, Norwegen, Schweden und Finnland.

DIE BEAUFORTSEE

Die Beaufortsee erstreckt sich über ihren schmalen Kontinentalschelf bis zum Kontinentalhang und den tieferen Gewässern. Ihre seewärtige Grenze zieht sich von der Prinz-Patrick-Insel bis nach Point Barrow und verleiht ihr so eine dreieckige Form. Sie umfasst etwa 480 000 km². Im Nordwesten ist die Beaufortsee bis zu 3700 m tief, was sie zum tiefsten arktischen Meer macht. Ihr kleines Schelfgebiet enthält große Petroleumvorkommen. Benannt ist sie nach dem irischen Hydrografen Sir Francis Beaufort, der die Windskala erfand, die von Seeleuten weltweit genutzt wird.

DIE TSCHUKTSCHENSEE

Die Tschuktschensee grenzt an die Beaufortsee und erstreckt sich westlich über die Beringstraße bis zur Wrangel-Insel. Sie umfasst etwa 580 000 km² und ist im Durchschnitt 75 m tief. Ihre seewärtige Grenze bildet der Kontinentalschelf zwischen dem 72° und 75° nördlicher Breite. Aus dem nordwestlichen Alaska und Ostsibirien fließt Süßwasser hinein. Zudem erhält die See relativ warmes Pazifikwasser aus dem Beringmeer, was zu einer vergleichsweise langen eisfreien Periode von fast fünf Monaten führt. Die See ist nach den Tschuktschen in Nordostsibirien benannt.

DIE OSTSIBIRISCHE SEE

Die Ostsibirische See ist mit einer durchschnittlichen Tiefe von nur 50 m das flachste der russisch-arktischen Gewässer. Sie umfasst 935 000 km² und erstreckt sich von der Tschuktschensee im Osten bis zu den Neusibirischen Inseln im Westen. Ihre nördliche Grenze wird

UNTEN Nur 32 km von der Stadt Barrow (Alaska) entfernt, in dem Gebiet, in dem das Beringmeer auf die Tschuktschensee trifft, wandert ein Eisbärenweibchen *(Ursus maritimus)* mit seinem Jungen über das Eis.

von einem Bogen gebildet, der sich von der Wrangel-
bis zur De-Long-Insel zieht. Die Ostsibirische See ist
fast das ganze Jahr über von Eis bedeckt; selbst im
kurzen Sommer bereiten Eisberge dem Schiffsverkehr
Probleme. Die Bevölkerungsdichte entlang der Küsten
ist sehr gering – nur an einigen Flussmündungen gibt
es kleine Siedlungen.

DIE LAPTEWSEE

Die Laptewsee, nördlich Zentralsibiriens gelegen,
erstreckt sich zwischen den Neusibirischen Inseln im
Osten sowie der Taimyrhalbinsel und den Sewernaja-
Semlja-Inseln im Westen. Sie umfasst eine Fläche
von etwa 670 000 km² und ist damit das kleinste der
zentralsibirischen Meere. Über die Hälfte ist weniger
als 50 m tief. An der Küste der Laptewsee gibt es viele
Buchten und Inseln. Große Süßwasserzuflüsse verringern ihren Salzgehalt und hinterlassen große Mengen
mineralischer und organischer Ablagerungen.

DIE KARASEE

Die Karasee wird im Nordosten von den Sewernaja-
Semlja-Inseln und im Südwesten von der Nowaja-
Semlja-Insel begrenzt. Sie umfasst etwa 880 000 km²
mit vielen Inseln und hat eine Durchschnittstiefe von
110 m. Zwei der längsten Flüsse der Welt – der Ob und
der Jenissei – münden in die Karasee, die jedes Jahr
etwa neun Monate von Eis bedeckt ist.

DAS WEISSE MEER

Das Weiße Meer ist ein kleiner Meeresarm der Barentssee. Es ist fast vollständig von Land umgeben und wird
durch den Weißmeer-Ostsee-Kanal mit der Ostsee im
Süden verbunden. Das Meer bedeckt eine Fläche von
etwa 90 000 km² und hat eine mittlere Tiefe von 95 m.
Über das Weiße Meer werden sechs bedeutende Häfen
versorgt, und es ist unerlässlich für das Fischereiwesen
sowie andere wichtige Industrien, z. B. den Schiffbau.

DIE LABRADORSEE

Die Labradorsee wird im Norden durch die Davisstraße, die sich entlang des nördlichen Polarkreises
erstreckt, von der Baffin-Bucht getrennt. Im Westen
grenzt sie an Labrador, im Nordosten an einen kleinen
Teil Grönlands. Sie umfasst 1 400 000 km² mit Tiefen
von 700 m bis 3000 m. Die Schifffahrt wird durch
zahlreiche Eisberge behindert, die von den Gletschern
Grönlands, der Ellesmere- und der Baffin-Insel gekalbt
werden. Der warme Golfstrom hält den Großteil der
See eisfrei; im Nordwesten sorgt der kalte Labradorstrom im Winter jedoch für Eisbildung.

DIE BAFFIN-BUCHT

Die Baffin-Bucht, die durch die schmale Nares-Straße
zwischen Grönland und der Ellesmere-Insel mit dem
Nordpolarmeer und der wesentlich breiteren Davisstraße mit der Labradorsee und dem Atlantik verbunden wird, umfasst 690 000 km². Sie liegt zwischen

Grönland und der Baffin-Insel und ist im Durchschnitt
725 m tief. Die Baffin-Bucht liegt in einem der geologisch aktivsten Gebiete der Arktis und ist etwa acht
Monate im Jahr von Eis bedeckt.

DIE LINCOLNSEE

Die schmale Lincolnsee umfasst nur 12 000 km². Sie
liegt zwischen dem Nordwesten Grönlands und dem
Nordosten der Ellesmere-Insel. Im Süden wird sie
durch die Nares-Straße mit der Baffin-Bucht verbunden. Die fast das ganze Jahr über gefrorene Lincolnsee
hat die dickste Eisschicht aller arktischen Meere.

OBEN Diese winzige russisch-
orthodoxe Kirche, die an der
Küste einer der Solowetzky-
Inseln im Weißen Meer steht,
wird durch ihre erlesene
Architektur geprägt.

Die Gewässer des Nordpazifiks

Das Beringmeer, der Golf von Alaska und das Ochotskische Meer liegen alle am nördlichen Rand des Pazifiks. Diese drei wunderbaren tiefen, kalten und klaren Gewässer, die rein gar nichts mit den gemäßigten und tropischen Gebieten gemein haben, die die meisten von uns mit dem Pazifik verbinden, sind die Heimat von Krabben und Lachsen, die ihrerseits Seelöwen, Robben und Eisbären zu einem Festmahl anlocken.

OBEN Das raue Klima des Bering-meeres lockt Touristen an, die die sagenhaften Aussichten vom Luxus eines Kreuzfahrtschiffes aus bewundern. Der Vulkan Amukta auf den Aleuten bietet eine fantastische Kulisse für das Kreuzfahrtschiff *World Discover*.

RECHTE SEITE Die wahre Größe des gewaltigen Eisberges im Prinz-William-Sund wird erst unter Wasser deutlich, wo sich der größte Teil seiner Masse – etwa 90 Prozent – befindet.

DAS BERINGMEER

Das Beringmeer liegt im nördlichsten Bereich des Pazifiks und trennt Nordamerika und Asien. Es bedeckt eine Fläche von etwa 2 304 000 km². An der schmalsten Stelle, der Bering-straße, ist es gerade 85 km breit. Die westliche Grenze des Beringmeeres wird von der Ostküste Sibiriens gebildet, während die Westküste Alaskas die östliche Grenze darstellt. Die Alaska-Halbinsel erstreckt sich entlang des Südostens.

Das Beringmeer ist unterschiedlich tief: Den flachsten Bereich bildet die Beringstraße mit einer mittleren Tiefe von 40 m; der tiefste Punkt liegt bei 4100 m im Bowers-Becken.

Die Strömungen innerhab der See fließen in nordwestlicher Richtung. Die Hauptströmung saugt Wasser aus dem Pazifik durch die Kanäle bei den Foxe-Inseln südliche der Alaska-Halbinsel an. Dieses Wasser wird dann vom Kamtschatkastrom entlang der sibirischen Küste befördert. In den Küstenbereichen gefriert das Wasser und bildet den Lebensraum für die Eisbären. Im Sommer ziehen Blauwale, die größten Tiere auf Erden, auf ihrem Weg ins Nordpolarmeer durch die Region.

DER GOLF VON ALASKA

Der Golf von Alaska, der vor der Südküste des US-amerikanisches Staates Alaska liegt, ist ein wichtiger Zufluss des nördlichen Pazifiks. Er umfasst eine Fläche von etwa 1 533 000 km² und beinhaltet zahlreiche Fjorde und andere tiefe Buchten wie das Cook Inlet und den Prinz-William-Sund. Massive Eisberge, die sich von Gletschern gelöst haben, treiben durch den Golf, bevor sie vom Alaskastrom, der entgegen dem Uhrzeigersinn um den Golf fließt, in den Pazifik getragen werden. Aus dem Susitna und Copper River fließen große Süßwassermengen in den Golf.

Im Golf liegen eine Reihe von Inseln, von denen Kodiak, die durch die Schelichow-Straße von der Alaska-Halbinsel getrennt wird, die wichtigste ist.

Der Meeresboden des Golfs von Alaska ist mit Hunderten von Seebergen übersät. Einige von ihnen sind fast 3000 m hoch und durchbrechen die Wasser-oberfläche, wo sie Vulkaninseln bilden. Sie wurden durch Bewegungen der Pazifikplatte über sogenannte Hotspots, Schwachstellen in der Erdkruste, geformt. Viele von ihnen sind Millionen von Jahren alt und nicht mehr aktiv.

DAS OCHOTSKISCHE MEER

Das Ochotskische Meer bedeckt eine Fläche von 1 580 000 km². Der südlichste Rand des Meeres wird von Hokkaido begrenzt, der nördlichsten japanischen Insel. Im Osten liegt die russische Halbinsel Kamt-schatka. Die Kurilen, die sich in einem weiten Bogen südwestlich in Richtung Hokkaido erstrecken, bilden die Ostgrenze des Meeres, und im Westen liegt das russische Festland. Das Ochotskische Meer hat eine durchschnittliche Tiefe von 890 m. Der nördliche Teil ist relativ flach; die Tiefe beträgt allgemein weniger als 200 m. Je weiter man nach Süden und Osten kommt, desto tiefer wird das Meer. Die tiefsten Bereiche liegen an der östlichen Grenze nahe den Kurilen, wo das Kurilen-Becken bis auf 2500 m abfällt.

Die Strömungen in dem Meer bewegen sich meist entgegen dem Uhrzeigersinn. Wärmere Wasser stammen aus dem Japanischen Meer und der La-Pérouse-Straße. Ein weiterer Strom transportiert Wasser aus dem Pazifik durch die verschiedenen Straßen bei den nördlichen Kurilen.

In den Wintermonaten ist es von Eis bedeckt, das bis März seine größte Stärke erreicht. Im Sommer gibt es nur noch im hohen Norden Eis. Das Ochotskische Meer weist eine große Biodiversität auf – mit einem Überfluss an Kabeljau, Hering, Flundern, Lachs und Seelachs – die Robben, Seelöwen, Delfine und Menschen anzieht. Auch Orcas (Schwertwale) sind im Ochotskischen Meer zu Hause.

Die Hudson Bay

Die in Ostkanada gelegene Hudson Bay ist ein großes Binnenmeer, das eine Fläche von etwa 819 000 km² bedeckt. Mit Ausnahme einiger Straßen und Kanäle zwischen einer Reihe von Inseln im Norden, ist sie rundherum von Land umgeben. Die Hudsonstraße verbindet die Bucht im Nordosten mit dem Nordatlantik. Im Norden windet sich der Foxe-Kanal durch zahlreiche schmale Straßen und ermöglicht über den Golf von Boothia und den Parry-Kanal die Durchfahrt zum Nordpolarmeer.

OBEN Das Moorschneehuhn (*Lagopus lagopus*) gehört zur Familie der Raufußhühner. Im Winter färbt sich sein Gefieder weiß, sodass es sich perfekt in die verschneite Hudson Bay einfügt. Der Vogel kommt im gesamten Norden Kanadas vor.

VERSTREUTE INSELN

Die Hudson Bay ist eine flache See, deren mittlere Tiefe lediglich 125 m beträgt. In den Kanälen im Norden, die die Bay mit der Hudsonstraße verbinden, ist sie tiefer. Innerhalb der Bucht liegen einige bedeutende Inseln; die größte, die Southampton-Insel, liegt in der nordwestlichen Ecke. Zusammen mit der Coats-, Mansel- und Nottingham-Insel bildet sie die nördliche Grenze der Hudson Bay. Die Belcher-Inseln liegen vor der Küste Quebecs im Osten. Die Akimiski-Insel ist eine große Insel im Süden in der James Bay, dem größten Meeresarm der Hudson Bay.

Die Oberflächenströmungen in der Bucht fließen meist entgegen dem Uhrzeigersinn. Dieses Muster wird jedoch zum Teil durch die Inseln, Buchten und Zuläufe in der Hudson Bay unterbrochen. Durch die Hudsonstraße wird Wasser aus dem Atlantik angesaugt. Es fließt durch die Evansstraße an der östlichen Seite der Southampton-Insel in die Bucht. Eine weitere Strömung saugt kaltes Wasser aus dem Nordpolarmeer durch den sehr engen Roes-Welcome-Sund zwischen dem Festland und der Southampton-Insel an.

DER LANGE FROST

Die Hudson Bay liegt über dem 50° nördlicher Breite. Ein Großteil der Oberfläche ist neun Monate im Jahr von Eis bedeckt, das im April mit durchschnittlich 1,6 m seine größte Stärke erreicht. Das Eis behindert die Wasserzirkulation in der Bucht; das schwerere, kältere Arktiswasser neigt dazu, in größeren Tiefen zu zirkulieren.

Die riesige Weite der Hudson Bay hat großen Einfluss auf das Klima im Nordosten Nordamerikas. Im Sommer reguliert das Wasser die Temperaturen im südlichen Tiefland; im Herbst und Winter behindert jedoch das Meereis die Regulierung der Wintertemperaturen. In den Sommermonaten liegt die Wassertemperatur zwischen 12 °C und 16 °C, während die Temperatur im Winter auf bis zu −25 °C absinken kann.

RAUE KÜSTE

Die Küsten rund um die Hudson Bay sind sehr unregelmäßig geformt. An den nördlichen Küsten findet man Permafrostgebiete mit großen Seen, die von Sumpfland umgeben sind. Die Nord- und Ostküsten weisen zudem hohe Klippen auf; der überwiegende Teil der Küste ist jedoch relativ flach. Im Süden, besonders bei James Bay, wachsen Nadelwälder, während an den restlichen Küsten vorwiegend Weiden, Espen und niedrige Büsche verbreitet sind.

MIGRATION DER MEERESSÄUGER

Die Hudson Bay ist ein äußerst ertragreiches Habitat, das große Populationen an Robben und anderen Tieren beherbergt. Dort leben schätzungsweise über eine halbe Million Ringelrobben. Das Robbenvorkommen war es auch, das im späten 17. Jh. die ersten Menschen in die Bucht lockte, als die Hudson Bay Company den Betrieb

Golf von
Boothia

Baffin-Insel

Melville-Halbinsel

Prinz
Charles
Insel

Foxe-
Becken

Foxe-Kanal

Southhampton

Hudsonstraße

Chesterfield-
Bucht

NUNAVUT

Coats-
Insel

Mansel

Akulivik

HUDSON
BAY

Gilmour

Ottawa-
Inseln

Ungava-
Halbinsel

Churchill

KANADA

MANITOBA

Fort Severn

Belcher-
Inseln

QUEBEC

Winnipeg-
see

James-
Bucht
Akimiski

Chisasbil

ONTARIO

0   750 Kilometer

0   375 Meilen

aufnahm. Jeden Sommer ziehen etwa 2000 Walrosse in den nördlichen Teil der Bucht, wo sie auf der Southampton- und der Coats-Insel Kolonien gründen. Im Sommer und Herbst wandern auch Eisbären entlang der nördlichen Küsten. Innerhalb der Bucht leben ungefähr 9000 Belugawale; im Norden findet man zudem eine kleine Population der extrem gefährdeten Grönlandwale. Über 60 Fischarten sind in der Hudson Bay beheimatet. Der See-Stör, ein großer bodenbewohnender Fisch, wurde fast bis zur Ausrottung gejagt, und obwohl seine Zahlen heute wieder steigen, ist er noch immer stark gefährdet.

URALTE BEWOHNER

Menschen bewohnen seit langer Zeit die Küsten der Hudson Bay. Die Inuit und Cree leben seit Tausenden von Jahren in dem Gebiet, und die Gewässer und das Land der Hudson Bay haben große spirituelle Bedeutung für sie. Im 18. und 19. Jh. lockte der lukrative Pelzhandel schließlich eine relativ große Anzahl Europäer in die Region.

OBEN Die raue Umgebung der Hudson Bay zwingt die Fauna und Flora zur Anpassung. Selbst diese robusten Fichten haben unter den ständig starken Winden der Region gelitten.

LINKS Dieses Satellitenbild zeigt die Eisschmelze in der Hudson Bay. Im Winter ist ein Großteil der Oberfläche gefroren – ein Durchkommen gibt es dann nur für die stärksten Eisbrecher, bevor wärmere Temperaturen die dicke Eisschicht wieder schmelzen lassen.

Der Golf von Kalifornien

Der Golf von Kalifornien – auch als Cortez-See bekannt – ist ein langer, schmaler Arm des Pazifiks, der die Halbinsel Baja California vom mexikanischen Festland trennt. Geologen vermuten, dass der Golf vor etwa fünf Millionen Jahren in einem Graben entstand, der durch eine südliche Ausdehnung der San-Andreas-Verwerfung gebildet wurde.

Der Golf von Kalifornien bedeckt eine Fläche von etwa 155 000 km². Flussablagerungen des Colorado-River-Deltas blockieren die nördliche Ausdehnung des Golfs in die südkalifornische Saltonsenke. Die Imperial- und Coachella-Täler sowie das Ufer des Saltonsees sinken zum Teil auf bis zu 72 m unterhalb des Meeresspiegels ab. Einiges deutet darauf hin, dass der Golf noch 1538, als der Spanier Francisco de Ulloa die Gegend erkundete, mit der Saltonsenke verbunden war.

UMWELT

Der Golf weist sehr unterschiedliche Tiefen auf. Im nördlichen Bereich ist der Graben eher flach, da er sich dort im Laufe der Zeit mit Tausenden Metern Sedimenten aus dem Colorado River gefüllt hat. Im Süden sinkt der Boden bis zu einer Tiefe von 3600 m ab. Seine Oberfläche ist mit über 900 Inseln gespickt, von denen die meisten recht klein sind. Sie bieten Millionen von Seevögeln Brutplätze – sowie Ruheplätze für Zugvögel. Die größten Inseln sind Tiburon, das einst von Schildkröten jagenden Seri-Indianern bewohnt wurde, und Angel de la Guarda. Die kleine Isla Tortuga, der einzige Vulkan des Golfs, ist Heimat der Tortuga-Klapperschlange (*Crotalus tortugensis*).

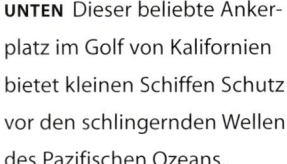

UNTEN Dieser beliebte Ankerplatz im Golf von Kalifornien bietet kleinen Schiffen Schutz vor den schlingernden Wellen des Pazifischen Ozeans.

EIN EINZIGARTIGES ÖKOSYSTEM

Der Golf von Kalifornien besitzt ein einzigartiges Ökosystem, reich an endemischen wie migratorischen Meerestieren. Zu den saisonalen Besuchern zählen Buckel-, Grau- und Blauwale sowie Orcas, Mantarochen und Lederschildkröten. Die Gewässer des Golfs werden seit Langem kommerziell befischt – Ziel sind vor allem Sardinen und Sardellen. Auch Sportfischer fühlen sich dort wohl, und so wurden im Golf einige Weltrekorde aufgestellt, z. B. bei der Jagd nach Gelbschwanzmakrelen, pazifischem Bonito und dem Wahoo. Für viele Gemeinden am Golf, darunter La Paz, Guaymas und Mazatlan, ist die Sportfischerei die Haupteinnahmequelle. Durch jahrelange Überfischung wurden alle Fischpopulationen jedoch stark reduziert.

Der Golf von Panama

Der Golf von Panama umfasst 2300 km² des Pazifischen Ozeans vor der Südostküste Panamas in Mittelamerika. Innerhalb des Golfs befinden sich der Golf von Paria im Westen, die Panama-Bucht im Norden und der Golf von San Miguel im Osten.

GEZEITENSTROM

Der Golf von Panama ist ein flaches Gewässer, das sich vollständig auf dem Kontinentalschelf befindet und an der tiefsten Stelle gerade 220 m misst. Im Golf liegen viele Inseln, von denen die größte Gruppe die Perleninseln sind, die über 220 Inseln und Inselchen umfassen – weniger als die Hälfte haben einen Namen.

Auf der Pazifikseite des Isthmus, wo der Meeresspiegel 18–40 cm niedriger ist als auf der östlichen, der karibischen Seite, erreicht der Panamakanal bei Panama City den Golf. Die vorherrschenden nordöstlichen Passatwinde treiben Wasser zur Karibikseite Panamas, weg von der Pazifikküste. Zusätzlich beträgt der Tidenhub auf der Karibikseite nur etwa 69 cm, während der Golf von Panama einen Tidenhub von sieben Metern aufweist. Die Kanalingenieure mussten sich also der enormen Herausforderung der extremen Gezeiten stellen, die zwischen den beiden Enden des Kanals zu einem Unterschied im Meeresspiegel von bis zu sechs Metern führen können.

UMWELT

Die Fischerei ist ein Grundpfeiler der lokalen Wirtschaft. Krabben und Garnelen werden heute in großen Mengen gezüchtet. Das Tiefseefischen lockt sowohl kommerzielle als auch Sportfischer aus den USA und anderen Ländern an.

UNTEN Der Panamakanal besteht aus einer Reihe von Schleusen und künstlichen Seen, die den Schiffsverkehr zwischen dem Pazifik und der Karibik ermöglichen. Die dreistufige Gatun-Schleuse, die hier abgebildet ist, senkt das Schiff auf Höhe des Meeresspiegels ab.

Die Perleninseln

Als Vasco Nuñez de Balboa 1513 als erster Europäer die Ostküste des Pazifiks von einem Aussichtspunkt oberhalb des Golfs von Panama betrachtete, traf er auf Einheimische, die wundervolle Perlen trugen. Seitdem sind die Perleninseln, 50 km vor der Küste Panamas gelegen, einer der weltgrößten „Perlenproduzenten". Die bekannteste Perle der Region ist die 31-karätige „La Peregrina", die im 16. Jh. entdeckt wurde. Im Laufe der Jahrhunderte war sie bereits im Besitz von König Phillip II. von Spanien, Königin Maria I. von England, der französischen Familie Bonaparte und dem Schauspieler Richard Burton, der sie seiner Frau der Schauspielerin Elizabeth Taylor zum Geschenk machte.

Die Sargassosee

Die Sargassosee nimmt unter dem Meeren der Welt eine einzigartige Stellung ein – sie ist ein gewaltiger Wirbel, eine Art Spirale, aus langsam rotierendem, relativ ruhigem Wasser, Braunalgen und verschiedenem Treibgut, die sich in der Mitte des Nordatlantiks befindet. Die von Ozean anstatt von Land umgebene Sargassosee umfasst 3 900 000 km² und ist das einzige „Meer" ohne Küste.

UNTEN Im September 2003 zog Hurrikan Fabian über die Sargassosee. Oben links sieht man Bermuda als winzigen grünen Fleck. Die große Insel unten in der Mitte ist Haiti und die Dominikanische Republik; links davon liegt Kuba, rechts Puerto Rico.

OZEAN-WHIRLPOOL

Das ungewöhnliche Gewässer verdankt seine Existenz dem kombinierten Einfluss vier großer Meeresströmungen, die eine riesige Spirale mit einem relativ ruhigen Zentrum erzeugen. Die Südflanke bildet der Nordäquatorialstrom, die warmen Wasser des Golfstroms und des Nordatlantikstroms bilden die westlichen und nördlichen Bereiche, während der kalte Kanarenstrom im Osten auf die Sargassosee trifft. Die Corioliskraft zwingt die windgetriebenen Strömungen nach rechts abzudrehen, was zu einem konstanten Wirbel führt, der sich im Uhrzeigersinn dreht.

EINZIGARTIGE UMWELT

Die Sargassosee verdankt ihren Namen den riesigen Braunalgenmatten *(Sargassum natans)*, die auf ihrer Oberfläche treiben. Neben dem marinen Dschungel weist die See aber auch in anderen Bereichen eine einzigartige Umwelt auf. Obwohl sie durch rasch fließende Meeresströmungen gebildet wird, gibt es in der Sargassosee nur sehr geringe waagerechte Bewegungen des Oberflächenwassers. Wäre sie eine Landmasse, würde man die See als Wüste einordnen. Der mittlere Nordatlantik liegt unter dem Einfluss eines gewaltigen Hochdruckgebietes, das zu der

ganzjährigen atmosphärischen Stabilität beiträgt. Die jährliche Niederschlagsmenge liegt bei unter 250 mm. Dank der subtropischen Lage und dem wolkenlosen Himmel ist es stets heiß. Aufgrund der hohen Verdunstung und des geringen Niederschlags ist die Sargassosee viel salzhaltiger als umliegende Gewässer.

LAICHGEBIET

Früher glaubten Wissenschaftler, dass die Sargassosee – mit Ausnahme der allgegenwärtigen Braunalgen – auch in Bezug auf Leben eine ozeanische Wüste sei. In letzter Zeit wurden jedoch senkrechte Strudel entdeckt, die nährstoffreiches Wasser aus den Tiefen des Ozeans an die Oberfläche transportieren. Diese Nährstoffe fördern das Wachstum von Phytoplankton, auf das Zooplankton und andere Lebensformen weiter oben in der Nahrungskette angewiesen sind. Durch ihre starke Salinität ist die Sargassosee für die meisten Lebewesen jedoch unbewohnbar. Eine Ausnahme bilden Aale.

Sowohl europäische als auch nordamerikanische Aale laichen in der Sargassosee und sterben anschließend. Als katadrome Fischarten wachsen die Aale im Schutz der Sargassosee heran und wandern dann in die Flüsse Nordamerikas und Europas. Später kehren sie zu ihrer Geburtsstätte zurück, laichen, sterben und vollenden so ihren faszinierenden Lebenszyklus.

Auch die Unechte Karettschildkröte fühlt sich in der ungewöhnlichen Umgebung wohl. Nach ihrer Geburt befördern der Golfstrom und andere Strömungen die Jungtiere in die Algenwälder der Sargassosee. Sobald sie erwachsen sind, kehren die Schildkröten in weit entfernte Gewässer zurück, wo sie dann den Rest ihres Lebens verbringen.

MÜLLDEPONIE

Da in der Sargassosee ein gewaltiger Wirbel existiert, treiben viele Objekte hinein, werden aber nicht mehr herausgetragen. Das hat dazu geführt, dass die See im Laufe der Zeit zu einer riesigen Müllhalde verkommen ist, in der Ballast und Treibgut, Treibholz, Styropor und Plastik, Überreste von Fahrzeugen und anderer Schutt treiben – vieles davon ist biologisch nicht abbaubar.

Eine besondere Bedrohung des empfindlichen Ökosystems ist der starke Anstieg von Teerklumpen, die entstehen, wenn Öl im Meerwasser gerinnt. Die Klumpen werden von den Strömungen mitgetragen und in der Sargassosee abgelagert, wo sie sich ansammeln und auf unbestimmte Zeit treiben.

OBEN Große Matten aus Braunalgen treiben an der Oberfläche der Sargassosee. Die Algen sind ein lebenswichtiges Habitat für eine Vielfalt von Meeresbewohnern.

LINKS Das Meerneunauge, ein aalförmiges Tier und ein Fluch für andere Fischarten, laicht in der Sargassosee. In ihrer parasitären Phase heften sie sich an andere Fische an und raspeln deren Haut und Fleisch ab.

Die Rossbreiten

Es gibt Hinweise, dass sich bereits die Phönizier und Griechen vor über 2000 Jahren den einzigartigen, oft tückischen Wassern der Sargassosee bewusst waren. Im Laufe der Zeit erhielt die Sargassosee den Beinamen „See der verschollenen Schiffe". Im Zeitalter der Segelschiffe war das Gebiet bei Seeleuten aufgrund der tödlichen Windstille und den treibenden Braunalgen gefürchtet. Frühe spanische Seeleute, die den verlässlichen Passatwinden Amerikas folgten, gerieten oft vom Kurs ab und fanden sich wochenlang in den stillen Gewässern der Sargassosee wieder. Wurde das Wasser knapp, warf man kurzerhand die Pferde über Bord. Das führte für dieses Hochdruckgebiet und seine ruhigen Wasser zu dem Beinamen „Rossbreiten".

Die Karibik

Die östlich Mexikos gelegene Karibik ist zu fast 90 Prozent von Festland oder großen Inseln umgeben. Sie bedeckt eine Fläche von etwa 2 753 000 km² und ist durch zahlreiche Kanäle, die sich zwischen den Inseln hindurchschlängeln, mit dem Atlantik verbunden. Der bedeutendste von ihnen ist die Yucatánstraße, die den mexikanischen Bundesstaat Yucatán von Kuba trennt.

RECHTE SEITE Die Karibik ist ein Paradies für Taucher, die großartige Korallen und faszinierende Meeresbewohner entdecken wollen. Hier macht ein Unterwasserfotograf gerade ein Bild von einem Nassau-Zackenbarsch *(Epinephelus striatus)*, der aus seiner Höhle kommt.

OBEN Eine Suppenschildkröte *(Chelonia mydas)* schwimmt an einem Korallenfelsen hinauf. Suppenschildkröten sind durch das Absterben der Riffe, durch Umweltverschmutzung und Überbeanspruchung gefährdet.

RECHTS Ölraffinerien wie hier in Venezuela sind der Auslöser des verstärkten Schiffsverkehrs in der Karibik. Mit sich bringen sie Ölteppiche und Korallenbleiche durch Umweltverschmutzung.

SONNENINSELN

Zu den wichtigsten Inseln der Karibik gehören Hispaniola, auf der die Länder Haiti und Dominikanische Republik liegen sowie Jamaika, das zusammen mit Kuba, Puerto Rico und den Virgin Islands die Inselgruppe der Großen Antillen bildet. Die Kleinen Antillen bestehen aus den Inseln über dem Wind, liegen im Osten der Karibik und erstrecken sich in südlicher Richtung zum südamerikanischen Festland. Die Großen und Kleinen Antillen beschreiben einen Bogen, der die Karibik vom Westatlantik trennt.

GRÄBEN UND STRÖMUNGEN

Die Karibik ist insgesamt sehr tief – in den meisten Bereichen sind es über 1800 m. Der Caymangraben, der sich über 770 km von Nordosten nach Südwesten erstreckt und Jamaika von den Cayman-Inseln trennt, ist mit Tiefen von mehr als 7500 m der tiefste Teil der Karibik. Dieses Gebiet ist geologisch instabil und weist beachtliche tektonische Aktivitäten auf. Die Instabilität führt zu einer andauernden Bedrohung durch Tsunamis. Der ausgedehnte Schelf vor der Küste Nicaraguas im Südwesten ist hingegen relativ seicht.

Die Strömungen in der Karibik bewegen sich meist in nordwestlicher Richtung. Die wichtigste von ihnen ist die Karibische Strömung. Sie entsteht durch Wasser, das durch die Kanäle zwischen den Inseln der Kleinen Antillen – zwischen Grenada, St. Lucia und St. Vincent – aus dem Atlantik angesaugt wird. Die Strömung fließt entlang der Küsten Venezuelas und Kolumbiens, bevor sie nach Nordosten umschwenkt und die Karibik durch die Yucatánstraße verlässt. Eine wichtige umgekehrte Strömung zirkuliert entgegen dem Uhrzeigersinn in der großen Bucht, die die Nordküste Panamas und Costa Ricas sowie die Ostküste Nicaraguas bildet. Zudem fließen wichtige lokale Strömungen durch die zahlreichen Kanäle, die die Inseln der Kleinen Antillen voneinander trennen.

UMWELT

Obwohl die Karibik ganz in den Tropen liegt, ist das Klima in der Region sehr veränderlich. Die jährliche Niederschlagsmenge variiert von nur 25 mm auf der Insel Bonaire (Niederländische Antillen) im Südosten bis zu über 8500 mm auf Dominica, Teil der Leeward-Inseln im Osten der Karibik. Die Unterschiede werden durch örtliche Faktoren wie Berge und Meeresströmungen hervorgerufen.

Die klimatische Vielfalt spiegelt sich wiederum in der Vielfalt an Lebensräumen. In der Nähe der Küste sind große Riffe aus über 70 Korallenarten entstanden. In den Gewässern vor Belize befindet sich z. B. das längste Riffsystem der Nordhalbkugel, das insgesamt nur noch vom australischen Great Barrier Reef übertroffen wird. Die einst blühenden Riffe der Karibik sind heute jedoch durch eine ausgedehnte Korallenbleiche bedroht, die durch Umweltverschmutzung ausgelöst wird und weite Riffgebiete zerstört. Große Seegraswiesen bilden einen wichtigen Lebensraum für den gefährdeten Karibik-Manati. Auf den karibischen Inseln leben zudem zahlreiche einzigartige Seevogel-, Reptilien- und Froscharten.

DER MENSCHLICHE FUSSABDRUCK

In den 36 Ländern, die an die Karibik angrenzen, leben über 230 Millionen Menschen. Auf den Inseln selbst leben über 38 Millionen Menschen, und ein Großteil von ihnen ist zum Überleben vom Meer abhängig.

Der Klimawandel stellt eine große Bedrohung für das fragile Ökosystem des Meeres und die tief liegenden Inseln und Küstengebiete dar. Zudem steigt durch die globale Erwärmung die Häufigkeit und auch die

Intensität von Hurrikanen und führt zu gewaltigen Unwettern, die in der Karibik für immer größere Schäden sorgen werden.

Ein weiteres Problem ist die Abnahme der Wasserqualität. Dünger, der durch die Landwirtschaft und schlechte Abwassersysteme ins Meer fließt, schädigt Seegraswiesen und Korallenriffe und damit auch die Meerestiere, die von ihnen abhängig sind.

Die Ausbeutung von Gas- und Erdölquellen, vor allem vor der Küste Venezuelas, erhöht die Gefahr von Ölkatastrophen und führt zur Verschmutzung durch Schwermetalle, die sich in der marinen Nahrungskette ansammeln. Nahezu 50 Prozent aller touristischen Kreuzfahrten finden in der Karibik statt. Zusammen mit dem stets zunehmenden kommerziellen Schiffsverkehr und Fischfang belasten die Kreuzfahrtschiffe das empfindliche Ökosystem der Karibik immer stärker.

Der Golf von Mexiko

Mit einer Gesamtoberfläche von etwa 1 550 000 km² ist der Golf von Mexiko das neuntgrößte Gewässer der Welt. Im Norden wird er von der Südküste der USA begrenzt, im Westen liegt Mexiko. Im Osten wird der Golf durch die schmale Floridastraße mit dem Atlantik verbunden, und im Süden trennt die Yucatánstraße die Westküste Kubas von der mexikanischen Yucatán-Halbinsel.

OBEN Der gesamte Golf von Mexiko ist reich an Ölquellen, und so sind die Gewässer mit Bohrinseln gespickt, die von der Schönheit der Natur ablenken.

UNTEN Das Mississippidelta, die Mündung des zweitlängsten Flusses der USA, speist Süßwasser in den Golf ein. Die seit 5000 Jahren andauernde Deltabildung hat die Küste Louisianas in den Golf hinein ausgedehnt.

TIEFE UND STRÖMUNGEN

Die Gewässer des Golfs sind sehr tief – das Mexikanische Becken im zentralen Golf von Mexiko sinkt auf bis zu 5203 m ab. Je weiter man sich der Küste nähert, desto flacher wird das Wasser. Ein großer Kontinentalschelf erstreckt sich fast vollständig um die nördlichen, westlichen und südlichen Ränder des Golfs. An der Westküste Floridas und im Norden der Yucatán-Halbinsel ist der Schelf am breitesten.

Im Golf gibt es keine großen Inseln. Neben den Florida Keys an der Spitze der Halbinsel Florida, existieren noch einige kleine Inseln im Norden. Die Strömungen im Golf sind sehr wechselhaft, bewegen sich aber meist im Uhrzeigersinn. Die wichtigste von ihnen gelangt aus der Karibik durch die Yucatánstraße in den Golf und verlässt diesen durch die Floridastraße wieder in Richtung Atlantik.

SALINITÄT

Eine Reihe großer Flüsse ergießt sich in den Golf, darunter auch der Mississippi, der durch ein riesiges Mündungsgebiet fließt, sowie der Alabama und der Apalachicola, die ihren Ursprung in den Appalachen haben. Diese Flüsse führen so gewaltige Mengen Süßwasser mit sich, dass die Salinität im Zentrum des Golfs wesentlich höher ist als in den Gewässern der Küstengebiete.

UMWELT

Der Golf von Mexiko ist ein sehr fruchtbares Gebiet. Beginnend bei Galveston (Texas), ziehen sich Barriereriffe Hunderte von Meilen südwärts bis in den Norden Mexikos. Zudem gibt es im Golf ausgeprägte Wattgebiete und Mangrovenwälder. In einer Tiefe von 50 m bis 200 m gelegene Korallenriffe bieten ebenfalls Lebensraum sowie Nahrung für eine große Vielfalt an Meeresbewohnern.

Die Schottische See

Die zwischen Südamerika und der Antarktischen Halbinsel gelegene Schottische See ist eines der rauesten und kältesten Gewässer auf der Erde. Ihren englischen Namen Scotia Sea erhielt sie nach einem Schiff der Scottish National Antarctic Expedition, der *Scotia*, die zwischen 1902 und 1904 die Gewässer erkundete.

RÜCKEN UND GRÄBEN

Die Schottische See umfasst eine Fläche von etwa 900 000 km². Die Westgrenze bildet die Drakestraße, die bei Kap Hoorn den Atlantik mit dem Pazifik verbindet. Die nördlichen, östlichen und südlichen Grenzen bildet der Scotiarücken, ein ausgedehnter unterseeischer Rücken, der etwa 4350 km lang ist.

Die See liegt in einer tektonisch äußerst aktiven Region. Die vulkanische Aktivität führte zur Entstehung ausgedehnter Unterwasserrücken sowie des Süd-Sandwich-Grabens, der in Tiefen von bis zu 8200 m abfällt. Im Rest der See variieren die Tiefen stark, da der Meeresboden mit zahlreichen Rücken und Bergen übersät ist. Zum westlichen Ende der See hin, nahe der Drakestraße, wird sie seichter.

STRÖMUNGEN

Die Strömungen in der Schottischen See werden von dem gewaltigen Antarktischen Zirkumpolarstrom beeinflusst, der die gesamte Antarktis umkreist. Die Weddellmeer-Tiefenströmung fließt aus dem Weddellmeer zum Atlantik und passiert dabei die Schottische See. Das Wasser tritt durch eine schmale Passage im Süden des Scotiarückens ein und fließt dann nordwärts zum Argentinischen Becken.

UMWELT

Innerhalb der Schottischen See liegen einige bedeutende Inseln. Südgeorgien ist die nördlichste und wichtigste von ihnen. Am östlichen Rand der See liegen die Südlichen Sandwich-Inseln, die die Grenze zum

Atlantik darstellen. Diese Kette aus sechs Inseln – Süd-Thule, Bristol, Montagu, Saunders, Candlemas und Traversay – sind das Ergebnis relativ neuer vulkanischer Aktivität. Zusammen mit Südgeorgien liegen sie auf dem Scotiarücken. Die Südlichen Orkney-Inseln und die Südlichen Shetland-Inseln liegen weiter im Süden nahe der antarktischen Küste.

All diese Inseln bestehen zum Teil aus besonders empfindlicher Tundra und sind fast das ganze Jahr mit Eis bedeckt. Nur wenige Landtiere leben auf den Inseln, die jedoch ein lebenswichtiges Habitat für Seevögel, Pinguine und Robben sind. Auf allen Inseln gibt es große Populationen aller drei Spezies, während die seltenen Kaltwasserkorallen und eine Reihe anderer ungewöhnlicher Lebewesen zahlreiche Tiefseeberge auf dem Boden der Schottischen See bewohnen.

OBEN Die lebensfeindlichen Gewässer in der Antarktis sind zu einer Art Touristenmekka geworden. Hier bahnt sich ein Schiff mit Ökotouristen den Weg durch das Eis im Süden der Schottischen See.

OBEN LINKS Satellitenbild der Drakestraße in der Schottischen See. Sie verläuft zwischen Kap Hoorn an der Südspitze Südamerikas und den Südlichen Shetland-Inseln in der Antarktis und ist nach dem Engländer Sir Francis Drake benannt.

Die Grönlandsee

Die Grönlandsee ist ein Arm des Atlantiks. Sie wird im Westen von Grönland, im Osten von Svalbard (Spitzbergen), im Norden vom Nordpolarmeer und im Süden von Island und dem Europäischen Nordmeer begrenzt.

OBEN In der Grönlandsee leben große Fische und Säugetiere, was das Fischen zu einem sehr lukrativen, aber gefährlichen Geschäft macht.

OBEN RECHTS Die Vulkanlandschaft Jan Mayens sieht im Mittel nur fünf Sonnentage pro Jahr.

VERÄNDERLICHE ERDKRUSTE

Die Grönlandsee bedeckt etwa 1 205 000 km². Das ist etwa ein Drittel eines Prozentes aller Ozeane der Erde. Im Durchschnitt ist sie 1540 m tief. Der tiefste Punkt liegt westlich von Svalbard bei 4800 m.

Die aus zwei Becken bestehende See wird im Westen von der Jan-Mayen-Schwelle getrennt, einem Teil des Mittelatlantischen Rückens an der Kreuzung zwischen dem westlichen Ende der Eurasischen Platte und der östlichen Grenze der Nordamerikanischen Platte. Der Mittelatlantische Rücken ist ein Zentrum stets zunehmender vulkanischer Aktivität, wo neue ozeanische Erdkruste durch den Prozess der Anschwemmung gebildet wird.

Die Jan-Mayen-Insel, die nordöstlich Islands liegt, ist eine Oberflächenmanifestation des Rückens und markiert die Lage eines Manteldiapirs, durch den Magma an die Oberfläche steigt. Die nördliche Ausdehnung des Rückens ist als Mohns-Schwelle bekannt.

KLIMA

Die Grönlandsee ist der Hauptabfluss des Nordpolarmeeres in den Atlantik und friert im Winter dank des subarktischen Klimas großenteils zu. Im Nordwinter verläuft die Eisgrenze durch die Grönlandsee, wobei die nordwestliche Region zufriert und der südöstliche Bereich eisfrei bleibt. Treibende arktische Eisberge sorgen jedoch dafür, dass der Norden der See nur selten befahrbar ist. In jüngster Zeit hat die Erderwärmung jedoch zum Vorschlag einer Schiffsroute im Nordpolarmeer geführt, die zwischen Churchill in Manitoba, Kanada, und Murmansk in Russland verlaufen soll und dabei die südliche Grönlandsee umgeht.

Der kalte Grönlandstrom, eine Oberflächenströmung, durchquert die See. Nordöstlich Islands teilt sich das nach Südwesten fließende Wasser auf und führt in Bereichen mit Gewässern verschiedener Temperaturen und Nährstoffgehalte zur Entstehung von Wirbeln. Diese begünstigen eine reichhaltige marine Nahrungskette, die sehr guten Fischfang ermöglicht, vor allem in nordisländischen Häfen.

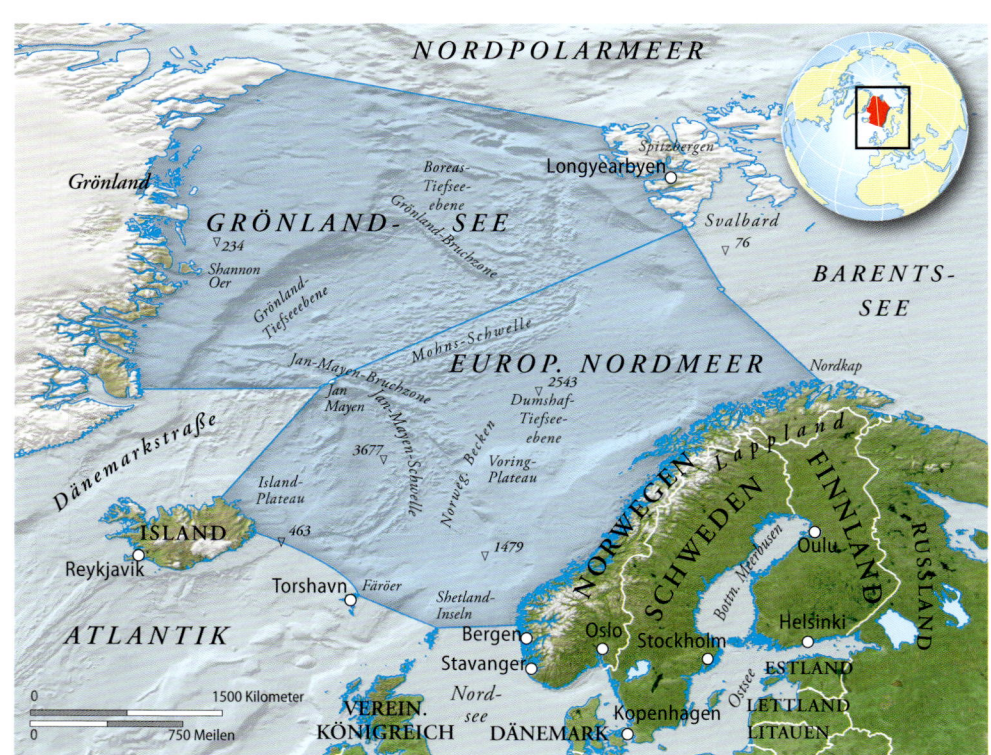

Das Europäische Nordmeer

Das Europäische Nordmeer ist Teil des Nordatlantiks. Es liegt westlich Norwegens, zwischen der Nordsee und der Grönlandsee. Im Westen grenzt es an die Islandsee, im Nordosten an die Barentssee.

UMWELT

Das Europäische Nordmeer erstreckt sich über eine Fläche von 1 380 000 km². Seine mittlere Tiefe liegt bei 1600 m, die Maximaltiefe bei etwa 3970 m.

Im Südwesten wird das Europäische Nordmeer durch einen Unterseerücken zwischen Island und den Färöer-Inseln vom Atlantik getrennt. Im Norden ist die Jan-Mayen-Schwelle die Grenze zum Nordpolarmeer.

Das Europäische Nordmeer, die Grönlandsee und die Islandsee sind zusammen als Nordmeere bekannt.

Atemberaubend!

Norwegens berühmte Fjordküste bildet die östliche Grenze des Europäischen Nordmeeres. Gletscher, die im Pleistozän im skandinavischen Hochland entstanden, gruben tiefe Flusstäler und ließen Fjorde zurück als die letzte Eiszeit endete, der Meeresspiegel anstieg und die Küstenbereiche des eiszerfurchten Geländes überschwemmte. Heute kann man von Fährbooten und Kreuzfahrtschiffen aus atemberaubende, majestätische Aussichten genießen, insbesondere in der Sommersaison.

Der warme Norwegische Strom sorgt dafür, dass die West- und Nordküste Norwegens komplett eisfrei bleiben, obwohl der Nördliche Polarkreis das Meer durchteilt. Teile der Ostseeküste, die auf dem gleichen Breitengrad liegen, frieren dagegen zu. Der Strom ist ein Arm des Golfstroms, der im tropischen Golf von Mexiko seinen Ursprung hat und sich als Nordatlantikstrom fortsetzt.

ERDERWÄRMUNG

Die hydrologische Situation im Europäischen Nordmeer stellt die warme Oberflächenströmung einer sehr kalten Tiefenströmung entlang der Westküste Norwegens gegenüber. Das Ergebnis ist eine Mischung verschiedener Wasser, die einen Nährstoffmix enthalten, der eine reiche Nahrungskette aufrecht erhält, zu der Kabeljau, Hering, Sardine und Sardelle gehören. Jüngste Veränderungen der Strömungen werden der Erderwärmung zugeschrieben und genau beobachtet.

1993 begann auf dem Kontinentalschelf unter dem Europäischen Nordmeer der groß angelegte Abbau von Erdöl- und Erdgasvorkommen, vor allem durch Großbritannien und Norwegen.

OBEN Diese geschwungene Betonbrücke auf den Lofoten an der Ostküste des Europäischen Nordmeeres hat eine ganz eigene Schönheit.

UNTEN Geirangerfjorden gilt als der schönste Fjord Norwegens.

Die Irische See

Die Irische See bedeckt eine Fläche von etwa 100 000 km² und wird im Osten von England, im Westen von Irland und im Süden von Wales begrenzt. Der Nordkanal im Norden der See sowie der St.-Georgs-Kanal im Süden verbinden die Irische See mit dem Atlantik.

OBEN Conwy Castle (unten) wurde 1289 fertiggestellt und überblickt die Irische See.

OBEN RECHTS Wellen aus der Irischen See brechen am Pier von Blackpool, Großbritannien.

GEOGRAFIE

Mit einer mittleren Tiefe von 90 m ist die Irische See ziemlich flach. Der tiefste Punkt liegt bei 175 m im Nordkanal. Im Westen der See verlaufen einige tiefere Becken in Nord-Süd-Richtung. Im Norden der See liegt die Isle of Man. Die schmale Menai-Straße trennt die Insel Anglesey vom walisischen Festland.

Vor der irischen Nordküste und der englischen Westküste erstrecken sich ausgedehnte Sandbänke, die eine große Gefahr für den Schiffsverkehr in der Irischen See darstellen. Die östlichen und westlichen Küsten der See werden von großflächigen Mündungsgebieten flankiert. Zu den wichtigsten gehören die Ästuare der Flüsse Dee, Mersey und Ribble, der Firth of Clyde sowie die Bucht von Belfast. Sie bieten einer großen Vielfalt an Lebewesen wichtigen Lebensraum. Auch die Salzwiesen und die umfassenden Dünensysteme an den Küsten sind lebenswichtige Biotope.

FUTTERPLÄTZE

Die Irische See ist Lebensraum vieler großer Meerestiere. So leben dort z. B. zehn Haiarten, darunter der Riesenhai, der in den wärmeren Monaten (April–Juli) anzutreffen ist. Der nach dem Walhai zweitgrößte Fisch der Welt wird von dem Planktonreichtum der Irischen See angelockt. Weitere Besucher sind Bartenwale wie Buckel- oder Blauwale, die sich ebenfalls am Plankton gütlich tun. Zahnwale wie die Orcas werden dagegen von den großen Robbenherden angezogen. Besonders häufig sind der Gemeine Seehund und die Kegelrobbe, die sich von in der irischen See überall im Überfluss vorhandenen Makrelen und Heringen ernähren.

Die Nordsee

Die Nordsee, die an den Atlantik grenzt, umfasst etwa 570 000 km². Sie wird im Westen von Großbritannien, im Osten und Südosten von Kontinentaleuropa und im Norden von Norwegen begrenzt. Die Orkney- und Shetland-Inseln vor den Nordküste Schottlands bilden die nordwestliche Grenze und sind die einzigen bedeutenden Inseln der See.

STRÖMUNGEN

Mit einer durchschnittlichen Tiefe von nur 75 m ist die Nordsee relativ seicht. Je weiter man in Richtung Norwegen im Nordosten vordringt, desto tiefer wird sie, und ihre Maximaltiefe liegt bei 750 m.

Die Strömungen in der Nordsee kommen meist aus dem Norden, saugen Wasser aus dem Atlantik an und bewegen sich entgegen dem Uhrzeigersinn. Eine weitere Strömung fließt durch den Ärmelkanal entlang der Küsten Belgiens und der Niederlande. Der Gezeitenstrom variiert innerhalb der Nordsee stark; so kommt es an den Küsten zu einigen der höchsten und stärksten Gezeiten der Erde.

Die Nordsee ist ziemlich kalt – ihre Oberflächentemperatur schwankt zwischen 0 °C und 20 °C. Der Norden ist dabei kälter, mit weniger spürbaren saisonalen Schwankungen. Die Nordsee ist zudem für ihre starken Winde und Stürme bekannt, die besonders in den Wintermonaten für raue See sorgen.

UMWELT

Die Umwelt der Nordsee ist sehr vielfältig. Im Norden liegen gebirgige Regionen mit tiefen Fjorden an der norwegischen Küste. An der Küste Großbritanniens findet man dagegen ausgedehnte Mündungs- und Wattgebiete. Sanddünen haben sich an den Küsten der Niederlande und Dänemarks gebildet, und vor der dänischen Küste findet man große flache Barriereriffe. In den geschützten Küstengewässern wachsen riesige Kelpwälder, die zahlreichen Fischen und Meeressäugern Lebensraum bieten. Die See weist außerdem große Kolonien aus 31 Seevogelarten auf.

Umgeben von dicht besiedelten Ländern ist die Nordsee verschiedensten menschlichen Einflüssen ausgesetzt. Eine riesige kommerzielle Fischereiflotte fängt pro Jahr über zwei Millionen Tonnen Meeresfrüchte. Zudem sind zahlreiche Bohrinseln entlang der Küsten versprenkelt, und einige der geschäftigsten Schifffahrtsstraßen führen mitten durch die Nordsee.

OBEN Kleine Bahnen befördern die Touristen in Saltburn-by-the-Sea zum Strand, wo man auch Eselsritte unternehmen kann.

UNTEN Scheveningen an der niederländischen Küste ist ein beliebter Urlaubsort und ein Mekka für Windsurfer.

Die Ostsee

Die Ostsee ist ein östlicher Arm des Nordatlantiks. Sie liegt zwischen dem 53° und 66° nördlicher Breite und dem 20° und 26° östlicher Länge. Sie wird im Westen von der skandinavischen Halbinsel, im Osten und Süden von Kontinentaleuropa und im Südwesten von den dänischen Inseln begrenzt.

UMWELT

Die Ostsee unterteilt sich in vier Teile: Der Bottnische, Finnische und Rigaische Meerbusen sowie die Danziger Bucht liegen an den nördlichen, östlichen und südlichen Rändern. Die See ergießt sich durch das Kattegatt in das Skagerrak und dann in die Nordsee. Sie bedeckt eine Fläche von 377 000 km², ein Gebiet etwas kleiner als Kalifornien, und besteht aus einem Becken, das durch Gletschererosion entstand. Angrenzend liegen ungefähr 8000 km Küste. Die Ostsee ist etwa 1600 km lang und im Durchschnitt 193 km breit. Ihre mittlere Tiefe beträgt 55 m, ihre Maximaltiefe im Westen, auf der schwedischen Seite, 459 m.

Im Winter sind etwa 45 Prozent von Eis bedeckt. Viele Inseln sind über die Ostsee verstreut, die einen deutlich geringeren Tidenhub aufweist als ihre Nachbarin die Nordsee. Ihr Salzgehalt wird durch die zahlreichen einmündenden Flüsse verringert.

MULTINATIONALE KÜSTEN

Die Ostseeküsten wurden schon in der Urzeit besiedelt, und ihre Gewässer von zahllosen Seeleuten befahren. Schwedische Wikinger segelten auf ihrer ostwärtigen Route zum späteren Russland und auch auf ihrem Weg gen Süden durch die Ostsee. Zu Zeiten der Hanse – zwischen dem 13. und 17. Jh. – herrschte reger Handelsverkehr zwischen zahlreichen Ostseehäfen und Städten an der Nordsee.

Im Südwesten der Ostsee wurde 1895 der Nord-Ostsee-Kanal (früher: Kaiser-Wilhelm-Kanal) fertiggestellt. Er ist eine Abkürzung zur Nordsee und war im Zweiten Weltkrieg ein wichtiges Ziel für die Bomber der Alliierten. Heute ist er die am stärksten befahrene künstliche Wasserstraße der Erde; 2010 befuhren rund 31 900 Handelsschiffe den Kanal.

Neun europäische Länder teilen sich die Ostseeküste: Finnland im Norden sowie, im Uhrzeigersinn, Russland, die baltischen Staaten Estland, Lettland und Litauen, Kaliningrad – eine russische Exklave –, Polen, Deutschland, Dänemark und Schweden.

UNTEN Mons Klint, die steilen Kreidefelsen an der Ostküste der dänischen Insel Mon in der Ostsee sind eine beliebte Touristenattraktion.

OBEN Der Nord-Ostsee-Kanal in Deutschland ist eine 98 km lange künstliche Wasserstraße, die die Nordsee mit der Ostsee verbindet. Er stellt eine Abkürzung von 520 km dar.

Die Barentssee

Die Barentssee ist ein flacher Abschnitt des Nordpolarmeeres und liegt nordöstlich Norwegens, eingerahmt vom russischen Festland, der Halbinsel Kola, der riesigen Arktisinsel Nowaja Semlja und dem Archipel Franz-Josef-Land. Im Westen liegt die norwegische Inselgruppe Svalbard.

WARME STRÖMUNGEN

Die nach dem niederländischen Entdecker Willem Barents benannte Barentssee ist etwa 1300 km lang und 1050 km breit. Sie umfasst 1 405 000 km^2 und hat eine mittlere Tiefe von 230 m. Ihr tiefster Punkt liegt bei 600 m im Bäreninselgraben. Das Wasser der Barentssee wird durch den Golfstrom erwärmt, der dafür sorgt, dass die bedeutendsten Häfen Vardö in Norwegen und Murmansk in Russland das ganze Jahr eisfrei bleiben.

MILITÄRISCHER NUTZEN

Im Kalten Krieg spielte die Barentssee eine wichtige Rolle, da die Schiffe und U-Boote der sowjetischen Nordflotte im Murmanskfjord und nahe der Halbinsel Kola stationiert waren. Sowohl die amerikanische als auch die Sowjetmarine führten zahlreiche U-Boot-Patrouillen in Barentssee und Nordpolarmeer durch.

Leider ist die Barentssee, wie auch die Karasee im Osten, zu einem Friedhof ausgemusterter sowjetischer Kriegsschiffe und U-Boote geworden. Die Schiffe, von denen viele nuklearbetrieben waren, wurden versenkt, weil die russische Regierung weder für ihren Erhalt noch ihre saubere Entsorgung – falls das überhaupt möglich ist – aufkommen wollte. Das Ergebnis ist eine ständig steigende radioaktive Kontaminierung.

Am 12. August 2000 erlangte die See traurige Berühmtheit, als das russische Atom-U-Boot *Kursk* nach einer Explosion an Bord sank und in zwei Teile zerbrach. 118 Seeleute kamen dabei ums Leben. Im folgenden Jahr wurde das Wrack der *Kursk* von einer niederländischen Firma geborgen.

Während des Zweiten Weltkrieges verlief eine sehr wichtige Schifffahrtsroute, der sogenannte Murmansk

Run, durch die Barentssee. Alliierte Kriegsmaschinerie, die meist in den USA produziert wurde, wurde zur Unterstützung des Kampfes gegen Deutschland an der Ostfront an die Sowjetunion geliefert. 78 Konvoys brachten den Sowjets lebenswichtigen Nachschub und kreuzten dabei die Barentssee. Ihre Arbeit trug letztendlich zur Niederlage Deutschlands bei.

OBEN Die stark industrialisierte Hafenstadt Murmansk (Russland) liegt an der Kolabucht in der Barentssee. Es ist die größte Stadt nördlich des Polarkreises.

OBEN Ein Arm der Barentssee, der Varangerfjord, liegt ganz im Nordosten Norwegens. Im Gegensatz zu den meisten Fjorden entstand er nicht durch Gletschererosion.

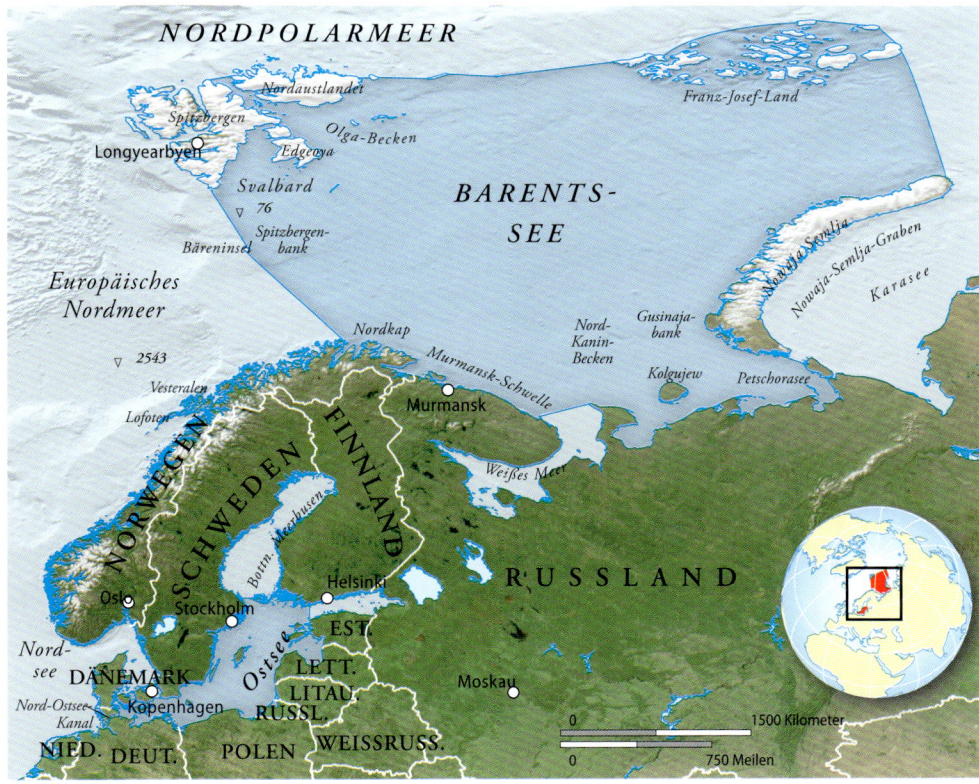

Das Mittelmeer

Das Mittelmeer ist ein großes Meer am Übergang von Asien, Europa und Afrika. Es bedeckt eine Fläche von 2 510 000 km² und wird durch die Straße von Gibraltar mit dem Atlantik im Westen verbunden. Dies ist der einzige natürliche Auslass des Meeres; der 1869 eröffnete Suezkanal bietet jedoch eine Passage zum Roten Meer und letztlich zum Indischen Ozean. Im Osten liegt das Schwarze Meer, das durch das Marmarameer, die Dardanellen und den Bosporus mit dem Mittelmeer verbunden ist.

OBEN Das dunkelgrüne Nildelta am Mittelmeer. Auf der rechten Seite liegt das Rote Meer.

UNTEN Der mediterrane Küstenort Lloret del Mar in Katalonien lockt Tausende mit sicheren Stränden und warmem Wasser. Die Strände gelten als die saubersten an der spanischen Costa Brava.

EUROPAS MEER

Rund um das Mittelmeer liegen die kleineren Meere Adria, Ägäis, Tyrrhenisches und Ionisches Meer. Zahlreiche Länder grenzen an das Mittelmeer und machen die Region zu einer der dichtbesiedeltsten Küstengebiete weltweit. Insgesamt ist die Küste über 46 000 km lang. Im Norden liegen Spanien, Frankreich, Italien, Albanien, Griechenland und die Türkei, im Osten Syrien, der Libanon und Israel. Im Süden genzt es an Ägypten, Libyen, Tunesien, Algerien und Marokko. Dazu kommen schließlich noch die Inselstaaten Malta und Zypern.

Im Mittelmeer gibt es Tausende von Inseln, von denen die größten zur europäischen Seite gehören. Zu den bedeutendsten zählen die Balearen (Spanien), Sizilien und Sardinien (Italien), Korsika (Frankreich) und Kreta (Griechenland).

TIEFENTRENNUNG

Das Mittelmeer ist im Durchschnitt 1500 m tief; die Tiefe variiert jedoch stark. Es wird durch einen ausgedehnten unterseeischen Rücken geteilt, der zwischen Sizilien und dem italienischen Festland und dann in Richtung Tunesien verläuft. In diesem Gebiet, bekannt als Straße von Sizilien, ist das Wasser maximal 460 m tief. Im tieferen östlichen Becken, dem Ionischen Becken, fällt der Meeresboden auf bis zu 4900 m ab.

HEISS UND KALT

Trotz der vielen Flüsse, die im Mittelmeer enden – darunter auch der Nil – geht mehr Wasser durch Verdunstung verloren als hineinfließt. Dadurch gelangt sehr viel Wasser aus dem Atlantik ins Mittelmeer. Diese wichtige Strömung, der Algerische Strom, bewegt sich in östlicher Richtung entlang der Küste Nordafrikas, wo sie sich mit dem Libysch-Ägyptischen Strom verbindet, weiter nach Osten und dann nordwärts zur türkischen Küste fließt. Die nördliche Strömung fließt in westlicher Richtung entlang der nördlichen Küsten des Mittelmeeres in Richtung Straße von Gibraltar. Sie ist äußerst unregelmäßig und weist viele Wirbel und Gegenströmungen auf, die um Tausende kleiner Inseln, Buchten und Felsriffe fließen. Eine kleinere Oberflächenströmung gelangt aus dem Schwarzen Meer über die Dardanellen ins Mittelmeer.

Die Temperaturen im Mittelmeer sind meist recht warm, obwohl es auch hier große Unterschiede gibt. Die wärmsten Gewässer findet man vor der libyschen Küste, wo die Sommertemperatur im Mittel bei 31 °C liegt. Die kältesten Gewässer liegen im Norden vor der Küste Albaniens, wo das Mittelmeer auf die Adria trifft. Hier kann die Temperatur im Winter auf 5 °C sinken, und manchmal bildet sich sogar eine dünne Eisschicht.

BIODIVERSITÄT

Im Mittelmeer herrscht eine große Biodiversität. Zu den Säugetieren gehören Finn-, Pott- und Grindwal sowie der Cuvier-Schnabelwal und mehrere Delfinarten wie der Große Tümmler, der Blau-Weiße Delfin und der Rundkopfdelfin. Kleine Anzahlen Minkwale, Orcas und Kleine Schwertwale machen Jagd auf 750 endemische Fischarten. Dazu kommen fünf Schildkrötenarten sowie mehrere Hai- und Rochenarten. Die einzige einheimische Robbenart ist die äußerst gefährdete Mittelmeer-Mönchsrobbe, die man nur sehr selten sieht. In der Ägäis existiert noch eine kleine Kolonie. Das Mittelmeer ist der wichtigste Laichplatz für den Roten Thun. Seit der Eröffnung des Suezkanals wurde das Meer anfällig für Eindringlinge.

Industrielle Abwässer und der Verlust an Lebensraum durch zunehmende Bebauung stellen eine große Bedrohung für das Mittelmeer dar. Wasserverschmutzung, Überfischung, Öllecks und giftige Emissionen der zahllosen Schiffe, die die geschäftigen Wasserstraßen befahren, sind weitere Gefahren für die Umwelt.

OBEN Cinque Terre an der italienischen Adria gilt als einer der schönsten Orte am Mittelmeer. Es besteht aus fünf Dörfern, die nicht mit dem Auto erreichbar sind, und hat sich so seinen Charme bewahrt. Heute ist es ein Weltkulturerbe der UNESCO.

Die Adria

Die Adria trennt die italienische Halbinsel vom Balkan und ist ein nördlicher Arm des Mittelmeeres. Sie bedeckt eine Fläche von nur 131 050 km², aber ihre geringe Größe täuscht über ihre geografische, strategische und historische Bedeutung hinweg. Einige der wichtigsten europäischen Häfen liegen an der Adriaküste, darunter auch der vielleicht berühmteste von allen: Venedig (an der Nordküste). Südlich der Adria liegt eine weitere kleine See, das Ionische Meer, das durch die schmale Straße von Otranto von ihr getrennt wird.

UNTEN Die kroatische Stadt Dubrovnik wird oft „Perle der Adria" genannt. Die von einer Stadtmauer umgebene Stadt mit ihren Steinhäusern und roten Ziegeldächern wurde ungefähr im 10. Jh. gegründet.

AUF UND AB

Die durchschnittliche Tiefe der Adria liegt bei 444 m. Die Topografie ihres Meeresbodens ist sehr vielfältig. An der Ostküste Italiens, die zugleich die westliche Grenze der Adria darstellt, ist das Wasser seicht, und es gibt keine nennenswerten Inseln. An der östlichen Grenze hingegen, markiert durch die Küsten Sloweniens und Kroatiens, sind Hunderte von Inseln verstreut, und die Gewässer sind um einiges tiefer. Die Nordküste ist sehr seicht – oft weniger als 50 m tief – und weist ausgedehnte Sandbänke und Barriereriffe auf, die sich um Flussmündungen herum bildeten. Dies machte die Entstehung der Kanäle und Wellenbrecher Venedigs erst möglich. Im Süden der Adria wird das Wasser deutlich tiefer. Vor der Südspitze Kroatiens, sinkt ein ausgedehntes Becken bis in 1300 m Tiefe ab.

Eine Strömung saugt Wasser aus dem östlichen Mittelmeer und dem Ionischen Meer durch die Straße von Otranto an, die nordwärts entlang der italienischen Halbinsel fließt. Aus den italienischen Alpen kommend ergießen sich einige große Flüsse, z. B. der Po, in die Adria und verringern im Norden ihre Salinität. Die Wassertemperaturen sind sehr unterschiedlich. Im Winter können sie auf 10 °C absinken, während sie im Sommer oft auf 24 °C und mehr steigen.

MEERESBEWOHNER IN MITTLERER TIEFE

Wie andere mediterrane Gewässer hat auch die Adria einen relativ geringen Nährstoffgehalt. Dennoch sind kleine pelagische Fische wie Sardinen weit verbreitet, und Seesterne, Sepien, Krebse, Kalmare und Kraken kommen im Überfluss vor. In den tieferen Gewässern tummeln sich auch größere Fische wie der Thunfisch.

LINKS Dieses Satellitenbild zeigt den Canale Grande in Venedig, der sich durch das Herz der Stadt schlängelt. Oben links sieht man den Damm, der zum Festland führt.

Die Ägäis

Mit einer Fläche von nur 214 000 km² ist die Ägäis ein kleiner östlicher Arm des Mittelmeeres. Rund um die Ägäis erblühte die große Zivilisation der alten Griechen. Im Norden und Westen grenzt die See an Griechenland, im Osten an die Türkei. Durch die Dardanellen, eine schmale Meerenge, ist die Ägäis mit dem Marmarameer verbunden und weiter durch den noch schmaleren Bosporus mit dem Schwarzen Meer. So stellt die Ägäis die Grenze zwischen Europa und Asien dar.

INSELPARADIES

In der Ägäis liegen Dutzende, meist griechische Inseln. Die größten sind Kreta und Rhodos, die zusammen mit Karpathos die südliche Grenze der Ägäis bilden und sie vom Mittelmeer trennen. Andere wichtige Inseln sind Lesbos und Chios nahe der türkischen Küste.

HEISS UND KALT

Die Ägäis ist insgesamt eher flach und weist vor den nördlichen und nordöstlichen Küsten einen ausgedehnten Kontinentalschelf auf. In der See kommt es zu beachtlichen tektonischen Aktivitäten; in jüngster Zeit gab es zahlreiche Erdbeben und Vulkanausbrüche. Innerhalb der See befinden sich eine Reihe von Gräben, der tiefste – östlich Kretas – fällt auf 3543 m ab.

Geprägt wird die Ägäis aber vor allem durch ihre unvorhersehbaren, heftigen Strömungen. Das Wasser strudelt um die Inseln herum, und das Fließen wird durch die zahllosen Buchten und kleinen Meeresarme entlang der Küsten noch erschwert. Aus dem Schwarzen Meer im Nordosten fließt kaltes Wasser in die Ägäis, während im Süden, entlang der griechischen Küste, warmes Wasser aus dem Mittelmeer hineintransportiert wird.

ÜBERFISCHUNG

Die Gewässer des Mittelmeeres haben allgemein ein recht niedriges Produktivitätsniveau, und die Ägäis ist eines der unbelebtesten Gewässer auf der Erde. Das Wasser aus dem Mittelmeer ist so nährstoffarm, dass die Nährstoffe aus dem kälteren Wasser des Schwarzen Meeres nicht ausreichen, um die gesamte Ägäis anzureichern. Dennoch lebt in den warmen Monaten eine erstaunliche Anzahl Fische in der See und lockt eine Vielfalt an Meeressäugern an. Unter ihnen sind Delfine, Cuvier-Schnabelwale und Pottwale, die leider durch untragbare Fischereipraktiken ausnahmslos stark gefährdet sind.

OBEN Eine männliche Rohrdommel fängt die nächste Mahlzeit. Rohrdommeln leben auf vielen griechischen Inseln.

UNTEN Luftaufnahme eines Dorfes auf der griechischen Insel Astypalea in der Ägäis.

Der Golf von Guinea

Der Golf von Guinea ist ein großer offener Arm des Atlantiks und wird durch West- und Zentralafrika – von der Côte d'Ivoire bis zum Kap Lopez in Gabun – begrenzt. Die Küste wird von den westlichen Ausläufern der Afrikanischen Platte gebildet, eine Grenze, die der Kontinentalgrenze zu Südamerika entspricht; dieser glückliche Zufall lieferte die Bestätigung für die Theorie des Kontinentaldrifts.

VULKANISCHER UNTERGRUND

Zu den Ausbuchtungen an der Golfküste gehören die Buchten von Benin, Bonny und Mondah. Der Boden des Golfs wird im Westen von dem Mittelatlantischen Rücken und im Süden von der Angola-Ebene begrenzt. Er sinkt auf eine Tiefe von 5097 m ab. Die ozeanische Begrenzung des Golfs ist eine Loxodrome, die sich von Kap Palmas in Liberia bis zum Kap Lopez ausdehnt.

Die Vulkaninseln der Kamerunlinie erstrecken sich etwa 724 km südwestlich vom Kamerunberg in den Golf hinein. Unter ihnen sind Bioko (Fernando Póo), Annobón (Pagalu), Elobey Grande, Elobey Chico und Corisco, die zu Äquatorialguinea bzw. dem Inselstaat São Tomé und Principe gehören.

UNTEN Überall an der Côte d'Ivoire, die an den Golf von Guinea grenzt, findet man tief liegende Küstendörfer wie dieses hier.

SCHWERE DÜNUNG

Aufgrund der Ausrichtung der afrikanischen Westküste sorgt die südwestliche Dünung für lange Küstenströmungen, die nordwärts in Richtung Kamerun entlang der östlichen Grenze des Golfs und ostwärts entlang der nördlichen Grenze des Golfs fließen. Dies wird durch den Benguela- und den Guineastrom verstärkt. Der Kontinentalschelf ist relativ schmal, sodass Tiefseewellen und Oberflächenströmungen ungehindert auf die Küste treffen, wo sie Einfluss auf Küstenökologie, Sedimentablagerungen und menschliche Aktivitäten haben. Jahreszeitlich bedingt kommt es an der Elfenbein-, der Gold- und Sklavenküste zum Auftrieb von Tiefenwasser, was zur Entstehung einer reichhaltigen Flora und Fauna führt.

WO IST DAS SALZ?

Der Salzgehalt des warmen Oberflächenwassers ist gering. Im August sinkt die Salinität durch reduzierte Sonnenstrahlung, hohen Niederschlag und Süßwasser aus Flüssen wie Volta und Niger auf unter drei Prozent – deutlich weniger als die 3,5 Prozent, die für Meerwasser üblich sind. Das warme Wasser wird durch eine Thermokline, eine Übergangsschicht zwischen Wassern mit unterschiedlichen Temperaturen, vom tieferen, kälteren, salzhaltigeren Wasser getrennt.

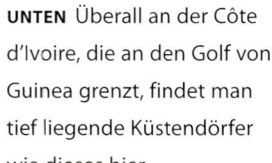

Das Rote Meer und der Golf von Aden

Das Rote Meer wird im Westen von Ägypten, dem Sudan und Eritrea begrenzt, im Osten von Saudi Arabien und dem Jemen. Der Golf von Aden ist ein Arm des Arabischen Meeres und wird durch den Bab al-Mandab, der im Norden vom Jemen und im Süden vom Horn von Afrika eingerahmt wird, mit dem Roten Meer verbunden. Beide entstanden durch die Trennung der Afrikanischen und Arabischen Platten, einem Prozess, der im Eozän – vor 55 bis 38 Millionen Jahren – begann und sich bis heute fortsetzt.

LINKS Eine Flotte chinesischer Containerschiffe durchquert den Golf von Aden. Die Schiffe werden von chinesischen Kriegsschiffen eskortiert, um sie vor somalischen Piraten zu beschützen, die in dem Gebiet eine große Gefahr darstellen.

DAS ROTE MEER

Das Rote Meer bedeckt eine Fläche von ungefähr 440 000 km². Es erstreckt sich über 2190 km von der Stadt Suez im Norden bis zum Bab al-Mandab im Süden und ist an der breitesten Stelle 365 km breit. Im Durchschnitt ist das Rote Meer 490 m tief; der tiefste Punkt liegt bei Port Sudan in 3039 m Tiefe. Der 1869 eröffnete Suezkanal stellt eine Passage zwischen dem Roten Meer und dem Mittelmeer dar.

Durch die hohe Verdunstung in der tropischen Region und den sehr geringen Zufluss an Süßwasser aus Niederschlägen oder der Einleitung aus Flüssen bzw. aus der Landwirtschaft sowie geothermischer Hitze, die in seinem Mittelgraben freigesetzt wird, gehört das Rote Meer zu den wärmsten und salzhaltigsten Gewässern der Erde. Die mittlere Temperatur liegt bei 22 °C, die Salinität bei 4 Prozent – deutlich über dem Durchschnittswert von 3,5 Prozent.

Der Tidenhub ist eher gemäßigt und liegt zwischen 60 cm nahe der Mündung des Suezkanals und 90 cm im Süden am Bab al-Mandab.

DER GOLF VON ADEN

Der Golf von Aden zieht sich vom Golf von Tadjoura bei Dschibuti im Westen bis zum Kap Guardafui am Horn von Afrika. Er bedeckt eine Fläche von etwa 533 000 km², ist ungefähr 1472 km lang und durchschnittlich 480 km breit. Seine tiefste Stelle – 5278 m – liegt im Alula-Fartak-Graben, einer Verwerfung, die

OBEN Diese großartige Seeanemone, die sich im Roten Meer angesiedelt hat, lockt mit ihren Tentakeln kleine Fische und Krustentiere an, die bei Kontakt gelähmt und dann von den Tentakeln zur Mundöffnung befördert werden.

vom Aden-Rücken abzweigt und durch den ganzen Golf verläuft. Die Oberflächentemperatur liegt in den Gewässern des Golfs im Durchschnitt bei 21,1 °C; das kann jedoch, abhängig von der Jahreszeit und der Intensität des Monsuns, stark schwanken. Auch der Salzgehalt des Wassers ist wechselhaft, liegt im Mittel aber bei 3,6 Prozent, was fast dem normalen Durchschnitt von Meerwasser entspricht.

Der Persische Golf und der Golf von Oman

Der Persische Golf und der Golf von Oman sind Arme des Indischen Ozeans, die durch die Straße von Hormus voneinander getrennt werden. Flankiert von ölreichen Staaten, stellen beide Golfe strategische Schifffahrtsrouten für den Transport der Ölreserven der Welt dar.

UNTEN Obwohl der Fischfang im Golf von Oman noch immer recht einträglich ist, wurden die Schwärme in den letzten Jahren durch vermehrten Schiffsverkehr und ausgelaufenes Öl reduziert.

UNTEN Die Ölreserven im Golf sind nicht auf das Festland beschränkt. Überall im Golf stehen große Öl- und Gasbohrinseln, die einige der größten Öl- und Gasfelder der Erde ausschöpfen.

DER PERSISCHE GOLF

Der Persische Golf wird im Osten vom Iran flankiert. Im Westen liegen der Irak, Kuwait, Saudi Arabien, Bahrain und Katar, im Süden die Vereinigten Arabischen Emirate (VAE). Er ist etwa 954 km lang, an der breitesten Stelle 338 km breit und bedeckt eine Fläche von 240 000 km². Der Persische Golf ist seicht – er ist im Durchschnitt nur 35 m tief – und fällt an der tiefsten Stelle bei der Straße von Hormus auf 100 m ab.

Die wichtigsten Süßwasserzuflüsse stammen aus dem Shatt al-Arab und vielen kleinen Flüssen, die im Zagros-Gebirge entspringen, dem größten Gebirge des heutigen Irans. Aufgrund der hohen Temperaturen, verdunsten jedes Jahr etwa 326 km³ Wasser. Als Ergebnis daraus ist der Salzgehalt im Persischen Golf fast eineinhalb mal so hoch wie in den meisten Meeren.

DER GOLF VON OMAN

Der Golf von Oman wird im Südwesten von Oman und den Vereinigten Arabischen Emiraten und im Norden vom Iran begrenzt. Er ist etwa 560 km lang und erweitert sich von 35 km an der Straße von Hormus auf ungefähr 320 km bei der Gwadar-Bucht. Der Boden des Golfs fällt von nur 66 m am nördlichen

Ende auf 3351 m ab, wenn er sich mit dem Arabischen Meer vereint. Der Golf von Aden ist eine lebenswichtige Transportroute für die Ölreserven der Welt.

KREUZUNG DER ZIVILISATION

Die reiche Kulturgeschichte des Golfs ist an den Handel gebunden. Vor dem Aufstieg des Achämenidenreichs um 800 V. CHR. breiteten sich die Bewohner Dilmuns, Sumers, Magans, Babylons, Assyriens, Elams, Bit Jakins, Phöniziens, Medeas und andere am Persischen Golf als Siedler, Händler oder Eroberer aus. Zudem spielte das Gebiet eine wichtige Rolle in der Verbindung der Kulturen Levants, Mesopotamiens und Irans mit den Zivilisationen des Industales und anderer Grenzgebiete des Indischen Ozeans. Der Norden wurde später von den Seleukiden- und Partherreichen beherrscht; um das Jahr 300 weitete das Sassanidenreich die persische Herrschaft über die gesamte Region aus.

Seit der Ankunft des Islams im 7. Jh. entstand ein umfangreiches literarisches Gesamtwerk, in dem die sich entfaltende Geschichte der Region aufgezeichnet wurde. Nach Vasco da Gamas Expeditionen Anfang des 16. Jh. interessierten sich die Portugiesen für den Reichtum der Region; 1521 überfielen sie Bahrain und übernahmen die Kontrolle über die Perlenindustrie. 1602 gelang es dem Safawidenherrscher Shah Abbas, sie zu vertreiben und stattdessen mit ihnen sowie den Niederländern, Spaniern, Franzosen, Briten und anderen Handelsbeziehungen einzugehen. Im 18. Jh. dehnte das Britische Empire seinen Einfluss auf die Region aus, da sie eine Passage zur Kolonie Indien bot.

ÖL-ENGPASS

Asphalt, Erdölaustritte und Gas aus unterirdischen Kohlenwasserstoffvorkommen werden in der Region seit Tausenden von Jahren ausgebeutet. Ihr Vorkommen und ihre Verwendung sind in archäologischen

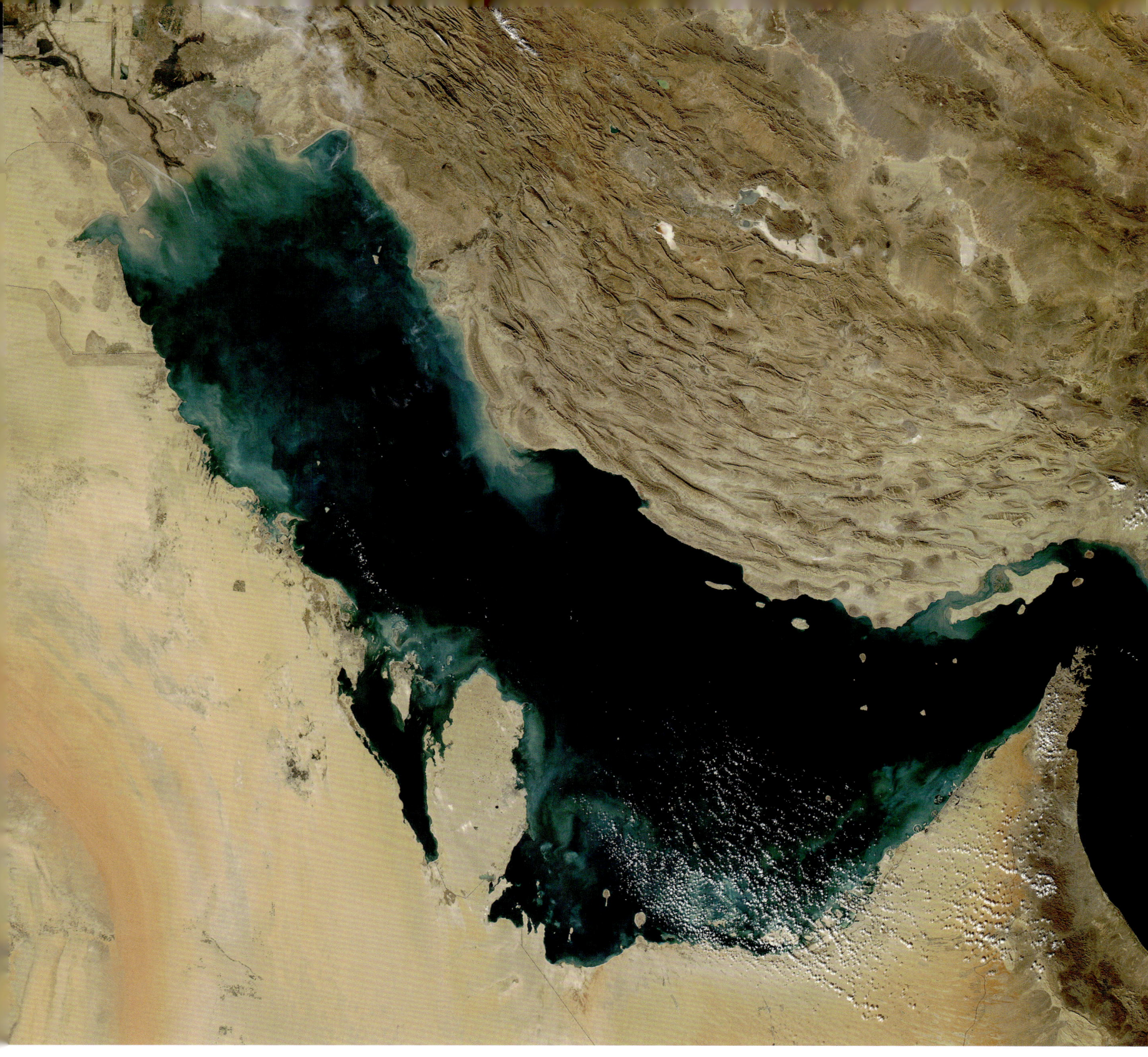

Aufzeichnungen und auch im Alten Testament ausführlich dokumentiert. Bereits im 9. Jh. destillierte der persische Chemiker Abu Bakr Muhammad ibn Zakariya ar-Razi Kerosin.

Die kommerzielle Erdölförderung in der Region begann, nachdem der Engländer William Knox D'Arcy 1908 eine große Entdeckung bei Masdsched Soleyman machte. Heute werden in dem Gebiet 21 Millionen Barrel Öl pro Tag gefördert. Aufgrund der enormen Bedeutung von Petroleum für die industrialisierte Welt ist die Vorherrschaft über die Region hart umkämpft. Die riesigen Tanker, die durch die Straße von Hormus fahren, befördern über die Hälfte des auf dem Seeweg transportierten Öls und unterstreichen so ihre strategische Bedeutung. Geschätzte 250 000 Barrel Öl verschmutzen jährlich die Gewässer der Region.

EMPFINDLICHER LEBENSRAUM

Das Gebiet umfasst eine Vielzahl an Lebensräumen mit entsprechend vielfältigen Wildtieren. Salzwiesen, Wattgebiete, Dünen, Sandhügel, artesische Quellen, Mangroven, Riffe, Seegras u. a. ernähren über 700 Fischarten, sind Nistplätze für Schildkröten und bieten Gabelschwanzseekühen und anderen gefährdeten Meerestieren Schutz.

Zudem wurden in der Region etwa 250 Vogelarten gezählt, darunter auch bedrohte wie der Sokotrakormoran und der Khor-Kalba-Kingfisher. Trotz zunehmender Schutzmaßnahmen wie in Bahrains Al Areen Wildlife Reserve ist das Gebiet durch auslaufendes Öl, Überweidung, den Verlust von Mangroven und Beeinträchtigungen durch Fischerboote, das Militär und Erholungssuchende weiterhin bedroht.

OBEN Dieses Satellitenbild zeigt den Persischen Golf und die Sedimente, die hineintransportiert werden. Auf der rechten Seite sieht man die Straße von Hormus. Die schmale Straße trennt den Persischen Golf vom Golf von Oman und ist eines der geografisch bedeutendsten Gebiete der Welt.

Das Arabische Meer

Das Arabische Meer, ein großer offener Arm des nordwestlichen Indischen Ozeans, grenzt im Norden an den Iran und Pakistan, im Westen an Somalia, Jemen und den Oman und im Süden an Indien. Die seewärtige Grenze bildet eine Linie vom Kap Guardafui in Somalia bis zum Kap Komorin, dem südlichsten Punkt des indischen Subkontinents.

RECHTS Goa, flächenmäßig Indiens kleinster Staat, grenzt im Westen an das Arabische Meer. Hier ziehen Fischer ein Netz aus dem Wasser.

OBEN An der indischen Westküste, die an das Arabische Meer grenzt, sammelt ein Mann Pflanzen, die vor allem in der ayurvedischen Medizin zur Anwendung kommen.

ABFLUSS VOM SUBKONTINENT

Das Arabische Meer bedeckt etwa 3 862 009 km². An der breitesten Stelle ist es 3002 km breit. Es erstreckt sich auf einer Länge von 1748 km von Norden nach Süden und ist im Durchschnitt 2734 m tief. Seine Maximaltiefe liegt bei 4652 m.

Zu den wichtigsten Buchten gehören die Golfe von Aden, Oman, Kachchh und Khambhat. Süßwasser wird durch die Flüsse Indus in Pakistan, Mahi, Narmada und Tapi in Indien und mehrere Flüsschen entlang der indischen Küsten in das Arabische Meer geleitet. Zu den bedeutendsten Inseln zählen Sokotra, Masira, die Churiya-Muriya-Inseln sowie die Lakkadiven. Im Winter herrschen trockene Monsunwinde aus Südwestasien vor, die im Sommer ihre Richtung umkehren und heftige Regenfälle und Stürme mit sich bringen.

HANDELSMEKKA

Das Meer spielt eine wichtige Rolle im Seehandel. Die größten Häfen sind Gwadar und Karatschi in Pakistan, Kandla, Porbandar, Veraval, Bharuch, Surat, Mumbai, Nhava Sheva, Ratnagiri, Panaji, Mangalore, Cochin und Allapuzha in Indien sowie Maskat im Oman.

ERNÄHRUNG VON MILLIONEN

Das Arabische Meer ist für seine vielfältige Meeresfauna bekannt. Sardinen, Thunfische, Wahoos, Marline und Haie werden kommerziell gefangen. Leider wird das Ökosystem zunehmend durch auslaufendes Öl, Sedimentierung und Abwässer bedroht, die den Sauerstoffgehalt reduzieren. Das führt zu einem fortschreitenden Rückgang des marinen Tierbestandes.

Antiker Handel

Es gibt Hinweise darauf, dass auf dem Arabischen Meer bereits seit mindesten dem 8. Jh. V. CHR. Seehandel betrieben wird. Um 2500 V. CHR. breitete sich die Harappa-Kultur entlang der Küste aus, vom südöstlichen Iran bis zum Golf von Khambhat und ins Inland bis nach Kaschmir. Die Harappa gingen kulturelle und Handelsbeziehungen mit den Völkern am Persischen Golf, Mesopotamiens und dem östlichen Mittelmeer ein und befuhren das Arabische Meer in fortschrittlichen, aus Planken gebauten Schiffen, die von einem Mast mit einem gewobenen Segel angetrieben wurden.

Die Lakkadivensee

Die Lakkadivensee wird im Osten von der indischen Malabarküste, dem Golf von Mannar und der Westküste Sri Lankas begrenzt. Sie erstreckt sich westwärts über die Lakkadiven und Malediven – flache Atolle, die durch unterseeische Vulkane entstanden, die vom Chagos–Lakkadiven-Rücken aufstiegen.

TROPISCHES PARADIES

Die Lakkadivensee ist bis zu 4735 m tief. Innerhalb der See liegt das indische Unionsterritorium Lakshadweep, das aus 36 Inseln – davon zehn bewohnte – besteht. Die Republik Malediven umfasst etwa 1190 Inseln. Zusammen ist der Lakshadweep-Malediven-Chagos-Archipel das größte Korallenriff- und Atollsystem der Erde.

Der Monsun hat großen Einfluss auf den Archipel. Die nordöstlichen Winde im Winter sind sehr trocken, während die südöstlichen im Sommer starke Regenfälle mit sich bringen – von 1600 mm auf den trockeneren Lakkadiven bis zu 3800 mm auf den Malediven.

Temperaturschwankungen gibt es kaum. Ganzjährig herrschen Temperaturen zwischen 24 °C und 30 °C und hohe Luftfeuchtigkeit. Während man auf den abgelegenen Inseln noch tropischen Regenwald findet, ist sonst wenig von der ursprünglichen Flora übrig.

TIERARCHIPEL

Zu den heimischen Säugetieren gehören drei Arten Flughunde. Unter den bedeutenden heimischen Stand- und Brutvögeln sind der Maledivische Schopfreiher, der Arielfregattvogel, die Feenseeschwalbe, die Schwarznacken-Seeschwalbe, die Zügelseeschwalbe und die Eilseeschwalbe.

Die Inseln sind zudem Heimat verschiedener Schildkrötenarten, wie der gefährdeten Suppenschildkröte, der Lederschildkröte, der Echten und Unechten Karettschildkröte und der Oliv-Bastardschildkröte. Unter den Reptilien sind Schlangen, Frösche, Kröten, Geckos und verschiedene andere Eidechsen. Ein endemischer Meeressäuger stammt aus der Familie der Kurzschnauzendelfine. Der kommerzielle Fischfang konzentriert sich auf Thunfisch, Königsmakrele, Barrakuda, Schnapper, Wahoo, Grätenfische und Haie.

BEDROHUNG DURCH DEN MENSCHEN

Der Archipel ist etwa seit dem 5. Jh. V. CHR. besiedelt. Bis 1800 wurde ein Großteil der Wälder abgeholzt und durch Kokosplantagen und andere Nutzpflanzen ersetzt, z. B. Mangos, Guaven, Zitrusfrüchte, Bananen, Süßkartoffeln, Ananas, Wassermelone, Mandeln, Taro und Hirse. Bald begannen Haustiere und eingeführte Nagetiere die heimische Tierwelt zu verdrängen.

Das empfindliche Ökosystem der Inseln ist durch Umweltverschmutzung aus Fabriken, Raffinerien und Abfallbeseitigung sowie die Erschöpfung des Grundwassers, mechanisierten Fischfang und Tourismus gefährdet. Zudem stellt der durch den Klimawandel steigende Meeresspiegel eine große Bedrohung dar.

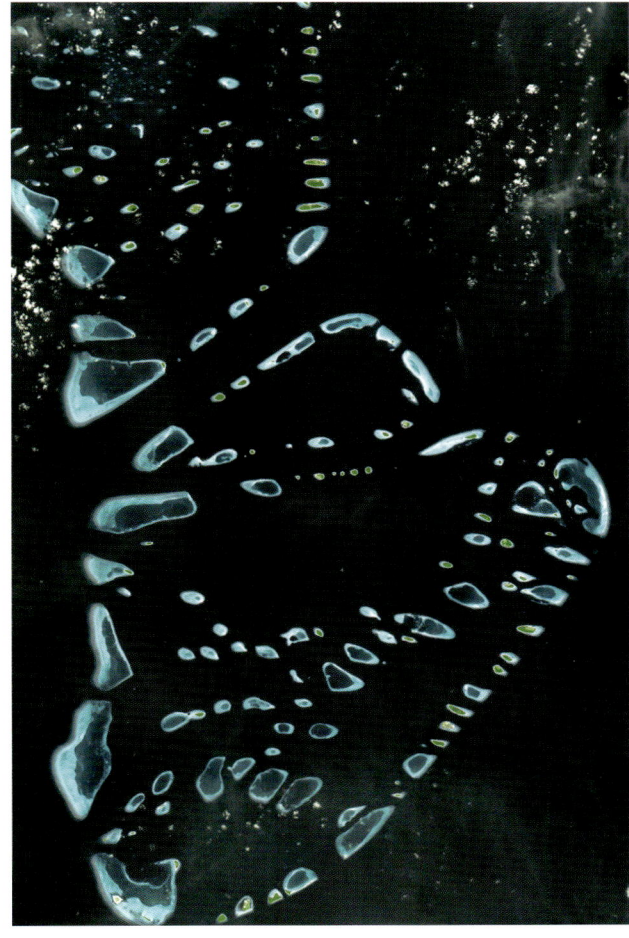

OBEN Diese Luftaufnahme eines Maledivenatolls verdeutlicht die Größe des Riffs. Ein Atoll ist ein Bereich aus abgestorbenen Korallen, der aus dem Meer ragt.

OBEN Ein Fisch, der immun gegen das Gift der Anemone ist, versteckt sich zwischen ihren Tentakeln und wartet auf Beute.

LINKS Auf dem Satellitenbild wirken die Inseln des Malosmadulu-Atolls wie Schimmelpilze.

Der Golf von Bengalen

Der Golf von Bengalen ist ein dreieckiger nordöstlicher Arm des Indischen Ozeans. Eine Linie, die sich vom Süden Sri Lankas bis zur Nordspitze Sumatras (Indonesien) zieht, bildet seine südliche Grenze. Seinen nördlichen Rand stellt die Küste Bangladeschs dar.

OBEN Der Golf von Bengalen ist oft Wetterextremen ausgesetzt. Dieser Monsun nähert sich rasch der Küste. Er bringt saisonal bedingt Wind und heftige Regenfälle mit sich.

OBEN RECHTS Aufgrund der niedrigen Lohnkosten hat sich das Abwracken von Schiffen in Indien und Bangladesch zu einem lukrativen Geschäft entwickelt. Alte Schiffe werden zerlegt und ihr Stahl verkauft. Leider fallen oft auch gefährliche Substanzen an, und Chemikalien und Asbest gelangen ungefiltert in die Umwelt.

Die letzte Fahrt

Seit 1972 hat sich Bangladesch zum zweitgrößten Schiffsabwrackzentrum (Zerlegung und Recycling) der Welt entwickelt. Zahlreiche Frachter, Tanker und Kriegsschiffe treten ihre letzte Fahrt durch die Bucht von Bengalen an. Nahe der Stadt Chittagong werden sie bei Flut angelandet und dann von etwa 200 000 Arbeitern systematisch zerlegt.

FLUSSDELTAS

Die Länder Sri Lanka, Indien, Bangladesch, Myanmar (Burma) und Indonesiens grenzen an den Golf von Bengalen, in dem zudem die indischen Andamanen und Nikobaren liegen. Der Golf bedeckt eine Fläche von 2 172 000 km², ist 2090 km lang und an der breitesten Stelle 1610 km breit. Die Maximaltiefe liegt bei 3694 m, die mittlere Tiefe bei 2600 m.

Zahlreiche Flüsse wie Ganges, Krishna, Padma, Brahmaputra, Meghna, Jamuna, Ayeyarwady, Godavari, Mahanadi und Kaveri ergießen sich in den Golf. Aus ihren Sedimentablagerungen entstanden große Deltas, um die herum eine Landwirtschaft erblühte, die große Bevölkerungszahlen ernährt.

NATURKATASTROPHEN

In den Sommermonaten Juni bis September bringt der südwestliche Monsun Regen in den Golf. Zyklone sorgen oft für große Zerstörungen, vor allem, wenn Sturmfluten tief liegende Küstenstreifen überfluten. Im 20. Jh. kamen im Golf von Bengalen über eine Million Menschen bei Zyklonen ums Leben. Zahllose Ernten und Häuser wurden zerstört. Im November 1970 starben mindesten 300 000 Menschen beim Zyklon Bhola, dem schlimmsten wetterabhängigen Unglück des 20. Jh. 2008 führte Zyklon Nargis in Myanmar zu den schlimmsten Zerstörungen seit Beginn der Aufzeichnungen.

SCHÄDLICHE ABWÄSSER

Der Klimawandel führt zum Ansteigen des Meeresspiegels, was verheerende Auswirkungen auf die Orte an den Küsten des Golfs haben wird. Zudem wird das Wasser des Golfs durch Flüsse stark verschmutzt, die Abwässer aus Hunderten Dörfern und Städten, aus Landwirtschaft und Industrie mit sich führen.

Die Andamanensee

Die Andamanensee, eine nordöstliche Erweiterung des Indischen Ozeans, liegt südöstlich des Golfs von Bengalen, südlich Myanmars (Burma), westlich Thailands und östlich der Andamanen. Die indonesische Insel Sumatra bildet ihre südwestliche Grenze. Im Südosten wird die See immer schmaler und geht in die wichtige Malakkastraße über, deren strategische Schifffahrtsrouten die Malaiische Halbinsel von Sumatra trennen.

INSTABILER MEERESBODEN

Die Andamanensee bedeckt etwa 797 000 km². Von Norden nach Süden erstreckt sie sich auf einer Länge von 1200 km, von Osten nach Westen auf einer Breite von 650 km. Ihre Maximaltiefe liegt bei 3777 m; im Durchschnitt ist sie jedoch 870 m tief. Im Norden münden die Arme des Irrawaddy-Deltas in die Andamanensee, die zusammen mit dem Salween, der durch China, Myanmar und Thailand fließt, für den Großteil des eingeleiteten Süßwassers sorgen.

Die Andamanensee liegt an der Grenze zwischen zwei Kontinentalplatten: der Burma-Platte und der Sunda-Platte. Die aktive Subduktionszone, ein Graben, in dem die Sunda-Platte sich unter die Burma-Platte schiebt, führt zu ständigen Erdbeben, die oft für große Zerstörungen auf dem Festland und den angrenzenden Inselgruppen sorgen. Immer wieder kommt es durch die Erdbeben in diesem Gebiet auch zu extrem zerstörerischen Tsunamis.

Tsunami

Am 26. Dezember 2004 gab es in der Andamanensee ein gewaltiges Erdbeben mit einer Magnitude von 9,2. Das Epizentrum lag nordwestlich der Stadt Banda Aceh (Sumatra). Auf die plötzliche Verschiebung des Meeresbodens folgte ein Tsunami, dem über 220 000 Menschen in zwölf Ländern zum Opfer fielen und der Schäden in Milliardenhöhe anrichtete. Banda Aceh (oben, am Tag nach dem Tsunami) wurde als Erstes von den riesigen Wellen getroffen, gefolgt von der Nordküste Thailands. Auch die Nikobaren und Andamanen wurden von den Wellen verwüstet. Anschließend setzte der Tsunami seinen Weg nach Sri Lanka, Indien, Myanmar (Burma) und in andere Länder fort. Die Wellen reisten mit der Geschwindigkeit eines Düsenflugzeugs 5500 km in Richtung Westen über den Indischen Ozean und brachten der Nordostküste Afrikas Tod und Zerstörung. Selbst sieben Jahre später sind längst nicht alle Schäden beseitigt.

UNTEN Thailand besitzt einige der schönsten Strände Asiens. Phra Nang ist für seine Felsformationen bekannt, die nur mit dem Boot erreichbar sind.

Der Golf von Thailand

Der Golf von Thailand – früher Golf von Siam genannt – ist ein flacher Arm des Südchinesischen Meeres, das seinerseits Teil des Pazifiks ist. Der Golf grenzt an Vietnam sowie die Königreiche Kambodscha und Thailand. Am nördlichen Ende liegt die Bucht von Bangkok, in die der Fluss Chao Phraya mündet.

OBEN Der Golf von Thailand ist mit stark bewaldeten Vulkaninseln übersät, die von einsamen Stränden gesäumt werden.

WARM UND SEICHT

Der Golf von Thailand bedeckt etwa 320 000 km². Von Norden nach Süden ist er 800 km lang und an seiner breitesten Stelle etwa 560 km breit. Mit einer Durchschnittstiefe von 45 m und einer Maximaltiefe von 80 m ist der Golf sehr flach. Sein geringes Volumen und der starke Zufluss von Süßwasser aus Flüssen führen dazu, dass der Salzgehalt des mit Sedimenten überladenen Wassers recht niedrig ist. Die mittlere Temperatur des Golfs liegt bei sehr warmen 29 °C. Er ist Heimat zahlreicher Korallenriffe, was ihn zu einem beliebten Tauchziel und das Umland zu einem regelrechten Touristenmekka voll luxuriöser Hotels macht.

In der Eiszeit des Pleistozäns, als der Meeresspiegel viel niedriger war, gab es den Golf von Thailand nicht: Er war damals Teil des Flusstales des Chao Phraya.

RECHTS Thailand ist häufig Ausgangspunkt für Flüchtlinge auf dem Weg in andere Länder. Diese als „Boatpeople" bekannten Immigranten zahlen meist große Summen, um sich die gefährliche Fahrt auf einem der hoffnungslos überladenen und oft kaum seetauglichen Boote zu sichern.

„Boatpeople"

In den späten 1970er- und in den 1980er-Jahren waren der Golf von Thailand und das Südchinesische Meer oft Fluchtrouten der vietnamesischen „Boatpeople" – Flüchtlinge, die versuchten, den Unruhen in ihrem Land zu entgehen, die auf das Ende des Vietnamkrieges 1975 folgten. Die ersten Boatpeople überquerten 1975 den Golf von Thailand und landeten an der Ostküste Malaysias. Malaysia unterhielt dort acht Flüchtlingslager sowie einige weitere Lager auf Borneo.

Das Südchinesische Meer

Das Südchinesische Meer ist eine sehr große Erweiterung des Pazifiks und wird vom asiatischen Festland eingerahmt. Die Volksrepublik China, die Sozialistische Republik Vietnam und die Malaiische Halbinsel bilden seine nördlichen und westlichen Grenzen, während es im Südosten und Osten an der Insel Borneo und den Philippinen endet. Sowohl der Golf von Tonkin als auch der Golf von Thailand sind Teile des Südchinesischen Meeres und werden durch die Formosastraße mit dem Ostchinesischen Meer verbunden.

ZWEIGETEILTER MEERESBODEN

Das Südchinesische Meer bedeckt eine Fläche von etwa 3 600 000 km². Es erstreckt sich auf einer Achse von Nordost nach Südwest über rund 2300 km und misst 1800 km von Ost nach West. Der Meeresboden besteht aus zwei Regionen: einem Becken im Nordosten, das auf bis zu 5490 m abfällt und einer großen unterseeischen Ebene im Südwesten, über der das Wasser mit einer Durchschnittstiefe von nur 60 m sehr viel flacher ist. Über 200 Inseln – die meisten unbewohnt – sind im Südchinesischen Meer verteilt.

Im eiszeitlichen Pleistozän waren die geografischen Verhältnisse in Südasien völlig anders; damals stellte das Gebiet eine Landbrücke dar, die die Insel Borneo mit dem Festland verband.

Die Spratly-Inseln werden von fünf Nationen der Region beansprucht, und auch das Besitzrecht über die Paracel-Inseln ist umstritten. Das Südchinesische Meer ist eines der meistbefahrenen Meere der Erde und deshalb von großer strategischer Bedeutung.

FLUTEN UND REGENFÄLLE

Zu den großen Flüssen, die ins Südchinesische Meer münden, gehören der Min, Jiulong, Rajang, Pasig und Pahang. Der Rote Fluss und der Mekong in Vietnam bildeten ausgedehnte, fruchtbare Deltas, die große

Bevölkerungszahlen ernähren. Das Südchinesische Meer wird jedoch oft von zerstörerischen Taifunen heimgesucht, die im Osten und der Mitte des Pazifiks entstehen und sich west- und nordwärts bewegen. Betroffen von den Stürmen sind Borneo, die Philippinen, Vietnam, China und Japan.

Das Meer wurde nach 1975 oft von vietnamesischen „Boatpeople" durchquert (siehe Kasten linke Seite).

OBEN Eine traditionelle zweimastige chinesische Dschunke mit ramponierten Segeln gleitet sanft durch die Halong-Bucht im Golf von Tonkin. Die Dschunken dienen heute noch immer dem Fischfang und dem Warentransport, sind neuerdings aber auch bei Touristen äußerst beliebt.

LINKS Auf dem Satellitenbild ist das Mekong-Delta am Südchinesischen Meer in der Falschfarbe Rot abgebildet. In trockenen Monaten dringt Salzwasser in das Delta ein.

Das Gelbe Meer

Das Gelbe Meer – Huang Hai – ist ein Arm des Ostchinesischen Meeres, das seinerseits ein Randmeer des Pazifiks ist und die koreanische Halbinsel von der Ostküste Chinas trennt. Drei Seiten des Meeres werden von der Volksrepublik China, der Demokratischen Volksrepublik Korea (Nordkorea) und der Republik Korea (Südkorea) gebildet.

UNTEN Der Schlick im Gelben Meer ist so dicht, dass es zeitweise wie ein fester Körper wirkt. Hier nähern sich zwei Fähren in den Gewässern bei Shanghai, am westlichen Rand des Gelben Meeres.

SCHLAMMIGES WASSER

Das Gelbe Meer ist mit einer mittleren Tiefe von 44 m und einer maximalen Tiefe von 152 m recht flach. Es erstreckt sich über eine Fläche von 404 000 km². Die wichtigsten Einbuchtungen sind die Korea-Bucht im Osten sowie die Liaodong-Bucht im Norden. Die Flüsse Huang He, Huai, Liao und Yalu münden in das Gelbe Meer, dass seinen Namen von der Farbe der Sedimente hat, die der Huang He (Gelber Fluss) mit sich führt. Er ist der weltgrößte Träger von Schwebeteilchen – vor allem Löss aus Ablagerungen, die flussaufwärts aus der Wüste Ordos stammen.

STRATEGISCHE GEZEITEN

Das Gelbe Meer weist starke Gezeiten und Strömungen auf. Im Koreakrieg (1950–1952) spielten diese Gezeiten eine wichtige Rolle, als die Bodentruppen der Vereinten Nationen eine seewärtige Invasion bei Inchon (Korea) unternahmen. Bei der minutiös geplanten Landung nutzten sie geschickt die Gezeiten aus. Die Aktion galt als Meisterstück von US-General Douglas MacArthur, der die UN-Truppen kommandierte.

OLYMPISCHE AUFRÄUMARBEITEN

Die Küsten des Gelben Meeres sind heute stark urbanisiert und industrialisiert. Dies führt zu Wasserverschmutzung aus zahlreichen Quellen, was wiederum zur Minderung der Wasserqualität beiträgt. Vor den Olympischen Spielen in China (2008) wurden die Segelwettbewerbe in Qingdao von einer heftigen Algenblüte gefährdet. Die Regierung organisierte daraufhin eine Flotte aus 400 Booten mit 3000 Mann Besatzung, die die Wettbewerbsstätte säubern sollten.

RECHTS Kurz vor der Eröffnung der Olympischen Spiele in Beijing waren die Gewässer der Segelstätten in Qingdao an der Ostküste Chinas von Grünalgen verseucht. Hier versuchen gerade Hunderte von Booten die Algenschicht zu beseitigen, sodass die Segelwettbewerbe stattfinden können.

Das Ostchinesische Meer

Das Ostchinesische Meer ist ein Randmeer des westlichen Pazifiks. Es wird im Osten von den japanischen Ryukyu- und Kyushu-Inseln eingerahmt, im Westen von der Küste des zentralchinesischen Festlands und im Süden von der Insel Taiwan.

ASIATISCHE VERBINDUNGEN

Das Ostchinesische Meer wird durch die Formosastraße mit dem Südchinesischen und durch die Koreastraße mit dem Japanischen Meer verbunden. Im Nordwesten geht es ins Gelbe Meer über. Zusammen sind das Ost- und Südchinesische Meer einfach als Chinesisches Meer bekannt.

Das Ostchinesische Meer bedeckt eine Fläche von gut 1 243 200 km². Seine mittlere Tiefe beträgt 374 m, die Maximaltiefe 2782 m, und es liegt nördlich des Nördlichen Wendekreises. Aus dem Südchinesischen Meer und der Philippinensee fließt warmes Oberflächenwasser hinein. Ein Großteil des Meeresbodens wird vom asiatischen Kontinentalschelf gebildet. An der nördlichen Grenze des Meeres zieht sich eine Reihe unterseeischer Riffe entlang.

PAZIFISCHE UMWELTSÜNDER

Die wichtigsten Häfen des Meeres sind Shanghai, Kirin, Hangzhou, Ningbo und Fuzhou. Der längste Fluss Chinas, der Jangtse, mündet in das Meer und spült gewaltige Mengen Sedimente hinein, die im Westen zur Entstehung eines großen Deltas geführt haben.

Am Delta und flussaufwärts entstanden zahlreiche Siedlungen, Fabriken und Bauernhöfe, die den Fluss zum größten Verunreiniger des Pazifiks machten. Schiffe können Hunderte Meilen flussaufwärts fahren.

KRIEGSROUTE

In den 1930er-Jahren überquerten japanische Invasionstruppen auf dem Weg nach Shanghai und anderen Gebieten Chinas das Meer. Von März bis Juni 1945 fand dort die Schlacht um Okinawa zwischen Alliierten und Japanern statt, die im größten seewärtigen Angriff im Pazifik während es Zweiten Weltkrieges gipfelte.

OBEN Eine Statue des legendären Generals Zhong wacht über das Ostchinesische Meer.

UNTEN Satellitenbild, das die Mündung des Jangtses im Ostchinesischen Meer zeigt.

Die Philippinensee

Die Philippinensee liegt im westlichen Pazifik, östlich der Philippinen, und bedeckt etwa 1 000 000 km². Neben den Philippinen wird sie im Südosten von den Inseln Palau und Yap, im Osten von den Marianen und den Ogasawara-Inseln, im Norden von Japan, im Nordwesten von den japanischen Ryukyu-Inseln und im Westen von Taiwan sowie der philippinischen Insel Luzon begrenzt.

UNGEAHNTE TIEFEN

Den Boden der Philippinensee bildet die Philippinische Platte, deren Subduktion unter die Eurasische Platte für große tektonische Aktivität und geologische Instabilität in dem Gebiet sorgt. Der 1320 km lange Philippinengraben im Westen der See ist ein Resultat dieser Aktivität. Das Galatheatief nahe der Insel Mindanao ist mit 10 540 m der tiefste Punkt des Philippinengrabens. Der Marianengraben, der die östliche Grenze der Philippinischen Platte bildet, fällt sogar auf 10 911 m ab – und ist somit der tiefste Punkt der Erde. Der Kyushu-Palau-Rücken teilt die Philippinensee von Nord nach Süd.

AUSBEUTUNG

Die Philippinensee ist reich an Meerestieren, darunter verschiedene Korallen-, Hai-, Thunfisch-, Kraken- und Aalarten. Die japanische Fischereiflotte beutet die See regelmäßig aus, ebenso wie Fischer von den Philippinen, aus China und anderen Nationen. Immer wieder kommt es zwischen den Philippinen und den anderen zu Territorialstreitigkeiten über Fischfangrechte.

BAGUIO

Jedes Jahr suchen Taifune die tropischen Gewässer der Philippinensee heim und treffen bei den Philippinen, Taiwan, Japan, dem chinesischen Festland oder Vietnam auf Land. Im Schnitt kommt es pro Jahr zu sechs oder sieben Taifunen, die örtlich als Baguios bekannt sind. Hauptsaison ist August bis Oktober, die Stürme können aber das ganze Jahr über auftreten.

LINKS Die faszinierenden Felseninseln von Palau im Süden der Philippinensee bestehen aus Korallen, die durch tektonische Aktivität nach oben gedrückt wurden. Sie sind Heimat einiger ungiftiger, endemischer Quallen.

Die Schlacht in der Philippinensee

Vom 19. bis 20. Juni 1944 war die östliche Philippinensee Schauplatz der größten Flugzeugträgerschlacht und einer der größten Seeschlachten aller Zeiten. Die Schlacht in der Philippinensee (engl. „Marianas Turkey Shoot") resultierte in einem entscheidenden Sieg der US-Marine über Japan, das drei Flugzeugträger und über 600 Flugzeuge verlor. Es war einer der Wendepunkte des Pazifikkrieges.

Das Japanische Meer

Das Japanische Meer liegt im westlichen Pazifik. Im Osten wird es fast vollständig vom japanischen Archipel umschlossen, im Westen grenzt die koreanische Halbinsel daran und im Norden die Ostküste Russlands sowie die russische Insel Sachalin.

STILLE WASSER

Fünf schmale Kanäle verbinden das Japanische Meer mit pazifischen Gewässern. Von Norden nach Süden sind das: der Tatarensund, die La-Pérouse-Straße, die Tsugaru-Straße, die Kanmon-Straße und die Korea-straße, die von der japanischen Insel Tsushima in den westlichen Kanal und die östliche Tsushima-Straße geteilt wird. Da das Meer perfekt umschlossen ist, gibt es fast keine Gezeiten.

Die Oberfläche des Japanischen Meeres bedeckt etwa 978 000 km². Das Meer ist im Durchschnitt 1753 m tief, und der tiefste Punkt liegt mit 3742 m im Norden des Japanbeckens. Die beiden anderen Becken des Meeres, das Yamato- und das Tsushimabecken, sind seichter. Der Kontinentalschelf unter der See ist auf der japanischen Seite breit und wird zur koreanischen Küste hin schmaler. Bevor die ostasiatische Landbrücke verschwand, war das Japanische Meer vollständig von Land umgeben.

STREIT UM DIE FELSEN

Das Japanische Meer ist reich an hervorragenden Fischfanggründen. Zudem enthält der Meeresboden beachtliche Ablagerungen und Reservoirs an Minera-lien, Erdgas und Petroleum. Seit Langem streiten sich Japan und Korea aufgrund dieser Reichtümer um eine kleine Gruppe felsiger Inseln, die sogenannten Lian-court-Felsen. Die Japaner nennen die größte der Inseln Takeshima (Bambusinsel), während sie bei den Korea-nern Dokdo (Einsame Insel) heißt. Abgesehen von einer kleinen Polizeiabordnung und einigen anderen koreanischen Offiziellen sind die Inseln unbewohnt.

WAS STECKT HINTER DEM NAMEN?

Auch der Name des Meeres ist seit langer Zeit umstrit-ten. Die Republik Korea sieht „Japanisches Meer" als anachronistischen Überrest aus der japanischen Kolonialzeit zu Beginn des 20. Jh. an und favorisiert „Ostmeer". Die Regierung Nordkoreas bevorzugt dagegen „Koreanisches Ostmeer". 2007 weigerte sich die UN, dazu Stellung zu beziehen und forderte Japan und Korea auf, die Angelegenheit selbst zu regeln.

OBEN Die Reisterrassen entlang der Küste Notos auf der japani-schen Insel Honshu kopieren das Wellenmuster des Japani-schen Meeres.

Die Meere Indonesiens

Indonesien ist ein Archipel, der aus über 17 500 Inseln besteht, die durch zahlreiche Meere und Straßen getrennt sind. Zwischen Indonesien und Australien liegen die Timorsee und die Arafurasee. Im Norden befinden sich die Philippinensee und die Celebessee mit dem Inselstaat der Philippinen. Anderenorts im Norden trennen das Südchinesische Meer, die Malakkastraße und die Andamanensee indonesische Inseln von der Küste der Malaiischen Halbinsel und weiteren nichtindonesischen Gebieten.

OBEN Der aggressive Fangschreckenkrebs lebt in indonesischen Gewässern. Er kann einen Finger zerquetschen.

ZWISCHEN DEN INSELN

Die großen Meere zwischen den Inseln und Inselgruppen innerhalb Indonesiens sind die Javasee im Zentrum des Inselstaates, die viel kleinere Balisee im Osten, die Flores- und die Bandasee. Zwischen Timor, Flores und anderen kleinen Inseln liegt die Savusee. Im Norden, im Gebiet der Molukken – der Gewürzinseln – befinden sich die Molukkensee, die Ceramsee und die Halmaherasee.

Die Makassarstraße trennt die indonesischen Inseln Borneo und Sulawesi und ist eine bedeutende Schifffahrtsstraße, die die Java- mit der Celebessee verbindet. Die Karimata-Straße vor der Westküste Borneos ist eine wichtige Schifffahrtsroute zwischen der Javasee

und dem Südchinesischen Meer. Durch die Celebessee, die Makassarstraße und dann durch die tiefe schmale Lombokstraße zwischen Bali und Lombok in den Indischen Ozean hinein verläuft die Wallace-Linie, eine biogeografische Trennlinie zwischen der asiatischen und der australischen Flora und Fauna.

ABRUTSCHENDE BERGRÜCKEN

Die indonesischen Meere liegen in einer breiten Zone tektonischer Instabilität, an der die Eurasische und Australische Platte sowie die Indische und Pazifische Platte zusammentreffen. In der Region kommt es häufig zu Erdbeben, Flutwellen und Vulkanausbrüchen. Viele der Meere sind mit Vulkaninseln übersät, von denen einige – die von ihnen berühmtesten sind wohl Krakatau und Tambora an der südlichen Grenze der Javasee – mit unglaublicher Gewalt ausbrachen und unvorstellbare Verwüstungen nach sich zogen. Zudem gibt es zahlreiche unterseeische Vulkane. So liegen z. B. zwei aktive Vulkane im Westen unter der Bandasee, der Emperor of China und der Nieuwerkerk, die zusammen einen Rücken auf dem Meeresboden bilden. Die Celebessee, das tiefste der indonesischen Meere, fällt auf bis zu 6200 m ab und war einst Teil eines breiteren Ozeanbeckens.

NAHRUNGSMITTEL UND TRANSPORT

Die indonesischen Meere sind in Bezug auf die Fischindustrie und die Meerestiere, denen sie Lebensraum bieten, sehr wichtig. Alle Meere weisen entscheidende Routen für den regionalen Transport auf, und viele der Inseln dieser komplexen, vielfältigen Nation haben ihre ganz eigene, einzigartige Identität. Da es viel einfacher ist, über das Wasser zu fahren, als dicht bewachsene, unwegsame Inseln zu durchqueren, dienten die Meere schon immer der Vereinigung der einzelnen Teile des Archipels und hatten ihren Anteil am Aufstieg und Untergang verschiedener Reiche und Sultanate, der Ausbreitung von Religion und anderer kultureller Einflüsse. Sie vereinfachten den Handel mit Gewürzen, Holz, Nahrungsmitteln und anderen Dingen von weit entfernten Inseln. Diese wurden gegen dauerhafte Gebrauchsgüter und andere Produkte getauscht, die im Landesinneren Javas hergestellt oder importiert wurden. Wenig überraschend ist die Piraterie seit Jahrhunderten – und bis heute – z. B. in der Celebessee und der Malakkastraße ein blühendes Geschäft.

Javasee

Die Javasee (*Laut Jawa* auf Indonesisch) bedeckt eine Fläche von etwa 320 000 km². Bis ins 16. Jh. hinein war sie Mittelpunkt ausgedehnter maritimer Reiche. In jüngerer Zeit war sie Opfer kolonialer Ausbeutung und wurde zu einem Knotenpunkt des Gewürzhandels. Bis heute ist sie eine wichtige Schifffahrtsroute innerhalb Indonesiens, Südostasiens ganz allgemein und zwischen Südostasien und anderen Teilen der Welt. Die größte wirtschaftliche Aktivität findet man entlang der Küste der Insel Java im Süden, insbesondere nahe den großen Hafenstädten Jakarta und Semarang. Die Javasee ist zudem mit Bohrinseln übersät. Fischfang und Tourismus sind wichtige Industrien.

In der südlich-zentralen Javasee liegt eine Gruppe von 69 kleinen Inseln, die Karimunjawa-Inseln. 21 der Inseln, die Korallen und andere geschützte Meeresbewohner beherbergen, wurden zum marinen Nationalpark erklärt. Im Februar und März 1942 war die Javasee Schauplatz einer der erbittertsten Seeschlachten des Zweiten Weltkrieges, in der Australien, die USA und andere Alliierte gegen Japan eine empfindliche Niederlage erlitten.

OBEN Der berühmte Ausbruch des Krakatau im Jahr 1883, den man noch im weit entfernten Perth (Australien) hörte, zerstörte zwei Drittel der Insel. Seitdem hat fortwährende vulkanische Aktivität zur Entstehung einer neuen Insel, Anak Krakatau – Kind des Krakatau – geführt, die man hier im Vordergrund sieht. 1930 tauchte die Insel aus dem Meer auf und wächst seitdem durchschnittlich 13 cm pro Woche in die Höhe.

Die Timorsee

Die Timorsee trennt Australien von der Insel Timor und bedeckt eine Fläche von etwa 610 000 km². Ein Großteil der See ist weniger als 200 m tief; im gewaltigen Timorgraben am nordwestlichen Rand der See fällt der Meeresboden aber auf über 3300 m ab.

RECHTS Darwin, die Hauptstadt des australischen Northern Territory, liegt an der Timorsee. Die Lage der Stadt ermöglicht es, den Sonnenuntergang im Westen über Teilen der See zu betrachten.

UNTEN Am Ende der Mardayin-Zeremonie im australischen Top End tanzen die Aborigines in den Fluten der Timorsee, um Ocker und Lehm abzuwaschen, mit denen sie ihre rituellen Körperbemalungen vorgenommen haben.

ENDLOSES WASSER

Die Timorsee liegt zwischen dem 10° und 15° südlicher Breite mitten in den Tropen. Ihre warmen Wasser und der Einfluss der südwestlichen Passatwinde sorgen für die Entstehung vieler tropischer Stürme. Im späten Frühling und im Sommer – Oktober bis März – bilden sich über der See zahlreiche Zyklone (anderenorts als Taifune oder Hurrikane bekannt). Der Timorstrom verläuft das ganze Jahr über in südwestlicher Richtung und schiebt warmes Wasser nach Westaustralien.

Innerhalb der See liegen nur wenige wichtige Inseln. Am östlichen Rand der Timorsee, in Richtung Westaustralien, erstrecken sich einige Riffe wie die Holothuria-Gruppe. Es gibt auch viele Sandbänke – insgesamt wird die See jedoch nicht durch Land unterbrochen.

ROHSTOFFE

Das warme tropische Wasser macht die Timorsee zu einem äußerst produktiven Biom. Gewaltige Fischbestände locken Haie und viele Delfine an. Kommerzielle Fischerboote fangen zahlreiche verschiedene Arten von Krustentieren wie Garnelen und eine Vielfalt an Fischen. Eine große Bedrohung für das empfindliche Ökosystem ist jedoch die Jagd nach verbotenen Delikatessen wie Haifischflossen.

Die Timorsee ist zudem reich an Bodenschätzen, die zunehmend ausgebeutet werden. Große Erdgasreservoirs wurden bereits entdeckt, und in jüngster Zeit fanden Forscher Methangas, das in Tiefen bis zu 85 m aus dem Meeresboden austritt. Das Eigentum der wertvollen Bodenschätze ist sehr umstritten. Sowohl Australien als auch Osttimor, die erst kürzlich unabhängig gewordene ehemalige Provinz Indonesiens, melden Ansprüche an. 2001 wurden im Rahmen des CMATS-Abkommens eine gemeinsame Erforschung des Gebietes vereinbart und die Rechte an 90 Prozent der Rohölvorkommen in der Timorsee der Demokratischen Republik Timor-Leste zugesprochen.

Die Arafurasee

Die Arafurasee liegt nördlich des australischen Kontinents, trennt diesen vom Westen Papua-Neuguineas und umfasst eine Fläche von etwa 650 000 km². Im Westen geht sie in die Timorsee über, im Osten liegt die schmale Torres-Straße.

SEICHT UND WARM

Die See liegt über dem Arafuraschelf, der Teil des viel größeren Sahulschelfs ist. Während der letzten Eiszeit, als der Meeresspiegel deutlich niedriger war, war dieser Schelf eine ausgedehnte flache Ebene, die eine Landbrücke zwischen Australien und Neuguinea darstellte und so den Menschen die Migration zwischen Asien und Australien ermöglichte.

Die See selbst ist mit Tiefen von 50 m bis 80 m eher seicht und wird zum westlichen Rand hin tiefer. Der Meeresboden ist überwiegend eben; die einzige große Inselgruppe sind die Aru-Inseln im Nordwesten der Arafurasee. Die zu Indonesien gehörenden Inseln sind das Ergebnis einer tektonischen Anhebung. Sie grenzen an den Aru-Graben, der bis auf 3600 m abfällt und die Westgrenze der Arafura- und Timorsee bildet.

Das warme tropische Wasser der Arafurasee ist eine hervorragende Brutstätte für tropische Stürme. Starke Tiefdruckgebiete – im Westpazifik als Zyklon, sonst als Hurrikan oder Taifun bekannt – entstehen im späten Frühling und im Sommer, also von Oktober bis März.

VIELFÄLTIGKEIT

Die Arafurasee ist eines der artenreichsten Meeresgebiete. Ihr warmes Wasser ist eine Oase für eine große Vielfalt an Fischarten, Schildkröten und Räubern der Meere wie Haien.

Wie das Korallenmeer östlich Australiens, ist auch die Arafurasee von menschlichen Einflüssen weitestgehend verschont geblieben. Groß angelegter, illegaler, aber kommerzieller Fischfang bedeutet heute enormen Stress für die empfindliche Umgebung. Australische und indonesische Behörden greifen regelmäßig Trawler verschiedener asiatischer Nationen auf, die in ihren Hoheitsgewässern fischen. Diese untragbaren Fischereipraktiken führen zur Sorge um den Fischbestand, dessen Rückgang schreckliche Auswirkungen auf die dort ansässigen Gemeinden hätte, die auf Fisch als wichtigste Proteinquelle angewiesen sind.

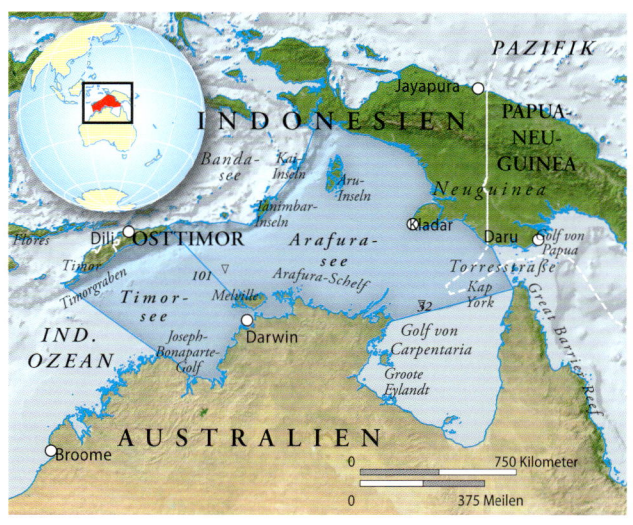

OBEN Ein altes indonesisches Fischerboot liegt am Strand einer der Aru-Inseln, die Teil der indonesischen Provinz Maluku in der Arafurasee sind.

UNTEN Der kommerzielle Fischfang ist in der Arafurasee ein gutes Geschäft. Dieser Trawler hat gerade Netze voll Garnelen und Fischen zurück an Bord geholt.

Die Salomonensee

Die Salomonensee, die im Osten von den Inseln Neuguineas, im Norden von Neubritannien und im Westen von den Salomon-Inseln begrenzt wird, bedeckt eine Fläche von etwa 720 000 km².

OBEN Die Inseln in der Salomonensee sind sehr abgelegen und großenteils autark. Dieses Auslegerkanu macht sich gerade auf den Weg von der Insel Yanaba zur Insel Egum im Hintergrund.

ABGELEGENES PARADIES

Das Gebiet der Salomonensee ist sehr abgelegen, und durch die Isolation ist der menschliche Einfluss bisher eher gering geblieben. Sie liegt über der Salomonenplatte, einer tektonisch aktiven Region mit Subduktionszonen im Norden und Süden sowie einer Verwerfungslinie im Osten.

Im Südwesten der See liegen drei große Inselgruppen: die D'Entrecasteaux- und Trobriand-Inseln sowie der Louisiade-Archipel.

Im Norden weist die zu Neuguinea gehörende Insel Neubritannien beachtliche vulkanische Aktivität auf und dient als Barriere zwischen der Salomonensee und der nördlich gelegenen Bismarcksee.

In dieser Region fällt der Meeresboden auf bis zu 9140 m in den weitläufigen Neubritanniengraben ab und macht sie zu einem der tiefsten Gebiete auf der Erde. Der Graben entstand durch immense tektonische Kräfte. Die gesamte Salomonensee ist ziemlich tief – der Großteil des Meeresbodens liegt bei etwa 4000 m.

TIEFENSTRÖMUNGEN

Die zwischen dem 6° und 11° südlicher Breite gelegene Salomonensee befindet sich mitten in den Tropen und ihre Gewässer gehören zu den wärmsten der Welt. Am Westrand der See erstrecken sich im seichten Wasser entlang der Ostküste Papua-Neuguineas ausgedehnte Riffe. Eine starke Strömung fließt nordwärts entlang der Küste. Eine weitere Oberflächenströmung fließt nordwärts entlang der westlichen Seite der Salomon-Inseln und vorbei an der Insel Bougainville am östlichen Rand der See. Bei jüngsten Forschungen wurde zudem eine südliche Gegenströmung entdeckt, die in größerer Tiefe entlang des östlichen Randes der See fließt. Diese spielt vermutlich eine bedeutende Rolle im Auftrieb des Tiefenwassers, der Tausende von Meilen entfernt im östlichen Südpazifik stattfindet. Der Auftrieb wiederum bringt die Wetterphänomene *El Niño* und *La Niña* in Gang, die das Klima im ganzen Pazifikraum beeinflussen.

UNTEN Die Salomon-Inseln im Westen der Salomonensee wirken wie Wellen dicht bewachsener Inseln mit tiefen Lagunen auf der einen und Korallenriffen auf der anderen Seite.

Die Bismarcksee

Die Bismarcksee wurde nach Otto von Bismarck, dem großen deutschen Staatsmann aus dem 19. Jh. benannt und liegt im Nordosten Papua-Neuguineas. Die Insel Neubritannien trennt die See von der Salomonensee im Süden. Im Osten wird die Bismarcksee von der langen, schmalen Insel Neuirland begrenzt.

VON RIFFEN ÜBERSÄT

Die Bismarcksee ist klein – sie bedeckt eine Fläche von nur 40 000 km². Im Westen, nahe der Ostküste Papua-Neuguineas, erstrecken sich Inseln mit ausgedehnten Riffen. Die nördliche Begrenzung der See bilden die Admiralitätsinseln, deren größte die Insel Manus ist.

Die Bismarcksee ist zwischen 2000 m und 2500 m tief. Die gesamte See liegt über der Bismarckplatte, einer tektonisch sehr aktiven Region. Dies resultierte in einem ausgedehnten System unterseeischer Gräben und Rücken. In der Mitte der See verläuft ein beachtlicher Bergrücken in Nord-Süd-Richtung und teilt den Meeresboden in zwei markante Becken.

WIRBEL IN DEN PAZIFIK

Die Bismarcksee liegt zwischen dem 2° und dem 5° südlicher Breite, etwas südlich des Äquators, und ist ein äußerst produktives tropisches Biom mit einer der weltweit vielfältigsten marinen Umgebungen. Zusammen mit der Salomonensee ist sie Teil des sogenannten Western Pacific Warm Pool, eines der wärmsten Meeresgebiete der Erde. Diese Gewässer spielen eine wichtige Rolle in der Bewegung der großen Meeresströmungen, die den gesamten Pazifik beeinflussen.

Die Strömungen innerhalb der Bismarcksee sind dynamisch. Der Neuguinea-Küstenstrom (NGCC) fließt entlang der Ostküste Papua-Neuguineas und gelangt durch die Vitiaz-Straße im Süden von der Salomonen- in die Bismarcksee. Eine weitere Strömung gelangt durch die Ysabelstraße im Nordosten in die See und fließt entgegen dem Uhrzeigersinn gegen den NGCC.

OBEN Diese Luftaufnahme zeigt Sedimentablagerungen, die aus einem Fluss an der Nordküste Papua-Neuguineas in die Bismarcksee gespült werden.

Die Schlacht in der Bismarcksee

Dank ihrer Isolation blieb die Bismarcksee von menschlichen Einflüssen bisher relativ unberührt. Im März 1943 kam es dort jedoch zu einer erbitterten Seeschlacht zwischen alliierten (Australien und die USA) und japanischen Streitkräften. Die Japaner verloren acht Transporter, vier Zerstörer und zwanzig Flugzeuge, die Alliierten dagegen nur fünf Flugzeuge.

Der Golf von Carpentaria

Der große flache Golf von Carpentaria ist eine Erweiterung der nördlich von ihm gelegenen Arafurasee. Er wird im Osten von der riesigen Kap-York-Halbinsel, dem nördlichsten Punkt des australischen Kontinents, begrenzt. Im Westen liegt Arnhem Land, eine Region des australischen Bundesstaates Northern Territory, die unter Kontrolle der Aborigines steht. Vor dem Ende der letzten Eiszeit war das Gebiet eine trockene Ebene.

UNTEN Auf diesem Satellitenbild ist der Golf von Carpentaria als eckiger, dunkler Bereich rechts zu sehen. Das sogenannte „Gulf Country" ist sehr abgelegen, und neigt zu Zyklonen. Im Spätsommer (Dezember bis März) gibt es eine Regenzeit mit täglichen heftigen Regenfällen, die oft zu Überflutungen führen.

ACHTUNG, KROKODILE!

Der Golf bedeckt eine Fläche von etwa 300 000 km². Innerhalb des Golfs liegen zwei große Inseln: Mornington Island im Südwesten und Groote Eylandt im Osten. Entlang der australischen Küste gibt es zudem eine Reihe weiterer kleiner Inseln.

Mehrere große Flüsse münden in den Golf, darunter der Mitchell, Flinders und Roper River. Ein Großteil der Küste ist von ausgedehnten Mündungsgebieten bedeckt, die von zahlreichen riesigen, gefährlichen Salzwasserkrokodilen (*Crocodylus porosus*) bewohnt werden. Vor Kurzem entdeckten Forscher im Süden des Golfs ausgedehnte Korallenriffe in Tiefen von rund 28 m. Die warmen tropischen Gewässer des Golfs sind äußerst produktiv und bieten Lebensraum für eine große Vielfalt an Meeresbewohnern.

GULF COUNTRY

Der Golf von Carpentaria liegt zwischen dem 12° und 17° südlicher Breite, mitten in den Tropen. Das Klima ist heiß, und es existieren nur zwei ausgeprägte Jahreszeiten. Die etwas kühlere Trockenzeit von April bis November wird von Winden aus dem Südosten und Osten geprägt, die trockene Luft aus dem wüstenartigen Landesinneren Queenslands mit sich bringen. Zwischen Dezember und März kommen die Winde dagegen aus dem Nordwesten und bringen warme, sehr feuchte Luft mit sich. Während heftiger tropischer Stürme fällt in dieser Zeit ein Großteil des jährlichen Niederschlags der Region.

Die Gewässer des Golfs von Carpentaria und seine Umgebung, bekannt als „Gulf Country", gehören zu den abgelegendsten Gebieten Australiens, ja der Welt. An der Küste gibt es keine größeren Siedlungen, und so ist das Ökosystem des Golfs noch relativ unberührt.

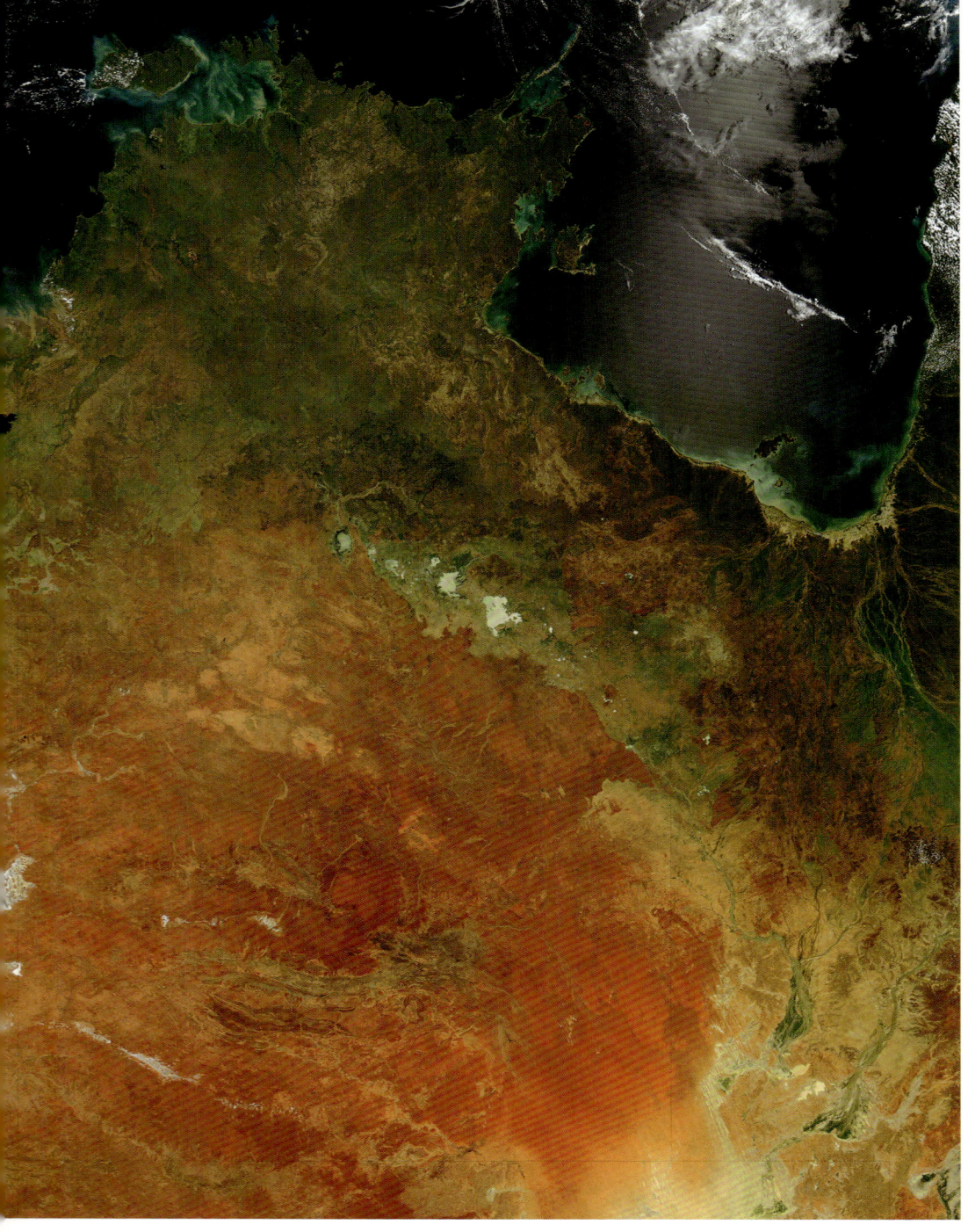

OBEN Salzwasserkrokodile kommen in Nordaustralien und dem Golf von Carpentaria häufig vor. Mit einer Länge von über 5 m (Männchen) sind sie die größte aller Krokodilarten.

Das Korallenmeer

Das Korallenmeer ist ein südwestliches Randmeer des Südpazifiks und liegt zwischen Australien im Westen, Papua-Neuguinea im Norden und Vanuatu im Osten. Den westlichen Rand des Meeres bildet das australische Great Barrier Reef, das größte Korallenriff der Erde. Im Süden grenzt das Korallenmeer am 30° südlicher Breite an die Tasmansee. Die Ausrichtung des Meeres verläuft grob von Nordwesten nach Südosten.

WARME STRÖMUNGEN UND WIRBELSTÜRME

Das Korallenmeer bedeckt eine Fläche von ungefähr 4 183 510 km². Seine mittlere Tiefe liegt bei 2394 m, die Maximaltiefe im südlichen Salomonengraben nahe der Santa-Cruz-Inseln bei 9165 m. Im Nordwesten geht der Golf von Papua in die Torres-Straße, im Westen in die Arafurasee über.

Eine Oberflächenströmung, der Südäquatorialstrom, befördert warmes Wasser aus dem Pazifik heran. Im Zentrum des Meeres gibt es nur einige kleine Inselgruppen; entlang der westlichen und östlichen Ränder liegen jedoch zahlreiche Archipele.

Im östlich des Korallenmeeres gelegenen Südpazifik entstehen etwa zwölf Prozent aller Wirbelstürme der Erde, örtlich als Zyklone bekannt. Diese ziehen westwärts, biegen dann nach Süden ab und sorgen oft für große Zerstörungen.

Heute liegen zahlreiche Hotelanlagen an den Küsten des Korallenmeeres. Die Gäste erfreuen sich an dem vielfältigen Freizeitangebot in der tropischen, relativ unberührten Umgebung.

RECHTS Das Great Barrier Reef, das ans Korallenmeer angrenzt, ist die größte durch lebende Organismen geschaffene Struktur der Erde und schützt die Nordostküste des australischen Festlandes.

UNTEN Die Mannschaft die *USS Lexington* springt über Bord.

Kein Schiff in Sicht

Vom 4. bis 8. Mai 1942 wurde die Schlacht im Korallenmeer zwischen Japan und den Alliierten (USA und Australien) ausgefochten. Der Kampf fand vollständig in der Luft statt, mit Flugzeugen, die von Flugzeugträgern starteten. Es war die erste derartige Schlacht, in der gegnerische Schiffe sich weder sahen noch aufeinander feuerten. Obwohl beide Seiten etwa gleiche Verluste erlitten, beendete die Schlacht den japanischen Vormasch südlich Neuguineas. Australier nennen sie „die Schlacht, die Australien rettete".

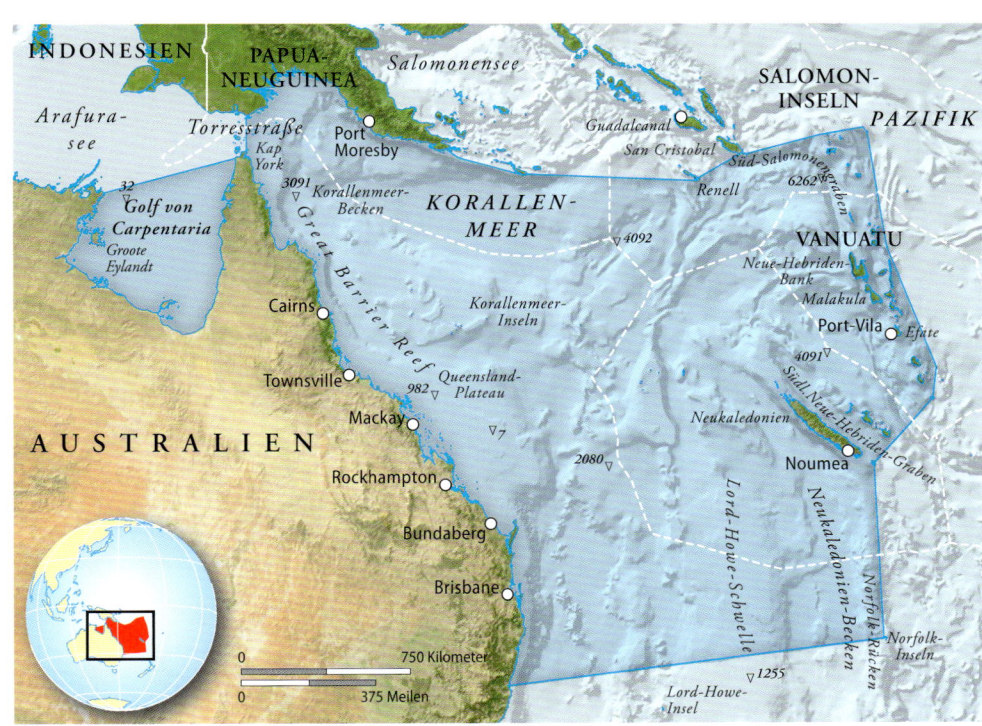

Die Tasmansee

Die Tasmansee ist ein Arm des südwestlichen Südpazifiks und liegt zwischen Australien und Neusee-
land. Sie wurde nach dem niederländischen Entdecker Abel Janszoon Tasman benannt, der als erster
Europäer nachweislich die Region besuchte (1642–1644). 1770 durchquerte der englische Entdecker
Kapitän James Cook bei seiner ersten Expedition einen Großteil der Tasmansee.

OBEN Ball's Pyramid, Teil der
Lord-Howe-Inseln, ist etwa
550 m hoch. Die Inseln gehören
zum australischen Bundesstaat
New South Wales.

VON OSTEN NACH WESTEN

Die Tasmansee umfasst eine Fläche von 2 300 000 km². Ihre Maximaltiefe liegt bei 5090 m, genau auf halber Strecke zwischen Tasmanien und der neuseeländischen Südinsel. Ihre nördliche Grenze stellt der 30° südlicher Breite dar. Von Osten nach Westen misst die Tasmansee 2250 km. Im Osten wird sie durch die Cook-Straße, die die Nord- und Südinsel Neuseelands voneinander trennt, mit dem Südpazifik verbunden. Im Westen schließt die See durch die Bass-Straße an den Indischen Ozean an, und ihre Südgrenze bildet eine imaginäre Linie, die den südlichsten Punkt der Auckland-Insel mit Tasmaniens Südostkap verbindet.

HOLPRIGER MEERESBODEN

Im Norden der See befinden sich einige Inselgruppen, darunter die Norfolkinsel, die Lord-Howe-Insel und Ball's Pyramid. Im südwestlichen Quadranten liegt die Tasmansee über mehreren Guyots, z. B. Taupo und Gascoyne. Die unterseeische Topografie der See weist zahlreiche Erhebungen, Rücken und Plateaus auf sowie einige Becken und die Tasman-Tiefseeebene im Südwesten. Eine warme Oberflächenströmung, der Ostaustralstrom, fließt südwärts vor der australischen Küste und trägt zum gemäßigten Klima bei.

KOLONISIERUNG

Im Laufe der Jahrhunderte wurde die Tasmansee unzählige Male überquert, mit fast jeder nur vorstellbaren Art an Wasserfahrzeugen. Vor etwa 1000 Jahren wanderten die Maori von Polynesien nach Neuseeland. Im Jahr 1788 betraten die ersten europäischen Siedler in Sydney, New South Wales, australischen Boden. Heute ist es mit 4,4 Millionen Einwohnern die größte Stadt Australiens und zugleich die größte Metropole an der Küste der Tasmansee.

Die Große Australische Bucht

Die Große Australische Bucht erstreckt sich über 1200 km entlang der Südküste Australiens. Die östliche Grenze der Bucht bildet Cape Catastrophe auf der Eyre-Halbinsel in Südaustralien; die Westgrenze liegt bei Cape Pasley in Westaustralien. 1802 wurde sie von dem englischen Kapitän Matthew Flinders bei dessen Umsegelung Australiens erstmals kartografisch erfasst.

LINKS Ausgewaschen von den riesigen Wellen des Südlichen Ozeans ist die Südküste Westaustraliens steil und zerklüftet, mit bis zu 60 m hohen Klippen.

EINE RIESIGE STUFE

Die Große Australische Bucht wird durch einen sehr breiten, flachen Kontinentalschelf charakterisiert, der teilweise bis zu 100 Seemeilen (190 km) breit ist. Ihre Wassermassen stehen im Kontrast zu dem überaus tiefen Wasser jenseits des Schelfs, das rasch auf mehr als 4000 m abfällt. Obwohl die Bucht allgemein seicht ist, ist ihr Boden mit zahlreichen Seebergen übersät.

Eine große Stufe im Kontinentalschelf, der Ceduna-Graben, liegt am östlichen Rand der Bucht. Er besteht aus einem ausgedehnten System von Kanälen, die zum Teil bis zu 1000 m tief sind.

GEWALTIGE KLIPPEN

Die Große Australische Bucht liegt vor der Nullarbor-Ebene, einem gewaltigen Wüstengebiet in Südaustralien, aus dem nur minimales Regenwasser in die Bucht gelangt. Heiße trockene Winde aus der Wüste sorgen zudem für eine hohe Verdunstung. All diese Faktoren zusammen sind für die recht hohe Salinität der Bucht verantwortlich.

Die Strömungen in der Bucht werden sowohl vom Indischen Ozean als auch den Südmeeren beeinflusst. Nahe der Küste fließt die Strömung von Westen nach Osten an der Oberfläche. Sie bringt warmes Wasser aus der Timorsee, das durch den Leeuwinstrom, der entlang der Westküste Australiens verläuft, angesaugt wird. Weiter von der Küste entfernt fließt der Flindersstrom von Ost nach West und befördert kälteres, aber nährstoffreiches Wasser in die Bucht.

Im Sommer (Dezember–März) versammeln sich riesige Thunfischschulen in der Bucht. Sie locken Australische Seelöwen an, die wiederum das Lieblingsfutter des Weißen Haies sind, der sechs Meter lang werden kann und zu den größten Raubfischen gehört.

OBEN Der Weiße Hai macht die kalten Gewässer der Großen Australischen Bucht unsicher. Jedes Jahr werden ein bis zwei Schwimmer von dem gewaltigen Raubtier angegriffen.

Die Meere der Antarktis

Die Meere der Antarktis gehören zu den abgelegendsten Gewässern der Erde und zu den am wenigsten kartografierten. Zudem gehören sie mit ihren gewaltigen Eisbergen, dem dicken, stets veränderlichen Packeis und den unterseeischen Felsen und Bänken auch zu den tückischsten. Jüngste Unglücke mit Kreuzfahrtschiffen in den Meeren der Antarktis bezeugen dies nur zu gut.

RECHTS Touristen beobachten von Deck, wie sich die *Polar Circle* durch das Packeis des Weddellmeeres kämpft.

UNTEN Große Schwertwale *(Orcinus orca)* schwimmen durch den McMurdo-Sunds, um antarktischen Kabeljau und Robben zu jagen. Den Namen „Orca" erhielten die Meeressäuger von den alten Römern.

DAS WEDDELLMEER

Mit einer Fläche von etwa 2 800 000 km² ist das Weddellmeer das größte der antarktischen Meere. Im Westen wird es von der Antarktischen Halbinsel begrenzt, die sich nach Norden in Richtung Südamerika erstreckt. Im Osten liegt das antarktische Gebiet Coats-Land, im Norden das Südpolarmeer.

Die meiste Zeit über ist das Weddellmeer von einer dicken Eisschicht bedeckt. Das kalte Wasser des Meeres hat großen Einfluss auf die globalen Meeresströmungen. Ein Großteil des kalten Tiefenwassers in allen Weltmeeren stammt aus dem Weddellmeer.

RECHTS Das wärmere Wasser im antarktischen Sommer (November–März) führt zum Aufbrechen des Eisschelfs. Diese Passagen stellen für Wale den Weg zu ihren Futterplätzen dar.

DIE BELLINGSHAUSENSEE

Die kleine Bellingshausensee liegt auf der Westseite der Antarktischen Halbinsel. Ihre Südküste wird von Ellsworthland gebildet. Vor der Küste dehnt sich ein riesiger Kontinentalschelf mit einer Durchschnittstiefe von weniger als 100 m aus. In der See liegen einige wichtige Inseln, darunter die große Thurston-Insel, die auch die Westgrenze der Bellingshausensee bildet und sie von der Amundsensee trennt. Die riesige Alexander-Insel, die sich vor der Westküste der Antarktischen Halbinsel erstreckt, wird vom Festland durch den äußerst schmalen Georg-VI.-Sund getrennt.

DIE AMUNDSENSEE

Westlich der Bellingshausensee liegt die Amundsensee. Ihre Südküste wird von Marie-Byrd-Land gebildet. Die Amundsen- und Bellingshausensee haben viel gemeinsam, da sie beide dem Zirkumpolaren Tiefenstrom ausgesetzt sind. Diese Strömung führt Wasser mit einer mittleren Temperatur von nur 1 °C mit sich (das noch wärmer ist als in anderen antarktischen Meeren).

DAS ROSSMEER

Das Rossmeer liegt vor dem Ross-Schelfeis, das seine südliche Grenze darstellt, und bedeckt eine Fläche von etwa 960 000 km². Das Meer liegt in einer Bucht, die von der Edward-VII.-Halbinsel im Osten, der Nordküste Viktorialandes sowie Kap Adare im Westen gebildet wird. Über der Westküste ragen die Prinz-Albert- und Admiralitätsberge auf, zusammen mit zahlreichen Vulkanen und großen Mengen Vulkangesteins. Das Rossmeer ist im Durchschnitt weniger als 300 m tief. Es ist von allen antarktischen Meeren das am besten kartierte; seine Küsten wurden ausführlich erforscht. An der Küste des McMurdo-Sunds am westlichen Rand des Ross-Schelfeises liegen Forschungsstationen der USA und Neuseelands.

DIE DAVISSEE

Die Davissee liegt vor der Küste von Königin-Maria-Land und trifft an ihrer nördlichen Grenze auf den Indischen Ozean. Im Osten liegt das gewaltige Shackleton-Schelfeis, im Westen das West-Schelfeis. Russland und Australien betreiben Forschungsstationen an der Küste der Davissee.

DIE KOSMONAUTEN-, KÖNIG-HAAKON-VII.- UND LAZAREWSEE

Im Osten des Weddellmeeres liegen eine Reihe kleiner Meere, die Kosmonauten-, König-Haakon-VII.- und Lazarewsee. In diesen Meeren gibt es ausgedehnte unterseeische Bergrücken, und die Küsten werden von einem gewaltigen Schelfeis gesäumt.

Frostiges Festmahl

Trotz der Vorstellung von der Antarktis als gefrorene Wüste sind ihre Gewässer äußerst produktiv. Große Fischbestände ernähren Robben, Pinguine und Seevögel wie den Sturmvogel. Im Sommer ziehen zahlreiche Walarten, inklusive der Buckelwale, in die antarktischen Meere, angelockt von den Massen an Krill, die aus den Tiefen aufsteigen. Ihre Abgelegenheit macht die Meere aber keineswegs unempfindlich gegenüber menschlichen Einflüssen. Der Klimawandel stellt eine massive Bedrohung dar, da steigende Temperaturen die Beschaffenheit der Meere verändern. Gelöstes Kohlendioxid säuert das Wasser an und reduziert die Fähigkeit vieler Arten, Kalkgehäuse aufzubauen.

Binnenmeere und -seen

Binnenmeere sind große Gewässer, die fast vollständig von Land umgeben sind. Sie unterscheiden sich von anderen großen Seen wie den Great Lakes in Nordamerika oder Afrikas Viktoriasee dadurch, dass sie Salzwasser enthalten, kein Süßwasser.

RECHTS Nur wenige Meter entfernt vom beliebten Schichow-Strand in einem südlichen Vorort Bakus (Aserbaidschan) dümpeln verlassene Bohrinseln im Kaspischen Meer vor sich hin. Badegäste scheinen die rostigen Riesen und die Verschmutzung durch Öl und sonstige Rückstände nicht zu kümmern.

DAS SCHWARZE MEER

Das Schwarze Meer bedeckt eine Fläche von etwa 422 000 km^2 und ist über das Marmarameer durch den äußerst schmalen Bosporus mit der Ägäis verbunden. Seine nördliche Grenze bildet die Küste der Ukraine, im Westen liegen die Küsten Moldawiens, Rumäniens und Bulgariens. Im Süden erstreckt sich die Türkei, während Georgien und Russland die östliche Grenze darstellen.

Das Schwarze Meer ist ein riesiges Becken, das durch tektonische Aktivität innerhalb verschiedener Bergketten entstand. Im Laufe der letzten Jahrmillionen war es zeitweise ein Süßwassersee, der vollständig von Land umschlossen war; zu anderen Zeiten war es ein Salzwassersee, der mit dem Mittelmeer verbunden war. Vor etwa 6000–8000 Jahren entstand der Bosporus und stellte die Verbindung zwischen dem Schwarzen Meer und dem Mittelmeer her.

Die Küsten des Schwarzen Meeres sind arm an Buchten oder Inseln. Die Ostküste wird von einem ausgeprägten Seensystem geprägt, und in der nordöstlichen Ecke liegt das seichteste Meer der Erde, das Asowsche Meer.

Das Schwarze Meer ist dank seines ausgeprägten Kontinentalschelfs im Norden am flachsten. Gen Süden wird es nach und nach tiefer und erreicht bei 2210 m seine maximale Tiefe.

DAS KASPISCHE MEER

Mit einer Fläche von 386 400 km^2 ist das Kaspische Meer das größte vollständig umschlossene Gewässer der Erde.

Seine südliche Grenze bildet der Iran; im Osten liegen die Küsten Turkmenistans und Kasachstans, im Norden liegt Russland und im Westen Aserbaidschan.

Einige der größten europäischen Flüsse, darunter die Wolga und der Ural, münden ins Kaspische Meer. Bis vor etwa 5,5 Millionen Jahren war das Kaspische Meer mit dem Schwarzen Meer verbunden. Durch tektonische Aktivitäten wurde diese Passage seitdem jedoch geschlossen.

An der Mündung der Wolga im Nordwesten des Kaspischen Meeres bildete sich ein weitläufiges Delta. Der Rest des Ufers entstand durch Sedimente, die von den Flüssen aus dem Hochland hinuntergespült wurden. In der Mitte des Ostküste liegt der Karas-Boga-Gol, eine große flache Lagune des Kaspischen Meeres, die zwischenzeitlich durch einen Damm vollständig vom Meer abgetrennt war.

Insgesamt ist das Kaspische Meer relativ seicht, besonders im Norden, wo die Wassertiefe zwischen 4 und 8 m liegt. Ein unterseeischer Rücken trennt den Norden vom Zentrum des Meeres, das auf etwa 140 m abfällt. Eine weitere Kammlinie, die Abseron-bank, erstreckt sich entlang der südlichen Grenze. Sie weist einen breiten Kontinentalschelf, geringe Tiefen sowie eine Reihe unterseeischer Rücken und kleiner Inseln auf. Umweltverschmutzung stellt für das Kaspische Meer eine große Bedrohung dar.

OBEN Eisangeln ist eine beliebte Freizeitbeschäftigung am Aralsee. Die Angler fahren zur Mitte des gefrorenen Sees und bohren Löcher ins Eis, durch die sie dann mit Schnur und Haken oder Speeren fischen.

Der verschwindende See

In den späten 1980er-Jahren sank der Spiegel des Aralsees durch übermäßige Bewässerung des Umlandes um über 50 Prozent. Das führte zu einem starken Anstieg des Salzgehaltes, der schwere Folgen für das Ökosystem nach sich zog und die blühende Fischereiwirtschaft im See nahezu vernichtete. Bis 1989 war der Wasserspiegel so stark gesunken, dass der See in zwei Teile zerfiel. Bis 2007 war er auf zehn Prozent seiner Originalgröße geschrumpft und bildete drei Seen, von denen zwei zu salzhaltig sind, um Leben zu ermöglichen. Zudem wird der Aralsee durch Pestizide, Dünger, Schwerindustrie und Waffentests stark belastet.

DER ARALSEE

Einst der größte Binnensee der Welt ist der Aralsee heute als völlige Umweltkatastrophe bekannt. Früher bedeckte er eine Fläche von 68 000 km², aber übermäßiger Wasserabzug für die Bewässerung der Landwirtschaft hat sein Volumen kontinuierlich auf unhaltbare Weise schrumpfen lassen.

Der Aralsee ist von Kasachstan und Usbekistan umgeben, deren Grenze in Ost-West-Richtung durch die Mitte des Sees verläuft. Charakteristisch für das Gebiet ist das trockene Wüstenklima mit einer jährlichen Niederschlagsmenge von weniger als 100 mm. Den größten Zufluss erhält der See aus den großen Flüssen Syrdarja und Amudarja, die ihm jedes Jahr etwa 100 km³ Wasser zuführen. Der Aralsee entstand vor etwa 1,6 Millionen Jahren durch ein Absenken der Erdkruste. Die Senke begann sich vor 140 000 Jahren mit Wasser zu füllen, das vor ungefähr 10 000 Jahren seinen Höchststand erreichte.

RECHTS Der künstliche Kanal links im Bild wurde zur Bewässerung der Baumwollfelder angelegt. Stattdessen entwässerte er den Aralsee. Rechts sieht man das Delta des Amudarja.

Straßen und Kanäle

Straßen und Kanäle sind schmale Wasserwege, die zwei größere Gewässer verbinden. Fast immer benutzen wir heute noch die Namen, die die ursprünglichen Kartografen verwendeten und die oft kulturelle Traditionen, einheimische Sprachen und koloniale Geschichte reflektieren.

OBEN Diese Luftaufnahme zeigt eine Fähre, die zwischen Ocracoke Island und Kap Hatteras, auf den Outer Banks, North Carolina, USA, verkehrt. Die Outer Banks sind eine Reihe von Düneninseln. Sie bilden eine Passage, die die Küste des US-Bundesstaates North Carolina vom Atlantik trennt.

NAMENSVIELFALT

Wasserwege sind im Englischen unter einer Vielzahl von Namen bekannt – z. B. „Pass", „Passage", „Strait", „Channel", „Sound" oder „Inlet" – während man im Deutschen in erster Linie die Bezeichnung „Straße" verwendet. Besonders in Asien werden sehr schmale Wasserstraßen gern auch mit Bezeichnungen in der jeweiligen Landessprache versehen.

URALTE ROUTEN

Einen Großteil der Menschheitsgeschichte hindurch stellte Wasser ein Hindernis für das Reisen dar. Während des vierten Gletschervorstoßes der letzten Eiszeit war der Meeresspiegel wesentlich niedriger als heute. Dies führte dazu, dass ein großer Teil des Kontinentalschelfs und viele der heutigen Wasserwege trockenes Land waren. Flora, Fauna und auch Menschen konnten sich frei über ein Gebiet bewegen, das später durch den Anstieg des Meeresspiegels zu einem fast unüberwindlichen Hindernis für die weitere Migration wurde.

Das vielleicht beste Beispiel ist Beringia, eine Landbrücke im heutigen Gebiet der Beringstraße, die Nordostasien mit Alaska verband. Sie machte den Austausch vieler Tier- und Pflanzenarten zwischen der Neuen und der Alten Welt möglich. Zahlreiche Archäologen meinen, dass antike asiatische Völker Beringia überquerten und zu den ersten amerikanischen Siedlern wurden.

Ähnlich waren auch die britischen Inseln einst über den heutigen Ärmelkanal und die Nordsee mit dem europäischen Festland verbunden. Ein Großteil Südostasiens war trockenes Land. Westlich der tiefen Lombokstraße, die die indonesischen Inseln Bali und Lombok trennt, waren viele der heutigen Inseln mit dem Festland verbunden. Hier stellte die Wallace-Linie, benannt nach Alfred Wallace, einem englischen Naturwissenschaftler aus dem 19. Jh., eine Barriere dar, die die tierische Migration verhinderte. Östlich davon leben die Beuteltiere Australiens und Ozeaniens; westlich davon gehören Tiger, Nashörner und Affen zum völlig andersartigen asiatischen Tierreich. Archäologische Funde belegen, dass die Lombokstraße die erste große Meeresstraße war, die von Menschen überquert wurde.

Als Australien vor etwa 50 000 Jahren besiedelt wurde, musste die 80 km breite Straße überwunden werden, bevor Menschen den bis dahin unbesiedelten Inselkontinent im Süden erreichen konnten.

GESCHICHTLICHE BEDEUTUNG

Bereits in frühen historischen Dokumenten wurde die Bedeutung verschiedener Wasserstraßen erkannt. Die Ägypter fuhren über den schmalen Bab al-Mandab – das Tor der Tränen – zwischen dem Roten Meer und dem Golf von Aden. Das heutige Istanbul liegt am Bosporus, einer Meerenge, die, zusammen mit dem Marmarameer und den Dardanellen, das Schwarze

Die Säulen des Herakles

In der europäischen Geschichte hat kaum eine Meeresstraße eine wichtigere Rolle gespielt als die Straße von Gibraltar, die das Mittelmeer mit dem Atlantik verbindet. Frühe Seefahrer nannten die Felsvorsprünge zu beiden Seiten der 14–44 km breiten Straße „Säulen des Herakles". Zu Recht fürchteten sie die trügerischen, unkartierten Gewässer des Atlantiks, die dahinter lagen. Vor Anbruch unserer Zeitrechnung fuhren nur die kühnen Phönizier regelmäßig durch die Straße von Gibraltar; im Laufe der Zeit wurde sie jedoch zu einer der bedeutendsten Meeresstraßen der Welt.

OBEN Die hohen Wellen und starken Strömungen in der Straße von Gibraltar haben so manches Schiff an den Rand des Abgrundes gebracht. 2008 lief das liberianische Schiff *Fedra* bei schlechtem Wetter auf Grund und zerbrach in zwei Teile. Die 31-köpfige Mannschaft wurde vom Seenotrettungsdienst Gibraltars geborgen.

OBEN Die Malakkastraße trennt die Malaiische Halbinsel von der indonesischen Insel Sumatra und ist einer der strategisch wichtigsten Schifffahrtswege der Erde. Für die Menschen an der Küste bietet sie zudem nach wie vor gute Fischfanggründe.

Meer mit dem Mittelmeer verbindet. Gehandelt wurde zwischen Mesopotamien in Kleinasien und anderen Regionen des Persischen Golfs. Auch die Straße von Hormus, eine schmale Passage zwischen dem Persischen Golf und dem Golf von Oman, wurde befahren.

ZEITALTER DER ENTDECKUNGEN
Jenseits des Mittelmeerregion waren die Wikinger Europas kühnste Entdecker. Skagerrak und Kattegat, Meeresstraßen zwischen Nord- und Ostsee, waren ihre Tore zum Atlantik. Zudem segelten sie westwärts durch die Dänemarkstraße zwischen Island und Grönland. Um 1000 V. CHR. durchquerten die furchtlosen Nordmänner die raue Davisstraße zwischen Grönland und der Baffin-Insel sowie die schmale Labradorstraße, die sie zum nordamerikanischen Festland brachte.

Engpässe
Die Briten nutzten die geopolitische Bedeutung der Wasserwege mehr als jede andere Nation. Auf dem Höhepunkt ihrer Kolonialmacht hatten sie die Kontrolle über fast alle wichtigen strategischen Navigationsengpässe der Welt, abgesehen vom Panamakanal, der in amerikanischen Händen war. Diese Dominanz verlieh ihnen die Vorherrschaft über die Meere und schuf ein Reich „in dem die Sonne niemals untergeht".

Russland und später die UDSSR versuchten lange Zeit, Kontrolle über Warmwasserrouten zu erlangen, um sich ganzjährigen Zugang zu den Weltmeeren zu ermöglichen. Im Kalten Krieg entwickelte der Westen eine Eindämmungsstrategie gegen die UDSSR. Schiffe, die zwischen Nord- und Ostsee verkehrten, mussten die westlich kontrollierten Meerengen Kattegat und Skagerrak passieren. Die Türkei überwachte den Zugang zum Schwarzen Meer über den Bosporus, die Dardanellen und das Marmarameer, und im Nahen Osten verhinderten die Westmächte, dass die UDSSR die Kontrolle über die Straße von Hormus erlangte.

Im Zeitalter der Entdeckungen – ab dem 15. Jh. – nutzten europäische Seefahrer die Meeresstraßen zu ihrem Vorteil aus. In den folgenden zwei Jahrhunderten wurden zahlreiche Meeresstraßen kartiert, benannt und häufig von europäischen Mächten für sich beansprucht. Christoph Kolumbus und seine Gefährten benannten zahlreiche Straßen, Kanäle und Passagen in der Karibik, die heute in vielen Fällen jedoch englische Namen tragen.

Der spanische Entdecker Ferdinand Magellan und seine Mannschaft waren auf ihrer Weltumsegelung 1519–1521 die ersten Europäer, die die schmale, eiskalte und stürmische Straße vor der Südspitze Südamerikas durchsegelten, die heute seinen Namen trägt.

Bereits um 1300 V. CHR. wurden die Araber im lukrativen Gewürzhandel tätig, dessen Zentrum die indonesischen Molukken waren. Magellan erreichte 1521 die Philippinen; 1565 wurden sie von Spanien als Spanisch-Ostindien beansprucht. Bis in die 1620er-Jahre hatten sich auch die Portugiesen auf den Molukken etabliert. Innerhalb kurzer Zeit begannen weitere Europäer, das Gewirr aus Wasserstraßen zu erkunden, das die Inseln Südostasiens voneinander trennt. Von den vielen Wasserwegen der Region war jedoch keine wichtiger als die Malakkastraße zwischen Malaysia und Singapur sowie der indonesischen Insel Sumatra.

Als Kolumbus Amerika erreichte, beging er einen immensen Fehler, nahm er doch an, Ostindien gefunden zu haben (daher der Name „Indianer" für die Ureinwohner). Bald wurde sein Irrtum erkannt und löste die Suche nach einem östlichen Weg aus, um das kontinentale Hindernis herum.

Die Suche nach einer arktischen Nordwestpassage stieß auf drei Hindernisse: das lebensfeindliche Klima, gefrorene Meere und den kanadischen Archipel. Trotz zahlreicher Versuche gelang es erst Roald Amundsen 1906 auf der *Gjoa*, die tückische Nordwestpassage zu befahren. Heute wird diese kaum noch genutzt, da sie von geringem wirtschaftlichen Wert ist; die Erderwärmung könnte sie jedoch durch das Abschmelzen des Packeises wieder in einen bedeutenden Schifffahrtsweg zwischen Atlantik und Pazifik verwandeln.

VON MENSCHENHAND GEBAUT
Im Laufe der Zeit nahm die Bedeutung der Wasserstraßen enorm zu, und wo es keine natürlichen gab, wurden künstliche gebaut. 1869 wurde der Suezkanal eröffnet, eine Passage zwischen dem Mittelmeer und dem Roten Meer. Er reduzierte die Segeldistanz zwischen Europa und dem Indischen Ozean um über 9700 km! Der 1914 eröffnete Panamakanal ist eine künstliche Wasserstraße zwischen Nord- und Südamerika, die den Atlantik mit dem Pazifik verbindet. Eine Fahrt durch den Kanal (77 km) bedeutet eine Ersparnis von 13 000 km, verglichen mit der Route durch die Magellanstraße. Heute sind jedoch viele Schiffe, vor allem Öltanker, zu groß für die beiden Kanäle. Der Panamakanal wird daher gegenwärtig ausgebaut.

OBER Der Mond geht über Saddle Island in der Labrador-straße auf, die häufig auch Belle-Isle-Straße genannt wird. Sie trennt die Labrador-Halbinsel von der Insel Neufundland.

LINKS Der äußerst stark befah-rene Bosporus teilt die Stadt Istanbul in einen europäischen und einen asiatischen Teil und ist eine der schmalsten Meer-engen der Erde. Er stellt eine lebenswichtige Verbindung zwischen dem Schwarzen Meer und dem Marmarameer dar.

An den Küsten

Eines der markantesten Merkmale der Erde ist wohl ihre Küstenlinie – die Grenze, die das Land vom
Meer trennt. Zudem ist sie eines der begehrtesten Siedlungs- und Nutzungsgebiete des Menschen.
Unübersehbar, wenn vom Weltraum aus betrachtet, umspannen Küsten praktisch alle Breitengrade,
mit Ausnahme eines Gebietes nahe dem Nordpol und einem schmalen Gürtel um die Antarktis.

VORDERKANTEN

Die grundlegende Form aller Küsten ist das Ergebnis
des Kontinentaldrifts, der an den vorderen Kanten
wandernder Lithosphärenplatten zur Entstehung von
schroffen, bergigen, für Erdbeben und Vulkanausbrüche anfälligen Zonen und an den hinteren Kanten zu
tief liegenden Ebenen führte.

Obwohl die Platten sich nur sehr langsam bewegen,
entstehen markante Formen. Die Bewegung ist oft auch
für die Entstehung von Entwässerungsgebieten verantwortlich, in denen Flüsse über die Küstenlinie ins Meer
fließen und sich dabei oft Deltas am Ufer bilden.

Die Kalkulation der gesamten Küstenlänge der Erde
hängt von der Verallgemeinerung
der Kartografen ab und rangiert
zwischen 400 000 km bis zu über
1 000 000 km. Heutzutage ist der
Küstenverlauf länger als in der
Vergangenheit, da Kontinente im
Laufe der Erdgeschichte auseinan-
dergedriftet sind.

WIND UND WELLEN

Küstengebiete werden durch den
Übergang zwischen Wasser und
Land, Wasser und Luft sowie Land
und Luft charakterisiert. An diesen
Schnittstellen setzen küstennahe
Prozesse an. Wellen sind der bedeutendste Aspekt, der die Küsten am
Übergang vom Wasser zum Land
beeinflusst. Sie entstehen durch mehrere verschiedene
Faktoren: astronomische Kräfte, die für die Gezeiten
sorgen, impulsive Kräfte wie Vulkanausbrüche, Erdbeben oder Erdrutsche, die zerstörerische Wellen wie den
tödlichen Tsunami hervorbringen können, und besser
vorhersagbare Kräfte wie Hurrikane und Taifune, die
Sturmwellen und -fluten herbeiführen.

Geologisch gesehen dienen Wellen als erosive,
ablagernde und transportierende Kräfte bei der Entstehung der Küste. Sie können stark sein – besonders
an den Küsten der Gemäßigten Breiten – oder sanft
wie die Dünung, die in den Tropen vorherrscht. Wind
ist zwar vor allem durch die Wellen, die er generiert,
von Bedeutung, er veränderte Küsten aber auch durch
Erosion, Sedimenttransport und -ablagerung. Wo stets
ausreichend Wind herrscht, entstehen meist Dünen.

An einigen Küsten sind chemische und biologische
Prozesse wichtiger als die Wellenbewegung. Meerwasser
besteht nur zu 97 Prozent aus reinem
Wasser, der Rest sind chemische Elemente und gelöste Verbindungen wie
Natriumchlorid, Kalziumkarbonat,
Siliziumdioxid und Eisen sowie Gase
wie Kohlendioxid und Stickstoff. Zu
den Küstenformationen, die mithilfe
chemischer oder biologischer Vorgänge
gebildet wurden, gehören Korallenriffe,
Mangroven und Salzwiesen.

AUF UND NIEDER

Zu den Landformationen entlang der
Küsten, die durch geologische Prozesse
entstanden sind und durch eine Vielzahl äußerer Einflüsse geformt werden,
gehören Klippen, Strände, Lagunen,
Mündungsgebiete, Deltas und Dünen.
Klippen können aus weichem oder
hartem Gestein bestehen – bzw. aus
Eis, wie in der Antarktis.

Strände machen 20 Prozent der
Küsten der Erde aus. Etwa 70 Prozent
dieser Strände werden ausgewaschen.

Flussdeltas bilden dagegen zurzeit
nur etwa 1,5 Prozent der Küsten, gehören aber zu den
am intensivsten genutzten Küstenformationen. Sie
sind komplexe Gebilde mit zahlreichen Nebenarmen,
Dämmen, Seen, Sümpfen und Wattgebieten. Zusammen mit anderen Feuchtgebieten an den Küsten dienen
sie als wichtige Kinderstuben für das Leben im Meer.

Ästuare, die an den Küsten aller bewohnten Kontinente existieren, verändern sich fortwährend durch
die ständig von den Flüssen herantransportierten
Sedimenten. Lagunen, die oft durch die Entwicklung
langer Bänke vor der Küste entstehen, sind überwiegend seicht, und ihr Salzgehalt ist sehr wechselhaft.

AM STRAND

Zu welchem Zeitpunkt der Evolution die Hominiden
begannen, sich an den Küsten zu versammeln, ist nicht
bekannt. Die ersten Jäger und Sammler fanden dort
zahlreiche Rohstoffe vor, die ihnen im Inland nicht zur
Verfügung standen. Als der Meeresspiegel seine heutige
Höhe erreichte, wurden Überschwemmungsebenen
und Flussdeltas bereits zur Landwirtschaft und Vieh-
zucht genutzt. Begleitet wurde dies vom Bau fester
Siedlungen sowie der Entwicklung sozialer und politischer Strukturen und des Seehandels.

OBEN Der Ecola State Park, in
Oregon, USA, hat eine zerklüf-
tete Küste, die eine Vielfalt
interessanter Meerestiere
anlockt, die man in den vielen
Gezeitentümpeln entlang der
Küste beobachten kann. Im
Winter und Frühling ist die
Küste für die Sichtung von
Grauwalen bekannt.

OBEN Luftaufnahme der spektakulären Klippen von Aval in Etretat, Frankreich. Über Millionen von Jahren wurden die Klippen zu ihrer heutigen Form ausgewaschen.

LINKS Obwohl die Everglades in Florida, USA, Heimat des Alligators sind, kann man mit etwas Vorsicht an Land gehen, angeln oder einfach das Naturwunder genießen. Dieses Motorboot liegt auf einer Sandbank im Ten Thousand Islands National Wildlife Refuge, Florida, USA.

RECHTE SEITE Daytona Beach in Florida, USA, besteht aus festem Sand, der ein Befahren möglich macht. So wurde er zum Motorsportmekka mit Hunderten von Fahrzeugen, die den Strand hinauf- und hinabfahren – ohne Rücksicht auf die Umwelt.

OBEN Maskat, am Rand des Arabischen Meeres am Golf von Oman gelegen, hat eine Küstenlinie, die von zerklüfteten Felsen dominiert wird.

UNTEN Frühere Zivilisationen bauten ihre Siedlungen direkt am Rand des Wassers, wie hier am Hafen von Cefalù, Sizilien.

Häfen wurden in geschützten Buchten und Flussmündungen gebaut und durch Hafendämme zusätzlich geschützt. Derartige Bauprojekte wurden zunächst nur vereinzelt und in bescheidenem Umfang durchgeführt, im Verhältnis zu den gewaltigen, weit verbreiteten Veränderungen, die wir heute an den Küsten erleben.

Im Zeitalter der großen Entdeckungen und im Zuge der Industriellen Revolution wurde die „Vermenschlichung" der Küstenstreifen enorm beschleunigt. Während Ersteres die Möglichkeit der Kolonisierung rund um die Welt ausweitete, gab Letztere den Anstoß zur Entwicklung und Nutzung von Ressourcen.

In der Zeit vor der Industriellen Revolution lagen nur 20 Prozent der größten Städte der Welt an der Küste. Um 1800 hatte sich dies bereits auf 50 Prozent erhöht, und Anfang des 20. Jh. waren es schon 70 Prozent. Heutzutage leben schätzungsweise 40 Prozent aller Menschen auf der Erde an oder nahe einer Küste.

VERÄNDERLICHE RESSOURCEN

An den Küsten gibt es eine Vielzahl von Ressourcen – Tiere und Pflanzen, Mineralien und auch weniger greifbare Dinge wie Raum, Klima und Schönheit. So gut wie alles, was der Mensch an der Küste tut, verändert sie als Rohstoffquelle. Viele bauliche Veränderungen sind sehr auffällig und grenzen direkt an die Küste. Strandmauern, Buhnen, Anleger, Hafendämme und Deiche säumen heute Tausende von Kilometer Küste. In einigen Ländern ziehen sich diese schützenden

Bauten über weite Strecken. So werden z. B. nahezu 80 Prozent der belgische Küste von künstlichen Bauten gesäumt, ebenso wie die Hälfte der japanischen Küste und fast 40 Prozent der Küste Großbritanniens.

Ressourcen variieren sehr in Art, Menge, Qualität und Grad der Nutzung. Mündungsgebiete, die stets für guten Fischfang bekannt waren, leiden unter Überfischung, Landgewinnung, der Förderung von Öl und Gas, Verschmutzung aber auch dem Anstauen von Flüssen flussaufwärts sowie industrieller, kommerzieller und wohnbaulicher Erschließung.

Feuchtgebiete an den Küsten – Marschen, Sümpfe und Mangroven – sind sehr wertvolle Ökosysteme, und viele erleiden ähnliche Schicksale. Durch Landgewinnung wurden sie weltweit stark reduziert, was durch Umweltverschmutzung noch verstärkt wird.

Korallenriffe dienen seit Jahrtausenden als Rohstoffquellen. Bis zur Einführung von moderner Technik und Tourismus waren sie nicht gefährdet. Der Anstieg des Meeresspiegels, der an Geschwindigkeit zuzunehmen scheint, wird aber wohl auf lange Sicht wichtiger für ihr Schicksal sein als menschliche Aktivitäten.

NATURKATASTROPHEN

Katastrophen wie Erdbeben, Vulkanausbrüche oder Erdrutsche entlang der Küste haben meist sofortige Auswirkungen auf die Küstenbewohner und ihre Infrastruktur. Oft sind sie jedoch nur von örtlicher Bedeutung, es sei denn, sie generieren Tsunamis. Dies war z. B. 1960 bei einem Erdbeben in Chile der Fall, mit einem Tsunami, der noch in Japan Zerstörungen anrichtete, oder 2004 beim Erdbeben vor Indonesien dessen Tsunami den Indischen Ozean überquerte. Die meisten Naturkatastrophen an den Küsten sind atmosphärischen Ursprungs. Tropische Zyklone – auch als Hurrikane oder Taifune bekannt – sind besonders zwischen dem 5. und 30. Breitengrad extrem zerstörerisch. Auch wenn man ihre Kraft noch jenseits der Küste spürt, sind sie in tief liegenden Regionen wie Bangladesch, wo über eine halbe Million Menschen bei einem einzigen Zyklon ums Leben kam, Südchina oder der US-amerikanischen Golfküste besonders gefährlich. Weitere Gefahren für die Küsten sind Absenkungen, biologische Veränderungen, z. B. „Rote Fluten" durch eine plötzliche Algenblüte und Kriege, wie beim Anzünden der Ölquellen während des Golfkrieges.

UMWELTSCHUTZ

Küstengebiete werden vom Menschen, trotz ihrer unvorhersehbaren terrestrischen, atmosphärischen und ozeanografischen Prozesse, seit Langem für Handel, Industrie, Besiedlung und Erholung bevorzugt. Durch die Besiedlung und Erschließung wurden viele Küsten jedoch dramatisch verändert. Heute wenden Regierungen und Umweltgruppen viel Geld und Zeit auf, um Wege zu finden, wie man die Küsten, einen der wichtigsten Lebensräume des Menschen, umweltfreundlich verwalten, instandhalten und schützen kann.

Mündungsgebiete (Ästuare)

Mündungsgebiete machen nur einen kleinen Teil aller Küstenregionen aus, gehören aber einen Großteil der Menschheitsgeschichte hindurch zu den am intensivsten genutzten Landschaften der Erde. Ihre Attraktivität ist das Resultat der hydrologischen, klimatologischen und biologischen Merkmale an der Schnittstelle von Land und Meer. Es überrascht nicht, dass viele unserer Großstädte an Ästuaren liegen und ein erheblicher Teil des Welthandels in ihren Gewässern abgewickelt wird.

OBEN Die gewaltige Mündung des Flusses Severn stellt einen Teil der Grenze zwischen England und Wales dar. Das Gebiet hat einen Tidenhub von etwa 15 m – einen der höchsten der Welt.

ÜBERFLUTETE TÄLER

Ein Mündungsgebiet (Ästuar) ist ein umschlossenes Gewässer mit einer offenen Verbindung zum Meer und einem konstanten Süßwasserzufluss. Ästuare gibt es in allen Größen und Formen. Sie können trichterförmig sein oder gradlinig an der Küste verlaufen. Ihre Vielfalt hängt vor allem mit ihrem geologischen Erbe zusammen, denn alle sind überflutete Täler; viele entstanden mit dem nacheiszeitlichen Anstieg des Meeresspiegels.

In der Eiszeit, als der Meeresspiegel rund 100 m niedriger war als heute, wurden tiefe Gräben in den Kontinentalschelf gemeißelt. Mit Anstieg des Wasserspiegels und nach seiner Stabilisierung vor etwa 6000 Jahren, füllten sich die Gräben mit Sedimenten, die aus den Flüssen herantransportiert wurden, die ins Meer mündeten. Der Füllgrad war sehr unterschiedlich; einige, wie die Themsemündung in England, waren kaum betroffen, andere, wie die Mündung des Mississippi, die heute vom Mississippidelta bedeckt ist, wurden vollständig gefüllt. So wurden die einst überfluteten Talmündungen zu langgezogenen flussartigen Mündungsgebieten, in die der Fluss seine eigenen Sedimente spült.

VORGELAGERTE BÄNKE

Einige Flussmündungen bilden Täler, die vom Meer durch der Küste vorgelagerte Bänke abgegrenzt werden, andere, wie die Bucht von San Francisco, entstanden durch tektonische Aktivität, und wieder andere wurden durch Gletscher geformt und sind als Fjorde bekannt, z. B. an den Küsten Norwegens oder auf der neuseeländischen Südinsel.

Ablandige Bänke entstehen oft an sanft abfallenden Küsten, an denen Sedimente vom Strand durch die Wellen abgelagert werden und so nach und nach eine Sandbank aufbauen. Einige entstehen recht weit vor der Küste und führen so zur Bildung großer Lagunen.

Sinken Teile der Küsten durch tektonische Vorgänge unter den Meeresspiegel ab, bilden sich Ästuare – oft recht kurze – an den unregelmäßigen Küstenrändern.

Fjorde sind typischerweise von hohen Felswänden umgeben, schmal, u-förmig und sehr tief. Es sind von Gletschern gegrabene Flusstäler, und sie verzeichnen meist einen recht hohen Süßwasserzufluss.

GEZEITENEINFLÜSSE

Die meisten Ästuare werden von einem Fluss gebildet; manchmal münden jedoch auch mehrere Flüsse in ein Küstengewässer – z. B. eine Lagune oder einen Sund – und schaffen eine Reihe von Nebenästuaren.

Alle Ästuararten haben eins gemein: ein Quer- und ein Längsprofil. Diese werden von Unterschieden in den Gezeiten (Querprofil) und dem Salzgehalt (Längsprofil) beeinflusst.

Das Querprofil besteht aus einer Supratidalzone über der Hochwasserlinie, einer Intertidalzone – der Gezeitenzone zwischen Hoch- und Niedrigwasserlinie – und einer Subtidalzone unter der Niedrigwasserlinie. Die Zonen entstehen durch den Tidenhub, der zwischen praktisch Null im Mittelmeer bis hin zu 17 m

in der Bay of Fundy an der östlichen Grenze der USA und Kanadas liegen kann.

Das Längsprofil des Ästuars spiegelt die relativen Proportionen von Süß- zu Salzwasser wider. Im oberen fluvialen Teil herrscht das Süßwasser vor. Im mittleren Teil kommt es zur Mischung von Süß- und Salzwasser und im unteren, dem Brackwasserbereich, dominiert das Salzwasser. Das Längsprofil ist sehr häufig von den Jahreszeiten abhängig.

WASSERAUSTAUSCH

In Zeiten, in denen der Fluss Hochwasser führt, kann sich der fluviale Bereich bis ins Meer ausdehnen; ist der Wasserpegel sehr niedrig, gelangt Salzwasser weiter flussaufwärts, oft in Form von „Salzwasserkeilen" am Grund des Flusses. Beim Mississippi dringt das Salzwasser bis zu 150 km flussaufwärts vor! Wüstenästuare, in die nur unregelmäßig Süßwasser fließt, werden sehr häufig einen Teil des Jahres vollständig vom Meerwasser dominiert.

OBEN Morbihan in der französischen Bretagne wurde nach dem fast ganz von Land umschlossenen Golf von Morbihan im Süden der Bretagne benannt. Die Stadt Vannes liegt an Ästuaren, die in den Golf münden.

WASSERMISCHUNG

Ästuare werden durch das Zusammenspiel von Meer und Fluss charakterisiert. Das Mischen von Süß- und Salzwasser, die Fließgeschwindigkeit des Flusses sowie Wellen und Gezeiten beeinflussen die Ablagerungseigenschaften eines Ästuars sehr.

Sedimente, die im Ästuar abgelagert werden, bestehen aus vielfältigen Materialien aus Flusserosion, Gezeitenströmung, Winderosion, pflanzlichen und tierischen Überresten, Erosion des Meeresbodens nahe der Küste und zunehmend auch menschlichen Haus- und Industrieabfällen. Ihre relative Menge variiert mit der Dynamik des Ästuars und seiner geografischen Lage im Verhältnis zur Herkunft des Materials.

In der Chesapeake Bay, dem größten Ästuar der USA, gibt es durch die Unterschiede in der Einspeisung aus Flüssen und durch menschliche Aktivitäten große Schwankungen in der Menge anorganischer und organischer Materialien entlang ihres Längsprofils.

OBEN Flamingos suchen in den Untiefen des salinen Ästuars in Walvis Bay, Namibia, nach Nahrung.

NATÜRLICHE FALLEN

In der Übergangszone zwischen Land und Meer gelegen weisen Ästuare einige der besten Merkmale beider auf. Da sie natürliche „Fallen" für Nährstoffe sind, gehören sie zu den ertragreichsten Ökosystemen der Erde, daher überrascht es nicht, dass der Mensch seit Urzeiten von ihnen angezogen wird. Ihr Reichtum an Nahrungsquellen lädt zum Ausnutzen ein. So wurde z. B. errechnet, dass etwa 75 Prozent der in den Vereinigten Staaten kommerziell gefangenen Meerestiere – sowohl Fische als auch Schalentiere – aus ästuarinen Gewässern stammen. Begleitet wurden diese „Ernten", die zum Teil den Fischbestand stark gefährden, von der Besiedelung vieler Ästuargebiete weltweit. Ihre halbumschlossene Natur war für den Hafenbau unerlässlich, und das Nebeneinanderliegen von Meer und Fluss macht sie zu natürlichen Transportzentren. Über zwei Drittel der 32 größten Städte der Welt liegen an Ästuaren, darunter London, New York und Shanghai.

EINMISCHUNG DES MENSCHEN

Es verwundert nicht, dass die „Gesundheit" vieler Ästuare bedroht ist, bedenkt man die enormen Eingriffe durch den Menschen. Obwohl einige kleinere, z. B. vor der australischen Küste, noch in nahezu jungfräulichem Zustand sind, wurden Ästuare, an denen große Menschenansammlungen leben, stark verändert. Die Besiedelung der Küste beeinträchtig ästuarine Lebensformen fast immer. Fundamente, Ufermauern, Piere, Anleger und das Ausbaggern haben nicht nur Einfluss auf das Ästuar an sich, sondern auf das gesamte Zirkulationsmuster, seine Chemie und Biologie. Nicht alle vom Menschen verursachten Veränderungen haben ihren Ursprung direkt im Mündungsgebiet. Vieles geschieht flussaufwärts – Bergbau, Dammbau, Waldrodung und Landwirtschaft – und beeinflusst das Mündungsgebiet über hineinfließendes Süßwasser.

Ästuare sind geologisch gesehen junge Formationen und befinden sich in einem steten Zustand der Veränderung. Der Mensch greift durch seine Affinität zur Ausbeutung zunehmend in die natürlichen Vorgänge ein. Neben den Veränderungen und in vielen Fällen Zerstörungen des Ökosystems gingen bereits einige Millionen Hektar ästuariner Feuchtgebiete durch Landrückgewinnung verloren.

Der gegenwärtige Anstieg des Meeresspiegels birgt eigene Herausforderungen. Mündungsgebiete, die ihre Existenz oft dem früheren Anstieg des Meeresspiegels verdanken, werden stark davon betroffen sein. Die physischen und biologischen Folgen eines deutlichen Wasseranstiegs im Ästuar sind uns heute noch nicht bekannt. Relativ sicher ist jedoch, dass es große Auswirkungen auf die Anwohner der Regionen haben wird und nach kreativen Reaktionen verlangt.

LINKS Bei Ebbe sitzen die Boote im Watt des Ästuars des Flusses Esk in Whitby, Yorkshire, GB, fest. Die Ruine von Whitby Abbey wacht von einer Anhöhe aus über den Hafen.

Schlammiges Wasser

Die Ablagerung von Sedimenten im Ästuar hängt von der Tragekapazität des Süß- und Salzwassers sowie der Dynamik der Mischung beider ab. Das trifft besonders auf Ästuare mit großer Lehmzufuhr zu. Elektrochemische Reaktionen im Salzwasser führen zur Flockung – der Klümpchenbildung – des Lehms. Aufgrund der größeren Dichte der Klümpchen lagern sich diese in den strömungsärmeren Bereichen ab, in denen sich Süß- und Salzwasser mischen. Obwohl Flockung ein übliches Phänomen in allen Mündungsgebieten ist, hängt ihr Grad von der Menge an Lehm und den einzigartigen Mischcharakteristika der Wassersäule ab. Grundsätzlich gilt: Je größer der Tidenhub, desto stärker die Durchmischung.

Watt und Salzwiesen sind wichtige Nebenerscheinungen in vielen ästuarinen Umgebungen. Beide entstehen in relativ ebenen intertidalen Bereichen, die komplexen, häufig erosiven oder ablagernden Vorgängen ausgesetzt sind. Dies geschieht vom Wasser des Ästuars durch das Watt zur Salzwiese. Wattgebiete sind regelmäßig dem Wellenschlag ausgesetzt und haben daher eine dynamische Oberfläche. Salzwiesen sind durch die darauf wachsenden Gräser und deren Wurzeln den Launen der Wellen weit weniger ausgeliefert. Zudem sind Salzwiesen ausgezeichnete Sedimentenfänger.

OBEN Die Ebbe enthüllt Grenzzäune und Wattgebiete im Ästuar des Flusses Bitou in Plettenberg Bay, in der südafrikanischen Provinz Westkap.

LINKS Die Mündung der Loire in Frankreich birgt reiche Salzvorkommen. Bis Anfang des 20. Jh. reisten Salzhändler durch Städte und Dörfer und tauschten Salz gegen Getreide.

Das Watt

Wattgebiete sind wichtige Bestandteile der Küsten, die man häufig an Ästuaren findet. Sie gelten als Grenzgebiete, da sie weder ganz zum Land noch zum Meer gehören, sondern Merkmale beider Umgebungen aufweisen. Es sind großflächige Ebenen, die den Gezeiten ausgesetzt sind. Zweimal täglich überschwemmt die Flut das Watt, zieht sich dann wieder zurück und setzt es der Sonne aus.

OBEN Das Watt ist der liebste Futterplatz der Schnepfe. Sie watet durch den weichen Schlamm und sucht darin mit ihrem langen spitzen Schnabel nach Nahrung.

RECHTS Die Küste von Bridgend, Wales, Großbritannien, ist starken Gezeiten ausgesetzt, die mosaikartige Wattgebiete zurücklassen.

REICHHALTIGER SCHLAMM

Wattgebiete findet man vor allem an den Küsten tropischer und gemäßigter Breitengrade. Typischerweise entstehen sie an der seewärtigen Seite anderer tief liegender Küstenbereiche wie sumpfigen Mangrovenwäldern oder Salzwiesen. Das Watt besteht aus nährstoffreichem Schlamm, der ständig durchnässt ist. Die Sättigung der Sedimente führt dazu, dass im Boden praktisch kein Sauerstoff enthalten ist. Dieser Zustand wird durch die Anwesenheit großer Mengen Sauerstoff fressender Bakterien verschärft, die den Sauerstoffgehalt weiter senken. Eine solche Umgebung bezeichnet man als anaerob oder sauerstoffunabhängig.

INFAUNA

Der Mangel an Sauerstoff, die regelmäßige Überflutung mit Salzwasser und die direkte Sonneneinstrahlung, gekoppelt mit häufig starken auflandigen Winden lassen das Watt als einen der unwirtlichsten Lebensräume auf Erden erscheinen. Tatsächlich ist es jedoch ein überaus produktiver Bereich, in dem eine große Vielfalt an Lebensformen zu Hause ist.

In den Lockersedimenten leben zahlreiche tunnelgrabende Tiere, die sich so vor Sonne und Wasser schützen. Diese Tiere bezeichnet man allgemein als „Infauna", und sie setzten sich vor allem aus kleinen Wirbellosen, inklusive Mollusken und Krebstieren, zusammen, die sich vom Detritus ernähren, den die Flut mit sich bringt.

Innerhalb des Ökosystems Watt sind Würmer meist die produktivste Art. Einige Arten wie der Kiemenringelwurm leben ortsgebunden und filtern Bakterien aus den Sedimenten. Andere wie der bis zu 1 m lange große Seeringelwurm sind Raubtiere. Er hat kräftige Kiefer, die er dazu benutzt, andere Würmer zu fressen.

Auch zahlreiche Schalentiere sind im Watt beheimatet. Die am weitesten verbreiteten Arten sind zweischalige Muscheln wie Austern, Miesmuscheln, Jakobsmuscheln oder Herzmuscheln. Die Schalen schützen Magen, Atmungssystem und eine Reihe von Muskeln. Einige Muscheln haben einen Fuß, mit dem sie am Meeresboden entlang wandern und sich bei Ebbe darin eingraben. Andere, wie Austern, sind ortsgebunden. Sie heften sich z. B. an Felsen und

LINKS Folly Beach liegt auf Folly Island, einer Düneninsel in South Carolina, USA, am Atlantik. Zweimal täglich werden bei Ebbe große Flächen schlammigen Bodens freigelegt.

Pflanzen an. Die Infauna bietet ihrerseits Nahrung für höher entwickelte Arten wie Watvögel und – bei Hochwasser – Fische und andere Meerestiere.

Watvögel haben große Füße, die ihnen auf dem schlammigen Boden Halt geben, und lange Schnäbel, mit denen sie den Schlamm durchwühlen. Typische Vertreter sind die vielen Arten Austernfischer, die auf der ganzen Welt – mit Ausnahme der Polargebiete – verbreitet sind.

BAKTERIENFRESSER

Die scheinbar trostlose Natur der Watten hat manch einen zu dem Schluss gebracht, dass sie kaum ökologischen oder ökonomischen Wert haben. Wattgebiete spielen jedoch eine ganz entscheidende Rolle bei der Umwandlung verfaulender Materie in Energie, die durch die Nahrungskette nach oben an höher entwickelte Spezies weitergegeben wird.

Millionen von Bakterien und Infauna im Watt konsumieren gewaltige Mengen Materie, die sonst in den Sedimenten verrotten würde. Die winzigen Tiere bilden ihrerseits Nahrung für größere Lebewesen wie Vögel oder Krustentiere.

Zudem ist das Watt für Zugvögel, die im Laufe des Jahres viele Tausend Kilometer zurücklegen, ein wichtiger Lebensraum. Es liefert Nahrung und Schutz, und miteinander verbundene Netzwerke von Wattgebieten entlang der Wanderrouten werden jährlich von zahlreichen Vogelarten besucht. Britische Wattgebiete liegen z. B. an der Wanderroute von Enten, Gänsen und Watvögeln, die alljährlich zwischen dem Polarkreis und dem Mittelmeer hin- und herziehen.

DIE NAHRUNGSKETTE

Weltweit ist das Watt durch menschliche Einflüsse in Gefahr. Flüsse transportieren große Mengen Abwasser zur Küste. Wird dies in städtisch oder landwirtschaftlich genutzten Gebieten produziert, enthält es oft Schadstoffe und ein Übermaß an Nährstoffen, die im Küstenbereich großen Schaden anrichten. Die Gifte sammeln sich im Rahmen der Bioakkumulation im Watt an. Die Infauna nimmt die Gifte mit der Nahrung auf und reicht sie in der Nahrungskette nach oben durch. In vielen Watten lassen sich heute krebserregende Stoffe wie DDT und Dioxin nachweisen. Eine weitere Gefahr ist die Landrückgewinnung.

OBEN Im Frühling kehren die Gischtläufer ins Watt des Copper River in Alaska, USA, zurück. Im Hintergrund sieht man schneebedeckte Berge. Im Winter ziehen die Vögel nach Süden bis zur Magellanstraße.

Mangroven und Salzwiesen

Mangroven sind hochspezialisierte Bäume, die viele intertidale Feuchtgebiete an tropischen Küsten beherrschen, während Salzwiesen in den intertidalen Zonen mittlerer und nördlicher Breitengrade entstehen. Beides sind äußerst empfindliche Ökosysteme, die sehr sensibel auf menschliche Einflüsse reagieren.

RECHTE SEITE Die Triebe einiger Mangrovenarten wachsen unter der Wasseroberfläche. Dabei ähneln sie glatten runden Stümpfen und sind die Heimat vieler mariner Organismen.

OBEN Diese Luftaufnahme der australischen Westküste zeigt ein surreales Muster aus Watt und Ästuaren, gesäumt von Mangroven.

UNTEN Auf den Salzwiesen von Guérande, Frankreich, wird eines der besten Meersalze der Welt produziert.

MANGROVEN

Es gibt 69 Mangrovenarten, die überwiegend in tropischen und subtropischen Regionen wachsen. Die größten Mangrovenwälder findet man in Gebieten mit Temperaturen über 24 °C und einer jährlichen Niederschlagsmenge von mehr als 1245 mm. Sie beherrschen die Küsten Mittelamerikas, Südostafrikas, Nordaustraliens, des Persischen Golfs, Westindiens und Südostasiens.

NACH LUFT RINGEN

Mangrovenwälder wachsen im Watt der geschützten Gewässer von Ästuaren. Da sie gegenüber starkem Wind anfällig sind, ziehen sie das ruhige Wasser hinter Sandbänken und Buchten vor. Sie gehören zu den wenigen Pflanzen, die sich erfolgreich an diese schwierige Umgebung mit dem hohen Salzgehalt, den durchnässten Böden und wenig Sauerstoff angepasst haben.

Die meisten Bäume nehmen Sauerstoff mithilfe ihrer Wurzeln aus winzigen Luftlöchern zwischen Erdpartikeln auf. Der Boden, auf dem Mangroven wachsen, enthält jedoch keine Luftlöcher. Einige Sorten, z. B. die an der Ostküste Australiens wachsende *Avicennia marina*, bildet Atemwurzeln aus, die senkrecht aus dem Boden ragen. Andere entwickeln Luftwurzeln oder Stelzwurzeln, die über dem Wasserspiegel wachsen. Diese Systeme ermöglichen es Mangroven nicht nur, Sauerstoff aufzunehmen, sondern befähigt sie auch, Sedimentpartikel festzuhalten und so das

Watt weiter zu vergrößern. An ihren Blättern besitzen Mangroven Salzdrüsen, mit deren Hilfe sie angesammeltes Salz ausscheiden. Wurzelzellen der Mangroven sind dazu ausgelegt, Wasser aufzunehmen und dabei gleichzeitig Salz abzusondern.

SCHLAMMIGE NÄHRSTOFFE

Mangrovenwälder gehören zu den produktivsten Ökosystemen der Erde. Forschungen im Nordosten Australiens ergaben, dass ein einziger Löffel Mangrovensedimente über zehn Milliarden Bakterien enthält! Durch das Abwerfen von Blättern, Rinde und Blüten produzieren Mangroven große Mengen verfaulender Materie und speisen so einen ständigen Strom von Nährstoffen in die Nahrungskette ein. Das ernährt eine große Vielfalt an Lebewesen. Krustentiere finden im weichen Schlamm und dem Gewirr aus Wurzeln Unterschlupf. Weiter landeinwärts nutzen größere Tiere wie Salzwasserkrokodile, die zwischen den Bäumen ihre Nester bauen, den festeren Boden. Bei Flut werden zahlreiche Fische in die Mangroven gespült, die sich von den kleinen Krabben und Garnelen ernähren. Mangroven bieten zudem zahlreichen Vögeln einen ausgezeichneten Lebensraum.

SALZWIESEN

Salzwiesen erstrecken sich entlang der amerikanischen Ostküste, den Golfen von Alaska und Mexiko, Teilen Sibiriens, den Südküsten Großbritanniens und Irlands, den Nordküsten Frankreichs, Deutschlands und Spaniens sowie der Südküste der neuseeländischen Südinsel.

Die meisten Salzwiesen werden nur bei Hochwasser ganz überflutet. Sie entstehen einzig in Gebieten, die vor Sturmschäden geschützt sind, z. B. an landwärtigen Seiten von Sandbänken und Buchten und gelegentlich auch hinter Mangrovenwäldern. Salzwiesen sind recht unproduktiv. In den häufiger überfluteten Bereichen wachsen vor allem Seggen; zudem findet man dort Austern, Garnelen und andere Krustentiere. Weiter landeinwärts nimmt die Artenvielfalt zu. Seggen weichen anderen Salz tolerierenden Gräsern, größeren Tieren und einer Vielzahl an Vögeln.

DER MENSCHLICHE EINFLUSS

Das flache Land der Salzwiesen eignet sich besonders gut zur Landrückgewinnung. Große Gebiete mussten deshalb Fabriken, Neubauvierteln, Hotels und anderen Bauprojekten weichen. Das stellt vor allem in Südostasien und Europa ein großes Problem dar.

Auf dem Meeresboden

Jahrhundertelang glaubten wir, der Meeresboden sei eine Ebene, hier und da von Inseln unterbrochen. Tatsächlich ist das Gegenteil wahr. Aus den Tiefen erheben sich die höchsten Berge und die längste Bergkette der Erde; unter der mittleren Meerestiefe von 5000 m liegen Schluchten, die ihre Gegenstücke an Land winzig wirken lassen. In vieler Hinsicht ist der Meeresboden ebenso vielfältig wie die Landmassen.

KARTIERUNG DES OZEANBECKENS

Traditionell verwendete man eine beschwerte Schnur zur Messung der Wassertiefe. Diese Methode war aber nur auf Punktmessungen in relativ seichtem Wasser

OBEN Topografische Bildgebungsverfahren via Satellit verdeutlichen uns Merkmale des Meeresbodens.

beschränkt. Durch technische Neuerungen während des Zweiten Weltkrieges wurde unser Wissen über den Meeresboden erstmals stark erweitert. Bis in die 1940er-Jahre wurde die Lotung mit Sonar zu einer zuverlässigen und weit verbreiteten Methode. Heute wird die Wassertiefe mithilfe von Impulsen der Echolotung ermittelt. Anhand eines Fächerlotsystems, bei dem Hunderte individueller Messstrahlen von einem schnell fahrenden Schiff ausgesendet werden, kann man die Tiefe breiter Streifen Meeresbodens vermessen. In den letzten Jahren haben wir unser Wissen über die Topografie des Meeresbodens zusätzlich mithilfe von Satelliten, die Radartechnik verwenden, weiter

Gefahren vom Meeresboden

Einige Umweltgefahren haben ihren Ursprung auf dem Meeresboden. Ein Erdbeben kann einen tödlichen Tsunami auslösen. Das Beben im Indischen Ozean im Dezember 2004 verursachte eine Flutwelle, die über 250 00 Menschen das Leben kostete und Schäden in Milliardenhöhe anrichtete (links). Ein Tsunami kann auch von dem unterseeischen Zusammenbruch oder dem Ausbruch eines Vulkanes bzw. einem großen Erdrutsch ausgelöst werden. Unbekannte Tiefseeberge oder Sandbänke in Küstennähe stellen eine Gefahr für die Schifffahrt dar.

Der Meeresboden ist und bleibt eine faszinierende Umgebung, deren zahlreiche Geheimnisse es noch zu enthüllen gilt.

vertieft. Außerdem kann man durch das satellitengestützte Global Positioning System (GPS) bestimmte kartografische Merkmale präzise orten.

Heutzutage sind bathymetrische Karten fast so genau wie die Karten der Landmassen. Dennoch sind einzelne Meerestiefen weiter umstritten. Die absolute Tiefe des Challenger-Tiefs im Marianengraben steht noch immer nicht fest. Im 20. Jh. wurden Werte zwischen 8184 m und 10 924 m gemessen. Die Tiefe von 10 911 m, die 1995 von einer japanischen Tiefseesonde gemessen wurde, gilt heute als genaueste. Wie bei allen anderen globalen Daten erweitern auch hier technische Fortschritte unser Wissen ständig.

TOPOGRAFIE DES MEERESBODENS

Die Topografie des Meeresbodens ist überall unterschiedlich, obwohl viele Regionen ähnliche Merkmale aufweisen. Das Pazifikbecken enthält z. B. sehr viele Inselgruppen und neun der tiefsten Ozeangräben. Zudem besitzt der Pazifik etwa 50 000 Guyots, abgeflachte Tiefseeberge, die es anderenorts nicht gibt.

Ein Großteil des Meeresbodens wurde von den gleichen tektonischen Kräften geschaffen, die für terrestrische Landformen verantwortlich sind. Die Bewegung tektonischer Platten und andere Kräfte führen genauso zur Faltung, Verwerfung und Verzerrung des Meeresbodens wie der Landmassen. In Gegenden wie Hawaii, Indonesien und Japan waren

OBEN Lava aus dem Kilauea auf Hawaii ergießt sich ins Meer. Der Vulkan bricht seit Januar 1983 kontinuierlich aus.

UNTEN Taucher untersuchen einen Riss im Mittelatlantischen Rücken bei Island. Der Mittelatlantische Rücken ist eine unterseeische Bergkette, die sich über 16 000 km von Norden nach Süden erstreckt.

vulkanische Aktivitäten der entscheidende Faktor bei der Entstehung des Meeresbodens und der Inseln.

Verwitterungsprozesse laufen unter Wasser mangels Regen, Eis und Wind anders ab. Hier sind z. B. Strömungen für die Erosion zuständig.

Viele Formationen auf dem Meeresgrund sind wichtig, auch wenn sie von der Oberfläche aus nicht sichtbar sind. Die seichten Gewässer des Kontinentalschelfs sind – wie die Neufundlandbank – hervorragende Fischfanggründe. Die Meeresbodentopografie kann außerdem die Entstehung riesiger Wellen beeinflussen, die ungeschützte Küstenstreifen schädigen.

Während unterseeische Strukturen vor allem für die Wissenschaft interessant sind, beschäftigen uns die Formationen, die über dem Wasserspiegel liegen. Die Weltmeere sind mit Zehntausenden Inseln übersät. Einige stehen allein da, andere bilden Archipele, wie die Inselgruppe Indonesiens, die aus Tausenden von Inseln besteht und weltweit die vierthöchste Einwohnerzahl hat. Die meisten Inseln sind aber unbewohnt. Korallenriffe, die aus den Kalksteinskeletten der Korallenpolypen bestehen, gehören zu den einzigartigsten, vielseitigsten, aber empfindlichsten Ökosystemen der Erde. Korallen bilden zudem Atolle: tief liegende, halbrunde Inseln, die eine Lagune umgeben. Abgelegene Inseln wie die Galapagosinseln bieten Biologen, Botanikern, Ökologen, Geografen und anderen ein reichhaltiges, faszinierendes „Freilandlabor".

Merkmale des Meeresbodens

Antike Seeleute glaubten, der Ozean sei ein bodenloser Abgrund. Sie versuchten die Tiefe zu messen, indem sie Seile oder Kabel über Bord warfen, aber diese waren natürlich meist viel zu kurz. Außerdem waren sie der Ansicht, der Meeresboden sei eine flache Ebene, aber auch das wissen wir heute besser.

RECHTE SEITE Der Kilauea auf Hawaii, einer der aktivsten Vulkane der Erde, bricht aus und spuckt Lavamassen. Der ganze hawaiianische Archipel verdankt seine Existenz derartigen Vulkanausbrüchen.

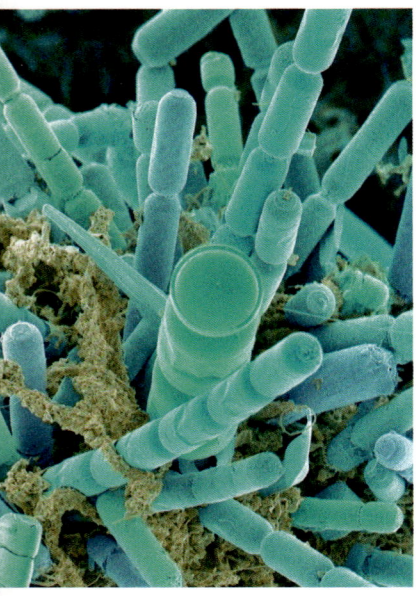

OBEN Diatomeen sind mikroskopisch kleine einzellige Organismen. Ihre Überreste gehen in die Sedimente des Meeresbodens über.

RECHTS 1965 tritt Rauch aus einer neuen vulkanischen Spalte vor der isländischen Küste im Nordatlantik aus. Aus der Lava entsteht eine neue Insel über der vulkanischen Asche. Im Hintergrund ist die Insel Surtsey zu sehen, die 1953 durch eine ähnliche Eruption entstand.

Technische Fortschritte wie das Sonar und die Höhenmessung via Satellit enthüllten, dass der Ozeanboden ebenso viele verschiedene topografische Formationen aufweist wie die Kontinente, darunter Tiefen, Tiefseeebenen, Ozeanbecken, unterseeische Bergrücken, die lange Bergketten bilden, Inselbögen, hydrothermale Spalten und Gräben, die in spektakuläre Tiefen sinken.

Unterseeische Bergketten umrunden die Erde als Mittelozeanische Rücken, die die Trennungslinie zwischen tektonischen Platten darstellen. Konvektionsströme innerhalb des Erdmantels treiben Lava in die Risse und lassen so neue Ozeankruste entstehen. Das nennt man Ozeanbodenspreizung. Als Messinstrumente ausgereifter wurden und wir unser Wissen erweiterten, wurde es schließlich möglich, die Kräfte hinter dem Kontinentaldrift zu erklären, einem Phänomen, das der deutsche Wissenschaftler Alfred Wegner 1915 erstmals ansprach. Je mehr sich der Ozeanboden ausbreitet, desto weiter treiben Kontinente auseinander, und Messungen ergaben, dass sich die älteste Ozeankruste am Übergang zur Kontinentalkruste befindet.

Die dichte, aber verhältnismäßig dünne Ozeankruste (mittlere Dichte: 6–10 km) trifft an den Kontinentalrändern, die etwa ein Viertel des Ozeangebietes ausmachen, auf die weniger dichte, deutlich dickere Kontinentalkruste (mittlere Dicke: 35 km). Kontinentalränder bestehen aus drei Regionen: Kontinentalschelf, Kontinentalhang und Kontinentalfuß. Sie umgeben die Kontinente und erstrecken sich von der Küste bis zu den Tiefseeebenen.

Kontinentalschelfe sind von relativ seichtem Wasser bedeckt und von tiefen Schluchten gekennzeichnet, wo große Flüsse einmünden. Sedimente aus der Landerosion werden auf den Schelf und dann den steilen Kontinentalhang hinabgespült, wo sie einen Schwemmfächer bilden. Am Kontinentalfuß treffen

Erdbeben und Vulkane

Entlang auseinanderstrebender tektonischer Platten kommt es oft zu seismischen und vulkanischen Aktivitäten. Erdbeben entstehen in Bruchzonen, die mit dem Rifting verknüpft sind. Aufsteigende Lava wird von der Freisetzung geothermisch erhitzten Wassers in Spalten und Schloten begleitet. Das sehr mineralhaltige Wasser kann bis zu 400 °C heiß werden. Beim Abkühlen bilden die Mineralien Schornsteine an den Schloten. Die Kontinente sind von Schelfs und Abhängen umgeben, die sich bis zu den Tiefseeebenen erstrecken, den flachsten, am wenigsten erforschten Regionen der Erde.

die kontinentale und ozeanische Kruste aufeinander. Tiefseeebenen werden ständig mit Sedimenten aus organischem Material und feinen Staubteilchen vom Land überschwemmt, die durch Wind und Strömungen transportiert werden.

Die Entdeckung des Mittelatlantischen Rückens 1872 war eine Offenbarung. Er ist Teil eines mittelozeanischen Bergrückensystems, das sich von Norden nach Süden über 16 000 km erstreckt und somit die längste Bergkette der Erde ist sowie Teil eines durchgehenden unterseeischen Gebirgszuges, der sich etwa 40 000 km durch alle Ozeane hindurch ausdehnt. Bekannte Merkmale sind 1000 m hohe Klippen, ein Rücken in 2500 m Tiefe und Abhänge, die 5000 m tief abfallen.

TIEFSEEBERGE UND INSELKETTEN

Die Freisetzung von Magma ist aber nicht auf unterseeische Rücken beschränkt. Durch Konvektionsströme im Erdmantel entstehen Hotspots unter dem sich ausbreitenden Meeresboden. Geschmolzenes Magma durchdringt die Kruste, fließt als Lava über den Boden, kühlt sehr schnell ab und bildet dabei einen Unterwasservulkan. Abgeflachte Tiefseeberge nennt man Guyots.

Die Kette von Tiefseebergen, die Hawaii bildet, ist das Ergebnis von Hotspot-Aktivität unter der Pazifischen Platte. Sie besteht aus über 80 Vulkanen und liegt fast vollständig unter Wasser. Die Inseln sind ein winziger Teil der Kette – nur die zuletzt aktiven Vulkane ragen über den Meeresspiegel hinaus. Seeberge, die auf der relativ dünnen ozeanischen Kruste durch Konvektionsströme gestützt werden, sinken schließlich unter den Meeresspiegel, wenn sich die tektonische Platte durch den Kontinentaldrift von der aufsteigenden Magma über dem Hotspot wegbewegt. Die hawaiianischen Inseln „schwimmen" langsam nordwärts und werden irgendwann Alaska erreichen.

Ozeantiefen und -untiefen – Westliche Hemisphäre

Ozeantiefen und -untiefen – Östliche Hemisphäre

Das Kräftespiel auf dem Meeresboden

Kontinente und Ozeane stellen eine natürliche topografische Aufteilung der Erdoberfläche dar.
Die Kontinentalkruste liegt überwiegend über dem Meeresspiegel und besteht aus anderem
Gestein als die ozeanische Kruste, die unter Wasser liegt. Ozeanbecken nehmen etwa 70 Prozent
der Ozeanfläche sowie annähernd die Hälfte der gesamten Erdoberfläche ein.

RECHTE SEITE Beim Ausbruch
eines unterseeischen Vulkans
vor der Küste der Hauptstadt
Tongas, Nuku'alofa, wurden
im März 2009 gewaltige
Dampf-, Rauch- und Asche-
wolken ausgestoßen.

OZEANBECKEN

Ozeanbecken sind die Bereiche der Tiefseeebenen,
die von Rücken, Gräben oder Kontinenten begrenzt
werden. Die ozeanische Kruste unter den Ozeanbecken
besteht aus dichtem Magmagestein, das reich an Eisen,
Basalt und Gabbro ist. Die Kruste mit einer Dicke von
6–10 m treibt isostatisch auf dem darunterliegenden
Erdmantel. Da die weniger dichten Kontinente über
den Meeresspiegel steigen, versorgen sie die Ozeanbecken mit erodiertem Material. Zudem gelangen
auch zahlreiche andere Sedimente in die Becken, z. B.
die Skelette planktonischer Organismen (Diatomeen,
Strahlentierchen und Foraminiferen) sowie Schwebeteilchen, die aus Korallenriffen ausgewaschen wurden.

Die Becken der fünf Ozeane (Atlantik, Pazifik,
Indischer Ozean, Süd- und Nordpolarmeer) unterscheiden sich in vieler Hinsicht. Einige verändern sich
aktiv, andere sind inaktiv, abhängig von den beteiligten geologischen Prozessen. Dennoch haben sie auch
Gemeinsamkeiten, z. B. unterseeische Bergrücken,
Gräben, Ebenen, Tiefseeberge und Guyots. Geologisch
betrachtet werden Kontinentalschelfs, Tiefseegräben

und Mittelozeanische Rücken nicht als Bestandteil der
Ozeanbecken angesehen.

Aktiv wachsende Becken besitzen auseinanderstre-
bende Plattengrenzen mit neuer ozeanischer Kruste,
die am Mittelozeanischen Rücken entsteht. Durch die
Ozeanbodenspreizung werden die tektonischen Platten
auseinandergedrückt. Dort, wo die Kruste absinkt, gibt
es normalerweise eine konvergierende Plattengrenze
mit einer Subduktionszone, die einen Graben bildet
oder sich unter die Kontinentalplatte schiebt.

Der Atlantik und das Nordpolarmeer haben beide
aktive Becken mit einem Mittelozeanischen Rücken,
der den Ozeanboden erweitert. Das Mittelmeer ist ein
aktiv schrumpfendes Becken. Der Pazifik wird ebenfalls
kleiner, besitzt aber sowohl einen sich ausdehnenden
Rücken als auch Ozeangräben. Die ältesten Becken sind
etwa 200 Millionen Jahre alt – geologisch gesehen sehr
jung, da die Erde selbst vor gut 4,6 Milliarden Jahren
entstand. Kontinentale Kruste, die spezifisch zu leicht
ist, um der Subduktion zu unterliegen, ist im Allgemeinen viel älter als ozeanische Kruste. Einige Bereiche
sind drei bis vier Milliarden Jahre alt!

RECHTS Diese Verwerfung des
Mittelatlantischen Rückens im
Thingvellir-Nationalpark auf
Island ist vielleicht der beste Ort
auf Erden, um den tatsächlichen
Graben einer Riftzone zu sehen.
Wissenschaftler studieren seit
Langem die Geologie Islands,
um die Entstehung der Ozeane
besser zu verstehen.

RECHTS Mithilfe von Tauchfahrzeugen lernen Wissenschaftler mehr darüber, was in den Tiefen der Ozeane vor sich geht. Die *Pisces V* wurde zum Studium des Loihi-Tiefseeberges vor Hawaii entwickelt.

UNTEN Den gesamten Prozess der Plattentektonik bezeichnet man als Wilson-Zyklus. Dieses NASA-Bild der Sinai-Halbinsel zeigt das Rote Meer, das sich vermutlich in einer frühen Phase des Zyklus' befindet.

SUBDUKTION UND TIEFSEEGRÄBEN

Warum dehnt die Erde sich nicht aus, wenn sich der Meeresboden erweitert und Kontinente auseinanderdriften? Dieser Prozess wird durch die Subduktion von ozeanischer Kruste in den Erdmantel kompensiert. Sie schmilzt und kehrt als neue ozeanische Kruste an den Mittelozeanischen Rücken in den Kreislauf zurück.

Entlang konvergierender Plattengrenzen sinken die dünneren, aber dichteren ozeanischen Platten unter die weniger dichten Kontinentalplatten ab und bilden Gräben im Meeresboden, die man Subduktionszonen nennt. Ein Graben ist eine schmale, längliche Vertiefung die parallel zum konvergierenden Plattenrand verläuft. Gräben sind die tiefsten Formationen auf dem Meeresboden. In der Region, wo die sich schnell bewegende Pazifische Platte auf die Philippinenplatte trifft liegt der tiefste Punkt der Erde, das Witjastief im Marianengraben, das auf fast 11 000 m abfällt.

Unterirdische und unterseeische Erdbeben und Vulkanausbrüche sind eng mit der Subduktion verknüpft. Die kalte Ozeankruste schmilzt und verbindet sich in etwa 120 km Tiefe mit der Materie im Mantel. Daraus entsteht Magma, das durch die darüberliegende

Platte dringt und eine Reihe von Vulkanen entstehen lässt, die parallel zum konvergierenden Plattenrand verlaufen. Dort, wo Vulkane aus dem Boden herausragen bilden sie einen Inselbogen parallel zum Graben.

Das Gebiet auf der ozeanischen Seite bezeichnet man als Fore-Arc, das auf der Rückseite als Back-Arc; an beiden Seiten werden Sedimente abgelagert. Der Back-Arc erhält erodiertes Material von Kontinenten und Vulkanen und ist relativ ruhig. Die Sedimente des Fore-Arcs ergießen sich dagegen als rasch fließende Suspensionsströme in die Tiefseerinnen. Ist die Subduktionszone aktiv, können sich die Sedimente nicht ablagern. Ein Teil wird bei der Subduktion abgeschabt, der Rest geht in den Erdmantel über.

In weniger aktiven (und inaktiven) Subduktionszonen füllen sich die Tiefseerinnen mit Sedimenten und bilden im Laufe der Zeit breite, flachere Gräben. Es gibt Regionen mit komplexen Strömungs- und Auftriebssystemen, in denen nährstoffreiches Wasser an die Oberfläche gelangt; dort lebt eine große Vielfalt an Meeresbewohnern. Tiefe unterseeische Rücken und Tiefseeberge können den Auftrieb beeinflussen.

UNTERSEEISCHE ABGEFLACHTE BERGE

Ozeanische Plateaus oder Guyots sind breite abgeflachte Erhöhungen auf dem Meeresboden. Sie entstehen meist durch hochenergetische Manteldiapire, die unter den Mittelozeanischen Rücken aufsteigen. Einige, wie Island, durchbrechen die Wasseroberfläche; die meisten bleiben jedoch unter Wasser.

Eine andere Art ozeanischer Plateaus besteht aus überschwemmter kontinentaler Kruste, die einst Teil eines größeren Kontinents war. Ein Beispiel ist die Lord-Howe-Schwelle, die sich südwestlich Neukaledoniens bis zum Challenger-Plateau westlich Neuseelands erstreckt. Dieser Teil der Erdkruste trennte sich vor 60 bis 80 Millionen Jahren vom Osten Australiens. Heute liegt er 800 km vom australischen Festland entfernt.

RAUCHER

Der Auftrieb von Lava an den Mittelozeanischen Rücken wird von der Freisetzung geothermisch

Der Wilson-Zyklus

Der Wilson-Zyklus beschreibt das langsame, stufenweise, periodische Öffnen und Schließen der Ozeanbecken. Tektonische Platten streben an divergierenden Rändern entweder auseinander, bewegen sich an konvergierenden Rändern aufeinander zu oder gleiten an konservativen Plattengrenzen aneinander vorbei. Die Divergenz und somit Entstehung neuer ozeanischer Kruste kann Hunderte Millionen Jahre dauern. Schließlich hält sie jedoch an, und die Platten beginnen, sich wieder aufeinander zu zu bewegen. Sie konvergieren und bilden eine neue Plattengrenze, indem die ozeanische Kruste zerbricht und entlang einer Subduktionszone in den Erdmantel absinkt.

erhitzten Wassers begleitet, das aus dem Meeresboden austritt. Das stark mineralhaltige Wasser kann bis zu 400 °C heiß werden. Beim Abkühlen werden die Mineralien ausgefällt und lagern sich wie Schlote ab. Man nennt sie „Raucher", da die mineralreiche Sedimentwolke wie Rauch aussieht. Ihre Schlote können rasch in die Höhe wachsen; der höchste bisher entdeckte entsprach einem 15-stöckigen Gebäude.

Heute vermutet man, dass die Raucher eine wichtige Rolle bei der Regulierung der Temperatur und Chemie des Meerwassers sowie dessen Zirkulationsmustern spielen. Tauchfahrzeuge können Proben an den Schloten entnehmen. Meist handelt es sich dabei um Sulfide. Sie entdeckten dabei aber auch, dass die Schlote von einem reichen Ökosystem mit Bakterien, Krustentieren, Röhrenwürmern sowie Fischen umgeben sind, die in Dunkelheit leben. Ohne Licht für die Fotosynthese hängt die Nahrungskette von der Chemosynthese der Bakterien ab.

KALTE QUELLEN UND KALTWASSERRIFFE

Kalte Quellen entstehen dort, wo Salzlösungen, die reich an Schwefelwasserstoff und Kohlenwasserstoff sind, aus dem Boden sickern und Salzseen bilden. Auch an kalten Quellen existieren reiche Biota, die von der Chemosynthese der Bakterien und anderer primitiver Organismen abhängig sind.

In Verbindung mit diesem Sickerwasser bilden sich eisartige Kristalle, sogenannte Gashydrate. Sie bestehen aus Wasser und einem Gas – überwiegend Methan – und benötigen bestimmte physikalische Voraussetzungen in Bezug auf Druck, Temperatur und der Sättigung mit Gas. Gashydrate fungieren als Klebstoff in den Zwischenräumen der Schwebeteilchen und haben großes Potenzial als zukünftige Gasquellen. Im Laufe der Zeit bilden kalte Quellen eine Reihe von Formationen am Meeresboden wie Riffe und kalkhaltige Felsen (bis zu einer bestimmten Tiefe).

Riffe aus Kaltwasserkorallen sind eine relativ neue Entdeckung. Sie erstrecken sich in Tiefen von 40 m bis etwa 2000 m. Die größten Kaltwasserkorallenriffe liegen vor der norwegischen Küste. Kaltwasserkorallen leben nicht in symbiotischer Verbindung mit Zooxanthellen, sondern sind für den Aufbau organischer Stoffe auf die Chemosynthese durch Bakterien angewiesen und benötigen kaum Licht.

OBEN Die Lord-Howe-Insel ist eine Vulkaninsel, die mit der Lord-Howe-Schwelle verbunden ist. Diese ist ein unterseeisches Plateau, das aus kontinentaler Kruste besteht, die sich vor Jahrmillionen von der Küste Ostaustraliens löste und heute etwa 800 km vom australischen Festland entfernt liegt.

Inseln und Archipele

Die international anerkannte Definition für eine Insel lautet: „Natürlich entstandene Landmasse, die rundherum von Wasser umgeben ist und bei Flut über der Hochwassergrenze liegt." Ein Archipel ist eine Inselgruppe oder eine längliche Inselkette. Indonesien und der Kanadisch-Arktische Archipel sind Beispiele für Ersteres, die Kleinen Antillen in der Karibik sowie Hawaii für Letzteres.

In den Weltmeeren liegen Zehntausende Inseln und Hunderte Archipele. Einige sind nur abgelegene Felsen, die aus dem Meer herausragen. Die winzige Osterinsel ist einer der abgelegendsten besiedelten Orte der Erde. Ihr nächster Nachbar, die Insel Pitcairn (50 Einwohner), ist 2075 km entfernt. Der indonesische Archipel besteht dagegen aus über 17 000 Inseln, von denen etwa 6000 bewohnt sind. Es ist das Land mit der viertgrößten Bevölkerungszahl weltweit. Von der Fläche her rangieren die Inseln der Erde zwischen winzigen Fleckchen Erde und Grönlands gewaltigen 2 175 590 km².

UNTEN Nach der Schließung der Gefängniskolonie Mitte der 1940er-Jahre werden Gefangene von der Teufelsinsel in Französisch-Guayana abtransportiert.

Die Teufelsinsel – Île du Diable

Kaum eine Insel ist so berühmt-berüchtigt wie die Teufelsinsel in Französisch-Guayana mit ihrer Verbindung zu der verrufenen Strafkolonie. Die Insel mit dem dämonischen Namen ist die kleinste (12 ha) der drei Îles du Salut und liegt etwa 11 km vor der Küste Französisch-Guayanas. Zwischen 1852 und der Schließung des Gefängnisses im Jahr 1946 wurden etwa 80 000 französische Strafgefangene in den entlegenen tropischen Außenposten im Nordosten Südamerikas abgeschoben. Nur wenige überlebten die brutalen Bedingungen im Gefängnis.

Die Teufelsinsel selbst spielte in der Strafkolonie nur eine untergeordnete Rolle. Während des 94-jährigen Bestehens der Kolonie wurden nur 50 Gefangene auf die Insel selbst verbannt, die Synonym für das ganze System wurde. Selbst der Name der Insel stammt aus der Zeit vor der Strafkolonie. 1763 versuchte eine Gruppe französischer Bürger die Küste Guayanas zu besiedeln. Innerhalb weniger Jahre fielen die meisten von ihnen der Hitze und Luftfeuchtigkeit, Malaria und zahlreichen anderen tropischen Gefahren zum Opfer. Die restlichen 2000 suchten Zuflucht auf den kleinen Inseln vor der Küste. Die kleinste der drei Inseln hatte steile Wände und an ihren Küsten verliefen starke Strömungen, die das Anlanden äußerst schwierig gestalteten. Diese Bedingungen wurden als Werk des Teufels angesehen – und trugen der Insel ihren Namen ein.

ENTSTEHUNG VON INSELN

Anhand fünf geologischer Vorgänge lässt sich die Entstehung nahezu aller Inseln erklären. Der erste Prozess sind die Erdkrustenbewegungen. Durch die Auffaltung oder Verwerfung entstehen Inseln. Viele große Inseln, vor allem nahe Kontinenten, verdanken ihre Existenz diesem Prozess; unter ihnen sind Großbritannien, Madagaskar, Borneo, Tasmanien und die Großen Antillen.

Viele Inseln sind aber auch das Ergebnis vulkanischer Aktivität. Die Azoren, Island und einige anderen Inseln in der Nähe des Mittelatlantischen Rückens sind vulkanischen Ursprungs. Zu den vulkanischen Archipelen im Pazifikbecken gehören Japan, die Philippinen, Hawaii und Neuseeland. Fast ganz Indonesien verdankt seine Existenz ebenfalls vulkanischen Aktivitäten; auf dem Archipel ist es auch zu einigen der verheerendsten Vulkanausbrüchen der Erde gekommen.

Zahlreiche tief liegende tropische und subtropische Inseln wurden von Korallenpolypen gebaut. Viele Inseln im Pazifik sind Atolle – von Korallen gebaut, die sich an den unterseeischen Flanken von Vulkanen niedergelassen haben. Während der Vulkan versinkt, wachsen die Korallen in die Höhe und bilden im Laufe der Zeit ein Atoll. Diese Atolle kommen besonders häufig in Polynesien und Mikronesien vor.

Sandinseln repräsentieren den vierten Vorgang. Sie kommen vor allem an Küsten mit großen Sandansammlungen und den zur Ablagerung nötigen Wellen- und Strömungsprozessen vor. Zu den küstennahen Barriereinseln gehören die Outer Banks in North Carolina und zahlreiche lange schmale Inseln vor der Golfküste der USA und Mexikos. Kanadas Sable Island vor der Küste Nova Scotias im Atlantik gehört zu den gefährlichsten Sandinseln. Etwa 350 Schiffe gingen an oder vor ihr unter. Dies trug der Insel den Beinamen „Friedhof des Atlantiks" ein. Auch viele Nordseeinseln vor der Küste des europäischen Festlandes – wie die Friesischen Inseln – sind sandige Barriereinseln.

OBEN Im Juni 1991 brach der Stratovulkan Pinatubo auf der philippinischen Insel Luzon aus. Die Philippinen selbst sind das Resultat ebensolch dramatischer vulkanischer Aktivität.

LINKS Die San-Juan-Inseln liegen vor der Küste des US-Staates Washington, nahe Vancouver Island. Sie entstanden durch eine Reihe geologischer Prozesse, von denen die Gletscherbildung der wichtigste war.

OBEN Korallen waren der wichtigste Faktor bei der Entstehung der Great Bahama Bank. Die blaue Farbe auf diesem Bild von NASAs Moderate Resolution Imaging Spectroradiometer zeigt die Anwesenheit von Korallenriffen.

RECHTS Die indonesische Insel Java besitzt viele Vulkane, daher ist es nicht verwunderlich, dass auch sie vulkanischen Ursprungs ist. Einige der Vulkane sind noch immer aktiv.

In Küstenregionen, an denen ein weiterer geologischer Prozess wirkte – die Vergletscherung – gibt es eine fünfte Inselart. Während Gletscher ins Meer wandern, meißeln sie dabei Fjorde aus. Im Laufe der Zeit kann eine Reihe dieser Gräben ein Stück Land von der Kontinentalmasse isolieren und eine Insel daraus bilden. Derartige Inseln findet man auf der Südhalbkugel vermehrt vor der Küste Südchiles sowie der neuseeländischen Südinsel. Auf der Nordhalbkugel entstanden sie vor den Küsten Alaskas, Britisch-Kolumbiens, Grönlands und Norwegens.

Grundsätzlich sind Inseln tektonischen Ursprungs besser für die Besiedelung durch den Menschen geeignet als tief liegende Korallenatolle oder Sandinseln. Diese Inseln sind weniger anfällig für tropische Stürme, Tsunamis oder einen Anstieg des Meeresspiegels. Bergige Inseln bieten prinzipiell mehr Schutz (es sei denn, es handelt sich um aktive Vulkane) und eine bessere Süßwasserzufuhr. Ihr vielfältigeres Ökosystem bietet ihren Bewohnern mehr Möglichkeiten.

BEDEUTENDE INSELN UND ARCHIPELE

Das Pazifische Becken beinhaltet die meisten und vielfältigsten Inseln und Archipele. Zu den großen Inseln gehören Neuguinea, Borneo, Taiwan, Sachalin sowie die neuseeländische Nord- und Südinsel. Die wichtigsten Archipele umfassen Indonesien, Japan, die Philippinen, die zu Alaska gehörenden Aleuten und Hawaii. Unter den Tausenden kleinerer Inseln sind die Inselstaaten Melanesien, nordöstlich Australiens gelegen, Mikronesien im westlich-zentralen Pazifik und Polynesien, das sich in einem Dreieck von Neuseeland nach Hawaii erstreckt, sowie die Osterinsel.

Auch im Atlantik liegen etliche bedeutende Inseln; Grönland, Neufundland, Großbritannien, Hispaniola, Kuba, Irland und Island sind die größten unter ihnen. Als wichtigste Archipele gelten die Kleinen und Großen Antillen. Verteilt im Atlantik liegen zudem Hunderte kleinerer Inseln und Inselgruppen. Die Bahamas, die Bermudas sowie die kanadischen Inseln Prince Edward Island und Kap Breton im Wesen des Atlantikbeckens sind kleine, aber wirtschaftlich bedeutende Inseln. Im östlichen Becken sind vor allem die vielen kleinen Inseln rund um die Britischen Inseln, die Azoren, Madeira, die Kanaren und die Kapverdischen Inseln von Interesse.

Die größten Inseln im Indischen Ozean sind Sri Lanka, Madagaskar und Sumatra. Zu den wichtigen Archipelen gehören die Seychellen, die Malediven und die Andamanen. Auch im Südpolarmeer liegen viele Inseln, die jedoch kaum wirtschaftliche Bedeutung haben und nur wenig besiedelt sind. Das gleiche gilt für die zahlreichen Inseln im Nordpolarmeer. Zu ihnen gehören der Kanadisch-Arktische Archipel, Norwegens Svalbard und Russlands Nowaja Semlja.

INSELN IN DER GESCHICHTE

Seit die Menschen sich erstmals auf das offene Meer

Die „Dinkum Sands"-Debatte

1978 begann ein hitziger Rechtsstreit zwischen dem Staat Alaska und der US-Regierung um die Besitzrechte für mehrere Sandbänke in der Beaufortsee nahe den Ölfeldern von Alaskas Prudhoe Bay (oben). Eine der umstrittenen Formationen war Dinkum Sands, eine Insel aus Sand, Kies und Eis, die 19 km vor der Küste Alaskas in arktischen Gewässern liegt. Wie viele Barriereinseln ragt auch Dinkum Sands manchmal aus dem Wasser und ist zu anderen Zeiten überflutet. Die Veränderungen hängen mit den täglichen Gezeiten sowie saisonalen Änderungen in der Höhe des Wasserspiegels und dem Zustand des Eises zusammen.

Auf dem Spiel standen mehrere Milliarden Dollar aus Ölpachtverträgen, die treuhänderisch hinterlegt waren, sowie weitere Milliarden aus Einnahmen, sollten die Öl- und Gasreserven der Arktis weiter gefördert werden. Die US-Regierung behauptete, dass Alaskas Zwölf-Meilen-Zone an ihrer Kontinentalküste begann, während Alaska der Ansicht war, diese erstreckte sich zwölf Meilen jenseits des Archipels aus Barriereinseln. Hätte der Oberste Gerichtshof zugunsten Alaskas entschieden, hätte sich der staatlich kontrollierte Bereich des Kontinentalschelfs mehr als verdoppelt. 1996 entschied das Gericht, dass es sich bei Dinkum Sands und den anderen Sandbänken nicht um Inseln handelt. Die Entscheidung war wirtschaftlich gesehen ein vernichtender Schlag für den Staat.

wagten, spielen Inseln eine bedeutende geschichtliche Rolle. Viele Inseln und Archipele, die nahe der Landmassen liegen, wurden vor Zehntausenden Jahren erstmals besiedelt. Großbritannien, die indonesischen und melanesischen Inseln, der japanische Archipel und zahlreiche Inseln im Mittelmeer hinterließen einen unauslöschbaren Eindruck auf unsere Geschichte.

In der Weltwirtschaftsgeschichte spielten sowohl die Inseln der Karibik als auch der Malaiische Archipel eine wichtige Rolle. Im Zeitalter der Segel- und Dampfschiffe dienten viele Inseln als strategisch wichtige Militärstützpunkte und als Orte zur Versorgung mit Süßwasser und Nahrungsmitteln. Senegals Gorée war eine der Inseln vor der afrikanischen Küste, die Ausgangspunkt für den atlantischen Sklavenhandel waren.

Viele Insel haben sich ihren Weg in unsere heutige Populärkultur gebahnt – oder gibt es tatsächlich noch jemanden, der nichts von Inselparadiesen wie Tahiti, Bali oder den Seychellen gehört hat?

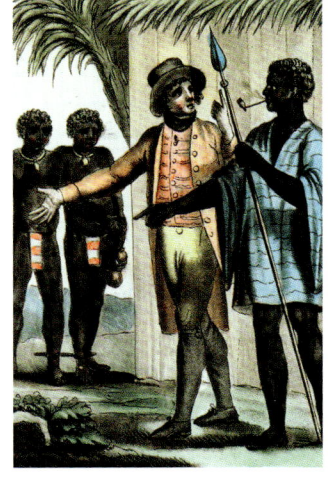

OBEN Stich aus dem 18. Jh., der einen Sklavenhändler auf der Insel Gorée, Senegal, zeigt. Die Insel war ein Stützpunkt für den Sklavenhandel.

Das großartige Leben im Meer

Es verwundert wenig, dass es heute in den Ozeanen vor Leben nur so wimmelt. Vor über 3,5 Milliarden Jahren begann das Leben im Meer in Form einfacher, einzelliger Organismen. Aus diesen bescheidenen Anfängen entwickelten sich die Meereslebewesen zu der Vielfalt, die wir heute kennen – vom winzigen Phytoplankton bis zum gewaltigen Blauwal.

Die ersten zellularen Lebewesen, die Prokaryoten, waren ähnlich aufgebaut wie die heutigen Bakterien und fotosynthetischen Cyanobakterien. Über eine Milliarde Jahre verging, bevor komplexere Zellen, die Eukaryoten, sich zu höheren Organismen entwickelten.

Die Zellen der meisten Lebewesen enthalten etwa 70 Prozent Wasser; es ist der entscheidende Bestandteil aller biologischen Prozesse. Seine chemische Zusammensetzung ähnelt sehr der des Meerwassers – ein Andenken an den Ursprung allen Lebens.

DIE PRIMÄRPRODUZENTEN

Eukaryotische Zellen, die Plastiden enthalten, produzieren mithilfe von Fotosynthese sowie Kohlendioxid und Wasser organische Moleküle. Diese Primärproduzenten – verschiedene Gruppen ein- und mehrzelliger Algen – bilden die Basis der marinen Nahrungskette.

Mikroskopisch kleine einzellige Algen, das Phytoplankton, schweben im Wasser. Andere Algenarten sind am Meeresboden verankert – von glitschigen Schichten, die Felsen bedecken, bis zum Riesentang, der 80 m lang werden kann.

OBEN Eismöven *(Larus hyperboreus)* verbringen die Brutsaison in der Arktis und fliegen im Winter gen Süden.

OBEN RECHTS Porzellankrebse *(Neopetrolisthes sp.)* sind in den tropischen Gewässern des Pazifiks und des Indischen Ozeans zwischen den Tentakeln der Seeanemone zu Hause.

UNTEN Die flügelförmigen Fluken dieser Wale scheinen elegant zu winken, während die Riesen der Meere nach Nahrung tauchen.

Als Symbiose bezeichnet man die enge Verbindung zwischen einigen Dinoflagellaten (oder Zooxanthellen) und ihren verschiedenen wirbellosen Wirten, z. B. Korallenpolypen. Dank dieser Verbindung verwandelte sich das nährstoffarme Wasser der tropischen Meere in einige der heute artenreichsten Gebiete der Erde – und sie sorgte für die Entstehung der größten lebenden Organismen der Welt, der Korallenriffe.

Einige Landpflanzen haben sich an die marine Umgebung angepasst, z. B. das Seegras, das in den geschützten flachen Küstengewässern „Wiesen" bildet. Ökologisch gesehen sind sie sehr wichtig, da sie für viele Meeresbewohner Kinderstube, Lebensraum und Futterplatz bieten.

TIERISCHES LEBEN

Fossile Funde beweisen, dass es im Kambrium (vor 545 bis 495 Millionen Jahren) eine regelrechte Explosion des Lebens gegeben hat. In dieser Zeit entstanden die meisten großen Tier- und Pflanzenstämme (Phyla).Es waren fast ausschließlich Meereslebewesen. Die einzige Ausnahme bildeten die Stummelfüßer, eine kleine Gruppe Landlebewesen, deren Ursprung sich ebenfalls bis ins Kambrium zurückverfolgen lässt.

Tatsächlich sind 17 der 36 Tierstämme der Welt reine Meerestiere. Einige andere Phyla, z. B. Schwämme und Nesseltiere, bestehen großenteils aus Meerestieren, umfassen aber auch einige Süßwassergattungen. Als zweitgrößter Tierstamm sind die Meeresweichtiere bei weitem vielfältiger als ihre Artgenossen im Süßwasser oder an Land. Kalmare, Sepien und Oktopoden leben nur im Meer.

Zwei bedeutende Tierstämme – Gliederfüßer und Wirbeltiere – sind im Meer weniger vielfältig vertreten als im Süßwasser bzw. an Land. Unter den Gliederfüßern haben nur die Krebstiere eine enge Verbindung zum Meer, während Insekten, Spinnen, Hundert- und Tausendfüßer sich an das Landleben angepasst haben.

Fische machen über die Hälfte aller Wirbeltierarten aus. Etwa ein Drittel davon lebt im Süßwasser. Das ist die Folge der Evolution der größten Fischgruppe – der Knochenfische – im Süßwasser, die sich erst vor relativ kurzer Zeit an das Leben im Meer angepasst haben. Auch viele ursprünglich vorwiegend an Land lebende Wirbeltiere haben sich an das Leben im Meer gewöhnt, z. B. Schildkröten, Pinguine, Robben, Delfine und Wale.

LEBEN IN DER TIEFE

Einst glaubte man, dass die extremen physischen Bedingungen in der Tiefsee kein Leben erlaubten. In

OBEN Die Schirmalge (*Acetabularia crenulata*) ist eine kleine Alge, die im Flachwasser lebt.

GANZ OBEN Tropische Korallenriffe beherbergen eine große Vielfalt an Lebewesen.

jüngerer Zeit haben Expeditionen mit Tauchfahrzeugen jedoch eine unvorstellbare Vielfalt an Leben rund um die Thermalquellen des Mittelozeanischen Rückens und anderen Tiefseestrukturen wie dem Galapagosgraben im Pazifik vor der Küste Südamerikas offenbart. In völliger Dunkelheit nutzen Bakterien hier nur chemische Energie zur Umwandlung von Kohlendioxid in organische Moleküle, die ein komplexes Ökosystem mit Fischen und einer Reihe von Wirbellosen unterstützen. Zu den ungewöhnlichsten Organismen gehören hier schlauchartige Würmer, die bis zu 90 cm lang werden können. Diese bemerkenswerten Kreaturen haben kein Verdauungssystem, sondern kultivieren systematisch symbiotische „Bakteriengärten" in ihren Körpern, die sie später zur Ernährung aufnehmen können.

Kalksteinstädte – Korallenriffe

Korallenriffe sind die größten lebenden Gemeinschaftsstrukturen auf der Erde. Einige, wie das australische Great Barrier Reef, sind so gewaltig, dass man sie sogar vom Weltall aus sehen kann. Riff bauende Korallen leben nahezu ausschließlich im flachen, warmen und klaren Wasser der Tropen, zwischen den Breitengraden 30° N und 30° S.

RIFFKONSTRUKTEURE

Riff bauende Korallen benötigen die Fülle an Licht in den sehr klaren tropischen Gewässern, um einen Großteil ihrer Nahrung und ihr kalkhaltiges Skelett zu bilden. Meist handelt es sich dabei um Steinkorallen; aber auch Feuerkorallen und Blaue Korallen (*Heliopora coerulea*) sind beteiligt. Sie bauen harte, kalkhaltige Skelette und verbinden sich mit den Schalen und Skeletten anderer mariner Organismen zur Konstruktion gewaltiger Riffe aus Kalkstein. In einigen Gebieten erstrecken sich diese über mehrere Hundert Kilometer oder gar noch weiter.

UNTEN Korallenriffe existieren fast nur in warmen tropischen Gewässern. Sie beheimaten eine Vielfalt an farbenfrohem marinem Leben – ihre Existenz ist jedoch durch Wasserverschmutzung, Klimawandel und auf Dauer untragbare Fischereimethoden gefährdet.

Korallenriffe sind der „Regenwald" des Ozeans – sie gedeihen in relativ nährstoffarmen Umgebungen und erhalten dennoch die weltweit größte Vielfalt an Leben aufrecht. Sie beherbergen eine erstaunliche Anzahl an Schwämmen, Anemonen, Korallen, Meereswürmern, Krebstieren, Weichtieren, Stachelhäutern, Fischen, Reptilien und Algen.

AUFBAU EINES RIFFS

Grundsätzlich besteht ein Korallenriff aus einem dem Meer zugewandten Vorriff, der Außenriffkante und einem Riffdach, dem breitesten Teil des Riffs. An der

Außenriffkante und dem Vorriff findet das größte Wachstum statt, da hier die meisten Nährstoffe herantransportiert werden. Mit zunehmender Wassertiefe sorgt das schwindende Licht für eine Verringerung des Wachstums. Die Außenriffkante stellt einen Puffer gegen die Wellentätigkeit dar, sodass das Wasser in der Strandzone, wo Sedimente im flachen Wasser abgelagert werden, relativ ruhig ist. Dort wachsen Korallen durch die geringe Nährstoffzufuhr, die Sedimentablagerungen und die Trockenlegung bei Ebbe kaum.

Die beiden wichtigsten Faktoren, die die Riffstruktur beeinflussen, sind die Höhe des Meeresspiegels und die Beschaffenheit des Untergrunds. Der Meeresspiegel hängt von der Eismenge an den Polen ab. Die Anhäufung polaren Eises in Eiszeiten bindet Meerwasser, was zur Absenkung des Meeresspiegels führt.

In zwischeneiszeitlichen Perioden steigt der Meeresspiegel durch das Schmelzen des Eises. Zudem verändert er sich auch im Verhältnis zur Erdkruste, die auf dem Erdmantel treibt, wenn diese sich in Form einer isostatischen Anpassung als Reaktion auf das Anhäufen oder Abladen von Material wie Sedimenten, Eis und vulkanischen Flüssen hebt oder senkt. Dies gleicht dem Be- oder Entladen eines Frachtschiffes.

Korallen siedeln sich außerdem auf Untergründen wie alten Riffskeletten und verschiedenen Felsformationen auf dem Meeresboden an.

SAUMRIFFE, BARRIERERIFFE UND ATOLLE

Wir unterscheiden zwischen drei Riffarten: Saumriffe säumen die Küste; nur ein schmaler Streifen Flachwasser trennt sie vom Ufer. Das Riff wächst senkrecht unterhalb der Wasseroberfläche. Steigt der Wasserspiegel, wächst das Riff weiter in die Höhe. Bleibt der Meeresspiegel relativ konstant, kann sich das Riff horizontal ausbreiten.

Mit 260 km Länge ist das westaustralische Ningaloo Reef das größte Saumriff der Welt.

Barriereriffe entwickeln sich meist an den Rändern des Kontinentalschelfs und sind durch offenes Wasser vom Festland getrennt. Sie bilden nicht zwangsweise einen durchgehenden Streifen, sondern werden von Rinnen, Kanälen und Schluchten in kleinere Riffe aufgebrochen. Das Riff wächst meist auf einem älteren Riff, das vom sinkenden Meeresspiegel zerstört und später durch das Steigen des Wasserspiegels wieder überspült wurde. Das weltgrößte Barriereriff ist das nahezu 2000 km lange Great Barrier Reef vor der Ostküste Australiens.

Atolle sind kreisrunde Riffe, die an oder dicht unter der Wasseroberfläche wachsen. Diese typischerweise donutförmigen Riffe mit ihrer Lagune in der Mitte beginnen meist als Saumriffe um einen Seeberg oder Vulkan herum und wachsen weiter, während der Berg im Meer versinkt bzw. der Meeresspiegel steigt. Es können Tiefseeatolle (bei der Absenkung von Seebergen) oder Atolle auf dem Kontinentalschelf sein.

OBEN Ein Taucher betrachtet eine Kohlkopfkoralle (*Turbinaria* sp.) bei Fidschi. Die freilebenden Polypen der Kohlkopfkoralle gehören zu den größten Korallenpolypen.

Darwins Erklärung der Atollentstehung

Vulkaninseln, die in Zentren vulkanischer Aktivität entstanden, sinken langsam wieder zurück in die Erdkruste. Die, die in den Tropen entstehen, bilden Saumriffe. Sofern die Insel im gleichen Tempo sinkt wie die Korallen wachsen, klettert das Saumriff weiter in die Höhe, bis die Insel schließlich unter den Meeresspiegel sinkt. Das Riff bildet nun ein Atoll mit einer Lagune in der Mitte. Darwin entwickelte diese Hypothese durch Beobachtungen auf seiner Reise mit der *HMS Beagle,* während diese 1842 den Südpazifik passierte.

Links sieht man die Luftaufnahme eines Teils der Lau-Inselgruppe ganz im Osten Fidschis. Die Gruppe umfasst etwa 60 Inseln, von denen die meisten Atolle sind. Die Atolle im nördlichsten Teil der Inselgruppe sind vulkanischen Ursprungs. .

Das Great Barrier Reef

Das Great Barrier Reef ist seit 1981 ein Weltkulturerbe der UNESCO und gehört zu den fantastischsten Naturwundern unseres Planeten. Es ist mit Abstand das größte Weltkulturerbe, denn es dehnt sich über 2000 km entlang der Küste Queenslands aus und bedeckt 347 800 km^2 – ein Gebiet, größer als Großbritannien, die Niederlande und die Schweiz zusammengenommen!

RECHTS Die sandigen Inselchen des Great Barrier Reef sind wichtige Brutgebiete für die Grüne Meeresschildkröte *(Chelonia mydas)*. Vor der Küste Queenslands findet man relativ große Schildkrötenpopulationen.

RECHTE SEITE Luftaufnahme des Great Barrier Reef, des am besten geschützten Korallenriffs der Welt. In den 1970er-Jahren wurde die Great Barrier Reef Marine Park Authority gegründet, um dieses einzigartige Naturwunder zu erhalten.

OBEN Der Seestern bewegt sich auf der Nahrungssuche mithilfe kleiner, tentakelartiger Füßchen über den Meeresboden.

JUWELENKETTE

Das Great Barrier Reef ist das größte Korallenriff aller Zeiten. Die Zeit des intensivsten Wachstums ist bei vielen Riffen unbekannt – so auch beim Great Barrier Reef –, doch neueste geologische Forschungen lassen vermuten, dass der Bau vor ungefähr 600 000 Jahren begann. Es ist kein langes, ununterbrochenes Riff, sondern eine verzahnte Kette von etwa 3400 Einzelriffen, die in der Größe von 1 ha bis zu über 100 km^2 rangieren. Zudem umfasst es etwa 600 Schelfinseln (felsige Auswüchse des Kontinentalschelfs) und 350 Koralleninselchen (sandige Inseln, die durch Sedimentablagerungen auf Korallen entstanden sind).

Der Artenkomplex, der das Riff bewohnt, ist den Arten der Riffe im gesamten Indo-Pazifik, von denen viele großen Beeinträchtigungen durch den Menschen ausgesetzt sind, erstaunlich ähnlich. Im Vergleich dazu ist das Great Barrier Reef relativ unberührt, was es zu einem lebenswichtigen Rückzugsort für alle bedrohten Meeresbeewohner der indo-pazifischen Riffe macht.

ATEMBERAUBENDE VIELFALT

Wie in den meisten Ökosystemen beginnt die Nahrungskette im Great Barrier Reef mit der Aktivität einer Reihe fotosynthetischer Organismen. Diese reichen von mikroskopisch kleinem Plankton über 500 Algenarten bis zu verschiedenen Seegräsern. Die Inseln rund um das Riff beherbergen auch terrestrische Pflanzen wie Gräser, Ranken und Büsche sowie relativ große Bäume, z. B. Kasuarina- *(Casuarina equisetifolia)* und Pisonia-Bäume *(Pisonia-Arten)* auf Heron Island. In einigen der nördlichen Riffgebiete wachsen auch Mangroven.

In den tropischen Gewässern des Great Barrier Reef wimmelt es nur so vor Leben. Es gibt fast 400 Korallen- und 4000 Weichtierarten, zahlreiche andere Wirbellose wie Schwämme, Anemonen, Seewürmer, Krebstiere

(Garnelen, Krabben und Hummer) sowie Stachelhäuter (Seeigel und -sterne). Unter den Wirbeltieren findet man etwa 1500 Fischarten – inklusive Haie und Rochen –, 242 Vogelarten sowie Reptilien wie Schildkröten und Seeschlangen. Auch viele Wal- und Delfinarten sind regelmäßige Gäste am Riff.

Teile des Riffs sind bedeutende Futterplätze für den bedrohten Dugong *(Dugong dugon)* sowie überlebenswichtige Brutplätze für zwei Arten bedrohter Meeresschildkröten, die Grüne Meeresschildkröte *(Chelonia mydas)* und die Unechte Karettschildkröte *(Caretta caretta)*. Zudem bietet das Riff vier weiteren Arten einen Lebensraum. Angesichts der großen Probleme, vor denen diese Arten anderenorts stehen, mag das Great Barrier Reef vielleicht der letzte echte Zufluchtsort für Meeresschildkröten sein.

KAMPF UMS RIFF

Auch das Great Barrier Reef sieht sich einer Reihe von Bedrohungen gegenüber: Verschmutzung und Schäden durch das Ankern von Booten und das Betreten der Korallen. Besonders Abflüsse aus der Landwirtschaft haben dramatische Auswirkungen – Dünger, Abwässer und Sedimente von Landrodungen führen zu starken Verschmutzungen. Zudem wird das Riff durch den Klimawandel bedroht. Im Zuge der globalen Erwärmung steigt die Wassertemperatur, was zu einer massiven Korallenbleiche führt, bei der die lebenden Polypen absterben und nur das kalkhaltige Skelett bestehen bleibt. 2002 litten mehr als 60 Prozent des Riffs darunter. Zyklische Zunahmen des Dornenkronenseesterns mit seinem unstillbaren Appetit auf Korallenpolypen zerstören große Teile des Riffs. Auch das hat Auswirkungen auf das gesamte Leben dort.

Am Saum

Das Ningaloo Reef ist das größte Saumriff der Welt. Es erstreckt sich über 260 km entlang der Küste Westaustraliens. Dank seiner Länge und Breite – es dehnt sich bis zu 7,5 km ins Meer hinein aus – ist es das größte Saumriff auf der Westseite eines Kontinents. An der schmalsten Stelle ist es nur 100 m vom Strand entfernt, was es für Taucher und Schnorchler leicht zugänglich macht. Durch die Abgeschiedenheit dieses Gebiets ist das Riff noch sehr ursprünglich und wenig erschlossen.

Infolge eines Auftriebs planktonreichen Wassers kommt es am Ningaloo Reef zu einer einzigartigen Überschneidung von Meeresbewohnern tropischer und gemäßigter Zonen. Das Riff ist für seine Walhaie, Mantas, Buckelwale, Dugongs und Meeresschildkröten berühmt und weist zudem über 250 Korallen- und 450 Fischarten auf.

Pazifische Atolle und Korallenriffe

Auf einer Übersichtskarte wirkt der Pazifik wie ein großes, weites, offenes Meer. Tatsächlich enthält er jedoch die meisten Inseln und Atolle auf der Erde; manche der kleinen Riffinselchen ragen weniger als 3 m aus dem Meer heraus. Die meisten Korallenriffe befinden sich in den Tropen.

RECHTE SEITE Das Kayangel-Atoll im Norden Palaus, Mikronesien, ist ein hervorragender Tauchplatz und Heimat zahlreicher Korallen, Delfine, Schildkröten und Großfische. Die Republik Palau besteht aus einem Archipel mit sechs Inselgruppen.

RECHTS In Manila Bay, Philippinen, wird 2009 eine illegale Aquakulturanlage abgerissen – als Teil einer großen Regierungskampagne zum Schutz des empfindlichen Ökosystems.

OBEN Bei Koror in Palau liegen zahllose Rüstungsgüter eines japanischen Kriegsschiffes aus dem Zweiten Weltkrieg auf dem Meeresboden. Sie wurden durch Wasserpflanzen überwuchert und sind heute Heimat von unzähligen Fischen.

Im Pazifik liegen etwa 30 000 Inseln. Sie werden je nach geografischer Gliederung, Größe und politischer Lage in verschiedene Gruppen eingeordnet, aber die Abgrenzungen haben bezüglich Atollen und Korallenriffen wenig Bedeutung

Eine bessere Unterteilung lässt sich zwischen Inseln treffen, die entlang Plattengrenzen liegen und solchen, die sich auf einer Platte befinden (Intraplatten-Inseln). Der Pazifik ist fast ganz von aktiven Plattenrändern umgeben, die durch Vulkanismus mit Inselbildung charakterisiert werden. Einige der größeren Kontinentalinseln an konvergierenden Plattenrändern, z. B. Papua-Neuguinea und die Archipele der Philippinen und Japans im tropischen Westpazifik zeichnen sich durch Saum- und Barriereriffe aus.

Intraplatten-Inseln liegen meist in Gruppen oder wie eine Perlenkette aufgereiht. Sie entstehen durch Hotspot-Aktivität, bei der Magma aus dem Erdmantel austritt und auf dem Meeresboden Seeberge oder Vulkane entstehen lässt. Beispiele dieses Inseltyps sind Hawaii, die Marquesas und der Tuamotu-Archipel.

Gehobene Atolle sind meist abgelegene Riffe und Atolle, die aus Saumriffen um Seeberge und Korallenplattformen herum entstanden sind. Atolle mit ihren kleinen sandigen Inseln umschließen oft beachtliche runde Lagunen.

Im tropischen Pazifik liegen über 175 Atolle und isolierte Koralleninselchen. Größere Ansammlungen findet man bei den Karolinen, den Marshall-Inseln, Kiribati, Tuvalu, den Phoenix-Inseln, Tokelau, den nördlichen Cook-Inseln sowie den Gambier-Inseln. Sie erstrecken sich über 9000 km, aber ihre gesamte Landfläche macht nur etwa 1800 km² aus – viel weniger als die Fläche der Lagunen, die sie umgeben.

GEFAHREN FÜR ATOLLE UND RIFFE

Obwohl viele Atolle und Korallenriffe durch Einflüsse des Menschen stark bedroht sind, blieben die Inseln im Pazifik bisher weitestgehend davon verschont. Etwa

60 Prozent gelten als nur leicht gefährdet. Eines der am meisten bedrohten Riffgebiete befindet sich bei den Philippinen, die mit über 7100 Inseln der zweitgrößte Inselstaat nach Indonesien sind. Die größte Gefahr geht von zerstörerischen Fischereimethoden mithilfe von Sprengstoff und Gift aus, von der Überfischung sowie Abwässern aus der Holz- und Landwirtschaft und der Stadtentwicklung. Die Riffe Südostasiens sind die artenreichsten der Erde, aber durch die hohe Bevölkerungsdichte in der Region auch die am meisten bedrohten.

EINZIGARTIGE ATOLLE UND RIFFE

Das Johnston-Atoll, etwa 1400 km westlich Hawaiis gelegen, ist eines der kleinsten und abgelegendsten im Pazifik. Es ist Heimat für 300 Fischarten – viele davon endemisch – sowie zahlreiche Brut- und Wandervögel. Auch die bedrohte Suppenschildkröte ist ein häufiger Besucher des Atolls.

Die bei 31° 33'S gelegene Lord-Howe-Insel besitzt das südlichste Riff der Welt. Eine warme Strömung befördert tropische Meeresbewohner zu ihm und sorgt für ideale Bedingungen zur Entwicklung eines Saumriffes, das Heimat für etwa 80 Korallenarten ist. Das nördlichste Korallenriff der Welt liegt auf dem 34° nördlicher Breite vor der Südküste der japanischen Insel Honshu in nur 11 °C „warmen" Wasser.

Ein weiteres einzigartiges Pazifikatoll ist Chuuk (Truk) in den zentralen Karolinen. Sein gewaltiges Barriereriff umschließt eine Lagune mit 26 Vulkaninseln und 22 Koralleninselchen. Es ist für seinen außerordentlichen Artenreichtum an Fischen, Wirbellosen und Korallen bekannt. Im Zweiten Weltkrieg versenkten die amerikanischen Streitkräfte dort rund 70 japanische Kriegsschiffe, und die Wracks wurden seitdem von zahlreichen Arten bewachsen. Die Lagune gilt als einer der besten Tauchplätze der Welt.

Die Realität in einem Atoll

Abgelegene Koralleninseln sind der Stoff, aus dem die Träume sind. Viel wurde über das Leben auf der einsamen Insel geschrieben, aber nur wenige Inseln sind für Menschen tatsächlich bewohnbar. Die Entstehung der Atolle im tropischen Pazifik begann erst im Holozän vor etwa 10 000 Jahren. Zu dieser Zeit begann der Meeresspiegel zu steigen, und in der Mitte des Holozäns entstanden erste dauerhafte Inselchen. Erst in den letzten 2000 Jahren wurden sie sicher genug, um eine Besiedelung zu ermöglichen. Ihre Zukunft ist jedoch durch den Anstieg des Meeresspiegels gefährdet – und vermutlich werden sie nur noch wenige Jahrzehnte bewohnbar bleiben.

Andere Atolle und Riffe

Der Rifftourismus hat weltweit stark zugenommen – die meisten Korallenriffe sind jedoch bedroht. Wir gefährden durch Überfischung, Umweltverschmutzung und mechanische Beschädigungen wie Ankern und auf den Riffen herumlaufen die Existenz vieler Riffe und Atolle. Obwohl der Rifftourismus beachtliche wirtschaftliche Vorteile birgt, wird diese Einnahmequelle bald versiegen, wenn wir das Ökosystem der Riffe nicht schützen. Dringende Sofortmaßnahmen sind vonnöten.

UNTEN Das Südmale-Atoll auf den Malediven. Die Wirtschaft der Malediven basiert zum Großteil auf dem Fischfang, der seit Jahrhunderten das wichtigste Betätigungsfeld der Einheimischen ist. In den letzten Jahrzehnten gewann aber auch der Tourismus zunehmend an Bedeutung.

Die meisten Riffe im Pazifik – ausgenommen auf den Philippinen und in Südostasien – sind noch nicht gefährdet; zahlreiche andere Riffe weltweit sind jedoch in einer sehr viel schlimmeren Position. Besonders die Riffe im Korallendreieck (Indonesien, die Philippinen, Papua-Neuguinea) sowie in Tansania, auf den Komoren vor der ostafrikanischen Küste und in den Kleinen Antillen der Karibik sind bedroht.

DER INDISCHE OZEAN

Indonesien ist mit etwa 17 000 Inseln, darunter viele unkartierte und zeitweise überflutete Atolle und Riffe, der größte Archipel der Erde. Geografisch wird es in die Hotspots Sunda und Wallacea unterteilt. Sunda besteht aus Malaysia und der Westhälfte des indonesischen Archipels (Bali, Java, Sumatra und Borneo) umfasst 1,6 Millionen km².

Wallacea bedeckt ungefähr 350 000 km² und wird durch die Wallace-Linie – der Grenze zwischen der asiatischen und australischen Fauna und Flora, die sich dank der tiefen Wasserstraßen zwischen Ostindonesien und Papua-Neuguinea unabhängig entwickelten – von Sunda getrennt. Zu Wallacea gehören die Inseln und Atolle Lomboks, Sumbawas, Komodos, Flores', Sumbas, Savus, Rotis, Timors, der Molukken und Sulawesis.

Ein tektonischer Hotspot im nördlichen Indischen Ozean führte zur Entstehung Sri Lankas, der Malediven, des Chagos-Archipels und einiger anderer kleiner Archipele. Durch Erderwärmung, Korallenabbau, Überfischung und den Zierfischfang ist die Region heute bedroht.

Die Malediven sind ein langgestreckter, schmaler Inselstaat, der aus 22 Atollen sowie einzelnen Inseln und Riffen besteht. Unter ihnen befindet sich auch

LINKS Korallenriff vor Sulawesi, Indonesien. Die Riffe dieser Region werden durch die Verwendung von Sprengstoff und Gift zum Fischfang schwer belastet. Die Regierung versucht inzwischen, diesen illegalen Praktiken Herr zu werden.

Huvadu, eines der größten Atolle der Erde. Es umfasst eine Fläche von 2900 km². Ihre vielen fantastischen Tauchplätze machen die Malediven zu einem Mekka für Tauchtouristen.

Die Seychellen sind ein Archipel aus 115 Inseln nordöstlich Madagaskars. Zu ihnen gehört Aldabra, mit einer Landmasse von etwa 155 km² das zweitgrößte Atoll der Welt. Dank ihrer markanten Fauna – z. B. der weltgrößten Population an Aldabra-Riesenschildkröten – wurden die Seychellen zum Weltkulturerbe erklärt.

Das Rote Meer und der Golf von Aden, Arme des Indischen Ozeans, sind ebenfalls beliebte Touristenzielen. Das Rote Meer besitzt weniger Korallenarten als der östliche Indische Ozean, allerdings sind mehr von ihnen endemisch. Es ist Teil einer Hotspot-Region, zu der auch die Golfe von Akaba und Suez gehören, und wird durch Tourismus, die fortwährende Erschließung der Küstenregion sowie Öllecks von Tankern bedroht.

Im südlichen Indischen Ozean ist ein 1000 km² großes Riffgebiet um die südlichen Maskarenen durch die rasch wachsende Bevölkerung, durch Umweltverschmutzung, die Erschließung landwirtschaftlicher Nutzflächen sowie Überfischung akut gefährdet.

DER ATLANTIK

Das Korallenwachstum wird im Atlantik durch die gewaltige Sedimentmenge beschränkt, die von einigen der größten Flüsse der Erde – Amazonas, Orinoco, Mississippi, Niger und Kongo – herangetragen wird. Die Karibik liegt über einer tektonischen Platte, die im Osten und Norden von Inselbögen begrenzt wird. Diese umfassen über 7000 Inseln, Inselchen und Riffe, darunter Kuba und die Bahamas. Die Länder dieser Region werden allgemein als Karibische Inseln zusammengefasst. Vor der Küste Brasiliens, im Golf von Mexiko, in Florida und um Bermuda im Nordwestatlantik liegen einige kleinere Riffe. Obwohl sich nur acht Prozent aller Riffe der Erde in diesem Gebiet

befinden, sind die Korallen dort einzigartig und teilen nur sieben Gattungen mit den Riffen des Indo-Pazifiks. Die Region wird durch Erderwärmung und Küstenentwicklung akut bedroht.

Im östlichen Atlantik sind die Riffe im Golf von Guinea vor der westafrikanischen Küste ebenfalls gefährdet, und zwar durch Umweltverschmutzung, während die Kapverdischen Inseln im zentralen Atlantik mit Küstenerschließung und anderen Einflüssen durch den Menschen zu kämpfen haben.

OBEN Die venenartigen roten Zweige einer Koralle (Subergorgia sp.) verleihen den Gewässern vor der Insel Sipadan, Borneo, ein bisschen Farbe.

UNTEN In den Gewässern rund um die Atolle und Riffe können Taucher das bunte Leben im Meer aus der Nähe betrachten.

Nomaden der Ozeane

Es ist bemerkenswert, dass sich das größte Tier der Erde, der Blauwal, ausgerechnet von winzigen Meeresbewohnern, den Krillschwärmen, ernährt. Die kleinen, garnelenartigen Krustentiere kommen in so großem Überfluss vor, dass ein Blauwal am Tag etwa sechs Tonnen davon verspeisen kann. Der Krill ist Teil der riesigen Planktongemeinde, die in den außerordentlich nährstoffreichen Gewässern der kälteren Meere gedeiht.

RECHTS Ein Foto des Schwarzen Meeres, aufgenommen vom Aqua-Satelliten der NASA. Die blauen und grünen Schlieren sind Phytoplankton, das sich dicht unter der Wasseroberfläche befindet. Die grüne Farbe zeigt das Vorkommen von Chlorophyll in den Zellen der Mikroorganismen an.

PLANKTONSTRÖME

Als Plankton bezeichnet man winzige Organismen, die in den oberen Schichten der Ozeane treiben. Sie haben nicht die Kraft, sich gegen die Strömung fortzubewegen. Plankton besteht aus teils mikroskopisch kleinen Algen und Tieren (Phyto- und Zooplankton) sowie riesigen Bakterienmengen, von denen ein Teil Fotosynthese betreibt. Fotosynthese ist die Verwendung von Sonnenlicht zur Umwandlung von Kohlendioxid und Wasser in organische Nahrungsmoleküle. Dieser Prozess ist ein lebenswichtiger Bestandteil des marinen Ökosystems und Basis der Nahrungskette, von der alle Meeresbewohner abhängig sind.

VON DER KÄLTE UMSCHLOSSEN

Die Menge und Zusammensetzung des Planktons ist von Ort zu Ort unterschiedlich. Einer der wichtigsten Faktoren ist dabei die Verfügbarkeit von Nährstoffen. Grundsätzlich haben kalte und gemäßigte Gewässer den höchsten Nährstoffgehalt, besonders in Gebieten, in denen nährstoffreiches Tiefenwasser an die Oberfläche gelangt. Wärmere tropische Gewässer leiden meist an Nährstoffmangel und weisen daher deutlich geringere Planktonbestände auf.

Plankton ist zwar in seiner horizontalen Beweglichkeit eingeschränkt, die meisten Planktonorganismen sind jedoch zu täglichen senkrechten Wanderungen

UNTEN Der fantastische Blauwal (Balaenoptera musculus) ist das größte Tier der Erde. Er ernährt sich vorwiegend von Krill, winzigen Krustentieren, die zum Zooplankton gehören. Um ausreichend Nährstoffe aufzunehmen muss der Blauwal etwa 6 t Krill pro Tag konsumieren.

in der Lage. Tagsüber sinkt das Zooplankton in tiefere Schichten der Wassersäule ab und kehrt in der Nacht wieder an die Oberfläche zurück. Phytoplankton bleibt tagsüber nahe am Sonnenlicht, das es zur Fotosynthese benötigt. Nachts sinkt es nach unten, um vom höheren Nährstoffgehalt in der Tiefe zu profitieren.

FLORA UND FAUNA

Die Vielfalt an Planktonarten ist enorm, von einfachen fotosynthetischen Cyanobakterien bis zu komplexeren einzelligen Algen wie Diatomeen und Dinoflagellaten. Zusammengenommen ist die fotosynthetische Aktivität des Phytoplanktons höher, als die aller Pflanzen, Wälder und Wiesen an Land.

Zooplankter ernähren sich entweder herbivor von Phytoplankton oder karnivor von anderen Zooplanktern. Einige Exemplare bleiben ihren gesamten Lebenszyklus über in der Planktongemeinde, während andere Eier und Larvenstadien größerer Meeresbewohner sind und sich zu Erwachsenen weiterentwickeln. Zu den völlig planktonischen Organismen gehören Quallen, Rippenquallen, Vielborster, Schnecken, Seescheiden, Pfeilwürmer und Krustentiere wie der Krill.

Meeresbewohner, die nur einen Teil ihres Lebens als Zooplankton verbringen, haben Larven, die sich von Phytoplankton ernähren, bevor sie sich in die adulten Formen verwandeln. Zu ihnen gehören die Larvenstadien von Schwämmen, Korallen, Würmern, Schalen- und Krustentieren, Stachelhäutern und sogar Fischen.

PLANKTONRÄUBER

Meeresbewohner nutzen eine Reihe von Strategien, um vom Nährstoffüberfluss im Plankton zu profitieren. Viele ortsgebundene Tiere wie Seeanemonen, Korallen

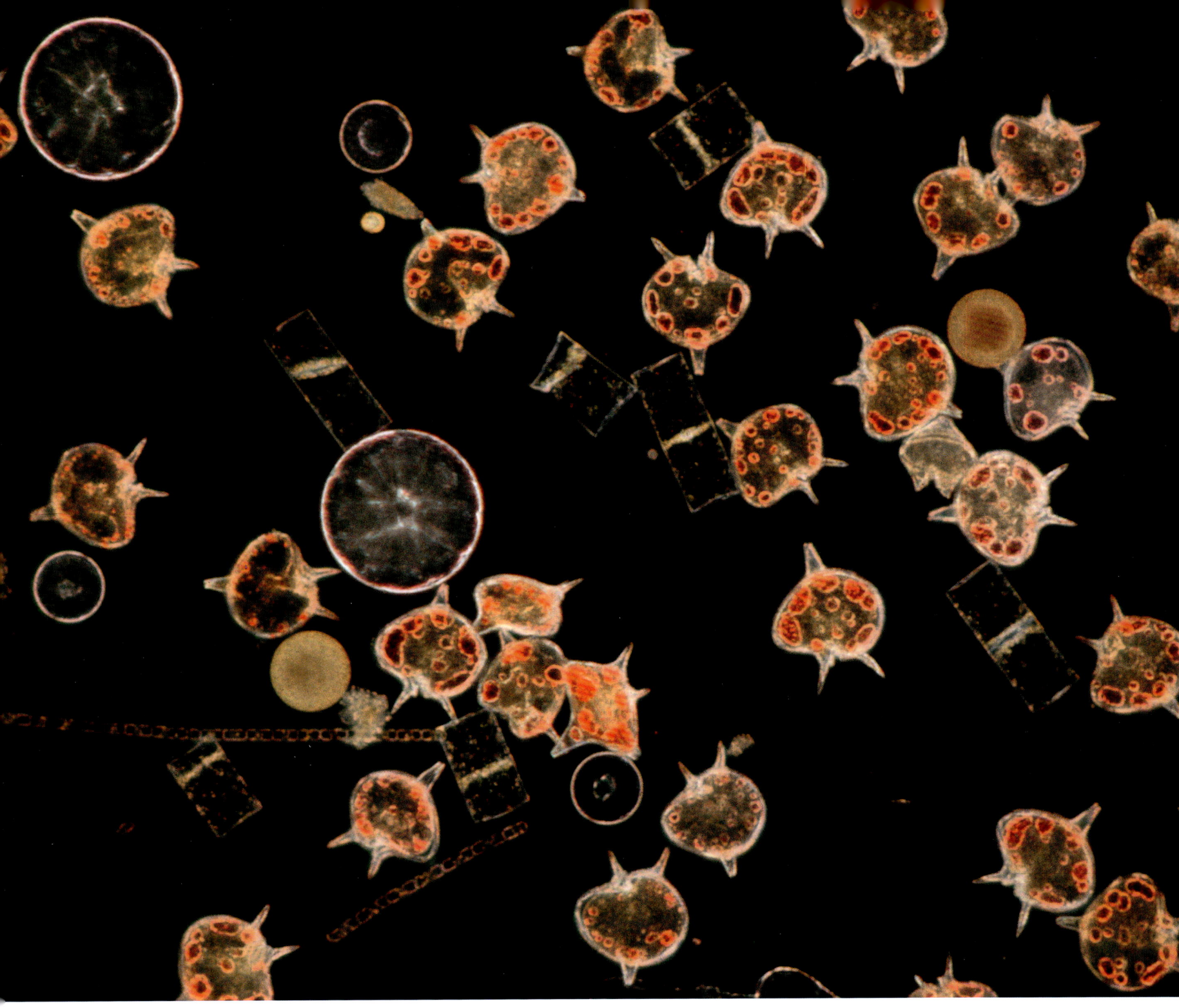

und Rankenfüßer fangen Plankton ein, das an ihnen vorbeischwebt. Andere, z. B. Schwämme, Seescheiden und Muscheln filtern ihre Nahrung aus Strömungen heraus, die sie selbst erzeugen und auf ihre Mundöffnung lenken. Aktive Tiere schwimmen dagegen direkt in Planktonschwärme hinein. Fische, Tintenfische, Pinguine und andere Seevögel ernähren sich vor allem vom größeren Zooplankton. Große Tiere wie Bartenwale, Mantarochen, Riesenhaie und Walhaie filtern das Plankton beim Schwimmen aus dem Wasser.

DIE „BLAUE SCHICHT"
Die große Gemeinschaft von Organismen, die direkt an der Grenze zwischen Wasser und Luft im Meer treibt wird wegen ihrer Farbe, die sie von oben und unten tarnt, manchmal auch als „blaue Schicht" bezeichnet. Wie das Plankton sind die Geschöpfe dieser Schicht auf Strömungen angewiesen, um sich fortzubewegen, werden zusätzlich aber auch von den vorherrschenden

Winden angetrieben, die sie hin und wieder auch stranden lassen. Die Portugiesische Galeere *(Physalia physalia)* ist eigentlich eine Kolonie einzelner Polypen, die mithilfe von Gasblasen auf dem Wasser treiben. Sie besitzt Nesselfäden, mit denen sie Plankton und kleine Fische fängt. Segelquallen *(Velella velella)* sehen wie kleine Flöße mit Segeln aus. Der Wind treibt die Tiere über das Wasser, während sie mit ihren kurzen Nesselfäden Plankton fangen.

OBEN Plankton ist ein wesentlicher Bestandteil der marinen Nahrungskette. Unter den bunten, vielfältig geformten Mikroorganismen befinden sich Diatomeen, Rippenquallen und Ruderfußkrebse.

Das Gewicht der Welt
Krillwolken sind manchmal so groß, dass man sie vom Weltall aus sehen kann. Die gesamte Biomasse einiger Arten liegt bei geschätzten 500 Millionen t. Zudem vermutet die Wissenschaft, das Gewicht aller Arten zusammengenommen wäre größer als das aller Menschen auf der Erde! Krill ist ein entscheidender Bestandteil der Nahrungskette im marinen Ökosystem. Ohne Krill gäbe es kein Leben in der Antarktis. Tagsüber sinkt der Krill in 100 m Tiefe ab, um den Räubern zu entgehen, nachts kehrt er nach oben zurück und ernährt sich vom Phytoplankton.

Die Riffkonstrukteure

Kleine Wesen können mitunter Großes erschaffen – wie die winzigen Korallenpolypen, die majestätische Korallenriffe bauen. Die heutigen Korallenriffe sind die größten von lebenden Organismen gebauten Strukturen. Während ihre unterseeischen Herrschaftsgebiete über 1000 km lang werden können, haben die winzigen Konstrukteure einen Durchmesser von nur wenigen Millimetern.

UNTEN Es existieren über 6000 Korallenarten und eine Vielzahl von Kolonieformen – von zackigen Geweihkorallen über flache Platten bis zu runden Kuppeln. Ein Riff besteht aus Millionen Kolonien, die mit anderen kalkhaltigen Meeresorganismen zusammenzementiert werden.

BECHERFÖRMIGE JUWELEN DER MEERE

Korallen gehören der Tiergattung der Cnidaria (Nesseltiere) an. Die Bezeichnung wird von dem griechischen Wort für Nessel, knide, abgeleitet und beschreibt die Nesselzellen (Cnidae), die sich auf der Körperoberfläche und besonders an den Fangarmen rund um die Mundöffnung des Polypen befinden.

Der einfache, becherförmige Körper des Polypen enthält eine einzige Öffnung, die zur Nahrungsaufnahme und zur Ausscheidung von Abfallprodukten dient.

Die Körperwand besteht aus zwei Gewebeschichten: der Epidermis, die den Körper von außen schützt, und der absorbierenden Gastrodermis, die den Gastralraum auskleidet. Zwischen beiden Schichten befindet sich eine Schicht aus gallertartigem Material, die sogenannte Mesogloea. Sie verleiht den Nesseltieren die nötige Festigkeit. Der untere Teil der Epidermis scheidet Kalziumkarbonat (Aragonit) aus, mit dessen Hilfe sich die Skelettschichten bilden. Diese Skelette sind ihrerseits die Grundlage des Riffbaus.

KÖRPERINTERNES GEMÜSEFELD

Gäbe es die goldbraunen, einzelligen Zooxanthellen nicht, könnten Korallen ihr steinernes Skelett nicht bilden. Im Rahmen der symbiotischen Beziehung werden Zooxanthellen in einem „Garten" innerhalb der Gastrodermis des Polypen kultiviert. Stoffwechselprodukte des Polypen wie Nitrate und Kohlendioxid sind der Dünger für die Algen. Diese nutzen ihrerseits Sonnenenergie zur Produktion von Kohlenhydraten, in einem Prozess, den man Fotosynthese nennt. Die Polypen verwenden einen Teil der entstandenen Kohlenhydrate und des Sauerstoffs zur Ernährung. Auch die Skelettbildung hängt mit der Fotosynthese zusammen. Diese kann wiederum nur in Bereichen mit viel Sonnenlicht ablaufen: in flachen, klaren Gewässern, am Tag. Korallenpolypen ernähren sich aber nicht ausschließlich mithilfe der Zooxanthellen; mit ihren Fangarmen greifen sie zusätzlich im Wasser schwebendes Plankton.

ZUKÜNFTIGE GENERATIONEN

Korallenpolypen pflanzen sich sowohl sexuell als auch asexuell fort. Jeder Polyp kann sich durch einen Prozess, den man Knospung nennt, in zwei Polypen teilen. Auf diese Weise bilden Polypen Kolonien aus mehreren Tausend miteinander verbundenen Individuen, die von ihren kalkhaltigen Skeletten gestützt werden. Diese Polypen sind Klone, d. h., sie sind auf genetischer Ebene identisch. Der tatsächlich lebendige Teil der Kolonie besteht aus einer dünnen Polypenschicht, die über das gesamte Skelett verteilt ist.

Die sexuelle Reproduktion führt zu nicht identischen Nachkommen. Auf der Südhalbkugel setzen Polypen im November nach Vollmond große Mengen Eier und Samen frei, auf der Nordhalbkugel geschieht dies im August. Aus befruchteten Eiern werden Larven, die einige Zeit im Plankton verbringen, bevor sie sich als Polypen niederlassen und neue Kolonien gründen.

WEICHE UND FALSCHE KORALLEN

Korallen gehören zu einer Gattung von Nesseltieren, den Blumentieren (Anthozoa), unter denen auch Seeanemonen und eine Reihe von Weichkorallen sind. Die Riffkonstrukteure gehören zur Gattung der Scleractinia, der Steinkorallen. Im Gegensatz zum Exoskelett echter Korallen bildet sich das kalkhaltige Skelett der Weichkorallen in der Mesogloea.

Weichkorallen haben eine lederartige Textur, die von Kalziumkarbonatnadeln in ihrem Inneren stammt. Sie können Kolonien mit einem Durchmesser von über einem Meter bilden und viele Formen einnehmen.

Gorgonien gehören zu den „falschen" Korallen und werden aufgrund ihres fächerartigen Aussehens auch als Seefächer bezeichnet. Im Gegensatz zu Steinkorallen ist ihr Skelett gefärbt (z. B. rot, orange oder gelb). Die Farbe bleibt auch nach dem Tod der Polypen bestehen. Einige Arten werden als Schmuck geschätzt.

LINKS Nahaufnahme der leuchtend gefärbten Spitzen der *Acropora echinata*, einer Art Geweihkoralle.

LINKS Tausende weiße Fäden umreißen die feuerroten Zweige einer Gorgonie (Seefächer) in den Gewässern vor Myanmar im Indischen Ozean.

UNTEN Nahaufnahme der fadenartigen Polypen einer Weichkoralle, die mit dem fleischigen Stängel verbunden sind. Eine Kolonie aus 25 000 Polypen entsteht in nur drei Jahren.

Die Korallenbleiche

Die Farben lebender Korallen sind recht gedämpft – trotz der bunten Farben von Korallenschmuck. Obwohl viele Korallen eigene Pigmente besitzen, stammt der Großteil ihrer Farbe von den Zooxanthellen im Gewebe des Polypen. Im Laufe der letzten Jahre ist es in vielen Gebieten vermehrt zur gefürchteten Korallenbleiche gekommen, bei der sich das Riff völlig weiß färbt. Man vermutet, dass die Korallenpolypen die Zooxanthellen als Stressreaktion auf die Erhöhung der Wassertemperatur, Umweltverschmutzung und Sedimentablagerungen abstoßen.

Meerespflanzen

Es ist vielleicht überraschend, zu erfahren, dass die Algenwiesen, die weltweit in Küstengewässern florieren, keineswegs die größten Nahrungsproduzenten der Ozeane sind. Diese Rolle kommt dem Phytoplankton zu, mikroskopisch kleinen, einzelligen Algen, die in den oberen Wasserschichten treiben.

MEERESGÄRTEN

Der Begriff „Algen" bezieht sich auf die vielfältigen Wasserpflanzen, die mithilfe der Fotosynthese aus Kohlendioxid organische Verbindungen herstellen und dabei Sauerstoff freisetzen. Algen sind die wichtigsten Nährstoffproduzenten der Erde und die Basis der marinen Nahrungskette. Da zur Fotosynthese Sonnenlicht benötigt wird, ist der Lebensraum von Algen auf die obersten Wasserchichten beschränkt. Dies ist die Tiefe, in die Sonnenlicht vordringen kann,

UNTEN *Halimeda opuntia* ist eine Grünalge, die oft in Intertidalzonen vorkommt. Hier weidet eine bunte Nacktschnecke (*Nembrotha cristata*) in ihrem üppigen Blattwerk.

RECHTS Bei Ebbe kommt der intertidale Kelp ans Tageslicht. Die grünen Algen haben sich an die wechselnden Wasser- und Lichtverhältnisse angepasst, denen sie ausgesetzt sind.

und sie rangiert zwischen 10 m und 100 m, je nach Klarheit des Wassers. Auch die Verfügbarkeit mineralischer Nährstoffe spielt eine wichtige Rolle. Regionen, in denen nährstoffreiches Tiefenwasser an die Oberfläche steigt sind besonders produktiv, und es ist kein Zufall, dass sich die besten Fischfanggründe ausgerechnet in diesen Gebieten befinden.

Auch auf dem Meeresboden gedeiht eine Reihe von Algen, von der intertidalen Küstenzone bis zu den angrenzenden flachen Gewässern des Kontinentalschelfs. Darunter sind Einzeller, die zwischen den Sedimenten wachsen, aber auch vielzellige Makroalgen, die zusammenfassend als Seegräser bezeichnet werden.

Seetang reicht von glitschigen, grasartigen Fäden bis zu dichten Unterwasserwäldern aus zähen, lederartigen Kelpwedeln, die bis zu 80 m lang werden und erstaunliche 50 cm am Tag wachsen können. Makroalgen liefern Nahrung für weidende Pflanzenfresser wie Schalentiere, Stachelhäuter und Fische. Sie sind fest im Boden verankert, können sich aber bei Stürmen lösen.

ALGENVIELFALT

Obwohl alle Algen Fotosynthese betreiben, gehören sie vielen verschiedenen, oft nicht verwandten Gruppen an. Identifiziert werden sie anhand ihrer Körperform, ihres Chlorophylltyps und der Anwesenheit zusätzlicher fotosynthetischer Pigmente. Makroalgen haben weder Blätter noch Stängel oder Wurzeln. Stattdessen absorbieren sie mit dem Körper – Thallus genannt – Wasser, Kohlendioxid und Mineralien.

Grünalgen (Chlorophyta) umfassen Einzeller, aber auch Makroalgen, die sich an ihre gut beleuchteten Lebensräume in intertidalen und seichten subtidalen Bereichen an der Küste angepasst haben. Sie weisen eine große Vielfalt auf, von kurzen Fäden bis zu flachen Blättern (Ulva), fingerartigen Zweigen (Codium) oder traubenartigen Kugeln (Caulerpa).

Zu den Braunalgen (Phaeophyta) gehören zahlreiche auffällige Seegräser. Algen mit zähen, flachen, streifenförmigen Körpern werden als Kelp bezeichnet, wobei der Riesenkelp (Macrocystis) der auffallendste ist. Sargassum ist eine markante Braunalge, die luftgefüllte Säckchen besitzt, mit deren Hilfe sie an der Oberfläche treibt. Ihr Name ist von der Sargassosee abgeleitet, in der viele Arten des frei schwebenden Sargassums vorkommen. Ihre braune Farbe ist das Resultat der Mischung fotosynthetischer Pigmente mit dem Grün des Chlorophylls, einer Kombination, die auch bei schlechteren Lichtverhältnissen Fotosynthese ermöglicht.

Rotalgen (Rhodophyta) erhalten ihre Farbe durch fotosynthetische Pigmente, mit deren Hilfe sie auch bei geringem Licht Fotosynthese betreiben können. Sie kommen auch noch in Bereichen unter der photischen Zone vor. Während viele Makroalgen zur Aufrechterhaltung ihrer Körperform Kalziumkarbonat enthalten, gehören einige Rotalgen zu den Kalkalgen. Ihr Körper wird so hart, dass sie Korallen ähneln. Einige Arten der Gattung *Lithothamnion* sind dafür zuständig, einzelne Korallenskelette zu Riffstrukturen zu verbinden.

SEEGRÄSER

Algen sind jedoch nicht die einzigen Pflanzen auf dem Meeresboden. Seegräser sind Blühpflanzen, die in geschützten Bereichen unterhalb der Gezeitenzone auf weichem Sedimentboden wachsen. Sie bilden unterseeische Wiesen, die als Futterplätze für eine Vielzahl von Tieren dienen, darunter auch die stark vom Aussterben bedrohte Seekuh *(Dugong dugon)*.

Sie besitzen Wurzeln zur Absorption von Mineralstoffen und wachsen vegetativ, indem sie Sprossen ausbilden, die sogenannten Stolonen. Ihre Blüten sind eher unauffällig und der Pollen wird durch die Strömung von einer Pflanze zur nächsten befördert.

Eine Reihe von Pflanzen wurde salztolerant, lebt aber nicht ganz unter Wasser. Sie gedeihen entlang der Küsten von Ästuaren. Die bekanntesten unter ihnen sind die Mangroven. Sie kommen in tropischen und

subtropischen Breitengraden vor und wachsen im feinen Silt der Ästuare sowie an Küsten, die vor Wellen gut geschützt sind. Es gibt etwa 50 Arten, die zu einer Reihe von Blühpflanzen gehören. Mangroven haben sich perfekt an Wasserverlust, Salzaufnahme und den geringen Sauerstoffgehalt im Boden angepasst.

OBEN Riesenkelp vor der kalifornischen Küste. Die Pflanzen gedeihen in nährstoffreichen Gewässern und können pro Tag 30–50 cm wachsen!

LINKS Der Seeteufel findet im Seegras Schutz und Nahrung. Seegräser wachsen in lichtdurchfluteten Gebieten und sind Heimat zahlreicher Lebewesen, z. B. Fischen, Würmern und auch einiger Meeressäuger.

Meereswürmer

Viele Menschen schaudert es bei dem Gedanken an Würmer – unter
Wasser zeigt die große Gruppe von Wirbellosen jedoch eine atemberaubende Vielfalt an Farben, Formen und Größen. Federwürmer gehören
zu den schönsten Geschöpfen der Meere. Würmer leben in klaren tropischen Gewässern ebenso wie am kalten, dunklen Meeresboden.

KURZ UND LANG

Würmer können mikroskopisch klein oder mehrere
Meter lang sein. Sie leben an Land und im Süßwasser,
und viele von ihnen sind parasitär. Die größte Wurm-
vielfalt herrscht jedoch in den Meeren. Dort gibt es
Plattwürmer, Schnurwürmer, Spritzwürmer, Igelwürmer und Vielborster, um nur einige zu nennen.

GRAZIÖSE GLEITER – DIE PLATTWÜRMER

Die meisten marinen Plattwürmer (Platyhelminthes)
sind dank ihrer Größe und Durchsichtigkeit eher
unauffällig; einige Mitglieder der Polycladida-Familie
sind aber bunt und eindrucksvoll gemustert.

UNTEN Der treffend benannte
Zebra-Plattwurm *(Pseudoceros
sp.)* ist bilateral symmetrisch;
seine beiden Seiten sind
Spiegelbilder voneinander.

Plattwürmer führen meist ein Leben im Verborgenen. Sie bewegen sich durch das rhythmische Schlagen
winziger haarartiger Strukturen vorwärts, was ihnen
den Anschein des eleganten Gleitens
verleiht. Einige können mithilfe
wellenförmiger Bewegungen ihres
Körpers schwimmen. Sie ernähren
sich von langsameren Tieren, die sie
mit ihrem klebrigen, flachen Körper
fangen. Die Nahrung wird durch
einen muskulösen Schlund auf der
Unterseite aufgenommen, den sie
über die Beute stülpen können.

LANG GESTRECKT –
DIE SCHNURWÜRMER

Schnurwürmer (Nemertea) ähneln
Plattwürmern; ihr Körper ist jedoch
runder, wesentlich muskulöser und
meist viel länger. Sie können zwischen wenigen Millimetern und
30 m lang werden, was sie zu den
längsten Tieren auf Erden macht.
Schnurwürmer sind nicht ganz so bunt wie Plattwürmer, haben aber einen markanten Rüssel am vorderen
Ende, den sie umstülpen können. Der Rüssel wird
ruckartig ausgefahren, um Beute zu fangen und dann
mit dieser wieder eingezogen. Wie die Plattwürmer
leben auch die Schnurwürmer meist im Verborgenen.

SPRITZ- UND IGELWÜRMER

Spritz- und Igelwürmer bewegen sich kaum von der
Stelle. Wie Schnurwürmer können sie den Vorderteil
ihres Körpers umstülpen, um ihre Beute zu fressen. Im
zusammengezogenen Zustand ähneln Spritzwürmer
(Sipuncula) einer geschälten Erdnuss; wird das Vorde-
rende jedoch langsam umgestülpt, wird der Körper
lang und schmal, mit dem Mund an der Spitze. Winzige Tentakel schaufeln nährstoffreiche Sedimente in die
Mundöffnung.

Igelwürmer (Echiura) sehen ganz ähnlich aus,
allerdings ist das vorstehende Ende ihres Körpers
löffelförmig und von beweglichen Härchen umgeben,
die Nahrungspartikel zum Maul befördern. Bei einigen
Arten sieht das Ganze eher wie eine Abflussrinne aus
und ist an der Spitze gegabelt, um den Bereich zur
Nahrungsaufnahme zu vergrößern. Ihr Körper ist
meist in den Sedimenten verborgen.

VIELBORSTER – POLYCHAETA

Vielborster (Polychaeta) gehören wie Regenwürmer
und ihre Verwandten die Wenigborster (Oligochaeta)
sowie Egel (Hirudinea) zum sehr großen Stamm der
Ringelwürmer (Annelida). Mitglieder dieser Gruppe
haben Körper, die in zahlreiche Ringe oder Segmente
unterteilt sind. Ein derart segmentierter Körper erlaubt
eine Reihe kontrollierter, effizienter Bewegungen, die

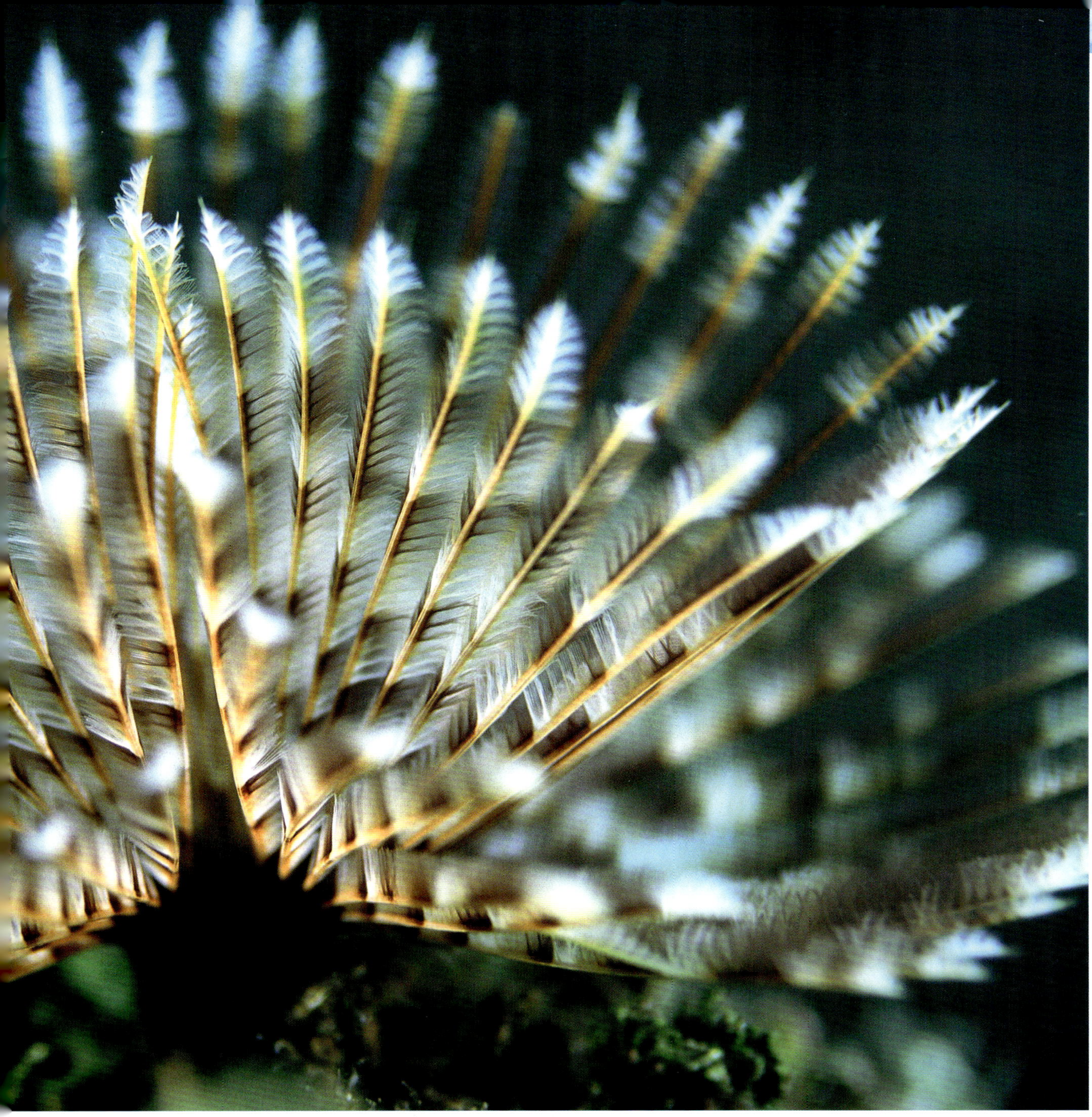

anderen Wurmarten nicht möglich sind. Die Bewegungen des Körpers werden von einem „Gehirn" und
einer Nervenbahn gesteuert. Die Segmente bewegen
sich dabei wellenförmig und ermöglichen ihnen so
das Schwimmen und Kriechen. Zahlreiche Vielborster
haben zusätzlich an jedem Körpersegment zwei Paddel
zur Verstärkung der Bewegung. Die Peristaltik, d. h.,
die wellenförmige Kontraktion und Entspannung der
Muskeln führt zusammen mit der Traktion durch
winzige, nadelartige Borsten (Chaetae) zu einer
überaus effizienten Grabetechnik.

Vielborster sind fast ausschließlich Meeresbewohner und die mit Abstand vielseitigste Kategorie der
Ringelwürmer. Einige graben sich durch die Sedimente,
tauchen aber zur Ernährung oder Fortbewegung auf.
Für andere geht das Graben und Fressen Hand in
Hand. Einige der schönsten Würmer bauen permanente Tunnel, in denen sie leben. Sie sammeln auf
verschiedenen Weise Nahrung. Federwürmer (Sabellidae) z. B. haben eine Krone aus federartigen Tentakeln,
die sie aus dem Körper ausfahren können. Mit dieser
sammeln sie Nahrungspartikel aus dem Wasser und
führen sie zur Mundöffnung.

Schalentiere

Farbenfrohe, faszinierend gemusterte Muscheln gehören zu den beliebtesten Fundstücken
vieler Strandgutsammler. Diese kleinen Kunstwerke der Natur waren einst Teil eines lebenden
Weichtieres. Mit etwa 100 000 beschriebenen Arten stehen Weichtiere in Bezug auf die reine
Artenvielfalt an zweiter Stelle hinter den Gliederfüßern (Insekten, Spinnen und Krustentiere).

OBEN Die lila geringelte Spitz-
kreiselschnecke *(Calliostoma
annulatum)* lebt im seichten
Wasser, häufig an Kelpblättern
angehaftet. Das Tier in der bunten Schale ist leuchtend orange.

PERLEN DER MEERE

Bezüglich ihres Aussehens und ihrer Lebensweise sind
Mollusken die vielseitigste aller großen Tiergruppen.
Tintenfisch, Oktopus, Kalmar, Schnecke, Abalone,
Miesmuschel, Muschel, Jakobsmuschel und Auster
gehören alle in diese Gruppe. Viele sind bei Menschen
(und anderen Tieren) eine begehrte Delikatesse. Einige
Weichtiere, deren Schalen mit Perlmutt gesäumt sind,
werden zur Herstellung von Schmuck und Knöpfen
geschätzt. Eine kleine Ablagerung in der Auster führt
zur Entstehung dessen, was für viele als elegantestes
Schmuckstück gilt: die Perle.

WEICHTIERE NÄHER BETRACHTET

Zu den Weichtieren gehören ortsgebundene Austern
und Muscheln (Bivalvia), langsame Schnecken und
Nacktschnecken (Gastropoden), Käferschnecken
(Polyplacophora) sowie die koordiniertesten und
aktivsten aller Wirbellosen, die Kopffüßer (Cephalopoden) wie Krake, Tintenfisch und Kalmar.

Der Körper eines Weichtieres ist in drei Bereiche
unterteilt. Der Kopf enthält die Sinnesorgane wie

Augen und Mund. Der zweite Bereich ist der Mantel
mit einem muskulöse Fuß zur Fortbewegung. Darüber
befindet sich der Rumpf mit dem Eingeweidesack, in
dem die meisten wichtigen Organe liegen. Die Haut
des Eingeweidesacks produziert eine harte, schützende
Schale aus Kalziumkarbonat. Eine Falte in dem Mantel
bildet die lebenswichtige Mantelhöhle, die in direktem
Kontakt zur Umwelt steht. Sie wird ständig von Wasser
durchflutet, das Sauerstoff zu den Kiemen befördert
und Ausscheidungen abtransportiert.

Die Vielfalt der Weichtierarten resultiert aus dem
Wegfall oder der Veränderung einer oder mehrerer
dieser Grundlagen. Vielen Gruppen fehlt die Schutzschicht. Die Mantelhöhle der Cephalopoden wurde
so verändert, dass sie den Ausstoß von Wasserstrahlen
zur raschen Fortbewegung ermöglicht, und aus dem
muskulösen Fuß wurde ein Tentakelring, der zur
Beutejagd genutzt wird.

GUT BEHÜTET – SCHNECKEN

Mit etwa 70 000 Arten sind die Schnecken die größte
Weichtiergruppe. Ihr Erfolg ist ihrem überwiegend
spiralförmigen, schützenden Haus zuzuschreiben.
Zu den Gastropoden gehören die einzigen landleben-
den Weichtiere, die Schnecken und Nacktschnecken;
die meisten Gastropoden leben jedoch im Meer.

Während andere Mollusken ihre Mantelhöhle auf
der Rückseite des Körpers haben, wurde der Eingeweidesack der Schnecken um 180° gedreht, sodass die
Mantelöffnung vorne über dem Kopf liegt. Sie bildet
nun eine Öffnung, in die sich Kopf und Fuß zurückziehen können, sodass das Haus den gesamten Körper
umschließt. Ein kleiner Kalkdeckel (Operculum), der
die Öffnung verschließt, bietet zusätzlichen Schutz
gegen Fressfeinde und verhindert ein Austrocknen.

Schneckenhäuser gibt es in unvorstellbar vielfäl-
tigen Formen, Größen, Farben und Texturen, z. B.
Turbane (Strandschnecken), Kegel (Kegel-, Walzen-
und Flügelsschnecken) und eiförmige Häuser (Kauri-
schnecken). Viele Schneckengruppen haben zeltartige
Häuser und werden als Napfschnecken bezeichnet.
Die Form ihres Gehäuses bietet wenig Schutz vor
Wellen, sodass sich mit ihren starken, muskulösen
Füßen am Felsen festsaugen müssen.

Schnecken ernähren sich mithilfe eines raspelarti-
gen Mundwerkzeugs, das mit zahlreichen Zahnreihen
besetzt ist. Durch das Vor- und Zurückbewegen der
Radula wird pflanzliches und tierisches Material von
der Beute abgetragen. Kegelschnecken haben einen

Entstehung einer Perle

Setzt sich ein Fremdkörper, z. B. ein Sandkorn, zwischen der Schale und dem Körper der Muschel
fest, reagieren einige Muscheln darauf, indem sie Schicht um Schicht Kalziumkarbonat absondern,
das den Fremdkörper umschließt. Die natürliche Produktion einer perfekten Perle ist zufällig und
kommt nur sehr selten vor. Heute werden deshalb künstliche Fremdkörper in Austern eingeführt,
die in Aquakulturen gezüchtet und überwacht werden. So entstehen Zuchtperlen.

modifizierten Radulazahn, der wie eine kleine Harpune aussieht. Damit injizieren sie ihrem Opfer ein Nervengift, bevor sie es fressen. Bei einigen der größeren Arten ist das Gift stark genug, einen Menschen zu töten.

Auch die Fortpflanzungsstrategien der Weichtiere sind vielfältig. Manche Arten teilen sich in Männchen und Weibchen, andere sind Hermaphroditen. Einige Arten setzen Samen und Eier ins Meerwasser frei, wo die Befruchtung stattfindet; bei den meisten Arten folgt die Befruchtung nach der Kopulation. Die befruchteten Eier sind von einer schützende Gallertschicht umgeben. Schließlich schlüpfen winzige Larven, die einige Zeit als Plankton verbringen, bevor sie die Metamorphose in ihre adulte Form beginnen.

Nacktschnecken können sich in Felsspalten zurückziehen, da sie kein Haus mehr besitzen. Einige, wie die Breitfußschnecken, haben noch eine Mantelöffnung mit Kiemen; Nacktkiemer besitzen dagegen freiliegende Kiemen, die wie federartige Auswüchse auf dem Rücken sitzen. Manche Nacktkiemer ernähren sich von Korallenpolypen. Sie entziehen ihnen die Algen, die nicht verdaut werden, sondern sich in der Haut ansammeln, weiter Fotosynthese betreiben und zur Ernährung der Schnecke dienen.

Tarnung ist für die weichen, verletzlichen Tiere ein äußerst wichtiges Thema, da sie es ihnen ermöglicht, sich perfekt an ihre Umgebung anzupassen. Im Gegensatz dazu dient die auffällige Färbung einiger Arten als Warnung an mögliche Feinde, sich fernzuhalten.

ZWEISCHALIG – MUSCHELN

Muscheln sind die sesshaftesten Weichtiere. Viele von ihnen, z. B. Austern und Miesmuscheln, sind dauerhaft an Felsen oder anderen festen Untergründen befestigt. Zwei kalkige Schalen umgeben den seitlich zusammengedrückten Körper der Muschel. Diese werden am Scheitelpunkt von einem Ligament zusammengehalten. Am unteren Rand können die Schalen aufklappen.

Einige Muscheln schützen sich vor Fressfeinden, indem sie sich in den weichen Boden eingraben. Ihren Fuß setzten sie dabei wie einen Spaten ein. Andere Muscheln bohren sich in harte Bodengründe, z. B. Lehm, Sandstein, Korallen oder Holz. Der berüchtigte Schiffsbohrwurm ist eine Muschelart, die hölzerne Hafenanlagen und Schiffswände zerstört.

Die überwiegende Mehrheit der Muscheln ernährt sich über die Filtration des Wassers, das durch ihre Mantelhöhle fließt. Dort filtern vergrößerte Kiemen mikroskopisch kleine Nahrungspartikel heraus. Diese Teilchen werden dann der Mundöffnung zugeführt. Muscheln, die sich eingraben oder -bohren halten ihre Verbindung zum Wasser aufrecht, indem sie den

OBEN Eines der prunkvollsten Weichtiere ist die „Spanische Tänzerin" *(Hexabranchus sanguineus), deren farbenprächtiger Körper an die wirbelnden Röcke einer Flamencotänzerin erinnert.*

175

OBEN Die Riesenmuschel (*Tridacna* sp.) ist ein äußerst beeindruckender Vertreter der Weichtierklasse. Diese faszinierenden Kreaturen bewohnen die warmen, seichten Gewässer des Pazifischen und Indischen Ozeans.

GANZ OBEN Mit ihrem leuchtend roten Mantel und den extravaganten Tentakeln gehört die Flammenmuschel (*Lima scabra*) zu den außergewöhnlichsten Muschelarten. Sie lebt meist an Felsen oder Korallen und ernährt sich von Phytoplankton.

Körper strecken, sodass ein Siphon entsteht, durch den Wasser zu und von der Mantelöffnung fließt.

Muscheln besitzen zwei kräftige Muskeln, die die Schalenhälften fest geschlossen halten. Entspannen sich die Muskeln, öffnen sich die Schalen mithilfe des elastischen Ligamentes leicht. Jakobsmuscheln nutzen diesen Effekt, um sich durch Wasserstrahlen fortzubewegen. Dafür öffnen und schließen sie die Schalen ruckartig. Dadurch sind die Muskeln bei ihnen außergewöhnlich gut entwickelt – und es sind diese Muskeln, die Jakobsmuscheln zu einer solchen Delikatesse machen.

GETEILTE SCHALE – KÄFERSCHNECKEN
Das markanteste Merkmal der Käferschnecke ist die Teilung ihrer Schale in acht überlappende Platten, die in einen lederartigen Gürtel eingebettet sind. Dies verleiht dem Körper auch auf unebenen Untergründen mehr Beweglichkeit. Der Kopf ist unscheinbar, sodass

sich beide Enden schwer unterscheiden lassen. Ihr großer Fuß hält sie fest am Boden, während sie mit ihrer extrem harten Radula Algen vom Felsen schabt.

CLEVERE GESELLEN – KOPFFÜSSER
Verglichen mit der Vielfalt von Kopffüßern, die unter den Fossilien gefunden wurden, ist diese heute eher gering. Vor Millionen von Jahren lebten riesige Ammoniten mit Schalen groß wie Traktorreifen auf der Erde. Einige Arten der Perlboote sind die einzigen Überlebenden dieser antiken Kopffüßer mit Schalen. Die

Schale eines Perlbootes (Stamm: Nautilus) ist aufgerollt und im Inneren gekammert. Das Tier lebt nur in der jeweils neuesten Kammer und verwendet die anderen zur Austarierung. Die Tentakel erstrecken sich aus der Schalenöffnung und umgeben den Kopf des Tieres.

Bei allen Cephalopoden wird Wasser durch die Mantelöffnung angesaugt und dann ruckartig ausgestoßen. Dabei entsteht ein Strahl, der das Tier vorwärts katapultiert. Das macht sie– im Vergleich zu anderen Weichtieren – äußerst beweglich. Grundsätzlich haben Kopffüßer ihre Schale entweder verloren oder nach

innen verlagert, wie die Sepiaschale beweist, die dem Tintenfisch Stabilität und Auftrieb gibt. Bei Kalmaren wurde die Struktur stark reduziert und ist heute nur noch ein schmaler, blattförmiger Stift, der den torpedoförmigen Körper des Tieres stützt. Kraken haben die Schale ganz abgelegt.

Kalmare sind von allem Cephalopoden die aktivsten Räuber, während Tintenfische in neutraler Tarierung schweben und nur vorschießen, sobald Beute vorbeischwimmt. Die meisten Kraken leben am Meeresboden in Spalten, aus denen sie nur zur Jagd auftauchen.

OBEN Ein Tintenfisch gleitet über ein Korallenriff. Diese Weichtiere haben eine interne Schale und sind Meister der Tarnung. Die Pigmentzellen in ihrer Haut reflektieren Licht in verschiedenen Farben und tarnen das Tier bei allen Gelegenheiten.

Krustentiere

Es gibt etwa 50 000 beschriebene Krustentierarten, was sie zur drittgrößten Gruppe von Gliederfüßern macht, nach den Insekten und Spinnen. Sie sind jedoch die vielfältigste – von winzigen planktonischen Ruderfußkrebsen über Rankenfußkrebse und Einsiedlerkrebse bis zu den Japanischen Riesenkrabben, die eine Spannweite von fast 3 m erreichen können.

Die überwiegende Mehrheit aller Krustentiere lebt im Meer – sie machen sogar einen Großteil des Planktons aus. Andere leben auf dem Meeresboden zwischen Algen und in Spalten oder graben sich in die weichen Sedimente ein. Einige haben ruderartige Anhängsel, die sie zu effizienten Schwimmern machen. Die außergewöhnlichsten Krustentiere sind die Rankenfußkrebse, da ihr Körper völlig in einer Schale eingeschlossen ist, die dauerhaft an einem Untergrund befestigt ist.

Viele Krustentiere sind beliebte Delikatessen. Die meisten von ihnen sind Zehnfußkrebse (Dekapoden): Garnelen, Krevetten, Scampi, Langusten, Hummer und Krabben. Zehnfußkrebse eignen sich gut zur Ernährung, weil sie im Verhältnis zur Körpergröße große Muskeln haben, was sie zu einer wertvollen Proteinquelle macht.

WIE UNTERSCHEIDEN SICH KRUSTENTIERE?

Bei einer so großen Vielfalt ist es schwierig, Gemeinsamkeiten zu finden, die alle Krustentiere teilen. Die ersten paarigen Gliedmaßen vorn am Kopf sind Fühler. Die meisten Gliedmaßen von Krebstieren bestehen aus zwei Ästen, während andere Gliederfüßer nur einen besitzen. Diese Merkmale gelten aber auch nicht für alle Krustentiere. Rankenfußkrebse z. B. besitzen gar keine Antennen und die Schreitbeine von Krabben und Hummern bestehen nur noch aus einem Ast.

Krustentiere vermehren sich sexuell, indem sie Eier und Sperma produzieren. Bei einigen Arten werden die befruchteten Eier ins Meer freigesetzt, wo winzige Larven schlüpfen und Teil des Planktons sind, bevor sie erwachsen werden. Die meisten Krustentiere tragen die Eier jedoch auf einem Teil ihres Körper herum, bis sie bereits weiter entwickelt ausschlüpfen, damit sich ihre Überlebenschancen verbessern.

ZEHNFUSSKREBSE – DEKAPODEN

Die Familie der Zehnfußkrebse umfasst die meisten Arten aller Krustentiere, und einige von ihnen sind die größten aller Gliederfüßer. Wie bei allen Gliederfüßern ist ihr Körper von einem schützenden Exoskelett umschlossen. Gelenke verleihen ihnen besonders in den Gliedmaßen eine gewisse Beweglichkeit. Muskeln an der Innenseite des Exoskeletts ermöglichen Bewegungen um die Gelenke herum.

Wie alle Gliederfüßer werfen auch Krustentiere beim Wachsen ihren Panzer ab, in einem Prozess, den man Häutung nennt. Direkt nach der Häutung, wenn das Exoskelett noch weich und dehnbar ist, folgt ein Wachstumsschub. Nach einigen Tagen härtet der Panzer wieder aus. In dieser Phase werden sie kommerziell für Liebhaber weichschaliger Krabben gefangen.

Der Körper des Dekapoden ist dreigeteilt. Am Kopf sitzen zwei Fühlerpaare und sechs paarige Gliedmaßen, die den Mund auf der Unterseite des Kopfes umgeben. Diese mahlen, sieben und bewegen die Nahrung.

OBEN Eine Garnele kriecht auf Nahrungssuche über die Felsen. Garnelen unterscheiden sich von Krevetten z. B. durch die Struktur ihrer Kiemen. Die Kiemen der Garnele sind zweigartig, während die der Krevette eher geschichtet sind.

Der Rankenfußkrebs und das Schiff

Das harte, kalkhaltige Exoskelett eines Rankenfußkrebses erinnert an eine Muschel. Rankenfußkrebse sind jedoch Krustentiere, die auf dem Rücken liegen und mit ihren sechs Paar fedrigen Gliedmaßen vorbeitreibendes Plankton einfangen. Es gibt im Grunde zwei Arten Rankenfußkrebse: Seepocken, die wie Minivulkane aussehen, die an Felsen, Hafenmauern und Schiffsrümpfen kleben und Entenmuscheln (siehe Foto) mit lederartigen Auswüchsen, die man häufig am Strand an angespültem Treibholz findet.

Danach folgt der Thorax mit fünf paarigen Gliedmaßen – den zehn Schreitbeinen. Bei vielen Arten
haben eine oder zwei dieser Gliedmaßen Scheren, mit
denen sie Nahrung und potenzielle Feinde festhalten
können. Einige Dekapoden besitzen gewaltige Scheren,
die beeindruckende Waffen abgeben (abgesehen von
ihrer Fähigkeit, Nahrung zu zerkleinern).

Kopf und Thorax sind von einem sattelartigen
Panzer umgeben, dem Carapax, der eine feste Einheit
darstellt. Das Abdomen besteht hingegen aus sechs
beweglichen Segmenten. Fünf davon haben ruderartige
Schwimmbeine, das Letzte bildet den Schwanzfächer.
Damit kann das Tier rasch rückwärts fliehen, indem es
das Abdomen unter den Thorax biegt. Das erfordert
einen großen Muskel, der die gesamte Bauchhöhle
ausfüllt und die größte Fleischquelle ist.

Das Abdomen von Hummern und Garnelen wird
dagegen nicht zur Fortbewegung verwendet. Es ist
flach und ordentlich unter den Thorax gefaltet, was
es den Tieren ermöglicht, sich auf ihren Beinen in
alle Richtungen zu bewegen.

EINSIEDLERKREBSE

Einsiedlerkrebse verwenden leere Schneckenhäuser
zum Schutz ihres weichen Abdomens. Nur der Kopf
und ein Teil des Thorax schauen aus dem Haus heraus,
wenn der Krebs sich fortbewegt. Beides kann er jedoch
rasch einziehen, wenn Gefahr droht.

OBEN Mit seinen großen Augen
sucht der Fangschreckenkrebs
(Odontodactylus scyllarus) Beute.
Ähnlich wie bei Gottesanbete-
rinnen ist das erste Schreitbein-
paar des Krebses eine effektive
Waffe zur Selbstverteidung oder
Beutejagd. Die Beine sind mit
tückische Widerhaken besetzt,
mit denen sie Beute festhalten.

LINKS Einsiedlerkrebse wachsen
aus ihren Häuser heraus und
müssen sich immer wieder
neue, größere suchen. Sie können daher nur in Gebieten
leben, in denen es viele leere
Schneckenhäusern gibt.

Stachelhäuter und Manteltiere

Darstellungen der Schönheit des Meeres enthalten prinzipiell immer einen Seestern, einen geradezu ikonischen Vertreter des Lebens im Meer. Seesterne, Seelilien, Haarsterne, Seeigel, Schlangensterne und Seegurken sind Mitglieder der Familie der Echinodermata, der Stachelhäuter. Ihre weniger auffälligen Verwandten, die Manteltiere, sind Chordatiere, zu denen auch der Unterstamm der Wirbeltiere gehört.

RECHTE SEITE Ein elegantes, blau schimmerndes Manteltier, *Rhopalaea crassa,* taucht zwischen den Zweigen einer Weichkoralle auf. Manteltiere filtern Nahrung aus dem Wasser.

GANZ OBEN Die Seegurke *(Bohadschia argus)* schießt klebrige Fäden ab, wenn sie gestört wird oder sich bedroht fühlt. Es gibt über 1200 Arten des wurstförmigen Stachelhäuters.

OBEN Ein Seestern *(Asterina miniata)* frisst eine Qualle. *Asterina miniata* lebt oft in Gezeitentümpeln, wo er bei Ebbe dank seiner leuchtend roten oder orangen Farbe gut zu erkennen ist.

BLUMEN DER SEE

Stachelhäuter leben im Meer auf felsigen Untergründen oder im weichen Boden. Obwohl sie meist nicht frei schwimmen können, umfasst ihr Lebenszyklus ein planktonisches Larvenstadium. Es ist sehr schwierig, Kopf und Schwanz zu unterscheiden, da die meisten erwachsenen Tiere Arme haben, die sich vom Körper sternförmig ausdehnen. Ihre Symmetrie basiert meist auf fünf oder einem Vielfachen davon. Stachelhäuter und Manteltiere sind entfernte Verwandte. Beide gehören zu den Deuterostomia, bei denen sich der Mund in der Embryonalphase nach dem After entwickelt; bei den meisten Wirbellosen bildet sich dagegen erst der Mund.

HYDRAULISCHE PUMPEN

Stachelhäuter sind von einem Wassergefäßsystem abhängig, um sich fortzubewegen oder zu ernähren. Im Inneren des Tieres gibt es einen Ringkanal, von dem aus Radiärkanäle in jeden Arm abzweigen. Durch kleine Poren dringt Meerwasser ein und fließt durch jeden Kanal in die kleinen, tentakelartigen Füßchen. Das System funktioniert wie eine hydraulische Pumpe. Durch den Flüssigkeitsdruck werden die Füßchen ausgefahren; lässt dieser nach, werden sie eingezogen.

Die dünnen Wände der Füßchen dienen zugleich als Kiemen, in denen der Gasaustausch mit dem sie umgebenden Meerwasser stattfindet.

FORTPFLANZUNG

Stachelhäuter pflanzen sich oft asexuell fort. Aus einem kleinen Teil des Tieres, z. B. einem Arm des Seesterns kann ein neues Tier wachsen. Bei der sexuellen Variante werden Eier und Samen ins Meerwasser freigesetzt, wo es zur Befruchtung kommt. Aus den Eiern schlüpfen Larven, die erst im Plankton leben, bevor sie sich in ihre erwachsene Form verwandeln.

VIELFALT DER STACHELHÄUTER

Seelilien und Haarsterne gehören zur Gruppe der Crinoiden, die einst viel häufiger vorkamen als heute. Moderne Crinoide sind entweder mobil oder sessil. Haarsterne besitzen keinen Stiel und halten sich mit einer Reihe von krallenartigen Cirren am Untergrund fest. Die Bewegungen der sessilen Seelilien sind auf das Beugen ihres Stiels beschränkt.

Crinoiden haben becherförmige Körper, bei denen Mund und After nach oben zeigen. Der Mund ist von verlängerten Armen mit Nebenarmen umgeben. Kleine Füßchen in den Furchen der Arme helfen dabei, winzige Nahrungspartikel zum Mund zu befördern.

Seesterne (Asteroidea) sind umgedrehte Crinoiden. Der Mund und die Füßchen zeigen nach unten zum Boden. Die Füßchen haben kleine Saugnäpfe und dienen zur Fortbewegung anstatt zur Nahrungsaufnahme. Seesterne fressen, indem sie ihren Magen über die Beute stülpen und diese dann verdauen.

Schlangensterne (Ophiuroidea) unterscheiden sich von den Seesternen durch ihre längeren, beweglicheren Arme, die sich deutlich vom ovalen Körper abheben. Mit schlangenartigen Bewegungen der Arme befördern sie sich über den Meeresboden; sie sind die mobilsten aller Stachelhäuter. Mit den Füßchen transportieren sie Nahrungspartikel zum Mund.

Die stacheligsten Stachelhäuter sind die Seeigel (Echinoidea). Ihre Stachelgröße rangiert von einem dünnen, pelzartigen Besatz bis zu langen Stacheln, spitz wie Nadeln, mit denen sie die menschliche Haut durchbohren können. Die Stacheln dienen nicht nur zum Schutz, sondern auch zur Fortbewegung. Während einige Seeigel die dünne Algenschicht auf den Felsen abweiden, wühlen andere im Meeresboden nach Nahrung.

Mit ihren langen, weichen, wurmartigen Körpern sind die Seegurken (Holothuroidea) sicherlich die ungewöhnlichsten Stachelhäuter. Ihr Mund liegt an einem Ende des Körpers, der After am anderen. Ein Ring aus tentakelartigen Füßchen schiebt ihnen unablässig Sedimente in den Mund. In vielen Kulturen werden Seegurken als Nahrungsmittel gesammelt.

MANTELTIERE

Manteltiere (Urochordata) wie Seescheiden oder Salpidae sind die primitivsten Vertreter der Chordatiere. Sie sind Deuterostomia und haben im Larvenstadium eine Chorda dorsalis, einen elastischen Stab im Rücken, den alle Wirbeltiere in der Embryonalphase teilen. Andere Gemeinsamkeiten sind das Neuralrohr sowie die Kiemenspalten hinter dem Mund.

Erwachsene Manteltiere sind überwiegend sessile Tiere, die von einem lederartigen „Mantel" mit zwei Öffnungen in ihrem flaschenförmigen Körper bedeckt sind. An einem Ende wird Wasser aufgenommen, aus dem mithilfe der Kiemenspalten Nahrungspartikel gefiltert werden. Überschüssiges Wasser wird durch die zweite Öffnung ausgestoßen. Salpidae sind frei schwimmende, walzenförmige Manteltiere. Sie nutzen Wasseraufnahme und -ausstoß zur Fortbewegung.

FISCHE

Fische bevölkern mit ihren über 28 000 Arten jedes vorstellbare Habitat der Unterwasserwelt. Ihre Vielfalt ist schlicht atemberaubend, mit zahllosen Farben, Formen, Größen und Verhaltensweisen. Stromlinienförmige Körper, Präzisionsflossen und Kiemen zur Atmung unter Wasser machen sie zum Nonplusultra unter den Schwimmern.

FLOSSEN UND KIEMEN, HÖHE- UND TIEFPUNKTE

Etwa die Hälfte aller Wirbeltierarten auf der Erde sind Fische. Sie unterscheiden sich von anderen Wirbeltieren – Amphibien, Reptilien, Vögeln und Säugetieren – durch ihre Anpassung an das Leben unter Wasser. Ihre Flossen ermöglichen ihnen das Schwimmen und Manövrieren, ihre Kiemen das Atmen unter Wasser.

Fische leben fast überall, wo es Wasser gibt. Einige bewohnen Bergseen in 5000 m Höhe, andere leben in 11 km tiefen Ozeangräben. Manche Arten bevölkern antarktische Gewässer mit Temperaturen unter dem Gefrierpunkt, wieder andere tummeln sich in über 40 °C heißen Quellen. Die meisten Fische – etwa 59 Prozent der bekannten Arten – leben jedoch in den Ozeanen.

Fische gibt es in einer beeindruckenden Vielfalt an Größen, Farben und Formen, von winzigen, gerade 10 mm großen Korallengrundeln bis zu gewaltigen Walhaien, die 12 m lang werden können. Die Fische der Korallenriffe können es an spektakulären Farben und Mustern mit Vögeln und Schmetterlingen aufnehmen, während andere Arten sich geschickt als Seegras oder Steine tarnen. Auch die Lebenserwartung von Fischen ist höchst variabel. Einige leben kein Jahr, während andere 200 Jahre alt werden können.

In Bezug auf die wissenschaftliche Klassifikation gibt es fünf Hauptgruppen. Die primitivste Gruppe sind die Kieferlosen, die meist als Aasfresser am Meeresboden leben. Obwohl sie oft zu den Wirbeltieren gezählt werden, haben sie keine echten Wirbelelemente. Die zweite Gruppe der Kieferlosen, die Neunaugen, ernähren sich parasitär. Sie sind sehr basale Vertreter der Wirbeltiere. Die dritte Gruppe sind die Knorpelfische. Zu ihnen gehören Haie und Rochen. Die Mitglieder dieser Gruppe besitzen einen Kiefer, ihr Skelett besteht jedoch überwiegend aus Knorpel, nicht aus Knochen. Die mit Abstand größte Gruppe der Kiefermäuler sind die Knochenfische, deren Skelett – wie der Name sagt – großenteils verknöchert ist. Die letzte Gruppe der Kiefermäuler sind die Fleischflosser. Zu ihnen rechnet man Lungenfische und Quastenflosser, die mehr Merkmale mit Landwirbeltieren gemein haben als mit anderen Fischen.

FORTPFLANZUNGSMETHODEN

Fische pflanzen sich auf vielfältige Weise fort. Die meisten Arten legen Eier (sie laichen), die außerhalb des Körpers befruchtet werden. Bei einigen werden die Eier jedoch im Körper befruchtet. Laichende Arten geben die befruchteten Eier entweder in die Wassersäule ab, wo sie vor sich hin treiben und schließlich als Larven ausschlüpfen, oder sie legen die Eier am Boden ab, wo sie von einem oder beiden Elterntieren bewacht werden. Auch aus den meisten am Boden abgelegten Eiern schlüpfen Larven, die sich dann der Strömung überlassen. Fische, die ihre Eier intern befruchten, behalten die reifenden Eier oft weiter im Körper und bringen lebende Jungtiere zur Welt.

Ein weiterer faszinierender Reproduktionsmechanismus ist die Geschlechtsumwandlung. Die meisten Fische bleiben ihr Leben lang männlich oder weiblich; einige wechseln jedoch ihr Geschlecht. Einige Arten können gar beliebig wechseln. Zudem gibt es auch Fischarten, die sowohl männliche als auch weibliche Geschlechtsorgane besitzen.

MIT ALLEN SINNEN

Fische besitzen eine große Vielfalt an Sinnesorganen. Neben Augen zum Sehen haben sie ein Seitenlinienorgan, mit dem sie Turbulenzen in dem sie umgebenden Wasser aufspüren können. Zusätzlich hören Fische auch sehr gut. Diese Fähigkeit wird oft durch eine Verbindung zwischen Ohr und Schwimmblase noch verstärkt, die als Reaktion auf Geräusche vibriert. Der Geruchs- und Geschmackssinn von Fischen ist hochentwickelt – einige Haie können einen Teil Blut in 25 Millionen Teilen Meerwasser riechen. Viele Fische besitzen außerdem Organe, die elektrischen Strom aufspüren oder gar erzeugen können, was sie zum Lokalisieren von Nahrung nutzen.

In Anbetracht der großen Vielfalt an Fischen ist es nicht verwunderlich, dass auch die Bandbreite an möglicher Nahrung groß ist. Einige Arten fressen nur Pflanzen, andere sowohl Pflanzen als auch Tiere. Viele ernähren sich nur von bestimmten Tierarten.

LINKS Eine Schule Blaustreifen-Grunzer *(Haemulon sciurus)* schwimmt zwischen Korallen. Die farbenfrohen Fische können bis zu 45 cm lang werden.

RECHTS Schnapper leben in Schulen. Die fleischfressenden Fische ernähren sich vorwiegend von kleinen Fischen und Krustentieren.

MITTE RECHTS Ein männlicher Kardinalbarsch mit dem Maul voll Eier. Kardinalbarsche gehören zu den Apogonidae und leben in Korallenriffen. Viele Männchen tragen die Eier bis zum Schlüpfen im Maul herum.

UNTEN RECHTS Ein Zitronenhai *(Negaprion brevirostris)* umgeben von Schiffshaltern. Die meisten Haie besitzen fünf Kiemenspalten, bei einigen Arten sind es sechs oder sieben. Die Kiemen selbst bestehen aus Knorpel.

UNTEN LINKS Die blau schimmernde Neongrundel *(Elacatinus oceanops)* lebt im Westatlantik. Ausgewachsene Fische werden etwa 6 cm lang.

Kiefer und Zähne

Schleimaale und Neunaugen sind kieferlose Fische. Neunaugen haben ein ovales, scheibenartiges Maul; das Maul der Schleimaale ist eher ein Schlitz. Obwohl sie viele der typischen Fischmerkmale vermissen lassen, bilden sie doch zwei der vier „Fischklassen". Haie und Rochen haben ein knorpeliges Skelett und eine zähe Haut, die mit einzigartigen, schützenden, stromlinienförmigen „Hautzähnchen" besetzt ist.

RECHTE SEITE Mantarochen *(Manta birostris)* erreichen eine Spannweite von 6 m und ein Gewicht von bis zu 1360 kg. Mit ihren kräftigen Flossen können sie sich hoch aus dem Wasser katapultieren.

RECHTS Placoidschuppen des Weißen Hais in 2200-facher Vergrößerung. Placoidschuppen sind hautzähnchenartige Strukturen, die den Körper des Hais bedecken.

UNTEN Scheibenartiges Maul eines Neunauges, hier *Petromyzon marinus*, mit Hornzähnen, die in konzentrischen Kreisen angeordnet sind.

SCHLEIMIGE KNOTEN UND BLUTSAUGER

Schleimaale sind die primitivsten Fische; fossile Funde sind fast 40 Millionen Jahre älter als die anderer Arten. Sie haben weder Kiefer noch Knochen, Schuppen, paarige Flossen oder gut entwickelte Augen. Das ovale Maul ist von Barteln umgeben, und auf der Zunge sitzen Hornzähne. Schleimaale produzieren große Mengen Schleim, der als effektiver Verteidigungsmechanismus dient. Es gibt etwa 70 Arten, die allesamt im Meer beheimatet sind. Schleimaale sind die einzigen Fische, deren Körperflüssigkeit den gleichen Salzgehalt hat wie das Meerwasser, worin sie den Wirbellosen ähneln. Bei ihrer Fortpflanzung gibt es kein Larvenstadium – die neuen Schleimaale schlüpfen gleich als Miniaturerwachsene aus dem Ei.

Schleimaale sind vor allem Aasfresser, die sich in den Körper toter oder sterbender Fische bohren und sich von deren Innereien ernähren. Sie reißen Fleischstücke heraus, indem sie sich „zusammenknoten", um mehr Hebelkraft zu erhalten. Zusätzlich fressen sie Wirbellose, die am Meeresboden leben.

Die 38 Neunaugenarten machen die zweite Gruppe der Kieferlosen aus. Sie haben ebenfalls weder Knochen noch Schuppen oder paarige Flossen; ihre Augen sind als Erwachsene gut ausgebildet. Ihr scheibenartiges Maul ist mit Hornzähnen besetzt. Meerneunaugen sind parasitäre Räuber, die sich mit ihrem Maul an der Beute festsaugen und dieser Blut und andere Körperflüssigkeiten entziehen, unterstützt von gerinnungshemmenden Substanzen in ihrem Speichel.

IMMER SCHÖN BEWEGLICH BLEIBEN

Zu den Knorpelfischen gehören etwa 970 Rochen-, Echte Rochen- und Haiarten. Sie haben markante Placoidschuppen („Hautzähnchen"), paarige Flossen, fünf bis sieben Kiemenspalten und Zähne, die ihr ganzes Leben nachwachsen. Ihre Rückenflossen sind steif und können nicht auf und ab bewegt werden. Alle pflanzen sich durch interne Befruchtung fort, bei der das Sperma durch die veränderte Bauchflosse des Männchens übertragen wird. Einige Arten legen Eier, andere gebären lebende Jungtiere; dabei kommt es vor, dass sich diese noch im Mutterleib angreifen.

Die Kiemenspalten der Haie befinden sich an den Seite des Kopfes, während sie bei den Rochen auf der Unterseite liegen. Zusätzlich sind die vorderen Ränder der Brustflossen des Hais nicht mit dem Kopf verbunden. Bei Rochen und Echten Rochen bilden sie dagegen eine Art „Flügel". Die meisten Haiarten haben einzeln stehende Zähne. Bei Rochen sind sie zu Platten zusammengewachsen, mit denen diese Nahrung zermalmen.

HAIE AUS DER NÄHE BETRACHTET

In Bezug auf die Größe variieren Haie stark, vom 12 m langen Walhai *(Rhincondon typus)* bis zum nur 20 cm kleinen Zwerg-Laternenhai *(Etmopterus perryi)*. Der Walhai ist zwar der größte Hai (und Fisch), ernährt sich aber ausschließlich von Plankton. Der Weiße Hai

(Carcharodon carcharias) ist dagegen einer der größten Räuber der Meere und kann bis zu 6 m lang werden. Übertroffen wird er noch vom Tigerhai *(Galeocerdo cuvier)* der 7,4 m erreichen kann. Beide ernähren sich von Vögeln, Schildkröten, Delfinen, Walen und Robben. Auch Angriffe auf Menschen kommen vor.

ACHTUNG, STROM!

Viele Haie besitzen neben den normalen Sinnesorganen sogenannte Lorenzinische Ampullen am Kopf, mit denen sie elektrische Felder wahrnehmen. Rochen leben auf oder nahe dem Meeresboden, wo sie sich von im Sand vergrabenen Lebewesen ernähren. Dazu wedeln sie mit ihren Brustflossen den Sand weg. Mit ihren starken Zähnen können sie große Muscheln zerquetschen. Die größte Rochenart ist der Manta *(Manta birostris)*. Er schwimmt im Pelagial, wo er Plankton mit speziellen Kiemenspalten aus dem Wasser filtert. Stachelrochen haben auf ihrem peitschenartigen Schwanz einen Giftstachel zur Verteidigung. Zitterrochen haben ein elektrisches Organ in den Brustflossen, das sie zur Verteidigung und zur Jagd verwenden.

RECHTS Ein furchteinflößender Weißer Hai *(Carcharodon carcharias)* durchstößt mit aufgerissenem Maul die Wasseroberfläche. Verliert er einen Zahn, wächst ein neuer nach – ein Leben lang.

Flossen, Knochen, Kiemen

Knochenfische sind die zweite große Gruppe der Kiefermäuler. Etwas mehr als die Hälfte der 27 000 Arten dieser umfangreichen, vielfältigen Gruppe sind Meeresbewohner, der Rest lebt im Süßwasser. Sie nutzen jeden aquatischen Lebensraum – vom Meeresboden bis zu seichten Küstengewässern, und einige leben gar auf oder in anderen Fischarten.

AQUATISCHE AUSWAHL

Strahlenflosser (Klasse Actinopterygii), die größte Klasse der Knochenfische, werden in 46 Ordnungen und 457 Familien unterteilt. Ein Großteil von ihnen bewohnt warme, seichte Gewässer; die zweitgrößte Ansammlung findet man in der Tiefsee.

Die Fische haben ein Skelett aus Knochen, Zähne, die fest mit dem Kiefer verbunden sind, unterteilte, weiche Strahlen in den Flossen, sodass diese gehoben und gesenkt werden können sowie Kiemen mit einer Öffnung, statt Kiemenspalten wie Haie. Der Körper kann von überlappenden Schuppen bedeckt sein, die sich jedoch von Haischuppen unterscheiden. Einige primitivere Knochenfische, z. B. Sardinen oder Lachse, haben keine Stacheln in den Flossen, weiterentwickelte Arten wie Schnapper oder Thunfisch meist schon.

PERFEKTE TARIERUNG

Im Gegensatz zu Haien, die schwerer als Wasser sind und schwimmen müssen, um nicht zum Boden zu sinken, sind die meisten Knochenfischarten neutral austariert. Diese Schwerelosigkeit im Wasser erlaubt ihnen größere Beweglichkeit – sie können rasch schwimmen oder schwerelos schweben, was viel weniger Energie verbraucht. Die neutrale Tarierung erreichen sie durch eine gasgefüllte Schwimmblase, zusammen mit speziellen Organen, die es ihnen erlauben, nach Bedarf Gas aufzunehmen oder abzulassen. Einige Tiefseefische erreichen den Schwebezustand durch extrem leichte Knochen sowie Wachsester und Lipide in ihrem Gewebe, die weniger dicht sind als Meerwasser. Für Bodenbewohner ist eine neutrale Tarierung ein Nachteil, deswegen haben die meisten keine Schwimmblase.

BEIM SCHWIMMEN

Geschwommen wird auf viele verschiedene Weisen. Aale bewegen sich z. B. durch schlängelnde Bewegungen des gesamten Körpers vorwärts, während schnelle Schwimmer wie der Thunfisch sich nur mit ihrer Schwanzflosse durch das Wasser katapultieren. Lippfische und ähnlich Arten schlagen mit ihren Brustflossen; Seepferdchen nutzen nur ihre Rückenflossen. Drücker- und Plattfische schwimmen mithilfe ihrer Rücken- und Afterflossen. Riffbarsche bewegen

UNTEN Der messerartige Auswuchs am Schwanz eines Augenstreifen-Doktorfisches (*Acanthurus dussumieri*) erinnert an ein Skalpell und ist ebenso scharf. Diese Fische leben in warmen, tropischen Gewässern.

sich vor allem mit ihren Brustflossen, nehmen aber auch andere Flossen zur Hilfe. Da das Schwimmen große Muskeln erfordert, machen diese bei Fischen fast 70 Prozent des Gesamtgewichts aus.

LEBENSWICHTIGER ATEM

Fische atmen durch Kiemen, die dem Wasser Sauerstoff entziehen. Knochenfische saugen mit dem Maul Wasser an, das dann über die Kiemen strömt und durch die Kiemenöffnung wieder hinausgepresst wird. Manche schnellen Schwimmer öffnen beim Schwimmen das Maul, sodass das Wasser über die Kiemen strömt.

Fischkiemen erwiesen sich als effizientestes Mittel, unter Wasser zu atmen – mehr als 95 Prozent des im Wasser vorhandenen Sauerstoffs wird über die Kiemen aufgenommen. Einige Fische haben Mechanismen entwickelt, die es ihnen erlauben, Sauerstoff durch

alternative Methoden aufzunehmen. Sie können auch einige Zeit außerhalb des Wassers überleben.

TEMPERATURREGULIERUNG

Die Körpertemperatur der meisten Fische entspricht der Wassertemperatur, weil das Blut in den Kiemen ständig einer Wasserzufuhr ausgesetzt ist. Bei manchen Fischarten wie den Thunfischen und einigen großen Haien ist die Körpertemperatur höher, da beim Schwimmen in den Muskeln Wärme entsteht, die zum Teil ins Blut abgegeben wird und durch ein Gegenstromprinzip in den Körperkern gelangt.

LEBENDE FOSSILIEN

Fleischflosser (Klasse Sarcopterygii) bilden die zweite Gruppe der Kiefer-Knochenfische. Aus dieser Gruppe leben nur die Quastenflosser (Gattung *Latimeria)* im

Ozean. Lungenfische leben im Süßwasser. Es gibt zwei Arten Quastenflosser: eine vor Südafrika, die andere in indonesischen Gewässern.

Viele Jahre hielt die Wissenschaft Quastenflosser für Fossilien. Das erste lebende Exemplar wurde 1938 vor der südafrikanischen Küste gefangen. Dank dieser relativ neuen Entdeckung werden die Tiere auch gern als „lebende Fossilien" bezeichnet.

Quastenflosser sind in Wassertiefen unter 150 m beheimatet, meist entlang steil abfallender, felsiger Gebiete. Sie gebären bis zu 26 lebende Jungtiere.

Der Aufbau ihrer Brust- und Bauchflossen ähnelt dem Bau der Gliedmaßen der Tetrapoden (Amphibien, Reptilien, Vögel und Säugetiere). Auch einige anatomische Strukturen im Innern des Körpers weisen große Ähnlichkeit zu Landwirbeltieren auf, sodass eine enge Verwandtschaft naheliegend ist.

OBEN Mit einer Länge von bis zu 2 m ist der Südatlantische Blauflossen-Thun *(Thunnus maccoyii)* einer der schnellsten Schwimmer unter den Knochenfischen. Er kann theoretisch bis zu 40 Jahren alt werden.

Korallenfische

In den Korallenriffen der Welt geht es bunt und munter zu, was zum Großteil den vielfältigen, faszinierenden Fischarten zu verdanken ist. Korallenfische leben in einer speziellen Temperaturzone der Ozeane. Korallen gedeihen bei einer durchschnittlichen jährlichen Wassertemperatur von 23,5 °C am besten. Sinkt die Temperatur unter 20 °C, findet kaum Riffwachstum statt.

RECHTE SEITE Anemonenfische wie dieser Falsche Clownfisch (*Amphiprion ocellaris*) finden zwischen den nesselnden Tentakeln der Seeanemone Zuflucht. Im Gegenzug ernährt sich die Seeanemone von den Ausscheidungen des Fisches.

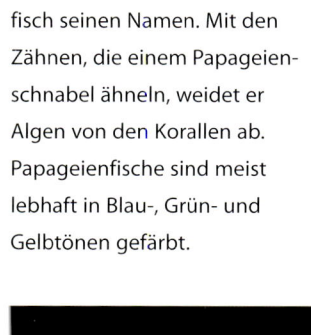

UNTEN Die Zahnstruktur gibt dem faszinierenden Papageienfisch seinen Namen. Mit den Zähnen, die einem Papageienschnabel ähneln, weidet er Algen von den Korallen ab. Papageienfische sind meist lebhaft in Blau-, Grün- und Gelbtönen gefärbt.

IN DEN TROPEN

Die breite tropische Zone der Ozeane, die im Norden und Süden durch Jahresmitteltemperaturen von 20 °C begrenzt wird, wurde in vier Hauptgebiete unterteilt, jedes mit einer eigenen Vielfalt an Korallenfischen: die indo-pazifische, westafrikanische, karibische und pazifisch-amerikanische Zone. Die indo-pazifische Region kann sich der mit Abstand größten Artenvielfalt rühmen – 4000 Arten oder 18 Prozent aller lebenden Fische. In Mikronesien wurden 103 unterschiedliche Fischfamilien beobachtet; einige von ihnen wie die Lipp-, Papageien-, Doktor-, Falter- und Kaiserfische sowie die Riffbarsche sind enger mit dem Korallenriff verbunden als andere.

PAPAGEIENFISCHE

Papageienfische (Familie Scaridae) haben ihren Namen von ihren Zähnen, die zu einer markanten, schnabelartigen Form verwachsen sind. Viele von ihnen, vor allem die Männchen, sind zudem bunt gefärbt. Papageienfische sind eine der großen Herbivorenfamilien am Korallenriff. Sie weiden Algen und Seegras ab und knabbern an Korallen, um an das pflanzliche Material im Inneren zu gelangen. Hinten im Maul besitzen sie Zahnplatten zum Zermahlen von Korallen. So entsteht ein Großteil der weichen Sedimente, die man rund um Korallenriffe findet.

Zusammen mit anderen pflanzenfressenden Fischen und einigen Wirbellosen sind Papageienfische für die sauberen Sandflächen verantwortlich, die die meisten Korallenriffe umgeben, da sie alles pflanzliche Material

im Umkreis abweiden. Männchen, Weibchen und Jungtiere unterscheiden sich in ihrer Färbung deutlich und wurden früher als unterschiedliche Arten angesehen. Erst durch das Aufkommen des Gerätetauchens wurde der Irrtum aufgeklärt, als es Forschern gelang, die „verschiedenen" Arten beim gemeinsamen Laichen zu beobachten. Papageienfische umgeben sich nachts mit einem einzigartigen Schleimkokon.

LIPPFISCHE

Lippfische (Familie Labridae) sind mit den Papageienfischen verwandt, und die Geschlechter und Jungtiere sind ebenfalls unterschiedlich gefärbt. Sie sind jedoch karnivor. Wie Papageienfische können auch Lippfische ihr Geschlecht verändern. Weibchen können sich in Männchen verwandeln und deren Färbung annehmen. Bei einigen Arten hängt dies mit dem Sozialverhalten zusammen. Dabei handelt es sich meist um Arten, bei denen ein einzelnes Männchen ein Territorium mit mehreren Weibchen bewacht, mit denen es sich fortpflanzt. Stößt dem Männchen etwas zu, kann sich das dominanteste Weibchen der Gruppe in ein Männchen verwandeln und dessen Platz einnehmen.

DOKTORFISCHE

Doktorfische (Familie Acanthuridae) sind Pflanzenfresser. Sie knabbern jedoch nicht an Korallen, sondern weiden nur Algen und Seegras ab. Ihr Name leitet sich von einem scharfen, skalpellartigen Stachel kurz vor der Schwanzflosse ab. Oft kann man große Schulen der Fische beobachten, die über das Riff schwimmen und Algen fressen – typischerweise mit dem Kopf nach unten und dem Schwanz nach oben. Eventuell hat dies zur Entwicklung der Stacheln am Schwanz geführt.

FALTER- UND KAISERFISCHE, RIFFBARSCHE

Falterfische (Familie Chaetodontidae) gehören zu den auffälligsten und buntesten Rifffischen. Sie fressen tagsüber und ruhen nachts in Spalten zwischen den Korallen. Falterfische haben lange, bürstenartige Zähne, mit denen sie Korallen, die Tentakel von Meereswürmern sowie kleine Wirbellose und Fischeier fressen. Einige Arten haben lange, spitze Mäuler, mit denen sie weit in die Spalten hineinreichen. Manche Arten ernähren sich vorwiegend von Zooplankton und bilden große Gruppen, die sich in der Mitte der Wassersäule aufhalten. Falterfische bleiben meist mehrere Jahre mit ihrem Partner zusammen und patrouillieren ein Territorium, das sie vor anderen verteidigen.

OBEN Kupferstreifen-Pinzett-fische *(Chelmon rostratus)* gehören zu den buntesten Vertretern am Riff. Ausgewachsene Tiere werden rund 20 cm lang.

OBEN RECHTS Der Königin-Engelfisch *(Holacanthus ciliaris)* ist leuchtend blau und gelb gefärbt. Die scheuen Fische fressen am Tag und verstecken sich nachts zwischen Felsen und Korallen.

UNTEN Der Punktierte Doktor-fisch *(Prionurus punctatus)* weidet Seegras ab. Er ist grau mit kleinen schwarzen Punkten und einer leuchtend gelben Schwanzflosse.

Kaiserfische (Familie Pomacanthidae) sind eng mit den Falterfischen verwandt, ernähren sich aber überwiegend von Schwämmen, weichen Wirbellosen, Algen und Fischeiern. Sie beginnen ihr Leben als Weibchen und können sich später in Männchen verwandeln. Wie bei den Lippfischen verteidigt ein einzelnes Männchen oft ein Territorium mit mehreren Weibchen.

Riffbarsche (Familie Pomacentridae) sind ebenfalls ein wichtiger Bestandteil der Fauna des Korallenriffs. Die Familie ist sowohl bezüglich der Anzahl der Arten als auch der Individuen im Riff groß. Die Fressgewohnheiten sind innerhalb der Gruppe sehr unterschiedlich. Einige ernähren sich von Plankton, andere von Wirbellosen und wieder andere von Algen, die in einer Art „Garten" in ihrem Territorium wachsen.

MARINE METROPOLE
Eine der ersten Fragen, die einem bei der Betrachtung eines Korallenriffs in den Sinn kommt, lautet: „Wie können so viele Fische auf einem derart kleinen Riff nebeneinander leben?" Eine Reihe verschiedener Erwägungen hilft bei der Beantwortung. Ein Korallenriff ist von einer unglaublichen Artenvielfalt und Aktivität erfüllt. Neben den Arten, die man sofort sieht, gibt es auch noch viele andere, die sich in Spalten zwischen den Korallen verstecken. Viele Fische leben zudem nicht ständig am Riff; sie sind nur für ein paar Stunden oder Tage „zu Gast". Einige davon sind Raubfische, wie die Makrele.

MACHT DER GEWOHNHEIT
Für die vielen Arten, die auf dem Riff leben, gibt es mehrere Möglichkeiten, den Lebensraum aufzuteilen. Viele Arten sind z. B. Planktonfresser und halten sich vorwiegend in der Wassersäule über dem Riff auf. Sie spielen eine wichtige Rolle bei der Übertragung der Energie vom offenen Meere in die Riffgemeinschaft. Sie fressen einen Großteil des Planktons, wenn es von Strömungen aus dem offenen Meer über das Riff getrieben wird und werden manchmal auch als „Mäulerwand" bezeichnet. Viele dieser Fische dienen ihrerseits als Nahrung für die größeren Rifffische. Die meiste Energie, die sie an das Riff weitergeben, erfolgt jedoch in Form von Nährstoffen aus ihren Ausscheidungen, die auf das Riff fallen und Futter für Wirbellose und andere Fische liefern. Auch diese Tiere sind dann wiederum Nahrung für die größeren Fische.

RUND UM DIE UHR GEÖFFNET
Die Fütterungsstruktur ist ein weiterer Weg, das komplexe Leben am Riff zu verstehen. Eine wichtige Methode, um sich den Lebensraum und die verfügbare Nahrung am Riff zu teilen, liegt darin, zu unterschiedlichen Zeiten zu fressen. Viele Arten, die nur nachts auf Futtersuche gehen, tun dies jenseits des Riffs. Obwohl sich tagsüber vielleicht große Gruppen Schnapper, Grunzer oder Husarenfische am Riff aufhalten, ziehen sie nachts weg, um im angrenzenden Sand und Seegras nach Wirbellosen und kleinen Fischen zu suchen. Einige andere rote Fische wie Kardinal- und Großaugenbarsche fressen ebenfalls nachts, ernähren sich aber vom Plankton über dem Riff, das nur nachts vorhanden ist. Manche Aale schwimmen nachts über das Riff und jagen kleine Fische, die sich darin versteckt halten.

Bei Tagesanbruch ziehen sich die nachtaktiven Arten in den Schutz des Riffs zurück, und die tagaktiven Tiere kommen aus ihren nächtlichen Verstecken.

Als Erste erscheinen Falterfische und Riffbarsche. Viele tagaktive Fische leben in unterschiedlichen Bereichen des Riffs und bevorzugen unterschiedliche Nahrungsquellen. Neigt der Tag sich dem Ende zu, verschwinden sie langsam wieder ins Riff, bevor die nachtaktiven Arten hervorkommen – das Riff ist nun ungewöhnlich ruhig. Für manche Arten ist dies eine sehr gefährliche Zeit, da das Licht zu schwach für die Fische wird, die tagsüber große Schulen bilden und nun Raubfischen wie Makrelen und Stachelmakrelen, Barrakudas und Haien relativ schutzlos ausgeliefert sind.

GEFAHREN VERMEIDEN

Fische haben viele einzigartige Fähigkeiten, Gefahren aus dem Weg zu gehen. Das Bilden von Schulen ist ein Weg – die wirbelnde Masse an Fischen verwirrt viele Räuber, denen es schwerfällt, einzelne Fische herauszupicken. Andere Arten ziehen sich bei drohender Gefahr in Risse und Spalten in den Korallen zurück. Wieder andere sind geheimnisvoll gefärbt und verschmelzen so praktisch mit ihrem Hintergrund. Anemonenfische leben zwischen den nesselnden Tentakeln der Seeanemone. Ihnen kann das Gift nichts anhaben, andere Fische kommen lieber nicht zu nahe heran. Doktorfische besitzen scharfe Dornen an der Schwanzflosse, und wieder andere haben Stacheln auf dem Kopf.

Manche Fischarten nutzen eine chemische Abwehr. Kugelfische schmecken scheußlich und sind giftig. Es wurde sogar beobachtet, wie sie von Raubfischen wieder ausgespuckt wurden. Eine Reihe von Arten, z. B. die Vertreter der Skorpionsfischfamilie, haben Giftstacheln. Häufig verfügen giftige Fische über einen auffälligen Warnhinweis, etwa einen hellen Fleck auf einer Flosse, der mögliche Feinde abschrecken soll. Dieses Phänomen nutzen ungiftige Arten, indem sie sich der Färbung ihrer giftigen Artgenossen anpassen. Der Mimikry-Feilenfisch *(Paraluteres prionurus)* ahmt z. B. den giftigen Sattel-Spitzkopfkugelfisch *(Canthigaster valentine)* nach. Diese ähnlich aussehenden Fische gehören unterschiedlichen Familien an.

OBEN Sicherheit durch Masse – viele Fische wie der Französische Grunzer *(Haemulon flavolineatum)*, der Blaustreifen-Grunzer *(Haemulon sciurus)* und der Virginia-Grunzer *(Anisotremus virginicus)* schließen sich zum Schutz vor Raubfischen in großen Schulen zusammen.

Bewohner des offenen Meeres

Das offene Meer macht fast 70 Prozent der gesamten Ozeanfläche aus und ist Heimat einiger der schnellsten Raubtiere des Planeten sowie der Vagabunde der Meere, die ständig auf der Suche nach Nahrung oder einem Partner sind oder einfach einmal eine „Mitfahrgelegenheit" nutzen.

UNTER DEN WELLEN

Das offene Meer wird in mehrere Zonen unterteilt. Die obersten 200 m bezeichnet man als Epipelagial oder auch als photische Zone, da Licht bis dort vordringen kann. Dieser Bereich ist besonders wichtig, da hier das Phytoplankton Fotosynthese betreibt. Von diesem Phytoplankton ernährt sich wiederum das Zooplankton. Steigt nährstoffreiches Wasser aus der Tiefe auf, kann die Produktivität sehr hoch sein. Viele der großen Fischereiflotten der Welt gehen in diesen Gebieten auf die Jagd, z. B. nach Thunfischen. Organismen, die unterhalb des Epipelagials leben, benötigen die Ausscheidungen und die zu Boden sinkenden toten Körper als Nahrungsquellen.

DAS WEITE, OFFENE MEER

Als pelagische Fische bezeichnet man alle Arten, die in den obersten Wasserschichten leben. Sie halten sich im offenen Meer, aber auch in Küstengewässern auf. Eine breite Vielfalt an Fischarten hat sich auf diesen Lebensraum spezialisiert, darunter Haie und viele Arten Knochenfische. Pelagische Fische stammen aus vielen verschiedenen Familien, haben sich aber fast alle auf ähnliche Weise an das Leben im Epipelagial angepasst. Die meisten haben einen silbrigen Bauch und eine dunklere Oberseite, ein Muster, das man als Tarntönung bezeichnet. Es macht sie sowohl von der Oberfläche als auch aus der Tiefe sehr schwer sichtbar. Zudem haben sie stromlinienförmige Körper und kleine Flossen, die ihnen ein schnelles, ausdauerndes Schwimmen ermöglichen.

WEIT GEÖFFNET

Das untere Ende der Nahrungskette beginnt hier mit Heringen, Sardinen, Anchovis und ihren Verwandten. Es sind meist weniger als 25 cm lange Fische, die oft in Schwärmen durch das Wasser schwimmen und dabei mit weit aufgerissenem Maul Plankton herausfiltern. Die vom Phytoplankton produzierte Energie wird so in der Nahrungskette nach oben gereicht. Viele der Fische unternehmen im Laufe ihres Lebens auch große Wanderungen. Sie schwimmen von ihren Futterplätzen flussaufwärts zu ihren Laichplätzen. Dort laichen sie ab, und die heranwachsenden Eier und Larven treiben dann mit der Strömung den Fluss hinab zu den Orten, an denen sie sich als Erwachsene aufhalten werden.

UNTEN Eine gewaltige Schule Sardinen schwimmt durch das offene Meer und filtert mithilfe ihrer Kiemen Plankton aus dem Wasser. Sardinen sind ihrerseits wichtige Beutetiere für größere Fische.

AUF DER FLUCHT

Eine Gruppe von Freiwasserfischen, die häufig von Bootsfahrern beobachtet werden, sind die Fliegenden Fische (Familie Exocoetidae). Werden sie durch etwas gestört, schwimmen sie mit angelegten Flossen entlang der Oberfläche, angetrieben von ihrer Schwanzflosse, die 50-mal pro Sekunde schlagen kann. Haben sie genug Geschwindigkeit aufgenommen, spreizen sie die flügelartigen Brust- und manchmal auch die Bauch-flossen und katapultieren sich in die Luft. Das mittlere Flugtempo liegt bei 56 km/h, und Flüge dauern etwa zehn Sekunden. Ein Flug wurde gar bei 42 Sekunden gestoppt! Dieses einzigartige Verhalten ermöglicht ihnen die Flucht, selbst vor großen Raubtieren.

AUF DAS TEMPO KOMMT ES AN

Zu den Raubfischen dieser Zone gehören die Thunfi-sche (Familie Scombridae). Sie können beim Schwim-men ein Tempo von bis zu 100 km/h erreichen. Neben einem torpedoförmigen Körper, der den Widerstand verringert, weisen sie auch einige andere Anpassungen für Hochgeschwindigkeit auf. Sie können ihre Flossen ganz flach an den Körper anlegen, und ihre versteifte Schwanzflosse ermöglicht ein schnelles Ausschlagen ohne Seitwärtsbewegungen des Körpers. Die Wirbel vor der Flosse wurden miteinander verzahnt, was die ganze Schwanzflossenregion versteift. Zudem stabili-sieren Strahlen in der Schwanzflosse die Wirbelsäule. Der Blauflossen-Thun (*Thunnus* sp.) kann bis zu vier Metern lang werden und 500 kg wiegen. Dennoch dient auch dieser Großfisch anderen Fischen als Beute,

z. B. Schwertfischen (Familie Xiphiidae), Fächerfischen und Marlinen (Familie Istiophoridae).

MITFAHRGELEGENHEIT

Große pelagische Fische haben oft Begleiter, sogenann-te Schiffshalter (Familie Echeneidae). Das sind Fische, deren Rückenflosse sich in eine Saugplatte umgebildet hat und nach vorn auf den Kopf gerutscht ist. Damit heften sie sich an Haie oder große Knochenfische an. Beim Schwimmen bewegen sie sich dann über deren Körper und Kiemenspalten und fressen Ektoparasiten. Frisst der Wirt, lässt der Schiffshalter los und sammelt lieber die Futterreste auf.

LINKS Ein Fliegender Fisch (*Exocoetus* sp.) mitten im Flug. Mit seinen großen Brustflossen kann dieser bemerkenswerte Fisch kurze Strecken in der Luft zurücklegen, wenn er sich bedroht fühlen.

UNTEN Ein riesiger Manta spielt den Wirt für eine Gruppe von Schiffshaltern. Diese ernähren sich von den Resten der Mahl-zeit des größeren Fisches sowie von Mikroorganismen auf dem Körper ihres Wirts. Mit ihrer Saugplatte heften sie sich an große pelagische Fische wie Haie oder Rochen an.

Bewohner der Tiefsee

Die dunklen Tiefen des Ozeans, in die kein Sonnenlicht mehr vordringt, beherbergen eine ganze
Reihe von Fischarten – zum Teil äußerst bizarre. Der Kampf um das tägliche Überleben ist hier sehr
hart, nicht zuletzt durch den enormen Wasserdruck, der auf den Bewohnern lastet.

LEBEN IN DER DUNKELHEIT

Unterhalb des Epipelagials (200 m) gibt es nicht mehr
ausreichend Licht für ein Pflanzenwachstum. Dieser
Bereich wird in zwei Zonen unterteilt, das Mesopelagial
(200–1000 m) und das Bathypelagial (unter 1000 m).
Ins Mesopelagial dringt noch etwas Licht vor – meist
in der blau-grünen Wellenlänge –, das von Fischen
wahrgenommen wird. Das Bathypelagial liegt in
völliger Dunkelheit. Das Leben in dieser finsteren
Umgebung hat für einige faszinierende Anpassungsmechanismen gesorgt. Die Fische müssen nicht nur
im Dunkeln fressen, sondern auch Partner finden,
sich fortpflanzen und es vermeiden, selbst gefressen

RECHTS Walköpfe (*Cetomimus*
sp.) gehören zu den Fischen,
die in der größten Tiefe leben.
Einige Arten wurden in 3,5 km
Tiefe entdeckt.

UNTEN Tiefsee-Beilfische (Familie
Sternoptychidae) leben im
Bathypelagial. Sie haben große
Augen, die es ihnen erleichtern,
in der Dunkelheit der Tiefsee
Beute aufzuspüren.

zu werden. Zusätzlich sind sie dem sehr kaltem Wasser
und enormen Druck in der Tiefe ausgesetzt. In Anbetracht all dieser Hindernisse ist es umso erstaunlicher,
dass über 2000 Fischarten in der Tiefsee leben.

ES WERDE LICHT

Es gibt zwar viele nicht miteinander verwandte Familien von Tiefseefischen, allen gemein sind aber einige
Anpassungsmechanismen für das Überleben in dieser
einzigartigen Umwelt. Viele von ihnen haben Licht
produzierende Leuchtorgane. Bei einigen entsteht das
Licht durch chemische Reaktionen, bei anderen leben
Licht produzierende Bakterien in den Leuchtorganen.
Zahlreiche Fische des Mesopelagials haben Leuchtorgane an ihren Bäuchen. Diese tragen dazu bei, ihre
Silhouette vor dem von oben einfallenden Licht zu
verwischen. Das von den Leuchtorganen produzierte
Licht liegt im blaugrünen Spektrum wie das Licht in
der Umgebung.

Auch bei der Jagd spielen Leuchtorgane eine große
Rolle. Bei Bartel-Drachenfischen (Familie Stomiidae),
Rutenanglern (Familie Ceratiidae) und vielen anderen
Fischarten sitzt das Leuchtorgan am Ende einer Barte
oder veränderten Flosse und enthält oft phosphoreszie-
rende Bakterien. Kleinere Fische werden von dem Licht
angezogen, dass sie für leichte Beute halten, und fallen
dann selbst dem größeren Fisch zum Opfer. Einige
Beilfische (*Argyropelecus* sp.) haben sogar Leuchtorgane im Maul. Viele dieser Fische besitzen riesige Fang-
zähne, damit ihnen die Beute nicht wieder entwischt.

Auch zur Identifizierung potenzieller Partner sind
Leuchtorgane von Bedeutung. Die Leuchtmuster der
Laternenfische (Familie Myctophidae) sind artspezi-
fisch und helfen Männchen und Weibchen einer Art,
einander im Dunkeln zu erkennen.

Die meisten Fische in diesen Regionen haben
spezialisierte Augen, mit denen sie den Lichtmangel
ausgleichen. Mesopelagische Fische besitzen große
Augen und Pupillen, die zum Teil langgestreckt sind,
sowie Retinae, die nur aus Stäbchen bestehen und ihre
Lichtempfindlichkeit erhöhen. Die Fische der dunkelsten Regionen haben dagegen sehr kleine Augen und
sind stattdessen für die leichtesten Vibrationen im
Wasser empfänglich.

FRESSEN IN DER DUNKELHEIT

Die meisten Arten des tieferen Mesopelagials tauchen
nachts zum Fressen in die euphotische Zone auf, da
ihnen dort mehr Nahrung zur Verfügung steht. Bei
dieser Wanderung die Wassersäule hinauf steigen selbst

LINKS Der *Photostomias guernei* lebt im Bathypelagial. Ihm fehlt die Unterseite des Maules, damit er es weiter öffnen und größere Beutetiere verspeisen kann.

kleine Fische mehr als 200 m auf. Bei Tagesanbruch lassen sie sich wieder in die Tiefe sinken, wo es weniger Fressfeinde gibt. Neben den Freiwasserarten gibt es benthische Fische, die am Boden leben sowie bentho-pelagische Fische, deren Heimat sich knapp darüber befindet. Dort leben z. B. Grenadierfische (Familie Macrouridae), Dreibeinfische *(Bathypterois grallator)*

und Bartmännchen (Familie Ophidiidae). Bartmänn-chen wurden in Tiefen von 8000 m am Meeresboden entdeckt! Schwarze Schlinger *(Pseudoscopelus* sp.*)* und Pelikanaale *(Eurypharynx pelecanoides)* haben stark dehnbare Mäuler, Schlünde und Bäuche, mit denen sie Fische fressen können, die fast so groß sind wie sie selbst – ein Vorteil, wenn einem selten Beute begegnet.

Bissige Liebe

Der Lebensraum Tiefsee ist unvorstellbar groß, was es für die dort lebenden Fische sehr schwierig macht, einen Partner zu finden. Der Tiefsee-Anglerfisch hat das Problem auf einzigartige Weise gelöst.

Männchen sind etwa zehnmal kleiner als Weibchen. Sie haben sehr große Nasenöffnungen und schnabelartige Hautzähnchen vorn am Maul. Spüren sie den Geruch eines Weibchens auf, folgen sie diesem und suchen auch nach ihrem Leuchten. Haben sie die Angebetete gefunden, beißen sie sich sofort an ihr fest. Das Gewebe um das Maul des Männchens verschmilzt mit dem Körper des Weibchens und sie werden eins. Das Männchen ernährt sich parasitär über das Weibchen und liefert ihr zur Laichsaison den nötigen Samen.

An felsigen Küsten

Die felsigen Küsten der Tropen sind Heimat vieler Fischarten, aber auch die Küsten der gemäßigten Breiten können eine große Artenvielfalt aufweisen, vor allem im Gebiet zwischen der Hoch- und Niedrigwasserlinie, der Gezeitenzone. Gezeitentümpel sind wichtige Lebensräume für Fische, insbesondere Jungfische, da ihnen hier weniger Gefahren drohen als im tiefen Wasser.

RECHTS Der Scheibenbauch (Familie Liparidae) hängt sich mit seinen zu einer Saugscheibe umgewandelten Bauchflossen an das Kelp – eine wichtige Fähigkeit in der Gezeitenzone.

RECHTE SEITE Beim Gezeitenwechsel klemmen sich die Mitglieder der Groppen-Familie wie dieser *Hemilepidotus hemilepidotus* mit ihren Brustflossen am Felsen fest, damit sie von der Gezeitenströmung nicht weggespült werden.

UNTEN Die Leopardengrundel (*Thorogobius ephippiatus*) wird etwa 13 cm lang. Die Fische aus der Familie der Gobiidae fressen Krustentiere, Schnecken und Algen. Sie leben im europäischen Ostatlantik.

ÜBERLEBEN AN DER KÜSTE

Zahlreiche Fische aus den tieferen Gewässern kommen zum Laichen in die Gezeitenzone; andere gehen dort bei Flut auf Nahrungssuche. Neben den temporären Besuchern gibt es viele Fische, die dauerhaft in dem anspruchvollsten aller marinen Lebensräume leben. Der Gezeitenwechsel sorgt für regelmäßige Veränderungen des Habitats. Ansässige Arten müssen sich auf Extreme in Temperatur, Wassermenge und Wellenkraft sowie die ständige Nachfrage nach Futter und Sauerstoff einstellen.

Im Laufe des Tages sind Fische in Gezeitentümpeln großen Temperaturschwankungen ausgesetzt. Bei Flut werden sie von kaltem Wasser überspült, bei Ebbe sind sie in kleinen Tümpeln gefangen, die von der Sonne erhitzt werden. Ganz im Norden und Süden können die Temperaturen auch unter den Gefrierpunkt sinken. Die Fische haben zudem ein Sauerstoffproblem, da sie bei Ebbe entweder zwischen oder unter Felsen mit wenig Wasser oder in flachen, warmen Tümpeln festsitzen, die kaum noch Sauerstoff enthalten. Einige Arten haben Mechanismen entwickelt, durch die sie Sauerstoff aus der Luft beziehen können – einige absorbieren ihn durch die Haut, andere durch spezielles Gewebe im

Maul und wieder andere durch veränderte Kiemen, die auch außerhalb des Wassers arbeiten. Für Fische, die unter Felsen oder in Algen stranden, ist besonders die Austrocknung ein Problem.

DER UMWELT AUSGESETZT

Die Wellenkraft stellt in diesem Lebensraum eine große Herausforderung dar. Fische der intertidalen Zone haben zahlreiche Gemeinsamkeiten in Körperform, Physiologie und Verhalten, die ihnen helfen, in dieser unerbittlichen Umgebung zu überleben. Die meisten sind klein und können sich in Spalten bzw. unter oder zwischen Steinen verstecken. Ihre Haut ist sehr hart, und sie haben keine oder kleine, fest anliegende Schuppen. Manche Arten produzieren Schleim, um die Haut feucht zu halten. Vielen fehlt zudem die Schwimmblase, damit sie sich leichter am Boden halten können.

Stachelrücken (Familie Stichaeidae), die vor allem im Nordpazifik und Atlantik leben, sind ein gutes Beispiel für eine perfekte Anpassung. Sie haben einen aalartigen Körper, mit dem sie sich beim Einsetzen der Ebbe zwischen oder unter Steine quetschen können. Sie pressen sich eng an Felsen oder Algen, um die von Austrocknung bedrohte Körperfläche so gering wie möglich zu halten. Dann klappen sie den Körper nach vorn zum Maul und bedecken so die entblößte Seite.

Bei Schildfischen (Familie Gobiesocidae), Scheibenbäuchen (Familie Liparidae) und Grundeln (Familie Gobiidae) haben sich die Bauchflossen in eine Saugscheibe verwandelt, mit der sie sich festhalten können,

wenn die Wellen an die Felsen branden. Viele andere Fische, wie die Groppen (Familie Cottidae) besitzen große Brustflossen, mit denen sie sich an Felsen festklemmen, damit sie nicht weggespült werden.

Große Raubfische kommen auf Futtersuche auch in die Gezeitenzone, daher haben viele Fische dort Tarntönungen entwickelt, die ihnen dabei helfen, mit ihrer Umgebung zu verschmelzen und vielleicht für die Fressfeinde unsichtbar zu werden. Butterfische (Familie Pholidae) können sich durch ihre Färbung z. B. gut im Kelp verstecken. Ihre Tarnfarben schützen die Fische auch vor den Seevögeln, die bei Ebbe in Gezeitentümpeln nach Nahrung suchen.

ZU HAUSE IST ES AM SCHÖNSTEN

Die Verfügbarkeit von Nahrung hat großen Einfluss auf das Leben im Gezeitentümpel. Dort herrscht ein Überfluss an Algen und Wirbellosen, d. h., die vielen Bewohner machen reiche Beute. In der Gezeitenzone leben mehr pflanzenfressende Fische als in anderen gemäßigten Breiten, aber weniger als in tropischen Meeren. Studien über verschiedene Gezeitenfische

ergaben, dass sie fast alle einen „Heimattümpel" haben. Bei Flut erforschen sie auf Nahrungssuche die Umgebung, beim Einsetzen der Ebbe kehren sie aber nach Hause zurück. Selbst einzelne Fische, die sich bei Flut fast 300 m von ihrer Heimat entfernten, kehren beim Gezeitenwechsel dennoch dorthin zurück.

OBEN Die im östlichen Pazifik beheimatete Zwerggrundel *(Lepidogobius lepidus)* lebt in der Gezeitenzone, aber auch in Tiefen bis 200 m.

Jenseits der Gezeiten

Die tieferen Küstengewässer jenseits der Gezeitenzone – die Subtidalzone – erstrecken sich über den Kontinentalschelf. Obwohl sich einige pelagische Fische im offenen Wasser über dem Schelf aufhalten, leben die meisten Arten hier in enger Verbindung zum Boden, der felsig, sandig oder schlammig sein kann. Viele dieser Fische sind kommerziell wertvoll.

PLATTFISCHE

Plattfische (Seezunge, Scholle, Flunder, Heilbutt) sind besonders gut an das Leben auf dem sandigen oder felsigen Boden der Subtidalzone angepasst. Sie sind insofern ungewöhnlich, dass beide Augen auf der gleichen Körperseite sitzen. Nach dem Schlüpfen unterscheiden sie sich zunächst nicht von anderen Fischen, aber während sie wachsen wandert ein Auge langsam auf die andere Seite. Zudem verschieben sich die Schädelknochen in dieselbe Richtung. Plattfische liegen quasi auf der Seite mit den Augen nach oben. Wenn sie auf dem Boden liegen, tarnen sie sich, indem sie Sand über ihren Körper schaufeln und sich farblich an den Untergrund anpassen, sodass sie für Fressfeinde, aber auch potenzielle Beute schwer zu sehen sind. Die meisten Plattfische fressen im Sand lebende Wirbellose; einige fressen aber auch andere Fische.

UNTEN Der Kabeljau *(Gadus morhua)* lebt überwiegend in nordatlantischen Subtidalzonen und ernährt sich von Krabben, Tintenfischen und Fischen. Da der Kabeljau ein beliebter Speisefisch ist, ist er akut durch Überfischung bedroht.

DRACHENKOPFVERWANDTE

Eine weitere kommerziell bedeutende Gruppe der Flachwasserzone sind die Drachenkopfverwandten (*Scorpaenoidei*), zu denen z. B. auch der Rotbarsch gehört. Drachenkopfverwandte leben vor allem in den kühlen Gewässern der Nord- und Südhalbkugel, mit der größten Konzentration im Nordpazifik. Die Gruppe umfasst viele Arten, von denen allein 65 vor der nordamerikanischen Pazifikküste leben. Drachenkopfverwandte findet man in Tiefen von bis zu 200 m, über weichen oder felsigen Untergründen, oft in Verbindung mit Kelpwäldern. Im Gegensatz zu den meisten Fischarten findet bei ihnen die Befruchtung im Körper statt und die Eier entwickeln sich dort weiter. Sind die Fischlarven geschlüpft, verbringen sie einige Zeit im Plankton. Dank fortschrittlicher Bestimmungsmethoden konnte die Wissenschaft beweisen, dass eine

der Arten 205, eine andere 156 und eine dritte 118 Jahre lebt. Langlebige Fischarten werden meist spät erwachsen und so sind manche Arten der Drachen-kopfverwandten erst mit 22 Jahren oder später ausgewachsen. Auf ihnen lastet ein besonderer Druck, da viele Exemplare gefangen werden, bevor sie eine Chance hatten, sich fortzupflanzen.

KABELJAUFANG

Der Kabeljau *(Gadus morhua)* lebt in der Flachwasser-zone des Nordatlantiks, entlang der Küsten Europas und Nordamerikas, in Tiefen von bis zu 450 m. Die meisten kommerziell gefangenen Exemplare wiegen etwa 5 kg; es wurde aber auch schon ein 95 kg schwerer, 178 cm langer Kabeljau gefangen. Kabeljaue halten sich meist etwa 2 m über dem Meeresboden auf und ernähren sich vorwiegend von Fischen, Krebsen und Kalmaren. Sie gehören zu den weltweit wichtigsten Speisefischen; in den letzten Jahren wurde ihr Bestand durch Überfischung deshalb sehr stark reduziert.

AB IN DIE KÄLTE

Auch die polaren Subtidalzonen sind Heimat zahlrei-cher Fischarten. Die Antarktis beherbergt z. B. einige der interessantesten Arten wie die Eisfische (Unterord-nung Notothenioidei), die in bis zu −1,67 °C (dem Gefrierpunkt von Meerwasser) kaltem Wasser leben können. Bei diesen Temperaturen werden Blut und Gewebe stark unterkühlt. Schwimmen diese Fische in Richtung Oberfläche, bilden sich rasch Eiskristalle in ihrem Körper. Um das zu vermeiden, bleiben viele Arten einfach am Grund. Einige andere Arten können sich jedoch problemlos der Oberfläche nähern, da sie eine Art Frostschutzmittel (eine Gruppe von Anti-Frost-Proteinen) im Blut haben. Die Moleküle binden sich an entstehende Eiskristalle und verhindern deren weiteres Wachstum und die Ausbreitung im Körper. Krokodileisfische haben eine andere Überlebensme-thode entwickelt. Sie haben kaum rote Blutkörperchen und somit auch kaum Hämoglobin (das Sauerstoff befördernde Pigment, das das Blut rot färbt), was sie fast durchsichtig wirken lässt. Sie können ohne viel Hämoglobin leben, da ihre eisige Umgebung extrem sauerstoffreich ist und sie ein großes Blutvolumen besitzen, das von ihrem vergrößerten Herz rasch durch den Körper gepumpt wird. Zudem können sie weiteren Sauerstoff über die Haut aufnehmen.

OBEN RECHTS Dieser *Sebastes maliger* findet in einem großen Schwamm, der an einem Riff bei Lunds, British Columbia, Kanada, wächst, ein gutes Versteck.

RECHTS Beide Augen des Pfauenbutts *(Bothus lunatus)* sitzen auf der linken Körperseite des Fisches. Plattfische wie die Butte sind hervorragend für das Leben auf dem sandigen Meeresgrund geeignet. Sie leben in Tiefen von bis zu 100 m, werden aber meist in Tiefen um 20 m gesichtet.

Fische in Ästuaren und Mangroven

Ästuare entstehen in tief liegenden Gebieten, in denen Flüsse oder Ströme ins Meer münden. Meist sind sie halb von Land umschlossen, sodass die Mischung aus Süß- und Salzwasser von der ganzen Wucht der Wellen und des Windes verschont bleibt. Manchmal werden Ästuare auch als Buchten, Lagunen, Sunde, Fjorde oder Ähnliches bezeichnet.

OBEN Diese Schlammspringer *(Periopthalmus sp.)* sitzen auf der Luftwurzel einer Mangrove. Dank der hohen Luftfeuchtigkeit in Mangrovenwäldern können sie mehrere Stunden außerhalb des Wassers überleben.

RECHTS Luftaufnahme des Carlton River in Tasmanien, der sich seinen Weg durch das geschützte Carlton-Ästuar bahnt. Süß- und Salzwasser mischen sich hier, bevor der Fluss in den Ozean mündet.

Dank des Zuflusses nährstoffreichen Wassers vom Land gehören Ästuare zu den produktivsten marinen Lebensräumen der Erde. Sie sind daher für viele Arten von Küstenfischen eine äußerst bedeutende Kinderstube. Zudem weisen sie einen Überfluss an Pflanzen und Wirbellosen auf, die Nahrung für die adulten Tiere bietet. Sehr große Ästuare wie die Chesapeake Bay an der Ostküste Nordamerikas unterstützen zudem den kommerziellen Fischfang in großem Maßstab.

PHYSISCHE VERÄNDERUNGEN

Die physikalischen Eigenschaften des Wassers im Ästuar ändern sich täglich mit dem Gezeitenwechsel. Dringt bei Flut Salzwasser in das Ästuar ein, steigt der Salzgehalt; bei Ebbe sinkt dieser wieder. Meist gibt es ein Gefälle in der Salinität eines Ästuars – je weiter flussaufwärts man vordringt, desto mehr nimmt sie ab. Die Fische, die in den verschiedenen Bereichen leben, reflektieren dieses Gefälle. An der Mündung in den Ozean leben in erster Linie Salzwasserfische, flussaufwärts dagegen eher Süßwasserarten. Fische, die hier beheimatet sind, müssen plötzliche Änderungen in Temperatur, pH-Wert und Salzgehalt aushalten.

ÄSTUARBEWOHNER

Fünf verschiedene Fischgruppen sind in Ästuaren anzutreffen. Die Ersten sind reine Meeresbewohner wie Haie und Rochen, die zu einigen Jahreszeiten mit der Flut zum Fressen in das Mündungsgebiet vordringen. Dazu kommen marine Wanderfische, die entweder zur Fortpflanzung in das Ästuar gelangen oder deren Larven und Jungtiere in diesem Bereich aufwachsen. Die dritte Gruppe durchquert das Ästuar, um zu ihrem Laichgebiet zu gelangen; es können Salzwasserfische sein, die im Süßwasser laichen – wie der Lachs – oder Süßwasserfische wie der Aal, der im Ozean laicht. Dann gibt es noch Süßwasserfische, die nahe der Mündung leben sowie einige Arten, die dauerhaft im Ästuar leben. Zu ihnen gehören Grundeln, Seenadeln, Stinte und Eierlegende Zahnkarpfen. Diese Gruppe ist die interessanteste, denn sie muss sich täglich starken Veränderungen in ihrer Umwelt stellen.

Eine dieser Veränderungen ist der Salzgehalt. Das Blut von Süßwasserfischen ist salzhaltiger (es besitzt mehr Ionen) als das sie umgebende Wasser, sodass Wasser ständig durch Osmose in sie eindringt. Um das überschüssige Wasser wieder auszuscheiden,

produzieren sie große Urinmengen; um Ionen zurück-
zuhalten, während sie das Wasser ausscheiden, nehmen
sie zusätzlich Salz durch die Kiemen und die Schleim-
haut im Maul auf. Salzwasserfische haben dagegen ein
umgekehrtes Problem, da das Wasser, das sie umgibt,
mehr Salz enthält als ihr Blut. Sie trinken daher große
Mengen Meerwasser und scheiden das überschüssige
Salz durch ihre Eingeweide und Kiemen wieder aus.
Einige Fische haben sich an das Leben in Wasser mit
wechselndem Salzgehalt angepasst. Diese Fische –
z. B. die Flunder – können den Ionengehalt in ihrem
Blut verändern, je nachdem, ob sie sich in Süß- oder
Salzwasser aufhalten. In dem Zuge verändern sie auch
ihre Trinkmenge bzw. die Menge der Urinproduktion.
Fische wie der Lachs, der zum Laichen vom Salz- ins
Süßwasser wandert, und dessen Junge zum Aufwachsen
wieder ins Meer zurückgehen, nehmen diese Veränderungen auf einer dauerhaften Basis vor.

In subtropischen und tropischen Regionen werden
Ästuare oft von Mangrovenwäldern gesäumt. Mangroven besitzen viele Luftwurzeln, die sich vom Stamm
aus bis ins Wasser erstrecken und vielen Fischen und
Wirbellosen einen großzügigen Lebensraum bieten.

RECHTS Eine Schule Schützenfische (*Toxotes jaculatrix*) schwimmt
zwischen den Luftwurzeln der Mangroven, wo sie Nahrung und
Schutz finden. Schützenfische leben im tropischen Asien.

Vor allem Schleimfischartige und Grundeln sowie die
Jungen vieler Rifffische findet man dort in großer Zahl.
Eine Grundelart, die Schlammspringer, sitzen bei Ebbe
auf den Luftwurzeln, komplett außerhalb des Wassers,
und fressen kleine Insekten und andere Wirbellose. Sie
können so viel Zeit außerhalb des Wassers verbringen,
da ihre Kiemen in einer Höhle sitzen, die mit Wasser
und Luft gefüllt ist. Bei Flut kehren sie in ihre Höhlen
unter der Wasserlinie zurück, um größeren Fischen
zu entgehen.

OBEN Nach ihrer Wanderung
flussabwärts fressen junge
Lachse im Ästuar und wachsen
ein wenig, bevor sie sich ins
offene Meer hinauswagen.

MEERESSÄUGER

Aus einer vielfältigen Bandbreite von Entwicklungslinien haben sich Meeressäuger zu einigen der schönsten und intelligentesten Kreaturen in unseren Ozeanen herausgebildet. Zusammen beweisen sie eine erstaunliche Vielfalt an Größen und Lebensweisen, die seit Jahrhunderten unsere Fantasie beflügeln.

KLASSIFIKATION

Die vielseitige Gruppe von Lebewesen, die wir als Meeressäuger bezeichnen, hat sich aus Vorfahren entwickelt, die an Land lebten. Heute repräsentieren sie drei unterschiedliche Säugetierordnungen: Fleischfresser, Waltiere und Seekühe. Obwohl ihre Anpassung an das Leben im Meer sie alle verbindet, sind sie unabhängig voneinander aus völlig unterschiedlichen Vorfahren hervorgegangen.

Die Fleischfresser – Eisbären, Otter, Robben, Seelöwen und Walrosse – stammen von Bären (Ursidae) und Mardern (Mustelidae) ab. Die Waltiere – Wale, Delfine und Tümmler – können ihren Stammbaum zu Huftieren wie Kühen und Schweinen zurückverfolgen. Die Seekühe schließlich – Manatis und Dugongs – sind mit den Elefanten verwandt.

Trotz dieser Vielfalt verbindet sie alle eine wichtige Tatsache: Wie wir Menschen atmen sie Luft und bringen lebende Jungtiere zur Welt – entweder im Meer oder an der Küste.

ROBBEN, WALROSSE UND EISBÄREN

Die fünf Familien der karnivoren Meeressäuger werden in die Unterordnung Pinnipedia eingruppiert. Die ersten vier Familien sind Otariidae – Seelöwen und Seebären –, Phocidae – Hundsrobben –, Odobenidae – Walrosse – sowie Mustelidae – Otter, Marder, Nerze usw. Die fünfte Gruppe, die Ursidae (Bären), wird von dem Eisbären repräsentiert, der zwar nicht im Wasser lebt, aber dennoch als Meeressäuger gilt, weil er den Großteil seines Lebens in einem marinen Umfeld verbringt, wenn auch einem gefrorenen.

Im Gegensatz zu anderen marinen Säugetieren haben die Pinnipedia ihre Verbindung zum Land nicht völlig gekappt. Sie verbringen den überwiegenden Teil ihres Lebens im Wasser, müssen aber zum Gebären und Fellwechsel an Land oder auf das Eis zurückkehren. Sie leben in allen Weltmeeren mit Ausnahme des Indischen Ozeans. Die größte Anzahl findet man in den Polarmeeren, da diese Gewässer besonders reich an Plankton und Fischen sind.

WALE, TÜMMLER UND DELFINE

Die Cetacea verbringen ihr ganzes Leben in allen Aspekten im Meer. Die Ordnung umfasst etwa 90 bekannte Arten, die in zwei Unterordnungen aufgeteilt werden – die Zahnwale oder Odontoceti, zu denen Delfine und Tümmler gehören, sowie die Bartenwale oder Mysticeti. Beide Ordnungen sind in allen Weltmeeren beheimatet und leben zum Teil auch in Seen und Flüssen Süd- und Nordamerikas sowie Asiens.

DUGONGS UND MANATIS

Die Sirenia sind vermutlich der Ursprung des Mythos von der Meerjungfrau und als einzige Meeressäuger Pflanzenfresser. Die behäbigen Kreaturen – auch Seekühe genannt – leben in seichten tropischen Wasserstraßen, wo sie Seegras und andere Wasserpflanzen fressen.

„COOL" BLEIBEN

Wasser, insbesondere sehr kaltes Wasser, ist im Grunde für Säugetiere eine recht feindselige Umgebung, da ihre Kerntemperatur deutlich höher ist als ihre Umgebungstemperatur. Große Tiere haben ein niedriges Verhältnis zwischen Körperoberfläche und Volumen – und die meisten Meeressäuger sind ziemlich groß. Der größte Wal, der Blauwal, kann bis zu 30 m lang werden und 200 t wiegen. Er ist das mit Abstand größte Tier, das jemals auf der Erde lebte.

Meeressäuger kombinieren ihre Größe mit einer hervorragenden Wärmedämmung in Form von Pelz oder Blubber, einer dicken Schicht aus Fett, Kollagen und Elastin. Waltiere und Seekühe sind fast völlig haarlos und für die Isolierung daher ganz auf ihre Blubberschicht angewiesen. Neugeborene Schweinswale stellen dabei den Rekord auf – 43 Prozent ihrer Gesamtmasse besteht aus Blubber! Seeotter und Eisbären verlassen sich eher auf ihren Pelz.

Eine haarige Angelegenheit

Seeotter haben das dichteste Fell im Tierreich – bis zu 150 000 Haare pro Quadratzentimeter Haut. Ihr Pelz besteht aus zwei Schichten, einem kurzen, dichten Unterfell und groben, wasserfesten Deckhaaren, die kein Wasser an das Unterfell dringen lassen. So schützt es den Otter äußerst wirkungsvoll vor der Kälte. Das Fell ist so dicht, dass stets eine dünne Luftschicht über der Haut liegt, sogar beim Schwimmen. Das Fell will jedoch sorgfältig gepflegt werden, da die wasserabweisende Qualität der Deckhaare von äußerster Sauberkeit abhängt. Bei seiner aufwändigen Pflegeroutine macht sich der Otter seine lose Haut und sein außergewöhnlich bewegliches Skelett zunutze, sodass er das Fell an jeder Stelle des Körpers problemlos erreicht.

LINKS Seeotter *(Enhydra lutris)* legen sich zum Fressen und Putzen auf den Rücken. Diese drei knabbern in Monterey Bay, Kalifornien, USA, an Kelp.

OBEN Eine Herde Walrosse *(Odobenus rosmarus)* versammelt sich auf dem Packeis zwischen der Beaufort- und der Tschuktschensee, vor der Küste Alaskas.

LINKS Ein Buckelwalweibchen *(Megaptera novaeangliae)* schwimmt mit seinem Kalb in den warmen Gewässern vor Hawaii.

RECHTS Delfine treiben gern Possen. Hier zeigen zwei ihre Fluken in der Tasmansee vor der australischen Ostküste.

Wale, Delfine und Tümmler

Wale, Delfine und Tümmler haben sich wie die anderen Mitglieder der Ordnung Cetacea unter
Wasser entwickelt, wo der Auftrieb die Schwerkraft kompensiert. Einige dieser Tiere können
wahrlich gewaltige Ausmaße erreichen – der Blauwal ist das größte Lebewesen aller Zeiten!

GIGANTEN DER TIEFE

Der Begriff „Wal" bezieht sich allgemein auf die großen
Wale wie den Pottwal aus Moby Dick und den sanften
Riesen der Meere, den Blauwal.

Der fundamentale Unterschied zwischen ihnen
ist die An- oder Abwesenheit von Zähnen. Cetaceae
werden in zwei Unterordnungen aufgeteilt: Mysticeti
oder Bartenwale und Odontoceti oder Zahnwale.

Bartenwale wie der Blauwal haben riesige Hornplat-
ten im Oberkiefer, gewaltige, kammartige Strukturen,
mit denen sie ihre Nahrung – Krill und Plankton – aus
dem Wasser filtern.

Zahnwale jagen und fressen einzelne Beutetiere.
Der größte Zahnwal, der Pottwal, frisst Beutetiere wie
Kalmare oder Fische und taucht dafür schon einmal bis
in 3000 m Tiefe. Damit kann er von allen Säugetieren
auf Erden mit Abstand am tiefsten tauchen. Zu seiner
Beute gehören auch die berühmten Riesenkalmare.
Während noch nie ein Kampf zwischen diesen beiden
Riesen (der größte je gefangene Riesenkalmar wog
über 450 kg) beobachtet wurde, stammen die weißen
Narben auf den Körpern vieler Pottwale vermutlich
von Haken an den Tentakeln der Riesenkalmare.

Obwohl einige Wale lang und schlank, andere eher
kurz und stämmig sind, teilen alle einen recht stromlinienförmigen, torpedoartigen Körperbau. Dank ihrer
vollständigen Anpassung an das Leben und die Fortbewegung im Wasser haben sie eine Form angenommen,
die sehr den Fischen ähnelt, obwohl sie nicht sehr eng
miteinander verwandt sind. Am einfachsten kann man
Wale von Fischen durch die Form und Bewegung der
Schwanzflosse unterscheiden. Der Schwanz eines
Fisches steht senkrecht und bewegt sich beim Schwimmen seitwärts, während die Schwanzflosse des Wals,
die Fluke, waagerecht liegt und sich auf und ab bewegt.

WANDERUNGEN

Viele Großwale unternehmen lange Reisen durch die
Weltmeere. Ihre jährlichen Wanderungen, die oft über
lange Distanzen einer festen Route folgen beweisen ihre
erstaunliche Fähigkeit, sich ohne große Probleme in
allen Meeren zurechtzufinden.

Unser Wissen über die Wanderungen der Wale
stammt großteils aus historischen Walfangaufzeich-
nungen, der Identifikation bestimmter an unterschiedlichen Orten fotografierter Wale, visuellen und akusti-
schen Forschungen und, in jüngster Zeit, auch der
Verfolgung mittels Funk und Satelliten. Zudem wird
gerade an der Entwicklung von DNS-Analysetechniken
zur Feststellung des Mischungsgrades unter verschiedenen Populationen wandernder Buckelwale gearbeitet.

Bartenwale unternehmen sowohl auf der Nord- als
auch der Südhalbkugel grundsätzlich saisonale Wanderungen. Den Sommer verbringen sie in den Polarmeeren, im Winter zieht es sie in die Nähe des Äquators,
um sich fortzupflanzen und ihre Kälber auf die Welt
zu bringen. Durch Ozeanströmungen gelangt in
einigen Regionen kaltes, nährstoffreiches Wasser an
die Oberfläche, was zu einer wahren Explosion der
Krill- und Planktonbestände führt. Dies geschieht
in einem Gürtel, der die Antarktis umgibt, sowie in
einigen Bereichen des Nordatlantiks und Nordpazifiks.

Grauwale unternehmen die längsten Wanderungen.
Sie schwimmen von ihren Winterpaarungsgründen in
Baja California, Mexiko, zu Sommerpaarungsgebieten
in den nährstoffreichen Gewässern des Beringmeeres
zwischen Alaska und Sibirien und wieder zurück. Die
unglaubliche Reise umfasst alljährlich 18 000 km. Bei
der mittleren Lebensdauer des Grauwals von 80 Jahren
entspricht das zwei Flügen zum Mond und zurück.

UNTEN Blauwale werden selten
gesichtet, da sie sehr zurückgezogen in den Tiefen der Ozeane
oder im offenen Meer leben. Die
riesige Schwanzflosse (Fluke)
verdeutlicht hier die enormen
Ausmaße des Tieres.

Der Größte von allen

Der Blauwal ist der größte und schwerste aller Wale und zudem das größte Tier auf Erden. Wie
bei allen Bartenwalen sind die Weibchen größer als die Männchen. Im Durchschnitt werden sie
25–26 m lang, können aber auch über 30 m erreichen und dann knapp 200 t wiegen. Ihr Herz
hat die Größe eines Kleinwagens, und ein Mensch könnte problemlos durch ihre Aorta kriechen.

Neugeborene Blauwalkälber wiegen etwa 2–3 t und können bereits 8 m lang sein. Pro Tag
trinken sie 200 l Muttermilch und nehmen etwa 90 kg zu – das Gewicht eines durchschnittlichen
erwachsenen Menschen!

Das ist aber noch nicht alles. Blauwale sind auch die lautesten Kreaturen auf der Erde. Die
Lautstärke ihres Walgesangs wurde mit 188 dB gemessen. Wenn wir laut schreien, erreichen wir
etwa 70 dB; Geräusche über 120 dB sind für uns schmerzhaft.

OBEN Es gibt wohl kaum etwas Aufregenderes, als den Sprung eines gewaltigen Buckelwals zu beobachten. Hier sieht man Rankenfußkrebse auf dem Kopf des Wals.

LINKS Seltenes Bild einer Herde Wale, die beim Durchstoßen der Wasseroberfläche alle das Maul aufreißen.

LIEDER DER MEERE

Für Tiere, die sich in derart ausgedehnten Gebieten
aufhalten, ist es wichtig, über große Distanzen kommu-
nizieren zu können, z. B. um einen Partner zur Paarung
zu finden. Wale verlassen sich dabei auf Laute, da diese
unter Wasser über weite Strecken übertragen werden.
Die Sicht lässt dagegen bereits nach wenigen Metern
nach. Teilweise wurden Gesänge von Blauwalen, die
unterhalb des Spektrums liegen, das der Mensch hören
kann, aus einer Entferung von 3000 km aufgezeichnet.

So haben die verschiedenen Walarten zahlreiche
recht ungewöhnliche Geräusche zur Kommunikation
entwickelt. Darunter ist auch der weltbekannte Gesang
der Buckelwale. Nur männliche Buckelwale „singen",
und zwar nur zur Paarungszeit. Vermutlich dienen die
Geräusche anderer Wale ebenso der Fortpflanzung.

Als der gespenstische Gesang männlicher Buckelwale in den 1970er-Jahren zum ersten Mal gehört wurde,
waren die Menschen von dem komplexen, melodischen
Pfeifen und Brummen fasziniert. Buckelwale sind die
einzigen Tiere auf Erden, die sich eines Bestsellers in

den Hitparaden rühmen können. Ihr Gesang verändert
sich von Jahr zu Jahr ein wenig; faszinierenderweise
singen aber alle Buckelwale grundsätzlich stets das
gleiche wundervolle Lied.

WALFANG

Ironischerweise hat der Blubber, der zum Überleben
der Wale unerlässlich ist, zugleich für ihre gnadenlose
Verfolgung gesorgt. Antike Höhlenmalerei beweist,
dass der Walfang Tausende von Jahren alt ist. Zunächst
fingen Bewohner kleiner Küstenorte hin und wieder
einen Wal, dessen Fleisch hoch geschätzt wurde. Je
mehr sich die Nationen entwickelten, bessere Boote
und stärkere Waffen bauten, desto gezielter gingen sie
auf Waljagd, auch in weiter entfernten Gebieten. Die
Basken wagten sich im 16. Jh. als Erste auf hohe See.
Wie die meisten frühen Walfänger schleuderten sie
ihre Harpunen von Hand. Es dauerte nicht lange, bis
die Walfänger entdeckten, dass man eingeschmolzenen
Blubber als Lampenöl, zur Herstellung von Kerzen und
für Parfüms und Seifen verwenden konnte.

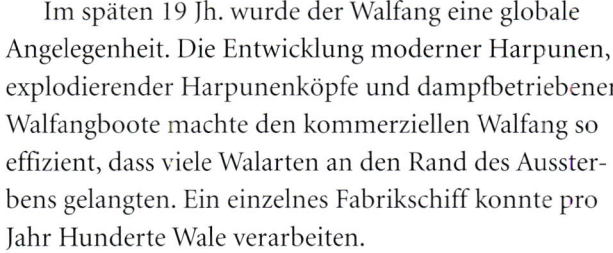

Im späten 19 Jh. wurde der Walfang eine globale Angelegenheit. Die Entwicklung moderner Harpunen, explodierender Harpunenköpfe und dampfbetriebener Walfangboote machte den kommerziellen Walfang so effizient, dass viele Walarten an den Rand des Aussterbens gelangten. Ein einzelnes Fabrikschiff konnte pro Jahr Hunderte Wale verarbeiten.

Ab 1935 wurde der Südkaper nicht mehr gejagt – die wenigen verbliebenen Exemplare waren zu schwer zu finden. Nun wandten sich die Waljäger dem Blauwal zu und rotteten 98 Prozent der Population auf der Südhalbkugel aus. So ging es Art für Art weiter.

Die Entdeckung des Petroleums als Treibstoffquelle verschaffte den verbliebenen Walpopulationen eine Atempause. Bis in die 1970er-Jahre stellten die meisten Walfangstationen den Betrieb ein, da es zu wenig Wale gab und der öffentliche und politische Druck stetig zunahm. Im Kampf zur „Rettung der Wale" wurden viele große Umweltorganisationen gegründet. In vielen westlichen Nationen wurden Bedenken bezüglich der moralischen Rechtfertigung des Walfangs laut. Dies

führte 1946 zur Erklärung eines Abkommens zur Regulierung des kommerziellen Walfangs durch die Internationale Walfangkommission (IWC). Seither haben sich viele Walpopulationen wieder erholt.

Trotz des Abkommens gibt es aber noch immer Walfang, z. B. zum Lebensunterhalt eingeborener Völker. 1982 forderte Norwegen eine Ausnahmeregelung für sich, wie es gemäß des Abkommens von 1946 jeder Nation zusteht.

Die vielleicht umstrittenste Entscheidung der IWC ist die Erteilung von Genehmigungen für den Walfang zu wissenschaftlichen Zwecken. Dafür kann jedes Land nach Belieben Genehmigungen und Quoten vergeben – über 12 300 Finn-, Pott-, Sei-, Bryde- und Zwergwale mussten deshalb seit Einsetzen des Moratoriums 1986 im Namen der Wissenschaft ihr Leben lassen.

OBEN Dieser junge Buckelwal lässt sich an der Wasseroberfläche treiben und behält dabei den Fotografen und zweifellos auch seine Mutter im Auge.

GANZ OBEN Der kommerzielle Walfang rottete einen Großteil aller Walpopulationen beinahe aus. Dieses Gemälde aus dem frühen 20. Jh. zeigt die Waljagd mit einer handgehaltenen Harpune vor dem Kap der Guten Hoffnung in Südafrika.

OBEN Eine Herde Orcas im Frederick-Sund am Rand des Tongass National Forest, Alaska. Orcas gehören zur Familie der Delfine.

UNTEN Der Commerson-Delfin ist wunderschön schwarz-weiß gefärbt. Er lebt in den Gewässern um Argentinien herum.

DELFINE

Delfine sind Mitglieder der Familie der Delphinidae, die der Unterordnung Odontoceti, der Zahnwale, angehört. Die Delphinidae sind die bei weitem vielfältigste Gruppe der Meeressäuger, mit zahlreichen Variationen innerhalb der Arten. Verwirrenderweise werden viele der größeren Mitglieder der Delfinfamilie allgemein als Wale bezeichnet, siehe Schwertwal und Grindwal. In der Größe rangieren sie zwischen 1,20 m und 40 kg (Maui-Delfin) sowie 9,50 m und 10 t (Orca).

Delfine leben in allen Weltmeeren, von der Küstenregion bis zum Pelagial und auch in einigen Flüssen. Sie sind zwar alle Fleischfresser, ihre Fressgewohnheiten sind jedoch hoch spezialisiert. Einige Arten ernähren sich ausschließlich von Fisch oder Kopffüßern – Kalmaren, Kraken und Sepien –, andere Arten, z. B. der Schwertwal, fressen andere Cetaceae und Pinnipedia sowie Vögel und große Fische.

Delfine schließen sich in den meisten Fällen zu dauerhaften Herden bzw. Schulen zusammen, die aus einigen wenigen oder auch mehreren Hundert Tieren bestehen können. In manchen Berichten wird von Delfinen erzählt, die sich zu Schulen mit Tausenden Mitgliedern zusammenschlossen, um riesige Fischschwärme zusammen- bzw. diese halbmondförmig vor sich herzutreiben und dann von allen Seiten anzugreifen. Manche Delfingruppen stranden sich sogar selbst, um an die Fische zu kommen, die sie auf eine Sandbank gejagt haben.

Delfine nutzen eine Reihe taktiler, visueller und auditiver Fähigkeiten zur Kommunikation. Sowohl in Gefangenschaft als auch frei lebende Delfine berühren sich Flosse an Flosse oder reiben sich aneinander. Einige Bereiche ihres Körpers scheinen für die Kommunikation besondere Bedeutung zu haben. Visuelle Kommunikation in Form des Schwanzschlagens, bei der die Delfine bis zu einem Dutzend Mal in Folge

Delfine und Tümmler – wo liegt der Unterschied?

In der Vergangenheit wurden die Begriffe „Tümmler" und „Delfin" abwechselnd verwendet – mal war der eine in verschiedenen Teilen der Welt populär, mal der andere. Streng genommen bezieht sich „Tümmler" jedoch auf eine Gruppe von sechs Arten der Familie Phocoenidae. Delfine gehören dagegen in die Familie Delphinidae, und es gibt einige markante Unterschiede in der Physis, aber auch im Verhalten.

Tümmler sind meist kleiner und stämmiger in der Erscheinung. Der Kalifornische Schweinswal ist der kleinste aller Cetaceae. Ein erwachsenes Tier wird durchschnittlich 1,20 m lang. Sie haben runde Köpfe ohne eindeutige Schnauze – abgesehen von einer kleinen Andeutung beim Weiß-flankenschweinswal – und abgeflachte Zähne, die wie kleine Spaten aussehen. Damit fangen sie kleinere Fische wie Sardinen und Makrelen. Delfine haben konische, spitze Zähne, mit denen sie größere Fische fangen und festhalten können. Zusätzlich ist die Rückenflosse beim Tümmler stets dreieckig, während sie bei Delfinen und Großwalen eher rund ist. Tümmler leben in Küstenregionen der nördlicheren Breitengrade, z. B. bei Nordamerika, Kanada, Europa und Japan. Sie sind meist scheu und gehen dem Kontakt mit Menschen aus dem Weg, im Gegensatz zu Delfinen.

rasch auf das Wasser schlagen, verursacht über und unter Wasser laute Geräusche und drückt meist eine Bedrohung oder Ärger aus.

Die wichtigste Kommunikationsform ist aber wohl die auditive. Ihre Vokalisierungen reichen vom Pfeifen zum Quietschen und einem Schnauben, das in ihrer Nasenhöhle produziert wird. Berühmt sind Delfine für die Nutzung einer Technik, die man als Echolotung bezeichnet. Dabei senden sie einen Strom hochfrequenter Klicklaute in ihre Umgebung aus, die von in der Nähe befindlichen festen Körper zu dem Tier zurückgeworfen werden. Auf diese Weise bilden sie sich ein dreidimensionales „Klangbild" ihrer Umwelt und möglicher Fressfeinde darin.

AKROBATEN DER MEERE

Viele Waltiere sind für ihre spektakulären akrobatischen Vorführungen bekannt, allen voran die Delfine. Die herausragendsten Sprungkünstler der Delfinfamilie sind die Großen Tümmler und die Schwarzdelfine. Sie können bis zu 7 m hoch springen und Purzelbäume schlagen, bevor sie wieder ins Wasser tauchen.

Über den Zweck dieser Sprünge ist sich die Wissenschaft bis heute nicht im Klaren. Es könnte der Kommunikation mit anderen Delfinen dienen, ein Versuch sein, sich von Parasiten zu befreien – oder es könnte den Tieren ganz einfach Spaß machen.

Schwarzdelfine kennen drei Sprungarten: Sprünge, bei denen sie mit dem Kopf zuerst wieder eintauchen, laute Sprünge und akrobatische Sprünge. Die lauten Sprünge könnten als Schallwand dienen, die Feinde verwirren soll.

Der eindrucksvollste Sprungkünstler ist der Ostpazifische Delfin, der sich in der Luft bei einem Sprung bis zu siebenmal um die eigene Längsachse dreht!

OBEN Delfine scheinen mit Abstand die verspieltesten Meeresbewohner zu sein. Dieser Große Tümmler katapultiert sich mithilfe seiner Fluke in die Luft.

Robben, Seelöwen und Walrosse

Robben, Seelöwen und Walrosse gehören alle zu den Säugetieren, deren vier „Beine" sich in Flossen verwandelt haben. Die sogenannten Pinnipedia haben sich durch einen höchst spezialisierten Körperbau an ihre aquatische Umgebung angepasst, der es ihnen erlaubt, schnell zu schwimmen und unter Wasser frei zu manövrieren.

ROBBEN

Die Hundsrobben sind eine der drei Hauptgruppen in der Unterordnung Pinnipedia. Alle Hundsrobben sind zugleich Mitglieder der Familie Phocidae.

Phocidae erkennt man in erster Linie am Fehlen äußerlicher Ohren. Zudem sind ihre Brustflossen zu schwach, um sich damit abzustützen, und sie können – im Gegensatz zu den Ohrenrobben – die hinteren Gliedmaßen nicht unter den Körper schieben, d. h., sie sind an Land nicht in der Lage zu „laufen". Stattdessen bewegen sie sich auf dem Bauch kriechend vorwärts. Da das jedoch sehr mühsam ist, versuchen sie manchmal, seitwärts zu rollen.

NORD UND SÜD

Robben leben in den Ozeanen beider Halbkugeln, sind aber auf polare, subpolare und gemäßigte Klimazonen beschränkt, ausgenommen der Mönchsrobbe, die in den Tropen lebt. Die nördlichen Arten pflanzen sich auf dem Eis fort. Eine Ausnahme bildet die Sattelrobbe, die bis zur Baja California, Mexiko, schwimmt. Die vier antarktischen Arten pflanzen sich alle auf dem Eis fort, meist südlich der Meinardus-Linie, d. h., zwischen dem 50–60° südlicher Breite. Weddellrobben verbringen das ganze Jahr in der Antarktis, selbst wenn die Wasseroberfläche komplett zufriert. Zum Überleben halten sie mit ihren Fangzähnen Atemlöcher im Eis offen.

UNTEN Die kleine Sattelrobbe *(Pagophilus groenlandicus)* wird von ihrer Mutter zwölf Tage gesäugt und dann sich selbst überlassen. In dieser Zeit ist sie für Eisbären und Robbenjäger leichte Beute.

RECHTS Königspinguine *(Aptenodytes patagonicus)* mischen sich während der Brutzeit in der St.-Andrews-Bucht auf der Insel Südgeorgien unter die Harems Südlicher See-Elefanten *(Mirounga leonina)*. See-Elefanten haben längliche Rüssel, die an die Rüssel von Elefanten erinnern.

Antarktische Robben haben keine natürlichen Feinde an Land, deshalb verhalten sie sich anders als die Robben der Nordhalbkugel. Sie zeigen kaum Scheu vor dem Menschen, und das wurde ihnen ab der Mitte des 18. Jh. durch Robbenjäger zum Verhängnis.

WARM BLEIBEN

Robben sind gut an ihre eisige Umgebung angepasst. Ihre Speckschicht ist mehrere Zentimeter dick und dient sowohl der Isolierung als auch als Nahrungsreserve in der Stillzeit. Viele Jahre wurden Robben für ihren Blubber getötet, der dann zu Öl eingeschmolzen wurde.

Die meisten Hundsrobben besitzen zudem einen Pelz, der sie an Land zusätzlich schützt. Bei großer Kälte wird ein Wärmeverlust durch die Flossen, die nicht isoliert sind minimiert, indem der Blutzufluss zu den Extremitäten reduziert wird. Es gelangt gerade genug Blut hinein, um ein Absterben zu verhindern.

Der offensichtlichste Unterschied zwischen den Robbenarten ist die Größe und die relative Größe der Geschlechter. Am unteren Ende der Skala befinden sich

Luft anhalten!

Was ihnen an Land an Beweglichkeit fehlt, machen Robben im Wasser wett. Die Atmung und der Kreislauf von Hundsrobben sind perfekt an lange Perioden unter Wasser angepasst. Nach dem Untertauchen fallen ihre Lungen durch den Wasserdruck zusammen, und die Restluft wird in die Bronchialäste gepresst, um durch Mund oder Nase ausgeatmet zu werden. Erreicht das Tier eine Tiefe von 60 m, hat es kein freies Gas mehr im Körper und ist so vor der Taucherkrankheit geschützt, die entsteht, wenn freie Gasbläschen beim Auftauchen in den Blutstrom gelangen.

Weddellrobben können etwa 700 m tief tauchen und fast eine Stunde in dieser Tiefe bleiben. Den aktuellen Tiefenrekord hält jedoch der Südliche See-Elefant mit 1700 m!

die Ringelrobben, die gerade einmal 90 kg wiegen, während voll ausgewachsene Südliche See-Elefanten durchaus über 4 t auf die Waage bringen können.

Normalerweise sind die Männchen größer als die Weibchen; bei Seeleoparden sind die Weibchen allerdings deutlich größer als ihre männlichen Artgenossen.

MEERESOPPORTUNISTEN DER ANTARKTIS

Seeleoparden sind Allesfresser, und sie sind die einzigen Pinnipedia, die als Teil ihrer Nahrung warmblütige Wirbeltiere fressen. Mit ihrem massiven Schädel, der langen Schnauze und dem kräftigen Kiefer, die den Tieren ein fast reptilienartiges Aussehen verleihen, sehen diese einsamen Jäger anders aus als die anderen Robbenarten der Antarktis. Neben dem Schwertwal gelten sie als größte Raubtiere der Antarktis.

Analysen der Ausscheidungen von Seeleoparden ergaben, dass Adélie-Pinguine zu ihrer Lieblingsbeute gehören, aber auch andere Robben, Fische, Kalmare und Krill werden nicht verschmäht. Da ihnen die nötigen Zähne fehlen, um ihre Beute zu zerteilen, häuten sie diese. Häufig wurden Seeleoparden bei Walkadavern gesichtet, d. h., auch Aas steht auf ihrem Speiseplan.

UNTEN Obwohl die Situation recht gefährlich wirkt, hat der Pinguin von diesen Robben nichts zu befürchten. Einzig Seeleoparden ernähren sich auch von Pinguinen.

Dieser Antarktische Seebär ist über und über mit gemauserten Pinguinfedern bedeckt.

AUF DER LAUER

Seeleoparden wirken an Land ungeschickt und plump, sind aber im Wasser hervorragende Schwimmer und Jäger. Ihr Fressverhalten kann man am besten beobachten, wenn sie auf Pinguinjagd gehen. Im Sommer lauern sie an den Rändern des Schelfeises und fangen ankommende oder wegschwimmende Pinguine. Gelegentlich durchstoßen sie auch einmal die dünne Eisschicht mit Wucht und schleudern die verdutzten Pinguine ins Wasser. Anschließend werfen sie diese in die Luft und reißen ihnen Haut und Federn vom Leib.

SCHLECHTER RUF

Fühlen sie sich bedroht, beißen oder verjagen Robben Störenfriede normalerweise. Seeleoparden sind die einzige Robbenart, von der unprovozierte Angriffe auf Menschen bekannt sind. Die ersten Antarktisforscher berichteten von schrecklichen Erlebnissen mit ihnen.

Obwohl einige Angriffe ausführlich dokumentiert wurden – Seeleoparden schossen plötzlich durch Risse im Eis und schnappten nach den ahnungslosen Forschern – halten die meisten Wissenschaftler das Ganze für eine Verwechselung. Von unten betrachtet wirkt die aufrechte Form eines Menschen wie die eines Kaiserpinguins.

SEELÖWEN UND SEEBÄREN

Seelöwen und Seebären gehören in die Familie der Ohrenrobben (Otariidae). Die haben kleine, aber deutlich sichtbare Ohren, anhand derer man sie gut von den Phocidae unterscheiden kann. Außerdem nutzen sie – im Gegensatz zu den Hundsrobben – im Wasser vor allem ihre Flipper (Brustflossen) zur Fortbewegung.

Seelöwen sind größer als Seebären und haben stumpfere Schnauzen. Zwar haben alle Otariidae Fell, der Pelz der Seelöwen besteht aber vor allem aus grobem Deckhaar, während Seebären ein sehr dichtes Unterfell besitzen.

ABWECHSLUNGSREICHE ERNÄHRUNG

Ohrenrobben sind Fleischfresser. Sie ernähren sich von Fischen, Kalmaren und Krill. Seelöwen fressen meist näher an der Küste, in sogenannten „Auftriebszonen", in denen nährstoffreiches Wasser durch Strömungen an die Oberfläche gelangt. Dort jagen sie die vielfältigsten Fische, z. B. Heringe. Seebären unternehmen ausgedehnte Jagdausflüge im offenen Meer und können mit einer größeren Anzahl kleiner Beutetiere auskommen. Viele holen ihr Futter auch in Form von Langusten und Kraken vom Meeresgrund.

Australische Seebären verfingen sich in Tiefen von über 100 m in Fallen und Schleppnetzen; generell fressen Ohrenrobben aber eher in flacherem Wasser.

BALANCEAKT

Die hinteren Flossen der Ohrenrobben sind weniger für das Schwimmen geeignet als bei Hundsrobben; sie ähneln eher noch den Gliedmaßen der Landtiere, aus denen sie sich entwickelten. Zudem können sie die Flossen unter den Körper schieben, diesen teilweise abstützen und so zur Fortbewegung beitragen.

Bei den klassischen Zirkusrobben, die Bälle auf der Nase balancieren, handelt es sich meist um Seelöwen. Seebärenbullen können bei der Verfolgung von Rivalen regelrecht über den Strand galoppieren, und auf unebenem Gelände können sie schneller laufen als ein Mensch, z. B. bei der Verteidigung des Harems.

Krill, keine Krabben

Krabbenfresser *(Lobodon carcinophaga)* sind bei weitem die zahlreichsten aller großen Meeressäuger, mit einer geschätzten Population von etwa 15 Millionen. Trotz ihres Namens fressen diese Robben keine Krabben – ihr Hauptnahrungsmittel ist Krill. Sie schlucken Wasser und pressen dies durch ihr filterartiges Gebiss wieder hinaus, wobei der Krill hängen bleibt und geschluckt wird.

Krabbenfresser bewohnen einen der dynamischsten und dramatischsten Lebensräume, das Packeis der Antarktis, wo sie die Ressourcen auf eine Weise ausnutzen, die anderen Meeressäugern wie Walen, die im offenen Meer fressen, nicht offenstehen. Die Robben ruhen auf dem Packeis, sowohl um möglichen Feinden zu entgehen als auch um Energie zu sparen. Dank Eisschollen, die im Frühling gen Süden und im Herbst gen Norden driften, können sie so große Distanzen zurücklegen. Eis, Robben und Krill driften gemeinsam, was wiederum bedeutet, dass die Krabbefresser stets reichlich Futter zur Verfügung haben – sie müssen sich einfach kurz ins Wasser gleiten lassen. Innerhalb weniger Monate umrunden Krabbenfresser so fast die Hälfte der Antarktis.

Die größten Gefahren für die Krabbenfresser, insbesondere die Jungen, stellen Seeleoparden und Orcas dar. Die meisten ausgewachsenen Krabbenfresser haben Narben von erfolglosen Seeleopardenangriffen in ihrer Jugend. Das starke Wachstum ihrer Population hängt vermutlich mit der beinahen Ausrottung der großen Bartenwale im 20. Jh. zusammen. Da sich diese wie die Krabbenfresser hauptsächlich von Krill ernähren, ist der momentane Erfolg der Robben möglicherweise eine direkte Folge der rückläufigen Walpopulation.

OBEN Eine neugierige Herde Seelöwen tollt verspielt durch die Algen vor Hopkins Island, Südaustralien.

LINKS Schwimmende Barrieren zum Eindämmen von Öllecks sind vor San Francisco, Kalifornien, USA, beliebte Ruheplätze für die Seelöwen.

Die Robben und die Menschen

Robben und Menschen haben eine enge Verbindung zueinander, seit die ersten Menschen begannen, sich an den Küsten niederzulassen, an denen zahllose Robben lebten. Für Jäger und Sammler sind sie eine ideale Nahrungsquelle – gerade groß genug, um die Einzeljagd zu einem Erfolgserlebnis zu machen, aber nicht so groß, dass sie zu gefährlich wird.

Im Leben der arktischen Völker spielen Robben seit Langem eine bedeutende Rolle. Die erste Robbenjagd ist ein wichtiger Initiationsritus für einen Inuitjungen. Kein Teil der Robbe wird verschwendet – aus dem Pelz werden dicke Jacken genäht, während aus Walrosszähnen wunderbare Kunstwerke geschnitzt werden.

Auf der Südhalbkugel wurde die Pelzjagd mit der Jagd auf See-Elefanten kombiniert, die für ihr Öl begehrt waren. Im 18. und 19. Jh. starben etwa 200 000 Australische Seebären für ihren Pelz. Zurzeit gibt es keine kommerzielle Robbenjagd, und die Bestände haben sich erholt.

Heute sind Robben durch den Verlust ihres Lebensraums, Ölpesten und Überfischung bedroht und dadurch, dass sie sich in Plastikabfällen und Fischernetzen verfangen.

HÄUSLICH EINRICHTEN

Ohrenrobben leben an nordpazifischen Küsten von Japan bis Mexiko, auf den Galapagosinseln und an der Westküste Südamerikas – vom Norden Perus bis um Kap Hoorn herum in den Süden Brasiliens, an der südwestlichen Küste Südafrikas, an der Südküste Australiens und an der neuseeländischen Südinsel sowie auf einigen subarktischen Inseln.

Ohrenrobben sind sehr soziale Tiere, die in der Paarungszeit in riesigen Kolonien leben. Innerhalb der Kolonie wachen einzelne Bullen über ihre Harems. Die Männchen sind viel größer als die Weibchen. Beim Südamerikanischen Seebären und dem Kalifornischen Seelöwen wiegen sie mindestens das Dreifache, beim Nördlichen Seebären gar das Fünffache. Ein derartiger Größenunterschied kommt nur noch bei den See-Elefanten vor, einer Hundsrobbenart, bei der die Bullen ebenfalls fünfmal schwerer sein können.

Die Männchen kommen vor den Weibchen im Paarungsgebiet an und stecken ihre Territorien ab, die sie aggressiv verteidigen. Erfolgreiche Männchen versammeln später Harems mit 3 bis 40 Weibchen um sich, abhängig von ihrer Größe und Kraft. Diese Gruppenstrategie nennt man polygyne Fortpflanzung, im Gegensatz zur monogamen Fortpflanzung, bei der sich ein Männchen nur mit einem Weibchen paart. Die Konkurrenz um die begehrtesten Gebiete ist so groß, dass ein Bulle sein Territorium nicht einmal zum Fressen verlassen kann und deshalb oftmals bis zu 60 Tagen hungern muss.

UNTEN Ohrenrobben scheinen sehr liebevolle Tiere zu sein. Hier schmust ein Robbenjunges in Namibia, Afrika, mit seiner Mutter.

WALROSSE

Mit seiner runzeligen Haut, den blutunterlaufenen Augen und den zwei Stoßzähnen im Oberkiefer ist das Walross unverwechselbar. Diese etwas seltsam anmutenden Meeressäuger leben überwiegend am Nordpolarkreis, wo sie mit Hunderten Artgenossen auf dem Eis liegen. Es sind äußerst soziale Tiere, die große Herden mit 2000 Tieren oder mehr bilden.

JE GRÖSSER DIE ZÄHNE...

Das auffälligste Merkmal der Walrosse sind ihre oberen Stoßzähne, die ihr ganzes Leben hindurch wachsen und bei einigen Bullen über einen Meter lang werden können. Die Stoßzähne haben viele Funktionen, z. B. als Verteidigungswaffe, Eispickel und hin und wieder

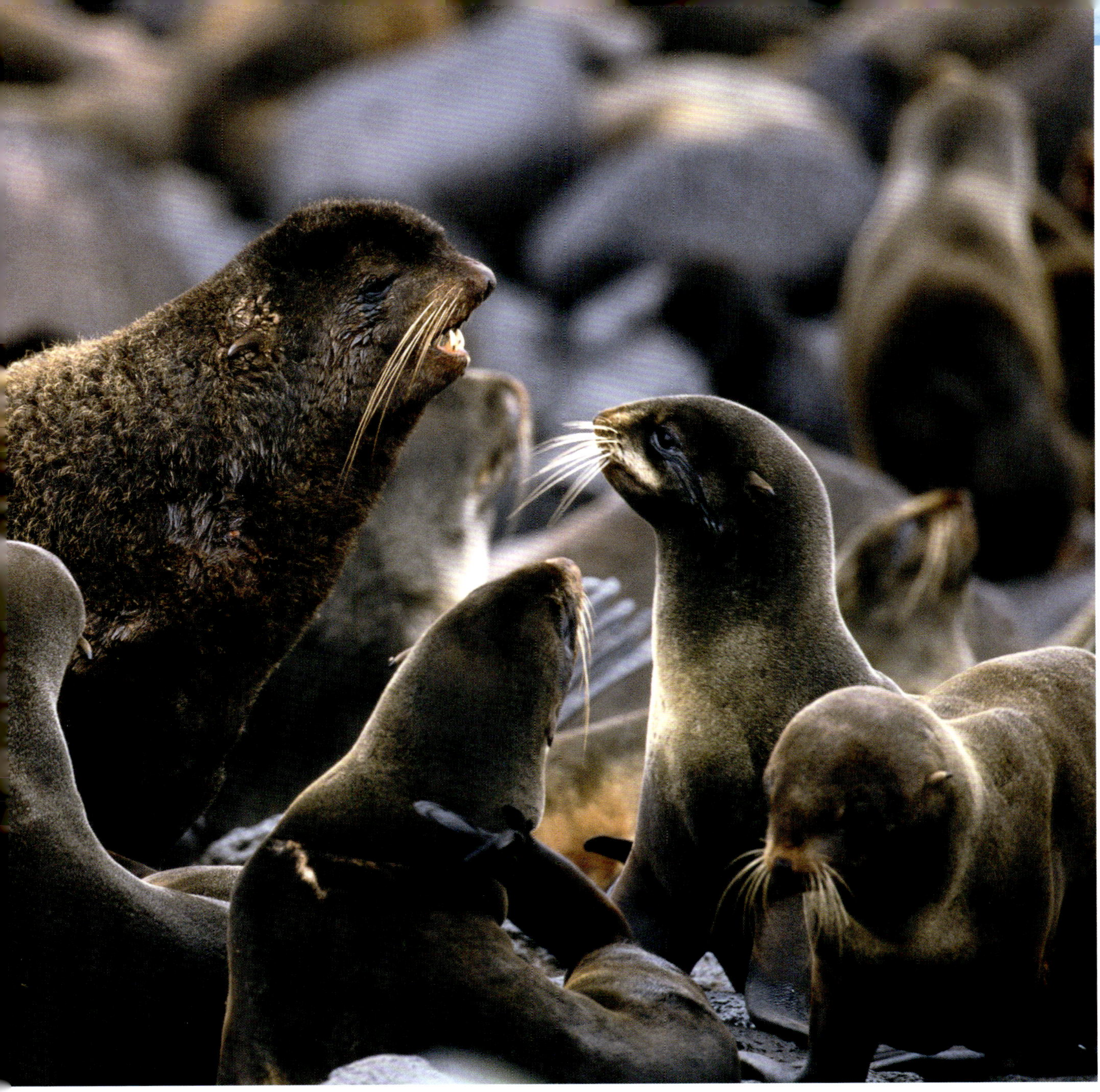

LINKS Seebärenbullen haben einen Harem mit mehreren Weibchen. Häufig kommt es zwischen den verschiedenen Gruppen zu heftigen Territorialstreitigkeiten.

UNTEN Die Stoßzähne des Walrosses wachsen ein Leben lang. Die Länge der Zähne bestimmt den sozialen Status des Bullen. Grobe Tasthaare unter der Nase sind eines der wichtigsten Werkzeuge zum Aufspüren von Futter.

auch als fünfte Gliedmaße – auftauchende Walrosse, beißen sich damit im Eis fest, um sich aus dem Wasser hinauszuziehen. Ihre wichtigste Funktion ist jedoch die eines Statussysmbols in der Walrossgemeinde. Generell ist der Bulle mit den größten Zähnen das Alphatier und kann sich unbehelligt bequeme oder vorteilhafte Plätze in der Kolonie suchen. Trifft ein dominanter Bulle auf einen Rivalen mit ähnlich langen Stoßzähnen, kann die Konfrontation schnell eskalieren. Im Verhältnis zu anderen Robbenarten ist die Lebenserwartung von See-Elefanten sehr gering.

DIE SCHNURRHAARE

Begleitet werden die Stoßzähne von etwa 450 groben Schnurrhaaren, den Vibrissen, die bis zu 30 cm lang werden können. Sie sind höchst empfindlich und spielen beim Fressen eine wichtige Rolle, denn sie können zwischen Objekten in Radiergummigröße unterscheiden. Auf dem Meeresboden ertasten die Walrosse damit Futter wie Muscheln und Krabben.

EINGEBAUTER AUFTRIEB

Ein weniger bekanntes Merkmal der Walrosse sind zwei Luftsäcke im Rachenraum, die bis zu 50 l Luft fassen

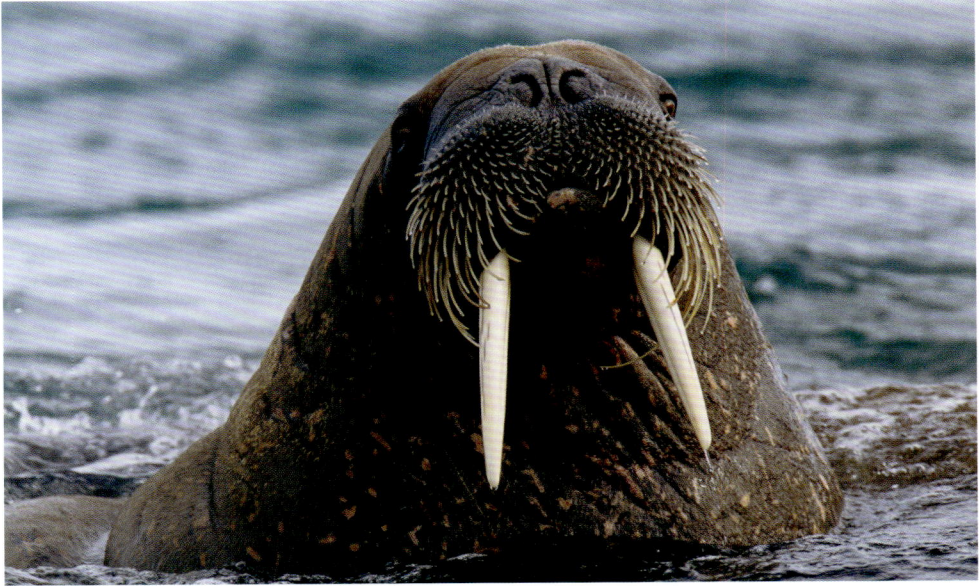

und es ihnen ermöglichen, ohne größere Probleme aufrecht an der Oberfläche zu schwimmen. Sie befähigen die Walrosse auch, in aufrechter Position zu ruhen und zu schlafen. Zusätzlich dienen die Luftsäcke als Verstärker und Resonanzkammern für die glockenartigen Geräusche, die das Männchen in der Paarungszeit von sich gibt.

Sanfte Weidetiere der Meere

Manatis und Dugongs werden gern auch als Seekühe bezeichnet, da sie die ausgedehnten Seegraswiesen in ihrer warmen, tropischen Heimat abweiden. Die großen, friedfertigen Tiere verbringen ihr ganzes Leben im Wasser, obwohl ihr nächster lebender Verwandter erstaunlicherweise der Elefant ist.

RECHTE SEITE Ein Karibik-Manati grast auf dem Meeresboden. Ein Unterschied zwischen Manatis und Dugongs sind die Zähne. Dugongs haben stoßzahnähnliche Schneidezähne, während sich bei den Manatis die Vormahlzähne und Mahlzähne im Laufe der Zeit im Kiefer nach vorn schieben und ständig ersetzt werden.

UNTEN Eine Manatikuh mit ihrem Kalb. Ein neugeborenes Kalb wiegt etwa 30 kg und ist zwischen 90 cm und 1,20 m lang. Es bleibt bis zu zwei Jahre bei seiner Mutter, beginnt aber schon nach einigen Wochen, Pflanzen zu fressen.

DIE SACHE MIT DER SCHWANZFLOSSE

Manatis und Dugongs sind sehr eng verwandt; beide gehören der Ordnung Sirenia an. Der offensichtlichste Unterschied liegt in der Form der Schwanzflosse. Bei den Manatis ist sie abgerundet und keilförmig, bei den Dugongs gegabelt, daher der Beiname Gabelschwanz-seekuh. Der kräftige Schwanz wird zur Fortbewegung genutzt, während die beiden kleineren Brustflossen zum Steuern dienen. Manatis und Dugongs können bis zu 4 m lang werden und 400 kg wiegen. Wie andere Meeressäuger müssen sie zum Atmen an die Oberfläche kommen, können aber beim Tauchen die Luft etwa 20 Minuten anhalten. Ihr grauer, robbenartiger Körper ist dünn mit kurzen Haaren bedeckt.

WARMWASSERBEWOHNER

Dugongs (Dugong dugon) leben in den tropischen Gewässern des Indischen und Pazifischen Ozeans. Die größte Anzahl der heute als bedroht geltenden Tiere findet man in den Gewässern vor Nordaustralien (etwa 85 000 Exemplare), besonders in den geschützten Gewässern hinter dem Great Barrier Reef, das sich über 2000 km entlang der Nordostküste des Inselkontinents erstreckt. Kleine, aber dennoch bedeutende Populationen leben an der Nordwestküste Australiens. Weitere, isolierte Populationen existieren in Gebieten bei Indien und Sri Lanka, im Roten Meer, im Persischen Golf und in den Meeren Indonesiens und der Philippinen.

Auch die vier Manatiarten leben in tropischen und subtropischen Gewässern. Der Karibik-Manati (Trichechus manatus) lebt vor allem in der Karibik und im Westatlantik. Eine bedeutende Population ist zudem in Florida beheimatet. Diese Population, die oft als Florida-Manati bezeichnet wird, ist in den Küstengewässern der Halbinsel Florida zu Hause, wandert aber teilweise bis hinauf nach Rhode Island. Er ist ebenso bedroht wie der Zwergmanati (T. pygmaeus), der in den Gewässern Mittel- und Südamerikas lebt. Der Afrikanische Manati (T. senegalensis) ist an der afrikanischen Westküste beheimatet. Der Amazonas-Manati (T. inunguis) ist das einzige Mitglied der Sireniafamilie, der in Süßwasser lebt. Er bewohnt die Flüsse des Amazonasbeckens, vor allem in Brasilien. In Kolumbien, Peru und Ecuador, wo er einst relativ häufig vorkam, ist er heute nahezu ausgestorben.

LANGSAME FORTPFLANZUNG

Da Dugongs und Manatis im Durchschnitt 70 Jahre alt werden, haben sie recht niedrige Fortpflanzungsraten. Weibchen werden mit fünf Jahren geschlechtsreif, Bullen erst mit neun Jahren. Seekühe sind lebendgebärend. Ihre Tragezeit beträgt 13 Monate, und die Weibchen bringen etwa alle zweieinhalb bis fünf Jahre ein Kalb zur Welt. Nach der Geburt ist das Kalb rund zwei Jahre von der Mutter abhängig. Ihre äußerst niedrige Fortpflanzungsrate ist einer der Gründe für den eingeschränkten Erfolg bei der Arterhaltung.

RÜCKGANG DER RIESEN

In allen wichtigen Regionen, in denen Manatis und Dugongs beheimatet sind, ist ihre Zahl rückläufig. Die Rücken vieler der behäbigen Tiere sind mit Narben übersät, die von Wunden stammen, die sie sich bei Kollisionen mit Motorbooten, insbesondere deren Schrauben, zugezogen haben. Vor allem für Jungtiere enden diese Zusammenstöße nicht selten tödlich. Das ist vor allem in Gebieten problematisch, in denen die Tiere nahe großer menschlicher Populationen leben, z. B. in Florida.

Ein weiteres großes Problem ist der Rückgang von Seegraswiesen, der wichtigsten Nahrungsquelle. Dugongs und Manatis fressen die gesamte Pflanze; sie ziehen sie mit ihren fleischigen, beweglichen Lippen, die mit Tasthaaren besetzt sind, aus dem Boden; ein typisches Anzeichen für die Anwesenheit von Seekühen ist eine Schneise in der Seegraswiese. Algenblüten, die mit übermäßigem Dünger aus landwirtschaftlichen und urbanen Abwässern in Zusammenhang stehen, reduzieren den Lichteinfall und den Sauerstoffgehalt des Wassers. Das führt zu einem Rückgang des Seegraswachstums und somit einer Reduzierung der wichtigsten Futterquelle. Auch die Verschmutzung durch Industrieabwässer schädigt das Seegras. In einigen Regionen ist zudem auch die illegale Jagd auf Seekühe wegen ihres Fleisches zu einem Problem geworden.

SEEVÖGEL

Viele Vögel fressen und nisten an Seen, Flüssen und dem Meer, aber nicht alle sind Seevögel. Seevögel unterscheiden sich von anderen an Gewässern lebenden Vögeln dadurch, dass sie sich perfekt daran angepasst haben, den Großteil ihres Lebens auf dem offenen Meer zu verbringen, oftmals weit entfernt vom Festland.

EINIGE VON VIELEN

Seevögel umfassen eine große Artenvielfalt innerhalb relativ weniger Vogelgruppen. Zu der ersten Gruppe gehören die Pinguine, die zweite besteht aus Albatrossen und Sturmvögeln, die dritte aus Pelikanen, Fregattvögeln, Tropikvögeln, Tölpeln und Kormoranen und die vierte schließlich aus Raubmöwen, Möwen, Seeschwalben, Alken, Lummen und Papageientauchern.

NAHRUNG UND FRESSVERHALTEN

Es erstaunt nicht, dass sich Seevögel von den am reichlichsten vorhandenen Meerestieren ernähren – Fischen, Kalmaren und Plankton, insbesondere Krill. Dazu wenden sie drei Strategien an: das Fressen an der Oberfläche, das Sturztauchen sowie das Verfolgungstauchen. Oberflächenfresser schweben knapp über der Wasseroberfläche und tauchen ihren Schnabel ein, um Krill, Fische oder Kalmare zu fangen. Sie gehören zu den akrobatischsten Vögeln. Teilweise sind ihre Schnäbel auch an ihre Lebensweise angepasst. Scherenschnäbel fliegen direkt über der Oberfläche und tauchen nur die Spitze des Unterschnabels ins Wasser. Kommt dieser mit Beute in Kontakt, wird der Schnabel zugeklappt und die Beute mit zurückgeworfenem Kopf geschluckt.

Das Sturztauchen ist die vielleicht spektakulärste Strategie, vor allem, wenn z. B. ein Schwarm Tölpel eine Schule Fische entdeckt und in einen wahren Futterrausch gerät. Die Energie, die beim Sturzflug entsteht, überwindet ihren natürlichen Auftrieb und treibt sie mit hoher Geschwindigkeit auf ihre Beute zu. Als Resultat müssen sie selbst nur minimale Kraft aufwenden.

Verfolgungstaucher werden entweder durch speziell angepasste Flügel wie die flossenartigen Flügel des Pinguins oder durch Füße mit Schwimmhäuten wie beim Kormoran angetrieben – oder durch beides. Pinguine können, wie die Alke, praktisch kaum noch fliegen, und Füße mit Schwimmhäuten lassen das Gehen an Land unbeholfen wirken.

Einige Vögel, z. B. Möwen, Raubmöwen, Seeschwalben und Fregattvögel, ergänzen ihren Nahrungsplan, indem sie andere Vögel zwingen, ihre Beute aufzugeben. Möwen und Seeschwalben stehlen auch Eier und Nesthocker aus unbewachten Nestern oder fressen Kadaver.

FORTPFLANZUNG

Seevögel leben generell länger als andere Vögel; einige werden 60 Jahre alt, deshalb sind sie auch später ausgewachsen, zum Teil erst mit zehn Jahren. Sie bekommen zudem weniger Nachkommen. Manche Arten haben nur eine Brut pro Jahr, zum Teil gar nur mit einem Ei. Ebenso gibt es Arten, die nur alle zwei Jahre brüten. Die niedrige Geburtenrate wird durch eine ausgedehnte Elternzeit ausgeglichen.

Seevögel brüten in Kolonien an Klippen oder auf einsamen Inseln. Paare bleiben eine Brutzeit oder lebenslang zusammen. Auch die Treue zum Brutplatz ist hoch; viele kehren stets an den gleichen Ort zurück.

MIGRATION

Die äußerst aktiven Seevögel legen auf Futtersuche große Strecken zurück. Der Begriff Migration ist jedoch auf die regelmäßigen saisonalen Vogelzüge beschränkt. Nachdem sie im Sommer in der Polarregion gebrütet haben, ziehen viele Seevögel in die Tropen. Der Vorteil liegt in den langen Tageslichtstunden der hohen Breiten, die ihnen mehr Zeit zur Futtersuche lassen. Einige Vögel ziehen aber auch viel weiter und überqueren sogar den Äquator.

Arktische Seeschwalben fliegen von ihren Sommerbrutgebieten in der Arktis bis in die Antarktis, eine Reise von etwa 19 000 km – in einer Richtung! In umgekehrter Richtung ziehen die Dunkelsturmtaucher. Sie brüten in Neuseeland, Tasmanien, Feuerland und auf den Falkland-Inseln. Anschließend ziehen sie den westlichen Pazifik und Atlantik hinauf bis in die Arktis. Der Rückweg führt sie entlang der östlichen Ränder der Ozeane. Eine unvorstellbare Reise von 74 000 km Länge wurde für einen Vogel aufgezeichnet, der von Neuseeland über Japan, Alaska und Kalifornien und wieder zurück flog! Diese Migrationsmuster beweisen, dass Arktische Seeschwalben und Dunkelsturmtaucher die mit Abstand ausgedehntesten Wanderungen unternehmen und mehr Tageslichtstunden erleben, als jedes andere Lebewesen auf Erde.

Direkte Auswirkungen!

Während manche Vögel Menschen, die ihnen Essensreste zuwerfen, nicht scheuen, wurde die große Mehrheit aller Seevögel von vielen anderen menschlichen Aktivitäten negativ beeinträchtigt, insbesondere von der Umweltverschmutzung. Weitere direkte Auswirkungen hat die Jagd auf Seevögel als Nahrung, für Federn und Tran; zudem werden vielen Vögeln Fischernetze zum Verhängnis. Seevögel reagieren sehr empfindlich auf eingeführte Tierarten wie Katzen, Füchse und Ratten, gegen die sie sich nicht wehren können und denen ihre Eier und Küken zum Opfer fallen.

LINKS Blaufußtölpel stürzen nahe der Galapagosinseln im Futterrausch ins Wasser. Der Sturzflug aus großer Höhe verleiht ihnen genug Antrieb, ihre Beute zu erreichen.

RECHTS In der Paarungszeit blasen männliche Fregattvögel ihren leuchtend roten Kehlsack auf, um damit Weibchen auf sich aufmerksam zu machen.

RECHTS Raubmöwen sind als dreiste Räuber berüchtigt. Hier versucht eine Raubmöwe, ein Pinguinei zu erbeuten. Das Männchen (rechts) versucht den Raubvogel zu vertreiben.

LINKS Ein Schwarm Arktischer Seeschwalben beobachtet einen Eisbären, in der Hoffnung, einige Futterreste zu ergattern.

Gleiter der Ozeane

Albatrosse, Tölpel und Möwen gehören auf dem Meer zu den größten Räubern der Lüfte. Sie haben ausgesprochen gute Augen, sind äußerst beweglich und verfügen zudem über eine besondere Sensibilität für Meeresströmungen und Wassertemperaturen. Das hilft ihnen dabei, ihre wichtigsten Nahrungsquellen aufzuspüren – kleine Fische, Kalmare und Krill.

LANGSTRECKENFLIEGER

Albatrosse sind die größten Seevögel. Die stärksten Populationen befinden sich in den Gebieten, in denen es zum intensivsten Tiefenwasserauftrieb kommt, wo Meeresströmungen nährstoffreiches, kaltes Wasser an die Oberfläche befördern. Obwohl Albatrosse häufig Fischtrawlern folgen und die über Bord geworfenen Reste fressen, gehören eigentlich Kalmare und Fische, die dicht unter der Wasseroberfläche Schulen bilden, zu ihrer wichtigsten Beute.

Die Mehrzahl der 22 Albatrosarten lebt im Südpazifik, dem südlichen Indischen Ozean und dem Südpolarmeer. Einige Arten sind aber auch im Nordpazifik, nahe der Arktis beheimatet. Subarktische Inseln wie Südgeorgien und die Sandwich-Inseln in der Schottischen See sind lebenswichtige Brutplätze für die Hälfte aller Arten weltweit.

Diomedea exulans, der Wanderalbatros, ist mit einer Spannweite von über 3,50 m der größte Albatros. Er ist überall in den Gewässern der Südhalbkugel anzutreffen. Wie alle anderen Albatrosse legt auch er große Distanzen zurück – in einer Studie wurde ein Vogel in zwölf Tagen über 6000 km verfolgt.

Albatrosse werden sehr alt, einige über 60 Jahre. Sie leben überwiegend als Einzelgänger, verpaaren sich aber fürs Leben. Ihre Fortpflanzungsrate ist sehr niedrig. Die Weibchen legen nur ein Ei, und die meisten Arten brüten nur alle zwei Jahre. Die Küken bleiben bis zu neun Monate im Nest, um das sich beide Eltern kümmern.

Weltweit gehen die Albatroszahlen zurück; 21 Arten gelten als bedroht. Wie viele Bewohner der Meere sind sie Opfer moderner Fischereipraktiken. Viele verfangen sich beim Tauchen in den riesigen Schleppnetzen oder an den Hakenleinen, die beim Fang des Blauflossenthuns verwendet werden. Vermutlich sterben jährlich 100 000 Albatrosse auf diese Weise.

GEFLÜGELTE TORPEDOS

Tölpel sind große schwarz-weiße Seevögel mit einer Flügelspannweite von etwa 2 m. Der Kaptölpel *(Morus capensis)* bewohnt die Küsten Zentral- und Südafrikas, der Basstölpel *(M. bassanus)* lebt im Nordatlantik und der Australische Tölpel *(M. serrator)* in den gemäßigten Gewässern bei Südaustralien und Neuseeland.

Tölpel stürzen sich zum Fischfang aus einer Höhe von bis zu 30 m ins Wasser. Dabei erreichen sie eine Geschwindigkeit von etwa 100 km/h. Bei der Verfolgung ihrer Beute können sie zehn Sekunden unter Wasser schwimmen. Zudem besitzen sie sehr gute Augen und eine Schicht aus Luftsäckchen unter der Haut, die ihren Aufprall auf dem Wasser dämpfen. Tölpel haben keine äußerlichen Nasenöffnungen, was ihnen längere Tauchgänge ermöglicht.

Sie werden im Alter von sechs bis sieben Jahren geschlechtsreif und brüten in großen Kolonien, meist auf abgelegenen Inseln. Die Küken schlüpfen zwei Monate nach der Eiablage und bleiben etwa drei Monate im Nest.

Auch die Tölpelpopulationen leiden unter kommerziellen Fischereipraktiken wie dem Schleppnetzfischen, und der Verlust von Brutplätzen wirkt sich ebenfalls negativ auf ihre Anzahl aus.

LEBEN AN DER KÜSTE

Möwen sind vielleicht die bekanntesten aller Seevögel. Weltweit gibt es 45 Arten, von den Polargebieten bis zum Äquator. Die meisten Möwen ziehen jedoch kühlere und gemäßigte Gewässer vor. Die nordaustralische Silberkopfmöwe *(Chroicocephalus novaehollandiae)* ist die einzige Art, die dauerhaft in den Tropen beheimatet ist. Einige Möwen leben weit landeinwärts, an den Ufern von Binnenseen und Flüssen.

Die meisten Möwen sind aber Küstenbewohner. Nur zwei Arten aus der Gattung Rissa, die Dreizehenmöwe *(Rissa tridactyla)* und die Klippenmöwe *(Rissa brevirostris)* sind überwiegend auf dem offenen Meer zu finden. Möwen sind außerordentlich gute Flieger, beherrschen abrupte Wendemanöver und können gar über ihrer Beute schweben. Sie sind allgemein als Opportunisten bekannt, fressen Essensreste und stibitzen schon einmal Leckereien vom Teller eines ahnungslosen Restaurantgasts. Normalerweise ernähren sie sich jedoch von kleinen Fischen und tauchen nur sehr selten nach Beute.

Möwen legen meist zwei bis drei Eier jährlich in großen Kolonien an Klippen oder auf kleinen Felseninseln, die von beiden Eltern drei bis vier Wochen ausgebrütet werden. Einige Arten brüten lieber in Einzelnestern. Mit etwa fünf Wochen werden die Küken schließlich flügge und damit selbstständig.

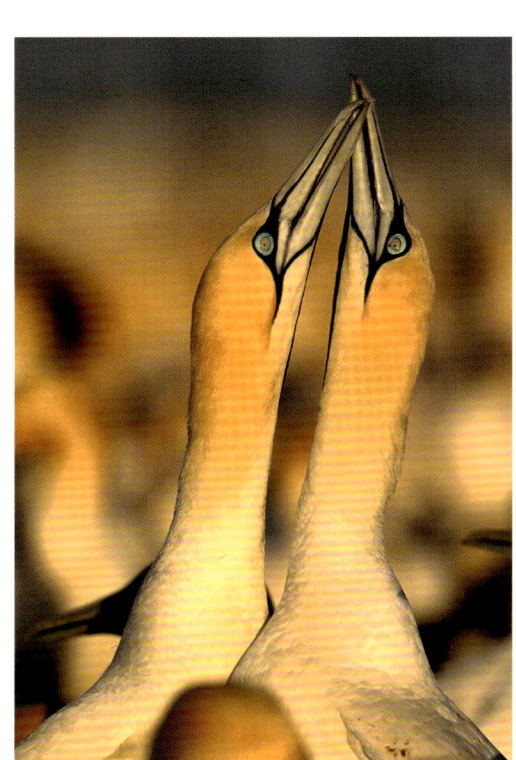

OBEN Ein Paar Kaptölpel *(Morus capensis)* streckt zur Begrüßung die Hälse. Diese Vögel, die vor allem in Südafrika anzutreffen sind, bleiben einige Brutzeiten über mit demselben Partner zusammen.

LINKS Ein Tölpel taucht auf Beutejagd in die kalten Fluten vor Nova Scotia. Da sie sich aus großen Höhen in die Tiefe stürzen, können Tölpel tiefer tauchen als andere Seevögel und erhöhen so ihre Chancen, Nahrung zu finden.

UNTEN Balzritual zwischen zwei Graukopfalbatrossen *(Thalassarche chrysostoma)*. Auf der Insel Südgeorgien im Südatlantik gibt es große Kolonien dieser Vögel.

Pinguine

Sie bewohnen zwar einige der abgelegendsten und unfreundlichsten Regionen der Erde, dennoch sind Pinguine zweifelsohne die bekanntesten und mysteriösesten Meeresbewohner. Obwohl sie zu den Vögeln gehören – sie legen Eier und sind gefiedert – können Pinguine nicht fliegen und verbringen einen Großteil ihres Lebens im Meer.

RECHTS Pinguine sind sehr gesellige Geschöpfe. Hier schwimmt eine Schar in den kristallklaren Wassern des Südpolarmeeres. Ihre Heimat ist zwar die Südhalbkugel, aber teilweise sind sie noch am Äquator anzutreffen.

UNTEN Der Goldschopfpinguin *(Eudyptes chrysolophus)* hat einen gelb-schwarzen Schopf, der erst nach vierjährigem Wachstum seine volle Pracht erreicht.

RECHTS Der treffend benannte Zügelpinguin *(Pygoscelis antarcticus)* schlägt mit seinen Stummelflügeln. Zügelpinguine bauen Nester aus Stein und legen meist zwei Eier.

SÜDLICHE ÜBERLEBENSKÜNSTLER

Im Gegensatz zu dem im Volksglauben vorherrschenden Bild vom Pinguin brüten nur 2 der 18 Arten – der Kaiser- und der Adélie-Pinguin – auf Antarktika. Die größte Anzahl an Arten und Tieren findet man weiter nördlich, zwischen dem 45° und 60° südlicher Breite. Unter ihnen sind Esels-, Goldschopf-, Zügel- sowie Haubenpinguine, die auf subantarktischen Inseln und auch auf der Antarktischen Halbinsel brüten.

Pinguine leben aber auch in wärmeren Regionen der Südhalbkugel. Der Galapagos-Pinguin, der in der Nähe des Äquators beheimat ist, ist die nördlichste Art. Er lebt nur auf den Galapagosinseln vor der Küste Ecuadors. Andere Arten, z. B. der Humboldtpinguin, brüten an der südamerikanischen Pazifikküste und auf Inseln vor Chile und Peru. In diesen Gebieten kühlen die Pinguine sich tagsüber ab, indem sie sich im Wasser aufhalten oder sich in tiefen Bauen verstecken.

WER FRISST WEN?

Pinguine besitzen in ihrem Schädel oberhalb der Augen einen eingebauten Wasserfilter. Dank dieser Drüse können sie Meerwasser trinken und salzige Nahrung wie Krustentiere, Kalmare und Fische zu sich nehmen. Ihre Zunge ist mit Widerhaken versehen, wodurch sie glitschige Beute besser festhalten können.

Pinguine sind ihrerseits Beute für viele Land- und Meeresbewohner. Sie bewohnen zwar überwiegend Gegenden, in denen es kaum Landraubtiere gibt, im Wasser müssen sie sich dagegen mit furchteinflößenden Raubtieren wie Seeleoparden, Schwertwalen und, in wärmeren Regionen, Haien auseinandersetzen. An

Land sind vor allem die Pinguineier und Küken in Gefahr, z. B. durch geschickte Lufträuber wie Raubmöwen, die oft am Rand großer Pinguinkolonien auf ihre Chance lauern. Die Nester werden deshalb von beiden Eltern vor den plündernden Vögeln bewacht.

Auf subarktischen Inseln gefährden eingeführte Tierarten wie Hunde, Katzen und Kaninchen das Überleben brütender Pinguine.

FLUG DURCHS MEER

Pinguine gehören zur Familie der Spheniscidae. Alle Mitglieder dieser Gruppe sind flugunfähig; beobachtet man Pinguine jedoch im Wasser, erkennt man, dass sie sehr wohl fliegen können – nur nicht in der Luft. Was auch immer im Zuge der Evolution dazu geführt hat, dass Pinguine ihre Flugfertigkeiten verloren, ihre Anpassung ans Wasser war unglaublich erfolgreich. Heute gehören sie zu den spezialisiertesten und am besten angepassten Meeresbewohnern.

Mit ihren Flügeln, die sich zu paddelartigen Flossen entwickelt haben, sind Pinguine starke und schnelle Schwimmer, die fast 80 Prozent ihres Lebens im Wasser verbringen und sich nur zur Mauser und zum Brüten länger an Land aufhalten. Ihr stromlinienförmiger

Körper unterscheidet sich von dem anderer Vögel und ähnelt eher anderen Langstreckenschwimmern wie Walen und Delfinen. Beim Schwimmen springen sie zwischendruch immer mal wieder aus dem Wasser und segeln in einem graziösen Bogen durch die Luft. Auf diese Weise erreichen Pinguine eine Reisegeschwindigkeit von 10–12 km/h. Zudem hilft es ihnen, großen Raubtieren wie Orcas und Seeleoparden zu entfliehen.

Daneben sind Pinguine auch ausgesprochen gute Taucher. Ihre ungewöhnlich dichten Knochen und kurzen, kräftigen Flossen ermöglichen ihnen die Jagd in Regionen, die kein anderer Vogel erreicht. Kleinere Arten tauchen meist nur wenige Minuten; größere, wie der Kaiserpinguin, tauchen bis zu 200 m tief und bleiben dabei etwa sechs Minuten unter Wasser. Es wurden sogar schon Tauchgänge von 20 Minuten Länge und 565 m Tiefe aufgezeichnet! Selbst viel kleinere Arten wie der Eselspinguin können noch 150 m Tiefe erreichen. Bei einem Tauchgang sinkt

RECHTS Luftaufnahme einer riesigen Kolonie Königspinguine *(Aptenodytes patagonicus)* auf der Insel Südgeorgien. Die rotbraunen Farbkleckse sind die Jungtiere.

der Herzschlag des Adélie-Pinguins von 100 auf 20 Schläge pro Minute. Das reduziert den Sauerstoffverbrauch und verlängert die Tauchzeit. Wie Pinguine die Taucherkrankheit umgehen, die beim Menschen durch zu schnelles Auftauchen Gasbläschen ins Blut ausperlen lässt und zu lebensgefährlichen Embolien führen kann, ist noch nicht geklärt.

Mit ihrem weißen Bauch und dem dunklen (meist schwarzen) Rücken haben Pinguine im Wasser quasi Tarnfarbe. Ein Seeleopard, der von unten zur Wasseroberfläche schaut, kann den hellen Pinguinbauch kaum von der spiegelnden Oberfläche unterscheiden, und von oben aus betrachtet verschmilzt der dunkle Rücken mit der ebenfalls dunklen Wasseroberfläche.

SO WEIT DAS AUGE REICHT

Die meisten Pinguine brüten in riesigen Kolonien – einige Adéliekolonien bestehen aus über einer Million Tieren. Adélie-Pinguine marschieren nicht landeinwärts wie ihre auf der großen Leinwand verewigten Verwandten, die Kaiserpinguine. Stattdessen bauen sie ihre Nester nahe der Küste mithilfe von Steinchen, die sie an den felsigen Hängen sammeln oder aus den Nestern anderer Pinguine stehlen. Das Gekreische aus diesen Kolonien hört man noch in mehreren Kilometern Entfernung.

Ein Großteil aller Pinguine nistet in dem Gebiet, in dem sie selbst geschlüpft sind. Abhängig von der Art ziehen sie pro Brutzeit ein oder zwei Küken groß. Pinguinpaare bleiben meist längerfristig zusammen, gelegentlich wechselt aber doch einer den Partner.

Etwas, das alle Pinguine gemeinsam haben – unabhängig von der Art –, ist die rote Farbe ihres Eidotters und ihres Guanos, die mit ihrer Ernährung aus Krustentieren zusammenhängt. Einige Kaiserpinguinkolonien sind so gewaltig, dass man den roten Fleck noch aus dem Weltall erkennen kann.

EINE ERSTAUNLICHE GESCHICHTE

Kaierpinguine bauen ihre Nester nicht an der Küste. Stattdessen verfrachten sie ihren 1 m hohen und bis zu 35 kg schweren Körper auf jede nur mögliche Weise – laufend, rutschend – bis zu 120 km landeinwärts zu ihren Brutplätzen. Ihr Ziel – ihr Geburtsort – liegt weit entfernt von marinen Fressfeinden wie den Robben, dafür gibt es dort aber kein Futter, und die Temperatur kann auf −80 °C sinken. Erstaunlicherweise brüten die Vögel ihre Eier während der dunkelsten, stürmischsten Winter auf Erden aus.

Der Fortpflanzungszyklus des Kaiserpinguins ist eine uralte, komplizierte Angelegenheit, die mit dem jährlichen Zufrieren und Aufbrechen der Eisdecke zusammenhängt, beginnend Ende März und endend im Dezember. Sobald sich die Dunkelheit über die Antarktis senkt, beginnt die Balz und die Paarung, und bis Juni hat das Weibchen ein einzelnes Ei mit grüner Schale gelegt. Sie hat nun sehr wenig Energie, deshalb übergibt sie das Ei ganz vorsichtig mit den Füßen schubsend dem Männchen und kehrt zum Fressen ins Meer zurück. Berührt das Ei im Zuge dieser heiklen Prozedur das Eis, friert der Embryo im Inneren sofort ein und stirbt. Bis das Küken ausschlüpft, sieht das Weibchen ihren Partner nicht wieder.

Das Männchen verbringt die nächsten 60–70 Tage damit, das Ei auf seinen Füßen, unter einer dicken Bauchfalte vor der Kälte geschützt, zu balancieren. In dieser Zeit kann er das Ei nicht verlassen; er ist nun vollständig auf seinen Fettreserven angewiesen, die er sich im Laufe des Sommers angefressen hat. Zudem muss er Schneestürmen mit Windgeschwindigkeiten von bis zu 200 km/h und Temperaturen um −80 °C widerstehen. Um das zu überleben, rotten sich die Väter in dichten kreisförmigen Gruppen zusammen, die ihren Wärmeverlust um fast die Hälfte reduzieren. An den kältesten Tagen drängen sich bis zu zehn Pinguinmännchen auf einem Quadratmeter innerhalb der Gruppe zusammen. Von oben sieht das Ganze wie eine riesige lebendige Masse aus. Die Väter tauschen kontinuierlich die Plätze, sodass keiner zu lange am Rand der schlimmsten Kälte ausgesetzt ist.

Mitte Juli beginnt das Packeis zu schmelzen, und die Küken beginnen zu schlüpfen. Nun kehren auch die Weibchen zur Kolonie zurück und übernehmen das Füttern der Brut. Die Männchen haben nunmehr nahezu die Hälfte ihres Körpergewichts verloren. Anhand seines persönlichen Rufs finden sie ihren Partner problemlos unter Tausenden anderer Männchen. Wie mit dem Ei, führt das Pärchen wieder seinen heiklen Tanz auf, bei dem nun das Küken an die Mutter übergeben wird. Dies wird jeden Tag kräftiger und bald wechseln die Eltern sich bei der Pflege des Jungtieres ab und bewachen es vor Sturmvögeln. In den folgenden sechs Monaten sind die Nestlinge ganz von ihren Eltern abhängig. Die neue Generation Kaiserpinguine, die ihren schwierigen Start überlebt hat, wird schließlich mit vier bis acht Jahren geschlechtsreif.

Entdeckung der Ozeane

Der Mensch befährt die Weltmeere schon viel länger als den meisten von uns bewusst ist. In Bezug auf die Entdeckung der Ozeane muss man allerdings zwischen den ersten Seefahrten und absichtlichen Forschungsreisen unterscheiden. Was trieb die ersten tapferen Männer an, die ihre Boote in das Unbekannte, in eine gesichtslose Ferne lenkten?

ERSTE SEEREISEN

Viele frühe Seereisen wurden durch archäologische Funde und Ähnliches dokumentiert. Australien wurde z. B. vor etwa 50 000 Jahren besiedelt. Zum Erreichen des Inselkontinentes mussten 80 km Wasser überquert werden. In Nordamerika gefundene Steinspitzen ähneln denen des europäischen Solutréens vor 20 000 Jahren und deuten frühe Atlantiküberquerungen an. Zudem wurden uralte negroide Skelette in verschiedenen Fundstätten an den Küsten Nord- und Südamerikas entdeckt.

Im Pazifikbecken existieren vielfältige Hinweise auf frühe Seereisen. Die ersten Fahrten wurden zweifelsohne vor mindestens 25 000 Jahren unternommen – sie

OBEN Prinz Heinrich von Portugal, „der Seefahrer", (1394–1460) inspirierte viele Entdecker.

UNTEN Der holländische Entdecker Cornelis de Houtman (1565–1599) erschloss eine neue Route nach Ostindien.

führten im heutigen Melanesien von Insel zu Insel. Manche Archäologen sehen auch Verbindungen zwischen Keramik, die in Ecuador gefunden wurde, und der japanischen Jomonkultur, was auf einen zufälligen Kontakt zwischen den beiden Gebieten bereits um 3000 v. CHR. hinweisen könnte. Lange vor der Ankunft der Europäer war die ursprünglich aus Südamerika stammende Süßkartoffel im gesamten Pazifikraum verbreitet, inklusive der südostasiatischen Inseln. Die ersten spanischen Entdecker fanden überall in Südamerika asiatisches Geflügel vor. Da Hühner aber sehr empfindlich auf Kälte reagieren, kann man davon ausgehen, dass sie nicht über eine Route durch die hohen Breiten auf den Kontinent gelangten. Fast zwei Jahrtausende vor Magellans epischer Reise hatten polynesische Seefahrer bereits die meisten Pazifikinseln entdeckt und besiedelt.

Mehrere Tausend Jahre vor Anbruch des Christentums reisten die Ägypter über das Meer in das Land Punt, dessen genaue Lage heute unbekannt ist. Einiges deutet darauf hin, dass sie bei ihren Fahrten bis zum Sambesi an der Südostküste Afrikas reisten. Bis 1900 v. CHR. hatten die Ägypter bereits einen Kanal gebaut, der den Nil mit dem Roten Meer verband.

Im Mittelmeer gab es viele seefahrende Völker. Die geschicktesten und mutigsten waren die Phönizier. Das genaue Ausmaß ihrer Seefahrten ist nicht bekannt, da es über ihre Reise kaum Aufzeichnungen gibt. An den europäischen Küsten, in zahlreichen Gebieten Afrikas und an der Atlantikküste Mittel- und Nordamerikas weist aber einiges auf frühe Kontakte zwischen den dort lebenden Kulturen und den Phöniziern hin.

EUROPÄISCHE ENTDECKUNGSREISEN IM 15. JAHRHUNDERT

Heute gilt es als sicher, dass die Wikinger den Atlantik bereits 500 Jahre vor Kolumbus' ausführlich dokumentierter Reise überquerten. Weniger gesichert sind dagegen andere europäische Kontakte mit der Neuen Welt in der Zeit vor Kolumbus – von portugiesischen Fischern bis zu irischen Mönchen. In den meisten Geschichtsbüchern beginnt die ernsthafte Erforschung der Ozeane erst durch die europäischen Entdeckungsreisen im 15. Jh. Bedenkt man, dass Atlantik, Pazifik und der Indische Ozean zu dieser Zeit bereits zahllose Male und von zahlreichen Völkern durchquert worden waren, wird das Bild der „berühmten", tapferen europäischen Entdecker ein wenig getrübt.

Jahrhundertelang stellten die Säulen des Herakles (Straße von Gibraltar) eine gewaltige psychologische Barriere dar, die außer den Phöniziern kaum einer zu überwinden wagte. Der Legende nach warteten riesige Algenteppiche (die Sargassosee?), gewaltige Sandbänke, unheimliche Dunkelheit (ein möglicher Hinweis auf Breitengrade jenseits des Polarkreises?) und schreckliche Seeungeheuer auf die ahnungslosen Seefahrer, die aus dem Mittelmeer nach Westen segelten.

Im zweiten Jahrzehnt des 15. Jh. wurde das Zeitalter der Entdeckungen durch Heinrich den Seefahrer (Prinz Heinrich von Portugal) eingeläutet. Heinrich und die Rolle, die er spielte, sind von vielen Mythen umgeben. Er selbst reiste niemals weiter als bis zur afrikanischen Seite der Straße von Gibraltar, gründete auch keine berühmte „Seefahrerschule", zeichnete sich jedoch für die finanzielle Unterstützung der ersten großen Seefahrten verantwortlich. Als portugiesische Seeleute die Küste Guineas in Afrika erreichten, geriet die Suche nach einer Passage nach Ostindien für ein knappes

OBEN Felszeichnung der Aboriginals aus Arnhem Land, Nordaustralien, die Boote aus fremden Ländern zeigt.

OBEN RECHTS Karte Westafrikas aus dem späten 16. Jh. Als Sprache für die Karte wurde Latein verwendet. *Oceanus Aethiopicus* ist ein historischer Name des Atlantiks.

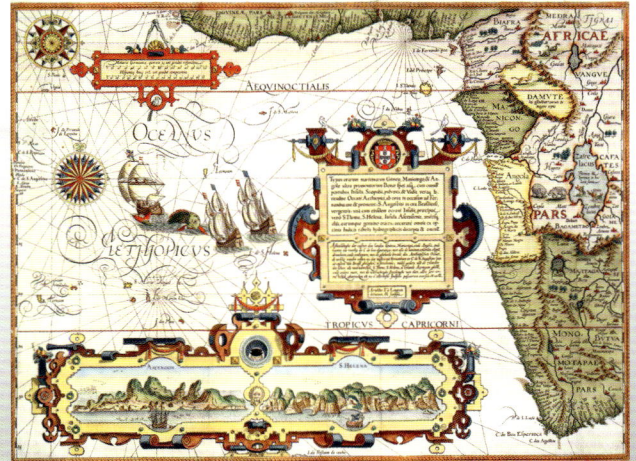

halbes Jahrhundert – bis in die 1480er-Jahre – nahezu in Vergessenheit. Stattdessen zogen die Portugiesen einen lukrativen Sklavenhandel auf.

Als das 16. Jh. anbrach, hatten europäische Schiffe bereits den Indischen Ozean und den Atlantik durchquert. Die Zeit war nun reif für das „Goldene Zeitalter der Geografie", einer Zeit, in der Europäer, die unter vielen verschiedenen Flaggen segelten, innerhalb weniger Jahrhunderte die Weltkarte so darstellten, wie wir sie heute kennen.

Schiffbau

Der Mensch und das schwimmende Fahrzeug haben sich Seite an Seite entwickelt, vom einfachen Floß bis zum modernen Superfrachter. Wir erfanden viele verschiedene Schiffsarten, für Handel, Krieg, Transport, Fischfang und Freizeit. Zudem gibt es natürlich noch Rettungsboote, Forschungsschiffe und eine große Vielfalt an Fahrzeugen für den Wassersport.

GEGENÜBER Römisches Schiff mit Sprietsegel auf dem Kopenhagener Sarkophag aus dem späten 3. Jh. Diese Bildhauerarbeit aus Marmor ist eine der frühesten Darstellungen eines Sprietsegels.

UNTEN Im alten Irland spannten Fischer Tierhäute über einen Weidenrahmen, um ein Curragh herzustellen. Die leichten Boote sind heute noch in Teilen Westirlands im Einsatz.

ANFÄNGE

Zunächst verwendeten einfallsreiche Bootsbauer, was ihnen in die Finger kam. Gab es wenig Holz – wie in Mesopotamien – wurden Tierhäute aufgeblasen oder Tontöpfe mit Luft gefüllt und zusammengebunden. Tierhäute wurden auch über Rahmen aus Bambus, Weidenholz oder gar Knochen gespannt. Die antiken Iren nannten diese Boote Curragh; in der Arktis wurden ähnliche Boote zum Fischfang, für die Jagd auf Wale und als Transportmittel gebaut. Die Ägypter verwendeten dagegen Schilfbündel zum Floßbau.

War ausreichend Holz vorhanden, banden die Menschen Stämme zusammen. So bauten sie große Flöße, fügten Masten und Segel hinzu und reisten damit weite Strecken, wie die Polynesier bei ihrer Pazifikmigration. Der erste archäologische Bootsfund (aus etwa 6300 V. CHR.) war ein hölzerner Einbaum. Manche Einbäume waren nur hohle Baumstämme, deren Enden mit Lehm verschlossen wurden, andere wurden mit Werkzeugen sorgfältig herausgearbeitet.

Im nächsten Schritt wurde ein Rahmen mit Spanten verwendet, die sich vom Kiel biegen, wie die Rippen eines Tieres vom Rückgrat. Nun wurde es möglich, Boote auf zwei verschiedene Weisen zu bauen. Die Ägypter, Römer und Griechen bauten erst den Rumpf und fügten dann den Rahmen zur Verstärkung hinzu. Bei der zweiten Methode baute man erst den Rahmen, an dem dann Planken befestigt wurden. Die Planken wurden überlappend in Klinkerbauweise oder Kante an Kante in Kraweelbauweise angebracht. Die Lücken

wurden mit einem Dichtungsmittel gefüllt. Bis ins 19. Jh. herrschte diese Bauweise für große Boote und Schiffe vor, bis die Menschen erkannten, dass sie auch Metall zum Schiffbau verwenden konnten.

Nach der Erfindung des Holzrahmens stellten die Stabilität, der Antrieb und die zurückzulegende Distanz die nächsten Herausforderungen dar. Beginnen wir im Jahr 3000 V. CHR. mit den Ägyptern, die den Nil als Hauptverkehrsweg nutzten. Da der Wind aus dem Norden wehte, die Strömung aber aus dem Süden kam, nutzten sie eine Mischung aus Muskelkraft und Wind: flussaufwärts reisten sie mithilfe eines großen quadratischen Segels, flussabwärts verließen sie sich auf die Strömung und die Kraft der Ruderer. Damit sie nicht auf Grund liefen, wurden längere Ruder zum Steuern verwendet. Ein Schiff aus der Zeit um 2500 V. CHR., das in der Großen Pyramide von Gizeh entdeckt wurde, ist 44 m lang und 6 m breit – für die damalige Zeit war es außerordentlich groß (kein Wunder, dass der Pharaoh es als Grabbeigabe erhielt). Nach und nach wurden die Schiffe solider, die Segel und auch die Boote größer. Im 1. Jahrtausend V. CHR. waren sie oft bis zu 27 m lang und konnten eine beachtliche Ladung transportieren. Die Schiffe waren nun robust genug, um mit ihnen ins Mittelmeer zu segeln, und die Ägypter unternahmen häufig Reisen zu den Phöniziern im heutigen Libanon.

Wie die Griechen, die ihnen folgten, verwendeten die Phönizier sowohl Schiffe mit Segeln als auch solche, die von Sklaven gerudert wurden. Ihre Kriegsschiffe – die Trieren – wurden stets von Rudersklaven angetrieben; die Griechen fügten später Rammböcke am Bug hinzu. Griechische Handelsschiffe wurden dagegen nur gesegelt. Sie waren etwa gleich groß wie ägyptische Schiffe, nutzten jedoch eine viel größere Segelfläche: der Mast hatte ein quadratisches Segel und zur Unterstützung ein kleineres dreieckiges Segel. Die Schiffe konnten bis zu 180 t Fracht befördern. Die Römer bauten auf ähnliche Weise größere und stärkere Schiffe, die bis zu 55 m lang und 14 m breit waren und 900 t transportieren konnten.

IN CHINA

Während die Ägypter, Phönizier, Griechen und Römer im Mittelmeer herumruderten und -segelten, bauten die Chinesen bereits überlegene Schiffe. Die Geschichte der Segelschifffahrt ist geprägt von den herausragenden Leistungen der Chinesen und dem Bemühen des Westens, aufzuholen. Das Vorbild war die chinesische Dschunke, deren Bauweise viele übernahmen. Die

Chinesen hatten den unterteilten Rumpf erfunden, der aus einzelnen, wasserdichten Abteilen bestand, was die Sicherheit erhöhte und den Bau viel größerer Schiffe ermöglichte. Um 400 v. chr. besaßen die geräumigen, bequemen und schnellen Dschunken bereits bis zu fünf Segel vorn und achtern, große Steine zur Stabilisierung an den Außenseiten sowie ein Kiel- und Seitenschwert.

Auch der Antrieb war fortschrittlich. Die Segel waren zur Verstärkung durchgelattet und konnten mit einem Seil gesetzt oder eingeholt werden. Die Schiffe hatten flache Rümpfe für das Befahren seichter Gewässer sowie ein Ruder, dass sowohl zum Steuern als auch zur Stabilisierung diente. In seichten Gewässern konnte es angehoben, in tiefen gesenkt werden. Mit diesen Schiffen unternahmen die Chinesen lange Seereisen nach Malakka, Indien und sogar nach Europa.

ANDERE SCHIFFSARTEN

Im Indischen Ozean war die arabische Dau verbreitet. Sie hat ein markantes, trapezförmiges Setteesegel, mit dem sie die Monsunwinde ideal ausnutzen kann. In Europa basierte der Schiffbau weiterhin auf der Kiel- und Spantenbauweise. Bis ins 19. Jh. war dieses Modell maßgebend für alle folgenden Schiffsvarianten.

Im Norden wurden die Gewässer von den Schiffen der Wikinger dominiert. Sie entwickelten den unterteilten Rumpf und den Kiel unabhängig von den Chinesen. Ihre Kriegs- und Handelsschiffe – Langschiffe und Knorren – wurden mit Segel und Riemen angetrieben. Ein gutes Beispiel einer Knorre aus dem 10. Jh. wurde in Roskilde, Dänemark, entdeckt. Sie ist 16 m lang und 4,5 m breit. Die europäische Kogge (ab dem 11. Jh.)

war ein vergrößertes Wikingerboot mit einem tieferen Rumpf und einem größeren Segel in der Mitte, hatte aber keine Riemen mehr. Um 1300 wurde achtern ein Ruder angefügt, in Kopie des mediterranen Designs. Es ermöglichte das Segeln im Wind. Das Grundmodell hatte einen spitzen Bug, ein quadratisches Heck sowie Kastelle an beiden Enden zum Schutz, für die Fracht und auch die Aufbewahrung diverser Waffen. Durch die Mischung nordeuropäischer und mediterraner Stile entstanden zwei Koggenvarianten. Bei der Karacke wurden dem einzelnen quadratischen Segel der Kogge

OBEN Die *Sancta Trinitas*, eine Galeone aus dem 16. Jh. Galeonen waren große Segelschiffe mit ein oder zwei Decks. Sie dienten zwischen dem 15. und 17. Jh. als Kriegs- und Handelsschiffe.

Lateinersegel zugefügt. Im 15. Jh. bauten die Portugiesen die schlanke Karavelle. Karavellen hatten bis zu sechs Lateinersegel und waren das ganze Zeitalter der Entdeckungen hindurch im Einsatz – Kolumbus segelte 1492 mit einer Karavelle über den Atlantik.

Die Erfindung der Geschütze regte weitere Modifikationen an. Kanonen wurden unter Deck verbannt, die Kastelle verschwanden und Speigatte entstanden in den Schiffswänden. Die Schiffe wurden verstärkt, vergrößert, begradigt (um mehr Geschütze unterzubringen) und erhielten mehr Rahsegel. Das größte Schiff dieser Art war die Galeone. Die Niederländer bevorzugten den Ostindienfahrer mit seinem großen, abgerundeten Rumpf und Kanonen zur Verteidigung der kostbaren Fracht. Gegen Ende des Segelschiffzeitalters beförderten Spezialschiffe wie Küstenpaketschiffe und Klipper Passagiere rund um den Globus.

STAHL UND DAMPF

Die Dampfmaschine war in der Klipperära bereits erfunden worden. Neben dem Metallrumpf war der Dampfantrieb die erste wirkliche Neuerung im Schiffbau seit mehreren Jahrhunderten. Nun war man nicht länger vom Wind abhängig. Nachdem die Schraube die Schaufelräder ersetzt hatte und die Effizienz der Maschinen in Bezug auf Treibstoffverbrauch und Geschwindigkeit verbessert wurde, begannen die Schiffe regelmäßig auf den Weltmeeren zu kreuzen. Später wurde der Dampfantrieb durch den Verbrennungsmotor und den Nuklearantrieb ersetzt .

Genietete Metallrümpfe veränderten den Schiffbau fundamental. Erst wurden sie zum Schutz hölzerner Segelschiffe vor der stets zunehmenden Feuerkraft verwendet, bald wurden jedoch eigenständige Metallrümpfe gebaut. Gepaart mit Drehbassen anstelle fest installierter Geschütze an den Seiten entwickelten sich Kriegsschiffe zu unterschiedlich großen und kleinen Typen weiter. Metall revolutionierte aber auch den Seehandel, da nun Schiffe in nie dagewesener Größe und Frachtkapazität gebaut wurden, die rauem Wetter besser widerstehen konnten.

cerueyro

Ro sayro

Jacome de mello

espadarte

Ayres nunz Barreto

g. biscainho.

S. cruz

Dom diogo dalmeyda

Algarauia

Lopo de sousa

Misse bernaldo

Fr.º Lopez de sousa

barril leyra.

esp̃era

Dom Jorge de menese 6

Arribou a lisboa

Diogo lopez de sousa

Entwicklung der Navigations- und Segelkunst

Der Begriff „Navigation" stammt von dem lateinischen Wort „navigare", „Führen eines Schiffes",
ab. Heute verwenden Navigatoren hochentwickelte Technik wie Radar, Computer und Global
Positioning Systems (GPS), dennoch bleibt die Navigation eine anspruchsvolle Kunst.

OBEN Der Seemann im Krähennest, hoch oben am Hauptmast,
spielte eine wichtige Rolle bei
der Steuerung des Schiffes.
Seine Aufgabe war, Ausschau
zu halten nach Land, anderen
Schiffen, Riffen, Sandbänken,
Treibgut und weiteren Gefahren.

RECHTS Ein mittelalterlicher
Astronom führt Messungen an
Land durch. Die astronomische
Navigation war vom geometri-
schen Verhältnis zwischen der
Position der Sterne, Planeten
und dem Horizont abhängig.

NAVIGATION VON KAP ZU KAP

In der Anfangszeit vermieden die Seeleute
das offene Meer. Steuermänner mussten
ihre Schiffe von Kap zu Kap leiten. Dabei
verließen sie sich vor allem auf die guten
Augen des Ausguckpostens, der sie vom
Krähennest aus vor Riffen und Sandbänken
warnte und Meldung machte, sobald das
nächste Kap in Sicht war.

Weiter vom Land entfernt wurde die
Navigation zur großen Herausforderung.
Steuermänner mussten mit einigen Variab-
len arbeiten – Richtung, Breitengrad (die
Entfernung vom Äquator), Längengrad (die
Position östlich oder westlich des Nullmeri-
dians) und Geschwindigkeit des Schiffes.

METHODEN

Zur Richtungsangabe war und bleibt der Kompass
unersetzlich. Magnetische Kompasse kamen im 11. Jh.
in China auf und entwickelten sich zu Gyroskop und
Kreiselkompass weiter.

Die Berechnung des Breitengrades mithilfe der
Himmelskörper war stets recht einfach. Man konzentrierte sich auf den Polarstern, das Kreuz des Südens
oder die Sonne, berechnete ihre/n Winkel im Verhältnis zum Horizont und konnte damit die Entfernung
nördlich oder südlich des Äquators bestimmen. Der
Längengrad war ein größeres Problem. Am einfachsten
war zu messen, wie viel Zeit seit einem Ortungspunkt
vergangen war. Dazu benötigte man einen genauen
Zeitmesser, der bis 1761 nicht existierte. Navigatoren
arbeiteten mit einem komplexen Prozess, bei dem
sie den Abstand zwischen dem Mond und anderen
Sternen maßen und dann ihre Ergebnisse mit Karten
verglichen – die es für unbekannte Gebiete nicht gab.

VON DEN FINGERN ZUM SEXTANTEN

Zum Messen des Breitengrades wurden viele „Geräte"
verwendet, von den Fingern über den Jakobsstab, den
Quadranten, das Astrolabium bis zum Sextanten. Das
Grundprinzip hinter jeder Methode war die Bestimmung des korrekten Winkels zwischen der Sonne oder
einem Stern und dem Horizont, anhand dessen man
dann den Breitengrad berechnen konnte. Viele frühe
Steuermänner nutzten die Handmessung: ein Finger
über dem Horizont entsprach zwei Grad, ein Handge-
lenk acht Grad und eine Hand 18 Grad. Genauer war
der Jakobsstab, ein einfaches Stück Holz mit einem
verschiebbaren Kreuz. Der Navigator richtete eine

Spitze des Kreuzes auf die Sonne aus, die andere auf
den Horizont und maß dann den Winkel der Linien,
wo sie sich am Ende des Hauptstücks trafen. Quadranten, Astrolabien und Sextanten besaßen alle ein Visier
sowie eine Reihe von Zahlen und einen Zeiger oder
eine Schnur mit Gewichten, die die korrekte Messung
anzeigten. Der Sextant ermöglichte mittels der Position
der Sonne um zwölf Uhr mittags sehr genaue Angaben
des Breitengrades. Er bestand aus einem Teleskop, zwei
Linsen, einem Zeigerarm und einem Gradbogen.

ZEITMESSER UND KOPPELNAVIGATION

Am einfachsten berechnet man den Längengrad, indem
man die zurückgelegte Entfernung zu einem Fixpunkt
misst. Seeleute probierten verschiedene Methoden aus:
sie schätzten, beobachteten vorbeitreibende Algen oder
Treibgut, drehten regelmäßig die Sanduhr um, warfen
ein Stück Holz am Bug ins Wasser und maßen die Zeit,

bis es am Heck vorbeitrieb und banden ein Seil an einen Stock welches in regelmäßigen Abständen mit Knoten versehen wurde. Navigatoren maßen dann die vergangene Zeit an der Anzahl der Knoten. So entstand der nautische Begriff „Knoten". Der Trick dabei war, die Geschwindigkeit zu schätzen, sie mehrmals am Tag zu messen und daraus dann die zurückgelegte Distanz abzuwägen. All diese Vorgehensweisen waren Variationen der „Koppelnavigation", bei der die Bewegung des Schiffes beobachtet und die Position so genau wie möglich geschätzt wird – mit hoher Fehlerquote.

Erst 1761 nach der Erfindung des Chronometers durch John Harrison konnte die Zeit auf See präzise gemessen werden. In Verbindung mit genauen Sextantenmessungen war es nun endlich möglich, den Längengrad genau zu bestimmen. In vieler Hinsicht definierte das Chronometer die Koppelnavigation neu, die noch heute genutzt wird – jetzt allerdings mithilfe von Quarzuhren, Computern, Satelliten, Radar, Gyroskopen und Beschleunigungssensoren.

RECHTS Dieses Gemälde des amerikanischen Malers Winslow Homer (1836–1910) zeigt einen Seemann bei der Verwendung eines Sextanten, eines Navigationsinstrumentes zur Bestimmung des Längen- und Breitengrades.

Seefahrer der Antike

Seit Anbeginn der menschlichen Zivilisation fuhren wir zur See und gingen auf Entdeckungsreisen.
Neue Kulturen entstanden entlang großer Flüsse wie dem Nil in Ägypten oder den Zwillingsflüssen
Tigris und Euphrat im heutigen Irak. Die Menschen reisten im Fruchtbaren Halbmond (vom heutigen
Irak bis nach Ägypten) umher, und die Flüsse waren dabei von entscheidender Bedeutung. Dieses
uralte Gebiet nannte man Mesopotamien, das „Land zwischen den Flüssen".

Jedes der in dem fruchtbaren Land aufeinanderfolgen-
den Reiche – die Sumerer, Babylonier, Assyrer und
Perser – fand es einfacher und effizienter, Menschen
und Güter auf dem Wasser statt über das Land zu
transportieren. Außerdem war es deutlich wirtschaftlicher. So kostete es z. B. das Gleiche, eine Ladung
Getreide über das Mittelmeer zu befördern, wie gut
120 km über Land. Wind zum Segeln war kostenlos.

ÄGYPTEN: JENSEITS DES NILDELTAS

Leider gibt es mangels archäologischer Funde (z. B.
einem gut erhaltenen Wrack etwa) kaum Informationen über mesopotamische Schiffe, mit Ausnahme der
Flussschiffe. Zweifellos segelten sie aus den Flussmündungen in den Persischen Golf, denn wir wissen sicher,
dass die Mesopotamier den Ägyptern begegneten. Im
Gegensatz dazu hinterließen uns die Ägypter neben

OBEN Das Babylonische Weltbild,
eine Tontafel aus der Zeit um
600 V. CHR., die im Südirak entdeckt wurde, ist eine der ersten
Weltdarstellungen.

RECHTS Dieses Bild aus der Zeit
zwischen 2420 und 2270 V. CHR.
stammt aus einer Grabstätte in
Gizeh, Ägypten. Es zeigt ein
ägyptisches Boot mit Segeln,
Riemen und einer großen
Mannschaft.

zahllosen Bildern und Beschreibungen ein ganzes Schiff aus der Zeit um 2500 V. CHR., das in der Cheops-Pyramide von Gizeh entdeckt wurde.

Über Jahrhunderte segelten sie auf dem Nil; in südlicher Richtung mithilfe des Windes, in nördlicher durch Muskelkraft und die Strömung. An der Mündung des Nils liegt das Mittelmeer, entlang dessen Küsten die Reisenden nach Palästina und Phönizien (heute Libanon und Syrien) weiterziehen konnten. Von dort importierten die Ägypter vor allem Zedernholz für den Bau größerer Schiffe. Die antiken Städte Tyros, Sidon und Byblos waren die wichtigsten Anlaufhäfen. Die neuen seetauglichen Schiffe wurden sogar als „Byblosboote" bekannt.

Die zweite ägyptische Küste lag am Roten Meer, das ebenfalls vor dem harschen Wetter auf dem offenen Meer geschützt ist. Im 2. Jh. V. CHR. schrieb der Historiker Agatharchides das Werk *Über das Rote Meer*. Heute existiert nur noch der fünfte (und letzte) Band, in dem er die Gebiete rund ums Rote Meer sowohl realistisch als auch fantasievoll beschreibt. Er erwähnt darin auch Aufzeichnungen, gemäß derer die Ägypter im Alten Reich (3000–2500 V. CHR.) durch das Rote Meer in das „Land der Myrrhe" – den Persischen Golf? – segelten.

PHÖNIZIEN: DAS „VOLK DER SEEFAHRER"
Im antiken Phönizien gab es keine großen Flüsse; die Phönizier, die als „Seevolk" bekannt sind, wagten sich also gleich auf das Meer. In Tyros, Sidon und Byblos bauten sie zwei- und dreistöckige Kriegsschiffe, die von Ruderern angetrieben wurden sowie Segelschiffe für die Beförderung von Menschen und Fracht. Die Qualität der aus Eichen- und Zedernholz gebauten Schiffe war weltberühmt. Die Phönizier wussten, dass der Polarstern Norden anzeige, konnten anhand der Sterne navigieren und auch nachts segeln. Sie waren in der Lage zu berechnen, welche Distanz sie zurückgelegt hatten und lernten von den Winden und Strömungen.

UNTEN Ein phönizisches Handelsschiff aus dem 7. Jh. V. CHR. überquert das Rote Meer. Die überwiegend aus hochwertigem Zedernholz gebauten Schiffe waren für ihre erstklassige Qualität berühmt.

GANZ UNTEN Dieses Relief aus dem 8. Jh. V. CHR. stammt aus der Festung von Sargon in Chorsabad, der Hauptstadt des Königreichs Assyrien (im heutigen Irak) und zeigt Seeleute, die Holz von einem Boot abladen.

Um 1100 v. CHR. waren die Phönizier die beherrschende Seemacht im Mittelmeer. Die Griechen kopierten sie ganz offen, und auch die Römer lernten viel von ihnen.

Ursprünglich verkehrten die Phönizier entlang der Küste zwischen ihren Städten und Ägypten. Im 8. Jh. v. CHR. übte das Assyrische Reich zunehmenden Druck auf sie aus. Daraus gingen eine Reihe von Kolonien im Mittelmeer hervor: Kreta, Sizilien, Malta, Sardinien und Ibiza. Die Kolonien wurden zunächst zur Vermeidung einer Überbevölkerung gegründet, benötigten aber natürlich auch Vorräte, und so fuhren phönizische Schiffe bald kreuz und quer durch das Mittelmeer. Sie waren als zähe Kolonisten und harte Feilscher bekannt, und Homer bezeichnete sie gar als „geldgierige Gauner". Später beschrieb der griechische Schriftsteller Plutarch sie als „so streng, dass sie Freundlichkeit und Humor ablehnen". Ihre größte Kolonie befand sich an der nordafrikanischen Küste – das berühmte Karthago, das später, unter Hannibal, Rom herausfordern sollte. Als ihre Heimat überrannt wurde, wurde Karthago zum Zentrum der phönizischen Seefahrt.

Am westlichen Rand des Mittelmeeres befindet sich offenes Meer. Die Phönizier segelten durch die (bald als solche bekannten) Säulen des Herakles in unbekannte Gewässer, in Schiffen kaum größer als Fischerboote. Auf ihrem Weg nach Süden entlang der Küste gelangten sie bis ins heutige Gambia und den Senegal, aber auch auf die Kanarischen Inseln, die man von einigen Punkten am Festland aus sehen konnte. In Richtung Norden bewältigten sie schwere Dünung in der Biskaya und segelten bis in den Ärmelkanal hinein zu den Kassiteriden („Zinninseln") – vermutlich Cornwall und Nordwestspanien, von wo aus Zinn und Blei ins Mittelmeer gebracht wurden. Einige vermuten, dass die Phönizier bis in die Ostsee gelangten, der westafrikanischen Küste weit nach Süden folgten oder gar Amerika erreichten, jedoch gibt es dafür keine Beweise.

Selbst das oft friedliche Mittelmeer kann äußerst stürmisch werden und Schiffe versenken. Tatsächlich wurden dort viele Wracks gefunden, einige aus der Zeit zwischen dem 8. und 5. Jh. v. CHR. Das größte ist knapp 18 m lang und hat einem abgerundeten Rumpf. Man fand darauf Tongeschirr, einen Weihrauchhalter für Opfer an den Wettergott sowie eine Weinkaraffe. Die Fracht wurde in 90 cm langen Tonamphoren aufbewahrt, die in einem Bett aus Sand lagen. Darin befanden sich Olivenöl, Wein, Honig und Ähnliches. Daneben beförderte das Schiff Stoffe, Holz und Parfüme.

Jedesmal, wenn wir lesen oder schreiben, verwenden wir eine Schrift, die von den Phöniziern stammt – die phonetische Schrift. Zur Kontrolle von Schiffbau, Fracht, Menschen und Kolonien benötigte man eine ausführliche Buchhaltung. Von Ägypten bis nach Mesopotamien wurden Schriftrollen gefunden, auf denen Gedanken, Wörter und Silben ausgedrückt wurden, aber erst die Phönizier erzielten um 1500 v. CHR. den Durchbruch, als sie die einzelnen Laute – die Phoneme – identifizierten, die ein Wort ausmachen. Das Modell wurde von den Griechen und anderen Völkern in Europa und dem Nahen Osten kopiert.

GRIECHENLAND: HERRSCHER DER WELLEN

Ab dem 5. Jh. v. CHR. wurden die Griechen, oder eher Athen, zum Herrscher der Wellen. Griechische Seeleute verbesserten die phönizischen Schiffe, und wie die Phönizier wurden auch die Athener durch ihre rasch wachsende Bevölkerung zur Gründung von Kolonien gezwungen. Sie segelten nach Kleinasien (die heutige Türkei) und noch weiter. Kolonien benötigen Schiffe,

Reisen in Polynesien

Vor Zehntausenden von Jahren unternahmen Völker der australisch-neuseeländischen Landmasse eine epische Wanderung nach Osten durch Melanesien. Ihre Nachkommen, die ersten Polynesier, erreichten vor etwa 2300 Jahren die Marquesas. Dieses Abenteuer, dass sie über mehrere Tausend Kilometer führte, endete mit der Besiedelung Hawaiis und der Osterinsel um 200–800; nach Neuseeland gelangten sie einige Jahrhunderte später. Die antiken Seefahrer reisten auf Doppelauslegerbooten – zwei Kanus mit einer Verbindungsplattform, einer kleinen Hütte und ein oder zwei Segeln. Die etwa 20 m langen Boote, die von mehreren Dutzend Seeleuten bemannt wurden, waren nur wenig kleiner als die hochseetüchtigen Schiffe späterer Entdecker wie Kolumbus.

Antike polynesische Seeleute navigierten mithilfe der Sterne. Sie richteten ihr Kanu entlang einer von den Sternen definierten geraden Linie zwischen zwei Inseln aus. Erfahrene Seeleute orientierten sich auch an Sonne, Wellen, Winden, Vögeln und Wolkenmustern.

Im Gegensatz zu den antiken Seeleuten des Mittelmeeres, die das tiefe Wasser fürchteten, begrüßten die Pazifikreisenden das offene Meer. Auf ihren Fahrten kombinierten sie geschickt Segel und Muskelkraft. Auf der Suche nach neuen Inseln ruderte die Mannschaft gegen die vorherrschenden östlichen Passatwinde an; auf dem Rückweg setzten sie dann die Segel und ruhten sich aus.

Die ersten Fahrten in den mit vielen Inseln übersäten Westen Melanesiens dauerten nur wenige Tage. Weiter östlich lagen die Inselketten immer weiter entfernt. Auf frühen Fahrten lernte die erste Seefahrergeneration die nötigen nautischen und Überlebensfähigkeiten. Spätere Generationen unternahmen Fahrten, die Wochen und Monate andauerten, hatten aber stets die Gewissheit, die Heimat mithilfe von Wind und Segeln schnell wieder zu erreichen.

OBEN Griechisches Schiff aus dem 5. Jh. V. CHR. Das alte Griechenland hatte eine reiche maritime Tradition und besaß damals eine beachtliche Flotte.

UNTEN Bild aus dem 15. Jh. das die Flotte Julius Cäsars bei der Invasion Englands zeigt. Ihre Segelkunst half den Römern, ihr mächtiges Reich auszuweiten und zu bewahren.

um den Kontakt mit der Heimat zu halten, deshalb bauten die Athener eine ganze Flotte. Piräus war die geschäftigste Hafenstadt der Antike und von Schiffbauern, Handwerkern und Kaufleuten bevölkert. Eines der wichtigsten Güter waren Sklaven aus den neu eroberten Ländern. Zudem besaßen die Athener in der Nähe Silberminen, die es ihnen ermöglichten, Waren und zahllose Sklaven zu kaufen, die besten Handwerker anzustellen und die stärkste Flotte der Antike zu bauen. Damit besiegten sie 480 V. CHR. die persische Flotte bei Salamis und beendeten deren Invasion Griechenlands.

Kühne griechische Seeleute erforschten das Schwarze Meer und wagten sich weit jenseits der Säulen des Herakles. Der berühmteste war Pytheas, ein Geograf aus Massilia (das heutige Marseilles). Um 315 V. CHR. segelte er durch die Säulen des Herakles und wandte sich dann nordwärts. Sein Bericht über die Reise hat die Zeit nicht überdauert, deshalb müssen wir uns auf spätere Quellen verlassen. Klar ist, dass er nach Britannien und dann weiter nördlich nach „Thule" (Island oder Trondheim in Norwegen) fuhr, wo er den Polarkreis überquerte und Eisschollen sah – was für ein Schock für einen Mann aus dem warmen Mittelmeer! Als einer der Ersten versuchte Pytheas auch, Längengrade zu berechnen und beschrieb die Auswirkungen der Gezeiten im Norden.

Der griechische Navigator Eudoxos aus Kyzikos wandte sich in die andere Richtung und fuhr 118 V. CHR. und 116 V. CHR. nach Indien. Bis zu Eudoxos' mutigen Reisen trafen sich griechische Kaufleute in der arabischen Hafenstadt Aden mit indischen Händlern, riskierten es jedoch nicht, dem Monsun im Osten zu trotzen. Laut der *Geographie* von Strabon (64–23 V. CHR.) wagte Eudoxos dies zweimal und kehrte mit Gewürzen und Edelsteinen zurück. Innnerhalb von 60 Jahren lernten die Griechen, sich dem Monsun zu stellen, und bald segelten sowohl griechische als auch römische Schiffe regelmäßig nach Indien.

VON ROM NACH INDIEN

Die Römer machten weiter, wo die Griechen aufhörten und verkehrten zwischen Britannien im Norden und Indien im Osten. Auf der Suche nach Pfeffer und Ingwer vollendeten sie die gefährliche Reise – sofern sie Piraten und Stürme überlebten – in einem Jahr. Die Römer befuhren die europäischen Flüsse ausgiebig, segelten aber auch in die nördlichen Gebiete ihres Reiches, nach Gallien und Britannien.

Römische Fahrten nach Ostafrika waren keine einfachen Hin-und Rückreisen. Oft fuhren die Schiffe

GENERALE PTHOLEMEI

von Afrika aus nordwärts. Die antiken Nubier am Oberlauf des Nils handelten mit Indien. Die Griechen handelten mit dem großen Königreich Aksum (Äthiopien) sowie mit den Somaliern, deren Flotte ihrerseits auf der Arabischen Halbinsel mit Weihrauch und anderen Waren Handel betrieb.

Eudoxos und später die Römer fanden in Indien eine blühende Seefahrerzivilisation vor. Indien lag an der Kreuzung des chinesischen und arabischen See- und Überlandhandels. Die Harappa-Kultur aus dem Industal (2600–1900 V. CHR.) baute in Lothal, Indien, ein Trockendock. Es maß 218 x 36 m und wurde zur Wartung großer Schiffe genutzt. Jüngere Beweise stammen aus der Abhandlung *Yukti Kalpa Taru* aus dem 12. Jh., die viele Informationen über antiken

Schiffbau und Schiffstypen enthält. Um das 3. Jh. V. CHR. herum trotzten indische Navigatoren dem Monsun im Indischen Ozean, um regelmäßige Fahrten zu arabischen Häfen zu unternehmen. Sie gründeten Kolonien in Kambodscha, auf Java, Borneo und Sokotra und besuchten Japan.

Eine zeitgenössische Darstellung antiken Seefahrerwissens bietet Ptolemäus' (90–168) Karte. Besonders exakt ist sie in Gebieten, bei denen er sich auf Informationen von Seeleuten verlassen konnte; so bietet sie ein relativ genaues Abbild von Mittelmeer, Schwarzem Meer, Rotem Meer, Persischem Golf und Nordeuropa. Jenseits davon ist die Karte ungenauer – Südafrika ist unbekannt, Indien und Sri Lanka sind unproportional, aber China („Sinae") wird zumindest erwähnt.

OBEN In seinem Werk *Geographia* gab der griechische Astronom und Wissenschaftler Ptolemäus (90–168) genaue Anweisungen für eine Weltkarte. Seinen Regeln folgend zeichneten Akademiker im 15. Jh. eine Karte, die die ganze Welt nach Ptolemäus' Vorstellung zeigte.

Die Wikinger

Das klassische Bild stellt die Wikinger als plündernde Eroberer dar, die gnadenlos alles angreifen. Zweifellos waren sie furchterregende Krieger, aber auch erstaunliche Schiffbauer. Ihr Wissen um Navigation und Seefahrt suchte seinesgleichen. Sie befuhren einige der rauesten Meere mit heftigen Stürmen, versteckten Riffen und zahllosen Eisschollen.

RECHTS Langschiffe unter dem Kommando König Olavs von Norwegen (spätes 10. Jh.). Kriegsschiffe wie diese hatten bis zu 30 Ruderer. Der Drachen als Galionsfigur sollte die Feinde der Wikinger in Angst und Schrecken versetzen.

UNTEN Wikinger im Kampf Mann gegen Mann. Sie waren meisterhafte Seefahrer, die bis nach Russland segelten und dabei viele Gebiete eroberten und einige Kolonien gründeten. Das goldene Zeitalter der Wikinger lag zwischen dem 9. und 11. Jh.

SEEFAHRER UND KRIEGER

Die aus Skandinavien – dem heutigen Norwegen, Dänemark und Schweden – stammenden Wikinger waren hervorragende Seeleute. Der Name setzt sich aus den altnordischen Wörtern „Vik" („Große Bucht") und „ing" („Sohn") zusammen. Ein Wikinger war also ein „Sohn der großen Bucht", und tatsächlich begannen viele Eroberungsfahrten in den tiefen Fjorden Norwegens. Aufgrund der rauen, unwirtlichen Umgebung Nordskandinaviens wandten sich die Wikinger ganz natürlich dem Leben auf See zu.

Die Zeit von 850–1050 gilt als Goldenes Zeitalter der Wikinger. In dieser Zeit fuhren sie plündernd über die Nord- und die Irische See, gründeten aber in Teilen Englands, Schottlands und Irlands auch Kolonien. Sie segelten die Seine hinauf, griffen Paris an, und wandten sich dann der Normandie zu. An der iberischen Küste fielen ihnen Lissabon und Cadiz zum Opfer, und im Mittelmeer überfielen sie die italienische Stadt Pisa.

BESIEDLER

Obwohl sie insbesondere für ihre Raubzüge bekannt waren, besiedelten die Wikinger auch Teile der eroberten Gebiete. Im Osten nutzten sie die Ostsee und einmündende Flüsse zur Gründung von Siedlungen in Russland – z. B. Nowgorod und Kiew – und drangen dann ins Schwarze Meer vor. 874 gründeten sie eine Siedlung auf Island als Stützpunkt zur Erforschung und Eroberung Grönlands. Anschließend machten sie sich Meeresströmungen und Winde zunutze und erreichten bald die Ostküste Nordamerikas, das sie Vinland nannten.

WIKINGERSCHIFFE

Nach alter nordischer Tradition wurden Wikingerkönige mit ihren Schiffen beerdigt, was für Archäologen wahrhaft ein Glücksfall ist, da sie dadurch in riesigen Grabhügeln gut erhaltene Schiffe fanden. Sie ermöglichen uns einen einmaligen Einblick in die marine Bauweise der Wikinger. Zwei der berühmtesten Relikte, das

Tune-Schiff und das Gokstad-Schiff, wurden Ende des 19. Jh. in Norwegen gefunden und stehen heute im Wikingermuseum von Oslo. Eine weitere fantastische Entdeckung waren die drei Nydam-Schiffe aus Dänemark. Sie sind die ältesten Ruderschiffe, die in Europa gefunden wurden.

Die berühmtesten Wikingerschiffe waren jedoch die Lang- oder Drachenschiffe (Drakkar). Sie waren reine Kriegsschiffe und meist etwa 30 m lang. Langschiffe waren im Besitz nordischer Adliger und hatten im Normalfall eine 20 bis 30 Mann starke Besatzung. Die Knorre war dagegen das „Arbeitstier" der Wikingerflotte. Die 15 m langen Schiffe waren reine Frachtschiffe.

Ursprünglich glaubte man, alle Wikingerschiffe bestünden aus Eichenholz. Neuere Funde beweisen aber, dass sie auch Eschen-, Kiefern-, Ulmen- und andere Holzarten verwendeten. Die Schiffe waren in Klinkerbauweise konstruiert, bei der sich die Planken überlappen. Sie wurden mit in Teer getauchten Seilen am Rahmen festgebunden. Eisen war den Wikingern bekannt – es war jedoch sehr teuer. Stattdessen wurde der Rahmen oft mit in einer Art Holzdübeln zusammengehalten. Die Verwendung von Seilen verlieh dem

OBEN Diese einfache, doch effektive Konstruktion aus einem großen Stein, der zwischen zwei Holzstäbe geklemmt wird, ist ein Wikingeranker.

UNTEN Ein Drachenschiff der Wikinger aus einer Handschrift des 10. Jh. Dermaßen verzierte Galionsfiguren besaßen jedoch nur die Schiffe von Königen und hohen Adligen. Die meisten Wikingerschiffe waren weitaus bescheidener dekoriert.

Schiff eine Nachgiebigkeit, die es auch stürmische See aushalten ließ. Gleichzeitig machte diese Elastizität die Schiffe äußerst stark und ermöglichte den Wikingern ihre weiten Reisen. Wie alle Schiffe hatten auch Wikingerschiffe eine große Menge Seile an Bord, die meist aus Hanf, aber auch aus Pferdehaaren bestanden. Am Heck des Schiffes befand sich ein einzelnes großes, tiefes Ruder, mit dem das Schiff gesteuert wurde.

Auf Bildern sind Wikingerschiffe häufig mit einer Galionsfigur – oft in Form eines Drachenkopfes – versehen. Es ist höchst unwahrscheinlich, dass alle Schiffe eine solche Figur besaßen; vermutlich waren nur die wichtigsten Kriegsschiffe derart geschmückt.

Alle gefundenen Schiffe hatten Ruderbänke und ein Segel. In diesem Aspekt ähnelten die Wikingerschiffe also den Galeeren, die in der Antike das Mittelmeer befuhren. Ein bedeutender Unterschied war jedoch der auffällig geringe Tiefgang der Schiffe. Das ermöglichte es den Wikinger, ganz nah an die Küste heranzufahren und – mindestens ebenso wichtig – sich rasch wieder zurückzuziehen. Für einen erfolgreichen Raubzug ist es genauso entscheidend, schnell wieder abzurücken wie heimlich anzukommen!

Zheng He

Lange bevor Heinrich der Seefahrer die Reisen der ersten portugiesischen Entdecker in Auftrag gab und Jahrzehnte bevor die berühmten Fahrten Kolumbus', da Gamas und Magellans einen Großteil der Erde unter europäische Herrschaft brachten, wagten sich bereits kühne chinesische Entdecker auf das offene Meer hinaus und unternahmen weite Reisen.

RECHTS Chinesische Weltkarte aus dem 18. Jh., angeblich eine Reproduktion der Karte Zheng Hes aus dem Jahr 1418. Obwohl es einige Zweifel ob der Authentizität gibt, glauben viele, die Karte beweise, dass Zheng He bis nach Australien und Nordamerika segelte.

DER ERSTE EUNUCH

Der berühmteste von ihnen war Admiral Zheng He, dessen sieben Reisen ihn zwischen 1405 und 1433 entlang der Küste Südostasiens, zum Indischen Subkontinent, der Arabischen Halbinsel und einem Teil der afrikanischen Küste am Indischen Ozean führte.

Zheng He wurde 1371 als Ma He in der südchinesischen Provinz Yunnan geboren, einer muslimisch geprägten Region, die die Mongolendynastie unterstützte. Mit zehn Jahren wurde er von der Armee des zukünftigen chinesischen Kaisers Yongle gefangen genommen, kastriert und zum Dienst am Hof verpflichtet. Dort beeindruckte er den Kaiser mit seiner Intelligenz und seiner Führungsstärke sowie seiner außerordentlichen Körpergröße von über 2 m. Er wurde überaus einflussreich und mächtig und erhielt den chinesischen Namen Zheng He sowie den Titel „Erster Eunuch". 1403 wurde er mit dem Bau einer Schiffsflotte betraut, deren Ziel es war, Reichtum und Macht der Ming-Dynastie zur Schau zu stellen.

„SCHATZREISEN"

Die erste Flotte bestand aus 317 Schiffen mit fast 28 000 Mann Besatzung. 60 der Schiffe waren gewaltige bis zu 120 m lange Dschunken – damals die größten je gebauten Schiffe. Manche Schiffe beförderten nur Pferde. Dazu kamen Versorgungsschiffe, Kriegsschiffe, Truppentransporter und *Baochuans*, Schatzschiffe, die kostbare Güter zum Handeln beförderten. Die erste Reise führte nach Calicut (heute Kozhikode) an der indischen Malabarküste, einem wichtigen Handelsplatz für Gewürze und Seide. Nach Aufenthalten in Vietnam, Java, Malakka und Sri Lanka erreichte die Expedition Ende 1406 ihr Ziel. Dort blieb sie, bis günstige Winde im Frühjahr 1407 die Rückkehr nach China ermöglichten. Die zweite Reise (1407–1409) brachte Abgesandte aus China zu einigen der gleichen Häfen. Diesmal war Zheng He nicht dabei, da er andere Pflichten zu erfüllen hatte. Bei der dritten Fahrt (1409–1411) wurden erfolgreich chinesische Versorgungsposten und Festungen an den Küsten Südost- und Südasiens errichtet.

Die dritte bis siebte Fahrt ging in größere Entfernungen, womöglich gar in atlantische Gewässer um das Kap der Guten Hoffnung in Südafrika. Sicher ist, dass Zheng He auf der vierten Reise (1413–1415) Hormus am Persischen Golf und die Malediven besuchte. Auf der Heimreise besiegte er auf Sumatra den Rebellenanführer Sekandar. Bei der fünften Reise konzentrierte er sich auf ostafrikanische Häfen, darunter Mogadischu, Malindi und Mombasa. Dort tauschten die Chinesen Keramik, Perlen und Edelsteine gegen exotische Tiere – Löwen, Zebras, Strauße, Leoparden und eine Giraffe – ein, die sie nach China transportierten. Erfolglos versuchten sie auch, ein Einhorn zu erwerben. Die sechste Reise (1421–1422) ging wieder nach Afrika, obwohl Zheng He selbst früher zurückkehrte, um Feierlichkeiten zur Eröffnung der Verbotenen Stadt beizuwohnen. Die siebte und letzte Reise begann 1430 und führte die Chinesen in viele der üblichen Häfen sowie nach Dhofar und eventuell nach Dschidda am Roten Meer, dem Hafen der heiligen Stadt Mekka.

Möglich, dass Zheng He, ein gläubiger Moslem, auf der letzten Reise eine Pilgerfahrt nach Mekka unternahm. Bei der Rückkehr nach China 1433 starb der Admiral und wurde vermutlich auf See bestattet. Die ausführlichen Aufzeichnungen seiner Reisen betonen seine Diplomatie und seine wirtschaftlichen Kenntnisse, die den Erfolg der „Schatzreisen" sicherstellten.

Was hätte sein können

1424 starb Kaiser Yongle, der Zheng Hes erste Reise in Auftrag gegeben hatte. Danach nahm die Unterstützung für derart kostspielige Unternehmungen ab, und der Tod Zheng Hes beendete das chinesische Zeitalter der Entdeckungen. China trat in ein Phase der Isolation ein. Heute erwecken die Reisen in China großes Interesse und Stolz. Hätte der neue Kaiser die Entdeckungsreisen 1435 nicht gestoppt und die Aufgabe der gewaltigen Flotte angeordnet, hätte wohl China anstelle Europas einen Großteil der Erde beherrscht. Das soll natürlich die Leistungen Zheng Hes (links) und seiner Flotte nicht schmälern: China wurde dennoch als Seemacht anerkannt und hatte in den Gewässern Ostasiens großen Einfluss.

LINKS Abbild Zheng Hes in einem Tempelschrein in Penang, Malaysia. Zheng He soll in Südostasien eine Reihe muslimischer Gemeinden gegründet haben, z. B. auf Java und auf der Malaiischen Halbinsel.

Maurische und arabische Seefahrer

Vom Zeitpunkt ihrer Invasion Spaniens und Portugals im 8. Jh. an bewiesen die Mauren, Muslime aus Nordafrika, intellektuelle und kulturelle Führungsstärke im Mittelmeer. Sie nannten das eroberte Territorium Al-Andalus und regierten es fast acht Jahrhunderte (711–1492), bis sie schließlich von christlichen Streitkräften vertrieben wurden.

UNTEN Der türkische Astronom Taqi ad-Din im 16. Jh. in seinem Observatorium. Arabische Gelehrte machten einige der wichtigsten wissenschaftlichen Entdeckungen aller Zeiten.

Der Mathematiker und Astronom Abu az-Zarqali (1029–1087), im Westen als Arzachel bekannt, machte einige bahnbrechende Entdeckungen, durch die die geografische Kalkulation wesentlich präziser wurde. In Toledo erfand er das flache Astrolabium, mit dem die Position der Himmelskörper jederzeit und auf jedem Breitengrad vorhergesagt werden konnte. Zudem berechnete er als Erster die genauen Ausmaße des Mittelmeeres – für Seeleute eine höchst wertvolle Information.

NUTZUNG FRÜHERER ENTDECKUNGEN

Wenig später nutzte Muhammad al-Idrisi (1100–1166) az-Zarqalis Entdeckungen zur Anfertigung der bis dato genauesten Karte der bekannten Welt. Außerdem sammelte er Informationen arabischer Händler, um alle Meere und Länder von Nordeuropa bis nach China darzustellen. Berühmt ist al-Idrisi auch für sein Werk *Nuzhatul Mushtaq*, in dem er über Ahmad ibn Umar berichtet, der über den Atlantik segelte, bis er in „ein stinkendes, klebriges Meer" geriet – vermutlich die Sargassosee. Das ließ ihn umkehren, obwohl einige vermuten, er könnte bis nach Amerika gelangt sein. In einem kleinen Schiff, kaum größer als ein Fischerboot, war der Atlantik jedoch furchteinflößend. Al-Idrisi schrieb: „...seine Atmosphäre ist neblig, seine Wellen hoch, seine Ungeheuer schrecklich und seine Winde stürmisch".

Der größte maurische Reisende war Ibn Battuta (1304–1369), der seine Aufzeichnungen mit dem Titel *Rihla*, „Reisen", diktierte. 30 Jahre lang reiste er über 120 000 km von Südeuropa nach China, mit Aufenthalten in Osteuropa, Ostafrika und Indien. Die Erzählung ist eine Mischung aus kopiertem Material anderer Reiseberichte und den Erinnerungen an echte Ereignisse; insgesamt ist es ein außerordentliches literarisches Werk, in dem Menschen und Kulturen sowie Stürme, Angriffe und Krankheiten an Land wie auch auf See beschrieben werden. Ausgehend von Calicut, Indien, segelte er auf die Malediven und nach Sri Lanka und reiste dann auf einer chinesischen Dschunke über Vietnam, die Philippinen und den Kaiserkanal nach Beijing.

ARABISCHE HÄNDLER

Da es auf der Arabischen Halbinsel an Holz zum Schiffbau mangelte, dauerte es eine ganze Weile, bis aus den Arabern Seefahrer wurden. Schließlich segelten sie jedoch vom Persischen Golf bis zum Roten Meer und dann hinüber nach Indien und China. Ein früher Bericht stammt von einem römischen Kaufmann aus dem Jahr 100 v. CHR., der schrieb: „Der Platz ist mit

arabischen Schiffseignern und Seeleuten überfüllt; es herrscht große Geschäftigkeit, denn sie treiben Handel mit der weit entfernten Küste und mit Bharuch und senden gar eigene Schiffe dorthin."

In der Zwischenzeit fuhren griechische und römische Schiffe nach Aden am Persischen Golf, wo sie mit Gütern aus Indien handelten. Die Araber nutzten Daus mit dreieckigen Lateinersegeln, die bei Sturm reißen sollten, da sie sehr schwer einzuholen waren. Arabische Händler reisten auch an die afrikanische Ostküste und etablierten unterwegs Handelsposten.

Durch die Ausbreitung des Islams kamen die Araber mit anderen Völkern des Mittelmeeres in Kontakt. Zu den alten Handelsrouten nach China und Ostafrika kam nun eine weitere hinzu: das Rote Meer. Kaufleute konnten vom Persischen Golf bis zum Roten Meer segeln und dann über Land in sechs bis sieben Tagen zum Mittelmeer fahren. Es gab nun auch einen neuen Anstoß für die Seefahrt – die Pilgerreise nach Mekka, die jeder Moslem einmal im Leben unternehmen soll.

Während im Mittelmeer Kriegsschiffe vorherrschten, war der Indische Ozean ein Meer des Handels.

Arabische Kaufleute begannen, nach China zu reisen. Um 850 schrieb der persische Entdecker und Geograf Ibn Chordadhbeh über seine Seefahrten von Persien nach China, und bald folgten viele andere Schriftsteller seinem Vorbild. Sie berichteten über ihre Reisen im Indischen Ozean und im Pazifik, den Abenteuern im Atlantik und sogar von Fahrten in die Beringstraße.

OBEN Karte Arabiens und Indiens, um 1519 vom portugiesischen Kartografen Pedro Reinel gezeichnet. Im Zuge ihrer Seereisen nach Afrika, Indien und Asien entwickelten die maurischen Seefahrer ihre kartografischen Fähigkeiten.

LINKS Pergament aus dem 13. Jh., das maurische Seeleute zeigt. Ein Grund für die Mauren, in See zu stechen, war die Haddsch, die heilige Pilgerfahrt nach Mekka. Auf ihren Reisen verbreiteten die maurischen und arabischen Seeleute ihre Kultur und ihren Glauben in vielen Teilen der Welt.

Italienische Entdeckungen

Zu Beginn des 14. Jh. war Venedig das Zentrum der Weltwirtschaft. Gewürze, Medizin und Seide, die arabische Händler aus Indien und China mitbrachten, kamen stets durch Venedig und alle europäischen Güter durchliefen den gleichen Weg zurück. Die Stadt lag an der Kreuzung zwischen West und Ost, der arabischen Welt, dem Byzantinischen Reich und Europa. Venedig sicherte sich sein Monopol durch die Kontrolle des gesamten Schiffsverkehrs im Mittelmeer.

RECHTE SEITE Die Genueser Flotte unter Kommando von Admiral Andrea Doria erobert 1532 Koroni im Golf von Messina von den Osmanen. Zwei Jahre später eroberten die Osmanen die Stadt zurück.

OBEN Die maritimen Republiken Venedig und Genua auf einer Portolankarte aus dem 15. Jh., einer mit ausführlichen Informationen versehenen Karte.

RECHTS Der berühmte Entdecker Marco Polo sticht in Venedig mit seinem Vater und seinem Onkel zu seiner langen Reise zum Kublai Khan in China in See. Marco Polos Berichte über seine Reisen waren seinerzeit unvorstellbar beliebt und regten die Liebe zum Exotischen an.

Auf dem Höhepunkt seiner Macht war Venedig Heimat von über 3000 Schiffen. Viele waren Galeeren, die meisten aber Handelsschiffe. Sie wurden nicht von Sklaven gerudert, sondern von Bürgern, deren Namen ausgelost wurden oder von solchen, die ihre Schulden abarbeiten wollten. Das Leben an Bord war erträglich; es wurde jedoch von jedem erwartet, mit Armbrust und Speer umgehen zu können – entweder um Angriffe abzuwehren oder Konkurrenten zu entmutigen. Die meisten venezianischen Schiffe waren für die ruhigeren Gewässer des Mittelmeeres ausgelegt, nicht für die hohe See.

VENEZIANISCHE ENTDECKER

Das hielt jedoch zwei der berühmtesten Venezianer – Marco Polo (1254–1324) und Sebastian Caboto (1484–1557) – nicht davon ab, die Welt zu bereisen. 1271 stach Marco Polo mit seinem Vater und seinem Onkel, die beide die Reise schon einmal unternommen hatten, in Richtung China in See. Fünfundzwanzig Jahre später kehrte er nach einem Aufenthalt am Hof des Kublai Khan, auf der Seeroute mit Umweg über Indien zurück. Dank seines Buches *Die Reisen des Marco Polo* wurde er zum berühmtesten europäischen Besucher Chinas und weckte bei der Bevölkerung großes Interesse an allem Chinesischen.

Caboto wurde in Venedig geboren, stach aber 1497 von Bristol, England, aus in See, überquerte den kalten, stürmischen Nordatlantik und kam in ein Land, das er „Neu entdecktes Land" nannte – vermutlich das moderne Nova Scotia und Neufundland. Sein Traum war es, eine Nordwestpassage nach China zu finden,

und so stach er 1522 erneut in See, unter spanischer Flagge. Von den Reichtümern Südamerikas in Versuchung geführt, schaffte er es nicht bis nach Cathay (China). Er überlebte Schiffbruch, Meuterei und feindliche Eingeborene, nur um fünf Jahre später nach Hause zurückzukehren und dort wegen Ungehorsams vor Gericht gestellt und verurteilt zu werden.

GENUAS GOLDENE JAHRE

Die Ursprünge Genuas, auf der anderen Seite Italiens gelegen, sind nicht bekannt. Im Jahr 1100 wurde der kleine Fischereihafen zur Republik. Dreihundert Jahre später wurde es von Venedig besiegt, aber als dieses sich im Niedergang befand, tat sich Genua für 70 Jahre, von 1557 bis 1627, als europäisches Wirtschaftszentrum hervor. Seinen Reichtum verdankt Genua, das von Bergen gesäumt war und wenig Anbaufläche besaß, einer Gruppe von Bankiers, die den europäischen Handel lenkten. Sie organisierte Reisen für andere, handelte mit deren Waren und verwaltete ihr Geld.

Wie kam das zustande? Tatsächlich war es ein Resultat der Entdeckung der Neuen Welt. 1492 unternahm Christoph Kolumbus mit winzigen Schiffen seine legendäre Reise nach Amerika. Kolumbus kam aus Genua, und, obwohl er unter spanischer Flagge segelte, stellte er sicher, dass ein Zehntel des Gewinns durch seine Entdeckungen auf die Bank San Giorgio in Genua floss. Kolumbus unternahm vier Reisen über den Atlantik; spanische Siedler folgten im Rausch des Kolonialismus – und die Genueser Banken wurden reich. Der Zufluss des neuen Reichtums machte die Genueser zu den Bankiers der spanischen Krone. Die Verbindung wurde durch eine neue Verfassung 1528 gestärkt, die Genua unter den Schutz Spaniens stellte. Einige Kaufleute ließen sich daraufhin in Spanien nieder, und einige Bankiers siedelten nach Madrid über, hielten aber den Kontakt zur Heimat aufrecht.

Kolumbus war nicht der einzige, aber sicher der bekannteste genuesische Seefahrer. Weniger skrupellos war Graf Enrico de Candia (aus einer Dynastie mit normannischen Wurzeln), ein Pirat und Abenteurer des 13. Jh. Er riss die Herrschaft über Malta und Teile Zyperns an sich und erhielt den Titel „Graf von Malta". Ein weiterer Seefahrer war Andrea Doria, der eine wichtige Rolle dabei spielte, Genua zu einem Vasallen Spaniens zu machen. Der Adlige verdingte sich erst als Söldner und wurde später zum Admiral der genuesischen Mittelmeerflotte. Er war sagenhaft reich, mächtig und intrigant, hielt sich aber lieber im Hintergrund.

ANDREA DORIA · PRECLARVS · TRIGINTA ACTVARIAM NAVIVM GENVENSIVM · DVX ·
ATQVE SEDECIM ROMÆ ET MELITÆ TOTIDEM NEAPOLIS ET TRINACRIÆ · PRÆTEREA
TRIGINTA NAVIVM GRANDIVM — CORONEM · IN MESSENIACO SINV · LIBERAT ·
PROFLIGANS · DIE SEPTIMO AVGVSTI ANNO MILLESIMO QVINGENTESIMO TRICESIMO
TERTIO — LVFTIM BEI · QVI SEXAGINTA NAVES ACTVARIAS · TRIGINTA NAVES
LONGAS · CELOCESQVE QVINDECIM A MORO ALEXANDRINO ARMATAS · DVCEBAT

DAS ZEITALTER DER ENTDECKUNGEN

Das 15. Jh. läutete eine ganz neue Ära ein, eine der erstaunlichsten Epochen in der Geschichte der Menschheit: das Zeitalter der Entdeckungen. Innerhalb von nur 200 Jahren war es europäischen Schiffen möglich, jeden Ozean zu befahren.

SIEG ÜBER DIE FURCHT

Am Anfang wagten sich winzige Boote auf unbekannte Meere hinaus. Die Seeleute fürchteten Seeungeheuer, böse Geister in heidnischen Ländern und sahen überall unheilvolle Zeichen. Furchtbare Stürme mit riesigen Wellen erwarteten sie; unbeständige Winde zerfetzten die Segel oder ließen sie in völliger Windstille zurück. Viele wussten, sie würden durch Krankheiten, Durst, Hunger oder Konflikte mit feindseligen Völkern sterben. Die Lebensbedingungen an Bord waren unerträglich: Es war überfüllt, laut und stank, und sie teilten ihre schwimmenden Unterkünfte mit Ratten, Läusen, Bettwanzen und Rüsselkäfern.

Dennoch stachen sie in See. Die Portugiesen segelten die afrikanische Küste bis zum Kap hinunter und sahen den Seeweg nach Indien vor sich. Nachdem Kolumbus erst den Atlantik überquert hatte, war Amerika nie mehr dasselbe. Die Spanier und Portugiesen kolonisierten Süd- und Mittelamerika; die Engländer und Franzosen wandten sich Nordamerika zu. Sie waren aufgebrochen, die sagenumwobene Nordwestpassage zu finden, ließen sich stattdessen aber in dem neuen Land nieder. Ferdinand Magellan umrundete auf der ersten Weltumsegelung Südamerika und überquerte den scheinbar endlosen Pazifik; nur ein Schiff kehrte in den Heimathafen zurück – ohne Magellan. Als nächstes waren Australien und Neuseeland an der Reihe, und dann wagten sich die Abenteurer in die eisigen Weiten der Nord- und Südpolarmeere.

DAS BEDÜRFNIS NACH ENTDECKUNG

Was löste diese fieberhafte Aktivität aus? Derartige Veränderungen der Weltgeschichte haben viele Gründe. Ein Grund war die Überzeugung, Europa sei rückständig. Man glaubte, das Zentrum der Welt läge im Osten mit seinen fortschrittlichen, unvorstellbar reichen Zivilisationen. So machten sich alle europäischen Schiffe auf den Weg dorthin.

Die tägliche Ernährung war ein weiterer Grund. Ohne Kühlung ließen sich Nahrungsmittel am besten mit Gewürzen konservieren – zudem konnte man damit den Geschmack nicht mehr ganz frischer Lebensmittel kaschieren. Tropische Gewürze gediehen in Europa nicht gut und mussten aus dem Osten eingeführt werden, auf dem langen Landweg oder über das Meer. Magellans Reise verdeutlicht den Wert der Gewürze. Von der unglaublich kostspieligen Fahrt kehrte nur die *Victoria* zurück, ramponiert und leckend, aber mit Nelken und Zimt beladen. Diese eine Ladung deckte nicht nur die Kosten der ganzen Expedition ab, sondern erbrachte noch einen Gewinn.

Nahrung und Politik waren eng verknüpft. Über Jahrhunderte bezog Europa Gewürze, Arzneimittel und Seide aus dem Morgenland. Viele Jahre hindurch war Venedig die Verbindung zwischen arabischen und europäischen Kaufleuten. Als Konstantinopel 1453 fiel, riegelte das Osmanische Reich den Landweg nach Asien ab oder machte den Zugang schwierig und sehr teuer. Es herrschte Mangel an den heiß begehrten Gewürzen, und Europa brauchte eine Lösung.

Ein weiterer Faktor war die Religion. Einen Großteil des Mittelalters über fand der Religionskampf zwischen Moslems – „Türken" – und Christen statt. Es gab Zeiten großer Toleranz, z. B. im maurischen Spanien oder während der muslimischen Herrschaft im Nahen Osten.

Es kam jedoch auch zu Feindseligkeiten, Missverständnissen und Konflikten. Die frühen Kreuzzüge zur Vertreibung der Moslems und Rückeroberung des Heiligen Landes waren gescheitert, und die Europäer fanden die Expansion des Osmanischen Reiches bis vor die Tore Wiens höchst beunruhigend. Sie suchten nach einem Weg, das von Moslems kontrollierte Nordafrika und den Nahen Osten zu umgehen.

Im Schiffbau gab es neue Techniken. Das Ruder wurde verbessert, und man baute nun hochseetüchtige Karacken und Karavellen. Dank enormer Fortschritte in der Navigation konnte man Tag und Nacht durchsegeln, selbst wenn tagelang kein Land in Sicht war.

Verbunden waren all diese Gründe durch größere wirtschaftliche Interessen. Kaufleute in den Städten gewannen zunehmend an Einfluss, und die alte Ordnung begann zu bröckeln. Die Menschen erkannten, dass sich durch Handel Geld verdienen ließ, das nicht mehr an Land und Pachten gebunden war. Fand man ein Produkt mit großer Nachfrage, konnte man es gewinnbringend verkaufen; das Finanzwesen nahm seinen Anfang. Der Kapitalismus breitete sich aus und erzeugte Nachfrage nach neuen Produkten, neuen Quellen und neuen Märkten. Diese konnten jedoch nur in Übersee gefunden werden.

LINKS Die Reisen des Christoph Kolumbus sind legendär. Diese Nachstellung der historischen Landung auf nordamerikanischem Boden fand 1992 statt.

RECHTS Das Festival „Moros y Cristianos" (Mauren und Christen, 2007) erinnert an die Schlachten – an Land wie zur See – in der Vergangenheit beider Seiten.

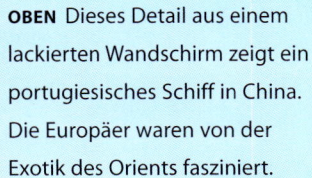

OBEN Dieses Detail aus einem lackierten Wandschirm zeigt ein portugiesisches Schiff in China. Die Europäer waren von der Exotik des Orients fasziniert.

LINKS Portugiesische Seeleute überwachen in Japan das Entladen eines Schiffes durch indische Diener, während die Kaufleute Tee trinken.

RECHTS Illustration aus der arabischen Handschrift *Maqamat al-Hariri* (13. Jh.) mit Erzählungen über die Reisenden Abu Zayd und al-Harith.

Erforschung des Atlantiks

Segelt man vom Mittelmeer aus durch die Säulen des Herakles in den Atlantik, gibt es drei Wege, die ein Seefahrer einschlagen kann: nach Norden, an Europa vorbei, nach Süden entlang der afrikanischen Küste oder nach Westen ins offene Meer. Jahrhundertelang bedeutete Letzterer eine Fahrt ins Ungewisse, in Regionen voll Monster, Stürme, böser Geister und an den Rand der (flachen) Erde. So wandten sich die meisten Seefahrer nach links oder rechts und behielten stets das beruhigende Land im Auge.

OBEN Heinrich der Seefahrer war ein großer Förderer der portugiesischen Entdeckungsreisen, inklusive der Überquerung des endlosen Atlantiks. Er finanzierte viele Expeditionen, die im 15. Jh. in Portugal in See stachen.

RECHTS 1497 stach Vasco da Gama in Lissabon mit einer kleinen Flotte in See, zu der die *Sao Raphael* (Mitte) und die *Sao Gabriel* gehörten. Sein Ziel war es, einen Seeweg nach Indien zu finden.

AM RAND

Seit die Phönizier 700 Jahre vor Christi Geburt die Küste Spaniens hinauf und weiter nach England gesegelt waren, waren andere in ihrem Kielwasser gefolgt. Griechen, Römer und Nordeuropäer segelten hin und zurück, behielten aber immer das Land im Auge. Die Fahrt nach Süden entlang der afrikanischen Küste war nicht so beliebt. Wieder waren die Phönizier die ersten gewesen; diesmal folgten ihnen aber nur einige wenige längs der scheinbar endlosen Küste.

Bis zum 15. Jh. war die Westafrikastrecke keine ernsthaft genutzte Route. Auf der Suche nach einem anderen Weg nach Osten drangen portugiesische Seefahrer immer weiter nach Süden vor. Jeder suchte einen Weg, das muslimische Monopol auf den afrikanischen Handelswegen durch die Sahara zu umgehen. Entlang der Küste entstanden zahlreiche Handelsposten. Treibende Kraft hinter den Unternehmungen war Prinz Heinrich von Portugal (1394–1460), bekannt als „der Seefahrer". Ständig brütete er über Karten, finanzierte Expeditionen und erkannte die Chancen, die sich den neuen Karavellen auf längeren Fahrten

boten. Um 1488 erreichte Bartolomeu Diaz die Südspitze Afrikas, die er Kap der Stürme nannte, was bald in Kap der Guten Hoffnung geändert wurde. Zehn Jahre danach gelang Vasco da Gama die Reise nach Indien. Auf dem Weg nach Süden war er auf das offene Meer gesegelt, auf der Suche nach Westwinden, die ihn wieder an die Küste führen würden. Dabei legte er in drei Monaten 9660 km zurück, ohne einmal Land zu sichten – eine erstaunliche Leistung!

Neben Gold und Sklaven war die Legende vom Priesterkönig Johannes die größte Motivation für Heinrich. Seit 600 Jahren war in Europa die Geschichte eines christlichen Königs im Umlauf, der irgendwo im Osten ein sagenhaftes Reich regierte. Mit jeder Erzählung wurden die Geschichten wilder: Johannes war ein mächtiger Kriegsherr, er war der Nachkomme eines der Heiligen Drei Könige, sein Königreich beherbergte die Quelle ewiger Jugend und war dem Paradies nahe; der Kaiser von Konstantinopel hatte einen Brief des Priesterkönigs erhalten, den Papst Alexander III. 1177 beantwortete. Priesterkönig Johannes schien immer geneigt, den Christen gegen die Muslime beizustehen. Wie viele andere wollte Heinrich das sagenhafte Reich unbedingt finden. Lag es in Indien, in China oder in Äthiopien? Es hatte die seltsame Fähigkeit, zu wandern und immer gerade außer Reichweite zu bleiben.

NACH WESTEN IN DEN OSTEN

All diese Reisen führten bis dato am Rand des Atlantiks entlang. Fuhr man zu weit, konnte die Welt plötzlich zu Ende sein, glaubten die meisten Seeleute. Einige wagten sich weiter hinaus auf das offene Meer und der Rand der Welt wich immer weiter von ihnen. 1420 stießen die Portugiesen zufällig auf die Inselgruppe Madeira und sieben Jahre später auf die Azoren. Beide waren bald besiedelt. Obwohl die Azoren 1500 km von Lissabon entfernt sind, liegen sie noch immer auf der östlichen Atlantikseite.

Es war schließlich Christoph Kolumbus, der 1492 im Auftrag der neu erstarkten spanischen Krone die nach damaligem Ermessen erste Atlantiküberquerung vornahm. Kolumbus' Herkunft ist nicht genau bekannt. War er Genueser oder Spanier bzw. Portugiese oder gar – wie seit Kurzem behauptet wird – Schotte (mit dem Geburtsnamen Pedro Scotto)? Die Portugiesen hatten die Südroute entlang der afrikanischen Küste eröffnet, und so blieb nur noch eine Richtung übrig: hinein in

den offenen Atlantik. Kolumbus glaubte, er könne den Weg nach Osten finden, indem er nach Westen segelte und argumentierte, die Welt sei viel kleiner als man glaube. Ein Herrscher nach dem anderen winkte ab, bis es ihm schließlich gelang, Isabella und Ferdinand von Spanien dazu zu überreden, die Fahrt zu finanzieren. So stach er mit drei winzigen Schiffen, der Karacke *Santa Maria* und den noch kleineren Karavellen *Pinta* und *Niña* am 3. August 1492 in See. Etwas mehr als drei Monate später entdeckte er Land (die heutigen Bahamas). Wenige glaubten an eine Rückkehr Kolumbus', aber genau das geschah im März 1493. Er brachte aufregende Neuigkeiten mit sich sowie einige Eingeborene, die ungeniert bestaunt wurden. Auch seine Männer brachten ein „Geschenk" mit, das sich rasend schnell in Europa ausbreitete: die Syphilis.

Kolumbus unternahm drei weitere Reisen, erforschte viele Karibikinseln und verbrachte einige Zeit als despotischer Gouverneur, der aktiv den Sklavenhandel unterstützte. Auf der Insel La Española (Hispaniola

– hier liegen heute Haiti und die Dominikanische Republik) förderte er viele Grausamkeiten, oft gegen die einheimische Bevölkerung, wofür er in Spanien nur knapp einer Gefängnisstrafe entging. Zum Ende seines Lebens wurde er sehr religiös und glaubte, seine Entdeckungen wären Teil von Gottes Plan für das Ende der Welt. Selbst auf dem Totenbett war er noch davon überzeugt, die Westküste Indiens entdeckt zu haben, deshalb gab er den Einheimischen den Namen „Indios".

AUF AMERIKANISCHEM BODEN

Egal wie viel Ehre Kolumbus für die Entdeckung der Neuen Welt gebührt – amerikanisches Festland betrat er erst bei seiner dritten Reise 1498. Lange glaubte man, dass Giovanni und Sebastian Caboto als erste Europäer einen Fuß auf amerikanischen Boden gesetzt hatten. Sie stammten aus Venedig, wurden von Heinrich VII. von England finanziell unterstützt und segelten mit der *Matthew* über den Nordatlantik. Wie schon Kolumbus suchten sie einen Weg nach Osten, diesmal durch die

OBEN Christoph Kolumbus wird bei seinem Aufbruch in die Neue Welt in Spanien verabschiedet. Er unternahm zahlreiche Reisen, aber seine Expedition aus dem Jahr 1492 ist zweifellos die berühmteste.

OBEN Fünfhundert Jahre vor dem goldenen Zeitalter der europäischen Entdeckungen segelte der nordische Abenteurer Leif Ericksson (um 970–um 1020) über den Atlantik und landete auf dem amerikanischen Kontinent.

sagenumwobene „Nordwestpassage". Am 24. Juni 1497 landeten sie – vermutlich im heutigen Neufundland.

Nach Kolumbus und den Cabotos war der Weg nach Westen offen. Schiff um Schiff überquerte den Atlantik. Alle kämpften um Besitztümer in der Neuen Welt. Spanien (die Vespuccis, Pinson, de Bastidas, de Solis, de Leon, Cordova und Grijalva), Portugal (Cabral) und Frankreich (Verrazzano und Cartier) sandten Expeditionen aus, um sich Land zu sichern. In nur vier Jahrzehnten nach Kolumbus' erster Reise segelten sie nahezu die gesamten Küsten Nord- und Südamerikas ab, kartierten und erforschten sie.

AUFTEILUNG DER WELT

Frankreich war der Abtrünnige in dieser Geschichte, denn erst kurz zuvor war die Welt zwischen Portugal und Spanien aufgeteilt worden. Dies geschah 1494 mithilfe des Vertrages von Tordesillas, in dem die neu entdeckten Länder durch eine Demarkationslinie aufgeteilt wurden, die 1770 km westlich der Kapverdischen Inseln verlief, auf halbem Weg zwischen den portugiesischen Besitzungen und den Entdeckungen Kolumbus'. Außerdem trennte sie einen Teil Südamerikas (Teile des heutigen Brasiliens), den Portugal bald beanspruchen sollte. Der Vertrag war eine außerordentliche Zusicherung der Weltherrschaft für zwei europäische Mächte, aber auch der Versuch, Portugals Ärger über einige päpstliche Bullen zu beschwichtigen, die Spanien alle Länder im Westen zugesagt hatten.

UNERSCHROCKENE NORDMÄNNER

Spanien, Portugal, dem Papst und dem Rest Europas war jedoch wenig bekannt, dass mutige Nordmänner bereits 500 Jahre zuvor den Atlantik überquert hatten, angeführt von Erik dem Roten und seinem Sohn Leif Eriksson. Erik ließ sich mit einer Gruppe auf Island nieder. Dort wurde er des Mordes beschuldigt und drei Jahre verbannt. Mit einer kleinen Knorre, dem robusten, offenen Boot der Nordmänner, dass gesegelt und gerudert werden konnte, stach er in See.

Ziel war ein wenig bekanntes Land im Westen. Im Jahr 982 landete er in Grönland, kehrte später aber nach Island zurück und ermutigte andere, auf Grönland zu siedeln. Bald existierte dort eine blühende Kolonie mit bis zu 5000 Menschen. Wenige Jahre später stach Eriks Sohn Leif ebenfalls in See; sein Ziel war ein Land noch weiter westlich. Leif war auf der Suche nach etwas, das wertvoller war als Gold, da auf Grönland keine Bäume wachsen: Holz. Auf seiner fantastischen Reise erforschte er die Baffin-Insel, Neufundland und

Labrador. Bei weiteren Reisen wurde eine Siedlung im heutigen L'Anse aux Meadows (Neufundland) gegründet (in den 1960er-Jahren ausgegraben und identifiziert). Nach wenigen Jahren wurde die Siedlung aufgegeben, zum Teil wegen der feindseligen Beothuks. Das hielt die Nordmänner aber nicht von weiteren Reisen ab, um lebenswichtiges Holz für den Schiffbau zu besorgen. So entstand eine regelmäßig genutzte Route über den Atlantik zwischen Norwegen, Island, Grönland und Nordamerika.

Im 15. Jh. wurde die Besiedlung Grönlands aufgegeben, ein Opfer der schwierigen Umweltbedingungen, des Kontaktverlustes mit Norwegen und der kleinen Eiszeit, die Ernten und Vieh vernichtete, auf die die Wikinger angewiesen waren.

WEITERE ATLANTIKÜBERQUERUNGEN?

Die Geschichten Eriks, Leifs und der anderen Wikinger wurde erst bekannt, als sie im 13. und 14. Jh. niedergeschrieben wurden. Jahrhundertelang hielt man sie für

OBEN Diese Karte aus der Mitte des 16. Jh. zeigt den französischen Entdecker Jacques Cartier (1491–1557) und eine Gruppe französischer Siedler bei ihrer Ankunft in Kanada. Cartier, der Kanada für Frankreich beanspruchte, kartierte als Erster den Sankt-Lorenz-Golf.

NORDPOLARMEER

Spitzbergen

GRÖNLAND

Grönlandsee

Baffin-Bucht

Barentssee

Ellesmere-Insel

Baffin-Insel

Davisstraße

Nördl. Polarkreis

Dänemarkstraße

um 982

ISLAND

Europ. Nordmeer

Labradorsee

NORD-ATLANTIK

NORWEGEN

um 1000

Nordsee

KANADA

ENGLAND
Bristol

1534

EUROPA

Neufundland

1497

St. Malo

FRANKREICH

USA

PORTUGAL SPANIEN

Azoren 1427

Lissabon

1420

Cadiz

Madeira

Mittelmeer

Kanarische Inseln

Bahamas
San Salvador

Nördl. Wendekreis

AFRIKA

Karibik

Kapverdische Inseln

SÜD-AMERIKA

1500

1488

Äquator

BRASILIEN

Porto Seguro

SÜD-ATLANTIK

Südl. Wendekreis

Mossel
Bay
St.-Helena-Bucht   Plettenberg Bay

*Kap der Stürme
(Kap der Guten Hoffnung)*

N

Frühe Reisen über den Atlantik

— Wikinger
— Portugiesische Entdecker
— Spanisch finanzierte Entdecker
— Englisch finanzierte Entdecker
— Französische Entdecker
- - - 1494 Vertrag von Tordesillas, Demarkationsl.
- · - Moderne Landesgrenzen

| 0 | 1000 | 2000 | 3000 | 4000 Kilometer |

| 0 | 500 | 1000 | 1500 | 2000 Meilen |

UNTEN 1960 bewiesen archäologische Funde, dass Wikinger auf Neufundland gesiedelt hatten. In der L'Anse Aux Meadows National Historic Site, am nördlichsten Punkt der kanadischen Provinz gelegen, kann man Repliken aus dieser Periode bewundern, darunter das hier abgebildete Langschiff.

fantastische Geschichten, bis die Entdeckung einer nachgewiesenen Wikingersiedlung auf Neufundland den Beweis lieferte.

Es gab jedoch viele Behauptungen, auch andere Seefahrer hätten den Atlantik nach Nordamerika vor Kolumbus überquert. Als Unterstützung für diese Theorien wurden allerlei Nachweise angeführt, z. B. zweifelhafte archäologische Funde – Töpfe, Münzen

und Skulpturen –, Genetik, Sprache, Waffen, bestimmte Tierarten, Pflanzen und sogar die Haarstile. Einige glaubten, jungsteinzeitliche Völker hätten die Überquerung vorgenommen als der Atlantik vor 15 000 Jahren zufror. Für andere waren es Phönizier im 8. Jh. V. CHR.

Zu Kolumbus' Lebzeiten gab es die Behauptung, er hätte den Atlantik bereits einmal überquert und konnte die spanischen Herrscher deshalb überzeugen, die neue Expedition zu finanzieren. Viele Abenteurer versuchten die Anerkennung für die weltverändernde Entdeckung einzuheimsen. Vielleicht waren es britische Kaufleute, die nach Island gesegelt waren – ob sie jedoch weiterfuhren, wissen wir einfach nicht. Oder vielleicht war es auch ein irischer Mönch, der hl. Brendan, der im 6. Jh. auf der Suche nach dem Garten Eden in einem kleinen Coracle in See stach. Es könnte aber auch der walisische Prinz Madoc gewesen sein, der angeblich 1170 Amerika erforschte. Und vielleicht waren es ja portugiesische Fischer, die versehentlich von einer Strömung nach Amerika getragen wurden.

ARABER, AFRIKANER UND ISRAELITEN

Manche Forscher vermuten, dass es arabische Händler waren, die den Atlantik als Erste überquerten. Ein Kandidat ist z. B. Chaschchasch ibn Said ibn Aswad im 9. Jh., der in ein „Meer aus Dunkelheit und Nebel" fuhr und ein „eigenartiges, wundersames Land" fand. Weitere Möglichkeiten sind ibn Farrukh im folgenden Jahrhundert bzw. Ahmad ibn Uhmar im 12. Jh. Die Berichte über sie waren jedoch nicht nachprüfbar, und andere, echte Beweise wurden nie gefunden.

Dann existieren noch die afrikanischen Theorien. Hier gibt es eine Menge Indizienbeweise: Mumien in Amerika, Ähnlichkeiten zwischen den Pyramiden in Ägypten und denen der Maya, Inka und Azteken, die auf frühe Kontakte mit den Ägyptern hindeuten, große Skulpturen aus der Olmekenzeit (1200–400 V. CHR.), die afrikanische Züge haben sollen, die Gegenwart afrikanischer Pflanzen, dunkelhäutiger Menschen und Speerspitzen, oder die Geschichte der großen Flotte, die von Abubakari I., dem König Malis, im 14. Jh. nach Brasilien gesandt worden sein soll. Für all diese Theorien gibt es keine echten Beweisen, trotz der erfolgreichen Fahrt Thor Heyerdahls auf der *Ra II*, einem Boot, das nach antiken Vorgaben aus ägyptischen Papyrus gebaut wurde, im Jahr 1969.

Ebenso hartnäckig halten sich Berichte, denen zufolge antike Israeliten als Erste die Reise machten; auch hier gibt es wieder nur rein literarische „Beweise". Im Buch Mormon wird von zwei Israelitengruppen berichtet, die 600 V. CHR. Amerika erreichten. Auch das

Verschwinden von zehn Stämmen Israels – außer Juda und Benjamin –, von dem in der Bibel berichtet wird, hat zu endlosen Theorien über den Verbleib der Stämme geführt. Britische Israeliten behaupten, sie kamen nach Britannien und gelangten dann durch die Expansion des Britischen Empires in die Kolonien, vor allem nach Nordamerika. Als die Kolonisten dort ankamen, behaupteten manche Gelehrte jedoch, dass bereits andere Stämme Israels vor ihnen dort waren.

Jede dieser Spekulationen zeigt den Drang derer, die durch Kolumbus' Reise zu spät kamen, Anspruch auf die Neue Welt zu erheben. Gewaltige Länder, Gold und die Möglichkeit, Kolonien zu gründen und Handel zu betreiben führte zahllose Menschen dazu, sich für den einen oder anderen Vorgänger Kolumbus' einzusetzen. Andere argumentierten, antike Völker wie die Phönizier, Afrikaner oder auch die Israeliten seien die Quelle der größten Leistungen der menschlichen Zivilisation, darunter auch die Atlantiküberquerung. Es ist also möglich, dass eines Tages neue Beweise für die wahre Erstüberquerung des Atlantiks auftauchen werden.

OBEN Seite aus einer Handschrift aus der Zeit um 1200, die den Aufbruch des hl. Brendan (um 484–577) auf der Suche nach dem „gelobten Land" zeigt. In einigen Berichten über seine Reise heißt es, er habe den Atlantik überquert.

LINKS Die Phönizier waren eine große Seemacht, so viel steht zweifellos fest, und ihre Heldentaten sind legendär. Auf diesem Buchzeichen aus dem 19. Jh. wird ihre Segelkompetenz gewürdigt.

Erforschung des Pazifischen Ozeans

Im Jahr 2008 begann der Motor eines kleinen philippinischen Fischerbootes auf einmal zu stottern und setzte dann ganz aus. Es begann zu treiben und wurde in die großen Strömungen im Pazifik hineingezogen. Die Männer an Bord konnten sich aus dem Meer ernähren und so warteten sie auf die Strömung, die sie nach Amerika und wieder zurück befördern würde. Und tatsächlich schafften sie es nach Hause, zum Erstaunen ihrer Familien, die sie bereits „beerdigt" hatten.

ANTIKE ÜBERQUERUNGEN

Diese unglaubliche Reise beweist, dass es möglich ist, den Pazifik in einem winzigen Boot zu überqueren. In den 1970er-Jahren belegten die Fahrten des nachgebauten polynesischen Bootes *Hokule'a* die Wahrheit der traditionellen Geschichten, in denen die Menschen die Inseln von Hawaii bis nach Neuseeland besiedelten.

Es kam aber auch noch zu anderen Migrationen in der Region. Auf der Suche nach besseren Fischgründen und Unterkünften wanderten die Menschen von Bucht zu Bucht und breiteten sich so entlang der asiatischen Pazifikküsten und dann über Beringia, das vor über 11 000 Jahren noch über Wasser lag, bis nach Amerika aus. Längs der Küsten gab es reichlich Nahrung, und noch heute heißt es bei den Tlingit in Alaska: „Bei Ebbe ist der Tisch gedeckt."

SPEKULATIONEN

Über Migrationen weiterer Völker gibt es alle möglichen Vermutungen. Manche glauben an einen Kontakt zwischen Australien und Südamerika, basierend auf Ähnlichkeiten zwischen den Eingeborenen. Während es nur ein oder zwei Behauptungen über Kontakte zu Japan gibt, sind die Berichte über Verbindungen zu China zahllos. Der buddhistische Missionar Hui Shen soll im 5. Jh. Amerika erreicht haben, ebenso wie die Flotte Zheng Hes im Jahr 1421. Es ist zwar möglich, basiert aber alles auf reinen Indizienbeweisen.

DAS SPANISCHE MEER

Der Vertrag von Tordesillas hatte die Welt 1494 entlang einer imaginären Linie geteilt, die von Nord nach Süd mitten durch den Atlantik verlief. Portugal bekam die Rechte an allen neuen Meeren und Ländern im Osten, Spanien im Westen. Für Spanien bedeutete das nicht nur den Großteil des amerikanischen Kontinentes, sondern auch alle Ozeane dahinter. Zu dieser Zeit ahnte noch niemand, dass der größte Ozean der Welt auf sie wartete.

Das änderte sich durch Vasco Núñez de Balboa, der als erster moderner Europäer nachweislich auf dem Pazifik reiste. Die Fahrt war nicht lang – nur 74 km – aber es war die erste. 1513 hatte Balboa den Isthmus von Panama überquert und das neue „Südmeer" für Spanien beansprucht. Fünf Jahre später baute er einige provisorische Schiffe und unternahm seine kurze Reise. Weitere Reisen gab es nicht, da er geköpft wurde, wegen eines Streites mit dem Gouverneur von Santa Maria.

UNTEN Der erste Europäer, der auf den endlosen Pazifik hinausblickte, war der Spanier Vasco Núñez de Balboa (um 1475–1519), als er 1513 den Isthmus von Panama überquerte.

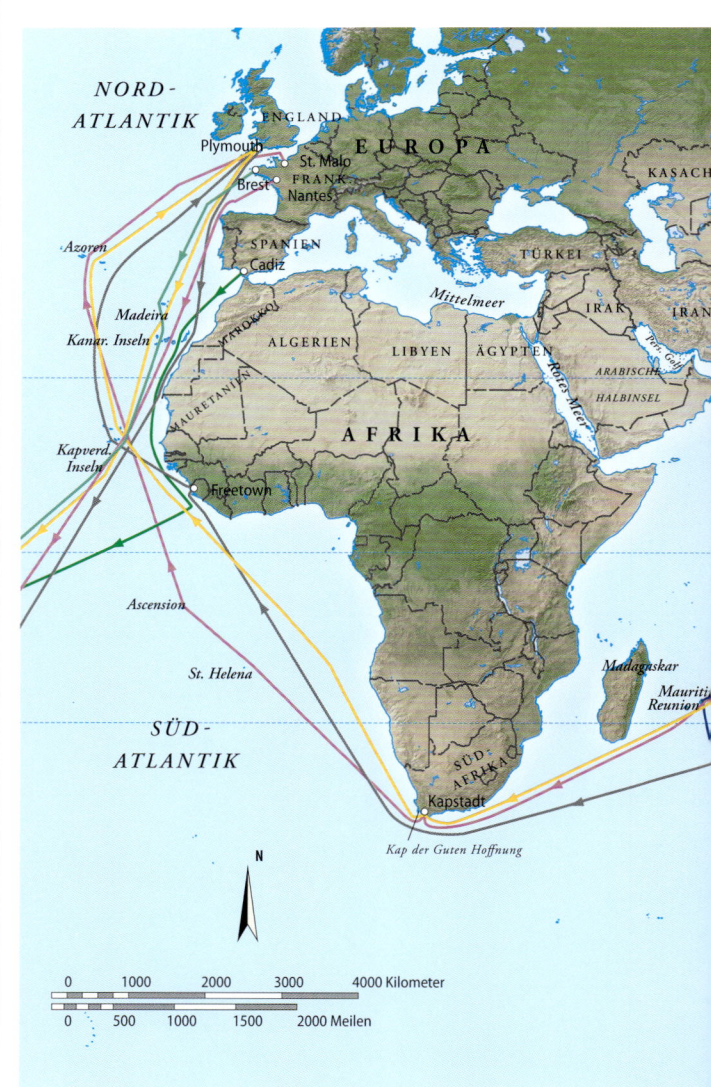

EINE KOSTSPIELIGE REISE

Der gebürtige Portugiese Ferdinand Magellan entwarf einen kühnen Plan zur Erschließung einer Route zu den Gewürzinseln. Er wollte nach Westen segeln und dann die südamerikanische Küste hinab, bis er einen Durchgang fand. Manuel I. von Portugal verwarf die Idee, denn kurz zuvor war Vasco da Gama bereits um Afrika herum nach Indien gesegelt.

Also wandte sich Magellan nach Kastilien (Spanien) an den Hof von Karl V. Die spanische Staatskasse hatte Gold und Silber im Überfluss aus den frisch eroberten Gebieten in Süd- und Mittelamerika. Da die Portugiesen die Route nach Osten kontrollierten, brauchten die Spanier einen anderen Weg, um Portugal die Reichtümer aus dem Gewürzverkauf streitig zu machen. Wer eignete sich besser für ein solches Unternehmen als ein portugiesischer Abenteurer?

Im August 1519 stachen 232 Männer auf fünf Schiffen in See. Gut drei Jahre später, am 6. September 1522, kehrte die *Victoria* unter Kapitän Juan Sebastián Elcano mit nur 18 Mann an Bord zurück. Magellan war nicht dabei; er war auf den Philippinen ums Leben gekommen. Auf ihrer Reise sahen sich die Männer feindlichen Portugiesen, Gefangenschaft, Meuterei, Durst, Hunger, Krankheiten und dem Tod im Kampf gegenüber, entdeckten den prächtigen Hof in Brunei und stellten fest, dass die Araber bereits vor ihnen auf den Philippinen gewesen waren.

Sie entdeckten und benannten aber auch die Magellanstraße in Südamerika und waren die ersten Europäer, die den endlosen Pazifischen Ozean (den Namen gab ihm Magellan) überquerten. Sie lernten fremde Völker kennen, sahen seltsame neue Tiere, betrachteten neue Galaxien, legten den Erdumfang fest

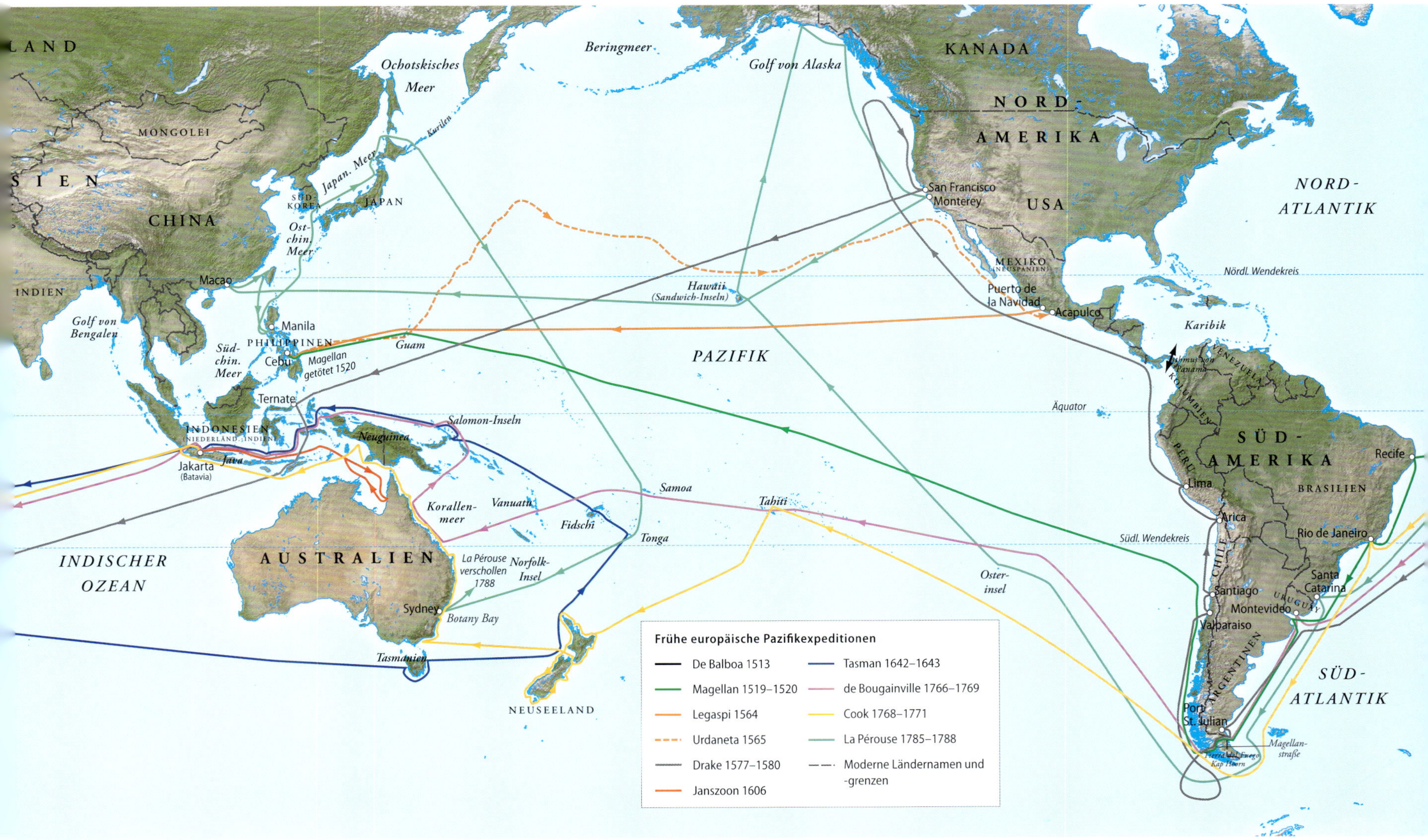

LINKS Ferdinand Magellan (1480–1521), der portugiesischstämmige Entdecker, der der Magellanstraße ihren Namen gab. Er gilt als erster Mensch, der eine Reise über den Pazifik anführte.

OBEN Als Magellan auf seiner epischen Reise starb, übernahm Juan Sebastián Elcano (1486–1526) das Kommando über die Expedition. Er kehrte mit 18 Mann nach Spanien zurück.

Frühe europäische Pazifikexpeditionen

De Balboa 1513	Tasman 1642–1643
Magellan 1519–1520	de Bougainville 1766–1769
Legaspi 1564	Cook 1768–1771
Urdaneta 1565	La Pérouse 1785–1788
Drake 1577–1580	Moderne Ländernamen und -grenzen
Janszoon 1606	

OBEN Die *Victoria* unter Kommando von Elcano passiert bei ihrer Rückkehr nach Spanien 1522 Kap St. Vincent. Obwohl ein Großteil der Mannschaft ums Leben kam, markierte ihre Heimkehr die erste erfolgreiche Weltumsegelung.

UNTEN Auf seiner Reise mit einer spanischen Expedition zur Kolonialisierung der Philippinen machte der Navigator und Mönch Andrés de Urdaneta (1498–1568) ausführliche Aufzeichnungen über die Route durch den Pazifik. „Urdanetas Weg" wurde für die Spanier zur bevorzugten Route bei der Pazifikdurchquerung.

(69 800 km) und fanden heraus, dass man bei einer westwärtigen Erdumrundung einen Tag „verliert". Magellan wollte über den Pazifik zurückkehren; es war sein Nachfolger Elcano, der beschloss, weiter nach Westen zu segeln und die Erde zu umrunden.

Im Laufe der nächsten 250 Jahre folgten viele in Magellans Kielwasser und segelten über Südamerika in den Pazifik. Seefahrer wie de Loaísa für Portugal, Mendaña und de Quiros für Spanien, Roggeveen, Le Maire und Schouten für die Niederlande, Bougainville und La Pérouse für Frankreich sowie Samuel Wallis, Philip Carteret und Francis Drake für die Engländer wagten die Weltumsegelung und träumten davon, das sagenumwobene Terra Australis Incognita zu finden.

URDANETAS WEG

Bald erkannte Spanien die Sinnlosigkeit von Expeditionen, bei denen fast alle Schiffe verloren gingen. Also wählten sie eine andere Vorgehensweise – von Amerika aus in See zu stechen. 1564 setzte eine kleine Flotte unter Legaspi in Neuspanien (das heutige Mexiko) Segel, um die Philippinen zu kolonisieren. Mit an Bord war der Augustinermönch Andrés de Urdaneta, ein hervorragender Navigator. Nach Erreichen der Philippinen, schickte Legaspi Urdaneta nach Neuspanien, um Verstärkung zu holen. Dieser suchte überall nach günstigen Strömungen und Winden und fand sie schließlich bei 36° nördlicher Breite. Nach 130 Tagen und fast 20 000 km kam die Mannschaft 1565 in Acapulco an. Urdaneta hatte die Fahrtroute akribisch aufgezeichnet, und als „Urdanetas Weg" wurde sie für die jährliche Fahrt der Manila-Galeonen zur bevorzugten Strecke von Neuspanien über das „Spanische Meer" zu den Philippinen.

DIE NICHTBEACHTUNG TORDESILLAS

Die neuen Imperialmächte in Nordeuropa interessierte der Vertrag von Tordesillas nicht. Die Niederländer, Franzosen und Engländer hatten eigene Kolonialpläne, und jeder hoffte, das Monopol der Portugiesen und Spanier zu brechen.

Dank einer raffinierten Mischung aus Spionage (z. B. das heimliche Kopieren portugiesischer Karten) und Unternehmungsgeist hatten die Niederländer Anfang des 17. Jh. ihren eigenen Gewürzhandel im heutigen Indonesien aufgezogen. Die Niederländische Ostindien-Kompanie sollte mit Handelsposten, die sich

von Kapstadt bis nach Japan erstreckten, im Laufe der nächsten zwei Jahrhunderte gewaltige Gewinne erzielen. Das neue Monopol hatte jedoch Gegner im eigenen Land; einer von ihnen war Isaac Le Maire. Er wollte unbedingt den Würgegriff der Kompanie brechen und finanzierte 1615–1616 eine Expedition, die eine Westroute nach Ostindien eröffnen sollte. Mit an Bord waren sein Sohn Jacob Le Maire und Kapitän Willem Schouten. Sie umrundeten und tauften Kap Hoorn und nahmen dann den kürzesten Weg nach Jakarta. Dabei passierten sie die Tonga-Inseln. Die Ostindien-Kompanie beschloss daraufhin, ihren

Handel auszuweiten, vor allem, da die Route nach China und Japan profitabel geworden war. So wandten sie sich nach Süden. Willem Janzoon war der erste Europäer, der einen Fuß auf australischen Boden setzte. Am 26. Februar 1606 ging er im Golf von Carpentaria an Land. Es war jedoch Abel Tasman, der sich ernsthaft um die Erforschung des Südens bemühte. Bei seinen Reisen in den Jahren 1642 und 1644 fand Tasman keine profitträchtigen Länder, er gelangte aber an die australische Nordostküste, nach Van-Diemens-Land (Tasmanien), Neuseeland (nach der niederländischen Provinz Zeeland benannt) und sichtete gar Fidschi.

OBEN Gemälde aus dem frühen 17. Jh., das die Flotte der Niederländischen Ostindien-Kompanie zeigt. Wirtschaftliche Interessen in Ostindien, vor allem der Gewürzhandel, waren die treibende Kraft hinter der Entdeckung des Pazifiks.

RECHTS Diese Karte zeigt die Reiseroute von La Pérouse (1741–1788), der von Ludwig XVI. den Auftrag erhalten hatte, den Pazifik zu erforschen. Seine Schiffe waren die *La Boussole* und die *L'Astrolabe*. Anfang 1789 wurde er mit seinen Männern in Frankreich zurückerwartet, kam dort aber nie an. Sein Schicksal ist bis heute unbekannt.

OBEN Louis Antoine de Bougainville (1729–1811) war der erste Franzose, der die Welt umsegelte. Er beanspruchte Tahiti für Frankreich und etablierte die französische Präsenz in Polynesien.

DIE FRANZOSEN UND DIE ERSTE FRAU

Nach dem niederländischen Erfolg wollten die Franzosen, Dänen und Engländer nicht untätig zusehen. Alle gründeten eine eigene Ostindien-Kompanie, die eine wahre Konkurrenz für die Niederländer darstellten. Die Franzosen verdanken ihre Anwesenheit im Pazifik Louis Antoine de Bougainville, der 1766–1769 die Welt umsegelte. Die Reise war ein Muster moderner Vorgehensweisen: Nur 7 der 200 Mann starben auf der Fahrt.

Bougainville beanspruchte Tahiti für Frankreich und benannte die größte der Salomon-Inseln nach sich selbst. Zudem gab es auf seinem Schiff eine bedeutende Neuerung, denn er hatte die erste Frau an Bord, die den Pazifik überquerte und die Welt umsegelte. Jeanne Baré hatte sich der Mannschaft als Dienerin des Botanikers Philibert Commerçon angeschlossen (sie war aber auch seine Geliebte).

Fast 20 Jahre später stach die umfangreichste französische Pazifikexpedition unter La Pérouse in See. Er sollte auf See sterben, aber nicht, bevor er von Kap Hoorn nach Alaska, hinüber nach Macao und zu den Philippinen, weiter nach Korea, Japan und Russland gesegelt war und dann die britische Kolonie in New South Wales, Australien, begutachtet hatte. Nachdem er einige Zeit in Botany Bay die frisch angekommene First Fleet beobachtet hatte, setzte er im März 1776 wieder Segel und ward nie mehr gesehen.

EIN GASSENJUNGE AUF HOHER SEE

Die Engländer hinkten den anderen europäischen Mächten hinterher. Einer der bekanntesten englischen Seefahrer war Francis Drake. Er war abwechselnd Pirat, Unterdrücker der Iren, Vizekommandant der englischen Flotte bei ihrem Sieg über die Spanische Armada

1588 und wurde dank seiner Abenteuer überaus reich. Im Jahr 1577 wurde Drake von Königin Elisabeth ausgesandt, die spanische Vorherrschaft in Amerika und im Pazifik anzufechten. Seine Flotte war Schiffbruch, Krankheiten und Angriffen der Spanier ausgesetzt, aber Drake hatte eine zündende Idee. Wann immer möglich, eroberte er spanische Schatzschiffe, die zudem genaue Karten mit sich führten, die Drake bei seiner Pazifiküberquerung bestmöglich ausnutzte. Auf dem Weg fuhr er die amerikanische Westküste hinauf und beanspruchte das Land nördlich der spanischen Besitzungen, in Nova Albion, Kalifornien, für England.

VON CHRONOMETERN UND LIMETTEN

Der Name, den man am häufigsten mit der Pazifikerforschung verbindet, ist James Cook. Seine legendären Fahrten fanden erst im 18. Jh. statt, was es ihm jedoch ermöglichte, zahlreiche neue Entwicklungen zu nutzen, die das Leben auf See einfacher machten. Eine war der neue Meereschronometer, der 1761 von John Harrison erfunden wurde, mit dem man erstmals die genaue Uhrzeit auf See bestimmen konnte. Eine weitere wichtige Erkenntnis war, dass man mit Limetten irgendwie den Fluch aller Seeleute, Skorbut, verhindern konnte. Auch der Schiffbau hatte sich verbessert: Cook konnte mit einem einzelnen Schiff zweimal die Welt umsegeln – durch eisige Gewässer und furchtbare Stürme – und heil zurückkehren. Zu all dem kamen natürlich noch Cooks erstaunliche Fähigkeiten. Er war ein herausragender Navigator und Kartograf und zudem sehr abenteuerlustig und neugierig.

James Cook verbrachte 12 seiner 50 Lebensjahre im Pazifik und kam 1779 auf tragische Weise auf Hawaii ums Leben. Seine Reisen waren eine Mischung aus wissenschaftlicher Expedition und kolonialer Expansion. Er brachte stets mehrere Forscher mit sich und war ein scharfsinniger Beobachter. Unter der Schirmherrschaft der Royal Society stach er 1768 zur ersten Reise in See und kehrte 1771 zurück. Ziel war es, auf Tahiti den Durchgang der Venus vor der Sonne aufzuzeichnen, was er auch tat. Die Heimreise trat Cook westwärts an, denn die Legende von Terra Australis hielt sich hartnäckig. Er umsegelte und kartierte Neuseelands zwei Inseln (er kehrte noch viermal dorthin zurück), erreichte die Ostküste Australiens und kartierte sie bis hinauf zur nördlichen Spitze. Natürlich beanspruchte er die neuen Länder für England.

Die erste Reise hatte das Interesse Cooks und der Royal Society geweckt. Gab es tatsächlich einen großen Kontinent im Süden? Innerhalb eines Jahres machte er sich wieder auf den Weg, diesmal segelte er jedoch in die entgegengesetzte Richtung. Er passierte das Kap der Guten Hoffnung und fuhr dann weiter nach Süden in die turmhohen Wellen des Nordpolarmeeres. Nachdem er festgestellt hatte, dass es keinen Südkontinent gab – an Antarktika war Cook knapp vorbeigesegelt – ging es weiter durch den Südpazifik nach Neuseeland, auf die Osterinsel, nach Vanuatu, Neukaledonien und schließlich die Norfolk-Insel.

Nun war nur noch der Nordpazifik unerforscht. Dieser war das Ziel der unglückseligen dritten und letzten Reise (1777–1779); ihr wichtigster Zweck war es aber, ein für alle Mal festzustellen, ob es eine Nordwestpassage gab. Im Pazifik segelte er durch die Mitte geradewegs nach Norden, bis er die Sandwich-Inseln (Hawaii) erreichte. Auf dem weiteren Weg schwenkte er hinüber nach Kalifornien und kartierte die Westküste Amerikas bis hinauf zur Beringstraße. Das Eis dort erwies sich jedoch als unüberwindbar. Enttäuscht kehrte Cook nach Hawaii zurück, wo er bei einem Missverständnis mit Einheimischen getötet wurde. Seine beiden Schiffe segelten ohne ihn zurück.

Ende des 18. Jh. war der Pazifik komplett kartiert und seine Länder von den Europäern beansprucht worden. Das neue Ziel war nun die Kolonialisierung.

UNTEN Eine Jagdgesellschaft von James Cooks Schiffen erlegt Walrosse. Während seiner dritten Reise – 1776 bis 1779 – kartierte er die Westküste Nordamerikas bis hinauf zur Beringstraße. Cook suchte nach einer Passage in den Atlantik.

Erforschung des Indischen Ozeans

Drei Faktoren führten dazu, dass der Indische Ozean bei der Erforschung der Ozeane ganz weit oben stand: Monsune, Handel und Zivilisationen. Segelt man von Afrika nach Indien, ist die beste Zeit zwischen Juni und September, wenn der Monsun einen nach Osten treibt. Für die Rückkehr empfehlen sich die Monate Dezember bis März, in denen er in die entgegengesetzte Richtung weht.

SEIT ANBEGINN DER ZEIT

Einige der ersten menschlichen Zivilisationen entwickelten sich am Indischen Ozean. Die antiken Ägypter segelten die ostafrikanische Küste hinab; regulärer Handel fand nur zu Zeiten der Römer statt. Schiffe überquerten das Rote Meer bis zur Hafenstadt Aden, wo sie sich mit arabischen und indischen Händlern trafen. Nachdem Eudoxos aus Kyzikos in den Jahren 118 und 116 V. CHR nach Indien gesegelt war, folgten die Römer und Griechen in seinem Kielwasser.

Auch indische Navigatoren bereisten den Indischen Ozean – möglicherweise seit dem 3. Jahrtausend V. CHR. Ihr Interesse war nach Osten und Westen gerichtet.

Weiter östlich segelten chinesische Seefahrer nach Japan, Südostasien, zu den Molukken und nach Indien.

Im 8. Jh. lag Rom am Boden. Römische Händler unternahmen keine Reisen mehr von Europa aus. 700 Jahre lang wurde die Route zum Indischen Ozean von muslimisch-arabischen Händlern kontrolliert, die den Indischen Ozean von Nordafrika bis nach Ostindien bereisten. Ihre hochseetüchtigen Schiffe waren den europäischen überlegen, die vor allem im landumschlossenen Mittelmeer fuhren. Eines hatten all diese Schiffe jedoch gemeinsam: Sie konnten nur mit dem Wind segeln. Gegen den Wind zu fahren erforderte Muskelkraft, und der Indische Ozean war viel zu groß,

UNTEN Ausschnitt aus einer Karte aus dem Jahr 1457, der Asien, Indien, den Ganges, China und die japanischen Inseln zeigt.

um ihn rudernd zu durchqueren. Erst als die Europäer die Wende – so nah wie möglich am Wind zu segeln – entdeckten, konnten riskantere Fahrten gewagt werden.

EUROPA HOLT AUF

Langsam holten die Europäer auf, vor allem, weil sie sich den Bau arabischer Schiffe zum Vorbild nahmen. Die Kogge mit ihren quadratischen Segeln wurde durch Karacke und Karavelle ersetzt, die (dreieckige) Lateinersegel hatten wie die arabische Dau. Nun zog es auch Portugal in fernere Gefilde. Fast ein Jahrhundert lang segelten portugiesische Schiffe stetig weiter die westafrikanische Küste hinab, bis Bartholomeu Diaz die südliche Spitze entdeckte.

Zehn Jahre später – 1497 – fuhr Vasco da Gama bis nach Indien. Im Dezember jenes Jahres passierte er die Südspitze Afrikas und drang in Gewässer vor, die kein Europäer je zu Gesicht bekommen hatte. Er hielt sich entlang der Ostküste Afrikas, im arabischem Handelsgebiet. In Mosambik gab sich da Gama als Araber aus, und in Mombasa plünderte er arabische Schiffe. Als seine List entdeckt wurde, fand er in Malindi einen Retter, der sich mit Monsunwinden auskannte und den Portugiesen zurück nach Indien half. Bald wurde deutlich, dass die Portugiesen wenig über Windmuster wussten. Da Gama stach in der falschen Saison in See, um nach Hause zurückzukehren. Er kämpfte 132 Tage gegen den Wind bis er Afrika erreichte – die Hinfahrt hatte 23 Tage gedauert –, verlor ein Schiff und viele Männer. Zurück in Lissabon wurde er mit Reichtümern und Ehrungen überhäuft. Er unternahm noch zwei Reisen, 1503–1504 und 1524, bis er der Malaria

erlag. Dabei wandte er die klassische Vorgehensweise der portugiesischen Imperialexpansion an: Er griff andere Schiffe an, plünderte Handelsschiffe und erzwang die bestmöglichen Handelsbedingungen für sein Land. So nahm das portugiesische Handelsimperium im Indischen Ozean seinen Anfang.

PORTUGAL BEHERRSCHT DIE MEERE

Die Europäer waren zwar Neuankömmlinge, ihr Ziel war aber das gleiche wie das ihrer Vorgänger – Handel. Gestützt durch einen Erlass des Papstes etablierten die Portugiesen ein Monopol, das ihnen auch das Recht

OBEN Dieser flämische Wandteppich aus dem 16. Jh. zeigt den portugiesischen Entdecker Vasco da Gama, wie er im Mai 1489 in Calicut, Südindien, an Land geht. Vasco da Gama war der erste Europäer, der Indien auf dem Seeweg erreichte.

Frühe Expeditionen im Ind. Ozean
- Araber
- Chinesen
- Portugiesen
- Niederländer
- Moderne Landesgrenzen

UNTEN Titelblatt von Jan Huygen van Linschotens *Itinerario,* einem Bericht über seine Reise nach Portugiesisch-Ostindien. Dieser wurde 1596 veröffentlicht und enthielt Hinweise zum Segeln und detaillierte Karten.

auf die Verbreitung des Christentums, den Kampf gegen den Islam und die Versklavung der Einheimischen einräumte. Ihre größte Siedlung war Goa im Westen Indiens, das 1510 erobert und in einen Handelsposten, eine Festung, ein Bistum und eine Missionsaußenstelle verwandelt worden war (Francis Xavier nutze Goa als Basis). Es blieb 450 Jahre in portugiesischer Hand und war der Dreh- und Angelpunkt ihres Handels im Indischen Ozean.

Die typische Route der portugiesischen Kaufleute führte um das Kap der Guten Hoffnung die Küste hinauf nach Mosambik (inzwischen eine portugiesische Kolonie) und mit dem Monsun weiter nach Indien. Schon bald beherrschten sie mit ihrer überlegenen Feuerkraft die Meere. Wie die Araber vor ihnen dehnten die Portugiesen ihre Geschäfte bis nach China und Japan aus. Handelsposten folgten, und bald lieferte Portugal heiß begehrte Gewürze, Arzneien und Seide nach Europa. Zudem handelten sie mit einem recht neuen Gut: Sklaven.

DIE NIEDERLÄNDISCHE KONTROLLE

In Europa veränderte sich inzwischen die Wirtschaft. Die Niederländer waren sich des portugiesischen Erfolges bewusst und schmiedeten eigene Pläne. Bald wurde ihre weltweite wirtschaftliche Führungsrolle in Ostindien gefestigt. Sie entwarfen neue Schiffe – Vlieboote, die mit kleiner Mannschaft sehr viel Fracht befördern konnten, und Ostindienfahrer, bewaffnete Frachtschiffe. Dank verbesserter Baumethoden wurden sie rasch und preiswert hergestellt.

Mit zwei Expeditionen wurden der Osten erschlossen: Jan Huygen van Linschotens im Jahr 1582 und Cornelis Houtmans 1592. Die Geschichte Houtmans ähnelt einem modernen Spionagefilm. Verkleidet

ging er an Bord eines portugiesischen Schiffes, wurde in Ostindien entdeckt und ins Gefängnis geworfen. Niederländische Kaufleute zahlten ein hohes Lösegeld für ihn und schickten ihn 1595 mit vier Schiffen erneut los. 1597 kehrte Houtman zurück, nachdem er der niederländischen Expansion den Weg geebnet hatte.

Um 1602 schlossen sich verschiedene Handelsgruppen zur Vereenigde Oost-Indische Compagnie (VOC), der „Vereinigten Ostindien-Kompanie", zusammen. Diese verbreitete sich rasch in Ostindien, baute Netzwerke bis nach China und Japan auf, eroberte portugiesische Besitzungen in Ceylon (Sri Lanka) und Indien (mit Ausnahme Goas) und vertrieb die Briten. Ihre wichtigsten Handelsgüter waren Muskatblüten und -nüsse, Nelken und Zimt.

Bevor sie sich in Indien festgesetzt hatten, waren die Niederländer die „äußere" Route gesegelt, um den Portugiesen aus dem Weg zu gehen. Sie stachen an der Ostküste Madagaskars in See, schlängelten sich durch die Malediven und fuhren weiter nach Ostindien. Dabei nutzten sie Passatwinde, ähnlich wie die Araber.

Schließlich fanden die Niederländer einen noch schnelleren Weg. Anstatt vom Kap aus nach Norden oder Nordosten zu segeln, wandten sie sich nach Osten und nutzten die Winde der Roaring Forties. Das führte sie nach Westaustralien, wo sie nach Norden abbogen. Das kürzte die Reise auf der Hinfahrt um mehrere Wochen ab, führte aber zu zahlreichen Schiffbrüchen an der zerklüfteten australischen Küste. Es blieb die wagemutigste Route bis zu den Fahrten James Cooks im 18. Jh. Zurück ließen die Niederländer ihre Wracks, schiffbrüchige Seeleute und zahlreiche blonde, blauäugige Aboriginalkinder in Australien.

EIN DÜSTERES WRACK

Das berüchtigtste Wrack war der Ostindienfahrer *Batavia*. Mit Gold und Silber beladen trennte er sich auf seiner Jungfernfahrt von der Flotte und lief im Juni 1629 vor Westaustralien auf ein Riff. Die meisten überlebten das Unglück und retteten sich auf Inseln. Francisco Palsaert, der Kommandant der Flotte, segelte in einem offenen Boot nach Batavia (Jakarta) – eine beachtliche Leistung. In der Zwischenzeit instituierte der Kaufmann Jeronimus Cornelisz eine Schreckensherrschaft über die Überlebenden. Er setzte die Soldaten auf einer anderen Insel aus, beschlagnahmte die Vorräte, rationierte das Wasser und ließ jeden ermorden, der des Diebstahls oder des Widerspruchs beschuldigt wurde. Zwei Monate später kehrte Pelsaert zurück. Entsetzt ließ er Cornelisz und dessen Rädelsführer hinrichten, rettete die Soldaten und kehrte dann nach Batavia zurück. Dort wurde er der Vernachlässigung für schuldig befunden und aus dem Dienst entlassen.

WEITERE MITSPIELER

Die Niederländer hatten ihre Ostindien-Kompanie als Antwort auf englische Drohungen gegründet, denn diese hatten 1600 ihre eigene Kompanie ins Leben

UNTEN Die Befestigungsanlagen der portugiesischen Kolonie Malakka auf der Malaiischen Halbinsel um 1511. Malakka blieb über 100 Jahre in portugiesischer Hand.

gerufen. Schnell wurden die Engländer jedoch von den Niederländern aus Ostindien vertrieben und handelten lieber mit China und Indien.

Die wichtigsten Güter waren Baumwolle, Seide, blaue Farbe, Salpeter (für Schießpulver), Tee und auch Opium. In diesen Jahren war der Indische Ozean eine regelechte „Autobahn" der Kaufleute. Schiffe verschiedener Nationen passierten einander auf den Hauptrouten. Gelegentlich enterten sie sich gegenseitig oder überfielen eine Festung.

Bald folgten andere Imperialmächte wie Frankreich, Dänemark, Schweden und sogar Österreich. Keine von ihnen war jedoch so erfolgreich wie die Niederländer oder Engländer. Jede von ihnen versuchte Handelsmonopole zu gründen, errichtete Handelsposten und ging bis Ende des 18. Jh. bankrott. Nur die Niederländer und Engländer hielten durch, und als sich die Niederländische Ostindien-Kompanie im Untergang befand, war die Zeit der Engländer gekommen. Zu Beginn des 19. Jh. war der Indische Ozean in britischer Hand.

OBEN Die Stadt Batavia, Java, im 18. Jh. Sie war die Hauptstadt Niederländisch-Ostindiens und über 200 Jahre hinweg Hauptquartier der Niederländischen Ostindien-Kompanie.

LINKS Westliche Hongs (Handelshäuser) im Hafen von Kanton, China, um 1810. Hongs wurden als Wohnhäuser, Büros und Warenlager genutzt. Die Flaggen zeigen an, dass die Gebäude Hauptquartiere der jeweiligen Nationen waren.

Erforschung des Nordpolarmeeres

Jeder, der schon einmal nördlich des Polarkreises war, weiß um seine raue, faszinierende Schönheit.
Der Ozean ist voller Eisberge, Eisschollen und Packeis. Tatsächlich kennen die Völker, die rund um den
Polarkreis leben, über zwanzig Wörter für Eis und sogar noch mehr für Schnee. Kein Wunder also, dass
wir erst im 20.Jh. das gefrorene Nordpolarmeer durchquerten.

OBEN Mitte der 1850er-Jahre veröffentlichte der amerikanische Ozeanograf Matthew Maury (1806–1873) *Physical Geography of the Sea and Its Meteorology*, in dem er u. a. behauptete, es gäbe eisfreies Wasser am Nordpol.

RECHTS Kapitän George Nares, (sitzend links) mit dem Rest seiner Mannschaft und einigen Schlittenhunden 1875 während seiner Expedition zur grönländischen Nordpolregion.

MITTERNACHTSSONNE UND MEEREIS

Obwohl polare Völker von Sibirien bis nach Grönland seit Jahrtausenden mit der Umgebung vertraut sind, stammen die ersten niedergeschriebenen Berichte über die Arktis vom griechischen Seefahrer und Geografen Pytheas von Massilia. Bei der Beschreibung seiner Reise nach Norden um 315 V. CHR. erwähnt Pytheas sowohl das „gefrorene Meer" und dass die Nächte eine Tagesreise nördlich „Thules" (vielleicht Island) „…sehr kurz waren, in einigen Gebieten nur zwei, in anderen drei Stunden lang, sodass die Sonne kurz nach dem Untergang wieder aufging."

EISFREIES WASSER AN DEN POLEN?

Die Unmöglichkeit in den Arktischen Ozean zu segeln schürte über Jahrhunderte die Fantasie der Menschen. So gab es z. B. die Theorie vom eisfreien Polarmeer, an der im 16. und 17. Jh. so berühmte Navigatoren wie Willem Barents (nach dem die Barentssee benannt ist) und Henry Hudson festhielten. Da die Sonne im arktischen Sommer fast den ganzen Tag scheine, müsse sie genug Wärme erzeugen, um das Eis zu schmelzen,

glaubten sie. Außerdem bildet sich Meereis nur um Land herum (wie sie weiter südlich festgestellt hatten), deshalb konnte es mitten im Nordpolarmeer kein Eis geben. Argumente wie diese führten zu vergeblichen (und oft tödlichen) Expeditionen. Russische Seeleute behaupteten gar, weite Strecken eisfreien Wassers gesehen zu haben – man musste es nur wiederfinden.

Die erste Expeditionswelle im späten 16. und frühen 17. Jh. war Teil des Konkurrenzkampfes der europäischen Nationen. Niederländer und Engländer suchten einen kurzen Weg nach Asien, um der portugiesischen Dominanz auf der Route um Afrika herum entgegenzuwirken. Nach ersten Fehlschlägen bei der Suche nach dem eisfreien Meer verblasste die Theorie.

Im 19. Jh. wurde sie jedoch wiederbelebt, als sich die Ozeanografie langsam etablierte. Diesmal basierte sie auf dem Wissen über Meeresströmungen, Tierwanderungen und Temperaturmessungen. Wohin flossen der warme Golfstrom und der Japanstrom? Ins Polarmeer, so lautete die Antwort, wo er das Eis schmelzen würde. Wie sonst sollten Wale ihre Wanderungen nach Norden überleben, müssen sie doch regelmäßig zum

Atmen auftauchen. Und was war mit den Temperaturmessungen, denen zufolge es wärmer wurde, je mehr
man sich dem Pol näherte? Argumente wie diese
wurden vom „Vater der modernen Ozeanografie und
Meteorologie", Matthew Maury, sowie dem deutschen
Kartografen August Petermann vorgebracht.

AUF DER SUCHE NACH FRANKLIN

Manchmal sind auch Tragödien der Auslöser für große
Abenteuer, wie bei der John-Franklin-Expedition auf
der Suche nach der Nordwest-Passage. 1845 startete er
mit einer der bestausgerüsteten Expeditionen in der
Geschichte – sein dampfbetriebener Eisbrecher hatte
eine Dampfheizung und Süßwasser sowie Lebensmittel
für drei Jahre an Bord. Dennoch wurden Franklin und
seine Mannschaft nie mehr gesehen.

Das Verschwinden John Franklins löste zahlreiche
Rettungsmissionen aus. Am Ende gingen sogar mehr
Männer bei der Suche verloren, als bei der ursprüngli-
chen Expedition. Unter den Rettern waren auch die
Amerikaner Elisha Kane und Isaac Hayes. Kane führte
zwei Expeditionen, 1850–1851 und 1853–1855, Hayes

eine weitere 1860–1861. Beide Männer behaupteten,
weiter nach Norden vorgedrungen zu sein als je zuvor,
und das Wasser des eisfreien Polarmeeres gesehen zu
haben. 1818 war Franklin selbst mit John Buchan auf
der Suche nach dem Meer gewesen. Nördlich Spitzber-
gens waren sie auf Eis gestoßen – sie glaubten jedoch,
sie müssten nur durch das Eis brechen, um das freie
Wasser dahinter zu erreichen.

Viele Expeditionen wurden von Marinesoldaten aus
den USA und Großbritannien unternommen, da die
Kontrolle über die Arktispassage ein enormer militärischer Vorteil war. Je mehr die Entdecker versuchten,
durch das Eis zu brechen, desto mehr Eis fanden sie
vor. Die Expeditionen George Nares' und George
W. DeLongs bewiesen schließlich, dass es kein eisfreies
Meer gab. Nares, ein Kapitän der Royal Navy, stach
1875 in See, fuhr zwischen Grönland und der Ellesmere-Insel hindurch und stieß auf eine endlose Eisdecke.
1879 segelte der Amerikaner DeLong auf der *USS
Jeanette* durch die Beringstraße. Statt eine kurze Fahrt
über den Pol zu unternehmen, blieben sie im Eis
stecken und viele starben, darunter auch DeLong.

OBEN Die *HMS Alert* und *HMS
Discovery* auf der britischen
Arktisexpedition (1875–1876),
kommandiert von George Nares.
Nares erreichte den Nordpol
zwar nicht, erforschte aber mit
seiner Mannschaft Grönland
und die Ellesmere-Insel.

RECHTS Stich aus dem Jahr 1894, der Nansens Schiff *Fram* zeigt, das gerade Bergen, Norwegen, verlässt. Die *Fram* war dazu gebaut, den unerbittlichen Bedingungen in der Arktis zu widerstehen. Sie soll das stärkste jemals gebaute Holzschiff gewesen sein.

UNTEN Mitglieder der Transpolarexpedition von 1968–1969, aufgenommen in London, nachdem sie 16 Monate in der Arktis verbracht hatten. Vorne links sitzt Expeditionsleiter Wally Herbert (mit Bart) und neben ihm Kenneth Heges. In der hinteren Reihe sitzen (von links) Freddie Church, Alan Gill und Roy Koerner.

Wer erreichte den Nordpol wirklich als Erster?

Es blieb Robert Peary und Wally Herbert überlassen, das letzte Ziel in Angriff zu nehmen. Peary wurde als „zweifellos ehrgeizigster, möglicherweise erfolgreichster und wahrscheinlich unangenehmster Mann in den Annalen der Polarexpedition" beschrieben. Mehr noch als Nansen setzte er auf Inuitmethoden und heuerte Inuit als Teilnehmer an. Er blockte alle Versuche ab, seine Behauptung, am 7. April 1909 den Nordpol erreicht zu haben, zu überprüfen. Einen Großteil des 20. Jh. wurden seine Ansprüche akzeptiert, später jedoch durch den Mann widerlegt, der tatsächlich den Pol erreichte: Wally Herbert.

Herbert war beauftrag worden, eine Studie über Pearys Expedition zu erstellen – *The Noose of Laurels* (die 1989 endlich veröffentlicht wurde). Je mehr er nachforschte, desto deutlicher wurde, dass Peary in seinen Tagebucheinträgen sehr kreativ gewesen war. Nach 20 Jahren, ausgefüllt mit andauernden zielstrebigen Versuchen, konnte Peary sein Versagen einfach nicht akzeptieren und behauptete einfach, den Pol erreicht zu haben, obwohl das nicht stimmte.

Diese Schlussfolgerungen sorgten für viele Kontroversen, denn Herbert selbst erreichte am 6. April 1969 den Pol. Hatte Peary versagt, so war Herbert der Erste, dem dies gelang, und zwar im Rahmen einer Transpolarexpedition (1968–1969), die 6120 km von Alaska nach Spitzbergen zurücklegte. Vor seinem erfolgreichen Vorstoß zum Pol überwinterte das Team in einer der abgelegensten Regionen der Erde, an einem Punkt, der am weitesten von jeder Landmasse und immer noch 645 km vom Pol entfernt ist. Eventuell erreichten schon frühere Expeditionen den Nordpol, aber ohne moderne Technik war das unmöglich zu beweisen. So kann niemand von sich behaupten, der erste Mensch am Nordpol gewesen zu sein.

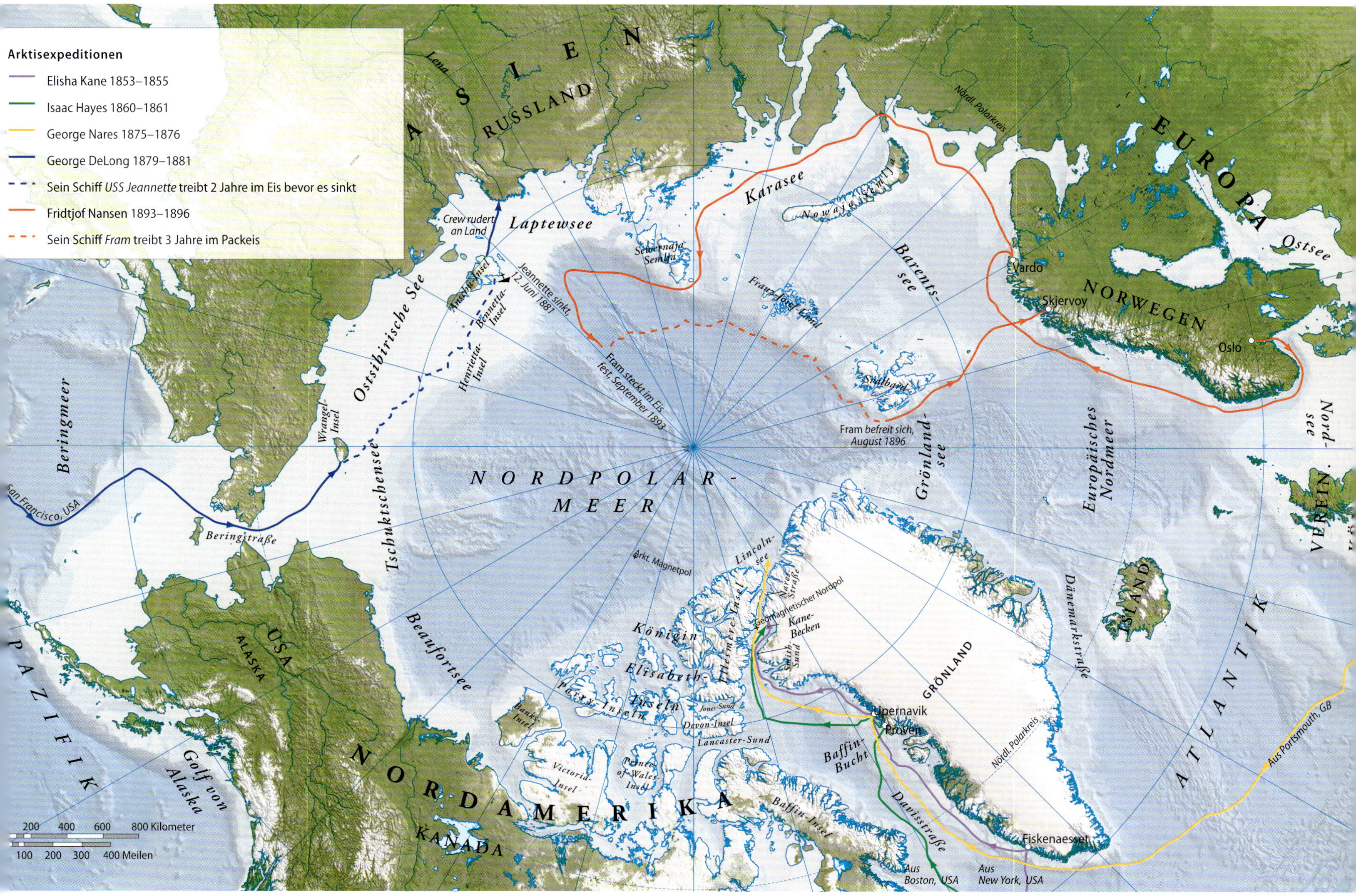

Arktisexpeditionen

- Elisha Kane 1853–1855
- Isaac Hayes 1860–1861
- George Nares 1875–1876
- George DeLong 1879–1881
- Sein Schiff *USS Jeannette* treibt 2 Jahre im Eis bevor es sinkt
- Fridtjof Nansen 1893–1896
- Sein Schiff *Fram* treibt 3 Jahre im Packeis

EIN AUSSERGEWÖHNLICHER NORWEGER

Der Drang zum Erforschen wandte sich nun in andere Richtungen. Einige suchten weiter nach der Nordwest-Passage, andere nach einer Nordost-Passage (entlang des russischen Nordens) – bis zur erfolgreichen Fahrt des finnischen Wissenschaftlers und Entdeckers Adolf Erik Nordenskiöld (1878–1879). Der Nordpol wurde jedoch zu einem Hauptziel.

Nun rückte ein außergewöhnlicher Norweger ins Rampenlicht. Der 1861 geborene Fridtjof Nansen war Skiläufer, Zoologe, Ozeanograf und Diplomat – und Arktisforscher. Bei der Planung seiner Expedition kam der Wissenschaftler in ihm zum Vorschein. Er war von der Theorie überzeugt, das Meereis treibe langsam mit den Strömungen, vor allem, da DeLongs Schiff *Jeanette*, das im Eis nördlich der Beringstraße zerstört wurde, auf der anderen Polseite wieder aufgetaucht war.

Nansen ließ ein besonderes Schiff bauen, die *Fram*, das stärkste jemals gebaute Holzschiff. Sie hatte so gut wie keinen Kiel, einen einziehbaren Propeller und Ruder, eine Windmühle als Energiequelle und war so isoliert, wie es nur Norweger können. Vor allem aber war sie dazu ausgelegt, über das Eis zu steigen, falls sie davon eingeschlossen wurde. Nansen brauchte nun noch eine Mannschaft, die die langen eiskalten Winter aushalten würde. Er stellte ein erfahrenes Team zusammen, das sich perfekt im Eis auskannte und die Fähigkeiten der Völker ausnutzte, die seit Jahrhunderten im Eis lebten – der Inuit und Grönländer, die entsprechende Unterkünfte, Kleidung, Schlitten, Kajaks und Hunde verwendeten.

1893 stach die *Fram* nach Sibirien in See, wurde aber bald von Eis eingeschlossen und trieb drei Jahre mit diesem in Nordpolarmeer.

1894 setzte Nansen seiner Expedition ein neues Ziel: den Nordpol zu finden. Das Packeis trieb sie aber beständig am Pol vorbei, anstatt auf ihn zu; so machte sich Nansen mit Hjalmar Johansen (der später Roald Amundsen zum Südpol begleiten sollte) mit Hundeschlitten und Kajaks auf den Weg. Sie erreichten 86'14"° nördlicher Breite, verirrten sich dann jedoch und überwinterten wie die Inuit.

Durch pures Glück stießen sie auf eine andere Expedition, mit der sie nach Norwegen fuhren, wo sie rechtzeitig ankamen, um die *Fram* zu begrüßen, die sich bei Spitzbergen endlich aus dem Eis hatte befreien können. Es war die erste erfolgreiche Überquerung des Nordpolarmeeres.

OBEN Fridtjof Nansen war sehr vielseitig. Er war nicht nur ein großer Entdecker und Wissenschaftler, sondern erhielt 1922 auch den Friedensnobelpreis.

Erforschung des Südpolarmeeres

Die ersten Fahrten ins Südpolarmeer wurden durch die Suche nach Land angetrieben. Inspiriert wurden die Entdecker durch den seit Langem währenden Glauben an eine gewaltige Landmasse im Süden: Terra Australis Incognita, das unbekannte südliche Land.

DAS UNBEKANNTE SÜDLICHE LAND

Der Glaube an ein riesiges unbekanntes Land im Süden war eine der hartnäckigsten Theorien über den Aufbau der Erde. Der griechische Philosoph Aristoteles (384–322 v. Chr.) erwähnte es als Erster, und später war es auch auf den Karten Ptolemäus' (90–168) zu finden. Ihre Argumente waren für die damalige Zeit fehlerlos – die Welt benötigte eine große südliche Landmasse zum Ausgleich der Kontinente auf der Nordhalbkugel. Da Gewässer wie das Mittelmeer von Land umgeben waren, sollte dies beim Indischen Ozean ebenso sein. Ihr Einfluss auf das Denken zukünftiger Generationen war so groß, dass sich die Theorie bis ins 19. Jh. hielt.

Nach und nach verringerte sich die Größe von Terra Australis. Feuerland war nicht damit verbunden (wie Jacob Le Maire und Willem Schouten 1615 bewiesen), genausowenig wie Australien (Abel Tasman, 1642–1643). Kapitän James Cook unternahm seine ersten zwei Reisen, um das mysteriöse Land zu finden. Seine erste Fahrt auf der *HMS Endeavour* zeigte, dass Neuseeland nicht damit verbunden war. So wollte er mit seiner zweiten Reise (1772–1775) ein für alle Mal die Lage von Terra Australis bestimmen. Sein Sponsor, die Royal Society, glaubte immer noch an dessen Existenz.

JAMES COOK UND DIE HEULENDEN SECHZIGER

1772 stach Cook mit zwei Schiffen in See. Er kommandierte die *HMS Resolution*, Tobias Furneaux die *HMS Adventure*. Die beiden modernsten Schiffe ihrer Zeit

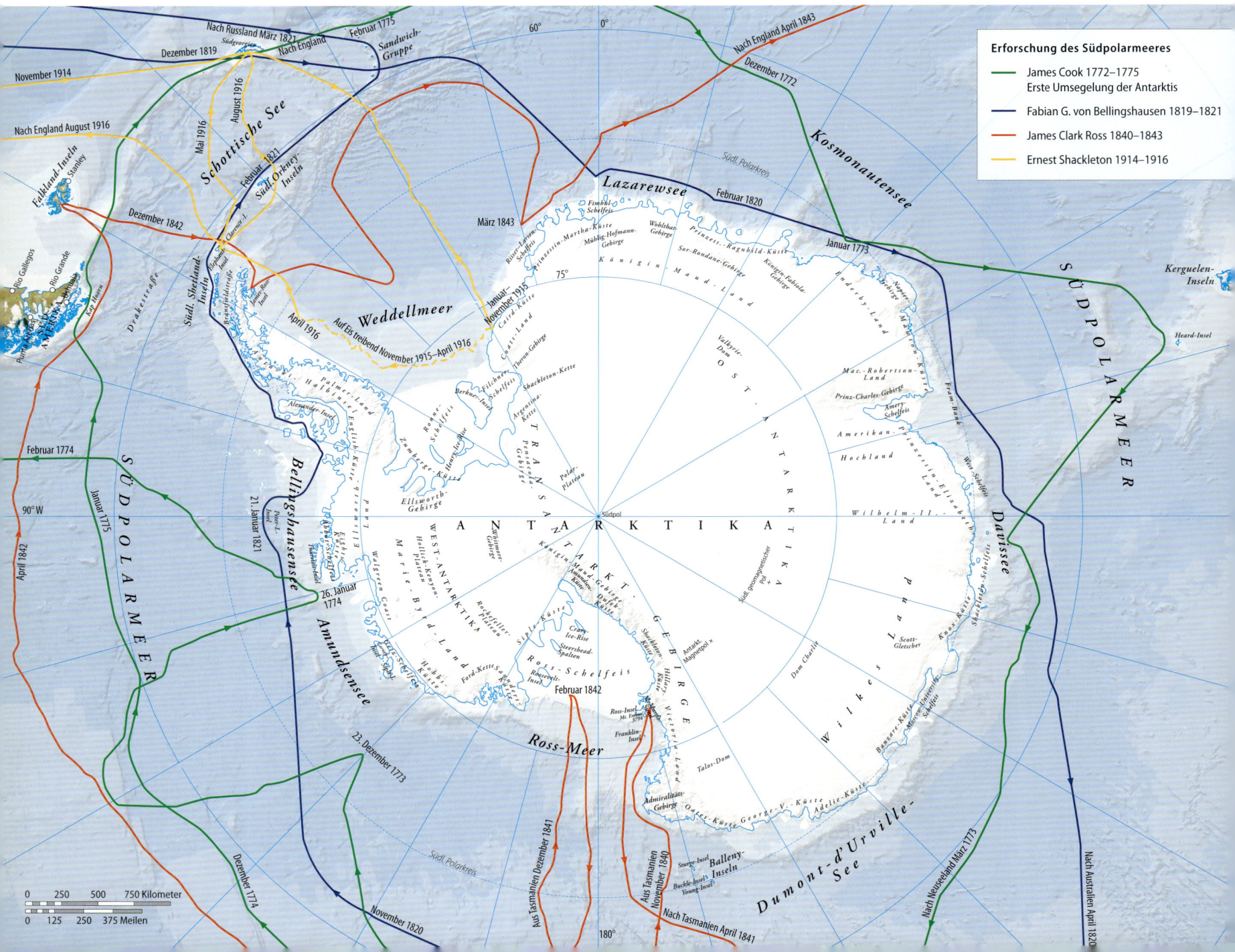

RECHTS Ernest Shackleton (rechts) und der Fotograf Frank Hurley sitzen auf einer Eisscholle im Weddellmeer. Kurz darauf machte sich Shackleton auf den Weg nach Elephant Island.

waren mit Eisankern, Wasser destillierenden Pflanzen, den neuesten Kompassen und vor allem der neuen Uhr, Larcum Kendall K1, ausgerüstet – die erste, mit der man die Uhrzeit auf See genau bestimmen konnte. Cook segelte so weit er es wagte nach Süden, unterstützt von einer Mannschaft, die dem Mann vertraute, der viele von ihnen einige Jahre zuvor erfolgreich um die Welt navigiert hatte. Die Schiffe schlängelten sich zwischen Eisbergen hindurch und waren die Ersten, die am 17. Januar 1773 den Polarkreis überquerten. Cook gelang dies noch zweimal; am 31. Januar 1774 erreichte er 71'10"° südlicher Breite. Er war klug genug, derartige Vorstöße nur im Sommer zu wagen. Die Winter verbrachte er auf warmen Pazifikinseln. Cook und Furneaux wurden vom berüchtigten antarktischen Nebel getrennt; Furneaux segelte nach Norden, aber Cook hielt sich südwärts bis in den Atlantik hinein.

Also umsegelte Cook die Antarktis, näherte sich der Landmasse Antarktika selbst bis auf 130 km und hatte somit den später Südpolarmeer getauften Ozean durchquert. Cook war durch einige der stürmischsten Regionen der Erde gesegelt. Die Brüllenden Vierziger sind äußerst windig mit schwerem Seegang, in den Rasenden Fünfzigern entstehen mächtige Stürme, aber die Heulenden Sechziger – wie sie heute heißen – peitschen ein Schiff mit orkanartigen Winden. Gelingt es einem, nicht unterzugehen, ist man schnell hindurchgesegelt. Mehr als eine moderne Hochseejacht ist hier gescheitert, aber James Cook beherrschte sie alle ganz souverän.

SICHTUNG VON TERRA AUSTRALIS

Nun war klar, dass im Süden kein fruchtbares Land existierte. Cook war auf einige windumtoste, eisige Inseln wie Südgeorgien gestoßen, aber dort gab es nichts zu kolonisieren. Es sollten weitere 45 Jahre vergehen, bevor ein anderer Abenteurer den Südpolarkreis erneut überquerte. Das berühmte Terra Australis (Antarktika) wurde schließlich von dem Russen Fabian Gottlieb von Bellingshausen gesichtet. Nach zahlreichen Fahrten durch Russlands eisige Meere ging er mit zwei Marineschiffen auf eine ausgedehnte Expedition (1819–1821), bei der er den Kontinent umschiffte und am 28. Januar 1820 die vereiste Küste entdeckte. Von Bellingshausens bedeutsame Entdeckung wurde jedoch zunächst völlig übergangen, und so wurde er erst nach seinem Tod berühmt.

Nun drängten aber andere nach. Zwei Tage nach von Bellingshausen durchquerte der Ire Edward Bransfield das Südpolarmeer und sichtete von seinem Schiff *Williams* aus „hohe, schneebedeckte Berge". Er kartierte alles, was er sah. Im November des gleichen Jahres (1820) drang der 21-jährige amerikanische

Shackleton und die Reise der *James Caird*

Die bemerkenswerteste Reise über das Südpolarmeer unternahm Ernest Shackleton in der *James Caird*, eine Fahrt, die als „eine der größten Seereisen aller Zeiten" beschrieben wird. In einem offenen, nun 7 m langen Walfangboot segelte Shackleton mit fünf Gefährten 800 Seemeilen (1500 km) durch die turmhohen Wellen des winterlichen Südpolarmeeres.

Das Ganze begann vielversprechend. 1914 war Shackleton mit der Imperial Trans-Antarctic Expedition aufgebrochen. Nach seinem tragischen Scheitern bei seiner ersten Südpolexpedition 1908–1909, entschied Shackleton, die letzte große Herausforderung zu meistern: die Überquerung Antarktikas. Sein Schiff *Endurance* blieb jedoch im Weddellmeer im Eis stecken. Mit seiner Mannschaft beschloss er, auf dem Eis zu überwintern. Bei Frühlingsanbruch mussten sie zusehen, wie ihr Schiff von Eisschollen zerdrückt wurde. Ihr Versuch, auf einer Scholle ans Festland zu gelangen, scheiterte, und so machten sie sich in drei Rettungsbooten auf nach Elephant Island. Von dort aus wollte Shackleton Hilfe holen. Mit dem robustesten Rettungsboot wagten sie die Fahrt zur 800 Seemeilen entfernten Insel Südgeorgien. Ein Teil der Mannschaft blieb auf der Insel zurück.

Zwischen dem 24. April und dem 10. Mai kämpften sie sich durch den Starkwind des antarktischen Winters. Shackleton schrieb: „Wir spürten, wie unser Boot wie ein Korken hochgehoben und vorwärts geschleudert wurde." Ununterbrochen schöpften sie Wasser aus dem Boot und schlugen das sich bildende Eis ab. Es gelang ihnen zu kochen und hin und wieder etwas zu ruhen, obwohl sie völlig durchnässt und entkräftet waren. Erstaunlicherweise erreichten sie trotz allem Südgeorgien, doch plötzlich – mit dem Land in Sichtweite – schlug eine neuer Sturm zu und sie mussten ihn im Boot aussitzen. Als sie endlich an Land gingen, waren sie auf der falschen Inselseite. Shackleton und zwei der kräftigsten Männer überquerten die zerklüfteten Berge und Gletscher ohne Karte bis nach Stromness, der norwegischen Walfangstation. Nach 36 Stunden erreichten sie diese endlich, und im folgenden Frühjahr retteten sie die zurückgelassenen Männer auf Elephant Island.

OBEN Jean-Baptiste Charcot (1867–1936) war Leiter der französischen Antarktisexpedition. Auf seiner ersten Reise im Jahr 1903 in der *Français* machte er sich auf die Suche nach dem verschwundenen Entdecker Otto Nordenskjöld.

Robbenjäger Nathaniel Palmer auf der Suche nach Robben mit seiner kleinen Schaluppe *Hero* tief ins Südpolarmeer vor. Er segelte an die Küste und betrat als erster Mensch Antarktika.

Auf Palmer folgte James Clark Ross in der Blütezeit des Britischen Empires. Mit langjähriger Erfahrung in der Arktis gewappnet, verbrachte Ross fast vier Jahre im Südpolarmeer (1839–1843). Dabei kartierte er einen Großteil der antarktischen Küste – eine beachtliche Leistung. Das Ross-Schelfeis, eine große Eisplatte, die mit einem Gletscher an Land verbunden ist, wurde ihm zu Ehren benannt. Damit er die turbulente See und das allgegenwärtige Eis überstand, traf Ross bei seinen Schiffen eine kluge Wahl. *Erebus* und *Terror*

waren ursprünglich Kriegsschiffe, die Granatwerfer abfeuern sollten, aber Ross wusste, dass sie sehr starke Rümpfe besaßen, die dem Rückstoß der Granatwerfer standhalten mussten – und sich auch im Eis bewährten.

DAS HELDENZEITALTER

Nun wurde Antarktika selbst zum Ziel. Die Expeditionen liefen zwar schleppend an, aber in der Blütezeit der Antarktisforschung, dem „Heldenzeitalter", in dem mutige Entdecker sich noch auf einfache Materialien und Methoden verließen, waren immerhin 16 Expeditionen aus 8 Ländern unterwegs. All dies geschah zwischen 1897 und 1922. Neben dem Land wurde dabei auch das Meer erforscht und kartiert.

Im Heldenzeitalter gab es zahlreiche Entdecker, die zum Teil in speziell für die unglaublich rauen Bedingungen gebauten Schiffe unterwegs waren. Da war z. B. die *Discovery*, die Robert Falcon Scott auf seiner ersten Expedition (1901–1903) nutzte und die zwei Jahre im Eis überstand, bevor sie durch kontrollierte Explosionen befreit wurde. Dann gab es noch Fritjof Nansens *Fram*, mit der er die Arktis durchquerte, und die dann von Roald Amundsen bei seinem erfolgreichen Vorstoß zum Südpol verwendet wurde. All diese Männer – Roald Amundsen, Carsten Borchgrevink, Robert Falcon Scott, Ernest Shackelton, Wilhelm Filchner – hatten nur eines im Sinn: den Südpol zu erreichen. Nachdem dies 1912 geschafft worden war, widmeten sie sich der Überquerung des ganzen Kontinentes. All ihre Energie galt nur der Erreichung dieser Ziele.

Andere zogen es vor, die Gewässer um die Antarktis zu erforschen. Unter ihnen waren der Belgier Adrian de Gerlache, der als erster Mensch im Südpolarmeer überwinterte als sein Schiff im Packeis stecken blieb (1897–1899), sowie Entdecker wie der Schotte William Bruce (1902–1904), der Franzose Jean-Baptiste-Charcot (1903–1905 und 1908–1910) und der Japaner Nobu Shirase (1910–1912).

Noch heute stellen das Südpolarmeer und Antarktika große Herausforderungen dar, aber dank moderner Technik ist die Region für Seeleute, Wissenschaftler, Abenteurer und Touristen viel zugänglicher geworden.

Die Suche nach der Nordost-Passage

Im mittelalterlichen Europa galt die Vorstellung, Ostasien zu erreichen, indem man um den nördlichen Rand der eurasischen Landmasse herumsegelt, als plausibel. Im Gegensatz zur Suche nach der Nordwest-Passage war die Geschichte der russischen Arktisexpeditionen beständig erfolgreich. Mitte des 17. Jh. bewiesen Expeditionen, dass Asien und Nordamerika durch eine große Straße getrennt waren. Zunächst waren wirtschaftliche Faktoren die treibende Kraft, wurden jedoch bald durch Versuche der Russen abgelöst, die geopolitische Vorherrschaft über Nordasien zu erlangen.

OBEN 1553 segelte der englische Entdecker Hugh Willoughby (um 1500–1554) über die Barentssee nach Nowaja Semlja. Obwohl er mit seiner Mannschaft ums Leben kam, bewies er, dass eine Nordost-Passage möglich war.

DIE FAHRT INS UNBEKANNTE

Je mächtiger die europäischen Nationen wurden, desto mehr dehnten sich ihre wirtschaftlichen Ansprüche vom regionalen auf den globalen Maßstab aus. Im 14. und 15. Jh. war der Osten unerreichbar. Die Venezianer hatten das Monopol auf den Handel im östlichen Mittelmeer, die Araber kontrollierten die Handelswege im Indischen Ozean, die Neue Welt war noch gar nicht entdeckt. Die Vorstellung, dass Terra Australis Incognita und Afrika eine Landmasse bildeten, war ein Hindernis auf dem Weg nach Süden. Eine nördliche Route könnte jedoch Zugang zu China und den Gewürzinseln Südostasiens ermöglichen.

Für die Männer aus dem Westen war die Nordküste des heutigen Russlands unbekanntes Terrain. Obwohl seit urgeschichtlichen Zeiten besiedelt, lebten dort nur Sammler und Jäger. Die Russen – traditionell keine Seefahrer – drangen selten in die Tundra vor. Stattdessen führten sie einen erfolgreichen Feldzug gegen das mongolische Khanat, das seit Jahrhunderten Zentralrussland beherrschte. Im Zuge ihrer Eroberung von Ländern der Goldenen Horde, stießen die Russen ostwärts über die Sibirischen Tiefebenen vor. Bereits Ende des 16. Jh. stand die Tür zum Pazifik weit offen.

Nun wurde der russischen Führung klar, wie wichtig es war, vor anderen europäischen Mächten die Kontrolle über die Arktis zu erlangen.

Damals wie heute trug der nordatlantische Golfstrom entscheidend zum Klima auf der europäischen Seite der Arktis bei. Er erwärmt die Barentssee und das Weiße Meer und verhindert selbst im Winter ein Zufrieren. Aus diesem Grund sind Murmansk und Archangelsk nach wie vor zwei der wichtigsten Häfen im Norden Russlands. Weiter östlich verschlechtern sich die Bedingungen. Eisfreie Wasserwege gibt es nur über zwei bis drei Monate im Sommer. Verglichen mit der Nordwest-Passage gab es an der russischen Küste deutlich weniger Inseln. Dafür sorgten zahlreiche Archipele in der kanadischen Arktis durch ihre seichten Gewässern für ständige Gefahren.

In der östlichen Arktis waren Tausende Kilometer gefrorener Ozean dreiviertel des Jahres über unbefahrbar. Im Sommer zog sich das Eis nach Norden zurück und die zentralasiatischen Flüsse, die ins Meer münden, öffneten die Wasserwege für einige Monate. Auch wenn die ununterbrochene Reise nur kurz möglich war, hatte die Perspektive, Sibirien über das Meer zu erreichen, ökonomischen und geopolitischen Wert.

DIE GROSSE MANGASEJAROUTE

Zunächst hatte die Erforschung Sibiriens vom Norden her für die Russen nur nebensächliche Bedeutung. Meist überquerten sie gefrorene Flüsse und hielten sich ostwärts, aber nur bis zum Sommeranfang. Beginnt die obere Schicht des Permafrostes erst einmal zu schmelzen, werden die Bedingungen für Reisende nahezu unerträglich: Ein Meer aus Schlamm, hohe Temperaturen und Millionen von Mücken verhindern jedes Vorankommen. Selbst heute ist die Fahrt über Land im asiatischen Teil Russlands im Sommer schwierig. Die wenigen Eisenbahnstrecken und asphaltierten Straßen benötigen ständige Wartungsarbeiten. Unter solchen Bedingungen werden die Flüsse zu den wichtigsten Verkehrswegen. Leider fließen in Sibirien nur wenige Flüsse von Westen nach Osten; die meisten fließen

LINKS 1594 erreichte der Niederländer Willem Barents mit seiner Flotte Nowaja Semlja. Er hoffte, in die Karasee segeln und die Nordost-Passage finden zu können.

eleent hadde/ dat van over de zee op Nova Sembla was comen drijven/ twelck wij ghestadich met sleden haelden ter plaetse daert hui[...] ude werden/wel twee mijlen ginc ende weder/tweemaels daechs/met op naest onuptsprekelijcken arbeyt/geduerende wel 15. daghen la[...] dede ons int werck volherden/want so wijt een weeck of twee later begonnen hadden/so waert ons niet doenlijck gheweest.

nordwärts zur Küste. Um den sibirischen Süden zu erreichen, mussten die Russen zwangsweise die Arktis erforschen. Die große Mangasejaroute, die die Wasserscheiden von Ob-Irtysch und Jenissei mit den Häfen am Weißen Meer verbindet, war ein früher Versuch.

Erst 1553 wurden dank der Expedition Hugh Willoughbys über die Barentssee nach Nowaja Semlja ernsthafte Schritte unternommen, eine Nordost-Passage zu finden. Obwohl Willoughby auf der Fahrt starb, lernten seine Geldgeber in England daraus, dass die Navigation entlang der russischen Küste möglich war, nur wusste man noch nicht, wie weit.

VORSTOSS AN DIE PAZIFIKKÜSTE

Die Erforschung der Nordküste schritt nur langsam voran. Ende des 16. Jh. war die Karasee zwischen

Nowaja Semlja und der Taimyrhalbinsel nur teilweise kartiert. 1597 beendete eine niederländische Expedition unter Willem Barents (um 1550–1597) die Ära der europäischen Suche nach der Nordost-Passage. Auf dieser dritten Reise in das Gebiet fiel die Expedition den Umweltbedingungen zum Opfer. Daraufhin gaben die Niederländer Fahrten in den Nordosten ganz auf. Über die nächsten Jahrzehnte blieben die Russen die einzigen Erforscher Nordasiens.

Was folgte war ein erstaunliches Paradox in der Geschichte der marinen Entdeckungen. Um die Existenz der Nordost-Passage zu bestätigen, wählten die Russen eine alternative Route – allerdings über Land. Sollten sich die geografischen Berechungen als korrekt erweisen, würde diese sie zum Pazifik und dem nordöstlichen Ende Asiens führen. Es war riskant, aber

OBEN Auf seiner dritten Reise in die Arktis 1597 blieb Barents Schiff im Eis stecken. Mit seiner immer schwächer werdenden Mannschaft machte er sich in zwei kleinen Booten auf den Weg, starb jedoch auf See.

verhindern. Die frühen Expeditionen wurden von Kosaken, den unerschütterlichen Verteidigern der Reichsgrenzen, vorgenommen, die zudem zahlreiche Siedlungen gründeten. In den 1630er-Jahren gab es bereits russische Siedlungen an den Ufern des Ochotskischen Meeres. Nun musste nur noch Kamtschatka, eine langgezogene Halbinsel, die sich nach Süden erstreckte, erobert werden, bevor man endgültig in den Nordpazifik vordrang.

Anstatt um Kamtschatka herumzusegeln, entschieden sich die Russen für die einfachere Variante. In der Zeit von 1647 bis 1648 fuhren sie mit kleinen Booten die Kolyma hinab, die in das Nordpolarmeer mündet. Von dort aus wandten sie sich nach Osten, umrundeten die Tschuktschenhalbinsel und segelten durch die damals noch namenlose Beringstraße nach Kamtschatka. Über die erste Expedition durch die Beringstraße gibt es nur wenige historische Nachweise. Die Gelehrten sind sich jedoch einig, dass Semjon Deschnjow (um 1605–1673) diese Mission als erstem Europäer gelang; und die Fahrt bewies die Richtigkeit aller Spekulationen um die Nordost-Passage. Sie zeigte jedoch wenig Wirkung in Bezug auf das ursprüngliche Ziel – die globale wirtschaftliche Expansion sowie die Entwicklung permanenter Seefahrtswege.

EROBERUNG DER LETZTEN GRENZE
Als Peter I., „der Große", 1682 den Thron bestieg, gewann die Erforschung der Gewässer rund um das Zarenreich einen bedeutenden Fürsprecher. Er wollte Russland in eine große Seemacht verwandeln. Da es

OBEN Ende des 20. Jh. aufgenommenes Foto der gnadenlosen, eisigen Meerlandschaft am Kap Deschnjow im Nordosten Russlands. Das in die Beringstraße hineinragende Kap ist nach Semjon Deschnjow benannt, der entdeckte, dass Asien und Nordamerika nicht verbunden sind.

die einzige Möglichkeit. Die Zeit, die ihnen zur Verfügung stand, vor dem Herbst um die russische Nordküste zu segeln, war einfach zu kurz. Seekarten umfassten nur ein Drittel der Arktisküste. Erstaunlicherweise sollte es weniger als 50 Jahre dauern, das Ziel dennoch zu erreichen. Für die Zaren wurde die Suche nach der Nordost-Passage zum Vorreiter der imperialen Expansion. Jedes neuentdeckte Territorium wurde sofort dem Reich einverleibt. 1619 wurde die Große Mangasejaroute vollständig geschlossen, um mögliche Vorstöße der Abendländer durch die nördlichen Seerouten zu

Russland jedoch an Häfen mangelte, die ihnen Zugang zu warmen Meeren gewährten, war es im Grunde ein Binnenland. Schweden kontrollierte die Ostsee und das Osmanische Reich blockierte die russische Ausfahrt aus dem Schwarzen Meer. Zar Peter der Große finanzierte die russische Marine und stellte Ausländer als militärische Berater an. Unter ihnen war auch Vitus Bering (1681–1741), ein dänischer Seemann, der eine Expedition in den Fernen Osten leiten und die Territorien weiter erforschen sollte, die Deschnjow entdeckt hatte. Die Nordküste Russlands war damals weitgehend

bekannt, aber das Transportproblem bestand weiterhin. Bering musste über den Landweg nach Ochotsk und von dort aus weiter nach Kamtschatka reisen, um ein Schiff zu bauen und eine Mannschaft zusammenzustellen. Zwischen 1728 und 1741 unternahm er mehrere Reisen, die Deschnjows Entdeckungen bestätigten. Er segelte durch die Straße, die heute seinen Namen trägt, und erreichte in Alaska nordamerikanisches Gebiet. Auf der Rückfahrt wurde er krank und starb schließlich 1741 an Skorbut.

Die historische Bedeutung der Ära Peters des Großen und die folgenden kulturellen Auswirkungen auf die russische Besiedlung Nordamerikas macht Vitus Bering zweifellos zu einem der bedeutendsten Seefahrer des 18. Jh. Mehrere Jahrzehnte später segelte James Cook durch die Beringstraße und bestätigte für die Europäer die Existenz der Nordost-Passage.

DIE ERSTE DURCHQUERUNG DER PASSAGE

1878 stach der finnische Entdecker und Wissenschaftler Adolf Erik Nordenskiöld mit seinem Dampfschiff *Vega* in Nordnorwegen in See. Im September 1878 erreichte er die Beringstraße, wo sein Schiff ganze zehn Monate, bis zum folgenden Juli, im Eis stecken blieb. Nachdem das Schiff wieder frei war, streiften sie die Küste Alaskas und fuhren weiter nach Yokohama. Sie waren die ersten Menschen, die somit die komplette Nordost-Passage durchquert hatten.

Erst als die Sowjetunion gewaltige nuklearbetriebene Eisbrecher in der Region einsetzte, wurde die Route durch den Norden vollends bezwungen.

LINKS Der finnische Wissenschaftler und Entdecker Adolf Erik Nordenskiöld (1832–1901) mit seinem Schiff *Vega*. In den Jahren 1878–1879 durchquerten Nordenskiöld und seine Mannschaft als Erste die komplette Nordost-Passage.

UNTEN Der russische nuklearbetriebene Eisbrecher *Rossija* auf dem Weg zum Lomonossow-Rücken im Nordpolarmeer (2007). Nuklearbetriebene Eisbrecher machten die nördlichen Routen leichter befahrbar.

Suche nach der Nordost-Passage

- Große Mangaseja-Route
- Hugh Willoughby 1553
- Willem Barents 1596–1597
- Semjon Deschnjew 1648
- Vitus Bering 1728
- Adolf E. Nordenskiöld 1878–1879

Die Suche nach der Nordwest-Passage

Nicht lange, nachdem die Europäer Amerika entdeckt hatten, begannen Abenteurer nach einem marinen Korridor nach Asien zu suchen. Die spanische und portugiesische Vorherrschaft über Lateinamerika hielt andere europäische Nationen von der ungehinderten Fahrt nach Westen ab. In den 1520er-Jahren stellte die abgelegene, stürmische Magellanstraße den einzigen Seeweg zwischen Atlantik und Pazifik dar.

RECHTE SEITE Die *HMS Investigator*, kommandiert vom Briten Robert McClure, stach in See, um die verschollene Franklin-Expedition zu finden und steckte drei Winter im Eis fest, bevor sie 1853 aufgegeben wurde.

OBEN Martin Frobisher (1535–1594) unternahm auf der Suche nach der Nordwest-Passage drei erfolglose Fahrten in die Arktis.

RECHTS Auf der Suche nach der Nordwest-Passage führte Henry Hudson eine Expedition nach Nordamerika und entdeckte 1610 die heute nach ihm benannte Hundson Bay. Seine frierende Mannschaft meuterte jedoch und setzte ihn 1611 in einem offenen Boot aus. Er blieb für immer verschollen.

Im späten 16. Jh. begannen die Engländer die Arktis auf der Suche nach einer alternativen Route nach Westen zu erforschen: der Nordwest-Passage. Es sollte jedoch vier Jahrzehnte und zahlreiche Expedition dauern, bis ihre Existenz endlich bewiesen wurde.

ERSTE ANSÄTZE

Mit Kolumbus' Entdeckung Amerikas 1492 war der Traum, von Europa aus westwärts nach China und in andere ostasiatische Gebiete zu segeln, nicht beendet. Anfang des 16. Jh. kontrollierte Portugal den ostasiatischen Gewürzhandel, und Spanien hatte in weiten Teilen Amerikas ein Monopol errichtet. Um nach China zu gelangen, mussten die anderen Europäer den langen, teuren Weg um Afrika herum und durch den Indischen Ozean nehmen. In London wurde die Suche nach einer kürzeren Route, die es den Briten erlauben würde, ein eigenes Handelsmonopol zu errichten, zur Besessenheit. Ob die Nordwest-Passage aber überhaupt existierte, wusste niemand.

Die unkartierten Gewässer des Nordpolarmeeres westlich Grönlands boten viel Raum für Spekulationen, die mit jedem neuen Versuch zunahmen. Die Franzosen beteiligten sich an der Suche und entdeckten, dass der Sankt-Lorenz-Strom die Großen Seen mit dem Atlantik verbindet. Sie wurden erfolgreich im Pelzhandel tätig und verlegten ihre wirtschaftlichen Interessen nach Kanada. Europäische Seeleute wussten wenig über

die Navigation in polaren Gewässern. Im kurzen Sommer schmilzt das Eis und eröffnet neue Wasserwege, die aber im Herbst blitzschnell wieder zufrieren. 1576 sandten die Engländer eine Expedition aus drei Schiffen unter Martin Frobisher aus, um die Gewässer jenseits von Grönland zu erkunden. Weitere Reisen – 1577 und 1578 – blieben erfolglos.

Um die Gefahren, die Reisen in unkartierte Regionen mit sich bringen, zu minimieren, wurden diese schrittweise durchgeführt. Die Nachricht, der Ozean dehne sich weiter nach Norden und Nordwesten aus, ermutigte die Geldgeber späterer Expeditionen.

Die Engländer spekulierten, man könne nach Norden segeln, sich dann nach Westen wenden und so die nördlichen Ausläufer Nordamerikas umgehen, die seichten Küstengewässer vermeiden und dabei die unbekannten Regionen detailliert kartieren.

Ab 1585 erkundete John Davis die Gebiete zwischen dem Polarkreis und dem 70° nördlicher Breite. Ende des 16. Jh. wusste man aber nach wie vor nur wenig über einen kleinen Teil der lebensfeindlichen Region.

Expeditionen waren teuer, aber die reichen Geldgeber in London waren sich der möglichen Profite wohl bewusst. Henry Hudsons unselige Reise in den Westen zwischen Labrador und der Baffin-Insel führte 1610 auch nur zur Entdeckung der großen Bucht, die nach ihm benannt ist. Obwohl er sein Ziel nicht erreichte, eröffnete seine Entdeckung den Briten die Möglichkeit, das Sankt-Lorenz-Tal zu umgehen und am lukrativen Pelzhandel im hohen Norden Kanadas teilzunehmen. Diese Verschiebung des ökonomischen Schwerpunktes war entscheidend dafür verantwortlich, kostspielige Arktisexpeditionen zu reduzieren.

Fünf Jahre nach der Rückkehr von Hudsons Mannschaft war William Baffin der erste Europäer, der bewies, dass die Inseln im hohen Norden durch Straßen getrennt waren. Er erreichte beinahe den 80° nördlicher Breite und entdeckte die Straßen, die zwar gefroren und undurchdringlich waren, am Ende aber zu einer Passage nach Asien führen könnten. Das Interesse an der Hudson Bay und dem Profit aus pelzbedingten Investitionen überschattete im 17. Jh. die Intiative für weitere Expeditionen. Aufgrund des Reichtums, der sich mit Pelzen verdienen ließ, liefen Erkundungen zunehmend im Geheimen ab. Die Briten drangen weiter in Indien vor, ließen sich in Madras nieder und bauten dort 1639 Fort St. George. Zudem lenkten auch neue Besitzungen im Indischen Ozean von kostspieligen Arktisexpeditionen ab.

Suche nach der Nordwest-Passage

- Martin Frobisher 1576
- John Davis 1585
- Henry Hudson 1610–1611
- William Baffin 1616
- James Cook 1778–1779
- John Franklin 1845
- Roald Amundsen 1903–1906
- Moderne Landesgrenzen

NORDPOLARMEER

Ellesmere-Insel

Kane-Becken

GRÖNLAND

Beaufort-see

Banks-Insel

Prinz-of-Wales-Insel

Victoria-Insel

Golf von Boothia

König-William-Insel

Amundsen-Golf

Baffin-Bucht

Baffin-Insel

Davisstraße

ISLAND

Nördl. Polarkreis

NORWEGEN

Oslo

Tschuktschen-see

Kotzebue-sund

Nome

USA
ALASKA

Foxe-Becken

Hudson-straße

Kap Farewell

Labrador

ENGLAND

Nord-see

Golf von Alaska

New Albion

KANADA

Hudson Bay

James-Bucht

London

Plymouth   Dartmouth

PAZIFIK

USA

Sankt-Lorenz-Golf

Neufundland

ATLANTIK

EUROPA

N

0   1000   2000   3000   4000 Kilometer

0   500   1000   1500   2000 Meilen

OBEN Polarforscher Roald Amundsen und seine unerschrockene Mannschaft in Nome, Alaska, auf dem norwegischen Schiff, das bei der Expedition von 1903–1906 als Erstes allein die Nordwest-Passage durchquerte.

DER NÄCHSTE SCHRITT

Über ein Jahrhundert lang gab es wenig Neuigkeiten über die Nordwest-Passage. Als die Einnahmen aus dem Pelzhandel in der Hudson Bay zu schwinden begannen und die Russen den Pazifik über Land und See erreichten, begann sich die Sichtweise in London zu ändern. Da sie wussten, dass Asien und Nordamerika nur durch eine schmale Straße getrennt waren, machten sich die Engländer erneut auf die Suche. Zwischen 1740 und 1800 lieferte ein Überfluss an Informationen viele Hinweise für Kartografen und Seefahrer. Kapitän James Cook segelte 1778 durch den Nordpazifik in die Beringstraße, ein halbes Jahrhundert nach den Russen.

In der Zwischenzeit wurde die Erforschung Nordamerikas über Land nach Norden vorangetrieben. Alexander Mackenzie machte sich 1789 zu Fuß auf den Weg zwischen dem Landesinneren Kanadas und der Beaufortsee. Seine Expedition bewies, dass der Kontinent schließlich an einem nördlichen Ozean endete. Ein Jahrzehnt zuvor hatte auch Samuel Hearne die Küste Nordkanadas erreicht. Langsam aber sicher entstand ein realistisches Bild dessen, was sich wirklich hinter diesen Breitengraden verbarg. Anfang des 19. Jh. gab es zunehmende Übereinstimmung über die Existenz der Nordwest-Passage. Die genaue Route musste jedoch noch bestimmt werden – und ob sie für Schiffe befahrbar war. Trotz der Verbesserungen in Navigation und Schiffbau blieben die Bedenken die gleichen: schmale, seichte Wasserwege, sich rasch ausdehnende Eisbarrieren und veränderliche Wettermuster.

DIE FRANKLIN-EXPEDITION

Anfang des 19. Jh. kontrollierte die mächtige Royal Navy die Weltmeere und ein Reich, dass sich rund um die Welt erstreckte. Die Frage nach der Nordwest-Passage blieb aber weiter unbeantwortet. Zahlreiche Vorstöße bekannter Entdecker waren gescheitert. Für seine letzte Arktisexpedition im Jahr 1845 erhielt Sir John Franklin, Veteran zwei vorhergehender Fahrten (1819 und 1827), außergewöhnlich hohe Geldmittel. Diesmal, so glaubten die Behörden, sei der Erfolg von der Größe des Schiffes, der Besatzung und sofortigem Zugriff auf Lebens- und Betriebsmittel abhängig.

Mit zwei Schiffen, 127 Besatzungsmitgliedern und mehreren Hundert Tonnen Lebensmitteln und sonstigen Gütern stach Franklin in See. Leider vernichtete die Realität der harschen Umweltbedingungen jegliche optimistische Vorstellungen von einem raschen Erfolg bereits kurz hinter der Baffin-Insel. Die unglückselige Expedition drang in arktische Gewässer vor und blieb

bei King William Island im Eis stecken. Gleichzeitig wurde die Mannschaft ernsthaft krank, nachdem sie Dosenfleisch gegessen hatten, da die Bleiverkleidung in den Blechdosen giftig war. 1847 starb Franklin. Ein Fortkommen war unmöglich, und so versuchte die restliche Besatzung zu Fuß die Zivilisation zu erreichen. Einer nach dem anderen starben sie; nie zuvor waren bei einer einzigen Expedition im Rahmen der britischen Forschung so viele ums Leben gekommen. Da es über drei Jahre keine Nachricht von der Expedition gab, machten sich Suchmannschaften auf den Weg, fanden aber keine Überlebenden. Die Unterstützung für weitere Expeditionen schwand daraufhin.

ENDLICH ERFOLGREICH

Heutzutage ist es kaum vorstellbar, dass es zu Beginn des 20. Jh. noch immer keine schlüssigen Beweise für die Existenz der Nordwest-Passage gab. Trotz zahlloser Versuche blieben die Briten erfolglos. Am Ende war es der norwegische Entdecker Roald Amundsen, der auf seiner legendären Reise (1903–1906) in einem kleinen Boot mit nur sechs Mann Besatzung erfolgreich durch die Nordwest-Passage navigierte. Sein Erfolg war zum Großteil von seinem Wissen über die Lebensweise der Inuit abhängig. Das robuste Volk lebte seit Jahrtausenden in der Region und machte sich Methoden zunutze, die Franklin ignoriert hatte. Amundsen nahm Schlittenhunde mit, um notfalls schnell und leicht über Land zu fahren. Er lernte wie die Inuit zu jagen und erkannte, dass deren Kleidung und Konservierungsmethoden den europäischen Versionen überlegen waren. Nach mehr als einem Jahr bei den Einheimischen auf King William Island zogen sie im Sommer 1905 weiter nach Westen. Kurz darauf trafen sie auf einem amerikanischen Walfänger, der die Beringstraße durchquert hatte Nach über vier Jahrzehnten war das Rennen um die Nordwest-Passage beendet, aus dem die Norweger als Sieger hervorgingen.

OBEN Amundsen bewältigt eine Passage durch die Beaufortsee in die Beringstraße und findet dabei die Nordwest-Passage. Als er auf einen amerikanischen Walfänger traf wusste er, sein Traum war Realität geworden.

Moderne Entdeckungsreisen

Durch das Aufkommen moderner Schiffe und Navigationsmethoden wurden Seereisen relativ einfach. Die Brücke der meisten heutigen Schiffe enthält GPS-Bildschirme, Radar, Computer, Telefone und andere Geräte, mit denen man jederzeit die aktuellsten Ozean- und Wetterinformationen abrufen kann. All diese Fortschritte haben jedoch auch die Faszination für die alte Segelweise verstärkt, und so blickten moderne Abenteurer aufs Meer und fragten sich, wie man mithilfe traditioneller Methoden Schiffe baut und segelt.

RECHTE SEITE Thor Heyerdahls Papyrusboot *Ra* wird von einer Welle überspült. Bald darauf stach der norwegische Abenteurer mit einem neuen Boot in See. 1970 überquerte er mit der *Ra II* den Atlantik.

UNTEN 1976 baute der irische Entdecker Tim Severin ein Curragh aus dem 6. Jh. nach und segelte damit von Irland über den Nordatlantik nach Neufundland.

THOR HEYERDAHL

1947 faszinierte der Norweger Thor Heyerdahl Menschen weltweit durch seine Pazifiküberquerung auf einem Floß aus Balsaholz, der *Kon-Tiki*. Mit fünf anderen segelten er in drei Monaten 7000 km von Peru zu den Tuamotu-Inseln. Das Floß basierte auf antiken Legenden und Beschreibungen spanischer Siedler. Zum Verbinden der Stämme und der Herstellung der Segel verwendete er traditionelle Materialien. Die Balsastämme blieben grün, da ihr Saft wasserabweisend ist. Auf dem Weg begegneten ihnen Delfine und Wale, sie aßen Meeresfrüchte und nutzen Fisch als Feuchtigkeitsquelle, wenn Süßwasser rar wurde.

Viele haben versucht, die legendäre Reise nachzuahmen, darunter auch Heyerdahls Enkel Olav (2006). Heyerdahl kombinierte seinen Wagemut jedoch mit einem Flair für Publicity und kontroverse Theorien. Das Buch *Kon-Tiki* war ein internationaler Bestseller, der Film gewann einen Oscar und Heyerdahl war als Redner beliebt. Er vertrat aber auch alternative Ideen über die Herkunft der Völker und ihre Wanderungen. Durch die Untersuchung von Pflanzen und Ausgrabungsstätten und vor allem, weil er antike Mythen wörtlich nahm, ging er davon aus, dass hellhäutige Menschen aus Europa nach Südamerika zogen und von dort aus weiter auf die Osterinsel und nach Polynesien. Damit startete er eine Art Modewelle für ähnliche Theorien, die bis heute beliebt sind.

Angestachelt von seinem Erfolg wurde die *Ra*-Expedition zum nächsten Projekt. Er baute mit traditionellen Methoden und Informationen aus Inschriften und Zeichnungen ein ägyptisches Papyrusboot, mit dem er den Atlantik überqueren wollte. Das erste Boot leckte, also baute er ein zweites, die *Ra II*. 1970 erreichte er damit Barbados.

Inzwischen waren Heyerdahls Sorgen um den Weltfrieden und die Umwelt dank seines internationalen Rufs einer breiten Öffentlichkeit bekannt. Mit seinem dritten Schiff, der *Tigris*, stach er Ende 1977 im Irak in See, auf dem Weg ins Rote Meer und nach Ägypten. Ziel war es, eine mögliche Verbindung zwischen den antiken Zivilisationen des Industales, Mesopotamiens und Ägyptens aufzuzeigen. Als sie Anfang 1978 Dschibuti erreichten, verbrannten Heyerdahl und seine Besatzung das Boot jedoch, aus Protest gegen die Kriege im Nahen Osten.

IM KIELWASSER DES HL. BRENDAN

Heyerdahls Theorien über seewärtige Wanderungen antiker Völker sind weiter kontrovers. Seine spektakulären Fahrten auf nachgebauten Schiffen inspirierten jedoch andere. Einer von ihnen war Tim Severin, ein irischer Schriftsteller, der mit einem Curragh (kleines, mit Leder bespanntes Boot) von Irland nach Neufundland segelte. Wie Heyerdahl ging Severin davon aus, dass man antike Berichte über Seereisen als historische Werke ansehen sollte. Severin baute sein Curragh nach den Anweisungen eines Werkes aus dem 11. Jh., *The Voyage of St Brendan the Abbott*, in dem die fantastische Seereise des hl. Brendan im 6. Jh. beschrieben wird.

Es muss ein sehr seltsamer Anblick gewesen sein, als das winzige Gefährt mit dem keltischen Kreuz auf den Segeln im Nordatlantik auftauchte. Zwischen 1976 und 1977 segelte Severin auf die Hebriden, Färöer, nach Island und Neufundland. Auf dem Weg passierte er Eisberge, Wale und Tümmler. Für Severin war dies Beweis genug, dass die Legende von der Reise des hl. Brendan zur verheißenen Insel (Nordamerika) im 6. Jh. eine tatsächliche Reise beschreibt.

Nach dem Triumph stellte Severin auf nachgebauten Booten weitere legendäre Fahrten nach: Sindbads Reise vom Oman nach China, Odysseus' Fahrt von Troja nach Ithaka, Jasons Reise von Griechenland nach Georgien sowie eine Fahrt über den Pazifik nach China auf einem Bambusfloß, die jedoch scheiterte.

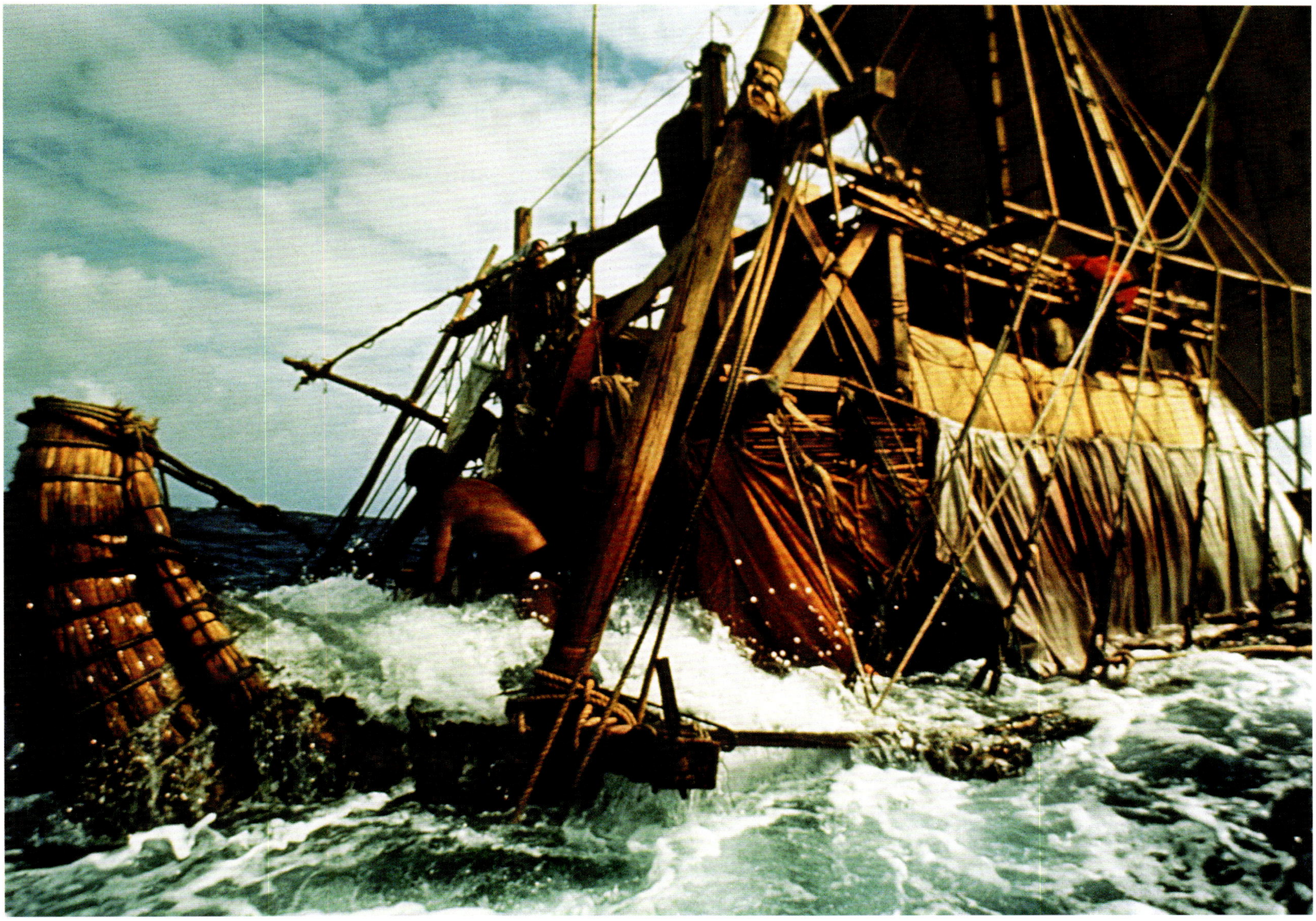

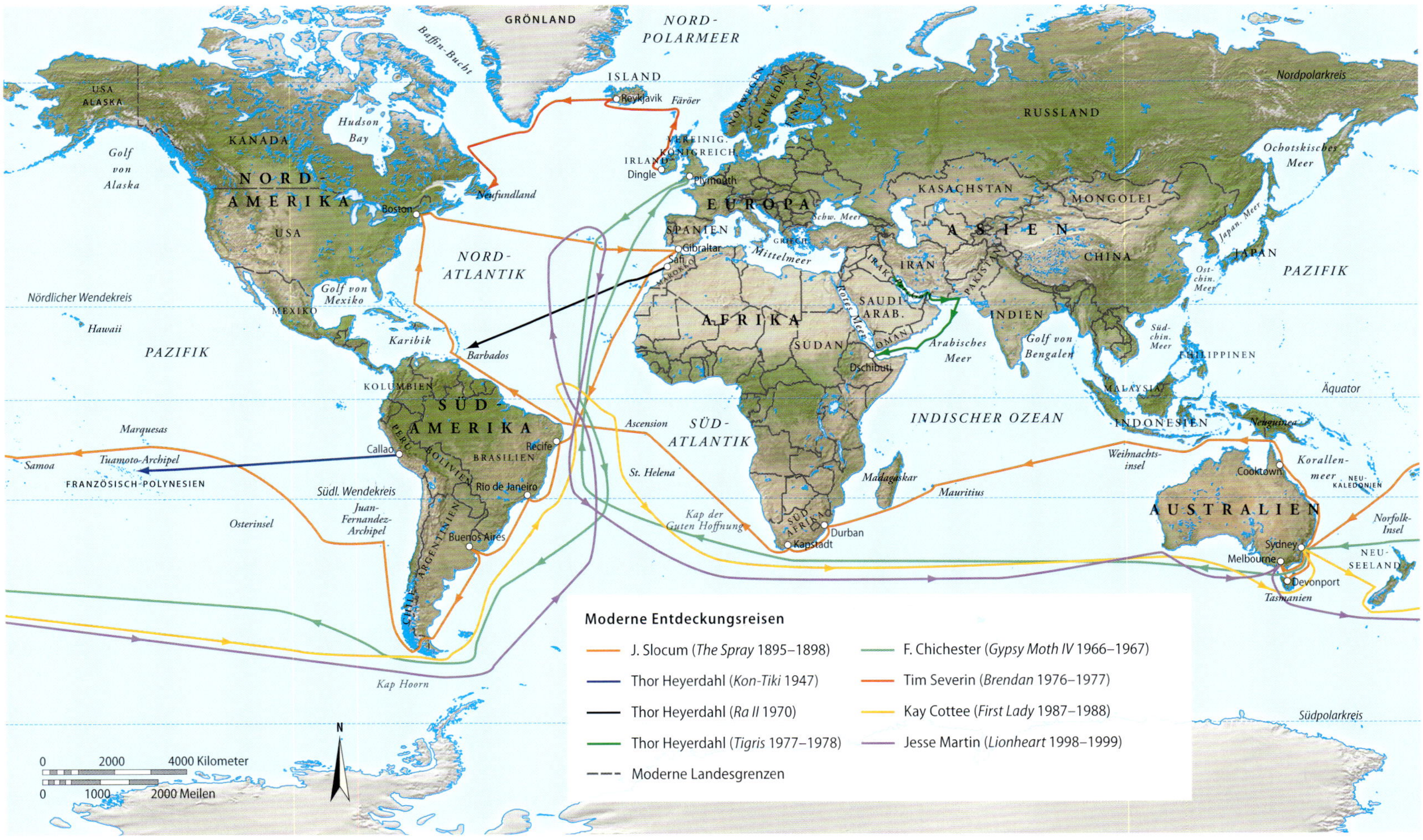
GRÖNLAND
NORD-POLARMEER
Baffin-Bucht
ISLAND
Reykjavik
Färöer
USA ALASKA
KANADA
Hudson Bay
Golf von Alaska
NORD-AMERIKA
USA
Boston
Neufundland
VEREINIG. KÖNIGREICH
IRLAND
Dingle
Plymouth
EUROPA
SPANIEN
Gibraltar
Safi
Mittelmeer
RUSSLAND
KASACHSTAN
MONGOLEI
ASIEN
CHINA
IRAN
JAPAN
Ochotskisches Meer
Nordpolarkreis
PAZIFIK
NORD-ATLANTIK
Golf von Mexiko
MEXIKO
Nördlicher Wendekreis
Hawaii
PAZIFIK
Karibik
Barbados
AFRIKA
SUDAN
SAUDI-ARAB.
OMAN
Dschibuti
Arabisches Meer
INDIEN
Golf von Bengalen
PHILIPPINEN
Äquator
KOLUMBIEN
SÜD-AMERIKA
BRASILIEN
PERU
BOLIVIEN
Callao
Recife
Rio de Janeiro
Buenos Aires
ARGENTINIEN
CHILE
Marquesas
Samoa
Tuamoto-Archipel
FRANZÖSISCH-POLYNESIEN
Südl. Wendekreis
Juan-Fernandez-Archipel
Osterinsel
Ascension
SÜD-ATLANTIK
St. Helena
Kap der Guten Hoffnung
SÜDAFRIKA
Durban
Kapstadt
Madagaskar
Mauritius
INDISCHER OZEAN
MALAYSIA
INDONESIEN
Neuguinea
Weihnachts-insel
Cooktown
Korallen-meer
NEU-KALEDONIEN
AUSTRALIEN
Sydney
Melbourne
Devonport
Tasmanien
Norfolk-Insel
NEU-SEELAND
Kap Hoorn
Südpolarkreis
Moderne Entdeckungsreisen
J. Slocum (The Spray 1895–1898)
Thor Heyerdahl (Kon-Tiki 1947)
Thor Heyerdahl (Ra II 1970)
Thor Heyerdahl (Tigris 1977–1978)
Moderne Landesgrenzen
F. Chichester (Gypsy Moth IV 1966–1967)
Tim Severin (Brendan 1976–1977)
Kay Cottee (First Lady 1987–1988)
Jesse Martin (Lionheart 1998–1999)
0 2000 4000 Kilometer
0 1000 2000 Meilen
N

RECHTS Joshua Slocum (links) auf seinem Boot *The Spray* in Kapstadt, Südafrika, wo er 1897 kurz andockte. Slocum war der erste Mensch, der ganz allein die Welt umsegelte. Sein Bericht über die Reise 1895–1898 wurde in dem Buch *Sailing Alone Around the World* veröffentlicht.

UNTEN Dr. Robert Ballard (Mitte) und seine Assistenten konsultieren 1985 auf ihrer Suche nach dem Wrack der *Titanic* verschiedene Karten.

Robert Ballard

Robert Duane Ballard (geb. 30. Juni 1942 in Wichita, Kansas) ist Tiefseeforscher. Mithilfe eines von einem Schiff aus ferngesteuerten Tauchfahrzeuges, das mit Beleuchtung, Kameras und Roboterarm bestückt ist, entdeckte er zahlreiche Schiffswracks, darunter im Jahr 1985 die *Titanic*. Auf anderen Missionen erforschte er heiße Quellen auf dem Meeresboden, schwarze Raucher und dokumentierte die seltsame Gemeinschaft von Lebewesen, die in totaler Dunkelheit gedeihen. Seine Liebe zur Tiefseeforschung wurde durch Jules Vernes *Zwanzigtausend Meilen unter dem Meer* geweckt.

1989 gründete Dr. Ballard das JASON-Projekt, um seine Liebe zur Tiefsee zu teilen. Das Tauchfahrzeug *Jason* überträgt Videosignale seiner Missionen live an Schüler rund um die Erde, sodass diese in Echtzeit an der Expedition teilnehmen können, ohne ihre Klassenzimmer verlassen zu müssen. Zudem ist er Gründer und Präsident des Institute for Exploration, das sich mit Tiefseearchäologie befasst. Da nur ein Prozent der Ozeane bisher erforscht ist, setzt sich Ballard leidenschaftlich für die Zukunft der Tiefseeforschung ein: „Die Schüler von heute sind die Entdecker von Morgen … Lehrer sollten Schüler ermutigen, ihre Träume zu verfolgen und Orte zu entdecken und zu erforschen, die wir heute noch nicht kennen."

ALLEIN UM DIE WELT

Im Kielwasser legendärer Seefahrer zu folgen, war nicht die einzige Möglichkeit, die modernen Abenteurern offen stand. Konnte ein Mann bzw. eine Frau allein um die Welt segeln, nur vom Wind angetrieben? Und was liegt unter der Oberfläche unseres Wasserplaneten?

Monatelang mitten im Ozean ganz auf sich selbst gestellt zu sein, erfordert eine starke Persönlichkeit, abgesehen von hervorragenden Segelkenntnissen und Geistesgegenwart, sollte die wütende See einen einmal ins Wasser schleudern. Vier Namen stechen bei der Soloumsegelung der Welt hervor: Joshua Slocum, Francis Chichester, Kay Cottee und Jesse Martin. Jeder versuchte, den anderen zu übertreffen, zuerst allein um die Welt, dann nonstop, ohne Hilfe über die großen Kaps – Kap Hoorn und das Kap der Guten Hoffnung.

DIE MÄNNER DES MEERES

Joshua Slocum war der erste Mensch, der allein um die Welt segelte, von Boston nach Newport, Rhode Island, USA. Dafür benötigte er drei Jahre (1895–1898). Auf dem Weg hielt er jedoch mehrfach an. Slocum war einzigartig – er war mehr auf dem Wasser zu Hause, als auf dem Land. Mit 14 lief er von zu Hause weg und verbrachte einen Großteil seiner verbleibenden 51 Jahre auf See. Das Boot, mit dem er seine Reise vollendete, *The Spray*, wurde zu seinem Zuhause, bis er – angemessenerweise – 1909 auf hoher See verschwand.

Im Gegensatz zu Slocums gemütlicher Fahrt umsegelte Francis Chichester die Erde in halsbrecherischer Geschwindigkeit. Nicht zufrieden damit, einfach nur Slocum zu übertreffen, machte sich Chichester daran, den Rekord der schnellsten Segelschiffe der Geschichte zu brechen. Er stach in Plymouth, England, in See und segelte von Westen nach Osten mit den vorherrschenden Winden. Dann folgte er den Klipperrouten in die Roaring Forties und hielt nur einmal an, in Sydney, Australien. Er vollendete die Fahrt in 226 Tagen (27. August 1966 bis 28. Mai. 1967). Bei seiner Rückkehr nach England war er 66 Jahre alt.

DIE FIRST LADY

Da das Meer traditionell eine Männerwelt war, hatte bis dato noch keine Frau die große Herausforderung bewältigt. Diese Aufgabe fiel nun der Australierin Kay Cottee zu. Cottee übetraf auf ihrer *First Lady* Chichester in einigen Belangen. Sie vollendete die Fahrt in 189 Tagen – sie stach am 29. November 1987 in Sydney in See und kehrte am 5. Juni 1988 nach Hause zurück. Sie war nicht nur die erste Frau, sondern segelte auch nonstop und ohne jegliche Hilfe. Eine der größten Herausforderungen auf solchen Reisen ist der Schlaf auf einem wild schaukelnden Boot. Cottee kam mit kurzen Schlafphasen aus.

DER JÜNGSTE

Bisher hatten also ein alter Mann und eine Frau die Weltreise bewältigt, und so wollte ein australischer

Teenager der jüngste Weltumsegler werden. Jesse
Martin stach am 7. Dezember 1998 mit 17 Jahren in
Melbourne in See. Auf See schrieb er viel über seine
innersten Gefühle, die Realisation des Traumes, seine
Ängste und Hoffnungen, über einen Beinahezusam-
menstoß mit einem Tanker, dem Zusammenstoß mit
einem Wal usw. Am 31. Oktober 1999 kehrte er nach
Melbourne zurück. Der bescheidene Martin sagte: „Ich
halte mich nicht für den besten Segler der Welt; ich bin
niemals eine Regatta gesegelt. Ich hab einfach Segel
gesetzt und bin mit vier Knoten um die Welt gesegelt
– nichts Besonderes." Am 15. Mai 2010 wurde sein
Rekord von der 16-jährigen Jessica Watson gebrochen.

UNTER DEN WELLEN

Während sich die Segler neuen Herausforderungen auf
der Wasseroberfläche stellten, erforschten der Franzose
Jacques-Yves Cousteau und seine Kollegen die Welt
darunter. Cousteau war der Vorreiter, und unzählige
andere folgten seinen Luftblasen in der kurzen Zeit,
die vergangen ist, seit er mit Émile Gagnan 1942 ein
Tauchgerät erfand, dass es Tauchern ermöglicht, ihren
eigenen Luftvorrat mitzunehmen.

OBEN Der englische Segler Sir
Francis Chichester (1901–1972)
umrundete in seiner Ketsch
Gipsy Moth IV in neun Monaten
die Erde und kehrte im Mai 1967
nach England zurück.

LINKS Jesse Martin war erst
17 Jahre alt, als er in seiner Jacht
– der treffend benannten *Lionheart* (Löwenherz) 1998
Melbourne verließ.

Jacques Cousteau

Jacques-Yves Cousteau ist ein Held vieler angehender Meeresforscher. Er war leidenschaftlich um die Erforschung der Unterwasserwelt bemüht und hatte das Talent, dem Durchnittsmenschen auf der Straße ihre Schönheit und ihre Geheimnisse zu vermitteln. In seinem langen Leben (11. Juni 1910–25. Juni 1997) war Jacques Cousteau hoch angesehen als französischer Marineoffizier, Entdecker, Ökologe, Filmemacher, Erfinder, Wissenschaftler, Autor, Fotograf und Forscher, der unermüdlich die See mit allen ihren Lebensformen studierte.

OBEN 1989 wurde Jacques-Yves Cousteau mit der Mitgliedschaft in der Académie Française geehrt. Vier Jahre später erhielt er von US-Präsident Ronald Reagan die Medal of Freedom.

RECHTS Cousteau und sein Tauchpartner werden in die Gewässer vor Abu Dhabi abgesenkt (1954). Der Käfig sank auf 76 m Tiefe und schützte die Forscher vor Haiangriffen.

GERÄTETAUCHEN

Vor der Erfindung des modernen Tauchgerätes, das Jacques Cousteau zusammen mit Émile Gagnan in den 1940er-Jahren entwickelte, wurde die meiste Unterwasserforschung in Helmtauchgeräten durchgeführt. Diese Art des Tauchens fand seit 1837 statt. Taucher trugen sperrige Anzüge mit einem schweren Metallhelm, und wurden durch einen Kompressor an Bord des Schiffes und Schläuchen mit Luft versorgt. Das ließ bestenfalls Spaziergänge am Meeresboden zu – und gab es Probleme auf dem Schiff, erstickte der Taucher nicht selten.

Das neue Tauchgerät befreite den Taucher von den Einschränkungen; er konnte sich völlig frei bewegen. Für einen Tauchanfänger ist es das aufregendste Erlebnis, zum ersten Mal die himmlische Schwerelosigkeit unter Wasser zu erleben. Bei dem neuen System trägt der Taucher Pressluftzylinder auf dem Rücken und atmete durch einen Regulator Luft bei Umgebungsdruck. Die verbrauchte Luft wird durch den Regulator einfach ins Wasser ausgeatmet. Flossen an den Füßen ermöglichten es dem Taucher, sich leicht durch das Wasser zu bewegen, und im Laufe der Zeit wurden Neoprenanzüge verschiedener Stärke zum Schutz vor Kälte und Verletzungen entwickelt.

Da Kompressoren und Schläuche nicht länger nötig waren, wurde die neue Ausrüstung bald als „Self-Contained Underwater Breathing Apparatus" (SCUBA) bekannt. Cousteau beschrieb die Experimente mit den ersten Prototypen in seinem Buch *Die schweigende Welt* aus dem Jahr 1953. In den 1960er-Jahren entwickelte sich das Gerätetauchen (engl. scuba diving) zu einem beliebten Sport, der die oberen Bereiche der faszinierenden Unterwasserwelt all jenen nahe brachte, die einen Tauchkurs belegt hatten.

UNTERWASSERAUFNAHMEN

Jacques Cousteaus Bedürfnis, die Unterwasserwelt zu erforschen, begann in seiner Kindheit am Ästuar der Gironde bei St-André-de-Cubzac nahe Bordeaux, Frankreich, und verstärkte sich während seiner Zeit in der französischen Marine. Er war an Minenräumkommandos beteiligt und befasste sich mit Unterwasserarchäologie und Bergungsarbeiten, z. B. der FNRS-2 (1949), einer Tiefseetauchkapsel, mit der Professor Jacques Piccard die tiefsten Ozeanregionen erkundete.

Zusammen mit Philippe Tailliez, Frédéric Dumas, Jean Alinat und dem Autor/Regisseur Marcel Ichac war Cousteau Gründungsmitglied der Gruppe für Unterwasserstudien und -forschungen (GERS). Mit der *Élie Monnier* segelten sie nach Mahdia, Tunesien, um unter Wasser römische Artefakte zu untersuchen. Dabei verwendeten sie Tauchgeräte und ebneten der wissenschaftlichen Unterwasserarchäologie den Weg. Mithilfe von Filmkameras in wasserdichten Gehäusen machten Cousteau und Ichac Aufnahmen von der Expedition, die beim Filmfestival in Cannes gezeigt wurden.

DIE *CALYPSO*

1949 verließ Jacques Cousteau die Marine und gründete die Campagnes océanographiques françaises (COF). In seinem Schiff, der *Calypso,* die zur Basis für seine Tauchgänge, Filmaufnahmen und Forschungen wurde, baute er ein Unterwasserlabor ein. Cousteau und sein Team nutzen die *Calypso,* um die interessantesten Meere und Flüsse der Erde zu erforschen – sie kombinierten Wissenschaft mit Abenteuer. Zudem entwarf Cousteau ein zweisitziges Tauchfahrzeug, *Denise.* Es war als Erstes seiner Art speziell für die Forschung unter Wasser ausgelegt, konnte 350 m tief tauchen und bis zu fünf Stunden in der Tiefe bleiben.

1968 wurde Cousteau gebeten, eine Fernsehserie zu drehen, und so brachte uns *Geheimnisse des Meeres* die nächsten acht Jahre die faszinierende Welt der Haie, Wale, Delfine, Korallen und versunkenen Schätze nahe.

DIE COUSTEAU SOCIETY

Je mehr Cousteau die Unterwasserwelt erforschte und filmte, desto umweltbewusster wurde er. 1973 gründete er die Cousteau Society mit Sitz in den USA. Sie entstand aus dem Bedürfnis heraus, die Ozeane zu schützen und wuchs immer weiter, je mehr seine Filme, Bücher und die Öffentlichkeitsarbeit in den Menschen ein Gefühl von Erstaunen und Abenteuer weckte. Die Nonprofit-Organisation restauriert zurzeit mit ihrer Schwesterorganisation Equipe Cousteau die *Calypso* und sammelt Spenden zum Bau der *Calypso II.*

OBEN 1964 lief in Frankreich Cousteaus Film *Welt ohne Sonne* an. Er gewann einen Oscar als bester Dokumentarfilm.

GANZ OBEN Cousteau war selten weit vom Meer entfernt. Seine Hingabe machte die Öffentlichkeit darauf aufmerksam, wie wichtig es ist, unsere Meere zu schützen.

Moderne Schiffe

Das Überwasserkriegsschiff hat zwei mögliche Ursprünge, je nach Auslegung: die Tausende von Jahren alten geruderten Schiffe und die Segelkriegsschiffe, deren Ära 1340 gemäß einiger Historiker mit der Seeschlacht von Sluis begann, bei der die englische Marine die Franzosen besiegte.

RECHTE SEITE Das Schlachtschiff war das entscheidende Kriegsschiff des frühen 20. Jh. Hier ist die 1911 gebaute *USS New York* abgebildet, die mit 35-cm-Geschützen bestückt war.

OBEN Diese Zeichnung aus dem späten 14. Jh. zeigt die Seeschlacht von Sluis, bei der die englische Marine einen entscheidenden Sieg über die französische Flotte errang. Nachdem sie ihre Schiffe in eine vorteilhafte Position manövriert hatten, griffen die englischen Bogenschützen an, bevor die Fußsoldaten die französischen Schiffe enterten.

DIE ERSTEN OBERFLÄCHENKRIEGSSCHIFFE

Das Ruderkriegsschiff wurde von seiner Mannschaft und nur selten von Galeerensklaven gerudert. Dazu gehörten z. B. Bireme und Triere, die drei gestaffelte Riemenreihen übereinander hatten. Abgesehen von einem Rammsporn am Bug waren die Schiffe unbewaffnet. Die einzigen Waffen an Bord gehörten den Soldaten. Darunter waren Schuss- und Wurfwaffen – Kurzbogen, Speer, Dreizack, Wurfspieß und Schleuder – aber auch Schlag- und Stichwaffen wie Messer, Schwert, Axt oder Keule. Im Kampf wurde der Gegner erst gerammt und dann mit Wurfgeschossen angegriffen. Anschließend wurde er geentert.

Segelkriegsschiffe wurden 1340 bei der Seeschlacht von Sluis erstmals erfolgreich eingesetzt. Der Kampf fand zwischen Segelkriegsschiffen statt, die drei oder vier Maste hatten und rahgetakelt waren. Im Laufe der Zeit wurden dem offenen Rumpf Decks hinzugefügt. Ab etwa 1450 wurden von den Flanken des Schiffes Kanonen abgefeuert. Einige zusätzliche Kanonen standen an Bug und Heck. Bald wurden die Schiffe größer und schwerer und erhielten weitere Decks. Ein Schiff, das wohl zu groß für seine Bauart war, war die *Mary Rose*, der Stolz der Flotte Heinrichs VIII., die bei Starkwind kenterte.

Die Angriffstaktiken aller Kriegsschiffe waren gleich; im Laufe der Zeit ersetzte das Geschützfeuer zum Versenken immer mehr die Enter- und Méleetaktik. Zur Standardbewaffnung des Oberflächenkriegsschiffes wurde das Geschütz, fälschlicherweise oft als Kanone bezeichnet. Es gab zahlreiche Geschützarten, z. B. Feldschlange und Saker, die verschiedene Geschosse abfeuern konnten.

LINIENSCHIFFE

Der Begriff Linienschiff leitet sich von einer im 17. Jh. erdachten Kampftaktik, dem Fahren in Kiellinie ab. Die Schiffe der Royal Navy wurden in sechs Ränge unterteilt. Von den sechs kämpften meist nur die ersten drei in der Kiellinie. Der Rang eines Schiffes war von seiner Bewaffnung abhängig. Die mit 64 Kanonen bestückte *HMS Resolution*, die 1610 vom Stapel lief, galt als erstrangig; später trugen Schiffe des ersten Ranges aber 100 und ab 1810 gar 110 Geschütze.

Linienschiffe feuerten Breitseiten ab, bei denen die einzelnen Decks gemeinsam oder in Wellen feuerten, entweder von Back- oder Steuerbord. Das einseitige Feuern hatte einen guten Grund. Die Erschütterung, die durch das Schiff lief, wenn ein komplettes Deck feuerte, konnte das Schiff beschädigen. Zudem war das Ziel oft nicht von allen Kanonen aus in Sicht, da diese durch Stückpforten feuerten, die nur wenig Raum zur Seite ließen. Ein weiteres Problem war die Bemannung, denn jedes Geschütz musste von mehreren Männern bedient werden. Das Schiff musste gleichzeitig jedoch weiter manövriert werden, so war die Besatzung selten groß genug, um alle Kanonen zu bemannen. Oft wurde die Mannschaft der Kanonen auf der unbenutzen Seite ausgeborgt, um bei den aktiven auszuhelfen.

ENTWICKLUNGEN IM 19. JAHRHUNDERT

Nach den Napoleonischen Kriegen kam der Dampfantrieb auf. Zunächst gab es viel Gegenwehr, und mehrere Jahre nutzten Schiffe deshalb sowohl Dampf als auch Segel. Einer der größten Vorteile des mechanischen Antriebs war jedoch die Unterstützung der Muskelkraft, bis dato der einzige Weg, Segel zu setzen oder Anker zu lichten. 1778 hatte die *HMS Victory* eine etwa 1000-köpfige Besatzung, die überwiegend körperliche Arbeiten ausführen musste. 200 Jahre später besaßen Zerstörer genug Feuerkraft, um eine Stadt in Schutt und Asche zu legen – dafür benötigten sie nur wenige Hundert Mann.

Großkampfschiffe wurden nun in jeder Hinsicht größer. Die *Mary Rose* war an der Wasserlinie 38,5 m lang, die *HMS Victory* 70 m, die *HMS Dreadnought* 160 m und die *Yamato*, das Superkampfschiff der Kaiserlich-Japanischen Marine gar 255 m. Ebenfalls im 19. Jh. kamen die Panzerschiffe auf, wie die französische *Gloire* (1858) und die britische *HMS Warrior* (1859). Sie waren bei ruhiger See sehr manövrierfähig und konnten Segelschiffe leicht überholen.

Weitere Neuerungen waren Hinterladergeschütze, die einfacher zu bedienen waren und größere Feuerkraft hatten sowie drehbare Geschütztürme. Geschütze wurden nun nicht mehr nach dem Gewicht der Kugeln, sondern nach dem Mündungsdurchmesser klassifiziert.

Ein neuer Schiffstyp entstand – der Monitor. Das nach der *USS Monitor* benannte Schiff hatte geringen Tiefgang und wurde an der Küste zur Bombardierung feindlicher Verteidigungsstellungen eingesetzt. Eine sehr wichtige Schlacht fand im Amerikanischen Bürgerkrieg zwischen der *Monitor* und der *Merrimack* statt und endete unentschieden. Nachdem keiner von beiden den

anderen überwinden konnte, zogen sich beide Seiten zurück. Das gab den Schiffbauingenieuren jahrzehntelang etwas zum Nachdenken und Experimentieren.

VORGEHENSWEISEN IM 20. JAHRHUNDERT

1906 signalisierte die *HMS Dreadnought* die Rückkehr zum hochseetüchtigen Schiff und machte über Nacht alle anderen Großkampfschiffe überflüssig. Die neuen Dreadnoughts verbanden große Geschütze (30 cm) mit schwerer Panzerung (30 cm). Sie waren echte Geschöpfe der Wellen und erreichten eine Höchstgeschwindigkeit von 24 Knoten. Kein anderes Schiff konnte ihnen standhalten, und so kam es zu einem Konstruktionsrennen zwischen den Nationen. Später setzte sich die Bezeichnung „Schlachtschiff" für den Schiffstyp durch.

Großbritanniens Erster Seelord, Admiral Sir John Fisher, war der Entwickler der Dreadnought. Er war zudem für die Umbauten von Schlachtschiffen in „schnelle Panzerkreuzer" verantwortlich. Dabei wurde ein Teil der Panzerung entfernt, was die Schiffe schneller machte, sodass sie als Späher vor der eigentlichen Flotte dienen konnten. Der Begriff „Schlachtkreuzer" veranlasste Kommandanten zu der Annahme, sie könnten die Schiffe in allgemeinen Seeschlachten einsetzen. Der „Superschlachtkreuzer" kam mit dem Bau der *HMS Hood* auf, die mit acht Geschützen Kaliber 38,1 cm ausgerüstet war. Im Zweiten Weltkrieg wurde sie jedoch von dem 20 Jahre neueren deutschen Schlachtschiff *Bismarck* deklassiert und versenkt.

Der Begriff „Fregatte" geht zurück auf das Segelzeitalter und bezieht sich auf Schiffe 4. und 5. Ranges mit unbewaffnetem Unterdeck. Ihre Geschütze befanden sich weiter oben; sie konnten stärker krängen und bei rauem Wetter größere Segelfläche tragen. Die „Augen der Flotte" waren aber nicht nur Späher: Sie verfolgten Handelsschiffe und kämpften gegen andere Fregatten. Moderne Fregatten sind kleiner als Zerstörer und können sich aktiv an der U-Boot-Abwehr, am Oberflächen- und Flugabwehrkampf beteiligen.

OBEN Dieses Gemälde von Ebenezer Wake Cook aus dem Jahr 1883 zeigt die *HMS Victory*, eines der berühmtesten englischen Kriegsschiffe. Die *Victory* wurde in der Schlacht von Trafalgar von Lord Nelson kommandiert.

Der Begriff „Zerstörer" leitet sich vom „Torpedo-bootzerstörer" ab, einem kleinen, flinken Kriegsschiff zur Abwehr von Torpedobooten. Motortorpedoboote waren im Schnitt mit zwei bis vier Torpedos bewaffnet. Küstenpatrouillenboote verbargen sich im Schatten des Küstenradars und schwärmten aus, um größere Kriegsschiffe mit Geschossen anzugreifen. Kanonenboote ermöglichten durch ihren geringen Tiefgang das Eindringen in Flüsse und somit den Angriff auf Befestigungen an Land.

Korvetten, ursprünglich Segelschiffe, die kleiner als Fregatten waren, tauchten im Zweiten Weltkrieg wieder auf – als Geleitschiffe für Konvois und zum Angreifen von U-Booten. Moderne Kriegsflotten verfügen zudem über Minenleger, Minensuch- und -jagdboote, die allgemein als Minenabwehrfahrzeuge bekannt sind.

UNTEN Mit etwas mehr als 340 m Länge ist die *USS Enterprise* heute das größte Schiff weltweit. Zudem ist sie auch der erste nuklearbetriebene Flugzeugträger der Welt.

FLUGZEUGTRÄGER – DIE KÖNIGE DER MEERE

Flugzeuge mit auf See zu nehmen, barg große Vorteile für Schiffe. Zuerst wurden sie nur als Späher eingesetzt, erhielten aber schon bald Angriffs- oder Verteidigungsaufgaben. Anfangs gab es jedoch zahlreiche Probleme zu bewältigten. Testpilot Eugene Ely startete 1910 von der *USS Birmingham*, Bergungen bei Wasserlandungen – anders war es zunächst nicht möglich – erwiesen sich jedoch als schwierig. Im Ersten Weltkrieg wurde die *HMS Furious* in einen Flugzeugträger umgewandelt. 1917 landete erstmals ein Flugzeug auf ihrem Deck.

Nach dem Ersten Weltkrieg wurde viel mit Flugzeugträgern experimentiert, die von den meisten Marineoffizieren nur als Unterstützung angesehen wurden – ihre Flugzeuge waren nützliche Späher aber kein Schlüsselelement der Seemacht. Mit den Flugzeugen gab es viele Probleme. Die Ersten waren langsam und empfindlich; Maschinengewehrfeuer erwies sich oft als tödlich. Zudem benötigten sie Wind über dem Deck um abzuheben, ihr Treibstoff war höchst brennbar – spezielle Mechaniker und Piloten mussten her.

In Großbritannien war das Schlachtschiff 1939 nach wie vor König der Meere, aber im Laufe der nächsten fünf Jahre verlor es an Bedeutung. Große Flugzeugträgerschlachten bewiesen die Überlegenheit der Klasse. Im Mai 1941 zeigte die Niederlage der *Bismarck* den Nutzen der Träger in der Angreiferrolle – Luftangriffe schwächten das deutsche Schiff genug, um die Versenkung durch die Royal Navy zu ermöglichen.

Im Pazifik wurde der Angriff auf Pearl Harbor von japanischen Flugzeugen geflogen, die von einem Flugzeugträger aus gestartet waren, ebenso wie der Überfall auf Darwin, Nordaustralien, bei dem die Küstenbatterien zur Abwehr von Schiffen umgangen wurden. Die Versenkung der *HMS Repulse* und der *HMS Prince of Wales* vor Malaysia im Dezember 1941 zeigte auf, wie töricht es ist, nicht genügend Luftabwehrgeschütze oder Begleitflugzeuge mitzuführen.

In den Schlachten im Korallenmeer und um Midway wurden Flugzeugträger zu den wichtigsten Kriegsschiffen. Schlachtschiffen kam die Rolle als schwimmende Geschützbatterien zu, da sie nicht die Reichtweite von Kampfflugzeugen hatten. Gegen Ende des Krieges mit Japan ging es vor allem darum, Stützpunkte an Land zu erobern. Vor der Landung war jedoch ein Bombardement nötig – die Kampfflugzeuge setzten Raketen und Bomben ein und gaben der Infanterie Deckung aus der Luft.

Bald entwickelten sich mehrere Unterarten, z. B. Geleit-, leichte und Flottenflugzeugträger. Erstere griffen z. B. U-Boote an oder unterstützen die amphibische Kriegsführung. Nach dem Zweiten Weltkrieg wurde das Konzept des Amphibischen Angriffsschiffes fortgesetzt. Im Koreakrieg erwiesen sich Flugzeugträger als nützliche Basis für Flugoperationen. Für die Royal Navy wurden sie zum Stützpfeiler des Sieges auf den Falklandinseln, denn ohne sie wären amphibische Angriffe nicht möglich gewesen.

U-BOOTE

Das erste funktionstüchtige U-Boot war die *Turtle*, 1775 vom Amerikaner David Bushnell entworfen. Sie wurde durch ein kleines Fenster oben auf dem Rumpf navigiert. Im Amerikanischen Unabhängigkeitskrieg unternahm die *Turtle* einen erfolglosen Angriff auf die *HMS Eagle* im Hafen von New York.

Den ersten erfolgreichen U-Bootangriff startete ein zum Konföderiertenboot *H. L. Hunley* umgebauter Eisenbahnheizkessel. Im Amerikanischen Bürgerkrieg griff das durch eine Kurbel im Inneren angetriebene schwerfällige Gefährt die *USS Housatonic* mit einem Spierentorpedo an. Dabei versenkte sie ihr Opfer, ihre eigene Mannschaft starb dabei gleich mit.

Zwei Erfinder stechen im U-Bootbau besonders hervor. Simon Lakes Design nutzte das Konzept des negativen Auftriebs; zudem erfand er das Periskop. John Hollands probierte es mit einem Benzinmotor, solange das U-Boot an der Oberfläche war und einem Elektromotor beim Tauchen.

Bald bewies die neue Waffe im Seekrieg ihren Wert. Am 5. September 1914 feuerte das deutsche *U-21* den ersten Torpedo des Ersten Weltkrieges ab und versenkte den britischen Kreuzer *HMS Pathfinder*. *U-9* versenkte am 22. September drei Kreuzer vor Holland: *HMSS Aboukir*, *Hogue* und *Cressy* sanken mit 1460 britischen

Seeleuten an Bord. Im Gegenzug rammten Überwasserschiffe die U-Boote, feuerten auf sie oder verwendeten die Ende 1915 erfundenen Wasserbomben.

Im Zweiten Weltkrieg konnten U-Boote mithilfe neuer Torpedoschächte nach vorn und zur Seite feuern.

OBEN Deutsche U-Boote, aufgenommen 1936. Bis zum und im Zweiten Weltkrieg besaß Deutschland eine große U-Bootflotte, die eine wichtige Rolle bei der Zerstörung alliierter Schifffahrtsrouten spielte.

LINKS Illustration aus einer Ausgabe der italienischen Zeitung *La Domenica del Corriere* (1903), die das zur Unterwasserforschung gebaute U-Boot *Battello Lavoratore* zeigt.

RECHTS Container- und Fracht-
schiffe befördern Waren von
Hafen zu Hafen. Die riesigen
Stahlschiffe transportieren
Fahrzeuge, Maschinen, Möbel,
Öl- und Gasvorräte und zahllose
andere Güter rund um die Welt.

Einige japanische U-Boote besaßen sogar wasserdichte
Hangars für kleine Flugzeuge. Mithilfe des Schnorchels
wurde beim Tauchen Frischluft zugeführt.

Um 1945 war die schiere Anzahl von U-Booten
in den Seestreitkräften ein Hinweis auf ihre enorme
Bedeutung. Im Zweiten Weltkrieg verlor die US-Navy
52 von 288 U-Booten, die Japaner 128 von 186 und die
Deutschen 785 von 1158. Der Erfolg der U-Boote war
aber ebenso immens – deutsche U-Boote hatten 2882
Handels- und 187 Kriegsschiffe versenkt, darunter
sechs Flugzeugträger und zwei Schlachtschiffe.

Nach dem Krieg eröffneten sich neue Möglichkeiten
– durch die Fähigkeit mit ballistischen Interkontinen-
talraketen das Land anzugreifen. Moderne U-Boote,
die zum Teil nukleargetrieben sind, haben heute noch
immer die Aufgabe, feindliche Schiffe anzugreifen.
Gepaart mit den Landangriffsfähigkeiten bleiben
sie eine der gefährlichsten Waffen der Erde.

DIE HANDELSFLOTTE

Auf unseren Ozeanen sind heutzutage zahllose Schiffe
unterwegs. Viele davon gehören der Handelsflotte an.
Zu ihnen zählen gewaltige Öltanker mit einer Größe
von über 100 000 BRT, Containerschiffe und Flüssig-
gastransporter, die mit ihren kugelförmigen Contai-
nern an Deck einen ungewöhnlichen Anblick bieten.
Fahrzeugtransporter befördern Hunderte neuer Autos
auf einmal. Passagierfähren rangieren von kleinen
Booten bis zu riesigen Fähren, die Hunderte Passagiere und ihre Autos befördern können.

Der Passagierdampfer hat sich im letzten Jahrhundert einzigartig entwickelt. Menschen buchen Seereisen
heute nicht mehr, um den Ozean zu überqueren – das
Schiff selbst ist zum Reiseziel geworden. Viele große
Schiffe ähneln luxuriösen Ferienanlagen an Land.

Die Ozeane des 21. Jh. sind Heimat dieser Schiffe.
Sie befördern unsere Güter und beschützen uns. Der
Bedarf in der modernen Handelsgesellschaft und im
Krieg kann nicht aus der Luft gedeckt werden – die
Meere bleiben unsere bedeutendsten Transportwege.

UNTEN Die *Queen Mary 2*, das
größte Kreuzfahrtschiff der Welt,
im Hafen von Brooklyn, New
York. Das luxuriöse Passagierschiff ist über 335 m lang und
72 m hoch.

Konflikt auf dem Ozean

S eit seefahrende Völker erstmals miteinander in Kontakt traten, waren Seeschlachten eine Tatsache des Lebens. Seit Tausenden von Jahren finden in fast allen Teilen der Erde Kämpfe auf dem Wasser statt. Zur ersten nachgewiesenen Seeschlacht kam es 1210 V. CHR. auf dem Mittelmeer, als die Hethiter eine Streitmacht aus Zypern besiegten.

Das wichtigste Ziel einer Seemacht war stets der Schutz des Territoriums, von Rohstoffen oder Handelsrouten, indem der Vormarsch des Feindes aufgehalten wird. Der Seekrieg wird also zurecht als nautische Erweiterung politischer Macht angesehen. Manchmal beinhaltete die Schutzfunktion auch Präventivschläge gegen Feinde, bevor diese zu mächtig wurden.

Lange Zeit war der Seekrieg ebenso wichtig wie die Landkriegsführung, um bestimmte Ziele zu erreichen. Der Transport von Truppen und Waffen, die Versorgung mit Gütern und die Verweigerung der Nutzung bestimmter Gebiete gegenüber dem Feind erfüllte den gleichen Zweck wie an Land. Manchmal waren Marineoperationen sogar effektiver – das Tempo des Vorstoßes war höher als an Land, und auf dem Meer konnte man sich leichter zurückziehen als durch feindliches Gebiet.

Im Mittelmeer kam es besonders häufig zu maritimen Konflikten, da viele seefahrende Völker direkt nebeneinander lebten. Es war nur natürlich, dass sich Kriege vom Land auf das Meer ausdehnten, während Nationen um Rohstoffe und Sicherheit stritten.

OBEN König Xerxes von Persien beobachtet die Schlacht von Salamis, bei der die Perser von den Griechen unter Themistokles besiegt wurden.

UNTEN Das spanische Kriegsschiff *Santissima Trinidad*, Teil der französisch-spanischen Flotte, ergibt sich bei Trafalgar am 1. Oktober 1805 der britischen *Neptune*.

Im Mittelalter gewann die Seemacht in vielen Teilen der Welt an Bedeutung. Über die Jahrhunderte wurden neue Schiffe entworfen und gebaut, nicht nur, um die Infanterie zum Schauplatz des Kampfes zu befördern, sondern auch, um die gegnerische Flotte anzugreifen. Unter den neuen Waffen waren einfache Torpedos und Kanonen. Zudem wurden viele neue Kampftechniken entwickelt, z. B. das Rammen, der Nahkampf und das Abfeuern von Breitseiten.

Schiffe wurden schwerer und waren einfacher zu manövrieren. Während der Motorantrieb langsam das Segel ablöste, verbesserten sich auch die Navigationstechniken. Ausgeklügelte Waffensysteme entstanden. In vieler Hinsicht ist die Geschichte des Seekrieges auch die Geschichte der technischen Veränderungen.

RAUCH ÜBER DEM WASSER

In der Geschichte hat es viele berühmte Seeschlachten gegeben, von der Schlacht von Salamis 480 V. CHR., bei der knapp 400 griechische Schiffe die doppelt so große persische Flotte besiegten, bis zu den innerchinesischen Schlachten von Chibi (208) und im Poyang-See (1363), an der über 100 Schiffe und 800 000 Soldaten beteiligt waren. Die größte Seeschlacht des Ersten Weltkrieges war die Skagerrakschlacht (1916), in der sich die britische und deutsche Flotte gegenüberstanden.

Was die Feuerkraft anbetrifft, so erreichten die Seeschlachten in den Weltkriegen des 20. Jh. ihren

Höhepunkt. Es war noch immer das Zeitalter der Geschützgefechte, bei denen die Schiffe aufeinander feuerten, wenn auch aus viel größerer Entfernung als früher. Viele Nationen setzten große Flotten ein, um in vielen Teilen der Welt gleichzeitig Präsenz zeigen zu können. In strategisch bedeutsamen Gebieten wie dem Golf von Leyte vor den Philippinen, Midway, dem Korallenmeer und im Nordatlantik kam es zu gewaltigen Seeschlachten. Ganze Militärkampagnen hingen von der Fähigkeit der eigenen Marine ab, den Gegner zu vernichten oder ihm die Zufahrt zu versperren.

DIE ZUKUNFT DER SEEKRIEGSFÜHRUNG

Die letzte große Seeschlacht fand 1982 während des Falklandkrieges zwischen Argentinien und Großbritannien statt. Das kann man zum Teil so erklären, dass sich fast alle Militärmächte weltweit im Kalten Krieg auf die Seite des Ostblocks oder der Westalliierten gestellt hatten, und sich niemand einen Krieg zwischen beiden vorstellen mochte. Dieses „Gleichgewicht des Schreckens" war ein entscheidender Faktor bei der Aufrechterhaltung des unsicheren Friedens.

Im 21. Jh. sind die meisten Nationen mehr mit dem Schutz der eigenen Grenzen und Rohstoffe beschäftigt. Selbst bei Konflikten wie dem Golfkrieg von 1990–1991 und den andauernden Feldzügen in Afghanistan und im Irak wurde die Marine vor allem zum Angriff auf Ziele an Land sowie dem Transport von Truppen und Nachschub eingesetzt.

Die Gewalt und Präzision moderner Waffen wie Seezielflugkörpern, die kurz über der Wasseroberfläche

OBEN Die im Mai 1898 ausgetragene Schlacht in der Bucht von Manila war Teil des Spanisch-Amerikanischen Krieges, ein Konflikt, der durch das Unabhängigkeitsbestreben Kubas ausgelöst wurde.

fliegen und von kleinen, schnellen Schiffen abgefeuert werden, erhöhen die Wahrscheinlichkeit der Vernichtung, deshalb sind Seestreitkräfte heute sehr darauf bedacht, ihre extrem teuren Kriegsschiffe nicht zu riskieren. Zukünftige Konflikte werden aus kleinen, schnellen Operationen bestehen, die den Feind davon abhalten sollen, seine größeren Ziele zu erreichen.

Die ersten Seestreitkräfte

Die mächtigen antiken Reiche verließen sich auf ihre Seemacht, um ihre Grenzen und ihren Handel zu schützen und zu sichern; dass es dabei zu vielen großen Konflikten kam, war unvermeidbar. Die Regionen des heutigen Europas, des Mittelmeeres und Nahen Ostens eigneten sich hervorragend zur Aufstellung von Seestreitkräften. Da zahlreiche Nationen an Küsten gegründet wurden und aneinander grenzten, war eine Ausweitung ihrer Militärkonflikte auf das Wasser nur natürlich.

RECHTE SEITE Die Seeschlacht von Mylae (Milazzo) auf Sizilien wurde 260 V. CHR. während des Ersten Punischen Krieges ausgefochten. Nach der Zerstörung von etwa 50 karthagischen Schiffen waren die Römer siegreich. Es war der Anfang ihrer maritimen Überlegenheit.

UNTEN Römische Galeere, die mit einem Corvus ausgerüstet ist, einer Enterbrücke, die auf das Deck des gegnerischen Schiffes gesenkt werden konnte. Die geniale Erfindung kam im Ersten Punischen Krieg zum Einsatz.

Eine von ihnen waren die Phönizier, die an den Ufern des östlichen Mittelmeeres lebten, in Gebieten, die Teile des heutigen Israels, Libanons und Syriens umfassen. Sie waren ein Volk der Seefahrer und betrieben mithilfe ihrer Galeeren, die gerudert und gesegelt wurden, Handel mit Europa und Afrika. Obwohl sie sich einer lang andauernden Vormachtstellung erfreuen konnten, wurden sie schließlich von den hellenistischen Griechen verdrängt. Ihr Erbe lebte in ihren Nachfahren in Nordafrika, den Karthagern, jedoch weiter.

DIE RÖMER

Die Römer waren zunächst keine große Seemacht. Ihre militärische Stärke waren die Legionen, deren Spezialität der Kampf an Land war. In den Anfangsjahren der Republik suchten sie sich oft Schiffe und Mannschaften aus griechischen Stadtstaaten.

Im Jahr 265 V. CHR. unternahm Rom Feldzüge gegen Sizilien und Karthago. Letztere waren die Herrscher des westlichen Mittelmeeres, deshalb machte sich Rom an den Bau einer Flotte aus 120 Schiffen. Diese waren alle mit einem Corvus, einer Enterbrücke, ausgestattet, mit der man gegnerische Schiffe festhalten und für den Nahkampf entern konnte. Später wurde der Corvus durch einen Rammbock ersetzt.

Die Phase des Krieges gegen Karthago wurde als Erster Punischer Krieg (264–241 V. CHR.) bekannt. Zunächst waren die Römer die Außenseiter, gewannen aber bald die Oberhand. Die Schlacht am Kap Ecnomus, die um 256 V. CHR. ausgefochten wurde und an der fast 700 römische und karthagische Schiffe beteiligt waren, gilt als eine der größten Seeschlachten in der Geschichte. Gewonnen wurde sie von den Römern.

Über die nächsten paar Jahrzehnte wandte Rom seine Aufmerksamkeit in eine andere Richtung und nahm z. B. an den Illyrischen Kriegen teil. Im Jahr 218 V. CHR. kam es erneut zu Auseinandersetzungen zwischen Rom und Karthago, mit denen der Zweite Punische Krieg begann, bei dem Hannibal seine Streitmacht in einem nie dagewesenen Marsch über die Alpen nach Italien führte. In diesem Krieg war die römische Marine mit der Verteidigung der Heimat und der Störung karthagischer Schifffahrtswege an der nordafrikanischen Küste beschäftigt. Im Jahr 201 V. CHR. war Rom erneut siegreich und beendete den Krieg; die karthagische Flotte wurde aufgelöst.

Gleichzeitig war Rom in einen Konflikt mit den Makedoniern verwickelt. Der Erste Makedonisch-Römische Krieg (214–205 V. CHR.) endete in einer Pattsituation; im Zweiten Makedonisch-Römischen Krieg (200–197 V. CHR.) trafen sie erneut aufeinander.

In der zweiten Hälfte des 2. Jh. V. CHR. hatten die Römer das Mittelmeer erobert. Sie reduzierten die Größe der Flotte und überließen Schutzaufgaben überwiegend den griechischen Verbündeten.

ROM GEGEN DIE PIRATEN

Diese Entscheidung öffnete Piraten Tür und Tor – und das nutzten sie mit allen Kräften aus. An einem Punkt schafften sie es sogar bis nach Ostia, dem wichtigsten Hafen Roms. Über ein halbes Jahrhundert lang war der römische Seehandel – insbesondere der Import von Getreide aus Afrika – von der Gnade der Piraten abhängig. Die Römer wehrten sich zwar, aber erst als der Feldherr Pompeius 67 V. CHR. besondere Befugnisse erhielt, wurde eine Truppe aufgestellt, die groß genug war, den Piraten erfolgreich das Handwerk zu legen.

UNTEN Dieses römische Mosaik aus dem 2. Jh. V. CHR. zeigt eine Galeere mit einer Ruderbank und zwei Segeln.

DER NIEDERGANG DER RÖMISCHEN MARINE

Als es in der zweiten Hälfte des 1. Jh. V. CHR. in Rom zum Bürgerkrieg kam, standen sich Teile der Marine unter verschiedenen Generälen gegenüber. Die Schlacht bei Actium (31 V. CHR.), bei der eine römische Flotte mit etwa 400 Schiffen unter Oktavian gegen 500 ägyptische Schiffe unter Marcus Antonius und Kleopatra kämpfte, war die letzte Schlacht des Bürgerkrieges. Auf dem Spiel stand die Zukunft des späteren Römischen Reiches. Oktavian war siegreich, und die römische Marine beherrschte die Region für lange Zeit.

Die römischen Seestreitkräfte dehnten nun ihren Einzugsbereich weit aus – sogar bis hinein ins heutige Großbritannien. In verschiedenen Teilen des Reichs kam es in den folgenden Jahrhunderten zu Scharmützeln, aber Rom blieb dominant. Paradoxerweise war das jedoch der Anfang vom Ende, da Rom zu selbstgefällig wurde. Im 3. Jh. wurde das Reich von allen Seiten angegriffen und verlor wichtige Teile des Territoriums.

Im Laufe der nächsten zwei Jahrhunderte nahmen die römischen Seestreitkräfte sowohl zahlenmäßig als auch an Kompetenz ab. Im 5. Jh., so wurde berichtet, besaß Rom keine nennenswerte Seemacht mehr in seinem westlichen Einflussbereich. Im Osten überdauerten Roms byzantinische Nachfolger und ihre Seestreitkräfte noch viele Jahrhunderte.

Antike Kriegsschiffe

Im Laufe der Antike verbesserten sich Bau und Technik der Kriegsschiffe beständig. Das wichtigste Schiff war die Galeere, ein langes, schmales Gefährt mit Reihen von Riemen auf beiden Seiten. Zweck der Galeere war es, feindliche Schiffe zu rammen oder seitlich an sie heranzufahren, sodass die Soldaten den Gegner entern konnten. Im 4. Jh. V. CHR. wurden sie mit verschiedenen Katapulten ausgestattet.

Galeeren konnten verschiedene Formen annehmen, wie die Bireme mit zwei Reihen von Riemen übereinander oder die Triere mit drei Reihen. Zudem gab es weitere Varianten bezüglich der Anzahl von Riemen und Ruderern, z. B. die Quadrireme und die Quinquereme, die beide der Triere bei weitem überlegen waren.

GRIECHISCHE TRIUMPHE

Griechische Kriegsschiffe wurden zunächst nur als Truppentransporter genutzt; das änderte sich ab der Mitte des 7. Jh. V. CHR., als sie auch im Kampf gegen die Seestreitkräfte ihrer Feinde eingesetzt wurden.

Einige Male gerieten die Griechen mit den Persern aneinander, da Letztere ihren Einfluss auf die Region ausdehnen wollten. Den Griechen war klar, dass sie bei einer Schlacht an Land zahlenmäßig unterlegen wären, deshalb bauten sie ihre Flotte aus. In der Schlacht von Marathon (490 V. CHR.) wurden die persischen Streitkräfte zurückgedrängt, und bei der Schlacht von Salamis 480 V. CHR., bei der 370 griechische Schiffe über 1200 persischen gegenüberstanden, errangen sie einen entscheidenden Sieg. Nachdem sie die Perser in den engen Isthmus gelockt hatten, brach Chaos unter der persischen Flotte aus, und die Griechen versenkten oder eroberten 200 Schiffe. Daraufhin zogen sich die Perser zurück.

Im Peloponnesischen Krieg (431–404 V. CHR.) standen sich Athen und Sparta in brutalen Schlachten gegenüber. Athen war an Land belagert, hielt aber den Hafen für Nachschublieferungen offen, bewacht von der Marine. Diese Strategie war erfolgreich. 25 Jahre später, im Jahr 405 V. CHR., wurde die Athener Flotte jedoch vernichtet – sie war an einen Strand gelockt worden, wo sie dem Überraschungsangriff der spartanischen Marine schutzlos ausgeliefert war.

DIE WIKINGER

Die Wikinger durchstreiften drei Jahrhunderte – bis ins 11. Jh. – die nordischen Gewässer. Ihre flinken Langschiffe konnten gerudert oder gesegelt werden und trugen sie weit nach Osten, bis ins heutige Russland, nach Westen bis nach Grönland und Island und sogar bis nach Nordamerika. Die Wikinger agierten nicht als Seestreitkraft, sondern führten Raubzüge unter einzelnen Anführern durch. Ihre Motive für die Expansion sind nicht wirklich bekannt, es wird jedoch vermutet, dass sie ihren Küsten entwachsen waren, und sich lieber Land von schwächeren Völkern nahmen, als mühsam Wälder im Landesinneren zu roden.

CHINESISCHE KONFLIKTE

Nicht nur im Mittelmeer gab es Seekriege. Einige gewaltige Seeschlachten fanden in China statt, z. B. die Schlacht von Chibi im Winter 208–209 auf dem Jangtse, südlich Wuhans. Dabei standen sich die Seestreitkräfte des nördlichen Kriegsherren Cao Cao und die verbündeten Streitkräfte der südlichen Kriegsherren Sun Quan und Liu Bei gegenüber. Ersterer soll etwa 220 000–240 000 Mann mitgebracht haben, während Letztere etwa 50 000 Marinesoldaten aufweisen konnten. Die südlichen Kriegsherren errangen einen überraschenden und entscheidenden Sieg und bewiesen, dass die reine Anzahl an Soldaten in einer Seeschlacht nicht alles bedeutet.

OBEN Die Schlacht bei Actium (31 V. CHR.) war die Entscheidungsschlacht des Römischen Bürgerkrieges. Mit der Niederlage Marcus Antonius' durch die Truppen Oktavians endete die Römische Republik. Oktavian, der seinen Namen in Augustus änderte, wurde zum ersten römischen Kaiser.

Die Royal Navy

Die Entstehung der britischen Royal Navy geht zurück auf die Zeit König Alfreds des Großen im 9. Jh. Als Reaktion auf die Angriffe der Wikinger gegründet, wurde aus der Navy zwangsläufig eine halb dauerhafte Einrichtung – Marinesoldaten und Ausrüstung mussten stets sofort verfügbar sein. Da Großbritannien bis zur Ära Cromwells im 17. Jh. kein stehendes Heer hatte, sondern sich auf ausgebildete Scharen abrufbereiter Männer verließ, wurde die Royal Navy zum „Senior Service", was noch heute ihr Beiname ist.

OBEN Vor 11. Jh. ließ Alfred der Große (849–899) als Reaktion auf die Angriffe der Wikinger eine kleine Flotte bauen. Daraus entwickelte sich die gewaltige Royal Navy.

ERSTE SCHLACHTEN

In ihrer über 1000-jährigen Geschichte hat die Royal Navy zahllose Siege und Niederlagen erlebt. Einer der ersten großen Triumphe war die Seeschlacht von Sluis am 24. Juni 1340, als die englische Flotte sich gegen die kombinierten Kräfte der Franzosen, Kastilier und Genuerser durchsetzte. Dabei sollen die Engländer über etwa 400, ihre Feinde über 250 Schiffe verfügt haben. Abgesehen von einigen großen Schiffen wie der *Christopher*, waren es meist kleine Boote mit etwa 25 Seeleuten und Marinesoldaten an Bord.

Eine der berühmtesten Schlachten focht die Royal Navy 1588 gegen die Spanische Armada. Die spanische Flotte segelte den Ärmelkanal hinauf, während sich die englischen Kräfte unter Admiral Howard zurückhielten und den Feind dann von der Luvseite beschossen. Feuerschiffe und ein Sturm erledigten den Rest, und die übrigen spanischen Schiffe „hinkten" nach Hause.

Im 17. Jh. wuchs die Navy rapide. Als sie sich beim Ausbruch des Bürgerkrieges 1642 auf die Seite des Parlamentes stellte, bestand sie aus 35 Schiffen; 1688 waren es bereits 151. In den folgenden Jahrhunderten kamen ihre Feinde aus Europa, aber ihre Schiffe fuhren auf allen Weltmeeren und halfen nicht nur bei der Ausdehnung des Britischen Empires, sondern sammelten auch wertvolles hydrografisches Wissen, kartierten Küsten und nahmen Kontakt zu anderen Nationen auf.

DAS LEBEN EINES SEEMANNES

In der Trivialliteratur wird das Leben des britischen Seemannes oft falsch dargestellt – die Schiffe waren schwimmenden Höllen, auf denen sie regelmäßig ausgepeitscht wurden, schlechtes Essen bekamen und unter unerträglichen Bedingungen leben mussten. Tatsächlich war ihr Leben, verglichen mit dem an Land, nicht schlecht; zumindest gab es regelmäßig etwas zu essen und eine tägliche Ration Bier, Wein oder Rum. Die Ordnung wurde durch die Kriegsartikel aufrecht erhalten, und es bestand stets die Möglichkeit, durch Prisengeld plötzlich reich zu werden. Oft handelte es sich um Freiwillige; manche wurden jedoch auch zum Dienst gezwungen und sie konnten Opfer unschöner Praktiken werden – z. B. wurde ihr Lohn zurückgehalten, damit sie nicht desertierten. Meist waren die Seeleute loyal, aber wurden sie schwer misshandelt, kam es auch zu Aufständen, obwohl diese oft brutal unterdrückt wurden. Manchmal, wie bei der Spithead-Meuterei 1797, verbesserten sich als Ergebnis jedoch auch Essen, medizinische Versorgung und Urlaub.

Seeleute wurden je nach Fähigkeiten in drei Gruppen eingeordnet – „Topmen" (Toppsgasten) enterten in die Masten auf und „Idlers" führten einfache Arbeiten an Deck aus. „Mariners" hatten höhere Qualifiktionen und durften z. B. nicht ausgepeitscht werden. Zu ihnen gehörte der Küfer, der Geschützführer, der Segelmacher und der Tischler. Marinesoldaten wurden ab 1740 formell aufgestellt; um 1801 waren 30 000 der 145 000 Männer der Royal Navy Marines. Im Notfall mussten sich jedoch alle Männer an Bord am Kampf beteiligen.

DIE AUFGABEN EINES OFFIZIERS

Offiziere wurden anfangs aufgrund ihres gesellschaftlichen Ranges ernannt, aber dank der immer formelleren Ausbildung änderte sich das bald und gipfelte in der

LINKS Bei der Seeschlacht von Sluis (1340) errangen die Engländer einen entscheidenden Sieg gegen die kombinierten Kräfte Frankreichs, Kastiliens und Genuas.

Leutnantsprüfung. Damit begann für den Seekadetten der Aufstieg. Die Leutnants wurden nach Dienstalter eingruppiert. Ein Linienschiff 1. Ranges hatte oft sechs oder mehr, die im Kampf Teile des Schiffes kommandierten, meist die Kanonendecks. Ziel jedes Leutnants war es, ein Kommando zu erhalten, vorzugsweise eines, bei dem eine Beförderung zum „Master and Commander" des Schiffes und dann zum „Post-Captain" winkte.

Neben den Offizieren waren noch einige andere in der Offiziersmesse willkommen, in erster Linie der Schiffsarzt und, falls vorhanden, der Kaplan.

Die Admiralität hatte große Ansprüche an ihre Offiziere: Admiral Russells *Sailing and Fighting Instructions* (1691) verdeutlichten einige dogmatische Taktiken, die jedoch kein Ersatz für Führungsqualitäten, Mut und Eigeninitiative waren. Fehler wurden zum Teil hart bestraft. Am schlimmsten war Feigheit im Angesicht des Feindes, die zur sofortigen Entlassung aus der Navy und der Streichung aus dem Marineregister führen konnte. Admiral John Byng wurde 1757 für dieses Vergehen gar auf seinem Achterdeck erschossen.

DIE VERÄNDERLICHE NAVY

Im 18. Jh. standen sich in der Amerikanischen Revolution Vettern gegenüber, und 1812 zog die Royal Navy gegen die Vereinigten Staaten in den Krieg. Jahrzehntelang wurde die Navy jedoch von einem monumentalen Kampf gegen die Franzosen beherrscht. Trafalgar war ein Triumph, der sich mit dem Sieg über die Armada Jahrhunderte zuvor vergleichen ließ und ermöglichte den Sieg über Napoleon knapp ein Jahrzehnt später.

Durch den Wechsel vom Segel zum Dampfantrieb in der Zeit nach Trafalgar wurde die Abhängigkeit von der Muskelkraft reduziert und die Anzahl qualifizierter Seeleute nahm zu. Ein Seemann aus dem 17. Jh. hätte sich auf einem Trafalgarschiff noch zurechtgefunden, wäre von der *HMS Warrior*, dem ersten eisernen Kriegsschiff der Flotte, aber völlig verwirrt gewesen. Granaten hatten Kanonenkugeln ersetzt, Schiffe fuhren ohne Windkraft und die Geschütze saßen in drehbaren Türmen. Erst durch die Fertigstellung der *HMS Dreadnought* im Jahr 1906 wurde jedoch die Form des Großkampfschiffes endgültig festgelegt.

OBEN Die gewaltige Spanische Armada, gebaut mit dem Ziel, 1588 Königin Elisabeth I. von England zu stürzen, konnte gegen die Kriegsmarine der Engländer nicht ankommen.

Die Royal Navy wurde nicht nur durch die Seeschlachten im 19. Jh. charakterisiert, sondern auch
durch den Schutz der Kolonien. Zudem kämpfte sie
gegen die Sklaverei und die Piraterie.

DIE ROLLE DER MARINE IM 20. JH.

Im Ersten Weltkrieg wurde die Royal Navy in eine
weitere große Seeschlacht verwickelt – 1916 in Jutland.
Es war ein taktischer Sieg für Deutschland aber ein
strategischer für Großbritannien, da es für den Rest
des Krieges die Herrschaft über die Meere behielt.

Nach dem Krieg war das Schlachtschiff König der
Meere, aber auf den erfolgreichen Einsatz von Marine-
flugzeugen folgte die Nutzung von Flugzeugträgern,
wenn auch erst einmal zögerlich. In den Zweiten
Weltkrieg trat die Royal Navy schlecht ausgerüstet ein

RECHTS Die Buggeschütze und
Brücke der *HMS Queen Elizabeth*,
ein Dreadnought-Schlachtschiff
und Flaggschiff der britischen
Flotte, hier bei Gallipoli in den
Dardanellen während des
Ersten Weltkrieges im Jahr
1915 abgebildet.

– die Ausgaben für die Marine waren vernachlässigt
und das Personal von 380 000 Mann im Jahr 1919 auf
nur 89 000 reduziert worden. Erste Schlachten deckten
ein mangelndes Verständnis moderner Militärtechno-
logie auf – der Träger *Glorious* ging mit zwei Begleit-
schiffen verloren, ohne dass ein einziges Flugzeug
gestartet war. Fehlende Luftabwehr führte am Anfang
des Krieges gegen Japan zum Verlust der *HMS Repulse*
und der *Prince of Wales*.

Obwohl gern geglaubt wird, die Luftschlacht über
England hätte Großbritannien gerettet, war es wohl
eher so, dass es der deutschen Armee wohl nicht
gelungen wäre, 1940 den Ärmelkanal zu überqueren.

Die Royal Navy gewann den Großteil ihrer Ober-
flächenkämpfe. Mehrmals standen sie den Italienern
gegenüber; ein besonders aufschlussreiches Ereignis
war der Angriff auf Tarent im November 1940, bei
dem die Fleet Air Arm ihren Wert bewies. Die siegreiche Schlacht gegen die *SMS Scharnhorst* im Dezember
1943 war das letzte Geschützgefecht zwischen Über-
wasserschiffen in der Geschichte der Navy.

1944 kam es zu Angriffen deutscher U-Boote, aber
durch Patrouillen mit Unterstützung durch Flugzeugträger konnte die Royal Navy die Bedrohung überwinden. Zusätzliche Hilfe erhielten sie dabei durch die
U-Bootabwehrflugzeuge des Royal Airforce Coastal
Command. Konvois durch die Arktis waren aufgrund
der Bedingungen besonders gefährlich, aber die Royal
Navy gewährleistete den sicheren Transport von Gütern
für die russische Ostfront.

Später wurden zahllose Schiffe gegen die Japaner im Pazifik ausgesandt, wobei die Flugzeugträger der Royal Navy mit ihren gepanzerten Flugdecks Vorteile gegenüber den hölzernen Versionen der Amerikaner hatten.

NACH DEM ZWEITEN WELTKRIEG

Nach dem Krieg wurden die Streitkräfte stetig reduziert; die Royal Navy hingegen gedieh weiter. Auf Flugzeugträgern kam es zu Neuerungen wie angeschrägten Flugdecks und Katapulten. Die Marine begrüßte das Atomzeitalter mit offenen Armen – sowohl für den Antrieb – alle U-Boote der Royal Navy sind nukleargetrieben – als auch für den Waffenbau.

Der Falklandkrieg (1982) war die Krönung jahrhundertelanger Kampferfahrung – die Kampfgruppe der Royal Navy mit zwei Flugzeugträgern im Zentrum fuhr 9650 km, wehrte Angriffe eines mit Flugkörpern ausgerüsteten Feindes ab und eroberte mit einem amphibischen Angriff die von Argentinien besetzten Inseln zurück. Es war jedoch ein knapper Sieg. Die damalige britische Regierung hatte beschlossen, die Flugzeugträger abzuschaffen. Wäre von den verbliebenen zwei einer ausgeschaltet worden, hätte die nötige Luftunterstützung für die Landung gefehlt.

Mit dem britischen Rückzug aus den ehemaligen Kolonien wurde auch die Royal Navy zunehmend aus Übersee zurückgeholt. Im 21. Jh. hat sie noch Basen auf den Falklandinseln, Diego Garcia (im Indischen Ozean), Zypern und Gibraltar sowie einige kleinere Einrichtungen in Singapur, Bermuda und Bahrain.

Heute ist die Kriegsflotte ausgeglichener und nimmt mehr Aufgaben wahr. Im Mittelpunkt stehen zwei Flugzeugträger mit 66 000 BRT – die größten, jemals von der Navy unterhaltenen Gefährte.

Großbritanniens Royal Navy ist die älteste Marine der Welt und hat sich auch ihre Position als eine der professionellsten Seestreitkräfte weltweit bewahrt.

OBEN Die *HMS Invincible*, ein U-Jagd-Flugzeugträger, lief 1977 vom Stapel.

GANZ OBEN Ein britischer U-Bootjäger um 1939. Die kleinen Schiffe wurden zur Abwehr von U-Booten eingesetzt und patrouillierten vorwiegend an den Küsten.

Europäische Kriegsflotten

Als Christoph Kolumbus 1492 in San Salvador einen Fuß an Land setzte, läutete er eine neue europäische Segelära ein. Durch die Erschließung der Neuen Welt wurden die majestätischen europäischen Flotten zur Stärke des Handels und der Reiche. Portugal, Spanien, Frankreich, die Niederlande und England – Europas Seemächte – waren bereit, die Entdeckung auszunutzen.

RECHTE SEITE Das französische Flaggschiff *Redoutable* 1805 bei der Schlacht von Trafalgar. Bei dieser berühmten Seeschlacht wurden die Franzosen von den Engländern unter Kommando des legendären Admirals Lord Nelson vollständig besiegt.

UNTEN Im Juni 1667 unternahm die niederländische Kriegsmarine einen erfolgreichen Überfall auf eine große englische Marinebasis am Medway River nahe Chatham. Der siegreiche Angriff führte das Ende des Zweiten Englisch-Niederländischen Seekrieges herbei.

Die Handelsrouten in den Osten über Land waren in der Hand des Osmanischen Reiches, und die Gewinnaufschläge, die europäische Länder zahlen mussten, waren untragbar. So lockten neue wirtschaftliche Chancen Europas Seefahrernationen in die Neue Welt.

SPANIEN

Während Portugal nach Süden und Osten segelte, erhielten die Spanier, die Finanziers Kolumbus', den Löwenanteil an der Neuen Welt. Sie beuteten die Bodenschätze ihres neuen Reiches aus und verschifften sie über den Atlantik nach Europa. Der Wert der Fracht der spanischen „Schatzflotten" zog ungewollte Aufmerksamkeit auf sich. Als Königin Elisabeth I. von England begann, Kaperbriefe auszuhändigen, war die Piraterie in der Karibik bereits ein Problem. Die Dokumente gaben bestimmten Piraten freie Hand, spanische Handelsschiffe als Freibeuter in Anstellung Englands zu überfallen. Der berühmteste von ihnen war Francis Drake; 1581 brachte er Beute im Wert von einer halben Million Pfund nach England und wurde daraufhin prompt zum Ritter geschlagen.

In einem beherzten Versuch, diese Praktiken zu unterbinden, beschloss Phillip II. von Spanien 1588, England zu überfallen. Er stellte eine Flotte aus 130

Schiffen mit über 2000 Kanonen und 25 000 Mann Besatzung auf. Die Spanische Armada segelte in den Ärmelkanal und ankerte vor Calais, darauf wartend, die Invasion zu starten. Mit Feuerschiffen lotsten die Engländer die Armada aus dem Hafen und griffen sie dann bei Gravelines – zwischen Calais und Dunkirk – an. Die Armada wurde auseinander getrieben, und die restlichen Schiffe flohen erst in den Nordatlantik, bevor sie nach Spanien zurückkehrten. Nach diesem Kräftemessen war die spanischen Seemacht am Ende.

DIE VEREINIGTEN NIEDERLANDE

Zur gleichen Zeit, als Spanien auf den Erfolg ihrer Armada zählte, sicherten sich die Niederlande ihre Unabhängigkeit von Spanien. Ende des 17. Jh. kontrollierten sie ein gewaltiges Handelsimperium, das sie von Portugal, der Hanse und Spanien erobert hatten. Die Niederländer hatten wenige Besitzungen, die noch dazu weit verstreut lagen, von Neu-Amsterdam in Nordamerika bis zu Indonesien im Pazifik. Während niederländische Kaufleute durch den Transport von Waren aus Ostindien nach Europa reich wurden, erließen die Engländer die Navigationsakte von 1651, die es ausländischen Schiffen verbot, in englischen Häfen Handel zu betreiben. Darauf folgten bald eine Reihe maritimer Konflikte zwischen den Vereinigten Niederlanden und England, die darin gipfelten, dass die Niederländer die Themsemündung hinaufsegelten und sieben englische Schiffe verbrannten. Dies führte zur Widerrufung der Navigationsakte.

1688 „lud" das englische Parlament den Niederländer Wilhelm I. von Oranien und seine Frau Mary – die protestantische Tochter König Jakobs – ein, in England einzumarschieren, da es den katholischen König Jakob II. missbilligte. Sie überquerten mit ihrer Armee den Ärmelkanal, und Jakob kapitulierte kampflos. Nachdem die Vereinigten Niederlande von 1672 bis 1678 in einen Krieg mit Frankreich verwickelt wurden, begann der Niedergang ihrer Seemacht.

FRANKREICH

Frankreich hatte sich mit Jakob II. gegen die Niederländer und Engländer verbündet. Als die Niederländer als Bedrohung ausschieden, bereiteten sich England und Frankreich auf einen weiteren Konflikt vor. Frankreich hatte sein Reich erst spät errichtet, dank der Reformen Jean-Baptiste Colberts besaß es jedoch einen Großteil des heutigen Ostens der USA und die Ostküste Indiens. Im 18. Jh. gerieten Frankreich und England immer

wieder aneinander – in Europa, der Karibik und dem Indischen Ozean. Bei der Revolte gegen England kämpfte Frankreich auf Seiten der Amerikaner.

Frankreichs Marine litt unter zwei großen Problemen. Zum einen musste die Flotte durch die Atlantik- und Mittelmeerküsten geteilt werden. Zum anderen war Frankreich als kontinentale Landmacht weniger vom Seehandel abhängig als seine Rivalen. Es besaß keine große Handelsflotte, und der Marine mangelte es oft an erfahrenen Seemännern. Nach der Französischen Revolution versuchte Napoleon, die Marine zu einer gewaltigen Streikraft umzuwandeln. Sie hatte zwar viele Schiffe, aber die Revolution hatte sie der meisten fähigen Offiziere beraubt. Nach Trafalgar (1805) beherrschte das Britische Empire das nächste Jahrhundert hindurch die Meere.

RECHTS Die Eroberung der französischen Fregatte *La Réunion* durch die englische *HMS Crescent* am 20. Oktober 1793. Frankreich hatte England im Februar jenes Jahres den Krieg erklärt.

Die Chinesische Marine

Als gewaltiges Landimperium gab es für China kaum Bedarf nach einer Kriegsflotte. Die Seidenstraße war eine gut etablierte und lukrative Überlandhandelsroute nach Europa. Invasionen drohten eher aus dem Norden und Westen als vom Meer. Aufeinanderfolgende chinesische Kaiser liebäugelten mit maritimen Reformen, dachten aber jeweils nur an den Moment. War die Flotte nicht länger nützlich, ließen sie diese verfallen.

RECHTE SEITE Der chinesische Kaiser Sui Yangdi bei einer Fahrt durch den Kaiserkanal in China. Das Seidenbild stammt vermutlich aus dem 18. Jh.

RECHTS Tamerlan, der große Moslemführer, auf seinem Thron; aus einer arabischen Handschrift (um 1563). Tamerlan starb auf einem Winterfeldzug gegen die Ming-Dynastie, und sein Grab steht noch immer in Samarkand, Usbekistan.

UNTEN Fuzhou war einer der ersten Häfen, der 1842 nach dem Vertrag von Nanking für den Handel geöffnet wurde.

DIE ERSTEN KRIEGSFLOTTEN

Die Song-Dynastie etablierte 1132 die erste Kriegsflotte. Die Mongolen fielen von Norden aus ein und unterstützten ihre Bodentruppen mit ihrer Seemacht. Beginnend mit der Yuan-Dynastie eroberte Kublai Khan schließlich China. Die Chinesen wandten sich landeinwärts und bauten eine Reihe von Kanälen, um den Landhandel zu vereinfachen. Die Kriegsmarine wurde vernachlässigt wie viele Provinzen an der Küste.

Die Ming-Dynastie sah sich zahlreichen neuen Problemen gegenüber. Chinas Seehandelsrouten verliefen ostwärts bis nach Java und westwärts bis zum Nahen Osten. In den 1380er-Jahren wimmelte es nur so von Piraten, die von Basen in Japan und Vietnam aus zuschlugen. Die Ming-Kaiser vergaben Handelslizenzen, um zu verhindern, dass japanische Piraten gestohlene Waren in chinesischen Häfen verkauften. 1406 marschierten die Chinesen in Vietnam ein, um den Piraten das Handwerk zu legen. Die Maßnahmen waren zum Schutz der Handelsflotte jedoch nicht ausreichend, sodass die Ming-Kaiser gezwungen waren, erneut eine Kriegsflotte aufzustellen.

GROSSE EXPEDITIONEN

Ming-Kaiser Yongle hatte ganz andere Probleme als die Piraterie. Der muslimische Kriegsherr Tamerlan hatte einen Großteil Asiens erobert und erschwerte den Handel auf der Seidenstraße in Kleinasien. Tamerlans 200 000 Mann starke Horde war selbst für China zu viel; so wandten sich die Chinesen wieder dem Seehandel zu. Yongle befahl den Bau einer großen Anzahl riesiger „Schatzschiffe" – mächtige Kriegsschiffe mit großen Frachträumen, die als Zeichen der Stärke längs der etablierten chinesischen Handelsrouten segelten.

Unter Kommando Admiral Zheng Hes fanden eine Reihe berühmter Expeditionen statt – sie reisten bis nach Afrika, den nahen Osten und Südostasien.

Nach dem Tode Tamerlans und dem Untergang seines Imperiums konzentrierten sich die Chinesen wieder auf den Landhandel. 1411 wurde der Kaiserkanal, die größte der künstlichen Wasserstraßen, wieder eröffnet. Das belebte den Handel, zog aber zugleich Schiffe und Seeleute von der Küste ab. Ein weiterer langwieriger Krieg mit Vietnam und eine erneute Invasion der Mongolen in den 1420er-Jahren bestärkten die Chinesen in dem Glauben, eine Armee sei wichtiger als eine Flotte. Wieder einmal verkümmerte Chinas Marine.

OPIUMKRIEGE UND AUSLÄNDISCHE EINGRIFFE

Bis zur nächsten maritimen Bedrohung Chinas – der bis dato größten – verging viel Zeit. 1839 zog China gegen die Royal Navy in den Krieg. Die Chinesen waren heikle Handelspartner – sie akzeptierten nur Silber als Bezahlung, und die Briten konnten nur durch Vermittler der chinesischen Regierung handeln, nicht direkt mit ihren Kunden. Sie begannen, für die Waren mit Opium aus Indien zu bezahlen. China versuchte, das zu unterbinden, was zum Krieg mit Großbritannien führte. Britische Panzerschiffe waren der kaum vorhandenen chinesischen Flotte weit überlegen.

1842 gewährte der Vertrag von Nanking, der den ersten Opiumkrieg beendete, den Briten viel bessere Handelsrechte mit China. Bald folgten Abkommen mit Frankreich und den USA und schließlich mit Japan, Deutschland und Russland. Die Verträge gaben den Fremdmächten freie Hand in China und sorgten für den Sturz der geschwächten Qing-Dynastie. Schuld an diesem Dilemma war die fehlende Seemacht der Chinesen. Das war ein schwerer Schlag für China, das erst nach 1948 wieder damit beginnen konnte, eine moderne Seestreitkraft aufzustellen.

Das Marmorboot der Kaiserwitwe

Ende des 19. Jh. wurde die Qing-Dynastie von der Kaiserwitwe Cixi regiert. 1893 überwachte sie den Wiederaufbau des Sommerpalastes in Beijing, der während der Opiumkriege von den anglo-französischen Kräften zerstört worden war. In einem See auf dem Palastgelände stand ein eleganter hölzener Pavillon. Er hatte die Form eines Bootes, und es gelang der Kaiserwitwe, Prinz Chun, dem die Admiralität unterstand, Geld aus den Mitteln der Marine zu entlocken, um das „Boot" zu restaurieren. Es wurde so angestrichen, dass es aussah, als wäre es aus Marmor – deshalb die Bezeichnung „Marmorboot". Dieser Vorfall verdeutlicht die Korruption im spätimperialen China und auch die gleichgültige Einstellung chinesischer Offizieller gegenüber maritimer Angelegenheiten.

Piraten und Bukaniere

Piraten waren keiner Nation verbunden, sondern plünderten nach Lust und Laune, unabhängig von der Nationalität ihres Opfers. Als Bukaniere wurden ursprünglich die Hinterwäldler der Insel Haiti in der Mitte des 17. Jh. bezeichnet, aber der Name setzte sich auch für die vorwiegend englischen und französischen Plünderer der spanischen Gebiete in der Karibik und der Nordküste Südamerikas durch.

FREIBEUTER

Daneben gab es noch Freibeuter; die berühmtesten von ihnen waren Sir Walter Raleigh und Sir Francis Drake. Freibeuter waren „rechtmäßige" Piraten, denn sie befehligten private Kriegsschiffe und trugen einen sogenannten Kaperbrief bei sich, der sie dazu autorisierte, in Kriegszeiten Handels- oder Militärschiffe des Feindes anzugreifen und zu plündern.

Die Barbarossabrüder („Rotbart") Aruj ad-Din und Khair ad-Din waren türkisch-muslimische Freibeuter, die Anfang des 16. Jh. spanische Schiffe und Besitzungen im Mittelmeer angriffen. Angefangen hatten die beiden als Piraten. 1517 überschrieben sie jedoch ihre

UNTEN Khair ad-Din, war einer der Barbarossabrüder, türkische Freibeuter, deren Hauptziel spanische Schatzschiffe waren. Khair wurde später Admiral der osmanischen Flotte.

Besitzungen, inklusive Algier, dem osmanischen Sultanat. Im Gegenzug erhielten sie Soldaten, Schiffe und Waffen. 1518 starb Aruj ad-Din, aber Khair setzte ihre erfolgreiche Plünderkarriere an Land und auf See fort. 1532 erhielt er das Kommando über die osmanischen Besitztümer in Nordafrika, inklusive Algier, sowie über mehrere Mittelmeerinseln. Er bekämpfte die Spanier bis zu seinem Tod in Istanbul im Jahr 1546.

Der Waliser Henry Morgan, einer der berüchtigtsten Piraten der Karibik, ging 1655 nach Oliver Cromwells Einmarsch in Wales nach Britisch-Jamaika. 1662 erhielt er das Kommando über ein Kaperschiff und begann, spanische Schifffahrtsrouten und Städte längs der mexikanischen Yucatán-Halbinsel zu überfallen. Seine Bande blutrünstiger Banditen folterte und tötete jeden, der ihnen im Weg stand. Morgan freundete sich mit dem Gouverneur von Jamaika an, Sir Thomas Modyford, der ihn mit Schiffen, Männern und Regierungsbefugnissen ausstattete. 1671 plünderte er eine spanische Festung in San Lorenzo, Panama – doch da herrschte zwischen England und Spanien bereits Frieden. Modyford wurde aus dem Amt entlassen, und im folgenden Jahr verhaftete der neue Gouverneur Morgan und schickte ihn nach England. Dieser hatte jedoch Freunde in hohen Ämtern. Anstatt im Gefängnis zu landen, ließ er den Gouverneur ersetzen. Zudem wurde er zum Ritter geschlagen und als Vizegouverneur Jamaikas eingesetzt. Er diente bis 1682 ohne zu seinen freibeuterischen Wurzeln zurückzukehren. 1688 wurde er mit militärischen Ehren beerdigt.

William Kidd unternahm nur eine Plünderfahrt, sorgte aber für einen großen politischen Skandal. Er stand als Freibeuter im Dienst des britischen Gouverneurs von New York. Seine Aufgabe war es, im Indischen Ozean Piraten (und Franzosen) zu jagen. Im Januar 1698 griff Kidd die *Queddah Merchant* an und plünderte sie, die – wirklich unglücklich für ihn – Waren der britischen Ostindien-Kompanie beförderte. Er kehrte nach Boston zurück, wo er versuchte, mit dem Gouverneur zu verhandeln, wurde jedoch als Pirat abgestempelt, verhaftet und in Ketten nach England verschifft. Die Opposition versuchte ihn zu zwingen, seine Gönner im Parlament preiszugeben, und die Regierung konnte ein Desaster gerade noch abwenden, indem sie belastende Unterlagen „verlor". Kidd war nun eine gefährliche Last für die Regierung. Er wurde wegen Piraterie und Mord verurteilt und 1701 hingerichtet. Sein Leichnam wurde zur Abschreckung in einem Käfig am Themseufer ausgestellt.

OBEN Piraten attackieren ein englisches Schiff. Häufig waren sie nicht hinter „Schätzen" her, sondern plünderten lebenswichtige Dinge wie Nahrung, Kleidung und Waffen.

LINKS Der englische Freibeuter und Abenteurer Sir Francis Drake greift ein spanisches Schatzschiff an. Freibeuter waren von ihrer Regierung dazu sanktioniert, den Feind in Kriegszeiten zu überfallen und auszuplündern.

RECHTS Der legendäre Pirat Blackbeard war eine imposante und einschüchternde Figur, insbesondere wenn er brennende Hanffäden in seinen Bart hängte. Seine Schreckensherrschaft war von kurzer Dauer, aber er ging als archetypischer plündernder Pirat in die Populärkultur ein.

UNTEN Die Engländerin Mary Read war neben Anne Bonny die berüchtigtste Piratin der Geschichte. Mary schloss sich Jack Rackhams Mannschaft an. 1720 wurde sie in der Karibik gefangen und starb im folgenden Jahr im Gefängnis.

PIRATEN DER KARIBIK

Blackbeard ist vielleicht der berüchtigtste Pirat aller Zeiten. Sein richtiger Name war Edward Teach (oder Drummond), sein Territorium waren die Karibik und das südliche Nordamerika, wo er englische Kriegsschiffe und französische Gefährte plünderte. Seine kurze Karriere begann 1716 und endete 1718, als er im Duell mit einem englischen Piratenjäger starb. Sein Beiname stammt von den brennenden Hanffäden, die er sich in Haar und Bart hängte, um zusätzlich zu seinem bereits furchterregenden Auftreten besonders einschüchternd zu wirken. Er kämpfte mit sechs Pistolen, die um seinen Hals hingen und setzte seine Autorität durch, indem er einfach einmal einen seiner Männer erschoss.

Im frühen 18. Jh. befuhren die englischen Bukaniere Jack Rackham und Anne Bonny in ihrem Schiff, der

Revenge, Karibik und Atlantik. Sie konzentrierten ihre Überfälle auf kleine, schlecht bewaffnete Schiffe. Anne war unglücklich mit einem anderen Piraten, James Bonny, verheiratet gewesen und nutzte die Chance auf ein abenteuerliches Leben mit Jack. Sie eroberten ein Transatlantikschiff, dessen einer Passagier Mary Read war, die als Mann verkleidet nach England reiste, um ein Erbe anzutreten. Sie hatte in der englischen Marine gedient, schloss sich aber bereitwillig den Piraten an. 1720 wurde die *Revenge* von Piratenjäger Jonathan Barnett aus dem Hinterhalt überfallen. Die Männer waren zu betrunken, um sich zu wehren, aber die Frauen kämpften mit aller Kraft bevor sie überwältigt und gefangen genommen wurden. Die Frauen waren von dem Verhalten der Männer so angewidert, dass sie vor ihrer Gefangennahme einige von ihnen erschossen. Jack wurde zum Tode verurteilt, bei den Frauen ließ man Gnade walten, weil sie schwanger waren (oder es behaupteten). Mary starb kurz danach im Gefängnis, aber Anne entkam und heiratete später Dr. Michael Radcliffe. Der Piraterie wandte sie den Rücken zu.

VOR DER KÜSTE AFRIKAS

Edward England plünderte von 1717 bis 1720 die afrikanische Küste und den Indischen Ozean. Dabei tötete er seine Opfer nur selten. Die eroberten Schiffe verwandelte er in seine Flotte; einige ließ er aber wieder frei, nachdem er sie ausgeraubt hatte. Sein Ziel waren meist englische Schiffe oder solche, die der Niederländischen Ostindien-Kompanie gehörten. 1720 meuterten seine Männer, nachdem er sich weigerte, die Mannschaft des englischen Handelsschiffes *Cassandra* zu töten und setzten ihn auf Mauritius aus. Mit einem Floß floh er nach Madagaskar, wo er 1720 verhungerte.

Bartholomew Roberts („Black Bart") war ein walisischer Bukanier, der erst portugiesische Konvois vor der Küste Afrikas überfiel, dann englische Fischerboote vor Neufundland, bevor es ihn in die Karibik zog, wo er nun alles angriff, was ihm vor die Kanonen segelte. Dann kehrte Black Bart nach Afrika zurück und eroberte zahlreiche europäische Sklavenschiffe auf dem Weg in die Neue Welt. Im Zuge seiner kurzen (Juni 1719 bis Februar 1722), äußerst erfolgreichen Karriere, kaperte er über 200 Schiffe. Höchst ungewöhnlich für sein Metier fluchte Roberts nicht, hielt den Sabbat ein und trank nur Tee. In einer Übereinkunft mit seiner Mannschaft hieß es: „Am Sabbat sollen die Musiker das Recht haben zu ruhen. An allen anderen Tagen nur als besondere Gunst" (Er hatte ein Orchester an Bord).

Black Bart kam 1722 vor der Küste Französisch-Äquatorialafrikas (heute Gabun) bei einem Gefecht mit dem britischen Kriegsschiff *HMS Swallow* ums Leben.

DER JOLLY ROGER

Die Piratenflagge sollte mögliche Opfer oder Feinde zur raschen Kapitulation bewegen. Konnte ein feindliches Schiff davon überzeugt werden, beizudrehen, verringerte sich die Gefahr für die Piraten, und das

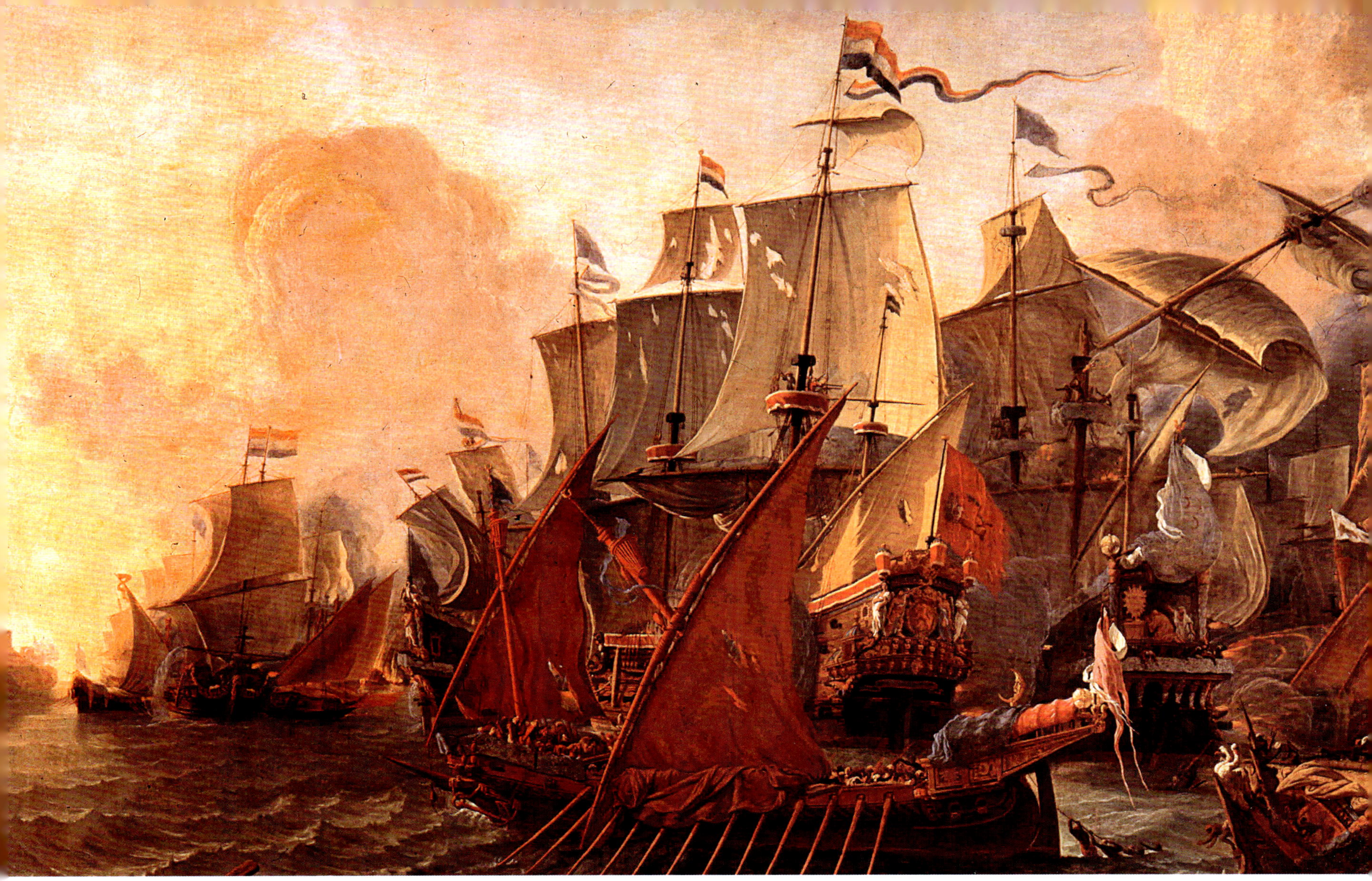

Schiff konnte unbeschädigt erobert werden, was seinen Wert erhöhte. Es war ein essenzieller Teil der psychologischen Kriegsführung des Piraten, insbesondere wenn er (oder sie) als rücksichtslos galt. Der erste bekannte Bericht über den klassischen „Totenkopf mit gekreuzten Knochen“ stammt aus dem Jahr 1700, als der französische Freibeuter Emmanuelle Wynne eine schwarze Flagge mit Totenkopf, zwei gekreuzten Knochen und Sanduhr hisste. Dabei wurde erstmals auch der Begriff „Jolly Roger“ verwendet. Bis dahin hissten Freibeuter meist eine rote Flagge neben ihrer Staatsflagge. Im Französischen hieß diese Flagge Jolie Rouge, woraus sich wohl der Jolly Roger entwickelte. Auf dem Jolly Roger wurden verschiedene Motive verwendet, inklusive ganzer Skelette, tanzender Skelette, Speere, Schwerter oder gekreuzte Schwerter, Flügel, Herzen und erhobene Trinkgläser. In einer Zeit, in der emblematische Kunst allgegenwärtig war, hatten diese Bilder einen Symbolismus, der sofort jedem verständlich war. Erhobene Gläser waren ein Toast an den Tod, Waffen symbolisierten das bevorstehende Gemetzel, tanzende Skelette zeigten, dass der Besitzer der Flagge furchtlos war, Flügel und Sanduhren symbolisierten das Fortscheiten der Zeit – und des Lebens des Opfers!

OBEN Ein niederländisches Schiff trifft im 17. Jh. auf Piraten der Barbareskenstaaten. Dies waren Korsaren, die aus nordafrikanischen Hafenstädten wie Tunis, Tripolis und Algier stammten.

Piratenlieder

Piraten (neben anderen, statthafteren Seefahrern) nutzten eine Reihe von Liedern, um die Moral an Bord zu heben und die zahlreichen schweren und ermüdenden Arbeiten zu erleichtern. Diese „Shantys“ wurden in einer Art Chor gesungen und der Refrain oft von einer sich wiederholenden Tätigkeit wie dem Hieven des Ankers begleitet. Ein beliebtes Beispiel wird in dem Roman *Die Schatzinsel* (1883) des berühmten schottischen Autors Robert Louis Stevenson zitiert:

Fuffzehn Mann auf des toten Manns Kiste,
Ho ho ho und ne Buddel mit Rum!
Schnaps und der Teufel brachten alle um, ja!
Ho ho ho und ne Buddel mit Rum!

Die „fünfzehn Mann“ waren Mitglieder der Besatzung Edward (Blackbeard) Teachs. Er setzte sie auf „Des toten Manns Kiste“ aus – einer winzigen Karibikinsel in den British Virgin Islands – als Strafe für versuchte Meuterei und Desertation.

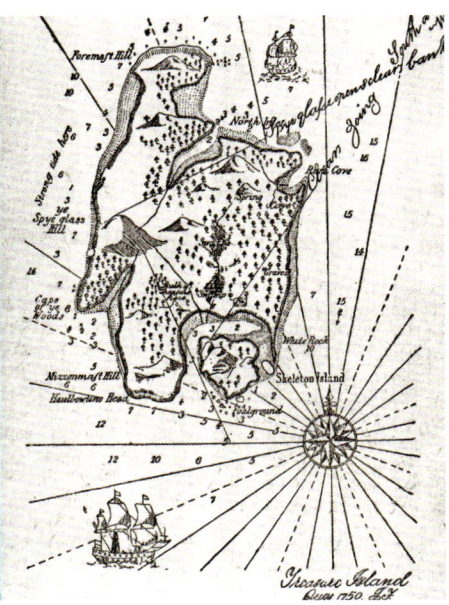

LINKS Ein Karte der Schatzinsel, wie sie sich der schottische Schriftsteller Robert Louis Stevenson für sein berühmtes gleichnamiges Buch ausdachte, das 1883 veröffentlicht wurde. Die Hauptfigur, der Pirat Long John Silver, ist einer der bekanntesten Charaktere in der englischen Literaturgeschichte.

Piraterie in Ostasien

Wenn wir an Piraterie denken, so sind es meist bekannte Bilder wie Kapitän Blackbeard, die Toten-
kopfflagge oder in Europa gebaute Galeonen mit schweren Kanonen, die uns in den Sinn kommen.
Ostasien war jedoch in Bezug auf die Piraterie schon immer eine der aktivsten Regionen.

Etwa 400 Jahre lang – von 1250 bis 1650 – terrorisier-
ten Piraten aus Japan die Gewässer Ostasiens und die
Küsten Koreas und Chinas. Sie waren so berüchtigt,
dass Japan auf zeitgenössischen Karten als Ilhas dos
Ladrones, oder Irateninseln, aufzutauchen begann.

„ZWERGPIRATEN"

In Ostasien wurden diese Piraten meist mit einem
zusammengesetzten Begriff bezeichnet, der in Japan
wakô, in Korea *waegu* und in China *wokou* lautete. Der
erste Teil (wa) heißt wörtlich übersetzt „Zwerg", wurde
damals aber in erster Linie als abwertende Bezeichnung
für Japaner verwendet. Der zweite Teil (ko) bedeutet
„Räuber", „Plünderer" oder „Pirat". Zusammen heißt
der Begriff also „japanische Piraten" (oder auch
„Zwergpiraten"). Tatsächlich waren diese Gruppen
wohl in Japan ansässig, setzten sich aber aus chinesischen, japanischen und koreanischen Seemännern
zusammen. Eventuell wurden sie auch als „Randmän-
ner" bezeichnet, da sie an den maritimen Rändern der
ostasiatischen Gesellschaft lebten. So segelten mit in
Hybridschiffen, die verschiedene Schiffbautraditionen

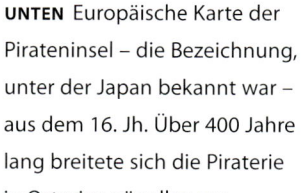

UNTEN Europäische Karte der
Irateninsel – die Bezeichnung,
unter der Japan bekannt war –
aus dem 16. Jh. Über 400 Jahre
lang breitete sich die Piraterie
in Ostasien zügellos aus.

in sich vereinten durch die Region.
Vermutlich entwickelten sie zur
leichteren Verständigung eine
eigene Sprache.

Der ursprüngliche Anstoß für
die Piraterie war eine ausgedehnte
Dürre mit darauffolgender Hun-
gersnot in Japan. Die ersten Pira-
tengruppen kamen aus Kyushu. Ein
koreanischer Abgesandter, der 1444
die Insel besuchte, berichtete: „Die
Siedlungen der Menschen sind
erbärmlich, das Land ist völlig
ausgetrocknet, sodass sie keine
Landwirtschaft betreiben und kaum
dem Hungertod entgehen können."
Obwohl die ersten Piraten vermutlich verzweifelte Bauern waren,
folgten rasch besser organisierte
Banden, die begierig darauf waren,
Beute zu machen. Wakô-Gruppen
wurden durch den Zusammenbruch der Zentralgewalt in Japan
bestärkt, denn nun konnten sie
ungehindert rauben und plündern,
ohne gesetzlich verfolgt zu werden.

ASIATISCHE WIKINGER

Europäische Piraten im Atlantik
und in der Karibik verwendeten
mächtige Kanonen, mit denen sie
ihre Ziele vor dem Entern aus
sicherer Entfernung beschießen
konnten. Wakô-Piraten, die auf
leichte Waffen wie Schwerter und
Bögen vertrauten, nutzten ihre Schiffe meist nur als
Transportmittel, nicht als Angriffsplattform. Nach der
Landung belagerten sie schutzlose Siedlungen und
brachten ihre Beute zurück aufs Schiff. Aufgrund dieser
Taktik wurden sie auch als Wikinger des Fernen Ostens
bezeichnet.

Die Piraterie setzte sich vier Jahrhunderte lang auf
niedrigem Niveau fort, aber im 14. und 16. Jh. kam es
zu zwei klaren Höhepunkten. Die erste Welle richtete
sich gegen Korea. 1373 schickte ein bestürzter koreanischer Beamter folgenden Bericht an seine Vorgesetzten:
„[Seit 1350] haben japanische Piraten uns ununterbrochen überfallen. Die Truppen, die ausgesandt wurden,
sie zu fangen, konnten sie noch nicht dingfest machen.
In den letzten Jahren hat sich ihre Brutalität verstärkt

ysole. de. li. ladroni.

… Nahe und ferne Küstenpräfekturen sind beunruhigt. Zweimal wurde die Hauptstadt überfallen. Sie haben vor nichts Angst oder Respekt."

WANG ZHI

Im 16. Jh. starteten die Wakô eine Reihe von Angriffen gegen die chinesische Küste. Der berühmteste Piratenkapitän dieser Zeit war Wang Zhi, ein chinesischer Kommandant. Wang machte Hirado, einen kleinen japanischen Hafen, zu seinem Hauptquartier und verwandelte es von einem Fischerdorf in ein Zentrum der Piraterie. Er nutzte den Reichtum, den er durch Plünderungen zusammengetragen hatte, zum Aufbau einer riesigen Flotte, die er anschließend für verheerende Überfälle auf sein Heimatland nutzte.

PIRATENABWEHR

In den 1560er-Jahren zeigten die Maßnahmen der chinesischen Regierung zur Abwehr der Piraten zunehmend Wirkung, deshalb fuhren die Wakô nun lieber nach Südostasien, wo sie für ihre unglaubliche Brutalität berüchtigt wurden.

Ein englischer Kapitän, der 1605 auf eine Gruppe von ihnen stieß, schrieb: „Die Japaner dürfen mit ihren Waffen in keinem indischen Hafen andocken. Sie gelten als so erbittert und tollkühn, dass sie überall gefürchtet sind." Diese ausgedehnten Angriffe sollten das letzte Aufbäumen der Wakô sein. Das Tokugawaregime, das um 1600 in Japan an die Macht kam, unterdrückte erfolgreich ihre Aktivitäten und beendete die 400-jährige Schreckensherrschaft der japanischen Piraten.

OBEN Ein portugiesisches Schiff landet 1543 in Tanegashima, Kyushu, Japan, wo es laut einiger Quellen vom chinesischen Piraten Wang Zhi geentert wurde. Dies wäre ein sehr früher Kontakt zwischen Europa und Japan gewesen.

Moderne Piraten

Weil Krieg, Hunger und Benachteiligung in vielen Teilen der Welt zu Unfrieden führen und mehr Schiffe als je zuvor die Meere befahren, kam es in den letzten Jahren zu einem Anstieg der Piraterie. Wenn wir an Piraten denken, stellen wir uns verwegene Abenteurer, versteckte Schätze und majestätische Segelschiffe vor, aber dieses Bild hat mit der Realität der modernen Piraterie rein gar nichts zu tun.

UNTEN Nach ihrer Freilassung durch somalische Piraten wird die *MV Golden Nori* am US-Docklandungsschiff *USS Whidbey Island* aufgetankt. Die *Whidbey Island* wurde zur Unterstützung maritimer Sicherheitsmaßnahmen entsandt.

Die Methoden, Ausrüstung und Operationen moderner Piraten werden immer ausgeklügelter. Sie sind mit automatischen Waffen und Raketenwerfern bestückt und operieren von kleinen, sehr schnellen Booten aus, die sich oft von Mutterschiffen aus in Bewegung setzen. Das ermöglicht es ihnen, weit von der Küste entfernt zuzuschlagen – und für die Opfer weit entfernt von möglicher Hilfe.

Die Piraterie hat viele destruktive Konsequenzen wie finanzielle Verluste durch Lösegeldzahlungen, erhöhte Versicherungsbeiträge, Rettungsoperationen, gestohlene und/oder beschädigte Schiffe und Unterbrechungen des Terminplanes. Einige Folgen sind jedoch noch direkter und schlimmer, z. B. Verletzungen oder Tod von Geiseln, Rettern oder der Piraten selbst.

Anfang des 21. Jh. nahm die Piraterie merklich ab und erreichte 2007 ein Plateau. Die Behörden führten dies auf bessere Gegenmaßnahmen der Reedereien sowie die direkte Beteiligung der Marine zurück. In den letzten Jahren hat sie jedoch erneut stark zugenommen.

HOCHBURGEN DER PIRATERIE

In einigen Regionen ist die Piraterie zu einem großen Problem geworden. Die Gewässer vor Somalia sind vielleicht am schlimmsten betroffen, aber auch in Teilen Asiens, z. B. in der Malakkastraße und im Südchinesischen Meer, kommt es immer wieder zu Vorfällen. Auch im Mittelmeer, vor der nordafrikanischen Küste, kommt es gelegentlich zu Zusammenstößen mit Piraten. Die Karibik wird seit Jahrhunderten von der Piraterie heimgesucht, aber dank energischer Schutzmaßnahmen durch die Behörden verschiedener Anreinerstaaten hat sie stark abgenommen – heute ist der Drogentransport ein wesentlich größeres Problem.

Im Golf von Aden überfallen bewaffnete Piraten Schiffe und bringen sie zur somalischen Küste. Dann verlangen sie für die Freilassung von Boot und Crew ein meist hohes Lösegeld. Viele Reedereien gehen auf ihre Forderungen ein, da es für sie einfacher ist, als den Verlust von Schiff, Fracht und Besatzung zu riskieren.

Eines der bekanntesten Beispiele ist die Entführung des Supertankers *MV Sirius Star* mit Rohöl im Wert von 100 Millionen US-Dollar an Bord durch somalische Piraten vor der kenianischen Küste im November 2008. Nach der Zahlung eines Lösegelds wurde das Schiff im Januar 2009 freigelassen. Die Piraten versuchten in einem kleinen Boot zu fliehen, das aber kenterte, wobei fünf ertranken. Ein weiteres Beispiel ist die Entführung der *MV Maersk Alabama*, eines großen Frachtschiffes, das Hilfslieferungen für Kenia, Somalia und Uganda transportierte. Nach einem Streit zwischen der Besatzung und den Piraten versteckten sich

LINKS Bewaffnete somalische Piraten auf dem Bug des Handelsschiffes *MV Faina*. Die US-Navy hatte darum gebeten, die Gesundheit der entführten Mannschaft überprüfen zu dürfen.

Letztere in einem abgedeckten Rettungsboot, mit dem Kapitän als Geisel. Ein Zerstörer der US-Navy kam hinzu, und nach einer tagelangen Pattsituation wurden die Piraten von Scharfschützen der Navy Seals erschossen, da diese das Leben des Kapitäns gefährdet sahen.

GEGENWEHR

Was kann man gegen die Piraterie unternehmen? In jüngster Zeit haben die Kriegsflotten verschiedener Länder damit begonnen, Schiffe in besonders betroffene Regionen abzukommandieren, wo sie manchmal Schiffskonvois zu ihrem Ziel begleiten. Zwei Eingreiftruppen unterhalten dauerhafte Stützpunkte am Horn von Afrika und vor der somalischen Küste, aber selbst das schreckt manche Piraten nicht ab.

Reedereien wenden verschiedene Strategien an, um sich vor Angriffen zu schützen. Kapitäne haben Anweisungen, das Tempo zu erhöhen und Zickzackkurs zu fahren, um schnellen Booten auszuweichen. Oftmals werden Wasserkanonen eingesetzt, und/oder Netze hinterhergeschleppt, um Propeller lahmzulegen.

Zu den ausgeklügelteren Maßnahmen gehört ein Gerät, das sich Secure-Ship nennt, ein elektrischer Zaun mit 9000 Volt, der das Schiff umgibt. Ein anderes Gerät stößt einen extrem lauten Ton aus, der dazu genutzt wird, Piraten aus der Ferne zu warnen oder sie in der Nähe mit einem schmerzhaft pulsierenden Geräusch abzuschrecken. Zusätzlich senden Satellitenortungssysteme Signale aus, die dem Reeder jederzeit mitteilen, wo sich sein Schiff gerade befindet.

Das International Maritime Bureau unterhält eine Piratenabwehreinheit, die Schiffsführern mit Rat und Tat zur Seite steht sowie eine 24-Stunden-Hotline, bei der alle Akte der Piraterie gemeldet werden können.

OBEN Ein luftgepolstertes Landungsboot (LCAC) läuft bei einer Übung im Golf von Aden auf den Strand. Die Expeditionary Strike Group der *USS Boxer* unterstützt die Combined Task Force-151, die im Golf Piratenabwehrmaßnahmen durchführt.

SEESCHLACHTEN

Die Natur der Seekriegsführung hat sich im Laufe der Jahrhunderte verändert, die Grundlagen bleiben jedoch gleich – die Nutzung des Überraschungsmomentes und der Feuerkraft zur Erreichung bestimmter Ziele. Das Schicksal vieler Nationen hing vom Geschick ihrer Kriegsmarine ab.

Konflikte auf dem Wasser begleiteten schon immer die Ausdehnung von Reichen und das Streben nach Rohstoffen; zudem dienten sie der Verteidigung gegenüber derartigem Opportunismus. Obwohl es in der Seekriegsführung im Laufe der Zeit große Veränderungen gab, ist vieles gleich geblieben. Seemacht wurde dazu genutzt, Truppen für Schlachten an Land zu transportieren, diese Truppen zu versorgen und die gegnerische Flotte zu besiegen, um der Infanterie den Weg zu bereiten.

DEN STURM ÜBERSTEHEN

In den Seeschlachten der Antike spielte das Wetter oft eine große Rolle. Im Zeitalter der Ruder- und Segelschiffe konnten launische Winde oder Fluten eine Katastrophe bedeuten. Andererseits konnte ein Wetterwechsel auch den Sieg herbeiführen – oder die Flucht ermöglichen. Mit der Einführung motorbetriebener Fahrzeuge verlor das Wetter an Bedeutung, blieb aber dennoch ein Faktor. Es kann z. B. das Radar täuschen – Schiffe können sich hinter Wolken „verstecken".

DAS GOLDENE ZEITALTER DER SEGELSCHIFFE

Einige der größten Seegefechte fanden im sogenannten Goldenen Zeitalter der Segelschiffe statt. Gewaltige gegnerische Flotten standen sich in nächster Nähe gegenüber und beschossen einander eifrig mit Kanonen und kleineren Waffen. Die Engländer, Franzosen und Spanier unterhielten riesige Armadas, die oft aneinandergerieten.

Auch im Amerikanischen Unabhängigkeitskrieg (1775–1783) spielte die Seekriegsführung eine entscheidende Rolle, als amerikanische Kaper- und Kriegsschiffe – manchmal mithilfe der Franzosen, Spanier oder Niederländer – Englands Royal Navy bedrängten und es ihr erschwerten, die Truppen an Land mit Nachschub zu versorgen.

Ein berühmtes Gefecht fand 1805 vor Kap Trafalgar (Spanien) statt, als die englische Flotte unter Admiral Lord Nelson die kombinierten Flotten der Spanier und Franzosen unter dem französischen Admiral Pierre Villeneuve bekämpfte. Die Engländer gingen als Sieger hervor, ohne ein Schiff zu verlieren, ihre Gegner verloren dagegen 22 Schiffe.

DAS 20. JAHRHUNDERT

In den beiden Weltkriegen des 20. Jh. kamen die Seemächte richtig zur Geltung, und es gab einige spektakuläre Seeschlachten. Man kämpfte zwar noch immer Schiff gegen Schiff bzw. Flotte gegen Flotte, aber die Reichweite der modernen Waffen bedeutete, dass diese Kämpfe aus größerer Entfernung ausgetragen werden konnten. Die Böden der Ozeane sind weltweit mit den Wracks der Verlierer übersät.

Seeschlachten markierten oft einen Wendepunkt in den Kriegen. Hätte Japan bei Midway gesiegt, hätte der Krieg im Pazifik vielleicht viel länger gedauert. Hätten die Alliierten im Korallenmeer nicht gesiegt, wäre Australien womöglich überfallen worden. Wären die deutschen U-Boote in Atlantik und Nordsee nicht ausgeschaltet worden, wäre Großbritannien vielleicht an Deutschland gefallen.

HEUTE

Die Natur der Seekriegsführung hat sich völlig verändert. Gegnerische Flotten stehen sich nicht mehr in Sichtweite gegenüber, um einander mit Geschützen und Torpedos zu beschießen. Heute findet das Ganze ferngesteuert statt, und Großkriegsschiffe sind nur noch selten direkt an Kampfhandlungen beteiligt. Stattdessen operieren kleinere Boote in Ufernähe, etwa wenn Grenzstreitigkeiten eskalieren. Beispiele sind z. B. kleine Aktionen im Ersten Golfkrieg (1980–1988) sowie der Konflikt in Sri Lanka zwischen Regierungstruppen und den Tamil Tigers.

Heutzutage verlässt sich die Kriegsmarine auf Langstreckenwaffen, um ihr Ziel zu erreichen. Boden-Luft- und Boden-Boden-Raketen können Feinde in kilometerweiter Entfernung vernichten; bei Marschflugkörpern sind es gar Hunderte von Kilometern.

Seit dem Zweiten Weltkrieg sind Flugzeugträger die Könige der Meere, können sie doch unvorstellbare Feuerkraft über Hunderte von Kilometern in jede Richtung bieten. Eine Trägergruppe ist die größte Macht auf den Weltmeeren und kann es mit jedem aufnehmen. In den Tiefen der Meere sind Langstrecken-U-Boote leise Killer und können monatelang unentdeckt unter Wasser bleiben.

Die modernen Seestreitkräfte großer Länder sind in erster Linie mit dem Schutz von Handelsrouten und der Demonstration von Stärke beschäftigt. Die Seekriegsführung war stets von Überraschung, Präzision und überwältigender Macht abhängig; moderne Flotten können ihre Ziele jedoch auf größere Entfernungen und mit viel größerer Feuerkraft als je zuvor erreichen.

LINKS Rauchwolken umgeben einen brennenden Tanker, der im Dezember 1987 im Ersten Golfkrieg von einer iranischen Rakete getroffen wurde.

RECHTS Die Schlacht von Trafalgar (1805), dargestellt in einem Gemälde William Turners. Nelsons Botschaft an seine Flotte lautete: „England erwartet, dass jeder Mann seine Pflicht tut."

UNTEN RECHTS Die *USS Louisville*, ein U-Boot der Los-Angeles-Klasse führt während der Operation Desert Storm eine Patrouille gegen den Irak durch. Es war das erste amerikanische U-Boot, das in einem Kampf Tomahawk Marschflugkörper abschoss.

UNTEN In diesem Stich des berühmten Paul Revere setzen britische Kriegsschiffe ihre Truppen in der Altstadt Bostons, USA, an Land. Für seine Rolle bei der Meldung John Hancocks und Samuel Adams über die bevorstehende Landung der Briten wird er als Patriot verehrt.

Die Schlacht von Salamis

Bei der Schlacht von Salamis im September 480 v. CHR. erlitt die persische Flotte eine Niederlage gegen die kleinere, aber gut geführte griechische Flotte. Dies kostete Persien die Vorherrschaft über das Meer und trug bedeutend zur persischen Niederlage bei, als sie ein zweites Mal in Griechenland einmarschierten.

OBEN Xerxes, König und Kommandant der persischen Flotte. Der griechische Sieg war ein schwerer Schlag für die Perser.

UNTEN Griechische und persische Kriegsschiffe bei Salamis. Die Schiffe waren mit Rammböcken ausgestattet.

König Xerxes marschierte über die Dardanellen in Griechenland ein. Die Griechen versuchten, angeführt von den Stadtstaaten Sparta und Athen, die Perser bei den Thermopylen und Artemisium aufzuhalten. Aufgrund der Niederlage bei den Thermopylen im August 480 v. CHR. fiel jedoch ein Großteil der Halbinsel nördlich des Isthmus von Korinth an die Perser.

Die Insel Salamis blockiert die Einfahrt in die Bucht von Eleusis, westlich Athens. Die einzigen Zufahrten bilden Meerengen im Westen und Osten. Die aus etwa 380 Schiffen bestehende griechische Flotte konzentrierte sich auf die östliche Meerenge. Ihre Flotte wurde von dem Athener Themistokles befehligt.

Xerxes musste die griechische Flotte vernichten, um sicherzustellen, dass er seine Flotte zum Überflügeln der griechischen Armee nutzen und die Kommunikation auf See offenhalten konnte. Mit 600–800 Schiffen war er zahlenmäßig überlegen, aber da sie durch die Meerenge angreifen mussten, fiel es nicht ins Gewicht. Xerxes fiel jedoch auf ein Gerücht herein, dass sich die griechische Flotte bei einem Angriff sofort in alle

Winde zerstreuen würde. Die Perser starteten also ihren Angriff, reduzierten ihre Zahl aber noch weiter, indem sie ein Geschwader ägyptischer Schiffe zur westlichen Meerenge sandten.

SIEG DER GRIECHEN

Details sind über die Schlacht kaum bekannt. Scheinbar waren die Griechen in zwei Reihen aufgestellt, von Kap Vavari aus nordwärts ausgerichtet. Die Perser segelten in die Meerenge hinein und wandten sich nach Norden. Bei Kap Vavari schwenkten sie um und stellten sich den Griechen. Im Zuge dieser Aktion wurde ihre Flotte durcheinandergebracht. Die Griechen griffen an, und da es kaum Bewegungsspielraum gab, wurde die Schlacht wohl im Nahkampf entschieden. Dabei hatten die Griechen dank besser bewaffneter Männer einen Vorteil und bald traten die Perser die Flucht an.

Anschließend zog Xerxes den Großteil seiner Armee nach Asien ab. Der Rest wurde im folgenden Jahr bei Plataiai besiegt. Dies beendete sowohl den Krieg als auch die Bedrohung durch eine weitere Invasion.

Die Seeschlacht von Dan-no-ura

Die Seeschlacht von Dan-no-ura (1185) vor dem Süden Honshus führte zur Niederlage und letztlichen Vernichtung der Taira sowie dem Aufstieg ihrer bitteren Rivalen, der Minamoto. Die Minamoto errichteten das Shogunat, das bis 1867 die vorherrschende Regierungsform in Japan blieb.

Viele Jahre hatten die Taira und Minamoto am japanischen Hof um die Vorherrschaft gerungen, um die Kontrolle über Japan zu gewinnen. 1177 dominierten die Taira, aber Kaiser Go-Shirakawa vertraute ihnen nicht. Shirakawas Versuch, Taira-Premierminister Kiyomori abzusetzen, schlug fehl, und 1180 rief dieser seinen zweijährigen Sohn Antoku zum Kaiser aus.

DER GEMPEI-KRIEG

Dieser unpopuläre Schachzug, dem sich Shirakawas Sohn mithilfe der Minamoto widersetzte, führte zum Gempei-Krieg. Obwohl zunächst erfolgreich, erlitten die Taira 1183 schwere Niederlagen, die sie zum Rückzug in das westliche Honshu zwangen.

Im folgenden Jahr attackierten die Minamoto die Taira immer weiter, die sich auf der Insel Yashima in der Seto-Inlandsee niedergelassen hatten. 1185 wurde ihre Festung angegriffen, und die Taira flüchteten sich mit dem inzwischen sechsjährigen Kaiser Antoku auf ihre Schiffe. Daraufhin wurde eine Minamoto-Flotte entsandt, sie anzugreifen.

DIE BEDEUTSAMKEIT DER GEZEITEN

Die Minamoto-Flotte war zwar größer, die Taira galten aber als die besseren Seeleute und kannten sich mit den Gezeiten der regionalen Gewässer, die Teil ihrer traditionellen Heimat waren, viel besser aus. Am 25.

April 1185 begann die Schlacht. Die Minamoto rückten als Ganzes vor, während die Taira ihre Flotte in drei Gruppen teilten, in der Hoffnung, ihre Gegner mithilfe der Gezeiten auszumanövrieren. Auf beiden Seiten griffen die Bogenschützen an, und als die Schiffe nah genug zum Entern waren, kam es zu wilden Zweikämpfen.

Die Gezeiten, die den Taira anfangs geholfen hatten, begannen zu wechseln, und die Minamoto gewannen die Oberhand. Dieser Vorteil wurde noch verstärkt, als der Taira-General überlief und den Minamoto verriet, auf welchem Schiff der Kaiser war. Sie konzentrierten ihre ganze Feuerkraft auf dieses Schiff, und als der Kaiser merkte, dass die Niederlage unabwendbar war, beging er mit seinen Kriegern Selbstmord durch Ertränken.

Dan-no-ura war die letzte Schlacht zwischen den Clans und brachte die Minamoto an die Macht.

RECHTS Minamoto Yorimoto (1147–1199), einer der Gründer des Shogunats. Sein Bruder führte die Minamoto gegen die Taira.

OBEN Bei der Schlacht um die Vorherrschaft zwischen den Taira und Minamoto entdeckt Minamoto Yoshitsune die Mutter des Kaisers.

Die Schlacht von Lepanto

Als größtes Galeonengefecht der Schießpulverzeit bremste die Schlacht von Lepanto die osmanischen Ambitionen im Mittelmeer. Auch wenn sie die osmanische Expansion nicht aufhielt, förderte sie doch die Moral der christlichen Verbündeten in der Region und versetzte der osmanischen Seemacht einen Dämpfer.

UNTEN Papst Pius V. organisierte die Heilige Liga der Kirchenstaaten, die den Sieg bei Lepanto errang. 1712 wurde er heiliggesprochen.

DIE OSMANEN ÜBERFALLEN ZYPERN

Seit dem Fall Konstantinopels (1453) hatte sich das Osmanische Reich im Mittelmeer ausgebreitet. Viele alte christliche Staaten waren unter seine Oberhoheit gefallen. 1570 forderten die Osmanen vom Stadtstaat Venedig, Zypern aufzugeben. Während Venedig nach Verbündeten suchte, marschierten die Osmanen in Zypern ein.

Im September 1570 traf eine alliierte Flotte an der türkische Küste gegenüber Zypern ein. Da sich das spanische Kontingent unter Andrea Doria wieder zurückzog, weil es seiner Ansicht nach zu spät in der Saison für einen Angriff war, erreichten sie nichts.

DIE HEILIGE LIGA

Im Mai 1571 überwachte Papst Pius V. die Gründung der Heiligen Liga der Kirchenstaaten – Spanien, Genua, Venedig und die Ritter des Hl. Johannes aus Malta.

Trotz angespannter Beziehungen zwischen den Kommandanten wurde auf Sizilien eine Flotte unter dem spanischen Anführer Juan de Austria aufgestellt. Unsicher über das Schicksal Zyperns (das die Osmanen gerade erobert hatten) stach die Heilige Liga mit 207 Galeeren und sechs größeren Galeassen in See.

Die osmanische Flotte, die aus 230 Galeeren und 70 kleineren Galioten unter Ali Pascha bestand, war in Lepanto (im heutigen Griechenland) stationiert, an der Nordküste des Golfs von Korinth. Als die Liga von Golf von Patras aus in den Golf von Korinth segelte, näherten sich die Osmanen aus der entgegengesetzten Richtung. Beide Seiten suchten den Kampf – und beide unterschätzten die Stärke des Gegners. Erst hielten sich beide Flotten an der Küste, bevor die Osmanen sich in drei Geschwadern in Richtung Süden aufstellten.

Don Juan stellte seine Flotte ebenfalls in drei Geschwadern in Nord-Süd-Linie auf. Er stellte die schwer bewaffneten Galeassen in Paaren vor je einem Geschwader auf und bildete ein Reservegeschwader aus 38 Galeeren. Die Verbündeten der Liga waren in allen Geschwadern verteilt, sodass keiner seine ganze Flotte auf einmal abziehen konnte.

RECHTS Dieses Gemälde Luca Cambiassos (1527–1585) zeigt die vier Geschwader, die von den alliierten Streitkräften der Heiligen Liga aufgestellt wurden. Als Kommandant der Alliierten teilte Juan de Austria seine Schiffe in vier Geschwader auf, um zu verhindern, dass ein Staat alle seine eigenen Schiffe auf einmal abzog.

DIE SCHLACHT

Am 7. Oktober 1571 begann das Kampfgeschehen. Der Beschuss durch die schweren Geschütze der Galeassen war für die viel leichter gebauten osmanischen Galeeren verheerend. Die rechte Flanke der Osmanen unter Mehmet Suluk brach nahe der Küste aus. Ein kluges Manöver durch Antonio Barbarigo, den Kommandanten der linken Flanke der Liga, ermöglichte es ihnen, sie in Richtung Strand zu drängen; dabei kam Barbarigo jedoch ums Leben.

Auch die Mitte der Osmanischen Flotte wurde von den Galeassen beschossen als sie Don Juans Streitmacht angriff. Auf den Schiffen wurde wild gekämpft – mit Musketen, Spießen, Schwertern und Pfeilen. Ali Pascha fiel im Kampf gegen Don Juans Galeere, und sein Kopf wurde auf einem der spanischen Masttopps ausgestellt. Davon ermutigt überwältigten die christlichen Galeeren ihre Gegner schließlich und vernichteten die osmanische Mitte.

Weiter im Süden versuchte Uludsch Ali mit seinem Geschwader die rechte Flanke der Liga unter Andrea Doria auszumanövrieren. Doria ruderte ebenfalls nach Süden um Schritt zu halten, und öffnete dabei einen Raum zwischen sich und Don Juans Mitte. Das nutzte Uludsch Ali aus und steuerte darauf zu. Zunächst hatte er Erfolg und überwältigte einige christliche Galeeren. Jetzt machte es sich jedoch bezahlt, dass Don Juan ein Reservegeschwader zurückgehalten hatte. Sein Kommandant erkannte die Gefahr und griff mit 35 Galeeren ein. Das hielt die Osmanen auf, bis Don Juan und Doria ihre Flotten kombinieren und Uludsch Ali schlagen konnten, der mit nur 35 Schiffen entkam.

Das vollendete den Triumph der Heiligen Liga. Die Osmanen verloren 200 Galeeren und beklagten über 20 000 Tote. Die Liga erlitt nur 7500 Verluste und 15 000 Verwundete. Zusätzlich wurden etwa 10 000 christliche Galeerensklaven befreit. Zypern, so wurde deutlich, ließ sich jedoch nicht zurückgewinnen.

Nach Unstimmigkeiten zwischen Spanien und Venedig über zukünftige Operationen löste sich die Liga auf. Philipp II. handelte letztlich einen Waffenstillstand mit den Osmanen aus, damit er sich um andere Probleme kümmern konnte.

Der unausweichliche Verlust Kretas wurde aber 90 Jahre hinausgezögert, und – noch wichtiger – die osmanische Flotte hatte einen Großteil ihrer fähigen Seeleute verloren und sollte im Mittelmeer nie wieder zu ihrer alten Stärke zurückfinden.

OBEN Diese Wandfreske fängt den Höhepunkt der Schlacht von Lepanto ein. Die Flotten der Osmanen und der Liga feuern aufeinander, Männer fallen über Bord und überall herrscht wildes Kampfgetümmel.

Die Armada-Schlachten

Über viele Jahre hinweg befanden sich Spanien und England aufgrund wirtschaftlicher, religiöser und strategischer Differenzen fast im Krieg. Als die Engländer 1587 Maria Stuart hinrichteten, befahl Philipp II. von Spanien die Invasion Englands durch die „unzerstörbare" Armada. Er wollte England wieder unter katholische Herrschaft bringen.

Zum Erreichen seines Ziels finanzierte Philipp den Bau einer gewaltigen Flotte, die aus Kriegs- sowie Handelsschiffen zum Truppentransport bestehen sollte. Die fertige Flotte umfasste 130 Schiffe mit 2400 Kanonen und 26 000 Mann Besatzung. 1588 stach sie in See.

Philipp II. hoffte, mit ihr den Angriffen auf die spanische Wirtschaftsmacht in Amerika ein Ende zu setzen, die von englischen Bukanieren mit verdecktem Auftrag der Krone durchgeführt wurden. Zudem sollte sie die englische Unterstützung für die Rebellen in den Spanischen Niederlanden unterbinden. Die Armada sollte die Kontrolle über den Ärmelkanal übernehmen und spanische Truppen aus Flandern an Bord nehmen, um in England einzumarschieren.

Den Engländern war der Plan jedoch wohlbekannt. Im April 1587 führte Sir Francis Drake einen Präventivschlag auf Cadiz aus. Er zerstörte einige Schiffe und lebenswichtige Vorräte. Die Ausstattung der Armada ging jedoch weiter voran, und am 4. Mai 1588 stach sie in Lissabon unter dem Kommando des Herzogs von Medina Sidonia in See. Er war ein fähiger Soldat, hatte aber wenig Erfahrung als Seefahrer. Ein Sturm zwang die Flotte schon früh, in Corunna, im Norden Spaniens, Reparaturen auszuführen. Am 19. Juli segelten sie endlich in den Kanal.

UNTEN Die Niederlage der Spanischen Armada vor Plymouth (1588). Die einst großartige spanische Flotte wurde in alle Winde zerstreut und die restlichen Schiffe retteten sich zurück nach Spanien.

SCHARMÜTZEL IM KANAL

England hatte unter Lord Howard of Effingham eine eigene Flotte aufgestellt, unterstützt von einigen der bekanntesten Freibeuter, unter ihnen Sir Francis Drake und Sir John Hawkins. Zwei Drittel der Flotte waren in Plymouth und stachen rasch in See als die Armada gesichtet wurde, um sich den Windvorteil (die beste Position) zu sichern. Medina Sidonia segelte weiter den Kanal hinauf, wobei seine Schiffe eine lockere Halbmondformation einnahmen. Die Engländer nahmen mit 118 Schiffen die Verfolgung auf und griffen an.

Die englischen Schiffe waren allgemein leichter manövrierbar als die spanischen. Sie konnten engen Kontakten aus dem Weg gehen, die den zahlenmäßig überlegenen Spaniern das Entern ermöglicht hätten. Stattdessen begannen sie aus sicherer Entfernung ihre Kanonen abzufeuern. In dieser ersten Schlacht, in der Kanonenbreitseiten in großem Maßstab eingesetzt wurden, erwiesen sie sich jedoch als ineffektiv. Die Spanier verloren nur zwei Schiffe, die durch Zufall beschädigt wurden.

DIE SCHLACHT VON GRAVELINES

Am 27. Juli ankerte die Armada vor Calais, um die Truppen aus Flandern an Bord zu nehmen. Der Herzog von Parma war jedoch noch nicht da. In der Nacht vom 29. Juli setzten die Engländer acht Feuerschiffe in der dicht an dicht stehenden Armada frei. Kein Schiff fing Feuer, aber jegliche Ordnung war dahin und Anker wurden überstürzt gekappt. Aus der Armada wurde eine Ansammlung von Schiffsgruppen und Nachzüglern, die sich vor Gravelines an der französischen Küste wieder sammelten.

Die Engländer nutzten das Chaos aus und griffen an. Wieder setzten sie auf Feuerkraft statt Nahkampf. Diesmal war die Taktik erfolgreicher – drei spanische Schiffe wurden versenkt, viele weitere beschädigt. Als den Engländern die Munition ausging, hatten die Spanier Gravelines bereits verlassen, ohne ihre Soldaten an Bord zu nehmen. Die Invasion war abgewehrt.

IN ALLE WINDE ZERSTREUT

Südwinde zwangen die Armada nach Norden zu segeln. Die Engländer verfolgten sie bis zum Fluss Tyne, wo sie die Spanier in einem schlimmen Zustand zurückließen: die Schiffe waren beschädigt, sie waren erschöpft und hatten keiner Wasser. Die vorherrschenden Winde nötigten die Spanier, über Nordschottland und Westirland nach Spanien zurückzukehren. Unablässige Stürme im Atlantik beutelten die Armada und trieben die

Karte

SCHOTTLAND

Shetland-Inseln

Orkney-Inseln

Äußere Hebriden

NORWEGEN

Bergen

Stavanger

Nord-see

Edinburgh

Irland

Dublin

Irische See

Isle of Man

Newcastle upon Tyne

Englische Verfolgung endet

ATLANTIK

Keltische See

Scilly-Inseln

ENGLAND

Bristol

Plymouth

Bill of Portland

Isle of Wight

London

Dover

Amsterdam

NIEDERLANDE

19. Juli

21. Juli

22. Juli

24. Juli

Calais *27. Juli*

Gravelines *29. Juli*

Dunkirk

Antwerpen

Armee des Hzg. von Parma

SPANISCHE NIEDERLANDE

Brüssel

Ärmelkanal

Brest

Le Havre

Rouen

Paris

Seine

HLG. RÖM. REICH

Nantes

Loire

September 1588

12. Juli 1588

Golf von Biskaya

La Rochelle

FRANKREICH

Bordeaux

Lyon

Rhône

FRANCHE-COMTÉ

SCHWEIZ BUND

Mailand

MAILAND

Ferrara

Bologna

PARMA

Genua

MODENA

Florenz

TOSKANA

KÖNIGREICH GENUA

KIRCHENSTAAT

Rom

A Coruna (Corunna)

Gijon

Santander

Bilbao

Bayonne

Oporto

September 1588

Valladolid

Ebro

Zaragoza

Madrid

Tagus

Barcelona

Korsika

PORTUGAL

Mai 1588

Lissabon

SPANIEN

Valencia

Balearen

Sardinien

Sevilla

Cordoba

von Drake angegriffen, April 1587

Cadiz

Gibraltar

Tanger

Ceuta

Mittelmeer

Sizilien

Legende

Spanische Armada Mai–September 1588

— Route der Spanischen Armada

— Verfolgung durch Royal Navy

✕ Schlachten und Scharmützel

▨ Spanische Wracks, Hauptgebiet

⚓ Spanische Schiffswracks

▨ Spanisches Reich

▨ Niederl. Revolte gegen die spanische Herrschaft (1585)

- - - Moderne Landesgrenzen

Daten nach Julian. Kalender

0   250   500   750 Kilometer

0   125   250   375 Meilen

OBEN Philipp II. von Spanien regierte von 1556 bis 1598. Seine gut durchdachten Pläne zur Invasion Englands scheiterten, und Spanien und England führten viele Jahre Krieg.

OBEN Sir Francis Drake (1540–1596), einer der erfolgreichsten englischen Seefahrer. Für die Spanier war er ein Pirat, und Philipp II. setzte ein stattliches Kopfgeld auf seine Gefangennahme aus.

geschundenen Schiffe an die Küsten Schottlands und Irlands, wo die Wracks seitdem den Archäologen reiche Funde liefern. Von der einst so mächtigen Flotte kamen nur 67 Schiffe mit 10 000 Mann wieder in Spanien an.

Die Niederlage der Armada bewahrte das protestantische England vor der Invasion, beendete aber nicht die Feindseligkeiten. Die Engländer griffen Spanien 1589 erfolglos an; der Überfall auf Cadiz 1595 hatte jedoch mehr Erfolg. Englische Angriffe auf spanische Schatzschiffe gingen ebenso weiter wie die Unterstützung für die Revolte in den Niederlanden. Die englische Marine war auf dem besten Weg, in den folgenden Jahrhunderten eine wichtige Rolle in der kolonialen Expansion des Britischen Empire zu spielen.

Die Englisch-Niederländischen Seekriege

Die drei Englisch-Niederländischen Seekriege (1652–1654; 1665–1667; 1672–1674) erwuchsen aus der wirtschaftlichen Konkurrenz beider Nationen. Taktische Neuerungen, die in diesen Kriegen entwickelt wurden, bestimmten die Natur des Seekrieges bis zum Beginn des Dampfzeitalters Mitte des 19. Jh.

In der ersten Hälfte des 17. Jh. kam es zwischen den Niederlanden und England zu Rivalitäten bezüglich des Handels im Osten und mit den Ostseeanrainern sowie der Fischerei in den Nordmeeren. In England führten anti-niederländische Gefühle zum Erlass der Navigationsakte von 1651: Sie verkündete die englische Oberhoheit im Ärmelkanal und beschränkte den Handel in englischen Häfen auf englische Schiffe.

EINMAL NICHT GEGRÜSST...

Am 19. Mai 1652 (a. St.) löste ein Zwischenfall bei Dover den ersten Krieg aus. Eine niederländische Flotte weigerte sich, einer zahlenmäßig unterlegenen englischen Flotte unter Robert Blake Ehrerbietung zu erweisen. Im Gefecht verloren sie zwei Schiffe. Am 8. Juli wurde der Krieg erklärt; im selben Monat sanken 12 niederländische Schiffe bei der Verfolgung der Engländer in einem Sturm. Admiral Tromp wurde durch Admiral Witte de With ersetzt. Am 16. August waren die Niederländer vor Plymouth siegreich.

Am 28. September besiegte Robert Blake bei Kentish Knock die Niederländer unter de With. Tromp wurde zurückbeordert und angewiesen, einen Konvoi durch den Kanal zu eskortieren und mit einem zweiten zurückzukehren. Am 30. November besiegte er eine kleine englische Flotte und sicherte die Durchfahrt des Konvois. Die Engländer verstärkten ihre Flotte und fingen den zweiten Konvoi ab. In der dreitägigen Schlacht bei Portland im Februar 1653 konnte der Konvoi entkommen, aber 12 Kriegs- und 43 Handelsschiffe wurden versenkt.

DIE KIELLINIE

Seeschlachten im 17. Jh. waren chaotische Nahkämpfe, in denen die Niederländer mit ihren kleinen, flinken Schiffen einen Vorteil hatten. Blake stellte daraufhin die „Sailing and Fighting Instructions" auf, in denen er die Kiellinie vorstellte. Sie optimierte die englische Feuerkraft und negierte den Vorteil der Niederländer.

Am 2.-3. Juni wurde Tromp bei Gabbard dank der neuen Taktik geschlagen. Als die Engländer die niederländische Küste versperrten, stürzte sich Tromp am 31. Juli vor Scheveningen in die Schlacht, kam dabei jedoch ums Leben. Die demoralisierten Niederländer zogen sich zurück, aber die beschädigte englische Flotte konnte die Blockade nicht fortsetzen. Die Niederländer hatten in dem Krieg 1500 Handelsschiffe verloren und

ihre Wirtschaft war ruiniert. Beide Seiten waren nun kriegsmüde, aber der Friedensvertrag von Westminster (1654) begünstigte die Engländer, da er die Navigationsakte nicht aufhob.

DER ZWEITE KRIEG

Die englisch-niederländische Wirtschaftsrivalität setzte sich fort, verschärft durch den Geldbedarf der frisch wiederhergestellten englischen Monarchie unter Karl II. Dem zweiten Krieg gingen Kämpfe in Übersee, in Nordamerika, im Jahr 1665 voraus. Die Engländer gewannen die erste Seeschlacht am 3. Juni bei Lowestoft. Die Gefechte gingen an Land weiter, während die Niederländer ihre Flotte wiederaufbauten. Im Mai 1666 führte eine Einmischung der Franzosen zur Teilung der englischen Flotte, was die Niederländer sofort nutzten. In der darauffolgenden Viertageschlacht waren die Niederländer siegreich.

OBEN Michiel Adriaenszoon de Ruyter (1607–1676) war einer der berühmtesten Kommandanten in der niederländischen Geschichte und spielte eine entscheidende Rolle in allen drei Phasen der Englisch-Niederländischen Seekriege.

Am 25. Juli gewannen die Engländer die Schlacht bei St. James mit einer disziplinierten Kiellinie. Sie nutzen den Sieg zu einem verheerenden Überfall auf niederländische Handelsschiffe. Die Niederländer rächten sich. Am 12. Juni 1667 segelte de Ruyter den Medway hinauf, verbrannte drei Kriegsschiffe und eroberte zwei weitere. Die Unterzeichnung des Friedens von Breda beendete am 31. Juli 1667 den Krieg. Die Niederländer erhielten Handelsrechte und Surinam, während den Engländern Nieuw Nederland an der amerikanischen Ostküste zugesprochen wurde.

DER DRITTE KRIEG

Karl wollte den Krieg fortsetzen und ging ein Bündnis mit Frankreich ein. Im März 1672 flammte der Krieg wieder auf, als Admiral Robert Holmes einen niederländischen Konvoi angriff. Die Engländer unterstützten die französische Invasion der Niederlande, die aber durch die Schlacht von Solebay unterbrochen wurde, welche die Verbündeten gewannen. Zwei Gefechte bei Schooneveld (1673) endeten unentschieden, aber wieder wurde die Invasion unterbunden. Auch eine Schlacht bei Texel am 11. August sah keinen Sieger.

Im Februar 1674 wurde ein Friedensvertrag unterzeichnet. England wurde wirtschaftlich gestärkt; die Niederlande zogen sich aus allen Seekriegen zurück.

LINKS Edward Montagu (1625–1672), der 1. Earl von Sandwich, diente in der englischen Flotte und kam im dritten Englisch-Niederländischen Seekrieg in der Schlacht von Solebay ums Leben.

UNTEN In der Seeschlacht von Texel gab es keinen Sieger. Dieses Gemälde von Willem van de Velde aus dem Jahr 1683 zeigt das niederländische Schiff *Gouden Leeuw* in der Schlacht.

Die Schlacht von Trafalgar

Als sich die britische Flotte am sonnigen Morgen des 21. Oktober 1805 auf den Weg machte, ihren französischen und spanischen Feinden gegenüberzutreten, war nur wenigen die Bedeutung der anstehenden Schlacht bewusst, einer Schlacht, die der Höhepunkt eines langen Feldzuges zur Verhinderung des französischen Imperialismus war.

OBEN Lord Nelson (1758–1805), einer der größten englischen Helden, der ebenso staatsmännisch klug wie mutig war.

DER GROSSARTIGE NELSON

Lord Horatio Nelson, der britische Admiral, der die Flotte kommandierte, war ein einzigartiger Mann – ein Krieger, der Taktik und Strategie verstand, und dem seine Männer treu ergeben waren. Lord Nelson hatte sich immer wieder als meisterhafter Stratege bewiesen, und er verstand etwas von internationalen Angelegenheiten. Für einen der größten Admirale seiner Zeit, Sir John Jervis, später Lord St. Vincent, war er „eher ein Partner als ein untergebener Offizier." Vor der Seeschlacht von Kap St. Vincent (1797) bemerkte Nelson: „Ein Sieg ist für England lebenswichtig."

Nelson war ein herausragender Marinetaktiker. Bei Kap St. Vincent kommandierte er die *HMS Captain* und positionierte seine Schiffe – ohne Befehl – quer zur vorrückenden Linie spanischer Kriegsschiffe. Sein Zweidecker mit 74 Kanonen stand einem Vierdecker mit 136 Kanonen (dem damals größten Kriegsschiff)

gegenüber. Auf diese Weise verlangsamte er die spanische Flotte und ermöglichte es den restlichen Engländern, in den Kampf einzugreifen.

Nelson war ein Mann der Ehre, des Mutes und der Tatkraft, und als Kommandant, der an vorderster Front befehligte, erlitt er schreckliche Verletzungen. Nachdem er im Jahr 1797 in der Schlacht von Santa Cruz de Tenerife vom Schrot einer Kartätsche getroffen wurde, musste sein rechter Arm amputiert werden. Auf dem Rückweg zu seinem Schiff *HMS Theseus* lag Nelson halb bewusstlos in einem Rettungsboot. Zurück an Bord ließ er den Chirurgen rufen und sagte: „Ich weiß, dass ich meinen Arm verlieren werden, also je schneller, desto besser."

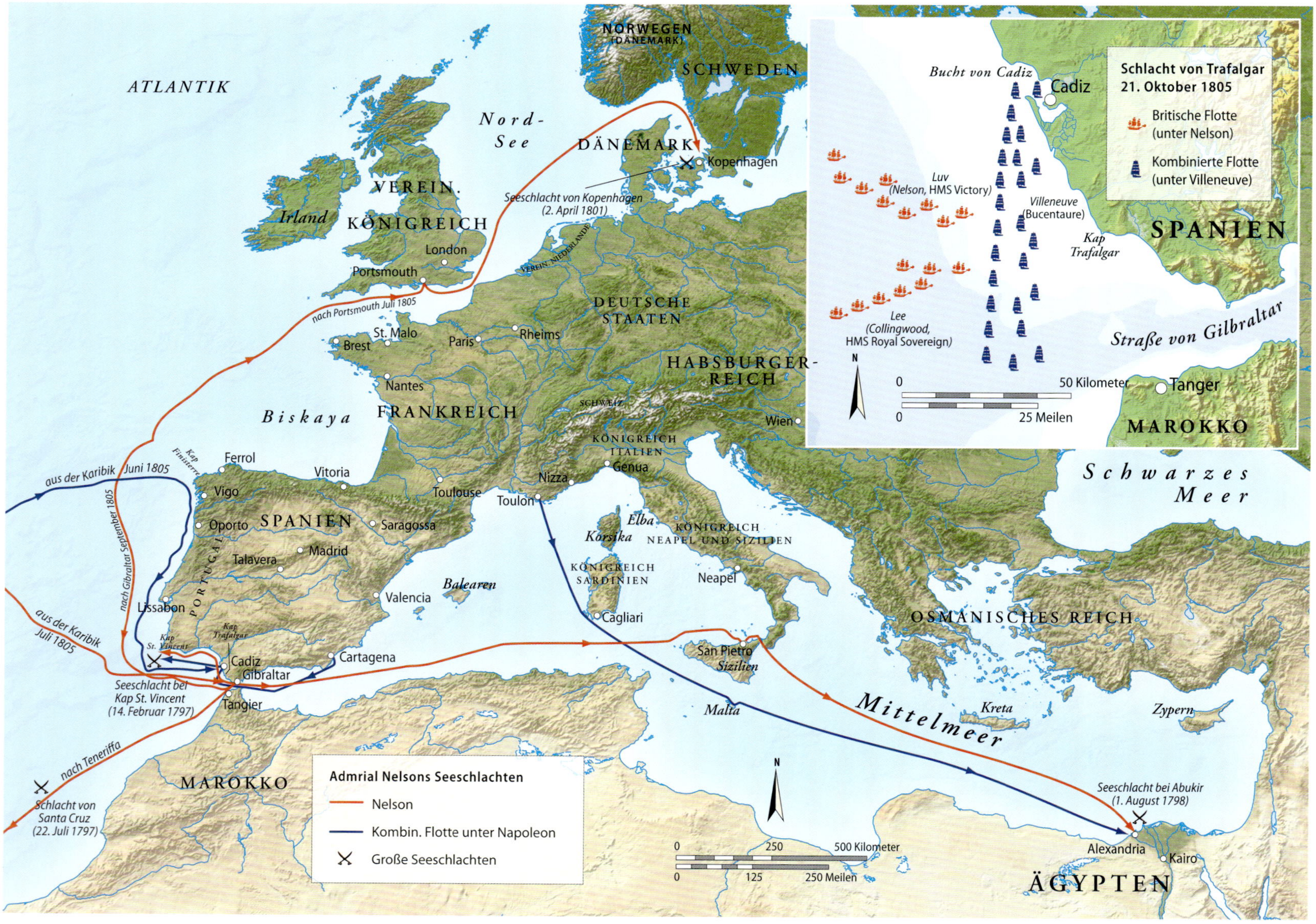

Nelson wusste, wann es sich lohnte zu kämpfen, und wann man besser Frieden schloss. Nachdem er 1801 bei Kopenhagen die dänische Flotte besiegt hatte, verhandelte er mit dem Kronprinzen von Dänemark,

um zu verhindern, dass er sich Napoleon anschloss. Mit einem erfolgreichen Waffenstillstand bewies er sein Geschick für Diplomatie und Strategie. In einer Dankesnote des Unterhauses hieß es: „Lord Nelson hat sich als ebenso weise wie tapfer gezeigt und bewiesen, dass sich Staatsmann und Krieger in einer Person vereinen können."

RULE BRITANNIA

Am 21. Oktober 1805 stellte Nelsons Flotte vor Kap Trafalgar, nördlich der Straße von Gibraltar, nach monatelanger Verfolgung die kombinierte französisch-spanische Flotte unter Admiral Villeneuve. Die Briten segelten los, um der feindlichen Kiellinie den Weg abzuschneiden. Am Vormittag gab Nelson die Anweisung, ein ermutigendes Signal zu hissen. Die Flaggen am Masttop der *HMS Victory* besagten: „England erwartet, dass jeder Mann seine Pflicht tun wird." Um 11.45 Uhr begann die Schlacht. Auf der *Victory* spielte das Orchester „Rule Britannia" und „Britons Strike Home", als sie, gefolgt von der *HMS Temeraire* und der *HMS Neptune,* das Feuer eröffnete. Ihr Gegner wehrte sich tapfer, aber die Briten waren überlegen und nach und nach gaben die französisch-spanischen Schiffe auf oder segelten von dannen.

Um 13.35 Uhr ging Nelson im Getöse der Breitseiten auf seinem Achterdeck auf und ab, als ein französischer Scharfschütze aus der Takelage der *Redoutable* auf die eindeutig uniformierte Figur schoss. Nelson starb kurz darauf, erfuhr aber vor seinem Tod noch von dem überwältigenden Sieg der Briten.

DIE BEDEUTUNG TRAFALGARS

Die Schlacht von Trafalgar war so entscheidend, da ihr Ausgang die Zukunft Großbritanniens und der Welt veränderte, über die es herrschte. Nachdem der Sieg errungen und die feindliche Flotte vernichtet worden war, mussten sich die Engländer nicht länger vor einer französischen Invasion via des Ärmelkanals schützen. Ohne den Bedarf, die Küsten zu patrouillieren, konnte sich die britische Marine darauf konzentrieren, die Meere zu beherrschen, und Napoleons Ambitionen würden durch das Land begrenzt, das er beherrschen konnte. Er konnte Amerika nicht angreifen oder die Meere als Transportweg für neue Eroberungen nutzen. Zudem hatte er keinen Zugriff auf Rohstoffe aus der Neuen Welt – Metall, Holz und anderes, das er zur Erweiterung seines Reiches benötigte.

Nach Trafalgar war die Royal Navy die nächsten 100 Jahre lang die alles beherrschende Seemacht.

OBEN Die Schlacht von Trafalgar am 21. Oktober 1805 war einer der bedeutendsten Siege Englands. Lord Nelsons Flotte triumphierte dabei über die kombinierten Seestreitkräfte der Franzosen und Spanier.

Der Spanisch–Amerikanische Krieg

Jahrzehntelange Spannungen wegen Kuba – seit Anfang des 16. Jh. in spanischer Hand – entluden sich im Spanisch-Amerikanischen Krieg von 1898, der das Ende des spanischen Imperiums in der Karibik und im Pazifik bedeutete und die Basis für die amerikanische Autorität in Übersee legte.

OBEN Als die *USS Maine* im Februar 1898 explodierte, starb ein Großteil der Besatzung.

UNTEN Die Schlacht in der Bucht von Manila war das erste große Gefecht des Krieges. Die USA siegte überragend.

Im Bemühen um die Unabhängigkeit lehnte sich Kuba 1895 gegen die spanische Herrschaft auf. Spanien gab nichts auf die amerikanischen Bedenken bezüglich ihrer Unterdrückung der Revolution noch über Beschwerden zu Störungen der US-Interessen. Als die *USS Maine* am 15. Februar im Hafen von Havanna zerstört wurde, eröffnete Amerika den Krieg.

SCHLACHT IN DER BUCHT VON MANILA

Bei der Kriegserklärung am 25. April wurde Commodore George Dewey, Kommandeur des Asiengeschwaders, beauftragt, die Spanisch-Philippinischen Geschwader auszuschalten. Dewey fuhr mit vier Kreuzern und zwei Kanonenbooten in die Bucht von Manila. Der spanische Kommandant Patricio Montojo versammelte seine Schiffe unter den Geschützen der Cavite-Marinebasis. Am 1. Mai griff Dewey an. Seine überlegene Feuerkraft verwüstete Montojos Flotte. Dewey eroberte Cavite, musste dann aber auf Verstärkung warten.

DIE BEFREIUNG KUBAS

Die Spanier hatten ein Geschwader aus vier Kreuzern und drei Zerstörern unter Konteradmiral Pascual Cervera nach Kuba gesandt. Die US-Nordatlantikflotte (unter Konteradmiral William Sampson) und die Flying Squadron (kommandiert von Commodore Winfield Scott Schley) suchten nach Cervera, der ihnen jedoch entkam und am 19. Mai Santiago de Cuba erreichte. Dort versammelte sich am 1. Juni die amerikanische Flotte mit fünf Schlachtschiffen, zwei Kreuzern und zwei umgebauten Jachten. Ihr Versuch, die Hafeneinfahrt durch die Versenkung der *USS Merrimac* zu blockieren, scheiterte jedoch.

Da der Fall Santiagos durch die US-Bodentruppen unmittelbar bevorstand, floh Cervera am 3. Juli aus dem Hafen der Stadt. Die Spanier flohen westwärts, verfolgt von der amerikanischen Flotte. Trotz schwacher Schießleistungen seitens der Amerikaner wurden alle spanischen Schiffe zerstört oder auf Grund getrieben, wobei 323 Seeleute starben.

Nach dem Zusammenbruch der spanischen Macht wurde aus den USA eine Weltmacht. Die neue US-Navy hatte sich im Krieg bewährt – es war der Beginn ihres Aufstiegs zur vorherrschenden Seemacht des 20. Jh.

Die Skagerrakschlacht

Am 31. Mai 1916 trafen Großbritanniens Grand Fleet, kommandiert von Admiral John Jellicoe und die deutsche Hochsee-flotte unter Admiral Reinhard Scheer in der Nordsee vor Jutland aufeinander. Was folgte, war eine der größten Seeschlach-ten aller Zeiten. Die Grand Fleet war der deutschen Flotte, die die Briten um jeden Preis vernichten wollten, zahlenmäßig haushoch überlegen. Ziel der Deutschen war es, die Überlegenheit der Briten zu brechen.

Am 31. Mai um 1.00 Uhr morgens lief die deutsche Flotte in die Nordsee aus, mit dem Ziel, die von Vizead-miral David Beatty kommandierten britischen Kreuzer über eine U-Bootfalle zu locken. Von ihrem Geheim-dienst gewarnt fuhr die restliche britische Flotte jedoch von Scapa Flow auf den Orkney-Inseln nach Süden.

ANGRIFF DER KAMPFKREUZER

Gegen 15.30 Uhr trafen die deutschen Kampfkreuzer unter Admiral Franz Hipper auf Beattys Geschwader. Ein heftiges Gefecht entließ die Deutschen als Sieger.

Beattys Bericht an Admiral Jellicoe mangelte es an Details. Ohne Wissen über den Verbleib der Hochsee-flotte stellte Jellicoe seine Schiffe in Kiellinie vor den deutschen Schiffen auf. Bei schlechter Sicht befand sich die Grand Fleet in perfekter Position und eröffnete um 18.17 Uhr das Feuer. Admiral Scheer versuchte auszu-weichen, doch Jellicoe schnitt ihm den Weg ab.

GEFECHTE IN DER NACHT

Wieder wendete Scheer und lief Jellicoe erneut in die Arme. Unter schwerem Beschuss, versuchte die Hoch-seeflotte mithilfe von Deckungsfeuer ihrer Schlacht-kreuzer zu entkommen. Ein Torpedoangriff zwang Jellicoe, vom Kurs abzuweichen, aber bald setzte er wieder Kurs, um zu verhindern, dass Scheer zu seiner Basis in Wilhelmshaven gelangte. Jellicoe wurde jedoch durch mangelnde Informationen seitens der Admirali-tät und seiner eigenen Kräfte, die verwirrende Nachtge-fechte führten und ein altes Schlachtschiff versenkten, behindert. So gelang es Scheer letztlich doch, mit seiner geschundenen Flotte in den Stützpunkt zu fliehen.

Die Briten verloren mehr Schiffe und Männer als die Deutschen und waren schwer enttäuscht, den geplanten deutlichen Sieg verfehlt zu haben. Dennoch hatten die Deutschen nach der Skagerrakschlacht die Kontrolle über die Nordsee verloren.

OBER Der britische Schlacht-kreuzer *HMS Lion*, Vizeadmiral Beattys Flaggschiff, greift bei der Skagerrakschlacht ins Kampfge-schehen ein. Es war die größte Seeschlacht des Ersten Weltkrieges.

Die Schlacht am Rio de la Plata

Die erste große Seeschlacht des Zweiten Weltkrieges fand in der Mündung des zwischen Uruguay und Argentinien gelegenen Rio de la Plata statt. In dem Gefecht wurde ein wichtiges deutsches Schlachtschiff versenkt und die Moral der Alliierten gestärkt.

OBEN Die *HMS Exeter* zeigt nach dem Gefecht mit der *Admiral Graf Spee* ihre Narben. Die *Exeter* wurde nach der Schlacht vollständig überholt. 1942 wurde sie in Ostindien von den Japanern versenkt.

RECHTS Die *Admiral Graf Spee* brennend vor Montevideo, Uruguay. Ein Großteil ihres Deckaufbaus blieb nach dem Sinken sichtbar. 2004 begann ein Bergungsteam mit der Hebung des Wracks.

Das Panzerschiff *Admiral Graf Spee* unter Kapitän Langsdorff stach kurz vor Kriegsbeginn in See. Mit 28-cm-Geschützen bewaffnet sowie einer Durchschnittsgeschwindigkeit von 25 Knoten war sie den Schiffen der Alliierten in vieler Hinsicht überlegen. Sie versenkte neun Handelsschiffe, bevor sie am 13. Dezember 1939 die Mündung des Rio de la Plata erreichte, um die alliierte Schifffahrtsroute zu stören.

Commodore Harwood, Kommandant der Royal-Navy-Kreuzer *HMS Ajax*, *Achilles* und *Exeter*, hatte dies vorausgeahnt und seine Schiffe in Stellung gebracht. Gegen 6.14 Uhr wurde die *Graf Spee* gesichtet. Die britische Flotte hatte sich geteilt, um das Feuer der *Graf Spee* abzulenken. Die mit 20-cm-Geschützen ausgerüstete *Exeter* wandte sich nach Westen, während zwei Leichte Kreuzer auf die andere Flanke wechselten.

Zunächst konzentrierte sich *Graf Spee* auf die *Exeter* und beschädigte diese schwer. Im Gegenzug traf die *Exeter* die *Graf Spee* dreimal. Um 6.25 Uhr griffen die Leichten Kreuzer ein. Im Rauch des Geschützfeuers wendete die *Graf Spee,* und *Ajax* und *Achilles* nahmen die Verfolgung auf. Sie trafen sie mehrfach, aber Versuche, ihre Feuerkraft zu konzentrieren, wurden durch Kommunikationsprobleme behindert. Um 7.30 Uhr verlor die *Ajax* zwei Geschütztürme; kurz danach wurde die *Exeter* auf die Falklandinseln beordert.

BLOCKADE DER GRAF SPEE

Langsdorff las nun den Kampf falsch. Anstatt seinen Vorteil zu nutzen fuhr er nach Montevideo, beschattet von den britischen Kreuzern. Als die *Graf Spee* in den Hafen eindrang, gingen die britischen Schiffe mit Unterstützung des Schweren Kreuzers *HMS Cumberland* in Stellung, um ihr den Weg zu versperren. Durch komplizierte diplomatische Manöver versuchten die Briten das Auslaufen der *Graf Spee* zu verhindern, bis Verstärkung eintraf.

Am 17. Dezember beendete Langsdorff die ausweglose Situation, indem er in die Mitte der Flussmündung fuhr und die *Graf Spee* selbst versenkte, nachdem die Besatzung sicher nach Argentinien gebracht worden war. Seine Motive sind bis heute unklar, da er kurz darauf Selbstmord beging.

Laut Winston Churchill war der Verlust des deutschen Kaperschiffes „ein heller Lichtstrahl" im „kalten, dunklen Winter".

Die Seegefechte von Guadalcanal

Bei zwei verzweifelten Seegefechten versenkten die Amerikaner – unter hohen Kosten – zwei Kriegsschiffe der Japaner und machten deren Versuch zunichte, ihre Truppen auf Guadalcanal im Westpazifik an Land zu setzen. Henderson Field, der kleine Flughafen der Insel, wurde zu einem strategischen Schlachtfeld im Pazifikkrieg.

In der Nacht vom 12. November 1942 versuchten die Japaner, einen Konvoi aus elf Truppentransportern mit Zerstörereskorte nach Guadalcanal zu bringen. Ein Geschwader mit den Schlachtschiffen *Hiei* und *Kirishima*, begleitet von dem Kreuzer *Nagara* und elf Zerstörern, deckte den Truppenkonvoi und sollte Henderson Field bombardieren. Ziel war es, das Flugfeld auszuschalten und so die Oberhand zu gewinnen.

Die amerikanische Flotte bestand aus den Kreuzern *San Francisco*, *Portland*, *Helena*, *Atlanta* und *Juneau* sowie acht Zerstörern unter den Konteradmiralen Daniel Callaghan und Norman Scott. Callaghan hatte seinen Schiffen, von denen einige ganz neu bei ihm waren, bis dahin keinen Schlachtplan offenbart.

AUF KOLLISIONSKURS

Am Morgen des 13. November stießen die Flotten aufeinander. Die Kampfhandlung entwickelte sich rasch zu einem verwirrenden Gefecht auf sehr kurze Distanz, beleuchtet von Geschützfeuer, Explosionen und Suchscheinwerfern. Die Japaner mussten sich zurückziehen und die *Hiei* zurücklassen, die am nächsten Tag versenkt wurde. Zudem verloren sie zwei Zerstörer; weitere Schiffe wurden schwer beschädigt.

Die Amerikaner verloren einen Kreuzer und vier Zerstörer; nur die *Helena* und ein Zerstörer blieben unbeschädigt. Scott und Callaghan kamen ums Leben; die *Juneau* wurde später von einem U-Boot versenkt. Der japanische Vorstoß war zunächst jedoch gestoppt.

Am 14. November beschossen japanische Kreuzer Henderson Field, und der Konvoi setzte seinen Weg fort. Durch Luftangriffe wurden ein Kreuzer und sieben Transporter versenkt. In der Nacht näherten sich das Schlachtschiff *Kirishima*, vier Kreuzer und neun Zerstörer erneut, um Henderson Field zu bombardieren, während die Truppen von Bord gingen.

Die Amerikaner schickten ihre Schlachtschiffe *Washington* und *South Dakota* mit vier Zerstörern los, um die Japaner abzufangen. Beim folgenden Nachtgefecht beschädigte die *Kirishima* die *South Dakota* schwer, wurde aber zusammen mit einem Zerstörer von der *Washington* so schwer beschossen, dass sie am nächsten Tag versenkt werden musste. Auch drei amerikanische Zerstörer sanken.

Vier Transporter landeten auf Guadalcanal, verloren aber zahlreiche Männer durch Luft- und Seebeschuss. Trotz schwerer Verluste hatten die Amerikaner Henderson Field gerettet.

OBEN Dieses Foto, das am 12. November 1942 von der *USS President Adams* aus vor der Küste Guadalcanals aufgenommen wurde, zeigt die *Jackson* bei einer 90-Grad-Wende nach Steuerbord, um weiterem Beschuss zu entgehen. Über dem Meer sieht man Rauch und Geschützfeuer.

Die Schlacht im Korallenmeer

Die Schlacht im Korallenmeer, die im Mai 1942 vor der australischen Ostküste stattfand, war
ein bedeutendes Gefecht zwischen Einheiten der Kaiserlich-Japanischen Marine und der
US-Navy sowie der Royal Australian Navy.

Obwohl die Schlacht nicht entscheidend war, hatte ihr Ausgang Konsequenzen für die Schlacht bei Midway. Weiterhin signalisierte sie das Ende des Schlachtschiffes als wichtigstem Teil der Flotte und verkündete die Ankunft des Flugzeugträgers als Nachfolger. Es war die erste Schlacht, in der sich die gegnerischen Schiffe nicht sichteten oder in Geschützreichweite kamen.

JAPANISCHE ERFOLGE

Nach der Attacke auf Pearl Harbor waren die japanischen Streitkräfte sehr erfolgreich. Sie hatten die Malaiische Halbinsel angegriffen und Singapur erobert. Auch die Philippinen waren gefallen, und General MacArthur, der Oberkommandierende der alliierten Flotte, hatte sich nach Melbourne zurückgezogen. Die Japaner waren auf zahlreichen Inseln im heutigen Indonesien gelandet und hatten ihre Macht gefestigt.

Ermutigt durch die Leistungen, plante das japanische Oberkommando nun die Eroberung Neuguineas. Das würde ihnen Kontrolle über die Ostküste Australiens geben und verhindern, dass der strategisch äußerst bedeutende Kontinent von den Alliierten als „Flugzeugträger" genutzt wird. Australien galt als zu schwach, um allein zu bestehen, und würde letztlich ohnehin an die Japaner fallen.

UNTEN Konteradmiral Frank Fletcher war Kommandant der gemeinschaftlichen US-australischen Streitkräfte bei der Schlacht im Korallenmeer (1942).

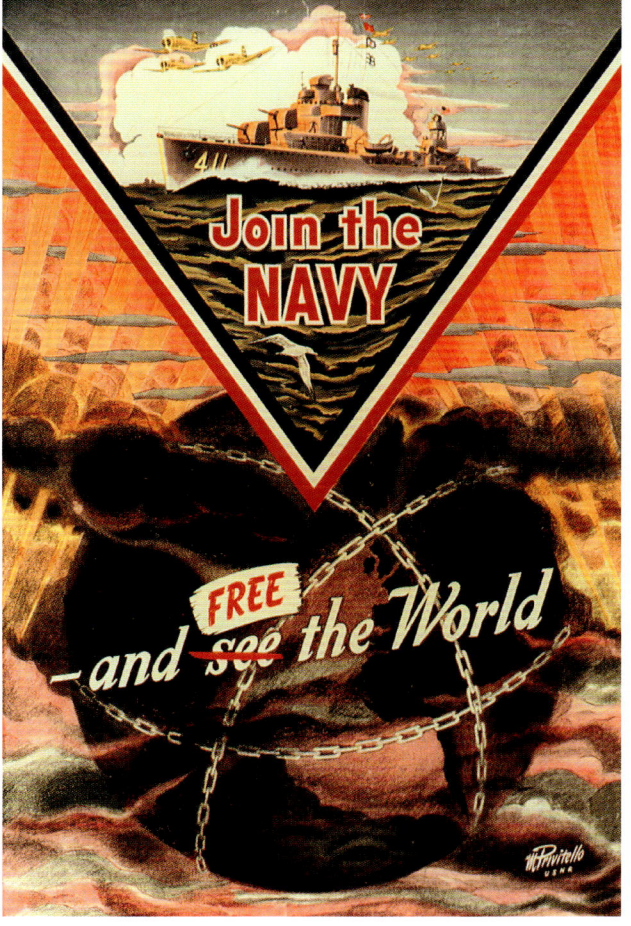

RECHTS Rekrutierungsstrategien wie dieses Plakat wurden den gesamten Pazifikkrieg hindurch von der US-Navy eingesetzt.

INVASION IN NEUGUINEA

Geplant war eine Invasion vom Norden und die Landung in Port Moresby. Ein japanisches Einsatzkommando mit dem leichten Träger *Shoho* wurde abkommandiert, jede Unterbrechung abzuwenden. Zwei schwere Träger, *Shokaku* und *Zuikaku,* wurden ebenfalls dazu abgestellt, notfalls einzugreifen.

Zwei alliierte Kampfgruppen unter Konteradmiral Frank Fletcher mit den Flugzeugträgern *Yorktown* und *Lexington* brachten sich in Stellung, die Landung aufzuhalten. Durch schlechtes Wetter und schwache Aufklärungsarbeit hatten beide Truppen Probleme, einander zu lokalisieren. Aufklärung auf See war damals äußerst schwierig – Schiffe, die von Flugzeugen gesichtet wurden, die hoch genug flogen, um der Luftabwehr auszuweichen, wurden häufig falsch identifiziert – so auch diesmal. Drei Tage lang suchten die Alliierten erfolglos nach den Japanern.

Am 7. Mai begingen beide Seiten schwere Fehler. Die alliierte Kampfgruppe wurde aufgeteilt; acht Schiffe, angeführt von dem Schlachtkreuzer *Australia,* sollten die Invasionsflotte zerstören. Die restliche Flotte, die nicht ahnte wie groß der Feind tatsächlich war, schickte eine Luftkampfgruppe gegen „zwei Träger und vier Kreuzer". Durch reines Glück entdeckten die Flugzeuge die *Shoho* und ihr Begleitgeschwader und griffen an. Das Schiff wurde von 13 Bomben und 7 Torpedos getroffen und sank. Die Japaner hatten inzwischen eine Kampfgruppe ausgesandt, die – laut ihrer eigenen Aufklärung – „einen Träger und einen Kreuzer" angreifen sollte. Tatsächlich handelte es sich jedoch um ein US-Tankschiff und einen Zerstörer, die beide versenkt wurden.

DIE EIGENTLICHE SCHLACHT

Inzwischen hatten die Japaner die Gefahr erkannt und zogen ihre Landungstruppen zurück. Ihre Trägergruppe jagte weiter das alliierte Hauptkontingent und sandte eine Luftkampfgruppe aus. Bei schlechtem Wetter fanden sie ihr Ziel nicht und mussten ihre Flugkörper abwerfen, um zur Basis zurückzukehren. Dabei flogen sie direkt über ihren Feind – mit katastrophalem Resultat: Nur 7 von 27 Flugzeugen kehrten

zurück. Am Morgen des 8. Mai kam es zum ersten echten Flugzeugträgergefecht in der Geschichte.

Flugzeuge von beiden Seiten fanden rasch ihr Ziel. Zwei Bomben trafen die *Shokaku*; ihr Flugdeck wurde beschädigt und im Bug brach Feuer aus. Japanische Piloten beschossen die *Lexington* mit zwei Torpedos und zwei Bomben und steckten sie in Brand, und die *Yorktown* wurde von einer schweren Bombe getroffen. Das Feuer auf der *Lexington* war nicht unter Kontrolle zu bringen, sodass sie schließlich sank. Die Japaner verloren 42 Flugzeuge, die Amerikaner 33.

Das Ergebnis der Schlacht war bedeutsam. Der japanische Angriff auf Port Moresby war verhindert worden. Die Japaner hatten aber einen taktischen Sieg errungen: Die *Lexington* war ein wesentlich größerer Verlust als die *Shoho*. Zudem glaubten sie, ihre geplante Invasion bei Midway würde durch die amerikanischen Verluste gestärkt. Aber weder *Shokaku* noch *Zuikaku* sollten an dieser Schlacht teilnehmen – die Schlacht bei Midway sollte zu einem Desaster für die Japaner werden und den Anfang vom Ende bedeuten.

OBEN Bei der japanischen Bombardierung der *Lexington* am 8. Mai brach an Bord Feuer aus, das nicht kontrolliert werden konnte. Am Ende sank der gewaltige Flugzeugträger.

LINKS Überlebende der *USS Lexington* verlassen nach dem Angriff das Schiff. Obwohl vielen die Flucht gelang, starben über 200 Besatzungsmitglieder bei den Explosionen.

Die Schlacht um Midway

Vor der Schlacht um Midway hatten die Japaner große Ambitionen. Seit Pearl Harbor trumpften sie auf und waren den alliierten Seestreitkräften überlegen. Trotz der Niederlage bei der Schlacht im Korallenmeer Anfang Mai 1942 besaßen sie noch immer mehr Flugzeugträger und Schlachtschiffe als die Amerikaner, ihr Hauptgegner.

Durch die Eroberung der Insel Midway nordwestlich Hawaiis könnten die Japaner die Amerikaner dazu zwingen, ihre Operationen nur noch von der Westküste auszuführen. In einer Schlacht, die nur wenige Stunden dauerte, sollten sich diese Ambitionen in Luft auflösen.

AMERIKANISCHER VORTEIL

Die Amerikaner waren im Vorteil – sie hatten einen Großteil des japanischen Codes entziffert und wussten von dem geplanten Angriff auf Midway. Rasch brachten sie lebenswichtige Vorräte auf die Insel – Munition, Stacheldraht sowie B-17-Bomber.

Inzwischen sammelte sich die japanische Flotte im Westen, davon überzeugt, auf eine unterlegene Flotte zu treffen. In der Schlacht im Korallenmeer hatten sie einen kleinen Träger verloren – die *Shoho* –, dafür aber die große *Lexington* versenkt, und sie glaubten, die Schäden an der *Yorktown* hätten diese ausgeschaltet. Sie erwarteten, auf nur zwei amerikanische Flugzeugträger zu stoßen.

Die Dockarbeiter in Pearl Harbor führten aber in nur drei Tagen Reparaturen an der *Yorktown* aus, die normalerweise drei Monate gedauert hätten. Am 29. Mai stachen die Träger *Hornet* und *Enterprise* in See, am folgenden Tag die *Yorktown*. Dank der frühen Abfahrt entwischten die 8 amerikanischen Kreuzer und 14 Zerstörer den 12 japanischen U-Booten, die sich zum Angriff sammelten. Flottenkommandant Frank Fletcher hatte eine simple Strategie – japanische Träger finden und zerstören.

ANGRIFF AUF MIDWAY

Am Morgen des 3. Juni sichtete ein PBY Catalina Flugboot die japanische Flotte. Eine Kampfstaffel von B-17-Bombern startete von Midway aus ihren Angriff.

Sie erreichten ihr Ziel am Abend, trafen aber nichts. In der Zwischenzeit bereiteten die Japaner ihren ersten Angriff vor – die Hälfte ihrer Flugzeuge sollte Midway selbst angreifen. Der Rest wurde als Reserve zurückgehalten, für den Fall, dass sie die amerikanische Flotte angreifen müssten. Die Verteidiger Midways hatten Glück. Sie hatten jedes ihrer Flugzeug zu einem neuen Angriff gestartet, sodass sie bei dem Luftschlag kein einziges am Boden verloren.

AMERIKANISCHER LUFTANGRIFF

Wohl wissend, dass ein zweiter Angriff auf Midway nötig war, ließ Admiral Naguno die Geschütze bei den restlichen Flugzeugen auf Landziele einstellen. Gleichzeitig entdeckte ein Aufklärungsflugzeug die US-Flotte, aber es war zu spät – die amerikanischen Flugzeuge waren bereits auf dem Weg.

Die amerikanischen Bomber sahen gegen die verteidigenden Zeros schlecht aus; 35 von 41 wurden abgeschossen. Die Sturzkampfflugzeuge hatten mehr Erfolg und trafen die drei Träger *Akagi*, *Kaga* und *Soryu*. *Hiryu* gelang es, eigene Flugzeuge zu starten, die die *Yorktown* dreimal trafen. Aber auch der vierte japanische Träger *Hiryu* wurde versenkt. Pearl Harbor war gerächt, denn alle vier japanischen Träger waren sieben Monate zuvor an dem Angriff beteiligt gewesen.

NACHWIRKUNGEN

Admiral Nagumo verfügte noch immer über eine beachtliche Streitkraft, wenn es ihm auch an Kampfflugzeugen mangelte. Um eine Chance zu haben, musste die US-Flotte aber in Reichweite der Geschütze und Torpedos kommen. Admiral Fletcher war auf der *Yorktown* gewesen und hatte Admiral Spruance die taktische Kontrolle übergeben. Er hatte nicht vor, seine Träger zu verlieren.

Nagumo hätte Midway beschießen können, hätte seine Schiffe aber dafür den Angriffen der Kampfflugzeuge Midways aussetzen müssen. Stattdessen zog er sich zurück. Amerikanische Flugzeuge verfolgten ihn und versenkten am 6. Juni den Kreuzer *Mikuma*. Die *Yorktown* wurde in der Zwischenzeit nach Pearl Harbor geschleppt, aber ein japanisches U-Boot *I-168* versenkte sie und den Zerstörer *Hammann* auf dem Weg. Es waren die einzigen Schiffe, die die Amerikaner bei Midway verloren. Im Laufe der nächsten drei Jahre wurden die Japaner immer weiter zurückgedrängt, bis sie aufgaben. Die Niederlage bei Midway, die erste auf See seit 350 Jahren, war der Anfang vom Ende.

UNTEN Die *USS Yorktown* hat nach der Bombardierung durch japanische Flugzeuge und Torpedos in der Schlacht von Midway im Juni 1942 schwere Schlagseite. Ein US-Zerstörer ist zur Stelle, um gegebenenfalls Hilfe zu leisten.

Kriegsflotten bei den Schlachten um Midway und im Korallenmeer, Mai–Juni 1942

- Von Japan kontrolliertes Gebiet, Mai 1942
- Japanische Flotte
- Kaiserlich-Japanische Marine
- Alliierte Flotte
- All. Task Force 17 (Korallenmeer) unter Fletcher
- Alliierte Task Force 16 unter Spruance
- Alliierte Task Force 17 (Midway) unter Fletcher
- Große Seeschlachten

UDSSR

ALASKA
USA

Ochotskisches
Meer

Beringmeer

Golf von
Alaska

Kurilen

Nördliche Flotte
unter Hosogaya

PAZIFIK

JAPAN
Tokio
Yokohama

Trägerkampfgruppe
unter Nagumo

Midway-
Inseln

Schlacht um Midway
4.–6. Juni 1942

CHINA

Taiwan

HONG-
KONG

Oahu
Pearl Harbor

Nördlicher Wendekreis

Erste Flotte unter
Yamamoto

Zweite Flotte
unter Raizo

Maui

Hawaii

Golf von
Bengalen

Süd-
chin.
Meer

PHILIPPINEN

Marianen

Hawaii

Palau

Karolinen

Begleitgruppe
unter Kurita

MALAYSIA

SINGAPUR

Borneo

Kampftruppe
unter Takagi

Marshall-
Inseln

Äquator

INDONESIEN

Port Moresby
Invasionstruppe

Neuguinea
Port Moresby

Salomon-
Inseln
Tulagi

Lexington-Trägergruppe
unter Fitch

N

INDISCHER

OZEAN

Korallen-
meer

Schlacht im Korallenmeer
Mai 1942

Fidschi
Tonga

0   1000   2000 Kilometer

Südlicher Wendekreis

AUSTRALIEN

All. Navygruppe
unter Crace

Neukaledonien
Yorktown-Trägergruppe
unter Fletcher

0   500   1000 Meilen

OBEN Eine Staffel Douglas „Devastator" Torpedobomber auf der *USS Enterprise* klappt in Vorbereitung auf den Start ihre Tragflächen aus. Bei der Schlacht von Midway erlitten die Amerikaner durch japanische Flugzeuge schwere Verluste, blieben aber standhaft und besiegten die japanischen Truppen letzten Endes.

See- und Luftschlacht im Golf von Leyte

Die Schlacht im Golf von Leyte in den Philippinen – 23.-26. Oktober 1944 – war das letzte Aufbäumen der Kaiserlich-Japanischen Marine im Zweiten Weltkrieg. Trotz ihres enormen Kampfgeistes verlor sie durch miserable strategische Planung sowie dem Versagen, ihre Streitkräfte zu konzentrieren und den möglichen Erfolg festzuhalten.

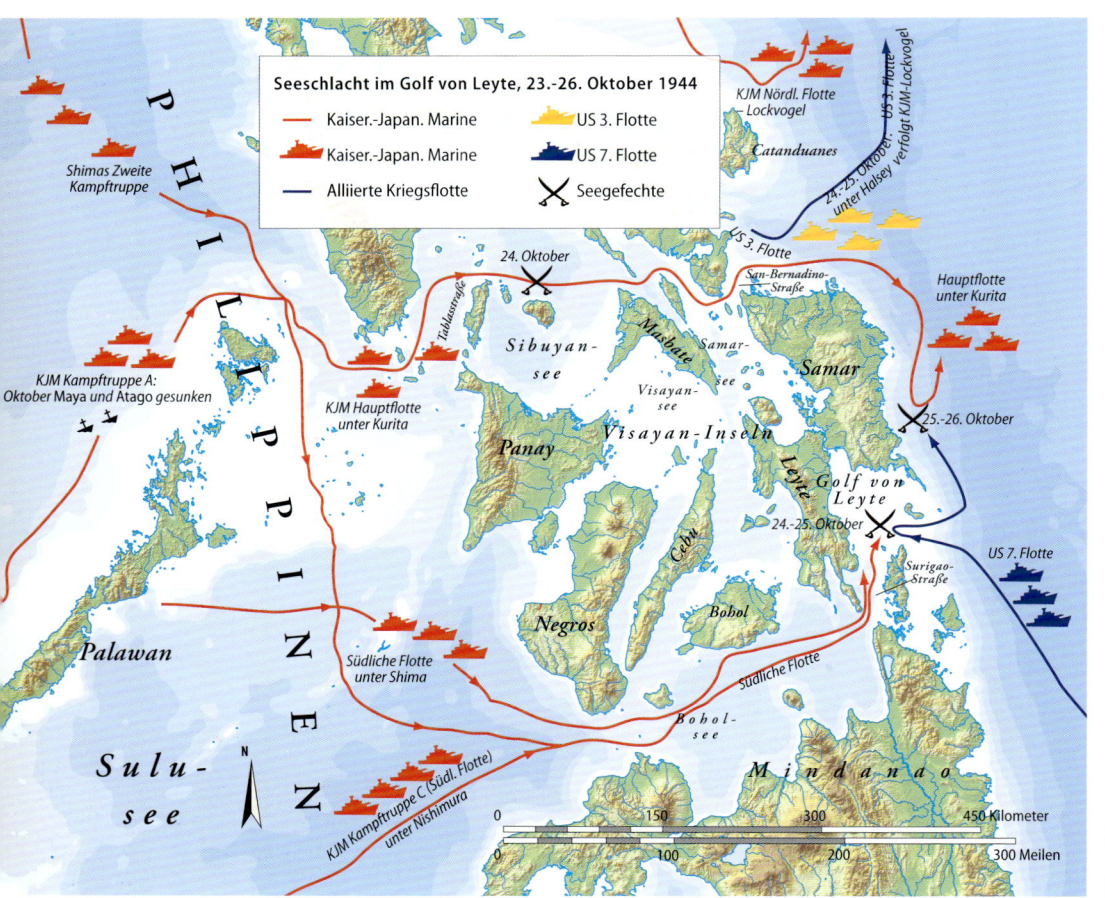

Seeschlacht im Golf von Leyte, 23.-26. Oktober 1944
- Kaiser.-Japan. Marine
- Kaiser.-Japan. Marine
- Alliierte Kriegsflotte
- US 3. Flotte
- US 7. Flotte
- Seegefechte

DIE STRATEGIE

Fast drei Jahre nach Pearl Harbor mangelte es der japanischen Marine an Kampfpiloten. Also wollten sie Flugzeugträger als Köder nutzen, um die alliierte Flotte zu teilen, die eine Landung im Osten der Philippinen plante. Nachdem die Träger in Japan gestartet waren, sollten drei Flotillen aus Süden und Westen kommend die feindlichen Landungstruppen vernichten.

DAS GEFECHT

Beim ersten Gefecht wurden zwei Kreuzer der KJM-Kampfgruppe A, *Maya* und das Flaggschiff *Atago*, von den U-Booten USS *Darter* und USS *Dace* versenkt, und Admiral Kurita musste sich schwimmend retten. Am nächsten Tag griffen an Land stationierte Flugzeuge die US Third Fleet an; dabei wurde der Leichte Kreuzer USS *Princeton* versenkt. Im Gegenzug versenkten die Amerikaner das Superschlachtschiff *Musashi*.

Am 24. Oktober fuhr Gruppe C unter Admiral Nishimura mit zwei Schlachtschiffen, einem Kreuzer und vier Zerstörern in die Surigaostraße ein. Sie trafen auf US-Schlachtschiffe, Kreuzer, Zerstörer und PT-Schnellboote, und nur ein japanisches Schiff entkam.

Im Norden hatte die Flotte von US-Admiral Halsey die Köder gesichtet und nahm die Verfolgung auf, was es Admiral Kurita ermöglichte, aus der San-Bernadino-Straße aufzutauchen. Die sechs leichten Träger der US-Flotte unter Konteradmiral Sprague wurden völlig überrascht und ergriffen die Flucht. Nach der Versenkung der USS *Gambier Bay* war der Sieg für Vizeadmiral Kurita bereits greifbar, als er plötzlich seine Schiffe zurückrief, weil er glaubte Gefahr zu laufen, von Halsey festgesetzt zu werden.

KAMIKAZE

Nun wurden die Amerikaner mit einer dramatischen neuen Taktik angegriffen – Kamikazepiloten stürzten sich auf ihre Ziele. Die USS *St. Lo* wurde versenkt und weitere Schiffe beschädigt. Die japanischen Träger wurden durch massive Luftangriffe zerstört. Der Verlust von drei Schlachtschiffen, vier Trägern, zehn Kreuzern und neun Zerstörern gab der KJM den Rest.

Der Golf von Leyte war vielleicht die letzte große Seeschlacht. Dank moderner Lenkwaffen und besserer Flugzeuge würde heute wohl kein Kommandant mehr seine Flotte dieser Gefahr aussetzten.

LINKS Feuerwehrmänner an Bord der USS *Intrepid* bekämpfen die Brände, die durch einen Kamikazeangriff in der Schlacht im Golf von Leyte ausgelöst wurden.

Der Falklandkrieg

Am 2. April 1982 marschierte Argentinien, das von einer Militärdiktatur regiert wurde, auf den Falklandinseln ein, eine Gruppe von Inseln vor der Küste, die Argentinien als Malwinen für sich beanspruchte. Die Inselbewohner waren jedoch 100 Prozent britisch, und Großbritannien reagierte mit der Entsendung einer maritimen Kampfgruppe. Beim ersten Gefecht am 26. April wurde Südgeorgien zurückerobert; dabei verloren die Argentinier das U-Boot *Santa Fe*.

DIE BRITISCHE KAMPFGRUPPE

Die um zwei Flugzeugträger gruppierte britische Kampfgruppe, deren Aufgabe es war, die argentinische Luftwaffe abzuwehren, begab sich mit einer amphibischem Einsatzkommando an Bord zu den Falklandinseln. Die argentinische Luftwaffe und Marine waren sehr stark – 220 argentinische Kampfflugzeuge standen 33 britischen Harriern gegenüber; was die Erfahrung anbelangte, waren sie jedoch weit unterlegen.

Argentiniens Trägerkampfgruppe, inklusive der *25 de Mayo*, nährte sich der britischen Flotte von Norden. Aus dem Süden kam der Kreuzer *General Belgrano* mit zwei Zerstörern, um die Briten in die Zange zu nehmen. Die *Belgrano* wurde jedoch von dem Nuklear-U-Boot *HMS Conqueror* versenkt. Schlechtes Wetter verhinderte den Start der argentinischen Flugzeuge.

Aus dem Krieg wurde ein Gefecht argentinischer Kampfflugzeuge gegen die Flotte der Royal Navy. Am 4. Mai versenkten die Argentinier den Zerstörer *HMS Sheffield* mit einer Exocet-Rakete. Siebzehn Tage später landeten die ersten amphibischen Truppen, wobei die Fregatten *HMS Ardent* und *HMS Antelope* versenkt wurden. Im Gegensatz zu den britischen Harriern wurden viele argentinische Flugzeuge abgeschossen.

DAS LANDGEFECHT

Das amphibische Einsatzkommando machte sich in einem verworrenen Kampf daran, die Inseln zurückzuerobern. Diesen Teil der Schlacht hätte Argentinien gewinnen müssen, das zahlenmäßig überlegen war und feste Verteidigungseinrichtungen besaß. Ihnen mangelte es aber an der Professionalität der Briten. Zudem

waren unter den argentinischen Soldaten viele Wehrpflichtige, die keine Lust zum Kämpfen hatten und deren Moral durch das Versagen ihrer Marine und Luftwaffe zusätzlich geschwächt war. Trotz des Verlustes vier weiterer Schiffe überwältigten die Briten ihre Gegner und am 14. Juni 1982 ergab sich Argentinien.

Der Falklandkrieg bewies die Fähigkeit der Royal Navy, einen Krieg fern der Heimat zu führen und zu gewinnen – ein großer logistischer Erfolg.

OBEN Britische Kommandosoldaten an Bord der *HMS Hermes*, die sich darauf vorbereiten, auf andere Schiffe verteilt zu werden, wo sie im April 1982 auf ihre Abkommandierung zu den Falklandinseln warten sollen.

LINKS Die ausgebombten Ruinen des argentinischen Stützpunktes auf Thule, einer Insel der Südlichen Sandwich-Inseln.

Unzähmbare Wellen

Drei Viertel unseres Planeten sind von Wasser bedeckt, deshalb ist es nur natürlich, dass die Verbreitung des Menschen und die Erkundung der Erde stets auch das Meer mit einbezogen haben. Tausende von Jahren haben Seefahrer die Ozeane erforscht, darauf gehandelt und manchmal auch ihre Konflikte ausgetragen. Je größer die zurückgelegten Distanzen wurden, desto hochentwickelter mussten die Fahrzeuge sein, desto mehr Fachwissen und Erfahrung benötigten die Seeleute. Keine Technik und Erfahrung ist aber jemals ausreichend, um mit all dem umzugehen, dem die Weltmeere uns aussetzen.

Die Meere, Ozeane, Küsten und Flüsse der Erde sind mit den Wracks von zahllosen Schiffen übersät, die auf die eine oder andere Weise untergingen – meist, weil sie aus einem Zusammenstoß mit Mutter Natur als Verlierer hervorgingen. Die Natur interessiert sich nicht für die Notlage eines winzigen, von Menschenhand gebauten Stückchen Holzes, das sich verzweifelt durch die tosende See kämpft – sie ist nur mit den Rhythmen des Planeten befasst, dem endlosen Zyklus der Jahreszeiten und dem großen Wasserkreislauf unserer Erde.

DEN ELEMENTEN ERLIEGEN

Auf hoher See können eine Vielzahl von Naturkatastrophen ein Schiff heimsuchen – zu den zerstörerischsten gehören Sturmböen, Starkwinde und Zyklone. Früher

OBEN Schiffswracks enthüllen die Geschichte der abenteuerlustigen frühen Seefahrer. Hier bergen Taucher gerade eine Eisenkanone aus dem 17. Jh. von dem spanischen Schiff *Nuestra Señora de las Maravillas*. Die in England produzierte Kanone trug das Siegel Heinrichs VIII. und stammte aus dem Jahr 1543.

waren Schiffe heftigen Stürmen schutzlos ausgeliefert, und ganze Flotten gingen darin verloren. Damals hatten Kapitäne nur bedingt die Möglichkeit, einen Sturm oder den Weg, den dieser einschlagen würde, vorherzusagen. Aber auch heute sind gewaltige Stürme selbst für Supertanker kein Spaß, und Kapitäne fahren oft große Umwege, um ihnen aus dem Weg gehen.

Andere Gefahren lauern in den Wellen. Eisberge haben so manches Schiff versenkt, nicht zuletzt die berühmte *RMS Titanic*. Obwohl sie als unsinkbar gepriesen wurde, rammte sie auf ihrer Jungfernfahrt einen Eisberg und versank sofort. Das war zweifellos ein Beweis für die Überheblichkeit, mit der wir oft den potenziellen Gefahren der See entgegentreten.

Tsunamis und Riesenwellen sind eine weitere Quelle der Zerstörung. Tsunamis wie der, der 2004 Teile Südostasiens verwüstete, entstehen meist durch Erdbeben oder Vulkanausbrüche; der Ursprung von Riesenwellen ist noch immer nicht endgültig geklärt. 1995 wurde das berühmte Kreuzfahrtschiff *RMS Queen Elizabeth 2* von einer Riesenwelle getroffen, die Berichten zufolge fast 30 m hoch gewesen sein soll.

DEN ELEMENTEN TROTZEN

Selbst auf Schiffe, die stark genug gebaut sind und gut genug geführt werden (oder einfach Glück haben), um der Wildheit der See standzuhalten, warten Gefahren.

KONFLIKTE AUF DEM WASSER

Leider gingen auch in Seeschlachten viele Schiffe und unzählige Menschen verloren. Seit über 2000 Jahren stellen wir Kriegsflotten auf, patrouillieren damit an unseren Küsten, schützen (oder kapern) Handelsschiffe und transportieren Truppen und Ausrüstung. Unausweichlich gerieten diese Flotten miteinander in Konflikt, und die darauffolgenden Seegefechte haben das Schicksal so mancher Nation geprägt.

Der Ausgang der großen Kriege des 20. Jh. war zum Großteil von der Fähigkeit der Kriegsflotten abhängig, eine strategische Vorherrschaft zu erreichen, um den Transport von Soldaten und Ausrüstung sicherzustellen oder der Gegenseite selbiges zu verwehren. Der Preis an Leben und Schiffen war aber unvorstellbar hoch.

AUS DER GESCHICHTE LERNEN

Trotz aller Tragödien sind Schiffswracks auf eine ganz eigene Weise von Bedeutung. Einige Wracks (oder ihre Fracht) können geborgen und der Verlust so minimiert werden. Andere – bewusst versenkte – werden zur künstlichen Heimat vieler Meeresbewohner.

Der wichtigste Aspekt aller Schiffswracks, vor allem der ältesten, ist die Tatsache, dass sie Zeitkapseln darstellen – Fenster in eine ferne exotische Vergangenheit. Sie bieten uns einen einzigartigen Einblick in das Leben und die Träume derer, die lange vor uns lebten und vielleicht bei der Verfolgung ihrer Visionen starben … etwas, dass sie sich vielleicht niemals hatten vorstellen können.

Zahllose Schiffe wurden in Stürmen auf Felsen, Riffe oder an die Küste getrieben. Zur Vermeidung solcher Vorkommnisse werden seit langer Zeit Leuchttürme oder andere Signale wie Glocken eingesetzt, um die Seeleute vor gefährlichen Küsten oder der schwierigen Einfahrt in einen Hafen zu warnen.

Heute haben Satelliten, Radar und elektronische Kommunikation Leuchttürme meist abgelöst, zumindest für große Schiffe, und die Navigation viel einfacher gemacht. Aber auch sie können Schiffsunglücke nicht immer verhindern. Allein der zunehmende Schiffsverkehr in vielen Regionen der Welt birgt das Potenzial für eine Katastrophe.

OBEN Tsunamis gehören zu den zerstörerischsten Kräften der See. Diese Fischerboote wurden losgerissen und ins Landesinnere gespült.

UNTEN Die unvorstellbare Kraft und Energie des Meeres wird in der Gewalt verdeutlicht, mit der die Wellen an die Felsen branden. Die Wellen brechen dank heftigen Windes.

SCHIFFSWRACKS UND TRAGÖDIEN

Seitdem die Menschen begannen, sich in einfachen Holzbooten auf das Meer zu wagen, um Fische zu fangen oder mit ihren Nachbarn zu handeln, wurden Wracks zu einem unvermeidbaren Bestandteil des maritimen Lebens. Erschreckende Naturgewalten, manchmal gepaart mit menschlichem Versagen und Unzulänglichkeiten im Schiffbau, machen das Meer zu einer tückischen Umgebung.

AUFBRUCH INS UNBEKANNTE

Einen Großteil der maritimen Geschichte über waren Kapitäne und ihre Besatzung fern vom Land auf sich allein gestellt. Sie mussten sich einzig auf ihre Fähigkeiten und Erfahrungen verlassen, wollten sie sicher von einem Hafen zum nächsten gelangen. Bis vor nicht allzu langer Zeit gingen Seefahrer ohne (genaue) Karten auf Reisen. Kein Wunder, dass viele in unbekannten Gewässern zu Schaden kamen.

NATURGEWALTEN

Auf See lauern vielfältige Gefahren. Die Natur hat zahlreiche Waffen in ihrem Arsenal, die sie mutigen Seefahrern entgegenschleudern kann – Stürme, Hurrikane, Flutwellen und Tsunamis, Nebel, der wie aus dem Nichts auftaucht, sobald die Temperatur sinkt, Riesenwellen und die „Kalmen", ausgedehnte Gebiete in den Tropen, in denen es wochenlang völlig windstill ist. Hindernisse wie Eisberge, Felsen, Riffe, Wale und Treibgut können ein Schiff jederzeit ohne Vorwarnung versenken.

Menschliches Versagen wie Fehler bei der Navigation, technische Probleme, Feuer, schwache Entscheidungsfindung, mangelnde Ernährung und Hygiene, Krieg, Meuterei und Piraterie haben ein Übriges zur Anzahl der Toten beigetragen. Bei all den Faktoren, die gegen den Seefahrer sprechen, ist es eigentlich erstaunlich, dass wir uns überhaupt jemals auf die See hinausgewagt haben!

Das Meer hat seine Launen an Seeleuten aller seefahrenden Nationen ausgelassen, an kleinen und großen Schiffen, nah am Ufer und draußen im offenen Ozean. Die Vereinten Nationen schätzen, dass in den Tiefen der Weltmeere etwa drei Millionen Wracks liegen.

VOR DEM WIND

Besonders Segelschiffe, die nur bedingt unabhängig vom Wind manövrierfähig sind, sind anfällig für Stürme. Die Einführung der Dampfmaschine und dann des Dieselmotors bedeuteten, dass man endlich in die im Sturm sicherste Richtung ausweichen konnten. Die Erfindung des Stahlrumpfes sorgte für wesentlich widerstandsfähigere Schiffe. Aber schlechtes Wetter macht – in Verbindung mit Riffen nahe der Küste – die Navigation noch immer zu einer gefährlichen Angelegenheit. Die Einführung von Leuchttürmen und anderen Navigationshilfen hat die Sicherheit von Seeleuten, Passagieren und Fracht verbessert.

MENSCHLICHES VERSAGEN

Leider sind viele maritime Havarien das Ergebnis menschlichen Versagens, von Fehlern im Entwurf oder beim Bau des Schiffes, bei der Navigation oder dem Mangel an Wissen über die See.

Derartige Fehler haben zu schrecklichen Verlusten geführt; der berühmteste war wohl die *RMS Titanic*. Auf seiner Jungfernfahrt im April 1912 rammte das angeblich unsinkbare Schiff einen Eisberg und versank rasch in den eisigen Fluten des Nordatlantiks. Nur 706 der 2223 Menschen an Bord überlebten. Das Wrack wurde 1985 entdeckt.

Auch Kriege haben ihren Tribut gefordert. Die Ozeane sind mit den Wracks Tausender Kriegs-, Fracht- und Passagierschiffe übersät, die von Feindeshand versenkt wurden. Viele von ihnen sind Zeitbomben, voll mit Öl und anderen giftigen Substanzen, die nur darauf warten, durch die verrosteten Tanks und Rümpfe nach außen zu dringen.

SCHATZSUCHER

Aus Tragödien erwachsen oft große Triumphe, z. B. bei den äußerst seltenen Entdeckungen antiker Schiffswracks, die uns viel über das Leben unserer Vorfahren erzählen können. Viele sind gut erhalten und enthalten allerlei Artefakte, die uns ein Fenster in die Vergangenheit öffnen – Münzen, verschlossene Amphoren mit Öl, Juwelen, Stoffe, Waffen usw.

Heutzutage entstehen aus ausgemusterten Schiffen, die absichtlich versenkt werden, neue Schätze. Sie werden zu künstlichen Riffen und Attraktionen für Taucher – ein würdigeres Ende als das Abwracken.

GRAUSAME HERRIN

Trotz aller Gefahren hat die See in der Entwicklung der menschlichen Zivilisation stets eine lebenswichtige Rolle gespielt. Entdeckungen, Handel, Erschließung neuer Länder, Kontakt zu fremden Kulturen – all das führte zur Entstehung einer global vernetzten, besser verständlichen Welt. Heute ist die See dank GPS, Radar und Computer zur Wettervorhersage und Kursbestimmung ein wesentlich sicherer Ort. Dennoch haben sich die Meere immer ein Überraschungsmoment bewahrt, und die unberechenbare See kann eine grausame Herrin sein.

OBEN Eine große Jacht nähert sich einem gewaltigen Eisberg bei Südgeorgien vor der Antarktis. Der Eisberg wurde von Wind und Wellen geformt und schmilzt durch die Erderwärmung schneller als üblich.

OBEN Im Jahr 2002 sank der einwandige Tanker *Prestige* vor der galizischen Küste mit Tausenden Tonnen Öl an Bord. Vermutlich riss einer der Öltanks während eines Sturms.

UNTEN Im Jahr 2005 lief die *Irving Johnson* in der Einfahrt zum Hafen von Channel Island, Südkalifornien, auf Grund.

OBEN Dieser handkolorierte Stich (1822) mit dem Titel *Szenen in England* zeigt Plünderer, die mittels Fackeln ein Schiff auf Grund haben laufen lassen, um es auszurauben.

RECHTS Im Jahr 2008 kenterte die philippinische Fähre *MV Princess of the Stars* in einem Taifun. Nur 52 der 825 Passagiere überlebten. Hier nähert sich ein Rettungsboot der US-Navy der Unglücksstelle.

Der Stolz der Flotte versinkt

Die *Mary Rose* war der Stolz der englischen Flotte, ein modernes Kriegsschiff und ihr Flaggschiff. Dennoch sollte sie so rasch sinken, dass kaum ein Besatzungsmitglied überlebte. Der von Heinrich VIII. beobachtete Untergang war ein schwerer Schlag für die Nation und ein Verlust, den die Öffentlichkeit niemals vergaß.

ERBE

Die *Mary Rose* ist in den letzten 500 Jahren in vielerlei Hinsicht berühmt geworden, zuerst als hochmodernes Kriegsschiff und zuletzt als einziges Schiff aus dem 16. Jh., das in einem eigenen Museum ausgestellt ist.

UNTEN Dieses Bild aus dem Magdalene College, Cambridge, ist das einzige noch existierende Abbild der *Mary Rose*.

KARRIEREBEGINN

Die *Mary Rose* lief um 1510 als Tudor-Karacke mit 78 Kanonen vom Stapel und diente unter mehreren Admiralen als englisches Flaggschiff in den Kriegen gegen die Italiener und die Franzosen. Das 500-Tonnen-Schiff mit einer Länge von 38,5 m konnte eine Besatzung aus 200 Seeleuten, 36 Kanonieren und 180 Soldaten befördern. Sie war eines der ersten Schiffe der Royal Navy, das eigens als Kriegsschiff gebaut wurde. 1528 und 1536 wurde sie ausgebaut, wurde 200 t schwerer und erhielt 13 neue Kanonen. Ein Teil des Gewichts wurde durch den Bau eines Oberdecks verursacht, was sie kopflastig machte und vielleicht zu ihrem unrühmlichen Ende beitrug.

EIN UNGUTES GEFÜHL

1545 attackierte Frankreich England; König Franz I. führte eine Invasionsflotte aus 225 Schiffen mit 30 000 Soldaten an. Die Engländer konterten mit einer viel kleineren Flotte – 12 000 Soldaten in 80 Schiffen.

Die Franzosen segelten in den Solent, eine Meerenge zwischen der Isle of Wight und dem englischen County Hampshire. Am 19. Juli 1545 beschossen sich beide Parteien auf Entfernung, wobei keiner große Verluste erlitt. Das ruhige Wetter des nächsten Tages nutzen die Franzosen zum Angriff mit Galeeren.

Bei dieser Konfrontation, die im nahen Spithead voller Stolz von Heinrich VIII. beobachtet wurde, kenterte die *Mary Rose* urplötzlich und versank in nur einer Minute. Lediglich 35 Männer überlebten.

Bis heute weiß niemand, warum das Schiff so unvorstellbar schnell sank. Laut einer Theorie war das untere Kanonendeck durch das höhere Gewicht nach dem Umbau zu nah an der Wasserlinie. Bei einer engen Wende könnte dann Wasser durch die Geschützpforten geströmt sein. Eigentlich hätten die Geschützpforten bei einem solchen Manöver geschlossen sein müssen, vielleicht wurde dies im Eifer des Gefechtes jedoch versäumt. Nach einer zweiten Theorie hatten französische Kanonen ein Loch in den Rumpf gerissen, durch das, wieder bei einer engen Wende, Wasser geströmt sei.

In einem Experiment für eine Fernsehsendung wurde ein maßstabgetreues Modell der *Mary Rose* den Bedingungen in einer Schlacht ausgesetzt und konnte problemlos wenden. Augenzeugen aus dem Jahr 1545 zufolge war jedoch Wind aufgekommen, und fügte man dem Szenario diese Möglichkeit hinzu, krängte das Modell zu sehr, wurde durch die Geschützpforten geflutet und versank.

Es scheint, die *Mary Rose* wurde Opfer eines zu schweren Aufbaus sowie geöffneter Geschützpforten – und hatte dazu einfach Pech.

BERGUNG DES WRACKS

1836 entdeckte ein Fischer das Wrack der *Mary Rose*, und einige Artefakte konnten geborgen werden. Bald geriet ihr letzter Ruheplatz aber wieder in Vergessenheit. Erst 1971 wurde das Wrack durch Fluten und Winde wieder aufgedeckt. Sie lag fast auf der Seite, sodass nur eine Hälfte erhalten geblieben war – die Hälfte, die komplett im Schlamm versunken war, war relativ intakt, die andere war jedoch verrottet.

Der Fundplatz des Wracks wurde 1974 offiziell geschützt, und 1979 begann man mit der Bergung. 1982 machte sich all die harte Arbeit bezahlt, als die *Mary Rose* aus ihrem nassen Grab gehoben und in ein Trockendock mit streng kontrollierter Temperatur und Luftfeuchtigkeit gebracht wurde.

Sofort begannen die Konservierungsarbeiten. Die Überreste wurden mit einer wachsartigen Substanz getränkt. Anschließend wurden sie getrocknet; die letzte Phase der Konservierung soll 2015 beendet sein.

FÜR DIE NACHWELT AUFBEWAHRT

Heute stehen die Überreste der *Mary Rose* zusammen mit Tausenden Artefakten, die aus dem Wrack geborgen wurden – Kanonen, Werkzeuge, Kochgeräte und Ähnliches – in einem Museum des Marinestützpunktes von Portsmouth, Großbritannien.

Voraussichtlich 2012 wird ein für 35 Millionen Pfund gebautes neues Museum eröffnet, in dem das Wrack und seine Artefakte ausgestellt werden sollen. So wird die *Mary Rose* zu einer Zeitkapsel, anhand derer zukünftige Generationen mehr über die englische Marine im 16. Jh. erfahren können.

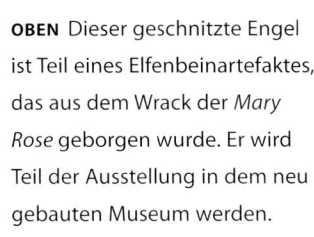

OBEN Dieser geschnitzte Engel ist Teil eines Elfenbeinartefaktes, das aus dem Wrack der *Mary Rose* geborgen wurde. Er wird Teil der Ausstellung in dem neu gebauten Museum werden.

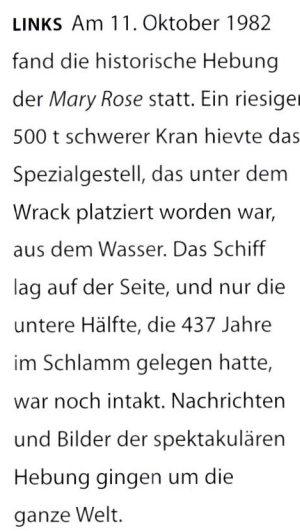

LINKS Am 11. Oktober 1982 fand die historische Hebung der *Mary Rose* statt. Ein riesiger, 500 t schwerer Kran hievte das Spezialgestell, das unter dem Wrack platziert worden war, aus dem Wasser. Das Schiff lag auf der Seite, und nur die untere Hälfte, die 437 Jahre im Schlamm gelegen hatte, war noch intakt. Nachrichten und Bilder der spektakulären Hebung gingen um die ganze Welt.

Das Geisterschiff Mary Celeste

Es ist eines der rätselhaftesten maritimen Geheimnisse aller Zeiten – ein Schiff treibt in nahezu perfektem Zustand auf dem Meer, seine Fracht ist völlig intakt, aber von der Besatzung fehlt jede Spur, und Anzeichen eines Verbrechens gibt nicht. Was geschah auf der *Mary Celeste*?

REISE INS UNBEKANNTE

Die Geschichte der Seefahrt steckt voll sogenannter „Geisterschiffe" – Schiffe, die scheinbar verlassen auf See treibend aufgefunden werden. Keine ist jedoch so geheimnisvoll und spannend wie die der *Mary Celeste*.

Die *Mary Celeste* war eine 30 m lange Brigantine, die 1861 in Kanada gebaut wurde. Nach einer Reihe von Unfällen, z. B. einer Kollision mit einem anderen Schiff, und nachdem sie 1867 auf Grund gelaufen war, wurde sie an neue Eigentümer in den USA verkauft.

Berichten zufolge stach das Schiff am 5. November 1872 in New York in See. An Bord hatte sie 1701 Fässer Industriealkohol, die für Italien bestimmt waren. Ihr Kapitän war Benjamin Briggs, und es gab noch sieben Besatzungsmitglieder. Mit an Bord waren Sarah, die Frau des Kapitäns, und die zweijährige Tochter Sophia. Es gab keinerlei Hinweise, dass die Reise nicht völlig normal verlaufen würde.

Einen Monat später wurde die *Mary Celeste* von der *Dei Gratia* im Atlantik treibend gesichtet. Die Mannschaft der *Dei Gratia* ging an Bord und fand sie verlassen vor, ohne Anzeichen eines Kampfes. Laut dem Kapitän war die *Mary Celeste* völlig durchnässt, mit etwa 1 m Wasser im Laderaum und zwischen den Decks. Zwei große Luken waren geöffnet und der Kompass irreparabel beschädigt. Zudem fehlten die Navigationsinstrumente. Auch das Rettungsboot war verschwunden; es schien jedoch bewusst zu Wasser gelassen worden zu sein. Die Besatzung der *Dei Gratia* segelte die *Mary Celeste* nach Gibraltar, wo sie einen Bergungslohn einforderten, und eine offizielle Untersuchung begann.

KONTROVERSEN VOR GERICHT

Zur Erklärung des Rätsels wurden mehrere Hypothesen aufgestellt. Einige behaupteten, Piraten hätten das Schiff geentert und die Besatzung ermordet, aber dafür gab es keine Hinweise. Andere glaubten, die Mannschaft hätte gemeutert und den Kapitän und seine Familie ermordet, aber auch dafür gab es keine Beweise. Zudem macht das, was man von der Besatzung weiß, die Theorie äußerst unglaubwürdig. Vielleicht gerieten sie in einen heftigen Sturm und Kapitän Briggs glaubte, das Schiff würde sinken, sodass sie sich alle in das Rettungsboot begaben und die *Mary Celeste* verließen.

Bei der Untersuchung vor Gericht behauptete der Ankläger, die Mannschaft der *Dei Gratia* hätte sie gekapert und die Besatzung ermordet. Weil es dafür natürlich keine Beweise gab, wurde die Idee schnell verworfen.

Es gab jedoch noch eine weitere Theorie, die aus heutiger Sicht am plausibelsten erscheint. Die Alkoholfässer könnten Gase in den Frachtraum ausgedünstet haben. Tatsächlich waren zum Zeitpunkt der Bergung neun Fässer leer. Durch ihren niedrigen Flammpunkt könnten sich die Gase entzündet und zu einer Explosion geführt haben, die die Luken aufsprengte. Das hätte wohl ausgereicht, den Kapitän davon zu überzeugen, dass sein Schiff in Flammen stand oder zumindest kurz davor war, zu explodieren. Man kann sich vorstellen, dass er das sofortige Verlassen des Schiffes anordnete.

An der *Mary Celeste* baumelte ein zerrissenes Seil, und ein Sturm war durch die Region gezogen – so kam es zu dem Wasser im Schiff. Vielleicht hatten sie sich mit dem Seil am Schiff festgebunden, das während des Sturms jedoch riss.

Ein kürzlich durchgeführtes Experiment stützt diese Theorie. Dazu wurde ein Modell des Schiffes gebaut und der Frachtraum mit Butangas gefüllt. Beim Anzünden bliesen die Gase die Klappen von den Luken, hinterließen aber keinerlei Feuerspuren.

UNTEN Dieses Gemälde ist das einzig bekannte Abbild der *Mary Celeste*. Es wurde 1861 gemalt, als das Schiff noch *Amazon* hieß. Viele alte Seemänner behaupten, es bringe Unglück, ein Schiff umzutaufen – vielleicht haben sie Recht.

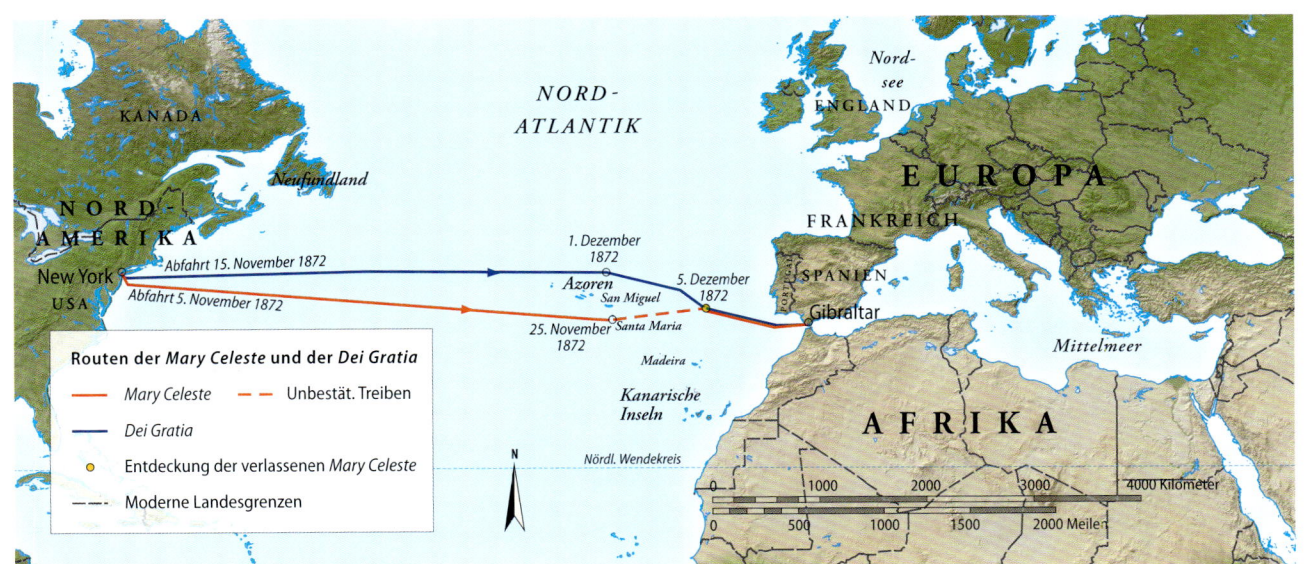

Eine weitere Möglichkeit wäre eventuell ein Seebeben. Dabei kann es zu einer gewaltigen Wassereruption kommen, die ein Schiff zerschmettern oder herumschleudern kann. Vielleicht geriet der Kapitän dadurch in Panik und befahl das Verlassen des Schiffes.

DAS GEHEIMNIS

Die *Mary Celeste* fuhr noch 12 Jahre unter 17 unterschiedlichen Eigentümern. Am 3. Januar 1885 wollte ihr Kapitän sie an einem Riff in der Karibik absichtlich versenken, um die Versicherungssumme zu kassieren. Als sie nicht wie geplant sank, versuchte er sie anzuzünden, aber auch das ging schief, und sein Betrug wurde aufgedeckt. Die ausgesetzte *Mary Celeste* galt als zu beschädigt, um sie noch zu reparieren oder zu bergen, und so zerfiel sie langsam und verschwand. Die Antwort auf die Frage, was aus ihrer ersten Mannschaft wurde, nahm die *Mary Celeste* mit in ihr nasses Grab.

OBEN Dieser Stich zeigt den Hafen von New York im Jahr 1872, dem Jahr, als die *Mary Celeste* in See stach. Auch die *Dei Gratia*, die das verlassene Schiff entdeckte, segelte aus diesem geschäftigen Hafen los.

Die Unsinkbare

Seit fast 100 Jahren fasziniert der Untergang des Passagierschiffes *Titanic* auf seiner Jungfernfahrt im Jahr 1912 Millionen weltweit. Die tragischen Szenen an Bord, der Mut, die Verzweiflung als sie langsam versank, die vielen Rätsel, die ihren Untergang und ihre Entdeckung umgeben – all das macht sie zu dem eindringlichsten maritimen Desaster.

RECHTS Die unsinkbare *Titanic* auf ihrer Jungfernfahrt. Ihre vier Schornsteine sind ihr bekanntestes Markenzeichen. Das Vorstag wurde von einem riesigen Schäkel gehalten, der auf dem Wrack nach vorn gekippt ist.

BAU

Die *Titanic* wurde ab 1910 in der Werft Harland and Wolff in Belfast, Nordirland, gebaut. Gleichzeitig wurde auch ihr Schwesterschiff *Olympic* gebaut, das zuerst vom Stapel lief. Die Schiffe waren praktisch identisch, was später die Theorie aufwarf, dass es in Wahrheit die *Olympic* war, die zwei Jahre später an einem Eisberg im Atlantik ihr Ende fand.

Mit einem Gewicht von 46 705 BRT waren es die größten Schiffe der Welt; sie waren in erster Linie für den lukrativen Passagiertransport über den Atlantik gedacht – ihr Eigentümer, die White Star Line, wollte damit ihren Hauptkonkurrenten, Cunard, ausstechen.

Beide Schiffe waren sehr stark gebaut und speziell konstruiert, Kollisionen zu widerstehen. Der Rumpf jedes Schiffes bestand aus 16 wasserdicht abschottbaren

UNTEN Die *Titanic* setzte neue Maßstäbe in Sachen Luxus. Ihre breiten Decks und die Ausstattung ermöglichten den Passagieren der 1. Klasse gemütliche Spaziergänge oder einen komfortablen Platz in einem der berühmten Deckstühle.

Abteilen. In der Zeitschrift *Shipbuilder* wurden sie als „praktisch unsinkbar" bezeichnet. Diese Phrase wurde oft wiederholt, wobei das erste Wort gern weggelassen wurde. Durch hydraulische Vernietung waren alle Nahtstellen viel stärker, als es früher möglich war.

Für den Komfort der Passagiere wurden keine Kosten gescheut. In der 1. Klasse gab es einen Squash Court, ein türkisches Bad und ein Schwimmbad. Die 25 Rettungsboote fassten 1178 Passagiere – etwa ein Drittel der 2425 Passagiere und 900 Besatzungsmitglieder an Bord. Die *Titanic* verfügte damit über mehr Rettungsboote als damals vorgeschrieben waren.

EISBERG!

Am 14. April 1912 – am vierten Tag ihrer Jungfernfahrt – dampfte der Liner mit über 20 Knoten (37 km/h) durch die ruhige nächtliche See. Kurz vor Mitternacht entdeckten ihre Ausguckposten einen Eisberg und meldeten ihn sofort, aber es war bereits zu spät. Das Schiff rammte den Eisberg. Der Aufprall erschien zunächst minimal, erwies sich aber als tödlich, und so gab der Kapitän Anweisungen, das Schiff zu verlassen. Die Funker setzten SOS-Signale ab und erhielten mehrere Rückmeldung – die *Carpathia* war in der besten Position, der *Titanic* zu helfen.

In nur 2 Stunden und 40 Minuten versank die *Titanic* in den eisigen Fluten – um 2.20 Uhr am Morgen des 15. April 1912. Mehr als 1500 Menschen kamen ums Leben. Der Cunard-Liner *Carpathia* kam etwa vier Stunden, nachdem er den Notruf empfangen hatten, an der Unglücksstelle an; für die meisten Passagiere im eisigen Wasser des Nordatlantiks kam jedoch jede Hilfe zu spät.

WAS WAR GESCHEHEN?

Die bleibende Berühmtheit der *Titanic*-Tragödie hängt zum Teil mit den Rätseln zusammen, die ihren Untergang umgeben. Diese reichen von Verschwörungstheorien über Unachtsamkeit bis zur blanken Verwirrung. Warum wurde Kapitän Edward Smith mit der Führung des

Schiffes betraut, war er doch für seine Kollisionen und Unachtsamkeiten bekannt? Das Verlassen des Schiffes ähnelte halborganisiertem Chaos – die See war ruhig, trotzdem wurden zahlreiche Rettungsboote halbvoll zu Wasser gelassen. Warum fuhr die *Titanic* in einer Region so schnell, in der Kapitän Smith ausdrücklich vor gefährlichem Eis gewarnt worden war?

Dann sind da die wahrlich tragischen Berichte – z. B. über das Schiffsorchester, dass die ganze Zeit über spielte und gemeinsam unterging. Kapitän Smith, so scheint es, beging keinen Selbstmord, obwohl er einen Großteil der Schuld zu tragen hatte. Zahlreiche Männer ignorierten die Evakuierungsreihenfolge und ergatterten Plätze in den Rettungsboote – manche erlitten in den beiden folgenden Untersuchung unehrenhafte Schicksale. Mehrere Schiffe eilten zur Rettung, aber es wird auch immer wieder von einem geheimnisvollen Schiff berichtet, das nicht eingriff. Es soll ein Fischerboot oder Trawler gewesen sein, der die Lichter der Titanic sah, dessen Funker aber schlafen gegangen war.

ENTDECKUNG DES WRACKS

Am 1. September 1985 entdeckte Robert Ballard das Wrack der *Titanic* in 4000 m Tiefe. Seitdem wurde es

unzählige Male untersucht und 3600 Gegenstände geborgen. Dies führte zu weiteren Spekulationen. Ein großes Loch nahe des Bugs deutet z. B. auf eine Explosion hin. Vielleicht war auch der Stahl brüchig und unzählige Nieten sprangen durch den Aufprall heraus. Zahllose Bücher, Filme und Millionen Forschungsstunden beschäftigten sich mit dem berühmtesten aller Wracks. Jahrelang repräsentierte die *Titanic* die größte Opferzahl auf See, bis bei einer Fährkollision auf den Philippinen (1980) 4375 Menschen starben.

LINKS Der Bug der *Titanic* ruht im Nordatlantik, der Schäkel ihres Vorstags ist nach vorn gekippt. Der Rumpf wurde in zwei Teile gerissen, wobei das schwer beschädigte Heck fast 600 m vom Bug, der relativ intakt ist, entfernt liegen blieb.

UNTEN Dieses Gemälde zeigt, was vermutlich nach dem Kommando zum Verlassen des Schiffes passierte. Rettungsboote wurden zu Wasser gelassen, aber als das Schiff begann, sich zu neigen, brach mit Sicherheit Panik aus, die zu schweren Fehlern und dem Verlust von Menschenleben führte.

Geheimnisse des 2. Weltkrieges

Das Verschwinden der *HMAS Sydney II* ist eines der größten Rätsel des Zweiten Weltkrieges. Der Verlust von 645 Männern – mehr als Australien im ganzen Vietnamkrieg verlor – war ein schwerer Schlag für das Land, das erst langsam begriff, in was für einen Konflikt es da verwickelt war. Das Verschwinden der *Sydney* war jedoch mehr als nur der Verlust eines Leichten Kreuzers.

OBEN Dieses Gemälde von Frank Norton zeigt die *Sydney* 1940 vor Kreta im Kampf gegen die *Bartolomeo Colleoni*.

Wie konnte ein Schiffe, das ein Jahr zuvor im Mittelmeer einen italienischen Kreuzer besiegt hatte, einem viel schwächeren deutschen Angreifer zum Opfer fallen? Und warum gab es 300 Überlebende auf der *HSK Kormoran* aber keinen einzigen auf der Sydney? Waren da etwa noch andere Faktoren im Spiel?

DAS GESCHEHEN

Die Geschichte – wie sie die Deutschen erzählten – war bald berühmt. Vor der westaustralischen Küste trafen sie am 19. November 1941 auf die *Sydney*, die gerade auf dem Rückweg nach Fremantle war. Einige Monate zuvor war sie vom Kriegsschauplatz im Mittelmeer zurückgekehrt, wo sie äußerst erfolgreich gewesen war. Sie hatte an mehreren Schlachten teilgenommen und dabei im Juli 1940 den italienischen Kreuzer *Bartolomeo Colleoni* versenkt. Mit ihrem neuen Kapitän war sie nun in diesem friedlichen Teil der Erde stationiert.

Die *Sydney* sichtete ein Schiff. Sie näherte sich auf Signaldistanz – meist wurde Funkstille eingehalten, um möglichen Feinden keine Hinweise zu geben – und befragte die *Kormoran* per Lichtsignal. Die Deutschen gaben sich als niederländisches Schiff *Straat Malakka* aus. Die *Sydney* war jedoch nicht überzeugt und näherte sich weiter, diesmal unter Verwendung von

Falggensignalen. Daraufhin setzte die *Kormoran* ihre wahre Flagge und eröffnete das Feuer. Mit der dritten Salve traf sie die Brücke der *Sydney*. Die *Sydney* zögerte und feuerte dann zurück. Die beiden Schiffe beschossen sich knapp eine Stunde. Die *Sydney* wurde von einem Torpedo getroffen, und die *Kormoran* begann zu sinken – ihre Überlebenden retteten sich in die Beiboote.

Die brennende *Sydney* fuhr davon und verschwand. Nach und nach tauchten Wrackteile auf, und vor der Weihnachts-Insel wurde später ein Leichnam in einem Rettungsboot entdeckt, der vermutlich von dem Schiff stammte. Überlebende gab es keine.

UNBEANTWORTETE FRAGEN

Um die ganze Aktion gab es viele Kontroversen. Warum blieb die *Sydney* nicht am äußeren Ende der Reichweite der *Kormoran*, von wo aus sie den Angreifer mit ihren viel effektiveren Waffen hätte beschießen können? Warum startete sie nicht ihre Supermarine Walrus für einen Aufklärungsflug?

Der Leichte Kreuzer war ein ausgewiesenes Kriegsschiff, seine Feuerkraft war viel gezielter und hatte eine größere Reichweite als die der *Kormoran*; zudem waren wichtige Abschnitte des Rumpfes gepanzert. Insgesamt hätte die *Sydney* mit einem umgebauten Frachtschiff wie der *Kormoran* leicht fertig werden müssen.

Die Anschuldigungen, die im Laufe der Jahre aufkamen, reichen vom Möglichen bis zum Extremen. Eröffnete die *Kormoran* das Feuer unter deutscher Flagge, wie sie es hätte müssen? War vielleicht ein japanisches U-Boot beteiligt, obwohl die Japaner erst Wochen später mit dem Angriff auf Pearl Harbor in den zweiten Weltkrieg eintraten? Wurden Überlebende der *Sydney* im Wasser von Maschinengewehren niedergemäht, um sie an einer Aussage zu hindern? Über 60 Jahre lang war die Kontroverse Mittelpunkt zahlreicher Untersuchungen, Bücher, Artikel, Schwindel und Behauptungen, das Wrack sei entdeckt worden.

ENTDECKUNG DES WRACKS

Im Jahr 2008 durchsuchte der bekannte Wracksucher David Mearns, der bereits die *HMS Hood* gefunden hatte, zusammen mit einem Team von Forschern und Technikern auf einem Schiff, das von der Finding *Sydney* Foundation angeheuert worden war, die See etwa 280 km vor der westaustralischen Küste.

Ausgangspunkt waren Aussagen, die der Kapitän der *Kormoran* 66 Jahre zuvor gemacht hatte. Anhand dieser Informationen setzten Mearns und sein Team

ein Sonargerät ein, das hinterhergezogen wurde und ihnen ein Bild des Meeresbodens lieferte. Als Erstes entdeckten sie die *Kormoran*, die von Minen in Stücke gerissen worden war. Ihre Position war wichtig, denn die Deutschen hatten angegeben, die *Sydney* wäre von dort aus in südöstlicher Richtung abgefahren.

Nach wenigen Tagen war der Kreuzer gefunden. Er wies massive Schäden von einem Torpedo und dem Dauerbeschuss auf. Auch wenn einige Verschwörungstheoretiker wohl nie aufgeben werden, scheint es, als wäre die *Sydney* wirklich einem Täuschungsmanöver der Deutschen zum Opfer gefallen.

OBEN Undatiertes Foto der *Sydney*, wie sie gerade die Hafenbrücke von Sydney passiert. Es stammt aus dem Royal Australian Navy Historic Archive.

LINKS Dieses Bild des Wracks, aufgenommen von der Royal Australian Navy (RAN), zeigt zwei 8 und 10 m lange Beiboote der *Sydney*.

Katastrophe in der Tiefe

Es war ein Alptraum, die ultimative Tragödie in der Tiefsee – ein manövrierunfähiges U-Boot liegt auf dem Meeresboden, ein Teil der Besatzung ist vielleicht noch am Leben, Rettungsversuche scheitern – all das kostet am Ende 118 Leben … und spielt sich vor den Augen der Weltöffentlichkeit ab.

EXPLOSION

Selbst im Idealfall ist die Arbeit in der Tiefsee ein sehr gefährliches Unterfangen. Sind dann noch Sprengkörper im Spiel, wird das Ganze umso riskanter. Und diese Gefahr wird nirgendwo besser verdeutlicht als bei der schrecklichen Katastrophe der K-141 *Kursk*, einem russischen Atom-U-Boot der Oscar-II-Klasse.

Am 12. August 2000 kam es während einer russischen Marineübung in der Barentssee nördlich von Norwegen an Bord der *Kursk* zu einer furchtbaren Explosion. Vermutlich tropfte HTP, eine sehr gefährliche Form von Wasserstoffperoxid, das als Raketentreibstoff verwendet wird, aus einem überalterten, rostigen Torpedo. Die folgende Explosion tötete sofort alle Männer im vorderen Teil des U-Bootes.

UNTEN Unheilvoll treibt der Rumpf der *Kursk* im Hafen von Rosljakowo, 14 Monate nach der Explosion, bei der sie sank und alle 118 Mann an Bord in den Tod riss.

Rauch und Flammen breiteten sich rasch aus und der Kapitän hatte keine Zeit mehr, den Befehl zum Auftauchen zu geben. Zu diesem Zeitpunkt sank die *Kursk* bereits in die Tiefe. Als sie auf dem Meeresboden aufschlug, detonierten weitere Torpedos. Diese zweite Explosion war so gewaltig, dass sie von Seismografen weltweit mit einer Stärke von 4,2 auf der Richterskala gemessen wurde.

DUNKLE STILLE

Die überlebenden Besatzungsmitglieder kämpften sich nach Achtern vor, um auf Hilfe zu warten. Niemand wusste, ob sie rechtzeitig eintreffen würde. Die Notfallboje des U-Bootes, die bei einem Unfall automatisch zur Wasseroberfläche aufsteigt und Notsignale absetzt,

war bei einer früheren Übung absichtlich ausgeschaltet worden. So fiel erst viel später am Tag auf, dass die *Kursk* fehlte.

Sofort schickte die russische Marine ein Rettungsboot los, die *Rudnitsky*, die zwei kleine Rettungs-U-Boote an Bord hatte. Sie erreichte die Unglücksstelle am nächsten Morgen. Im Laufe der nächsten Tage scheiterten mehrere Versuche, eines der U-Boote an der Rettungsluke der *Kursk* zu befestigen.

INTERNATIONALE HILFE

Inzwischen wusste die ganze Welt von dem Unglück. Die Regierungen Großbritanniens, Norwegens und der USA boten alle Hilfe in Form eigener Tiefseerettungsboote sowie Taucher an. Diese Hilfe wurde zunächst abgelehnt, aber angesichts des wachsenden internationalen Drucks gab die russische Regierung schließlich nach und nahm am 16. August Hilfe von Großbritannien und Norwegen an. Am 19. August erreichte ein norwegisches Rettungsschiff die Unglücksstelle, und am nächsten Tag gelangten Taucher aus Norwegen und Großbritannien zur Rettungsluke der *Kursk*, entdeckten aber, dass das U-Boot komplett geflutet war.

Wie lange die restliche Crew der *Kursk* überlebte ist unbekannt; vermutlich war es nicht lange. Der Notstrom war bald aufgebraucht, Wasser drang ein und bei dem Versuch, mittels eines Kanisters das Kohlendioxid in der Luft gegen Sauerstoff auszutauschen, explodierte dieser beim Kontakt mit Meerwasser. Das verbrauchte den restlichen Sauerstoff. Es konnte keine Überlebenden geben – für die Mannschaft der *Kursk* kam jede Hilfe zu spät.

KRITIK IN DEN MEDIEN

Die russische Regierung und Marine wurden in den Medien für die Weise, wie sie mit der Rettung umgegangen waren, scharf kritisiert. Anfangs hatten sie den Unfall heruntergespielt und nur äußerst langsam den Ernst der Situation eingestanden. Die Sache wurde zu einer Public-Relations-Katastrophe für Russland.

NACHWIRKUNG

Ohne genaue Hinweise für den Ablauf des Desasters kamen zahlreiche Verschwörungstheorien auf.

Zwei U-Boote der US-Marine – die *Memphis* und die *Toledo* – beobachteten die Marineübungen. Einige behaupteten, eines von ihnen wäre der *Kursk* gefolgt und versehentlich mit ihr kollidiert. Weder *Memphis* noch *Toledo* wiesen jedoch Schäden auf, als sie kurz nach dem Unglück in befreundete Häfen einliefen.

POSTHUME AUSZEICHNUNGEN

Im Jahr 2001 wurde ein Großteil der *Kursk* geborgen und zur Inspektion in eine russisches Marinewerft geschleppt. Die sterblichen Überreste der Besatzung wurden beerdigt und alle Männer erhielten posthum die Tapferkeitsmedaille. Gennady Lyachin, der Kapitän der *Kursk*, wurde zum Helden der Russischen Föderation ernannt. Die offizielle Untersuchung bestätigte später, dass ein fehlerhafter Torpedo tatsächlich der Auslöser für die Katastrophe war.

Die Schiffbruchküsten

Die sturmumtoste See kennt keine Grenzen, und Riffen und Felsen ist es ganz egal, wer an ihnen zerschellt. Keine Küste blieb von den Wracks unglückseliger Fahrten verschont – etwa drei Millionen Schiffswracks liegen an den Küsten und in den Tiefen der Weltmeere. Von der Antike bis heute nehmen sie uns mit auf spannende Forschungsreisen in die Vergangenheit.

RECHTE SEITE Der Atlantik brandet an dieses Wrack am Strand bei Slea Head, auf der Halbinsel Dingle, County Kerry, Irland.

UNTEN 2001 sank der griechische Luxusliner *Oceanos* vor der südafrikanischen Küste. Auf dem Wasser sieht man Schwimmwesten und Deckstühle treiben.

UNTEN RECHTS Diese wundervolle Handschrift zeigt Heinrich I. von England, der um seinen einzigen legitimen Sohn, William Aethling, trauert, der 1120 mit der *White Ship* ertrankt.

DAS MITTELMEER

Die Schiffswracks stammen aus einer Zeit vom Beginn der Aufzeichnungen bis heute, und unter ihnen sind einige der – aus archäologischer Sicht – wertvollsten Wracks aller Zeiten.

Ein extrem altes Wrack ist die *Uluburun*, die aus dem 14. Jh. V. CHR., der späten Bronzezeit, stammt und vor der türkischen Küste entdeckt wurde. Sie transportierte eine Reihe von Waren, darunter Kupfer- und Zinnbarren, Holz, Glas, Gold, Edelsteine, Schüsseln, Becher und Waffen.

Ein weiteres wertvolles Wrack – das „Schiff von Kyrenia" – wurde vor Zypern gefunden. Es stammt aus dem 4. Jh. V. CHR. und ist das einzige griechische Schiff aus diesem Zeitraum, das entdeckt wurde. Es transportierte Gefäße mit Mandeln und Weinamphoren.

Das Wrack der *Antikythera*, das 1900 von Tauchern vor der griechischen Insel Antikythera entdeckt wurde, stammt aus der Zeit um 86 V. CHR. und enthielt Bronze- und Marmorstatuen von Menschen und Tieren sowie viele andere wertvolle Artefakte. Der wichtigste Fund war jedoch ein Gerät, das als frühester noch erhaltener „Navigationscomputer" identifiziert wurde.

Obwohl das Mittelmeer den Ruf als sonnendurchflutetes Paradies hat, kann das Wetter auch hier sehr schnell unfreundlich werden.

Bis heute sinken leider immer wieder Schiffe, viele von ihnen mit Flüchtlingen an Bord, die auf Booten mit zweifelhafter Seetauglichkeit ihr Glück suchen.

EUROPÄISCHE MEERE

Die europäischen Nationen – insbesondere Spanien, England, Portugal und Frankreich – gehören zu den größten Seefahrernationen auf Erden. Ihre Schiffe erreichten fast alle Winkel der Weltmeere. Kein Wunder also, dass ihre Wracks überall auf der Welt verteilt sind – auch in den Meeren nahe ihrer Heimat, wo nordatlantische Wetterbedingungen die See schnell in eine aufgewühlte Naturgewalt verwandeln können.

Ein berühmtes Wrack ist die *White Ship*, die 1120 vor der Normandie unterging. Bis auf einen kamen alle Passagiere ums Leben. Unter ihnen war auch der einzige legitime Sohn und Erbe Heinrichs I. von England, William Aethling. Sein Tod führte zu einem Bürgerkrieg in England, der mit der Machtergreifung der Familie Plantagenet endete.

RECHTE SEITE Das Kap der Guten
Hoffnung an der Südspitze
Afrikas ist für jeden Seefahrer
äußerst gefährlich. Obwohl es
nicht so heimtückisch wie Kap
Hoorn ist, verlangt es ihm dennoch Können und Respekt vor
der See ab, während sein Schiff
von einem in den anderen
Ozean wechselt.

Ein anderes bekanntes Wrack ist das sogenannte
„Pfefferschiff", das 1606 vor Lissabon, Portugal, sank.
Es war die portugiesische Galeone *Nossa Senhora dos
Mártires*, die eine Ladung Pfefferkörner und andere
wertvolle Gewürze aus Indien an Bord hatte. Mit Land
in Sicht lief sie auf einen Felsen und sank. Das Wrack
hat besondere archäologische Bedeutung, da es das
einzige portugiesische Wrack seiner Ära ist.

AMERIKA

Die Gewässer rund um den nordamerikanischen
Kontinent sind als Resultat jahrhundertelanger Han-
dels- und Forschungsreisen mit Wracks übersät. Die
berühmte spanische Schatzflotte, die mit Schätzen
aus der Neuen Welt nach Spanien zurückkehrte,
durchsegelte diese Gewässer, und zahlreiche ihrer
Schiffe kenterten in Stürmen. Die Überreste der
Flotte– inklusive Teilen ihrer wertvollen Fracht –
werden auch heute noch entdeckt.

Die Karibik war auch für die Piraterie berüchtigt;
einer der berühmtesten Piraten war Edward Teach, der
gefürchtete „Blackbeard". Sein Schiff, die *Queen Anne's
Revenge*, soll 1718 vor North Carolina gesunken sein,
aber ihr Wrack wurde noch nicht gefunden.

Die Küsten der USA und Kanadas waren zudem
Schauplatz vieler Seegefechte, insbesondere im Amerikanischen Unabhängigkeitskrieg und während der
zwei Weltkriege. 1864 wurde die *USS Housatonic*, eine
Schaluppe mit Segeln und Dampfantrieb, als erstes
Kriegsschiff von einem U-Boot versenkt, der konföderierten *H.L. Hunley*. Ihr Wrack wurde 1995 entdeckt.

Im Dezember 1941 wurde der Tanker *SS Emidio*
300 km von San Francisco entfernt von einem japanischen U-Boot abgeschossen. Er war das erste Opfer
der japanischen U-Boot-Flotte.

Die Meere an der südamerikanischen West- und
Ostküste – der tückische Südatlantik im Osten und
der friedlichere Südpazifik im Westen – sind sehr
verschieden. Der Punkt, an dem sich beide Ozeane

treffen, Kap Hoorn, ist für seine Gefahren für die
Schifffahrt berüchtigt. Auch die Magellan- und Drakestraße haben im Laufe der Jahrhunderte zahllose Opfer
gefordert. Erst durch die Eröffnung des Panamakanals
reduzierte sich die Anzahl der Schiffe, die die gefährliche Fahrt nach Süden unternehmen mussten.

AFRIKA UND ASIEN

1907 wurde ein römisches Schiff, das Mahdia-Wrack,
von einem tunesischen Schwammtaucher vor der Küste
von Mahdia in nur 39 m Tiefe entdeckt. An Bord hatte
es Marmorsäulen und bronzene Artefakte, die wohl
aus Griechenland kamen. Das Schiff stammt aus der
Zeit um 100 v. chr. und wird noch immer ausgegraben
und erforscht.

Während Kap Hoorn an der Südspitze Südamerikas
für seine plötzlich auftretenden, lebensgefährlichen
Stürme berüchtigt ist, ist das fehlbenannte Kap der
Guten Hoffnung an der Südspitze Afrikas mindestens
ebenso launisch. Die *HMS Sceptre*, ein Linienschiff
der Royal Navy mit 64 Kanonen an Bord ankerte am
5. November 1799 vor der Küste, als die Ankerkette
plötzlich riss und das Schiff auf ein Riff getrieben
wurde. Nur 38 der 358 Seeleute überlebten das furchtbare Unglück.

Im Osten, über den Indischen Ozean hinweg, hatten
die Chinesen eine fleißige Handelsflotte. In der zweiten
Hälfte des 12. Jh. kam eines der Schiffe zu Schaden. Die
30 m lange *Nanhai 1* wurde 1987 entdeckt und 2007
gehoben. Sie enthielt Zehntausende kostbarer Artefakte, inklusive blau und grün glasierter Keramik. Das
Wrack selbst gilt als archäologischer Schatz, da es eines
der wenigen Beispiele eines chinesischen Schiffes ist,
das über die „Seidenstraße der Meere" segelte.

In den 1990er-Jahren fanden Fischer im Südchinesischen Meer das vietnamesische Frachtschiff *Hoi An*.
Es war ein einzigartiger Fund, da seine Fracht ausnahmslos aus vietnamesischer Keramik bestand.

AUSTRALIEN

Die australische Küste ist eine der längsten der Welt
und hat im Laufe der Jahrhunderte ihren Anteil an
Schiffswracks gesammelt. Neben Kriegswracks gibt
es viele Beispiele früher Entdecker, die Schiffbruch
erlitten. Ein berühmtes Wrack ist die *Batavia*, ein
Schiff der Niederländischen Ostindien-Kompanie,
das 1629 in den Abrolhos-Inseln vor Westaustralien
bei seiner Jungfernfahrt auf Grund lief. Nach dem
Unglück wurden die meisten Passagiere und Seeleute
in einem Anflug blutiger Grausamkeit, angezettelt von
einem Meuterer, abgeschlachtet. Nur 68 von ursprünglich 341 Menschen überlebten.

Eine spannende Geschichte stammt aus der Stadt
Warrnambool in Victoria, an der „Schiffbruchküste"
Südaustraliens gelegen. Der Legende nach wurde dort
einst das Wrack einer aus Mahagonie gebauten portugiesischen Karavelle gesichtet. Trotz aller Suche wurde
es jedoch nie gefunden. Sollte das angebliche Schiff

UNTEN Am 17. Februar 1864
wurde die Schaluppe *USS
Housatonic* von einem U-Boot
der Konföderierten versenkt.
Es war der erste erfolgreiche
U-Boot-Angriff auf ein
Kriegsschiff.

jemals aufgespürt werden, könnte es beweisen, dass die Portugiesen Australien Jahrhunderte vor James Cook entdeckt haben.

DIE POLE

Die Polarregionen gehören wohl zu den unwirtlichsten Gegenden der Erde. Bei der Erforschung der gefrorenen Wüsten gingen zahlreiche Menschenleben und Schiffe verloren. Die Gewässer der Arktis waren einst mit Walfängern übersät, die die Meeressäuger wegen ihres Fleisches und Trans jagten. Angesichts der oft tückischen Wetterbedingungen ist es nicht verwunderlich, dass viele Schiffe zu Schaden kamen. Eisberge, Felsen und heftige Stürme forderten ihren Tribut. Besonders viele Schiffe verschwanden in der nördlichen Polarregion, vor allem auf der Suche nach der berühmtberüchtigten Nordwest-Passage.

RECHTS Kap Hoorn, von vielen Seeleuten als gefährlichste Passage in den Weltmeeren angesehen, ist die südlichste Spitze Südamerikas und für seine fürchterlichen Stürme berüchtigt. Hier überfluten gewaltige Wellen das Deck eines Schiffes.

Die berühmteste dieser Expeditionen, die von John Franklin angeführt wurde, verließ England 1845. In der Baffin-Bucht blieben die *HMS Erebus* und die *HMS Terror* im Eis stecken, und die ganze Mannschaft starb.

Auch in der Südpolarregion gibt es viele Wracks, sowohl von Handels- als auch Forschungsschiffen. Das berühmteste war Sir Ernest Shackletons dreimastige Schonerbark *Endurance* (1915). Ziel seiner Expedition war es, die Antarktis über den Südpol zu überqueren. Die Entdecker erreichten jedoch niemals das Festland. Die *Endurance* blieb im Weddellmeer im Packeis stecken und wurde davon zerdrückt. Die Männer mussten sich zu Fuß und mit einem kleinen Beiboot auf den Weg machen; ein Teil des Teams erreichte

UNTEN Viele Opfer der *Lusitania*, die 1915 von einem deutschen U-Boot versenkt wurde, wurden an der irischen Küste in Massengräbern beigesetzt.

Südgeorgien. Von dort aus wurde eine Rettungsmission gestartet. Alle 27 Männer überlebten.

Moderne Technik bedeutet aber nicht, dass das Südpolarmeer nun gefahrlos zu befahren ist. Am 23. November 2007 rammte das für die Antarktis konstruierte Passagierschiff *MS Explorer* bei der König-Georg-Insel ein Objekt unter Wasser und begann zu sinken. Zum Glück konnten sich Passagiere und Besatzung in Rettungsboote flüchten und wurden Stunden später von einem anderen Schiff geborgen.

WRACKS AUS KRIEGSZEITEN

Seitdem der Mensch seine Konflikte vom Land auf die See ausdehnte, wurden die Ozeane und Meere Heimat zahlloser Wracks von Kriegsschiffen. Viele von ihnen sind tickende Zeitbomben, denn sie enthalten Öl und andere Schadstoffe, die auslaufen werden, sobald ihre Rümpfe durchgerostet sind.

Wracks von Kriegsschiffen, in denen Menschen ums Leben kamen, gelten meist als Kriegsgräber, und viele Länder haben Gesetze erlassen, die jegliche Störung der Totenruhe untersagen. Antike Wracks sind ebenfalls oft gesetzlich geschützt, um kulturell wertvolle Artefakte zu bewahren, z. B. durch die UNESCO Konvention zum Schutz des Kulturerbes unter Wasser (2001) .

Ein tragisches Unglück war der Untergang der *RMS Lusitania* im Ersten Weltkrieg. Sie war mit fast 2000 Passagieren und Besatzungsmitgliedern im Mai 1915 auf dem Weg von New York nach Liverpool, als sie vor der irischen Küste von einem deutschen U-Boot versenkt wurde. Dabei starben fast 1200 Menschen. Obwohl es für viele als Kriegsverbrechen galt, wurde kürzlich bewiesen, dass die *Lusitania* heimlich Munition transportierte, was ihren Abschuss rechtfertigte.

VERSEHENTLICH UND ABSICHTLICH

Dank der Einführung moderner Navigationsmethoden – Satelliten, Echtzeit-Wettervorhersagen, Funkverkehr – sollten maritime Unglücke eigentlich hinter uns liegen. Wie Ereignisse der letzten Jahrzehnte zeigten, trifft das leider nicht zu.

Am 24. März 1989 lief der riesige Öltanker *Exxon Valdez* im Prinz-William-Sund, Alaska, auf das Bligh-Riff. Sofort begann seine Ladung – 163 000 t Öl – auszulaufen. Fast 37 000 t breiteten sich in dem einst kristallklaren Wasser aus und sorgten für unvorstellbare Umweltschäden. Als Reaktion auf dieses Unglück wurden einwandige Öltanker wie die *Exxon Valdez* aus europäischen Häfen verbannt.

Selbst heute kommt es immer wieder zu völlig vermeidbaren Tragödien auf See. So stieß der norwegische Autotransporter *Tricolor* am 14. Dezember 2002 im Ärmelkanal mit dem Containerschiff *Kariba* zusammen. Die *Tricolor* sank und blieb so liegen, dass sich ihr Deckaufbau unmittelbar unter der Wasseroberfläche befand. Zum Glück kam niemand ums Leben. Trotz Warnungen, Wachschiffen und sogar einer Leuchtboje stieß das deutsche Schiff *Nicola* in der darauffolgenden

RECHTS Diese Luftaufnahme zeigt die *Exxon Valdez* in einem gewaltigen Ölfleck, der sich in dem einst kristallklaren Wasser des Prinz-William-Sunds ausbreitete. Der Tanker lief 1990 im Sund auf das Bligh-Riff.

Nacht mit dem Wrack zusammen und musste freigeschleppt werden. Zwei Wochen später wurde die *Tricolor* erneut gerammt, diesmal von dem türkischen Schiff *Vicky*, dass sich bei Einsetzen der Flut selbst befreien konnte. Schließlich wurde die *Tricolor* gehoben, bevor noch mehr passierte.

Nicht jedes Wrack ist jedoch ein Unfall. In den letzten Jahren gibt es einen Trend, künstliche Riffe zu erzeugen, indem überflüssige Schiffe absichtlich versenkt werden. Diese werden dann zur Heimat zahlreicher Meeresbewohner, sehr zur Freude der Taucher. Nicht immer ist die Entscheidung zur Versenkung selbstloser Natur – häufig wäre es viel teurer, alle toxischen Stoffe aus dem Schiff zu entfernen, bevor es abgewrackt werden kann, als es auf die Versenkung vorzubereiten. Die Wirtschaft regiert die Wellen.

SUCHE, BERGUNG UND BEWAHRUNG

Wind und Wellen können ein Wrack schnell auseinanderbrechen lassen, und rasch beginnt der Zerfall. Wie lange ein Schiff unter Wasser die Zeit überdauert hängt stark vom Salzgehalt des Wassers, der Temperatur, der Einwirkung von Meeresorganismen und dem Material, aus dem das Schiff gebaut wurde, ab – sei es Holz, Stahl oder ein anderes Material.

Moderne Suchmethoden ermöglichen es uns heute, Wracks zu finden, die noch vor Jahrzehnten als für immer verloren gegolten hätten. Ein Beispiel ist die Entdeckung des australischen Kriegsschiffes *HMAS Sydney*, das im Zweiten Weltkrieg vor der westaustralischen Küste sank. Die Analyse von Aufzeichnungen, Wetterbedingungen und Meeresströmungen führte ein Suchteam im Jahr 2008 zur Unglücksstelle. Mithilfe hochentwickelten Sonars an Bord eines Tauchfahrzeuges wurde das Wrack auf dem Meeresboden entdeckt.

Gehoben werden Wracks manchmal, um wertvolle Materialen zu retten, manchmal um der Schatzsuche willen und manchmal für archäologische Zwecke. Egal, was der Grund für die Suche und Bergung sein mag – Schiffswracks bieten uns ein einzigartiges Fenster in die Vergangenheit; sie werden in ihrem nassen Grab zu Zeitkapseln – wenn auch nicht ganz freiwillig.

OBEN Nicht nur Schiffe geben tolle künstliche Riffe ab. Diese Boeing 727 wird gerade vor Key Biscayne, Florida, USA, versenkt, um zahllosen Meeresbewohnern ein neues Heim zu bieten – und ebenso zahllosen Tauchtouristen eine neue Attraktion.

FLAMMENSÄULEN

Leuchttürme sind seit Jahrtausenden die Rettung zahlreicher Seefahrer. Ohne ihre Leuchtfeuer wäre es ihnen viel schwerer gefallen, die Meere zu erforschen.

LEUCHTFEUER

Die ersten Leuchttürme waren nichts weiter als Signalfeuer auf einem Hügel. Später wurden schützende Wände hinzugefügt, und schließlich wurde das Feuer auf erhöhten Plattformen platziert, sodass es auch weit draußen auf See sichtbar war. Zunächst dienten sie zur Markierung von Hafeneinfahrten, später als Warnung vor gefährlichen Riffen und Felsen sowie zur Küstennavigation.

Die meisten Leuchttürme wurden an der Küste auf Hügeln oder Klippen errichtet; sie wurden aber auch auf Felsen vor der Küste oder gar – mit Pfählen im Meeresboden verankert – im Flachwasser gebaut, als Warnung vor Riffen.

Einige antike Leuchttürme haben die Zeit überdauert. Die Römer bauten im 1. Jh. den ältesten Leuchtturm Großbritanniens, dessen Überreste heute in Dover Castle zu besichtigen sind.

Auf der estnischen Insel Hiiumaa steht der Kõpu-Leuchtturm aus dem Jahr 1531. Er ist 100 m hoch und der drittälteste noch aktive Leuchtturm der Welt.

SONNENSTRAHLEN

Im Laufe der Jahre hat sich die Leuchtturmtechnik stark verändert. In antiken Türmen verbrannte man Holz oder Öle. Diese wurde durch Kerosin und schließlich durch Gas, Strom und heute – gelegentlich – durch Solarenergie ersetzt.

Zuerst wurden Reflektoren eingeführt, um das Licht zu bündeln, später folgten hoch entwickelte Linsen. Sie drehen sich um eine feste Lichtquelle und bündeln das Licht zu einem dünnen Strahl, der einen kompletten Kreis um den Leuchtturm beschreibt. Die Anordnung der Linsen und die Drehgeschwindigkeit verleiht dem Licht ein spezifisches Blinkmuster, anhand dessen Seefahrer die Leuchttürme unterscheiden und sicher von einem Ort zum anderen navigieren können.

Während fast alle Leuchttürme früher rund um die Uhr besetzt waren, werden die meisten heute automatisch betrieben, was ihre Betriebskosten erheblich reduziert.

Heutzutage sind viele Leuchttürme mit Stroboskop-Signalen ausgestattet, die sehr helle Lichtblitze aussenden. Einige Leuchttürme sind zudem in markanten Mustern angestrichen, um sie auch am Tag von anderen Türmen in der Nähe zu unterscheiden. Andere sind mit Radarreflektoren ausgestattet, die es Schiffen mit Radaranlagen ermöglichen, sie auch bei schlechtem Wetter zu orten.

Ein Beleuchtungssystem trug seinem Erfinder sogar einen Nobel-Preis ein: das Dalén-Blinklicht. Er erfand ein Sonnenventil, das das Leuchtfeuer automatisch bei Einbruch der Dunkelheit entzündete und in der Morgendämmerung wieder löschte. 1912 erhielt der Schwede Nils Gustaf Dalén für diese Erfindung den Nobelpreis für Physik.

Neben den traditionellen Leuchttürmen gibt es noch Leuchtfeuer für spezielle Navigationszwecke, z. B. das Richtfeuer. Dabei stehen zwei Leuchttürme hintereinander, wobei der hintere höher ist. Indem man beide Leuchtfeuer in der Sichtlinie behält, folgt man einer sicheren Fahrrinne. Dieses System wird oft in Flüssen und Hafeneinfahrten genutzt und weist auch am Tag den Weg zur tiefen Fahrrinne.

DAS AUSSTERBENDE LICHT

Moderne Navigationssysteme wie GPS, das satellitengestützte Global Positioning System, machen die traditionellen Navigationsmethoden zunehmend überflüssig. Aber auch zeitgemäße elektronische Systeme können ausfallen und dem Kapitän keine andere Wahl lassen, als wieder auf altbewährte Methoden zurückzugreifen.

Es ist kaum vorstellbar, dass Leuchttürme einmal komplett verschwinden könnten. Selbst wenn sie nicht mehr aktiv im Dienst sind, so werden die meisten doch auf die eine oder andere Weise bewahrt. Viele Leuchttürme wurden bereits in Museen verwandelt, andere an Privatleute verkauft und zu Wohnhäusern umgebaut. Die einsamen Wachposten an unseren Küsten erinnern unerschütterlich an die Rolle der See in der Geschichte der Menschheit.

OBEN Jeder Leuchtturm weltweit hat ein charakteristisches Blinkmuster, sodass Seeleute stets wissen, welches Leuchtfeuer sie beobachten.

UNTEN Der 1887 fertiggestellte Phare de la Vieille steht auf einem einsamen Felsen und beleuchtet Pointe du Raz in der Bretagne, Frankreich. Er wurde 1995 automatisiert.

OBEN Die unglaubliche Kraft der See wird an den Wellen deutlich, die sich an dem Leuchtturm von Longships auf Land's End, Cornwall, GB, brechen.

LINKS Sonnenenergie wird immer mehr zum wirtschaftlichsten Weg, ein Leuchtfeuer zu betreiben. Dieses steht auf der griechischen Insel Lesbos.

Die Leuchtfeuer der Seefahrer

Seit der Antike wurden Leuchtfeuer dazu genutzt, Schiffe durch gefährliche Passagen und in den sicheren Hafen zu lotsen. Zunächst waren es einfache Signalfeuer, die bei Bedarf angezündet wurden; bald erkannte man aber die Bedeutung dieser Signale und so wurden dauerhafte Einrichtungen nötig. Das war die Geburtsstunde des Leuchtturms. Jeder Leuchtturm hat ein eigenes Blinkmuster, an dem er sich eindeutig identifizieren lässt.

UNTEN Dieses Gemälde aus dem 16. Jh. von Maerten van Heemskerck zeigt den Pharos von Alexandria in Ägypten. Sein Mauerwerk war so stark, dass ein Teil davon zum Bau der Kait-Bay-Festung verwendet wurde.

DER PHAROS

Der berühmteste Leuchtturm der Antike war der Pharos von Alexandria. Davon leitet sich der Begriff *Pharologie* ab, das Studium der Leuchttürme. Gebaut wurde er im 3. Jh. V. CHR. auf der Insel Pharos vor der Küste Alexandrias in Ägypten. Ägyptens flache Topografie machte die Navigation schwierig, da es nur wenige landschaftliche Merkmale gab. So wurde der Pharos anfangs für die Navigation am Tage errichtet. Im 1. Jh. erhielt er einen Reflektor, der tagsüber das Sonnenlicht und nachts ein Feuer reflektierte – nun war er ein echter Leuchtturm.

Der Pharos war über 100 m hoch, was ihn in der damaligen Zeit zu einem der höchsten Gebäude der Welt machte. Außerdem gilt er als eines der Sieben Weltwunder der Antike.

Obwohl es aus der Zeit seines Baus keine Zeichnungen gibt, entstand durch Berichte von Reisenden im Laufe der Zeit ein recht genaues Bild seines Aussehens. Der Pharos wurde in drei Schichten gebaut – ein quadratisches Fundament, auf dem ein achteckiger Mittelteil stand, der von einem runden Oberteil bedeckt wurde. Römische Münzen zeigen, dass auf jeder der vier Ecken des Fundamentes eine Poseidonstatue stand und eine weitere ganz oben auf dem Turm. Dank seiner Höhe war das Licht des Pharos angeblich noch in 56 km Entfernung auf dem Meer sichtbar, und der Legende nach konnte sein Feuer feindliche Schiffe verbrennen, die sich dem Hafen näherten.

Stark wie er war, konnte der Pharos dennoch den Elementen nicht ewig trotzen. In den Jahren 956, 1303 und 1323 wurde er von Erdbeben schwer beschädigt.

Reiseberichten zufolge war der Turm eine Ruine, die man nicht gefahrlos betreten konnte. 1480 wurde schließlich eine Festung an dem Ort errichtet, für deren Bau man Teile des Originalmauerwerks verwendete. Die Festung, Kait-Bay, existiert noch heute; Überreste des Pharos wurden auf dem Meeresboden entdeckt.

DER HERKULESTURM

Ein weiteres Leuchtfeuer der Antike ist der 1900 Jahre alte Herkulesturm in A Coruña, Spanien. Der vor dem 2. Jh. von den Römern gebaute Turm wacht über die spanische Atlantikküste und wird noch heute genutzt; er ist der älteste aktive (römische) Leuchtturm auf der ganzen Welt.

Das Aussehen des Herkulesturms wurde vermutlich vom Pharos von Alexandria inspiriert. Die gewaltige Struktur besteht aus Granit und hatte einst eine äußere Wendeltreppe, über die man die verschiedenen Ebenen erreichen und Holz für das Feuer nach oben bringen konnte. Ursprünglich war der Herkulesturm 34 m hoch; 1788 wurde ein viertes, 21 m hohes Stockwerk aufgebaut. An dem Fundament wurden einige Umbauten vorgenommen, aber in speziellen Galerien können Besucher noch Teile der römischen und mittelalterlichen Abschnitte bewundern.

Die Römer wählten den Standort für den Leuchtturm, weil sie damals glaubten, er stünde am Rand der Erde. Die Küste war bereits damals – und ist es auch noch heute – tückisch und hat sich den Beinamen Costa da Morte, „Todesküste", wahrlich verdient.

DER EDDYSTONE-LEUCHTTURM

Der Entwurf des dritten Leuchtturms, der auf den Eddystone Rocks vor der Küste von Cornwall, Großbritannien, errichtet wurde, setzte Maßstäbe für den zukünftigen Leuchtturmbau.

Der heutige Turm ist bereits der vierte, der an dem Ort errichtet wurde, was die Gefahr beweist, die diese Felsen für die Schifffahrt darstellen.

Der Originalturm bestand aus Holz und war als Winstanleys Turm bekannt, nach seinem Erbauer, dem englischen Ingenieur Henry Winstanley.

LINKS Der Herkulesturm, *Torre de Hercules*, der bei A Coruña an der galizischen Küste steht, wacht über eine riesige Windrose, die zwischen Leuchtturm und Küste aus Mosaikfliesen gebaut wurde.

UNTEN Die Fundamentlegung des aktuellen Eddystone-Leuchtturms im Jahr 1879 war ein Ereignis, an dem der Herzog von Edinburgh in seiner Funktion als Master of the Trinity House Corporation, die für Leuchttürme zuständig ist, zusammen mit dem Prinzen von Wales teilnahm.

RECHTE SEITE 1999 hatte es den Anschein, als laufe der Leuchtturm von Kap Hatteras Gefahr, weggespült zu werden. Mithilfe einer riesigen Plattform wurde er 30 cm pro Minute eine halbe Meile landeinwärts geschleppt.

OBEN Der Eddystone-Leuchtturm wurde viermal neu errichtet. Diese Version bestand als erste aus Granitblöcken. Leider begann dann der Felsen, auf dem er stand, zu bröckeln.

UNTEN Kap Byron im Bundesstaat New South Wales, ist der östlichste Punkt Australiens. Der dortige Leuchtturm hat das stärkste Blinkmuster (Kennung) auf der Südhalbkugel.

Winstanleys Turm, der 1696–1698 gebaut wurde, war nur bis 1703 im Einsatz, als er von einem Sturm zerstört wurde. Sein Ersatz bestand aus Holz, hatte aber einen Kern aus Zement und Ziegelsteinen. Er wurde als Rudyerds Turm bekannt und nahm 1709 den Betrieb auf. 1755 wurde er bei einem Feuer zerstört.

Die dritte Inkarnation des Leuchtturms kennzeichnete eine neue Ära im Leuchtturmbau. Angelehnt an die Wuchsform einer Eiche bestand er aus verzahnten Granitblöcken, die mit Wasserzement, einer Zementart, die im Wasser fest wird, gebunden wurde. Smeatons Leuchtturm (nach seinem Erbauer) war 18 m hoch. Er nahm 1759 die Arbeit auf und wurde 1877 stillgelegt, als man feststellte, dass der Felsen, auf dem er stand, vom Meer stark erodiert war. Der Leuchtturm wurde auseinandergebaut und in Plymouth auf dem Festland wieder aufgebaut, als Denkmal an seinen Erbauer.

Der aktuelle Eddystone-Leuchtturm, Douglass' Turm, ging 1882 in Betrieb und arbeitet bis heute. Er ist 49 m hoch, und sein Licht ist aus 40 km Entfernung zu sehen. Zudem hat er ein starkes Nebelhorn, das im Bedarfsfall jede Minute ertönt. Auf dem Turm wurde ein Hubschrauberlandeplatz errichtet, damit die Wartungsmannschaft leichten Zugang hat.

DER FELSEN

Der Leuchtturm Bell Rock steht in der Nordsee 18 km vor Arbroath an der Ostküste Schottlands. Er ist ein wahres Wunder moderner Baukunst, da er seit 200 Jahren der stürmischen See standhält – und er gilt als eines der Sieben Weltwunder der Ingenieurskunst.

Der Legende nach wurde zunächst eine Glocke angebracht, um Seeleute vor dem Felsen zu warnen. Diese wurde jedoch von einem Piraten gestohlen; dass derselbe Pirat kurz darauf an dem Felsen verunglückte, erschien als ausgleichende Gerechtigkeit.

Der verantwortliche Ingenieur für den Leuchtturm Bell Rock war der Schotte Robert Stevenson, Großvater des Autors Robert Louis Stevenson. 1807 begannen die Bauarbeiten. Zunächst mussten die Arbeiter auf einem Schiff wohnen, das kurz vor dem Felsen vertäut war.

Zugang zur Baustelle hatten sie nur vier Stunden am Tag bei Ebbe. Zuerst bauten sie ein erhöhtes Holzhaus als Unterkunft für sich. Endlich konnten sie auf dem Felsen leben und effizienter arbeiten. Über die nächsten drei Jahre wurden mehr als 2800 Granitblöcke in Position gebracht. Die schwierigen Bedingungen und das tückische Wetter führten zu vielen Verletzungen und einem Toten. Am Ende war der Leuchtturm 35 m hoch und wurde 1811 seiner Bestimmung übergeben.

SPIRALFÖRMIGE SCHÖNHEIT

Einer der optisch auffallendsten und berühmtesten Leuchttürme steht in Kap Hatteras, North Carolina, USA, und wurde zwischen 1868 und 1870 aus über einer Million Backsteinen gemauert. Er ist aus 30 km Entfernung auf See zu sehen, wird von einem drehbaren Luftfahrtleuchtfeuer mit einer Lichtstärke von 250,000 cd (Candela) beleuchtet und ist 63 m hoch.

Im Laufe der Jahre war der Leuchtturm durch Landerosion bedroht. 1935 wurde er außer Betrieb gesetzt und weiter landeinwärts durch einen Stahlskelettturm ersetzt. Durch Landrückgewinnung konnte der Leuchtturm 1950 zunächst gesichert und dann wieder in Gang gebracht werden.

Das bekannteste Merkmal des Leuchtturms von Kap Hatteras ist sein spiralförmiger, schwarz-weißer Anstrich. Der Turm steht zwar nach wie vor aktiv im Dienst, ist aber inzwischen auch zur Touristenattraktion geworden. Tausende Menschen klettern jedes Jahr die 268 Stufen bis zur Spitze hinauf. Zwischen 1999 und 2000 wurde der Leuchtturm in einer so noch nie dagewesenen Aktion mithilfe einer riesigen Plattform 870 m landeinwärts in Sicherheit gebracht.

DER ÖSTLICHSTE PUNKT

Die australische Küste ist Zehntausende Kilometer lang, und weite Abschnitte davon sind aufgrund von Wetterbedingungen, Felsen oder Riffen recht tückisch. Der östlichste Punkt des australischen Festlandes ist Kap Byron, wo 1901 ein Leuchtturm gebaut wurde. Er ist nur 18 m hoch, steht aber am Rand von 100 m hohen Klippen, die ihm große Höhe verleihen. Er hat das stärkste Licht auf der gesamten Südhalbkugel und ist noch weit draußen auf See zu sehen.

TIEF IM SÜDEN

Ein anderer bekannter australischer Leuchtturm ist der Wickham-Leuchtturm auf King Island in der Bass-Straße zwischen dem australischen Festland und Tasmanien. Mit 48 m Höhe ist er nicht nur der höchste Leuchtturm Australiens, sondern gleichzeitig auch der gesamten Südhalbkugel.

Selbst in der Antarktis gibt es Leuchttürme, auch wenn sie fast alle sehr klein sind und nur in Betrieb genommen werden, wenn Schiffe zu erwarten sind. Der bekannteste ist der Arctowski-Turm (nach Henryk Arctowski) auf der König-Georg-Insel, der oft als südlichster Leuchtturm der Welt aufgeführt wird.

Versunkene Schätze

Edelmetalle, unbezahlbare Antiquitäten und historische Artefakte – all das wurde von maritimen Schatzsuchern geborgen. Die Verlockung von verbotenem Gold, Juwelen und anderen Schätzen hat so manchen Schatzsucher in die Irre geführt, aber einige hatten auch Glück. Daraus entstand eine aufregende Mischung aus Fakten und Mythen, die uns seit Jahrhunderten fasziniert.

DIE SPANISCHEN SCHATZFLOTTEN

Fast 300 Jahre lang betrieb Spanien eine Reihe von Konvois, die als Schatz- oder Silberflotten bekannt wurden. Die *Flota de Indias* segelte von karibischen Häfen nach Spanien. Eine weitere Flotte, die *Galeón de Manila* oder Manila-Galeonen brachten Schätze aus den Philippinen nach Mexiko. Von dort aus wurden die Waren über Karibikhäfen nach Spanien verschifft. Die Flotten bestanden aus Frachtschiffen, die Edelmetalle, Gewürze, Seide, Tabak und andere kostbare Güter transportierten und von schwer bewaffneten Kriegsschiffen eskortiert wurden. Als Bezahlung verlangte die spanische Krone ein Fünftel der Schätze.

Obwohl es viele Geschichten über Angriffe auf die Schatzflotten gibt, fielen tatsächlich nur wenige Schiffe in die Hände von Piraten, Freibeutern oder feindlichen Kriegsflotten. Einzig in den Jahren 1628, 1656 und 1657 wurden Flotten erobert oder versenkt. Eine weitere Flotte fiel 1702 der Seeschlacht von Vigo zum Opfer, hatte aber einen Großteil ihrer Fracht bereits entladen. Viele Schiffe sanken in Stürmen, z. B. 1622 und 1715. Die letzte Schatzflotte stach 1790 in See. Zu dieser Zeit hatten die anderen Nationen bereits Stützpunkte in der Region, und Spanien beschloss, seine Kolonien für den Handel zu öffnen.

BERGUNG DER SCHIFFE

Eine der spanischen Flotten sank 1622 vor den Florida Keys; das war ein gewaltiger Verlust für Spanien. Durch ihren verspäteten Aufbruch geriet die Flotte in schlechtes Wetter und kenterte. Ihr wichtigstes Schiff war die *Nuestra Señora de Atocha*, mit Edelmetallen, Juwelen und Tabak an Bord. Spanien gelang es, einen Teil der verlorenen Schätze zu bergen; die *Nuestra Señora de Atocha* fanden sie jedoch nicht. Es dauerte noch bis 1985, als amerikanische Schatzsucher auf das Wrack stießen und einen Großteil der Fracht bargen. Obwohl die US-Regierung Anspruch auf das Wrack erhob und sogar vor Gericht ging, entschied dieses am Ende zugunsten der Finder.

1715 sank eine weitere Flotte bei schlechtem Wetter vor der Küste Floridas. Es war Spaniens schlimmster Verlust – neben dem Materiellen kamen 1000 Männer ums Leben. Obwohl die Spanier viele Jahre lang versuchten, zu retten, was zu retten war, wurde der Großteil der Fracht erst in den 1960er-Jahren dank moderner Technik geborgen.

BEMERKENSWERTE FUNDE

Im Laufe der Jahre gab es viele erstaunliche Funde, sowohl durch die Schwierigkeiten bei der Ortung der Wracks als auch bei den Summen, um die es ging. Viele Überraschungen warten noch in den Tiefen der Meere.

2007 entdeckte eine private Bergungsfirma vor der spanischen Küste das Wrack einer spanischen Galeone mit Goldmünzen im Wert von etwa 500 Millionen US-Dollar an Bord. Um die Eigentumsrechte am Wrack und der Beute läuft zurzeit ein Rechtsstreit.

Anfang 2009 gab die gleiche Firma bekannt, das Wrack der *HMS Victory* gefunden zu haben, ein britisches Kriegsschiff, das 1744 im Ärmelkanal gesunken war. An Bord hatte es damals etwa 3,5 t portugiesisches Gold, und über 1000 Seeleute kamen bei dem Unglück ums Leben. Auch mit diesem Fall beschäftigen sich aktuell die Gerichte.

WEM GEHÖREN DIE SCHÄTZE?

Den Schatz zu entdecken, ist nicht der schwierigste Teil – der Prozess um den Fund dauert oft viel länger.

UNTEN Dieses Gemälde zeigt ein Schiff der spanischen Silberflotte, das mit Schätzen beladen auf dem Weg nach Spanien ist.

Nach internationalem Recht kann ein verlassenes Schiff von seinem Finder beansprucht werden. Wurde das Wrack nicht offiziell aufgegeben, kann es zwar von anderen als dem Eigentümer geborgen werden, ein Besitzanspruch ergibt sich daraus aber nicht. Meist folgen langwierige Verhandlungen.

Einige Länder, wie die USA, geben kein Schiff offiziell auf, ganz egal, wie alt es ist, es sei denn, es wird ausdrücklich freigegeben. Die Vereinigten Staaten haben sogar ein Abkommen mit Spanien, nach dem jedes spanische Wrack, das auf US-Territorium gefunden wird, den gleichen Status erhält, wie ein US-Wrack.

Viele Länder haben außerdem Gesetze erlassen, die jegliche unauthorisierte Störung eines versunkenen Wracks verbieten, vor allem, um deren archäologische Integrität zu wahren, aber auch, um Plünderungen von vornherein zu verhindern. Gesunkene Kriegsschiffe gelten in den meisten Fällen ohnehin als Kriegsgräber und dürfen daher nicht beeinträchtigt werden.

OBEN Die Seeschlacht von Vigo fand am 23. Oktober 1702 statt, als die englisch-niederländische Flotte von der Rückkehr der spanischen Schatzflotte in den Hafen von Vigo, Spanien, erfuhr.

LINKS Diese Gold- und Silbermünzen wurden in der Dominikanischen Republik aus dem Wrack der *Conde de Tolosa* geborgen.

NATURGEWALTEN

Die Weltmeere sind so dynamisch und gewaltig wie die Kräfte an Land, und häufig sind sie eng miteinander verbunden. Wind produziert z. B. Wellen und treibt Strömungen an; auf der anderen Seite haben Strömungen starken Einfluss auf die Temperaturen und die Luftfeuchtigkeit an Land. In warmen Gewässern entstehen Stürme, die ihre Gewalt an Land entfesseln können.

MEERESSTRÖMUNGEN

Die Meere sind eine gewaltige Energiequelle. Von Wind angetriebene Meeresströmungen fließen wie riesige Flüsse durch die See. Strömungen aus der Äquatorregion bringen Wärmeenergie an die Pole. Nirgends wird das deutlicher als in Westeuropa, wo der warme Golfstrom und der Nordatlantikstrom zu den milden Temperaturen beitragen.

Die meisten Strömungen fließen in die entgegengesetzte Richtung, auf den Äquator zu, und bringen kaltes Wasser mit sich, das die Temperatur, den Niederschlag und die relative Luftfeuchtigkeit in den Küstenregionen beeinflusst. Viele Wüstengebiete an den Westküsten, z. B. in Peru und Chile, erfahren recht kalte Temperaturen und hohe Luftfeuchtigkeit, aber wenig Regen. Nach Süden fließende Strömungen aus dem hohen Norden bringen zudem Eisberge mit sich, die zu einer Gefahr werden, wenn sie in Schifffahrtsrouten treiben.

GEZEITEN

Gezeiten sind Unterschiede in der Höhe des Meeresspiegels als Resultat der Anziehungskraft von Mond (54 Prozent) und Sonne (46 Prozent). Die Einflüsse der Gezeiten sind vor allem an Küstenstreifen mit großem Tidenhub spürbar, z. B. in der kanadischen Bay of Fundy am Atlantik, in der der Tidenhub bis zu 16 m betragen kann.

Auch viele Gegenden im Nordpazifik weisen starke Gezeitenunterschiede auf. Alaskas Turnagain Arm, eine Erweiterung des Cook Inlets südlich von Anchorage, ist einer von 60 Orten weltweit, in denen es zu Gezeitenwellen kommt. Bei Voll- und Neumond entsteht eine Welle, die 3,5 m hoch ist und mit einer Geschwindigkeit von 16-24 km/h den 64,5 km langen Turnagain Arm hinaufläuft.

WELLEN

Ein Welle, die an der Küste bricht, ist einer der spektakulärsten Anblicke, die Mutter Natur zu bieten hat. Die meisten Wellen entstehen durch die Reibung des Windes auf dem Wasser. Ihre Größe hängt von Geschwindigkeit, Dauer und Fetch – Entfernung des Windes – ab.

Einige Regionen sind für ihre großen Wellen berühmt und locken Surfer aus aller Welt an. An tief liegenden Küsten formen Sturmwellen Sandstrände, Nehrungen, Sandbänke und Tombolos – oder spülen sie weg. Zusammen mit dem Wind tragen sie auch zur Entstehung von Sanddünen bei. Zudem erzeugen Wellen Brandungsströmungen, die langsam parallel zur Küste fließen.

Einige Wellen können gigantisch groß werden. Die bekanntesten von ihnen sind die Tsunamis. Sie entstehen z. B. durch Erdstöße auf dem Meeresboden. Tsunamis sind für die Verwüstungen berüchtigt, die sie anrichten, sobald sie auf Land treffen. Ein Großteil der Schäden von dem verheerenden Erdbeben in Alaska 1964 stammte eigentlich von dem darauffolgenden Tsunami, der eine Reihe von Küstenorten verwüstete. Im Dezember 2004 entstand durch ein Erdbeben im Indischen Ozean ein Tsunami, der als bis zu 30 m hohe Wasserwand auf die Küsten zuraste und zu einer der tödlichsten und teuersten Naturkatastrophen in unserer Geschichte führte. Als das Wasser endlich zurückging, waren fast eine Viertel Million Menschen in elf Ländern ums Leben gekommen und wirtschaftliche Schäden in Höhe von mehreren Milliarden US-Dollar entstanden.

Gigantische Riesenwellen auf hoher See sind seit Jahrhunderten Stoff für Seemannsgarn. In jüngster Zeit hat die Wissenschaft jedoch erkannt, dass sie keineswegs nur Einbildung sind. Wie sie allerdings entstehen, ist noch völlig unklar.

TROPENSTÜRME

Warmes Meerwasser ist ein ideales Brutgebiet für tropische Stürme. Hurrikane, Taifune und Zyklone sind regionale Namen für die gleichen Stürme. Aus verschiedenen Gründen entstehen sie nur in den warmen Gewässern des Nordatlantiks, Nordpazifiks und Indischen Ozeans. Solange sie sich über warmem Wasser aufhalten, nehmen die Stürme an Stärke zu. Wind, Regen oder Sturmfluten können an den Küsten zu gewaltigen Schäden führen, und selbst weiter im Landesinneren bleibt oft niemand vor den Auswirkungen erschont.

SCHUTZ DER KÜSTEN

Über die Hälfte der Weltbevölkerung lebt heute an oder nahe einer Küste. Im Laufe der Zeit wurden die wachsenden Siedlungen gegenüber den Verwüstungen durch die See immer anfälliger. So wurden zahlreiche Methoden zum Schutz der Küstengebiete entwickelt. Dazu gehören Strukturen wie Wellenbrecher und Deiche, aber auch umweltfreundlichere Prozesse wie Dünenbau und -bepflanzung.

LINKS Dieses am 25. Dezember 2008 aufgenommene Satellitenbild zeigt Zyklon Billy vor der westaustralischen Küste. Er war ein paar Tage zuvor entstanden und zog über mehrere Hundert Kilometer hinweg, bevor er die Kimberleys überquerte.

UNTEN Diese fantastischen Formationen entlang der Küste der Namib in Namibia entstanden durch Wind und Wellenerosion. Nur selten brandet das Meer direkt an eine Wüste.

OBEN Die Wellen an Teilen der hawaiianischen Küste sind bei erfahrenen Surfern sehr beliebt. Hier hat ein Surfer gerade sein Brett verloren, das sich nun selbstständig macht.

LINKS Die Bay of Fundy im Fundy National Park, New Brunswick, Kanada, ist für ihren enormen Tidenhub von bis zu 16 m bekannt.

Tsunami

Ein Tsunami ist eine Serie von Wellen, die entsteht, wenn eine große Wassermenge unvermittelt verdrängt wird. Früher wurden Tsunamis oft als Flutwellen bezeichnet, was aber nicht stimmt, da die Gezeiten nichts mit ihrer Entstehung zu tun haben. Tsunamis werden normalerweise durch tektonische Kräfte ausgelöst.

RECHTS Eine Moschee ist das Einzige, was noch übrig blieb, nachdem am 26. Dezember 2004 ein Tsunami über Banda Aceh hereinbrach und alles mitriss, was ihm im Weg stand.

OBEN Das Kräuseln des Wassers in diesem Satellitenbild zeigt eine Serie von Wellen, die sich der Küste Sri Lankas nähern, wenige Stunden, nachdem der Tsunami über Banda Aceh hinwegraste.

PHYSISCHE MERKMALE

Tsunamis werden durch die Verdrängung von Wassermassen gebildet und sind sehr langperiodische Flachwasserwellen, die sich auf dem offenen Meer äußerst schnell fortbewegen. Flachwasserwellen interagieren mit dem Meeresboden. Die meisten normalen Wellen haben kurze Wellenlängen. Windwellen, die auf dem offenen Meer entstehen, werden im tiefen Wasser nicht vom Meeresboden beeinflusst. Eine Windwelle mit einer Wellenlänge von 20 m kann sich über 10 m tiefes Wasser bewegen, ohne mit dem Meeresboden in Berührung zu kommen.

Sobald die Wassertiefe unter ein Zwanzigstel der Wellenlänge sinkt, bekommt die Welle Kontakt zum Boden, was sie abbremst. Die Wellenlänge verkürzt sich, und die Wellenhöhe nimmt zu. Die Frequenz – die Zeit zwischen den Wellen – bleibt gleich.

Tsunamis, die durch seismische Ereignisse in der Tiefsee – Erdbeben, Vulkanausbrüche, Hangabrutschungen – entstehen, haben eine Wellenlänge von 100 bis 200 km. Ein Tsunami mit kurzer Wellenlänge – 96 km – würde bei 4,6 km tiefem Wasser Kontakt mit dem Boden haben. Der tiefste Ozean, der Pazifik, hat eine mittlere Tiefe von 4,3 km. Nur an seinen tiefsten Stellen, z. B. in Tiefseegräben, würde ein Tsunami also nicht mit dem Meeresboden interagieren.

Im tiefen Wasser des offenen Ozeans kann eine Tsunamiwelle nur 10 bis 100 cm hoch sein. Ihre typische Frequenz liegt zwischen 8 und 20 Minuten. Derartige Wellen würden Schiffen auf hoher See dank der normalen Wellenaktivität durch den Wind und ihrer sehr langen Wellenlänge und Frequenz vielleicht

Der durchgeschüttelte Planet

Am Morgen des 26. Dezembers 2004 um 00:58:49 UTC – Koordinierte Weltzeit – gab es vor der Küste Nordwest-Sumatras, Indonesien, ein schweres Erdbeben mit der Stärke 9,1 bis 9,3 auf der Richterskala. Das Epizentrum lag in 30 km Tiefe. Ein etwa 1600 km langer Teil einer Verwerfungslinie verschob sich in zwei Phasen um 15 m in der tektonisch komplizierten Region, in der die Indo-Australische Platte mit der Burmaplatte kollidiert und den Sunda-Graben bildet.

Der daraus entstandene Tsunami brach über elf Nationen herein, die an den Indischen Ozean angrenzen. Nordwest-Sumatra lag dem Epizentrum am nächsten und wurde dadurch von den höchsten Wellen getroffen. Ein International Tsunami Survey Team (ITST), das die Schäden auf Sumatra untersuchte, stellte in abgelegenen Gebieten im Nordwesten der Insel Wellenhöhen von 20 bis 30 m fest. Nach letzten Schätzungen lag die Zahl der Toten im gesamten vom Tsunami betroffenen Gebiet bei 231 000. Ganz genau werden wir es jedoch nie wissen.

RECHTS Die Gipfel um die Lituya-Bucht, Alaska, herum weisen die Narben eines massiven Tsunamis auf, der die gegenüberliegende Küste bis 525 m weit ins Landesinnere überflutete.

gar nicht auffallen. Das Schiff würde nur leicht angehoben werden und dann gleich wieder in das nächste Wellental hinabgleiten.

WASSERWAND

Die lange Periode zwischen den Tsunamiwellen ist für den Tod zahlreicher Menschen verantwortlich. Viele glauben, nach der ersten Welle alles überstanden zu haben. Nähert der Tsunami sich der Küste, wird er abgebremst und nimmt an Höhe zu.

Liegt die Küste nahe dem Auslöser des Tsunamis, können seine Wellen durchaus 30 m Höhe und mehr erreichen. Die Welle wirkt nicht wie ein steiler Brecher, sondern wie eine massive Wand aus Wasser, die solange landeinwärts vordringt, bis ihre Energie erschöpft ist. Erst dann werden die Wassermassen langsamer und beginnen sich wieder zurückzuziehen.

Warnsignale

Eines oder alle diese Hinweise können auftreten, bevor ein Tsunami die Küste erreicht:

- Die Erde erzittert von einem Erdbeben nahe der Küste.
- Das Wasser zieht sich zurück und setzt den Meeresboden frei. Fische und Boote stranden.
- Am Horizont wird manchmal eine aufgewühlte Wasserwand sichtbar.
- Ein lautes, „brüllendes" Geräusch ertönt, wie bei einem Zug oder einem Düsenflugzeug.
- Tiere in Küstennähe verhalten sich seltsam, werden unruhig oder versuchen zu fliehen – viele Tiere hören die extrem niederfrequenten Schallwellen (Infraschall), die von sehr großen Wellen und Erdbeben hervorgerufen werden, bereits aus kilometerweiter Entfernung.

URSACHEN

Die häufigste Ursache für die plötzliche Verdrängung großer Wassermassen sind Erdbeben, die in Subduktionszonen an Plattengrenzen in geringer Tiefe entstehen. Hier treffen zwei tektonische Platten aufeinander, und die dichtere der beiden taucht unter die weniger dichte ab. Dabei bleibt die abtauchende Platte manchmal lange Zeit hängen und befreit sich dann mit einem Ruck. Die Platte drückt nun mit Gewalt nach unten, während die leichtere Platte hochschnellt.

Diese plötzliche Bewegung beeinträchtigt die darüberliegenden Wassermassen und führt zu Veränderungen in der Höhe des Meeresspiegels. Energie aus dem Erdbeben wird in die Wassersäule übertragen und ein Tsunami entsteht. An der Oberfläche entweicht Energie von der Quelle in langperiodischen Wellen.

VULKANE

Vulkanausbrüche können ebenfalls große Wassermassen verdrängen und in ihrer direkten Umgebung für außerordentlich zerstörerische Tsunamis sorgen.

Weitere explosive Eruptionen finden statt, wenn Wasser in die Magmakammer des Vulkans eindringt – sogenannte phreatomagmatische Explosionen. Einer der größten Tsunamis aller Zeiten entstand am 26. August 1883 nach dem Ausbruch des Krakataus in der Sundastraße zwischen Java und Sumatra. Die Wellen waren bis zu 40 m hoch. Die Kombination aus dem Tsunami und den pyroklastischen Strömen verwüstete

Berechnungen

Die Geschwindigkeit eines Tsunamis wird mit der Formel für Flachwasserwellen berechnet: $C=\sqrt{gd}$, wobei C die Geschwindigkeit des Tsunamis ist, g die Beschleunigung durch die Erdanziehungskraft – 9,8 m/s – und d die mittlere Ozeantiefe – 4267 m. Daraus ergibt sich, dass der Tsunami im Schnitt 737 km/h schnell wäre. In tiefem Wasser kann die Geschwindigkeit der Wellen sogar über 800 km/h betragen. Auf diese Weise rast der Tsunami in nur wenigen Stunden Tausende Kilometer über den Ozean.

zahlreiche Dörfer entlang der Sundastraße und tötete 36 417 Menschen.

ERDRUTSCHE

Unterseeische Erdrutsche können von Erdbeben, Vulkanausbrüchen und Erdrutschen an der Küste ausgelöst werden und führen ebenfalls oft zur Entstehung von Tsunamis. Wenn eine große Masse Steine und Erde sich löst und einen Hang hinabrutscht, wird Wasser von allen Seiten hinterhergezogen und fällt in der Mitte in sich zusammen. Diese Energie setzt sich in einer riesigen Welle fort. Am 9. Juli 1958 löste ein Erdbeben der Stärke 7,9 unter der Fairweather-Verwerfung eine Felslawine in der Lituya-Bucht, Alaska, aus. Die dabei entstandene Welle überspülte die gegenüberliegende Küste noch 525 m landeinwärts. Augenzeugen zufolge war sie fast 30 m hoch. Zwei Fischerboote sanken und zwei Männer kamen ums Leben.

FRÜHGESCHICHTLICHE TSUNAMIS

Große Tsunamis kommen nur selten vor, deshalb gibt es wenige aktuelle Aufzeichnungen. Mithilfe geologischer Daten können wir unsere historischen und instrumentalen Aufzeichnungen jedoch erweitern und die potenzielle Tsunami-Gefahr für eine Region besser verstehen. Dabei werden frühgeschichtliche Tsunamiablagerungen identifiziert, kartiert und datiert. Das erhöht unser Wissen über Wiederholungsintervalle, die Schätzung der Tsunamigröße und die Ausdehnung der Überflutung. Beweise für frühere Tsunamis erhält man durch Kernstichproben entlang der Küsten, die Sandablagerungen zwischen Erdschichten aufweisen. Weitere Beweise sind z. B. Ablagerungen von Korallen oder große Findlinge weit im Landesinneren.

Auch Meteoriteneinschläge lösen Tsunamis aus, allerdings kommt das nur äußerst selten vor. Die Erde wird jeden Tag von Meteoriten getroffen, die meisten richten jedoch keine Schäden an. Es gab allerdings auch schon große Meteoriteneinschläge.

1992 wurde bei dem kleinen Dorf Chicxulub auf der mexikanischen Yucatán-Halbinsel ein Meteoritenkrater entdeckt. Die Datierung des Einschlags ergab, dass dieser vor 65 Millionen Jahren stattgefunden hatte, am Ende der Kreidezeit. Der dabei ausgelöste Tsunami muss weit über 100 m hoch gewesen sein.

FRÜHWARNSYSTEME

Im Pazifik und Atlantik gibt es seit Jahrzehnten Tsunami-Frühwarnsysteme. Nach dem Tsunami im Jahr 2004 wurde ein ähnliches System im Indischen Ozean installiert. Das aktuelle System ist als Deep-Ocean Assessment and Reporting of Tsunamis (DART) bekannt. Es besteht aus einer Plattform auf dem Meeresboden, die die seismische Aktivität überwacht und Signale zu einer Boje an der Wasseroberfläche sendet. Die Boje leitet diese Information dann über Satelliten an die Tsunami-Warnzentren weiter.

Zurzeit wird an der Entwicklung neuerer Methoden gearbeitet. Bei einer davon wird die horizontale und vertikale Verschiebung des Meeresbodens im Epizentrum des Erdbebens via GPS gemessen.

OBEN Diese Zeichnung zeigt die beginnende Explosion des Krakataus im Jahr 1883. Diese war so gewaltig, dass die Insel fast völlig zerstört wurde. Der daraus entstandene Tsunami führte in der Gegend zu schweren Verwüstungen.

Im Auge des Sturms

Die Bezeichnungen Hurrikan, Taifun und Zyklon sind regionalspezifische Namen für einen tropischen Wirbelsturm – die allgemeingültige Bezeichnung für ein starkes, rotierendes Tiefdruckgebiet. Tropische Wirbelstürme gehören zu den größten und heftigsten Wettersystemen auf der Erde und haben eine wichtige Funktion in der Regulierung der Erdtemperatur.

OBEN Wolkenformationen wie diese Superzelle sind fast immer ein Anzeichen für stürmisches Wetter mit heftigen Gewittern.

UNTEN Dieser Querschnitt von Hurrikan Katrina zeigt die Regengebiete. In blauen Bereichen fallen 6 mm pro Stunde und Quadratmeter, in grünen 12 mm, in gelben 25 mm und in roten über 50 mm.

SCHAFFUNG DER VORAUSSETZUNGEN

Damit ein tropischer Wirbelsturm entsteht, sind eine Reihe von Voraussetzungen nötig. Zunächst benötigt man warmes Wasser – mindestens 26,6 °C – an der Oberfläche entlang des Weges der Störung. Die nötige Tiefe des Wassers ist nicht genau bekannt; 50 m scheinen jedoch auszureichen. Das warme Wasser liefert dem Wirbelsturm die nötige Energie.

Als Zweites muss das Gebiet zwischen dem 8. und 15. Grad nördlicher oder südlicher Breite liegen, da die Corioliskraft am Äquator am geringsten spürbar ist. Die Corioliskraft ist die scheinbare Ablenkung beweglicher Objekte würde man von oben auf die Erde schauen – ein rotierendes Bezugssystem. Objekte auf der Nordhalbkugel werden nach rechts abgelenkt, Objekte auf der Südhalbkugel nach links. Aus diesem Grund rotieren Wirbelstürme auf der Nordhalbkugel im Uhrzeigersinn und auf der Südhalbkugel in die entgegengesetzte Richtung.

Als Drittes benötigt man leichten Wind in mittlerer und großer Höhe, der den vertikalen Aufbau von Konvektionswolken ermöglicht. Zu starke Winde würden die Wolkenspitzen der entstehenden Cumulonimbuswolken einfach wegwehen.

Als Viertes ist ein steiler Temperaturgradient nötig, der mit zunehmender Höhe einen raschen Temperaturabfall ermöglicht. Unter diesen Bedingungen wird die Atmosphäre sehr instabil und begünstigt Gewitterbildungen. Latente Wärme, die in einem entstehenden Wirbelsturm freigesetzt wird, liefert zusätzliche Energie.

Die fünfte Vorraussetzung ist ein bereits bestehendes Tiefdruckgebiet in Bodennähe mit ausreichender Konvergenz, da tropische Wirbelstürme nicht spontan entstehen können. Dabei kann es sich um eine Tropische Welle handeln oder auch um ein Tiefdruckgebiet, das aus den mittleren Breiten in die Tropen zieht.

Die sechste Voraussetzung ist hohe Luftfeuchtigkeit in der unteren bis mittleren Troposphäre. Das tropische Meer ist ein Quellgebiet für ergiebige Feuchtigkeit und deshalb entscheidend wichtig für die Entstehung von Cumulonimbuswolken und die Entwicklung tropischer Wirbelstürme.

ZUNEHMENDE STÄRKE

Tropische Wellen – längliche Gebiete mit relativ niedrigem Luftdruck – sind wellenartige Störungen, die aufgrund der Passatwinde nach Westen wandern. Eine Divergenz in Bodennähe westlich des Gebietes sorgt für schönes Wetter, östlich kommt es aufgrund der Konvergenz am Boden zu Bewölkung und schweren Regenfällen. Tropische Wellen sind unregelmäßige Wettermuster, aus denen sich gelegentlich Tropische Depressionen entwickeln.

Tropische Depressionen erhalten vom zuständigen Hurrikan-, Taifun- oder Zyklon-Wetterzentrum eine Nummer. Entwickeln sie sich weiter zu tropischen Stürmen, erhalten sie zwecks Identifizierung und Überwachung einen Namen. Kurze, markante Namen sind leichter zu merken und führen zu weniger Fehlern als komplizierte Angaben zu Längen- und Breitengraden. Hin und wieder wird ein Name aufgrund eines vorherigen Sturms von der Liste gestrichen.

Intensiviert sich das System weiter und steigen die Windgeschwindigkeiten über 63 Knoten/117 km/h, wird es zum Wirbelsturm hochgestuft.

PHYSIKALISCHER AUFBAU

Tropische Wirbelstürme sind große Tiefdrucksysteme ohne Fronten mit organisierter Konvektion und einer eindeutig nachweisbaren Bodenwindzirkulation. Meist sind sie etwa 480 km breit, können aber auch bis zu 800 km Breite erreichen. Das markanteste Merkmal dieser Systeme ist das Auge, das entstehen kann, wenn der Wirbelsturm sich schnell genug dreht. Es liegt im Zentrum des Sturms und kann 20–65 km breit sein. Umgeben ist es von der Eyewall, einem Bereich starker Wolkenentwicklung und schwerer Regenfälle. Im Bereich der Eyewall herrschen die höchsten Windgeschwindigkeiten des Sturms. Nach außen, zu den

Ründern des Wirbelsturms hin, werden die Windgeschwindigkeiten zunehmend schwächer.

In Spiralbändern steigt feuchtwarme Luft in den
Wirbelsturm auf und gibt latente Wärme ab, die dem
System weitere Energie verleiht. Spiralbänder bestehen
aus Cumulonimbuswolken, die die Eyewall umgeben.

Gefährliche Gewitter produzieren sintflutartige
Regenfälle und Tornados entlang dieser Bänder und
an der Eyewall. Oft ziehen mehrere dieser Bänder über
eine Region hinweg und sorgen für heftige Regenfälle,
gefolgt von kurzem Aufklaren und weiteren schweren
Regenfällen. Diese Starkregengebiete innerhalb des
Sturms führen zu den Überflutungen, die manchmal
im Inland auftreten, während der Sturm darüberzieht.

WO UND WANN

In nahezu der gesamten Tropenregion können über
warmen Gewässern tropische Wirbelstürme entstehen.
In einigen Gebieten bilden sie sich jedoch gar nicht,
z. B. im südöstlichen Pazifik, im Südatlantik und vor
der Küste Nordafrikas. In diesen Regionen ist das
Wasser relativ kühl (unter 26,6 °C) und es herrscht
zudem eine Inversionswetterlage, die die Entstehung
von Wirbelstürmen unterbindet.

Tropische Wirbelstürme sind aber nicht auf die
Tropen beschränkt. Vielfach ziehen sie auch in mittlere
Breiten, wo sie eine wichtige Funktion erfüllen, indem

sie überschüssige Wärmeenergie aus den Tropen
abtransportieren. Dies hilft bei der Regulierung der
Erdtemperatur.

Sobald ein Wirbelsturm sich vom warmen Wasser
wegbewegt oder über eine große Landmasse zieht,
beginnt er sich aufzulösen. Die Hurrikansaison fängt
im Sommer an, sobald das Wasser sich stark aufge-
heizt hat und dauert meist bis in den Spätherbst hinein.
Global gesehen gibt es die meisten Wirbelstürme im
September, die wenigsten im Mai. Jedes Ozeanbecken
hat jedoch sein eigenes Wettermuster.

SCHLIMME AUSWIRKUNGEN ...

Tropische Wirbelstürme haben direkte Auswirkungen
auf das Ökosystem. Bei hohen Windgeschwindigkeiten werden Bäume und andere Vegetation entwurzelt.
Heftige Regenschauer im Landesinneren führen zu
Überflutungen, die wiederum zur Erosion und Entsalzung von Salzwasserästuaren an den Küsten führen.
Sturmfluten sorgen oft für schwere Erosionsschäden an
Stränden, zerstören Korallenriffe und treiben Salzwasser weit ins Inland. Die Umweltverschmutzung nach
dem Sturm stammt meist von Haushaltschemikalien,
Motoröl, Pestiziden und Baumaterialien. Sie verseuchen die Wasserwege und die Wasserversorgung.
Biogeochemische und ökologische Veränderungen
sorgen viele Jahre lang für nachhaltige Schäden.

OBEN Eine Wasserhose, ein
ungewöhnlicher und für jeden
Seemann erschreckender
Anblick, ist eigentlich eine
Windhose, die von schweren
Turbulenzen in der Luft ausgelöst wird, und Wasser ansaugt,
sobald sie über ein Gewässer
gerät. Diese wurde über dem
Wattenmeer in den Nieder-
landen fotografiert.

OBEN Im Dezember 2008 verwüstete Zyklon Nargis das Dorf La Put Tar in Myanmar (Burma) und sorgte dabei für schwere Überflutungen.

RECHTE SEITE Dieses Satellitenbild zeigt die Struktur zweier tropischer Zyklone über Island. Sie rotierten entgegen dem Uhrzeigersinn und verliefen parallel zueinander.

…UND GUTE

Tropische Wirbelstürme haben auch positive Auswirkungen auf die Tropen und Subtropen, wo die meisten Arten an derartige Wetterbedingungen angepasst sind. Starkwind und Sturmfluten erhöhen den Sedimentgehalt sowie den gelösten Sauerstoff im Wasser, was Fischen und anderen Meerestieren zugute kommt. Abtragungen vom Erdboden werden flussabwärts gespült, wo sie ausgewaschene Sedimente im Ästuar ersetzen. Viele Pflanzen haben bewiesen, dass sie dank der Stimulation durch die neuen Nährstoffe rasch wieder wachsen. Starke Wellen führen zu schwerer Stranderosion, wodurch jedoch neue Lebensräume entstehen. In vielen Gebieten fällt bei einem Wirbelsturm ein Großteil des jährlichen Niederschlages. Der Regen füllt die Feuchtgebiete wieder auf und verhindert das Auftreten von Buschbränden. Die Auswirkungen von Wirbelstürmen treten abrupt auf und können ein Ökosystem auf Jahrzehnte hinaus verändern.

Alles das Gleiche

Wirbelstürme werden Hurrikan genannt, wenn sie über dem Atlantik oder dem Ostpazifik entstehen. Im Westpazifik nennt man sie Taifune und im Indischen Ozean Zyklone.

Die Intensität eines Wirbelsturms wird anhand der Saffir-Simpson-Skala bestimmt, obwohl oft auch andere Begriffe zur Beschreibung verwendet werden. „Major Hurricane" wird vom National Hurricane Center für Stürme mit maximalem einminütigen Mittelwind von über 96 Knoten/ 179 km/h verwendet. Das entspricht den Kategorien 3, 4 und 5 auf der Saffir-Simpson-Skala. Ein „Super Typhoon" ist für das US Joint Typhoon Warning Center ein Taifun, mit maximalem einminütigen Mittelwind von mindestens 130 Knoten/240 km/h. Das entspricht einer starken Kategorie 4 oder der Kategorie 5 auf der Saffir-Simpson -Skala.

Saffir-Simpson-Skala

KATEGORIE	WINDGESCHWINDIGKEIT KN/KM/H	STURMFLUT M
Tropische Depression (TD)	0-33, 0–62	
Tropischer Sturm (TS)	34–63, 63–117	0–0,9
1	64–82, 119–153	1,2–1,5
2	83–95, 154–177	1,8–2,4
3	96–113, 178–209	2,7–3,7
4	114–135, 210–249	4,0–5,5
5	über 135, 249	über 5,5

Küstenschutz

Seit der Mensch die Küste zuerst besiedelte, war er damit beschäftigt, sie zu verändern, sei es für Fischereien, Landwirtschaft, Transport, Wohnungsbau, Industrieanlagen, für die Freizeit und/oder zum Schutz.

FASZINATION KÜSTE

Die Anziehungskraft der Küste wird allein dadurch deutlich, dass über die Hälfte der Einwohner der bevölkerungsreichsten Nationen an oder nahe einer Küste leben. Dort befinden sich auch 70 Prozent der größten Städte weltweit. Obwohl die Bevölkerungsdichte an den Küsten bereits hoch ist, nimmt sie stetig zu und übt immer stärkeren Druck auf ein Ökosystem aus, das zu den vielseitigsten und empfindlichsten auf der Erde gehört. Veränderungen an der Küste – ob durch Erdbeben, Vulkanausbrüche, Anstiege des Meeresspiegels, Wirbelstürme oder andere Kräfte der Natur oder auch durch den Menschen hervorgerufen – können jedoch die Anziehungskraft ändern, die sie ursprünglich auf den Menschen ausübte. Sobald die ersten von Menschenhand gebauten Strukturen fertig sind, wird in dem Bemühen, sie zu stabilisieren und zu schützen, weder Mühe – noch Geld – gescheut.

DAUERHAFTER SCHUTZ VOR WELLEN

Es gibt viele Gründe, eine Küste zu verändern, von der Landrückgewinnung für die Landwirtschaft über ein Bauprojekt oder eine Industrieanlage, die Aufschüttung von Sand zu Freizeitzwecken bis zum Bau eines Jachthafens – allen gemein ist jedoch eine Methode zum Schutz vor der Naturgewalt des Meeres. Das wichtigste Ziel der meisten Strukturen ist es, Wellen davon abzuhalten, in die zu schützende Zone einzudringen. Aufgrund der verschiedenen Wellentypen, ihrer Intensität und Frequenz an den Küsten haben sich Ingenieure eine Reihe von Schutzmaßnahmen einfallen lassen, die man heute an vielen Küstenstreifen sehen kann, vor allem in den Industrieländern.

Die sicherlich bekannteste Form sind feste Bauwerke wie Deiche, Küstenschutzmauern oder auch

Wellenbrecher. Bei ihnen wird davon ausgegangen, dass die Wellen mit voller Wucht das Ufer erreichen können. Sie werden parallel zu dem Bereich gebaut, den es zu schützen gilt, und bestehen aus einer Reihe von Materialien wie Schutt, Metallblech, ineinander greifende Steinblöcke und besonders häufig Beton.

DEICHE UND KÜSTENSCHUTZMAUERN

Deiche sollen die Energie der Wellen absorbieren und sind für weniger widrige Wetterbedingungen ausgelegt. Küstenschutzmauern werden in Regionen gebaut, in denen mit schweren Stürmen, Sturmfluten oder auch tsunamiartigen Wellen zu rechnen ist. Sie können senkrecht, angeschrägt, abgestuft oder gewölbt sein und verändern die Zone, in der das Land normalerweise mit dem Wasser in Kontakt gekommen wäre, indem sie diese in eine Art Barriere verwandeln. In Japan, wo Küstenschutzmauern zum Schutz vor Wirbelstürmen errichtet wurden, sind sie bis zu 12 m hoch.

WELLENBRECHER

Wellenbrecher sollen die Intensität der Wellen verringern, bevor diese die Küste erreichen. Durch den zunehmenden Tourismus sind sie heute bereits ein normaler Anblick vor vielen beliebten Badestränden; sie können sichtbar sein oder unter Wasser liegen,

UNTEN Diese Überflutung des Dammes in New Orleans wurde 2008 von Hurrikan Gustav ausgelöst. Es ist das gleiche Gebiet, in dem bei Hurrikan Katrina drei Jahre zuvor der erste Deich brach.

LINKS Die antike Mauer hat Talmont sur Gironde, das zum schönsten Dorf Frankreichs gewählt wurde, vor der Erosion durch das Meer geschützt.

OBEN Ein Leuchtturm markiert das Ende eines Wellenbrechers vor Long Beach, Kalifornien. Die Wand schützt die Küste vor den teils heftigen Pazifikwellen.

UNTEN Nach einem Hurrikan schütten Arbeiter am Strand neuen Sand auf.

schwimmen oder fest verankert sein, durchlässig oder undurchlässig sein, was entsprechend ihre Funktionsweise beeinflusst. Für den Bau werden vor allem Stein oder Beton verwendet.

MOLEN UND BUHNEN

Molen und Buhnen werden, im Gegensatz zu Küstenschutzmauern, mehr oder weniger rechtwinklig zum Ufer gebaut. Buhnen sollen uferparallele Strömungen und Stranderosion verhindern; Molen halten Strömungen davon ab, in Flussmündungen zu gelangen und werden meist strömungsabgewandt zu einer Fahrrinne errichtet. Da Buhnen an ihrer strömungsabgewandten Seite Sand ansammeln, wird auf der strömungszugewandten Seite stets Sand weggespült. Zum Schutz der Küsten erstrecken sich an manchen Küsten der Welt ganze „Felder" aus nebeneinanderliegenden Buhnen, teilweise über Kilometer hinweg.

Es gibt jedoch einige Extremereignisse, vor denen es keinen Schutz gibt. Wirbelstürme und Tsunamis sind zwei Beispiele. Zudem sind da noch die Themen der Küstenabsenkung und der Erhöhung des Meeresspiegels. Letzteres wird, falls sich die vorhergesagte Gletscherschmelze und Ozeanerwärmung bewahrheitet, die gesamte Küstenlinie betreffen und der Frage des Küstenschutzes eine ganz neue Dimension hinzufügen.

Aufwertung der Natur

Neben den festen Küstenschutzeinrichtungen gibt es aber auch noch umweltfreundlichere Maßnahmen wie die Strandaufschüttung, den Dünenbau und die Bepflanzung. Sie haben den Vorteil, mit natürlichen Prozessen wie Wind, Wellen und Biologie vereinbar zu sein, ganz im Gegensatz zu festen Strukturen, die die Küsten mit allem, was dazugehört dauerhaft beeinträchtigen. Diese Methoden sind jedoch in erster Linie dazu geeignet, Schutz vor den mehr oder weniger alltäglichen Vorgängen an der Küste zu bieten.

Eisberge

Eisberge sind riesige Brocken schwimmenden Eises (aus Süßwasser), die von einem Gletscher oder Schelfeis gekalb
wurden. 93 Prozent aller Eisberge befinden sich im Südpolarmeer um Antarktika herum; weitere 6 Prozent stammen
von der grönländischen Eiskappe und werden fast ausschließlich von Gletschern aus dem Westen Grönlands gekalbt.
Eine geringe Anzahl stammt von Gletschern auf der Baffin-Insel oder anderen arktischen Inseln.

RECHTE SEITE Dieser beeindruckende Eisberg treibt im Friedhof der Eisberge, einem Gebiet,
in dem viele Eisberge aus dem
Weddellmeer enden, nachdem
sie vom Antarktischer Zirkumpolarstrom um Antarktika her-
umgetrieben wurden. Es ist die
stärkste Strömung der Welt, die
pro Sekunde 0,1 Milliarden m³
Wasser bewegt.

UNTEN Ökotouristen von einem
Forschungsschiff nähern sich
einem gewaltigen Eisberg in
der Wilhelmina-Bucht vor der
Enterprise-Insel.

DIE SPITZE DES EISBERGES

Eis schwimmt, weil es weniger dicht ist als Wasser.
Typischerweise liegen 90 Prozent eines Eisberges unter
Wasser, sodass es unmöglich ist, die genaue Größe oder
Ausdehnung dieses Teils zu bestimmen. Das kann vor
allem für Schiffe, die auf Eisberge treffen, zu großen
Problemen führen.

Die Größe von Eisbergen variiert zwischen kleinen
Stücken, groß wie ein Kühlschrank, und gewaltigen
Eismassen. Die meisten tauchen etwa 1 bis 75 m hoch
aus dem Wasser auf. Ein Gigant, der im Nordatlantik
entdeckt wurde, war 168 m hoch, so hoch wie ein
55-stöckiges Gebäude! Die größten Eisberge wurden
vom Ross-Schelfeis in der Antarktis gekalbt. Im Jahr
2000 brach ein Stück, das die Bezeichnung B-15 erhielt,
ab. Es war 37 × 295 km groß und bedeckte eine Fläche
von 11 000 km².

Eisberge werden zudem nach ihrer Form unterteilt.
Viele antarktische Exemplare sind oben abgeflacht,
haben steile Seitenwände und ein Verhältnis Breite
zu Höhe von mehr als 5:1. In nördlichen Gewässern
kommen sie seltener vor. Die Formen werden durch
Begriffe wie Kuppel, Zinne, Keil und Block identifiziert.

ENTSTEHUNG UND VERTEILUNG

Die meisten Eisberge entstehen in der warmen Saison,
da die höheren Temperaturen die Bewegungsgeschwin-
digkeit eines Gletschers erhöhen und mehr Eisberge
gekalbt werden. Erreicht der Rand des Gletschers das
Wasser, brechen Stücke ab und treiben davon. Jährlich
entstehen auf der Nordhalbkugel etwa 35 000 Eisberge,
während es in der Antarktis Hunderttausende sind.

Eisberge werden von Meeresströmungen vorwärts
bewegt. Ein Eisberg aus dem Westen Grönlands kann
bis zu 3000 Jahre dafür brauchen, aus der Baffin-Bucht
hinaus durch die Davisstraße in die Labradorsee zu
treiben. Auf seinem Weg treibt er im kalten Wasser
des Labradorstroms. Etwa 99 Prozent aller Grönland-
Eisberge schmelzen, bevor sie den Atlantik erreichen.
Dort angekommen sind sie dank der warmen Wasser
von Golfstrom und Nordatlantikstrom innerhalb
weniger Wochen verschwunden. Auf beiden Halbkugeln wird die Verbreitung der Eisberge von den Strömungen festgelegt. Der 48. Breitengrad Nord und Süd
scheint generell die Grenze zu sein, obwohl es natürlich
Ausnahmen gibt, vor allem im Indischen Ozean, wo die
kalten Wasser des Antarktischen Zirkumpolarstroms
Eismassen bis zum 35° südlicher Breite vor die Südostküste Afrikas transportieren können. Im Nordatlantik
treiben Eisberge gelegentlich auch bis zum 35° nördlicher Breite.

DER FAKTOR MENSCH

Jedes Jahr gelangen mehrere Hundert Eisberge in das
Fahrwasser des Nordatlantiks, wo sie eine potenzielle
Gefahr für Schiffe darstellen.

1912 gab es noch keine Möglichkeit, den Weg
von Eisbergen zu verfolgen. Am 14. April des Jahres
kollidierte die *RMS Titanic* mit einem der Kolosse . In
weniger als drei Stunden ging die „Unsinkbare" unter
und nahm dabei 1517 Menschen mit in ihr nasses
Grab. Sofort begann die Suche nach einem System zur
Überwachung von Eisbergen in Schifffahrtsstraßen.

Seit 1914 überwachen verschiedene Organisationen
die eisigen Riesen. 1995 wurde das US National Ice
Center (NIC) gegründet, um Eisberge zu beobachten
und deren Streuung weltweit zu kartieren. Heute
erhalten wir 95 Prozent dieser Daten über Satelliten.

Große Eisberge können viel Schaden anrichten,
werden aber vom Schiffsradar oder Satelliten leicht
entdeckt. Kleinere Exemplare sind schwerer zu finden
und stellen deshalb insgesamt die größere Gefahr für
die Schifffahrt dar.

Eisige Profite

Eisberge haben einige neue Branchen hervorgebracht. So nimmt z. B. Eisbergtourismus ständig zu.
Inzwischen besuchen so viele Touristen Antarktika, dass sie eine Bedrohung für das empfindliche
Ökosystem sind. In Kanada stellt die Newfoundland Labrador Liquor Corporation Wodka mit Wasser
aus Eisbergen her. Es wurde sogar vorgeschlagen, dass Saudi-Arabien einen Teil seiner Wasserprob-
leme durch in Plastik gewickelte Eisberge lösen könnte, die ins Rote Meer geschleppt werden!

Historische Handelswege

n weiten Teilen der Erde war der Seehandel im 2. Jahrtausend v. CHR. gut etabliert. Zu dieser Zeit befuhren die Sumerer, Inder und Chinesen bereits seit Tausend Jahren die Meere. Um 1500 v. CHR. waren phönizische Galeeren auf dem Mittelmeer unterwegs und wagten sich auch jenseits der Säulen des Herakles (Straße von Gibraltar). Bereits um 1900 v. CHR. bauten die Ägypter einen Kanal, der den gewaltigen Nil mit dem Roten Meer verband. Um 1500 v. CHR. segelten ägyptische Schiffe (vielleicht mit phönizischer Besatzung) nach Süden die afrikanische Ostküste entlang ins legendäre Land Punt am Horn von Afrika.

VORTEILE DES SEEHANDELS

Im Laufe der Zeit verbesserten sich der Schiffbau und die Navigationsmethoden enorm. Landgebundene Handelswege waren gefährlich, zeitaufwendig und teuer. Der Transport per Schiff war zwar nicht ungefährlich, ging aber viel schneller und war wesentlich preisgünstiger als das Reisen über Land.

Zwischen den Quellen der exotischen Waren und den Märkten entstanden Handelsrouten auf dem Wasser. Luxusgüter wie Gewürze, Weihrauch, Edelsteine, Edelmetalle und Bernstein brachten den Händlern sagenhafte Gewinne ein. Der Wert mancher Waren, z. B. von Gewürzen aus Südostasien, erhöhte sich um bis zu 10 000 Prozent, bevor sie ihr Ziel erreichten.

Ein Großteil der heutigen Verbreitung kultureller Bräuche weltweit lässt sich bis zu den Anfängen des

OBEN Venezianische Werft im 17. Jh. Venedig war für seine maritimen Heldentaten berühmt.

UNTEN Blick auf Victoria, Hongkong, vom Hafen aus (19. Jh.). Das strategisch gut gelegene Hongkong wurde 1841 britische Kolonie und entwickelte sich bald zu einem wichtigen Handelsstützpunkt der Engländer.

Handels – vielfach über das Wasser – zurückverfolgen. Einige frühe Zentren des Seehandels waren Ost-, Süd- und Südwestasien sowie der Mittelmeerraum. Im 14. Jh. nahmen auch die nordwesteuropäischen Länder um die Nord- und Ostsee herum am Handel teil.

DAS EUROPÄISCHE ZEITALTER DER ENTDECKUNGEN UND SEINE AUSWIRKUNGEN

Prinz Heinrich von Portugal („Heinrich der Seefahrer") veränderte die Welt auf vielfältige Weise. Obwohl er selbst wenig segelte, unterstützte und förderte er die Entdeckung der Meere. Unter seiner direkten oder indirekten Anleitung gab es Fortschritte im Schiffbau, dem Segelmachen und bei den Navigationstechniken. Ein Jahrhundert nach Eröffnung seiner Navigationsschule stachen europäische Abenteurer in See und entdeckten dabei die „Neue Welt". Bei Anbruch des 16. Jh. stand die Weltordnung vor einem massiven menschlichen und kulturellen Umbruch.

Bereits kurz nach Christoph Kolumbus' legendären Reisen stand Amerika fast vollständig unter europäischem Einfluss. Spanien hatte einen Großteil des heutigen „Lateinamerikas" beansprucht. Die Portugiesen ließen sich in Brasilien nieder. Die Spanier, Briten, Franzosen und Niederländer beanspruchten weite Landstriche in Nordamerika und der Karibik. Rasch wurden Handelsverbindungen zwischen den Besitztümern in der Neuen Welt und den imperialistischen Nationen der Alten Welt aufgebaut. Zum Schutz ihrer wirtschaftlichen Interessen und Handelsmonopole besiedelten die Europäer die neuen Länder bald.

Überall in der Neuen Welt (inklusive Australien und Neuseeland) werden europäische Sprachen gesprochen sowie südwestasiatische und europäische Religionen praktiziert. Kulturpflanzen, Nutztiere und Geflügel aus der Alten Welt beherrschen die Landwirtschaft. Viele Menschen in der Neuen Welt ziehen Tee dem Kaffee vor – ein Erbe der britischen Kolonien in Südasien sowie des Teehandels. In vielen lateinamerikanischen Ländern, der Karibik und in Teilen Mittelamerikas können die Einheimischen ihre Wurzeln nach Afrika und zum verhassten Sklavenhandel zurückverfolgen. Als Reaktion auf die Handelsmöglichkeiten entstanden große Schifffahrtswege. Auf beiden Seiten des Atlantiks

OBEN Die West India Docks in London wurden Ende des 18. Jh. von dem Kaufmann Robert Milligan gebaut. Hier kamen Waren aus der Karibik – z. B. Kaffee und Zucker – an.

blühten Hafenstädte auf. Ein Großteil der Architektur, Kleidung, Gesetze und anderer kultureller Aspekte der Neuen Welt haben ihre Wurzeln im frühen europäischen Seehandel.

Seemänner haben eine blühende Fantasie, heißt es oft. So gibt es zahlreiche maritime Legenden. Die ersten Berichte über seltsame Vorkommnisse findet man bereits in Homers *Odyssee*, die um 900 V. CHR. geschrieben wurde. Von Meerjungfrauen und Seeungeheuern zu den mysteriösen Verschwinden im Bermudadreieck war das Meer stets ein faszinierendes Mosaik aus Intrigen, Romatik und Legenden.

Der Gewürzhandel

Seit der Antike hatten Gewürze eine wirtschaftliche Bedeutung, die eigentlich Edelmetallen vorbehalten ist. Das Streben nach Gewürzen war ein Katalysator der Ozeanentdeckung mit der Suche nach einer direkten Handelsroute in den Indischen Ozean. Zudem regte der Gewürzhandel das kulturelle Wechselspiel zwischen Süd- und Südostasien und Europa in einem Maß an, das erst durch den Austausch zwischen Europa und Amerika im 16. Jh. übertroffen wurde.

RECHTS Japanischer Stich aus dem 17. Jh., der ein Schiff der Niederländischen Ostindien-Kompanie zeigt, einer Handelsgesellschaft, die fast 200 Jahre lang florierte.

RECHTS Neben Pfefferkörnern und Kardamom ist Indien seit Langem eine wichtige Quelle für Zimt. Dieses Foto aus 1922 zeigt indische Arbeiter beim Trocknen des beliebten Gewürzes.

UNTEN Gemälde aus dem 19. Jh., das einen englischen Vorsitzenden der Ostindien-Kompanie zeigt, der in einer indischen Prozession reitet. Die englische Gesellschaft handelte auch mit Stoffen, Tee und Opium.

EIN SYMBOL DES REICHTUMS

Pfeffer, Muskat und Nelken waren, neben anderen Gewürzen, in Europa heiß begehrt und wurden zum Kochen, aber auch als Medizin eingesetzt. Das europäische Klima verhinderte jedoch ihren Anbau, da die beliebtesten Gewürze nur unter tropischen Bedingungen wuchsen. Außer Salz und regionalen Kräutern mussten alle anderen Gewürze aus Asien importiert werden. Südindien spielte dabei eine wichtige Rolle als größter Produzent von Pfefferkörnern und Kardamom. Praktischerweise lag es zudem auf halber Strecke zwischen Europa und den Muskatnuss und Nelken anbauenden Inseln des heutigen Indonesiens.

Im Mittelalter waren die Araber als Mittelsmänner im Gewürzhandel stark involviert, insbesondere von Indien nach Westen. So gelangten die Gewürze schließlich in den Mittelmeerraum und von dort aus mithilfe venezianischer Kaufleute ins restliche Europa. Wie bei allen seltenen, exotischen Waren konnten sich nur die Reichen Gewürze leisten. Seinen Gästen eine Prise Pfeffer zum Fleisch zu reichen war ein Zeichen von Luxus. Der Aufschlag für Pfeffer in Europa lag bei 10 000 Prozent zum Einkaufspreis. Wer sich Gewürze oder Kleidung aus chinesischer Seide leisten konnte, galt als reich und war gesellschaftlich hoch angesehen.

ZWEI-WEGE-HANDEL

Der Handel verlief aber nicht nur in eine Richtung. Unter archäologischen Funden aus dem indischen Bundesstaat Tamil aus dem 1. Jh. V. CHR. waren römische Artefakte, Münzen und mediterrane Produkte wie Amphoren mit Olivenöl und Wein. Der Ost-West-Handel zu Zeiten der Römer war eine Fortsetzung früherer Verbindungen zwischen den antiken Griechen und dem Osten. Weiterentwicklungen in Schiffbau und Navigation verbesserten die Beziehungen zwischen den Zivilisationen, und Fahrten über den Indischen Ozean wurden zur Routine, solange die Seefahrer mit dem Monsun umgehen konnten. Dieser ermöglichte pro Saison nur die Reise in eine Richtung, was den Zeitraum zwischen den Lieferungen verlängerte.

Auf den Gewürzschiffen „reisten" zusätzlich viele kulturelle Eigenarten mit. Im Zuge der arabischen Expansion kam der Islam auf die Gewürzinseln (die Molukken und Banda-Inseln) und an die Pazifikküsten. Das erklärt, warum die bevölkerungsreichste muslimische Nation, Indonesien, außerhalb des Nahen Ostens liegt. Chinesische Händler fügten dem Ganzen eine weitere Dimension hinzu.

PORTUGIESISCHE VORHERRSCHAFT

Als der portugiesische Kapitän Bartolomeu Diaz 1488 um die Südspitze Afrikas herumsegelte – und Vasco da Gama die Reise 1498 nach Indien fortsetzte – war das Unvorstellbare geschehen: Der direkte Seeweg von Europa in die großen Gewürzgebieten im Osten war gefunden. Das Kulturpendel schlug nun in Richtung Europa aus. Ohne Mittelsmänner und mit direktem Seeweg waren Transportprobleme eher nebensächlich. Die Pfefferpreise fielen auf ein Fünftel des früher üblichen Niveaus.

Um den Frieden zwischen den mächtigen katholischen Handelsmächten Spanien und Portugal zu erhalten, unterteilte der Papst die Welt in zwei Interessensgebiete. Der Vertrag von Tordesillas (1494) gab Portugal die „Rechte" an der östlichen Halbkugel. Spanien wurde der Westen zugesprochen. Bald dehnten sich portugiesische Kolonien von Afrika über Indien bis nach Neuguinea aus, und zum ersten Mal oblag der gesamte Gewürzhandel einer einzigen Nation.

1505 erreichte der Italiener Ludovico de Varthema als Erster die Molukken. Es war das einzige Gebiet in Asien, in dem Nelken wuchsen, eine unschätzbar wertvolle Kulturpflanze. Die Informationen die er sammelte verschafften den Portugiesen ein exklusives Wissen über die Region.

1512 kontrollierten die Portugiesen die Häfen von Goa (Indien) und Malakka (Malaiische Halbinsel) und damit auch den Überseehandel. Dieses Monopol hatte nicht lange Bestand. Noch vor dem Ende des 16. Jh. wurden die Portugiesen in Ostindien (Indonesien) bereits von den Niederländern übertrumpft, die 1602 die Niederländische Ostindien-Kompanie gegründet hatten, um ihre Interessen in der Region zu sichern.

In den 1630er-Jahren folgte die Expansion der Briten in Indien, die bald zur vorherrschenden Macht in Südasien wurden. Obwohl der Gewürzhandel im 17. Jh. weiter zunahm und viele reich machte, verloren asiatische Gewürze ihre Vormachtstellung als neue Plantagen in Afrika und Amerika entstanden.

OBEN Indische Frauen schlängeln sich auf einem Pfad durch trocknende Chilischoten. Die im 16. Jh. von portugiesischen Kaufleuten eingeführte Chili ist inzwischen ein unerlässlicher Bestandteil vieler traditioneller indischer und südostasiatischer Gerichte.

Der Sklavenhandel

Wenn man an den Sklavenhandel denkt, kommen einem meist als Erstes Bilder von der Verschiffung der Sklaven von Afrika nach Amerika über den Atlantik in den Sinn. In Wahrheit ist die Sklaverei jedoch sehr viel komplizierter und schließt zahlreiche Kulturen, Rassen und Ozeanrouten ein. Sklavenschiffe befuhren viele Gewässer, inklusive des Mittelmeeres und des Roten Meeres sowie den Atlantik, den Indischen Ozean und sogar den Pazifik.

Vor fast 4000 Jahren versklavten die Ägypter afrikanische Völker. Der Codex Hammurapi (um 1760 V. CHR.) verweist auf die Sklaverei im antiken Babylon und in Mesopotamien. Auch in Homers Gedichten (um 10. Jh. V. CHR.) wird die Sklaverei erwähnt, und Aristoteles befürwortete sie aus philosophischen Gründen. Viele

RECHTS Brasilien war eines der wichtigsten Ziele für Sklaven aus Westafrika. Dort und in Teilen der Karibik mussten sie auf portugiesischen Zuckerrohrplantagen arbeiten.

Jahrhunderte vor dem Beginn des transatlantischen Sklavenhandels wurden 1,25 Millionen Europäer von Nordafrikanern (Barbareskenpiraten) gefangen und in die Sklaverei verkauft. Die meisten der christlichen Sklaven stammten aus Küstendörfern Spaniens und Nordwesteuropas. In einigen Gebieten in Spanien, Portugal und Italien kamen diese Überfälle so häufig vor, dass sie beinahe menschenleer waren. Die Sklaven wurden verkauft und in der arabischen Welt verteilt.

Im Laufe der Zeit schloss der Sklavenhandel der Alten Welt fast ganz Afrika, einen Großteil Europas und Südwestasiens, weite Teile der südasiatischen Küsten und sogar China mit ein, wo im 12. Jh. afrikanische Sklaven in Kanton gesichtet wurden.

DER ARABISCHE SKLAVENHANDEL

Über Tausend Jahre bevor die Europäer in den Sklavenhandel eingriffen, hatten die Araber ein ausgedehntes

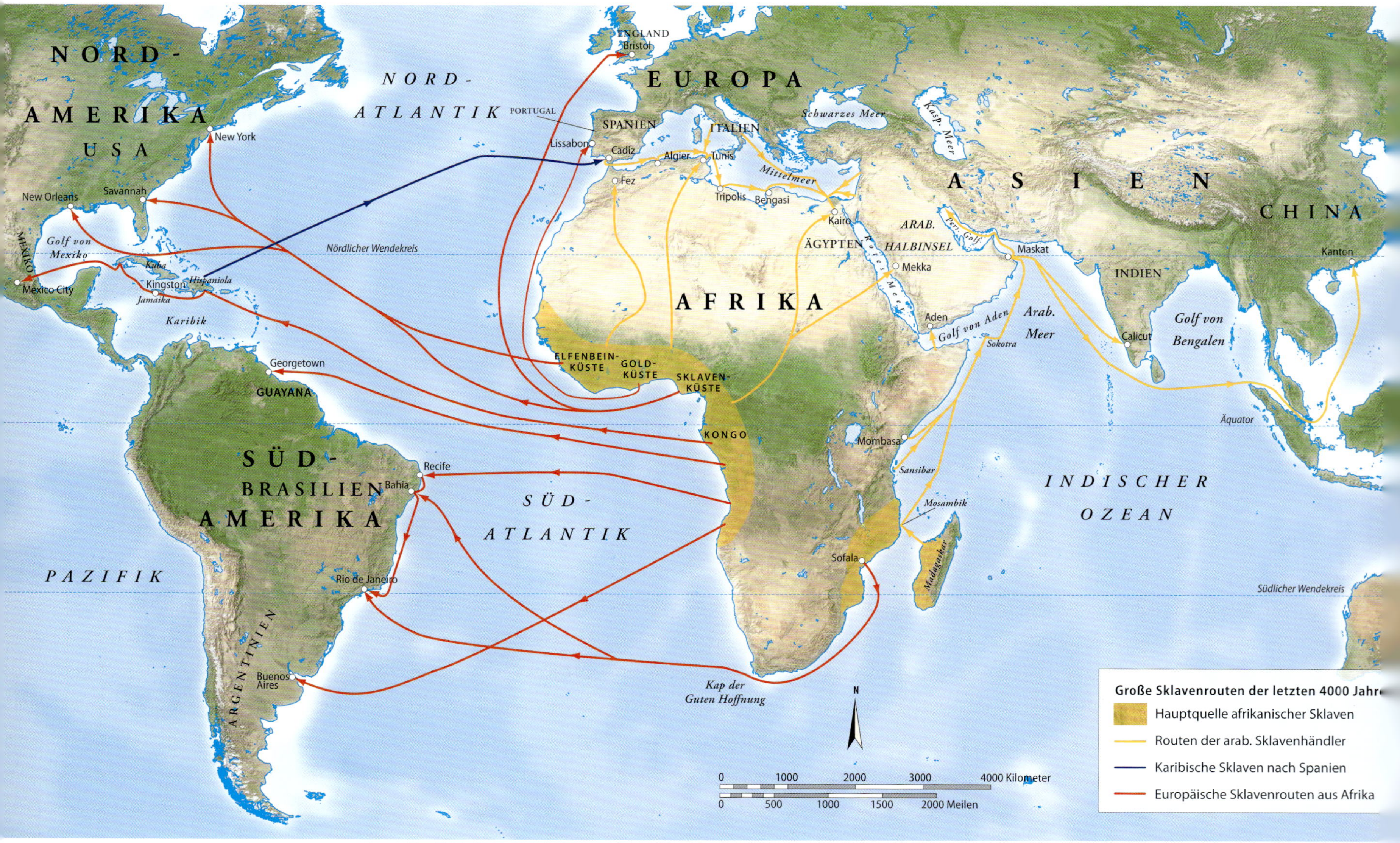

Große Sklavenrouten der letzten 4000 Jahre
- Hauptquelle afrikanischer Sklaven
- Routen der arab. Sklavenhändler
- Karibische Sklaven nach Spanien
- Europäische Sklavenrouten aus Afrika

Der Sklavenhandel in Zahlen

Wenn auch nicht weniger brutal, so verblasst der transatlantische Sklavenhandel doch im Vergleich zu dem der Alten Welt. Im Laufe von über 300 Jahren wurden rund 6,3 Millionen Afrikaner nachweislich nach Amerika verschleppt. Geht man davon aus, dass es für weitere Millionen keine Aufzeichnungen gibt, waren es insgesamt wohl 9–10 Millionen. In Bezug auf ihr Ziel gehen die Schätzungen weit auseinander. Die folgenden Zahlen basieren auf einer Reihe verschiedener Quellen:

Karibikinseln[1]	40%	3 800 000
Portugiesisch-Brasilien	38%	3 650 000
Lateinamerika[2]	16%	1 550 000
Britisch-Nordamerika	4%	400 000
Anderenorts im Atlantikbecken	2%	200 000

[1] Britische, französische und niederländische Kolonien

[2] Inklusive spanischer Inseln in der Karibik

LINKS Stich aus dem 18. Jh., der eine Gruppe Sklaven auf dem Weg zum Schiff zeigt. Sklavenschiffe waren meist umgebaute Fracht- oder Handelsschiffe, die eine große Anzahl Sklaven auf engstem Raum transportieren konnten. Unten ist der Plan zur Verstauung der menschlichen Fracht abgebildet.

Netzwerk aufgebaut. Millionen Europäer und Afrikaner (vor allem aus Ostafrika) wurden in die Länder zwischen Marokko und dem Nahen Osten verfrachtet und weiter nach Süd- und Ostasien. Insgesamt handelte es sich dabei wohl um gut 25 Millionen Menschen.

Obwohl es einige Landwege gab, bevorzugten die Araber den Seeweg über das Mittelmeer, das Rote Meer und den Indischen Ozean. Es sind nur wenige Details über die genauen Routen der Araber bekannt. Die Sklavenschiffe waren Daus, traditionelle arabische Segelschiffe mit einem oder mehr Lateinersegeln. Einige der Schiffe waren groß genug, um zahlreiche Sklaven zu transportieren. Im 19. Jh. erreichte der arabische Sklavenhandel im Indischen Ozean und den angrenzenden Gewässern seinen Höhepunkt.

DER TRANSATLANTISCHE SKLAVENHANDEL

Der transatlantische Sklavenhandel begann 1495. Auf seiner zweiten Reise fing Christoph Kolumbus über 1000 Taino-Indianer auf der Karibikinsel Hispaniola. Er versuchte, 500 von ihnen nach Spanien zu transportieren. 200 starben auf der Überfahrt, der Rest wurde in Spanien als Sklaven verkauft.

In Amerika hatte fast die gesamte Sklaverei mit den tropischen und subtropischen Plantagen zu tun. Europäer waren an die feuchte Hitze nicht gewöhnt und lehnten körperliche Arbeit zudem oft ab. Aus verschiedenen Gründen eigneten sich die einheimischen Indios nicht zur Sklavenarbeit. So wandten sich die europäischen Siedler nach Afrika und begannen mit dem abscheulichen Menschenhandel, der vom Beginn des 16. Jh. bis weit ins 18. Jh. hinein andauerte. Die meisten Sklaven schufteten auf Zuckerrohrplantagen, andere arbeiteten auf Baumwoll-, Kaffee-, Kakao-, Indigo- oder Tabakplantagen oder als Hausdiener.

Der transatlantische Sklavenhandel entwickelte sich zu einer Art „Dreieckshandel". Zuerst wurden Sklaven von verschiedenen Küstenstreifen Westafrikas in das

tropische und subtropische Amerika verfrachtet. Dann wurden Produkte aus der Neuen Welt wie Zucker, Rum und Baumwolle nach Europa transportiert. Alkohol, billiger Schmuck, Stoff und Feuerwaffen wurden aus Europa in die afrikanischen Sklavenhäfen verschifft, wo europäische Sklavenhändler dafür schließlich neue Sklaven von Stammeshäuptlingen oder schwarzen Sklavenhändlern kauften.

In Großbritannien und den Vereinigten Staaten wurde der Sklavenhandel 1807 verboten, die Sklaverei selbst ging aber noch bis weit ins 19. Jh. weiter. Brasilien war 1831 der letzte Staat, der den transatlantischen Sklavenhandel offiziell abschaffte.

OBEN Die Bedingungen an Bord der Sklavenschiffe waren entsetzlich. Hunderte von Sklaven wurden in viel zu enge Räume ohne jegliche hygienische Einrichtungen gepfercht. Es war furchtbar heiß und stank erbärmlich, und viele Menschen bezahlten die lange Überfahrt mit ihrem Leben.

Der Teehandel

Obwohl nicht bekannt ist, seit wann Tee als Getränk aufgebrüht wird, sehen die meisten Experten die Chinesen vor 5000 Jahren als Pioniere an. Das erste Teetrinken wird dem chinesischen Kaiser Shennong zugeschrieben, der die Entwicklung der Landwirtschaft und die Nutzung der Heilwirkung von Kräutern bereits um 2730 v. Chr. förderte.

RECHTE SEITE Die *John Wood* erreicht Anfang der 1850er-Jahre Bombay, Indien. Im 19. Jh. wurden große Mengen in Indien angebauten Tees nach Großbritannien verschifft.

UNTEN Japanische Frauen bereiten die Teezeremonie vor. Sie ist nicht nur ein gesellschaftliches Ereignis, sondern beinhaltet auch religiöse Andeutungen. Besonders viel Wert wird auf die Einhaltung ästhetischer Grundsätze gelegt.

DER FRÜHE TEEHANDEL

Von dieser Zeit an wurde Tee zum beliebtesten Getränk im kaiserlichen China. Im 8. Jh. war Tee bereits in ganz China verbreitet, nicht zuletzt dank Lu Yus Klassiker, *Das Buch vom Tee*, in dem Tee als „großartige Pflanze" gepriesen wird. In dieser Zeit verbreiteten buddhistische Mönche aus Nordindien in China, Japan und auf der koreanischen Halbinsel nicht nur ihre Religion, sondern auch ihre Liebe zum Teetrinken.

Mitte des 12. Jh. gab es in ganz China Teehäuser. Nach der Eroberung durch die Mongolen kam Tee am kaiserlichen Hof aus der Mode; in Japan war er nach wie vor beliebt. Die ersten Berichte über den Teeanbau in Japan stammen aus der Stadt Uji südlich Kyotos. Dank Ujis reichem Schwemmboden wurde die Kultivierung von Grünem Tee möglich – und dieser ist bis heute eines der Lieblingsgetränke der Japaner. Anfang des 16. Jh. erlangte das Aufbrühen und Servieren von Tee – die traditionelle Teezeremonie – einen halbreligiösen Status bei den japanischen Zen-Buddhisten.

EUROPÄISCHE KOLONIALISIERUNG UND DER GLOBALE TEEHANDEL

Mitte des 17. Jh. war China der größte Teeproduzent der Welt. In dieser Zeit begannen europäische Handelsposten in Ost- und Südostasien, die bereits mit Gewürzen, Seide und Pfeffer handelten, Tee als neue Ware zu betrachten. Die portugiesische Kolonie Macao im Südosten Chinas handelte bereits Tee mit der niederländisch-ostindischen Stadt Batavia (dem heutigen Jakarta, Indonesien), und das Teetrinken war in den Niederlanden beliebt geworden. Die Niederländische Ostindien-Kompanie hatte zunächst jedoch wenig Erfolg beim Teehandel, da ihr China versperrt war.

Anfang des 18. Jh. begann die Britische Ostindien-Kompanie Tee als lukrative Handelsware anzusehen. Der britische Außenposten in Kanton, gegenüber dem portugiesischen Macao, begann seine Schiffe nach London mit Tee zu beladen. Zunächst war er nur ein Getränk der Reichen, aber Mitte des 18. Jh. hatte er bereits Ale und Gin als bevorzugte Getränke abgelöst.

In den 1650er-Jahren war der Teehandel mit den Niederländern über den Atlantik gekommen, und 1664, als die Briten Neu-Holland übernahmen (und es in Neu York umtauften), war das Teetrinken auch in den Kolonien bereits etabliert. 1770 erhob das britische Parlament eine Steuer auf alle Teeimporte, die nicht von der Britischen Ostindien-Kompanie gekauft wurden. Das sorgte für Proteste – der berühmteste war die Boston Tea Party im Jahr 1773 – die am Ende zur Geburt der Vereinigten Staaten von Amerika führte.

Als im 18. Jh. die Nachfrage stieg, beteiligten sich weitere europäische Nationen – Dänemark, Frankreich, und Schweden – am Teehandel. Russland vergrößerte seine Landhandelswege nach China, um den wachsenden Bedarf im eigenen Land zu decken.

NEUE ANBAUGEBIETE

Die Opiumkriege der 1830er-Jahre zwischen China und Großbritannien um den Handel von Opium für Tee gaben für Großbritannien den Anstoß, nach neuen Anbaugebieten zu suchen. Die nordostindische Provinz Assam sah vielversprechend aus. Ebenso erfolgreich war der Teeanbau in den südindischen Nilgiri-Bergen. Durch die Gründung der Assam Company kamen nun große Mengen Tee aus Assam nach London und bestärkten die Rolle der Britischen Ostindien-Kompanie als führenden Teehändler. Der Verlust ihres Monopols Mitte des 19. Jh. öffnete jedoch den Handel und führte in jeder Erntezeit zu einem „Rennen" zwischen

RECHTS Eine Sammelkarte (um 1900) der Thomson & Taylor Spice Co., Lieferanten feinster Teesorten, die ihre Teeblätter vor allem aus Niederländisch-Ostindien bezogen.

britischen und amerikanischen Teeklippern, um als Erste mit ihrer Fracht aus China kommend die Londoner Teebörse zu erreichen.

1876 führte der Ausfall der Kaffeeernte auf Ceylon (dem heutigen Sri Lanka) zur Einführung der Teepflanze, die von arbeitsverpflichteten Tamilen angebaut wurde. Der britisch-indische Teehandel wurde – von den Ausläufern Assams bis zum zentralen Hochland von Ceylon – zu einer der erfolgreicheren Kolonialunternehmungen in Südasien.

Die Kultivierung und der Handel von Tee waren jedoch nicht auf China und Indien beschränkt. Tee wurde auch in Ostafrika, im heutigen Kenia, Malawi und Simbabwe angebaut, und die Region gilt noch immer als afrikanische Heimat des Tees.

Heute, im 21. Jh., wird Tee von mehr Menschen weltweit getrunken als jedes andere Getränk.

RECHTS Arbeiter in Ceylon wiegen und verpacken Tee für die britischen Märkte. Dieses Bild stammt aus dem Jahr 1905. Tee aus Ceylon ist bei vielen Teetrinkern noch immer beliebt.

Mythen und Aberglauben

Ob auf einem riesigen Supertanker oder einem kleinen Fischerboot – die Mythen der Meere machen vor niemandem halt. Viele Weisheiten spiegeln die langjährigen Erfahrungen der Seeleute wider, insbesondere in Bezug auf das Wetter: „Kommt der Regen vor dem Wind, pack die Segel ein geschwind. Kommt der Wind vor dem Regen, kannst beruhigt dich Schlafen legen." Für den Seemann ist die See Herrin über Leben und Tod: „Was das Meer will, das wird es sich holen."

ANTIKE MYTHEN

Für die Griechen war Poseidon der Gott der Meere. Der Philosoph Platon berichtete von Atlantis, einem Inselreich jenseits der Säulen des Herakles, das einst die Welt regierte und dann im Meer versank. Die antiken Israeliten fürchteten sich vor Leviathan, einem Seeungeheuer, und der Prophet Jona wurde von einem Wal verschlungen. In Grönland war Nerrivik die Mutter aller Meerestiere – wurde ein Tabu gebrochen, rief sie diese zu sich.

TABUS UND SPRICHWÖRTER

Manche Mythen sind biblischen Ursprungs, z. B. der unglückselige Freitag. An dem Tag, an dem Christus gekreuzigt wurde in See zu stechen, sei gefährlich. So verhält es sich auch

OBEN Der alte Seemann, der in Coleridges berühmten Gedicht einen Albatros mit der Armbrust erschoss, brachte einen Fluch über das Schiff. Alle Seeleute starben, nur der Seemann überlebt. Als Strafe muss er durch die Welt ziehen und seine traurige Geschichte erzählen.

mit dem ersten Montag im April (Kain erschlug Abel), dem letzten Tag des Dezembers (Judas Ischariot beging Selbstmord) und dem zweiten Montag im August (Sodom und Gomorra wurden zerstört). Sonntag ist dagegen der beste Tag zum Segeln, da es der Tag ist, an dem Christus auferstand.

Viele Aberglauben der Seefahrer sind sehr bekannt. Ein Frau an Bord soll Unglück bringen, denn wenn sie nicht die Brüste entblößt, macht sie die See wütend –

deshalb hatten viele Schiffe nackte weibliche Torsos als Galionsfigur.

Unglück bringen zudem rote Haare, schielende und plattfüßige Menschen, Geistliche, schwarze Taschen, Blumen, das Schiff mit dem linken Fuß voran zu betreten, das Schneiden von Haaren und Nägeln, Steine über Bord zu werfen, am ersten Tag der Fahrt zu pfeifen, das Wort „ertrinken" zu sagen, zurückzublicken und viel Glück zu wünschen. Ein Ring im Ohr bringt dagegen Glück, ebenso wie eine Silbermünze unter dem Masttop, ein gestohlenes Stück Holz im Kiel, auf dem Deck Wein einzugießen, Delfine, Schwalben, die Federn eines Zaunkönigs, der am 1. Januar getötet wurde und eine schwarze Katze an Bord.

MEERJUNGFRAUEN UND ALBATROSSE

Einer der hartnäckigsten Mythen sind die Meerjungfrauen und Wassermänner. Triton, der Sohn des Poseidon, soll ein Wassermann – halb Mensch, halb Delfin – gewesen sein. Seine Tritonen spielten den Seeleuten übel mit. Meerjungfrauen haben einen menschlichen Körper und einen Fischschwanz. In mondhellen Nächten kämmen sie ihr langes grünes oder goldenes Haar. Sie singen wundervoll und locken Schiffe auf nahe Felsen oder heulen wie der Wind, um einen Sturm heraufzubeschwören.

Ein weiterer Aberglaube dreht sich um den Königsalbatros. Mit einer Flügelspannweite von 1,5 m und der Fähigkeit, sich wochenlang auf dem Meer aufzuhalten ist der Albatros ein mächtiges Symbol für das Leben. Einen Albatros zu töten bringt Unglück. Samuel Taylor Coleridge verewigte den Aberglauben in seinem Gedicht *Die Ballade vom alten Seemann*. Der Seemann

LINKS Ein Südlicher Königsalbatros *(Diomedea epomophora)*. Tote Seeleute werden angeblich als Albatrosse wiedergeboren, und es bringt Unglück, einem dieser Vögel Schaden zuzufügen.

tötet einen der Vögel und muss ihn um den Hals tragen, bis er lernt, um Vergebung zu bitten. Aber bis dahin sind alle seine Kameraden bereits tot.

DAS BERMUDADREIECK

Für einen Mythos aus jüngster Zeit gibt es Befürworter, aber auch Skeptiker. Am 5. Dezember 1945 verschwanden fünf Bomber der US-Air Force vor Florida. Auch ein Suchflugzeug verschwand. Nun tauchten Berichte über frühere Verschwinden in einem Dreieck zwischen Florida, Puerto Rico und Bermuda auf – dem Bermudadreieck. Theorien gibt es viele. Schuld am Verschwinden soll Ausrüstung sein, die von Aliens zurückgelassen wurde, Dämonen aus Atlantis, übernatürliche Ereignisse, Magnetfelder, Methaneruptionen, Piraterie, Stürme oder menschliches Versagen.

Im Pazifik südlich von Tokio liegt das Teufelsmeer. Geschichten über verschollene Schiffe und Flugzeuge gibt es reichlich – es wird sogar als mögliche Erklärung für das Verschwinden Amelia Earharts angeführt. Auch hier gibt es wilde Theorien, inklusive einer mysteriösen Verbindung zum Bermudadreieck.

Sicher ist, dass der Ozean über diejenigen, die ihn befahren, solch eine Macht hat, dass ihm offensichtlich stets Respekt entgegengebracht wird.

OBEN Dieses Gemälde aus dem 16. Jh. ist eine Allegorie auf die Reisen Ferdinand Magellans. Es zeigt einige der fantastischeren Kreaturen und Tiere, die mit der See in Verbindung gebracht werden.

LINKS Dieses thailändische Wandgemälde aus dem 19. Jh. zeigt eine Riesin, die den Ozean bewacht, wie sie mit Hanuman, dem indischen Gott in Affengestalt, kämpft. Die Geschichte stammt aus dem indischen Nationalepos *Ramayana* (auf Thai als *Ramakian* bekannt).

Die wirtschaftliche Bedeutung der Meere

Da 71 Prozent der Erdoberfläche von Wasser bedeckt sind, ist es nicht verwunderlich, dass sich die Menschen seit Urzeiten mit der See und ihren verschiedenen Rohstoffen befassen. Noch Mitte des 20. Jh. sahen viele den Ozean als unerschöpfliche Rohstoffquelle an. Heute wissen wir, das stimmt nicht.

WER KONTROLLIERT DIE ROHSTOFFE?

Die Konkurrenz um die Kontrolle der Rohstoffe ist seit Langem hoch. Bereits im 17. Jh. beschränkte der Grundsatz „Freiheit der Meere" die nationalen Gewässer eines Landes auf drei Seemeilen, ab den Küsten gerechnet. Diese Distanz stimmte – nicht zufällig – mit der Reichweite der Kanonen überein. Jenseits dieser Zone begannen die internationalen Gewässer.

Im 20. Jh. nahm die Bevölkerungszahl auf der Erde rasant zu und maritime Technologien (inklusive dem Fischfang) verbesserten sich sehr. Die Ansprüche, die an die See und ihre Rohstoffe gestellt wurden, nahmen stark zu und führten zu übermäßiger Ausbeutung. Seit Jahrzehnten befinden sich die Bestände kommerziell verwertbarer Fische, Wale, Krustentiere und anderer Meeresbewohner im Rückgang – manche so sehr, dass sie inzwischen fast ausgestorben sind.

Angesichts der zunehmenden Konkurrenz um die Rohstoffe in den benachbarten Gewässern versuchten viele Länder, ihre Ansprüche zu erweitern. Manche beanspruchten eine Zwölfmeilenzone (22 km). Einige,

UNTEN Dockarbeiter entladen importierte Zuckersäcke im Hafen von Umm Qasr, im Süden des Iraks. Es ist der einzige Tiefwasserhafen des Landes.

UNTEN Öl ist von immenser wirtschaftlicher Bedeutung, und Ölfirmen investieren gewaltige Summen in die Suche und Förderung, sowohl an Land, als auch auf den Meeren. Hier wird gerade auf einer Bohrinsel in der Nordsee überschüssiges Erdgas abgebrannt.

wie die USA, machten alle Rohstoffe auf ihrem Kontinentalschelf geltend. 1950 kontrollierten die meisten Küstenanrainerstaaten die Gewässer in einem Umkreis von 200 Seemeilen. Heute werden die Grenzen vom Seerechtsübereinkommen der Vereinten Nationen festgelegt. Dieses sprach allen wieder die Kontrolle über die Gewässer innerhalb der Zwölfmeilenzone zu.

Die Konvention etablierte zudem eine Ausschließliche Wirtschaftszone die sich 200 Seemeilen ab der Küste erstreckt. Zuletzt hat eine Nation noch die Rechte an den Bodenschätzen auf ihrem Festlandsockel, bis zu einer Entfernung von 350 Seemeilen.

ERNTE DER BIOTISCHEN ROHSTOFFE

Der Geograf Carl Ortwin Sauer war der Ansicht, die Küste Ostafrikas sei die Wiege der Menschheit. Dort, so argumentierte er, fanden die Urmenschen in den Gezeitentümpeln reichlich Essbares wie Fische, Krustentiere, Muscheln, Algen und anderes. Seit Anbruch der Menschheitsgeschichte war der Ozean eine Quelle biotischer Rohstoffe. Marine Pelztiere wie Robben und Otter werden seit Jahrhunderten gejagt. In der ersten Hälfte des 19. Jh. wurde Walfischtran oft als Lampenöl verwendet. Mitte des Jahrhunderts kostete der Tran bis zu 1500 US-Dollar pro Barrel. Zum Glück für die rasch schwindende Walpopulation bot Kerosin seit den

1860er-Jahren eine preiswertere und effizientere Energiequelle. In vielen Küstenorten sind Perlen seit Langem eine wichtige Handelsware. Der Fischfang versorgte uns schon immer mit einer bedeutenden Proteinquelle. Die natürlichen Bestände an Fischen, Garnelen, Muscheln und anderen beliebten Delikatessen sinken jedoch immer weiter und werden im Verkauf zunehmend durch Zuchtbestände ersetzt.

BODENSCHÄTZE

Neben Salz (Natriumchlorid) enthält Meerwasser weitere 60 Komponenten, von denen nur die Hälfte heute genutzt wird. Salz, das etwa 80 Prozent der Mineralien im Meerwasser ausmacht, ist der wichtigste chemische Bestandteil, der ihm entzogen wird.

Magnesium ist das einzige Metall, das direkt aus dem Meerwasser extrahiert wird. Im Meeresboden wurden Diamanten, Gold und verschiedene andere Metalle wie Zinn und Titan entdeckt. Vermutlich wird es irgendwann möglich sein, auch Manganknollen vom Meeresboden abzubauen.

Durch die Entsalzung von Meerwasser entsteht Süßwasser. Mit zunehmender Verbesserung der Technik und Senkung der Kosten werden durstige Küstenpopulationen zweifellos vermehrt auf Meerwasser als hauptsächliche Wasserquelle zurückgreifen.

ENERGIE AUS DEM MEER

Die Bewegungen des Wassers, die durch die Gezeiten, Wellen oder Strömungen verursacht werden, können zur Energieproduktion eingebunden werden, und dies

RECHTS Eine Entsalzungsanlage in Spanien. Hier wird dem Meerwasser das Salz entzogen, um es trinkbar zu machen.

UNTEN Fisch war stets ein wichtiger Bestandteil unserer Ernährung. Hier wird gefrorener Fisch für den Export auf ein Schiff verladen.

geschieht bereits in kleinem Maßstab. Die wichtigsten Energiequellen, die aus Ablagerungen im Kontinentalschelf gefördert werden, sind jedoch Erdöl und -gas.

Dank modernster Technik können Bohrinseln heute in größeren Tiefen bohren als jemals zuvor. Testbohrungen vor der brasilianischen Küste fanden in einer Tiefe von 2165 m statt und fraßen sich durch 4877 m Sand, Felsen und Salz.

DIE ANZIEHUNGSKRAFT DER SEE

Ein beachtlicher Anteil der Erdbevölkerung lebt am oder in kurzer Entfernung zum Meer. Einige nutzen die vielfältigen Rohstoffe; andere sind vom ozeangestützten Handel abhängig. Wieder andere kommen als Touristen ans Meer. Eine rasch wachsende Anzahl von Menschen zieht es heutzutage an die wunderbaren Küsten der Weltmeere, angelockt von ihrer Schönheit und den vielen Freizeitmöglichkeiten, die sie bieten.

Jäger und Sammler

Seit Anbeginn der Zeit waren das Jagen und Sammeln die traditionellen Methoden zur Beschaffung von Nahrung und anderen wichtigen Materialien. Für diejenigen, die an der Küste lebten und/oder sich auf das Meer hinauswagten, hielt die See stets eine reiche Ernte bereit. Heute sind die Aussichten durch die Überfischung und die exzessive Ausbeutung anderer Meeresbewohner weniger vielversprechend.

PERLEN

Perlen, die seit Langem weltweit als Juwelen geschätzt werden, werden von verschiedenen Muschelarten produziert, z. B. von Austern, Flussperlmuscheln und hin und wieder auch von Meerohren. Perlen bilden sich, wenn sich ein kleiner Fremdkörper in der geöffneten Muschel festsetzt. Dieser wird von einer Substanz, dem Perlmutt, umschlossen, das sich nach und nach zu einer Schutzschicht aufbaut, aus der die Perle wird.

Das traditionelle Perlentauchen ist eine gefährliche Sache, bei der die Taucher viel Glück und Erfahrung brauchen. Mit einem einzigen Atemzug tauchen sie auf bis zu 45 m ab und sammeln so viele Muscheln wie möglich. Dann kehren sie an die Oberfläche zurück, wo die Muscheln nach dem Öffnen mit viel Glück gelegentlich eine Perle preisgeben. Die Taucher sind Haiangriffen und anderen feindlichen Meerestieren, Wellen und Stürmen ausgesetzt und riskieren jedes Mal, zu ertrinken, oft als Folge eines Tiefenrauschs.

UNTEN Japanische Perlentaucherinnen um 1939. Sie sammelten Austern, legten sie in hölzerne Wannen und übergaben diese den Sammelbooten. Eine Taucherin brachte es pro Tag im Durchschnitt auf etwa 300 Austern.

1916 ließ sich der japanische Unternehmer Kokichi Mikimoto ein Verfahren zur Herstellung von Zuchtperlen patentieren, bei dem ein runder Fremdkörper manuell in die Keimdrüsen einer Auster eingeführt wird. Diese Erfindung revolutionierte die Perlenindustrie, da nun die Produktion hochwertiger, perfekt geformter Perlen in großem Maßstab möglich war. Anhand von Röntgenaufnahmen, bei denen der Kern der Perle sichtbar wird, kann man Zuchtperlen von den wertvolleren Naturperlen unterscheiden.

Heute sind fast 100 Prozent aller verkauften Perlen Zuchtperlen, die aus riesigen Anlagen in Japan, China, Mexiko, Tahiti, Neuseeland und Australien stammen.

ROBBEN

Robben, insbesondere Sattelrobben, werden in Kanada, Grönland, Russland, Norwegen und Namibia kommerziell gejagt, und zwar wegen ihres Pelzes, Blubbers und Fleisches, und um sicherzustellen, dass die Population nicht zu sehr wächst. In vielen kleinen Küstendörfern sind sie zudem eine wichtige Nahrungsquelle.

Indigene Völker nutzen Robbenfelle seit Jahrtausenden zur Herstellung wasserdichter Kleidung. Im 20. Jh. wurde die Robbenjagd zu einer regelrechten Industrie, was zu einem starken Rückgang des Bestandes führte. Heute basieren die jährlichen Quoten auf Empfehlungen des International Council for the Exploration of the Sea. Die meisten Robben werden in Kanada gejagt, wo alljährlich auch Tausende Robbenbabys totgeschlagen werden. Diese Praktik ist höchst kontrovers und wird stets von umfangreichen Protesten und Berichten in den Medien begleitet.

Aus Robbenspeck wird Öl hergestellt, das z. B. in Lampen, Medikamenten und Nahrungsergänzungsmitteln Anwendung findet. Das Fell macht den halben Wert einer Robbe aus; ein gutes Fell bringt oft über 100 US-Dollar ein. Das Robbenfleisch wird zum Teil an asiatische Tierfutterproduzenten verkauft.

Heute enthalten Blut und Gewebe von Robben und ihren Fressfeinden, inklusive Haien, Eisbären und Menschen, oft hohe Dosen Quecksilber.

WALE

Seit Tausenden von Jahren jagen Menschen Wale zur Ernährung und Ölherstellung. Bis ins 17. Jh. blieben die Populationen stabil, als große Flotten und Fabrikschiffe begannen, Wale in immer größerem Umfang zu jagen. Das führte zu einer dramatischen Abnahme in den Beständen der meisten Walarten.

1946 wurde die Internationale Walfangkommission (IWC) gegründet, mit dem Ziel, die Erhaltung der Bestände, das Ressourcenmanagement und die Bedürfnisse der Interessenvertreter in Einklang zu bringen. 1986 wurde dann ein Moratorium zum kommerziellen Walfang erlassen – mit wechselhaftem Erfolg.

Einige Walfangnationen wie Kanada weigerten sich, der IWC beizutreten und sind deshalb nicht an ihre Beschlüsse gebunden. Manche Mitgliedsstaaten wie Japan und Norwegen jagen weiter Wale – im Namen der „Wissenschaft". Walfanggegner behaupten, dies sei nur eine Fassade für den kommerziellen Walfang und weisen auf die großen Mengen an Walfleisch in den örtlichen Supermärkten hin. Zudem sei die jährliche Stückzahl (etwa 1000 Wale in Norwegen und 1330 Minkwale in Japan) unnötig hoch. Die gewünschten Informationen könnte man auch auf harmlose Weise erhalten, z. B. durch die Untersuchung kleiner Mengen Walgewebe oder -exkremente.

In Regionen wie Indonesien und einigen Karibikstaaten findet Walfang in kleinem Maßstab statt. Dort hat die Jagd mit nicht automatisierten Methoden eine lange Tradition.

Diese Art Walfang wird von der IWC sanktioniert und mit jährlichen Fangquoten belegt.

LINKS Handkolorierter Stich aus dem 19. Jh., der Walfänger beim Harpunieren eines Wales per Hand zeigt – ein gefährliches Unterfangen! Der Kadaver wurde dann zur Verarbeitung zum Schiff geschleppt.

UNTEN Ein Perlenfarmer inspiziert seine Austern. Die Zuchtperlenindustrie ist nicht nur sehr profitabel, sondern zudem zuverlässig. Der Farmer kann die gewünschte Form und Größe der Perle genau festlegen.

Der Fischereisektor

Der Fischereisektor umfasst das Fangen, Züchten, Konservieren, Transportieren und Verkaufen von Fischen oder Meeresfrüchten. Der größte Bereich ist die Fischfangindustrie inklusive der Aquakultur, aber Millionen Menschen weltweit angeln in viel kleinerem Umfang, um ihren Lebensunterhalt zu bestreiten oder als Freizeitbeschäftigung.

FISCHFANGMETHODEN

Die kommerzielle Fischfangindustrie versorgt unsere Märkte mit großen Mengen Fisch und Meeresfrüchten für den Verzehr oder zur weiteren Verarbeitung. Große Unternehmen betreiben eigene Flotten; ihre Produkte werden an Supermärkte oder Mittelsmänner verkauft.

In vielen Ländern bestreitet die indigene Bevölkerung ihren Lebensunterhalt durch den Fischfang auf traditionelle Art und Weise mit Angeln, Pfeil und Bogen, Speeren, Harpunen und unterschiedlichen Netzen, darunter Schlepp- und Wurfnetze.

Der Freizeitsektor besteht aus Menschen, die aus Spaß, als Sport oder zur eigenen Ernährung fischen und ihren Fang nicht verkaufen. Dazu gehört auch die Herstellung und der Verkauf von Angelgeräten, Büchern und Zeitschriften, Booten, die Unterbringung von Gästen und die Vermietung von Booten sowie die Zahlung von Lizenzgebühren.

DIE NAHRUNGSRESSOURCEN DER OZEANE

Die Ozeane enthalten die größte Menge lebender Materie weltweit. Der durchschnittliche Flächenertrag ist fast genauso hoch wie an Land, unterscheidet sich von Region zu Region jedoch sehr.

Ein überwiegender Teil aller Meeresfrüchte wird in der Oberflächenzone – bis in 50 m Tiefe – gefangen, in der das Sonnenlicht die Fotosynthese anregt (die Umwandlung der Energie aus dem Sonnenlicht durch Pflanzen wie Algen oder Seegras). Hier findet man vor allem kleine Schwarmfische. Sardinen, Heringe, Anchovis und kleine Makrelen machen gut ein Viertel des gesamten Fischtrages aus. Sie kommen oft in riesigen Schwärmen von mehreren Kilometern Länge und Breite vor. Kabeljau, Schellfisch, Weißfische und ihre Verwandten sind die nächstprofitable Gruppe.

An Schalentieren werden vor allem Austern, Mies-, Venus- und Jakobsmuscheln, Wellhornschnecken und

UNTEN Ein Fischer auf den Kerkenah-Inseln vor Tunesien verwendet eine traditionelle Fischfalle aus Netzen und Stäben. Es ist die vorherrschende Fischfangmethode auf den Inseln – die bereits von den Phöniziern vor Tausenden von Jahren praktiziert wurde.

Schnecken wie das Meerohr verzehrt, das in warmen Gewässern reichlich vorkommt. Die USA sind der Hauptkonsument von Krabben und Garnelen, die sie aus über 60 Ländern importieren. Im Mittelmeer, Asien und Australien sind auch Kraken, Tintenfische und Sepien sehr beliebt.

In warmen Regionen ist das Fleisch von Haien ein beliebtes Nahrungsmittel, das praktisch nirgendwo anders verzehrt wird – abgesehen von der äußerst umstrittenen Verwendung ihrer Flossen, deren Verzehr in Festtagssuppen in Asien als Zeichen des Wohlstandes gilt. Einige Umweltschutzorganisationen halten Haipopulationen für bedroht, weil jährlich 100 bis 200 Millionen Haie allein um ihrer Flossen Willen getötet werden. Der wichtigste Speisefisch Nordamerikas und Europas ist der Kabeljau. In Australien und Südafrika ist ein internationaler Markt für Langusten entstanden, während Japan und Russland die größten Konsumenten von Stein- und Königskrabben sind.

Etwa 16 Prozent des weltweit verzehrten Proteins stammt von Fischen. Die Ernährungs- und Landwirtschaftsorganisation der Vereinten Nationen schätzt, dass im Jahr 2005 84,5 Millionen Tonnen Fisch in den Ozeanen gefangen wurden; weitere 57 Millionen Tonnen stammten aus Fischfarmen. Das entspricht etwa 25 kg pro Person pro Jahr. Die größten Fischereinationen sind China, Peru, Japan, die USA, Chile und Indonesien, während in China etwa ein Drittel der jährlichen Ausbeute verzehrt wird.

WEITERE NUTZUNG AQUATISCHER RESSOURCEN

Fische und andere Meeresbewohner haben auch noch weitere Verwendungszwecke. Haie und Rochen liefern z. B. hochwertiges Leder, Seesterne, Seepferdchen und Seeigel kommen in der Traditionellen Chinesischen Medizin zur Anwendung. Meeresschnecken, Tintenfische und Sepien liefern Pigmente für Färbemittel, Fischleim (eine Art Kollagen aus den Blasen von Stör und Kabeljau) wird zur Klärung von Wein und Bier verwendet und Fischemulsion – die Reste, die nach der Verarbeitung zu Fischöl und Fischmehl übrig bleiben – kommt als Dünger zum Einsatz.

Süßwasserfische bilden weltweit nur etwa fünf Prozent des gesamten Fangs. Obwohl der Ertrag in einigen Flüssen bis zu 200 kg und in manchen Seen bis zu 160 kg pro Hektar ausmacht, liegt der Durchschnitt bei nur 8 kg pro Hektar.

Es wird immer deutlicher, dass der kommerzielle Fischfang die Bestände vieler Meeresfische sehr stark reduziert hat, sodass Fische wie Kabeljau, Atlantischer Hering und Sardine inzwischen als bedroht gelten.

Zur Deckung der weltweit wachsenden Nachfrage nach Fisch und Fischprotein werden Fische wie Lachs Kabeljau, Forelle, Wels, Karpfen und Tilapia inzwischen in riesigen Becken, Kanälen oder anderen umschlossenen Bereichen gezüchtet und aufgezogen, aber diese Methode bringt wieder ganz eigene Probleme mit sich.

GANZ OBEN Alaska hat eine blühende Fischfangindustrie. Gefangen werden hier vor allem Lachs, Hering, Heilbutt und Schalentiere.

OBEN Bermeo in Nordspanien ist ein wichtiger Fischereihafen des Baskenlandes .

LINKS Japanischer Fischer mit frisch gefangenen Makrelen. Japaner essen im Jahr etwa 80 kg Fisch pro Person.

Bodenschätze im Meer

Die wenig erforschten Tiefen des Meeresbodens weisen eine erstaunliche geologische Uniformität auf, vorwiegend bestehend aus abgekühlter Basaltlava, die an den ausschweifenden Mittelozeanischen Bruchzonen oder an den sich ausdehnenden Rücken ausgetreten ist. In den letzten Jahrzehnten haben Tiefseetauchboote eine aufregende Vielfalt an mineralischen Rohstoffquellen in der Tiefe enthüllt. Auch das Meerwasser selbst ist ein nützlicher Rohstoff – es enthält etwa drei bis vier Prozent gelöster Stoffe, die aus über 60 chemischen Komponenten bestehen.

RECHTE SEITE Jedes Jahr werden in Walvis Bay, Namibia, 590 000 t Salz aus Meerwasser extrahiert und zum Großteil in andere afrikanische Länder transportiert.

OBEN Etwa ein Viertel der weltweiten Manganvorkommen stammen aus Groote Eylandt, einer kleinen Insel im Golf von Carpentaria im Nordosten Australiens.

RECHTS Ein hydrothermaler Schlot auf dem Meeresboden. Das warme Wasser rund um dieses geologische Phänomen ist Heimat von Röhrenwürmern, Garnelen und zahlreichen Mikroorganismen.

SCHWARZE UND WEISSE RAUCHER

Die vielleicht bizarrste Struktur auf dem Meeresboden sind die Heißwasserquellen, die sogenannten „Schwarzen Raucher", aus denen ununterbrochen Metallsalze ausgefällt werden, die wie schwarzer Rauch erscheinen. In den Tiefen der Weltmeere findet man beachtliche Ansammlungen von ihnen, die nach und nach gewaltige Kupfer-, Blei- und Zinkablagerungen aufbauen.

Schwarze Raucher entstehen, wenn junges vulkanisches Gestein am Mittelozeanischen Rücken Bodenwasser erhitzt. Dieses superheiße Wasser (das viermal heißer ist, als der normale Siedepunkt) enthält hohe Konzentrationen gelöster Metalle. Diese strömen aus Rissen in der Erdkruste in das eiskalte Wasser am Meeresboden. Die Metalle werden sofort als winzige Mineralkristalle ausgefällt, sinken zu Boden und lagern sich rund um den Riss ab. Nach und nach entsteht so ein Schlot, der immer höher und instabiler wird, bis er schließlich zusammenbricht und das Ganze von vorn beginnt. „Weiße Raucher", die kühleren Verwandten der Schwarzen Raucher, bestehen aus den weißen Mineralien Barium, Kalzium und Silizium.

Es gibt zwar Untersuchungen zu der Möglichkeit, die Schlotkomplexe kommerziell abzubauen, man darf dabei aber nicht vergessen, dass sie einzigartigen

Lebewesen eine Heimat bilden, die ihre Hauptenergie aus der Hitze der Schwarzen Raucher beziehen. Die meisten hier lebenden Kreaturen, z. B. Garnelen und Röhrenwürmer, haben weder Pigmente noch Augen.

LEBENDIGE MANGANKNOLLEN

In einigen Gebieten ist Mangan auf dem Meeresboden im Überfluss vorhanden und wächst in kugelförmigen schwarzen Knollen. Bei ihrer Tiefsee-Expedition fand die *HMS Challenger* in den meisten Ozeanen beachtliche Vorkommen an Manganknollen. Die Metalloxidklumpen sind eigentlich Mikroorganismen des Typs Metallogenium, einer Bakterienart, die dem Meerwasser Mangan, Eisen und andere Elemente entzieht und sie an ihren Zellen ablagert. Diese organischen Knollen gedeihen um einen Kern herum, z. B. um eine winzige Muschelschale oder einen Haizahn. Über Tausende von Jahren wachsen sie langsam weiter und können schließlich die Größe eines Fußballes erreichen. Es gab bereits Pläne, die Knollen im Pazifik und Indischen Ozean abzubauen, wo sie von starken Strömungen in Vertiefungen geschoben wurden und dort beachtliche Ablagerungen gebildet haben. Diese Pläne wurden bisher aber noch nicht in die Tat umgesetzt, da es an Land ausreichend einfacher zugängliche Manganvorkommen gibt.

DIAMANTEN, GOLD, ZINN UND SALZ

Auch Schwermetalle sind reichlich im Meeresboden vorhanden, besonders nahe der Mündungen großer Flüsse, die mineralhaltiges Gestein mit sich führen. Aktuell ist der unterseeische Abbau jedoch auf Gold, Diamanten, Zinn und Titan beschränkt, da diese derzeit den höchsten Wert haben. Es ist zwar noch immer ungeheuer kostspielig, im Ozean nach Bodenschätzen zu suchen und sie abzubauen, aber diese Einschränkungen gelten nicht für Rohstoffe, die sich einst im Ozean ablagerten, heute aber günstigerweise auf dem Land liegen. Am häufigsten kommen Salz und andere lösliche Salzgesteine vor, die Magnesium, Kalium und Kalzium enthalten. Diese lagern sich ab, wenn Meerwasser in einem umschlossenen Becken verdunstet, wie es heute im Toten Meer passiert, und die gelösten Mineralien als feste Ablagerungen zurücklässt. Der Abbau von Salzgestein ist viel einfacher als die Extraktion der gelösten Stoffe aus dem Meerwasser.

ENDLOSER SÜSSWASSERNACHSCHUB

Wenn die Ablagerungen auf dem Festland erschöpft sind und die Weltbevölkerung (und somit auch die Nachfrage) weiter wächst, werden wir die Extraktion der Stoffe aus dem Ozean möglich machen müssen. Darunter werden aber nicht nur Gold und andere wertvolle Metalle sein, sondern auch Sand und Kies für den Bau, Kalkstein und sogar Trinkwasser, das in einigen Gegenden auf unserer überbevölkerten und verschmutzten Erde immer kostbarer wird. Durch einen Filterprozess, die Reversosmose, werden dem Meerwasser gelöste Mineralien entzogen und es wird so in Süßwasser umgewandelt, obwohl man dafür viel Energie benötigt. Eines Tages wird das Meer wohl zu unserer wichtigsten Trinkwasserquelle werden.

RECHRS In dieser Meerwassersaline in Hon Khoi, Vietnam, werden flache Tümpel mit Meerwasser geflutet, das anschließend verdunstet. Dann tragen die Arbeiter das zurückbleibende Salz ab. Diese Saline ist seit über 100 Jahren in Betrieb.

Unterseeisches Öl und Gas

Unsere gesamten Öl- und Gasreserven entstanden in urzeitlichen Sedimentbecken, die unter dem Meer liegen (oder einst lagen). Eingeschlossen in den Gesteinsschichten sammelten sich Öl und Gas über Jahrmillionen an, bis sie bei Probebohrungen entdeckt wurden.

UNTEN Öltanker sind riesige Schiffe, die speziell zum weltweiten Transport von Öl gebaut wurden. Durch ein kompliziertes System aus Schläuchen wird das Öl hinein- und wieder abgepumpt, um das Risiko der Entstehung gefährlicher Dämpfe zu verringern.

MILLIONEN UNTER DRUCK

Rohöl beginnt seine Existenz in Form von Millionen winziger Meeresorganismen, die in den warmen Gewässern flacher Ozeanbecken gedeihen. Unzählige Zooplankter und Algen vermehren sich, sterben ab und sinken zu Boden, wo sie sich rasch anhäufen. Werden sie unter Abwesenheit von Sauerstoff schnell begraben, zersetzen sie sich zu Kohlenwasserstoffen. Im Laufe der Zeit entstehen so dicke Schichten kohlenwasserstoffhaltigen Muttergesteins. Die Flüssigkeit dringt durch die darüberliegenden porösen Sandsteinschichten bis sie an eine undurchdringliche Deckschicht stößt, die die Kohlenwasserstoffe in einem unterirdischen Reservoir einschließt. Gas, das am leichtesten ist, steigt ganz nach oben und liegt über den dichteren flüssigen Kohlenwasserstoffen. Kohle entsteht im Gegensatz dazu an Land durch die Ansammlung von Vegetationsablagerungen in Süßwassersümpfen.

FLÜSSIGES „SCHWARZES GOLD"

Mithilfe spezieller Schiffe, die mit seismisch-geophysikalischen Geräten ausgerüsten sind, ziehen Forscher über die Meere und suchen nach geologischen Formationen, die Öl und Gas enthalten. Druckluftkanonen senden Druckwellen in die Erde. Diese seismischen Wellen werden von den verschiedenen Gesteinsschichten zurück an die Oberfläche geworfen und liefern den Geophysikern so eine Karte des Meeresbodens. Gebiete,

OBEN Diese Pipeline führt vom Shaybah-Ölfeld in Saudi-Arabien zu einer Trennungsanlage, in der täglich 550 000 Barrel Öl produziert werden.

in denen Gesteinsschichten zu Domen aufgefaltet wurden, sind vielversprechende Orte für Probebohrungen, da sich das Rohöl darunter in großen Becken ansammelt. Durch Pipelines oder Tanker wird das vom Meeresboden heraufgepumpte Öl und Gas anschließend zur Raffinerie an Land befördert.

Das Rohöl wird in einzelne Bestandteile aufgespalten, von leichten flüchtigen Gasen wie Methan, Ethan und Propan über Flüssigtreibstoffe wie Benzin und Diesel bis zu schweren, dichten Teeren und Asphalten, die zum Straßenbau verwendet werden.

Die zehn größten Erdölproduzenten sind (in absteigender Reihenfolge): Saudi-Arabien, Russland, die USA, Iran, Mexiko, China, Kanada, die Vereinigten Arabischen Emirate, Venezuela und Norwegen. Allein Saudi-Arabien produziert jeden Tag gut 10 Millionen Barrel. Ein Großteil der Weltölproduktion wird in die Vereinigten Staaten exportiert, die mit einem Verbrauch von 20 Millionen Barrel pro Tag der mit Abstand weltgrößte Ölkonsument sind.

BALD IST ES VORBEI ...

Obwohl Öl eine hervorragende Energiequelle ist, an die wir uns alle gewöhnt haben, sollten wir nie vergessen, dass wir in wenigen Jahrzehnten verbraucht haben, was Millionen von Jahre zum Entstehen benötigte. In nicht allzu langer Zeit werden die Ölquellen versiegen – und Öl und Gas sind nicht erneuerbare Energien. Zudem setzen sie bei der Verbrennung Kohlendioxid und andere Gase frei, die nachgewiesenermaßen zur globalen Erwärmung beitragen. Es ist deshalb von entscheidender Wichtigkeit, dass die Weltgemeinschaft einen Teil der erwirtschafteten Profite in die Erforschung und Entwicklung alternativer, umweltfreundlicher und vor allem erneuerbarer Energiequellen investiert, z. B. in Sonnenenergie, Wasserkraft oder geothermale Energie.

Städte auf dem Meer

Bohrinseln wie die hier abgebildete sind unabhängige Inseln oder „Städte" im Meer. Sie beherbergen die Arbeiter und die gesamte Ausrüstung, die dazu benötigt wird, Bohrlöcher in den Meeresboden zu treiben. Bohrinseln sind entweder schwimmende Plattformen oder werden durch Stahl- oder Betonträger im Meeresboden verankert. Die meisten Bohrinseln befinden sich auf den Festlandsockeln, obwohl neue Technologien heute auch das Bohren in viel tieferen Gewässern ermöglichen.

Bohrinseln beherbergen bis zu 1000 Arbeiter auf einmal, vom Leiter bis zu den Arbeitern am Bohrturm, dem Herz der Anlage. Gearbeitet wird in zwei 12-Stunden-Schichten, rund um die Uhr. Alle vier Wochen wird die Besatzung gegen eine ausgeruhte ausgetauscht, die mit Hubschraubern eingeflogen wird. Die Arbeiten mit schweren, öligen Geräten, bei oft schlechtem Wetter und sehr langen Arbeitszeiten sind sehr anstrengend und oftmals gefährlich. 2010 kam es auf der Bohrinsel Deepwater Horizon im Golf von Mexiko zu einem Blowout, bei dem elf Männer starben. Zwei Tage danach sank die Bohrinsel. Andererseits werden die Arbeiter außerordentlich gut bezahlt und erhalten Urlaub wie ihre Kollegen an Land. Die Verpflegung entspricht dem internationalen Standard, und die Küche ist 24 Stunden am Tag geöffnet. In ihrer Freizeit können sie sich entspannen, im Fitnessstudio trainieren, im Internet surfen oder die neuesten Filme anschauen.

Der Ozean als Energiequelle

Die Weltmeere haben das Potenzial, uns mit all der Energie zu versorgen, die wir im Alltag benötigen. In Wellen und Gezeitenströmungen steckt außerordentliche Energie, die dank aufregender neuer Technologien nun angezapft werden kann.

DIE KRAFT DER GEZEITEN

Gezeitenkraftwerke verwandeln die Energie aus den Gezeiten in Strom und andere Energieformen. Im Gegensatz zu Sonne und Wind sind die Gezeiten absolut vorhersagbar – ein unschätzbarer Vorteil!

Gezeiten entstehen durch das Zusammenwirken der Erdrotation und der Anziehungskraft von Sonne und Mond. An den meisten Küsten gibt es zweimal pro Tag Ebbe und Flut, in einigen nur einmal. Diese regelmäßigen Bewegungen sind eine mächtige Energiequelle.

NUTZUNG DIESER KRAFT

Es gibt einige Möglichkeiten, die Kraft der Gezeiten auszunutzen. Eine ist, an der Mündung eines Gezeitenbeckens einen großen Damm, ein sogenanntes Sperrwerk, zu bauen. Einige Dämme überspannen das komplette Gezeitenbecken, andere nur einen Teil. In dieser Schlüsselposition wird die Kraft der Gezeiten in beiden Richtungen ausgenutzt, während sich das Meer auf das Land zu und davon weg bewegt. Diese Art der Nutzung birgt jedoch einige Probleme, denn sie hat komplexe Auswirkungen auf die Umwelt. Zusätzlich ist die Damm-Bauweise sehr teuer, und es gibt nur wenige Orte weltweit, an denen sie einsetzbar ist. Das größte Gezeitenkraftwerk dieser Art steht in Rance in der Bretagne, Frankreich, und ist seit 1966 in Betrieb. Rance hat 24 Turbinen, die 240 Megawatt Strom produzieren, genug, um damit 240 000 Haushalte zu versorgen.

Eine zweite Möglichkeit, sich die Kraft der Gezeiten zunutze zu machen, setzt auf die kinetische Energie der Gezeiten sowie auf Arbeitsturbinen. Diese fangen die Bewegungen des Wassers mit riesigen Unterwasserventilatoren ein, die fast wie Windmühlen funktionieren. Eine Variation dieser Technik sind die „Gezeitenzäune". In den letzten Jahren wurde die Idee der unterseeischen „Wave-Farms" vorangetrieben, und zurzeit werden dazu in der kanadischen Bay of Fundy, die über den weltweit höchsten Tidenhub verfügt, Experimente durchgeführt. Diese Form des Gezeitenkraftnutzung ist günstiger als die üblichen Sperrwerke und beeinträchtig zudem die Umwelt weniger.

Viele andere Gezeitenprojekte befinden sich in Australien, Kanada, Argentinien, Großbritannien, den USA, Russland, Norwegen, Chile, Südafrika, Mexiko, Indien, Südkorea und China in der Planung.

WELLENKRAFT

Der Ozean bietet uns noch eine weitere mögliche Energiequelle zur Deckung unseres steigenden Energiebedarfs. Energie, die von Oberflächenwellen erzeugt wird, hat in den letzten Jahren verstärkt die Aufmerksamkeit auf sich gezogen. Wie die Gezeiten, so sind auch Meereswellen vorhersagbar und unvergänglich. Die Nutzung dieser Energie wird in vielen Projekten und Experimenten mit effizienteren Wellenkraftgeneratoren in Gegenden,

z. B. in Portugal, Oregon, USA, und Australien getestet. Heute existieren bereits ab- und anlandige Wellenkraftwerke. Die ablandigen Systeme befinden sich meist in über 40 m tiefem Wasser und nutzen die Auf- und Abbewegung der Wellen zur Stromerzeugung. Im Jahr 2008 nahm Aguçadoura I, die weltweit erste Wave-Farm, 5 km vor der portugiesischen Küste den Betrieb auf. Die „Seeschlange" besteht aus runden Stahlrohrsegmenten, die zum Teil unter Wasser liegen, um die Kraft der Wellen einzufangen.

Anlandige Systeme nutzen die Kraft der Wellen, die sich an Land brechen; dabei kommen verschiedene Systeme zum Einsatz, z. B. pneumatische Kammern, bewegliche Platten oder die Nutzung des ansteigenden Meeresbodens in Küstennähe. Wellenkraftwerke jeder Art sind grundsätzlich kostengünstiger als Gezeitenkraftwerke und haben auch nicht so starken Einfluss auf die Umwelt, auch wenn einige Kritiker diese als Quelle visueller „Umweltverschmutzung" ansehen. Zu den zu bewältigenden Herausforderungen gehören die Lebensdauer in manchmal sehr rauen Wetterbedingungen und Schäden durch Salzwasserkorrosion. Einige Anlagen sind zudem recht laut, was durch ihre Platzierung in abgelegenen Gegenden unwichtig würde.

Die Vorteile der Wellenkraft sind hingegen zahlreich. Man braucht keinerlei Treibstoff, da die Wellen die benötigte Energie selbst liefern, die Systeme sind einfach zu warten und produzieren sehr viel Energie. Experten für erneuerbare Energien schätzen, dass wir durch Wellenkraft jährlich zwei Terawatt Strom gewinnen könnten – mehr als genug, um Japan und Russland vollständig zu versorgen. Wellenkraft kann uns in Zukunft eine erstaunliche Menge sauberer, erneuerbarer Energie liefern.

OBEN Das Gezeitenkraftwerk auf dem Fluss Rance in der Bretagne, Frankreich, war das erste seiner Art weltweit. Es nutzt die Energie der Gezeiten und wandelt diese in Strom um.

LINKS Wave-Farms nutzen Unterwasserturbinen zur Erzeugung von Strom durch den Fluss der Gezeiten. Die Propeller sind im Meeresboden verankert, können für Wartungsarbeiten jedoch angehoben werden.

Tourismus auf und in den Meeren

Der Lockruf der See zieht Millionen von Menschen jedes Jahr an die Küsten und auf die Meere.
Der Meerestourismus ist nicht nur ein großes Geschäft, sondern bietet zudem die Möglichkeit,
etwas zu lernen und sich dabei zu erholen. Die Wunder der Meere hautnah zu erleben ist etwas,
das weder ein Buch noch ein Dokumentarfilm ersetzen kann.

OBEN Das Tauchen hat sich in den letzten Jahrzehnten sehr verändert. Hier erforschen Taucher auf Unterwasserfahrzeugen das Meer bei Nassau auf den Bahamas.

UNTEN Meeresökotourismus wird immer beliebter. Diese Touristen erfreuen sich in der Antarktis am Anblick eines majestätischen Buckelwals *(Megaptera novaeangliae),* der zum Luft holen aufgetaucht ist.

KREUZFAHRT UM DIE WELT

Der Meerestourismus schafft Hunderttausende Jobs und bringt der Kreuzfahrtindustrie und vielen Küstenorten, die von ihr profitieren, Milliarden US-Dollar an Einkommen ein.

Die heutigen Abenteurer müssen nicht mehr unter den unbarmherzigen, lebensgefährlichen Bedingungen in See stechen, denen sich Magellan, Kolumbus, Cook und andere aussetzten, um die Wunder unserer Welt zu erleben. In früheren Jahrhunderten galten die Ozeane als Hindernis für Kontakte zwischen den Völkern, aber heute verbinden die Meere die Menschen eher – riesige Kreuzfahrtschiffe bieten bis zu 5000 Passagieren Platz und laufen viele exotische Häfen an.

Die Reise auf dem Kreuzfahrtschiff selbst ist bereits ein großartiges Erlebnis. Die Zeiten der unglücksseligen *Titanic* sind lange vorbei. Moderne Megaschiffe sind schwimmende Städte mit Schwimmbädern, Basketballfeldern, Laufbahnen, Golf und anderen Spielen, Nachtclubs, Karaokebars, Schönheitssalons und Wellnesseinrichtungen, Internet-Cafes, Büchereien, verschiedenen Restaurants, Kinos, Spielcasinos und erstklassiger Unterhaltung. Die Kabinen sind exklusiv und bequem ausgestattet, Stabilisatoren und andere technische Hilfsmittel schirmen die Passagiere vor den Auswirkungen der rauen See ab. Inzwischen ist der Tourismus auf See auch bezahlbarer geworden, mit Preisen, die deutlich unter den früher üblichen liegen.

Der moderne Seefahrer kann bequem und sicher einige der faszinierendsten Orte der Welt besuchen. Es gibt sogar internationale Verordnungen, die Gesundheits- und Sicherheitsaspekte an Bord regeln. Kreuzfahrtschiffe transportieren ihre Passagiere auf alle sieben Kontinente, die dazugehörigen Inseln und Häfen. Zu den klassischen Zielen gehören die griechischen Inseln, Hawaii, das Great Barrier Reef, der Felsen von Gibraltar, der Amazonas, der Panamakanal und inzwischen sogar die Antarktis. Heute kann man Seereisen in Länder unternehmen, die früher unvorstellbar gewesen wären, z. B. nach Tasmanien oder Grönland, durch die Magellanstraße und zu den Weltstädten, die an Küsten liegen. All das liegt heute auch für den gewöhnlichen Touristen im Bereich des Möglichen.

Während der Kreuzfahrttourismus für die meisten Menschen eine angenehme Erfahrung ist, kann er leider negative Auswirkungen auf den Ozean haben. Kreuzfahrtschiffe produzieren Unmengen an Abwässern und Grauwasser, das vom Duschen, Waschen und Abwaschen stammt. Ein durchschnittliches Schiff produziert pro Woche fast 3,8 Millionen Liter Abwasser, die ins Meer geleitet werden!

HAFENTOURISMUS

Auch Hafenstädte profitieren vom Kreuzfahrttourismus. Städte wie Barcelona, Athen und Alexandria sind für die Landgänger Ausgangspunkte zum Erkunden der Umgebung – und zum Geld ausgeben. Führer mit bequemen Bussen bringen die Reisenden an Land, wo sie Geschichte und Kultur bedeutender Stätten entdecken können. Zudem verlangen sie Andockgebühren, und der Tourismus schafft Arbeitsplätze in Restaurants, Museen, und Souvenirgeschäften, als Fremdenführer und im Transportwesen und in vielen Orten auch als Straßenhändler, der allerlei Reiseandenken verkauft.

FREIZEITBESCHÄFTIGUNGEN AM MEER

Zu den Freizeitbeschäftigungen im und am Meer gehören das Surfen, Schnorcheln, Tauchen, Segeln, Windsurfen und Angeln aber auch das Schwimmen mit Delfinen, Walbeobachtungen und der Bau von Sandburgen. Jedes Jahr kommen Millionen von Touristen an die Küsten und bezahlen viel Geld dafür.

Der Tourismus hat aber auch negative Auswirkungen auf empfindliche Habitate wie Korallenriffe. Der Ausbau von Häfen und Anlegestellen beeinträchtigt die Küste, ebenso wie das Sammeln von Muscheln, die nach wie vor begehrte Souvenirs sind.

NACHHALTIGER MEERESTOURISMUS

Die Welttourismusorganisation der Vereinten Nationen (UNWTO) setzt sich heute dafür ein, dass nachhaltiger Tourismus für alle zugänglich ist. Die UNWTO erkennt die wirtschaftliche, soziale und kulturelle Bedeutung des Tourismus an, weist aber darauf hin, dass wir etwas dafür tun müssen, unsere touristischen Schätze für zukünftige Generationen zu schützen.

Die Weite des Meeres scheint für viele die Auswirkungen zu mindern, die wir alle darauf haben. Der Tourismus ist nur ein Übeltäter, der das Wohlergehen unserer Ozeane beeinflusst, aber dieser Einfluss kann verheerend sein, wenn er nicht kontrolliert wird. Die Korallenriffe, Pflanzen und Tiere des Meeres, die von einer gesunden Umwelt abhängig sind, brauchen eine nachhaltige Tourismusindustrie und Interessenvertreter, die sich dafür einsetzen, negative Langzeiteffekte zu minimieren. Das wird eine der großen Herausforderungen der Zukunft sein.

OBEN Die *MS Queen Victoria* (90 000 BRT) im Februar 2008 im Hafen von Sydney. Neben vielen anderen großartigen Einrichtungen besitzt der Luxusliner drei Schwimmbecken, einen großen Ballsaal, ein Museum und eine Bücherei mit über 6000 Büchern.

Die Veränderung der Meere

D er Piraterie, dem Anstieg von „Todeszonen", in denen es kein Leben mehr gibt, „Roten Fluten" durch Algenblüten und der stetig wachsenden Müllspirale, dem „Great Pacific Garbage Patch", wird heute viel Aufmerksam zuteil. Andere Themen sind die Möglichkeit offener Schifffahrtsrouten durch das Nordpolarmeer, die Notwendigkeit der Verbreiterung des Panamakanals, politische Konflikte über Hoheitsgewässer und ihre Reichtümer sowie der Raubbau an wertvollen biotischen Rohstoffen in den Meeren.

POLITISCHE MACHTSPIELE

Die Ozeane sind zu einem Nährboden umstrittener politischer Ansprüche geworden. Dank Verbesserungen bei der Ölförderung vor den Küsten liefern sich viele Nationen hitzige politische Debatten um Hoheitsansprüche und die Rechte an den Bodenschätzen im Meer. Anrainer des Nordpolarmeeres wetteifern um die Kontrolle potenzieller Schifffahrtswege.

Die rasche Erschöpfung lebenswichtiger mariner Ressourcen durch Überfischung ist eine Sorge, die nach internationaler Überwachung und Zusammenarbeit verlangt, ebenso wie die Verschmutzung der Meere und die Piraterie in den internationalen Gewässern des Indischen Ozeans und anderenorts. Zukünftig wird sich der Fokus politischer, strategischer, rechtlicher und vielleicht militärischer Aufmerksamkeit von Konflikten auf dem Festland zu denen in Verbindung mit dem Meer und seinen Ressourcen verschieben.

OBEN Ein riesiger Getreidefrachter fährt durch die Gatun-Schleusen in den Panamakanal. Die Schleusen sind fast 3,3 km lang und heben ein Schiff über 25 m an.

MEERESWIRTSCHAFT

Das Meer ist eine Quelle enormen Reichtums. Der Wert der jährlichen Fischausbeute lässt sich leicht in Geld umrechnen, aber wie bewertet man das warme Klima, die exotische Kultur, die spektakuläre Landschaft, die Korallenriffe und das kristallklare Meer einer tropischen Insel wirtschaftlich? Zahlen können den Wert eines bestimmten Transportweges belegen – z. B. das Verhältnis zwischen der zurückgelegten Distanz und den Treibstoffkosten, aber wie können wir den Wert berechnen, den der Einfluss warmem Wassers aus dem nordöstlichen Atlantik auf das Klima und die Wirtschaft Nordwesteuropas hat?

DIE OZEANISCHEN AUTOBAHNEN

Eine Karte des globalen Schiffsverkehrs enthüllt die Bedeutung einer Anzahl großer Schifffahrtsrouten, der ozeanischen Autobahnen. Viele Weltstädte wie Tokio, London oder auch New York verdanken ihren Wohlstand zum Großteil ihrer Funktion als Seehafen.

So, wie sich die Weltwirtschaft ändert, so ändert sich auch die relative Bedeutung aller Ozeanrouten. Heute werden Fertigwaren von ostasiatischen Produzenten über eine transpazifische Frachtroute zu Häfen an der US-amerikanischen Westküste befördert. Holz, landwirtschaftliche Produkte und Rohstoffe treten den Weg in umgekehrter Richtung an. Eine weitere wichtige Route verbindet den Nahen Osten, der reich an Öl ist, mit Europa und Ostasien, die einen großen Energiebedarf haben. Beide Routen sind ziemlich neu.

Viele moderne Schiffe, vor allem Supertanker, sind so riesig, dass der Panamakanal verbreitert werden muss, um sie durchzuschleusen. Der Ausbau begann 2007 und soll 2014 abgeschlossen sein.

Wenn sich die Erderwärmung fortsetzt, wird das zurzeit noch zugefrorene Nordpolarmeer zu einem bedeutenden Schifffahrtsweg werden. Eine Route von Europa nach Ostasien über das Europäische Nordmeer oder die Grönlandsee, durch das Nordpolarmeer und die Beringstraße in den Nordpazifik würde Tausende von Seemeilen einsparen.

SCHUTZ DER OZEANE

Wir glaubten einst, das Meer sei unzerstörbar, ein unerschöpfliches Füllhorn an Nahrung und anderen Rohstoffen. Heute wissen wir, dass das nicht stimmt.

RECHTS Wie hier in Alicante, Spanien, strömen täglich Tausende an die Strände der Weltmeere, um sich zu erholen.

OBEN Jeden Tag leiden die Meeresbewohner unter unserem Einfluss und unserer Rücksichtslosigkeit. Diese Robbe hatte sich in einem Fischernetz verfangen und wäre ohne Hilfe ertrunken.

UNTEN Jeden Morgen versammeln sich die Dorfbewohner bei Mui Ne an der vietnamesischen Küste, um den ersten Fang einzuholen.

Der Ozean ist ebenso anfällig für Verschmutzung, die Ausbeutung seiner Ressourcen, und die Bedrohung seiner Tierwelt wie das Festland. Im Nordpazifik z. B. treiben zwei riesige Müllfelder, beinahe so groß wie die USA. Bekannte Fischfanggebiete im Pazifik, Atlantik und Indischen Ozean produzieren nur noch knapp die Hälfte ihrer früheren Erträge. Viele Bestände sind so erschöpft, dass sich Experten ernsthaft fragen, ob eine Erholung noch möglich ist. Die explodierende Quallenpopulation ist ein Warnzeichen für ernsthafte Umweltprobleme, ebenso wie das Absterben von Korallenriffen. Wollen wir unsere Meere noch retten, müssen wir sofort damit beginnen!

Seemacht

Der angelsächsische König Offa (757–796) sagte einst: „Wer das Land sichern will, muss das Meer beherrschen." Besonders auf Inseln wird die politische und strategische Bedeutung des Meeres deutlich, aber der Grundsatz gilt überall. Etwa zwei Drittel unseres Planeten sind von Wasser bedeckt, die Sorge um die See ist Teil der obersten Pflicht einer Regierung – der Sicherheit des Landes.

RECHTS Diese Luftaufnahme – als eines der besten Bilder des Zweiten Weltkrieges ausgewählt – zeigt Marines in Landungsbooten, die am 19. Februar 1945 auf den Strand von Iwojima auflaufen. Innerhalb von 15 Stunden nach dem Angriff erschien das per Funk übertragene Bild in den US-Zeitungen.

KONTROLLE ÜBER DAS FESTLAND

Die Bedeutung der Landstreitkräfte wird in strategischen Studien immer wieder betont. Die Tatsache, dass nur die Armee eine Stellung halten kann, wird oft als Grund für die Zweitrangigkeit von Luftwaffe und Marine angeführt. Das ist zwar prinzipiell wahr aber stark vereinfacht und passt besser ins 19. als ins 21. Jh.

Da Menschen ihr Leben auf dem Land verbringen, ist die Kontrolle über das Festland wichtig. Ist es jedoch von Wasser umgeben, ohne Möglichkeit, Truppen über den Landweg zu versorgen, wird der Grundsatz nichtig. Ein gutes Beispiel ist Australien im Zweiten Weltkrieg – wäre es von der Unterstützung der Alliierten abgeschnitten worden, wäre es wohl verloren gewesen. Ähnlich hat die Kontrolle über das Land nicht viel Wert, wenn dieses Land, wie es den Japanern auf Iwojima erging, ununterbrochen bombardiert wird.

HERRSCHAFT ÜBER DAS MEER

Um die strategische Situation eines Landes vollständig zu überblicken, muss das Meer mit einbezogen werden. Großbritannien, das zweimal von den Römern überfallen wurde, erkannte die römische Dominanz im Ärmelkanal nicht. Die Briten waren aber keine Seemacht und konnten die römischen Schiffe nicht davon abhalten, die Seewege zu beherrschen. Es war diese Seemacht, die den Römern den Sieg sicherte.

Und es war die mangelnde Seemacht, die die Briten die nächsten 1000 Jahre über verfolgte. Die Insel wurde von den Sachsen, den Wikingern und schließlich, im Jahr 1066, von Wilhelm dem Eroberer angegriffen. Das war die letzte Invasion Großbritanniens. 1588 wehrte England die Angriffe der Spanischen Armada ab, indem es diese völlig zerstörte. Einige Jahrhunderte Später folgte der Sieg über Napoleon bei Trafalgar, als die völlige Vernichtung der französisch-spanischen Flotte einen Einmarsch in Großbritannien verhinderte.

MOBILITÄT, REICHWEITE, PRÄSENZ

Das Meer kann Feind oder Verbündeter sein. Es kann einen „Burggraben" darstellen aber dem Gegner auch eine Mobilität ermöglichen, die er auf dem Land nicht hätte – die Möglichkeit, schnell entlang der Küste vorzustoßen, Landungen abzusagen, wo der Widerstand zu groß ist oder rasch Truppen anzulanden, wo die Verteidigung schwach ist. Der Wert des amphibischen Angriffs ist eindeutig, wird aber gern verleugnet.

1991 ermöglichte er es den Koalitionsstreitkräften, in Kuwait an Land zu gehen. Das Manöver war nur vorgetäuscht, schuf aber eine Lücke in der Verteidigung der irakischen Republikanischen Garde, die für den Beginn des tatsächlichen Angriffs ausgenutzt wurde.

Auf der See haben Truppen zudem eine größere Reichweite als auf dem Land. Im Ersten Weltkrieg ermöglichte dies eine Landung in Gallipoli – ein Vorstoß der, wäre er erfolgreich gewesen, eine neue Front eröffnet hätte. Feindliche U-Boote können sich in Hafeneinfahrten verstecken und einfahrende Schiffe versenken. Mit Landtruppen ist ein solches Manöver nicht möglich, und auch die Luftwaffe kann dies nur kurzfristig erreichen.

Die See verleiht einer Nation eine Präsenz, die sie mit Landstreitkräften nicht erreicht. Schiffe, die vor der Küste zwar zu sehen, aber außer Reichtweite sind, senden eine kraftvolle Botschaft aus, die im Zweifelsfall monatelang aufrechterhalten werden kann.

UNTEN Im Jahr 2006 demonstrierte Japan nach den nordkoreanischen Atomtests Stärke durch eine Parade ihrer maritimen Verteidigungskräfte.

MODERNE STRATEGIEN

Moderne Kriegsflotten praktizieren Seeherrschaft und Verweigerung des Seezuganges. Seeherrschaft ist die Kontrolle eines Meeresabschnitts auf, über und unter dem Wasser. Die Verweigerung erfordert keine körperliche Anwesenheit in einer Region, anderen Mächten wird jedoch der Zugang verwehrt. Das eignet sich z. B. für Engpässe wie dem Suezkanal. Jede Flotte, die in das Gebiet fährt, kann durch Marschflugkörper, Minen oder Flugzeuge abgeschreckt werden. Direkte Konfrontationen großer Schiffe wird es wohl in Zukunft nicht mehr geben.

Heute wird die See eher für amphibische Angriffe auf Schwachstellen des Gegners an Land genutzt. Für die Kontrolle des Festlandes ist sie deshalb von oberster politisch-strategischer Bedeutung.

OBEN Ein Diesel-U-Boot der Pazifikflotte sticht von seinem Flottenstützpunkt in Wladiwostok, Russland, in See.

LINKS Am 8. Februar 1984 feuerte die *USS New Jersey* fast 300 Granaten auf drusische und syrische Kommandoposten östlich von Beirut. Es war das schwerste Bombardement seit dem Koreakrieg.

Meereswirtschaft

Trotz der rapiden Zunahme beim Transport mit Flugzeugen, Eisenbahnen und Lastwagen befördern Schiffe noch immer die Mehrzahl aller Handelswaren. Viele der weltgrößten Städte liegen an der Küste, und ihre Häfen sind wichtige Einnahmequellen. Für zahllose Menschen ist das Meer die größte Nahrungsquelle. In Asien sind Milliarden Menschen auf Meeresfrüchte als Proteinquelle angewiesen. Zudem werden die Ozeane und Küsten für Freizeitaktivitäten genutzt. Unter dem Meeresboden liegen gewaltige Öl- und Gasreserven, die die Menschheit mit Energie versorgen.

Ein Großteil der Bevölkerung Asiens, Australiens, Afrikas und Amerikas lebt an der Küste, vor allem, weil es wirtschaftliche Aktivitäten wie Handel und Fischfang erleichtert. Die führenden Wirtschaftsnationen sind fast alle im Besitz langer Küstenlinien.

So wird z. B. die Hälfte des Bruttoinlandsproduktes der USA im Wert von 4,5 Billionen US-Dollar, das 60 Millionen Arbeitsplätze erhält, an der Küste bzw. in den Ozeanen erwirtschaftet.

UNTEN Indien ist zur Ernährung seiner enormen Bevölkerung stark von Fisch und Meeresfrüchten abhängig. Veraval in Gujarat, Indien, besitzt die größte Fischereiflotte des Landes.

AUSSCHLIESSLICHE WIRTSCHAFTSZONEN

Aufgrund der wirtschaftlichen Bedeutung der Küsten richteten verschiedene Nationen 1982 Ausschließliche Wirtschaftszonen (AWZ) ein. Diese erstrecken sich jenseits der traditionellen Zwölfmeilenzone und umfassen alle Gewässer bis in eine Entfernung von 200 Seemeilen von der Küste. Innerhalb dieser Zone hat jedes Land das alleinige Recht zur wirtschaftlichen Nutzung von Fischbeständen und Bodenschätzen; internationaler Schiffsverkehr darf die Zone jedoch passieren. Von großer Bedeutung ist heute der Besitz von einer oder zwei Inseln im Pazifik oder Atlantik, da dadurch auch ein beachtlicher Streifen Wasser mit dem dazugehörigen Meeresboden (und möglicher Bodenschätze) in die Hände des jeweiligen Landes fällt.

Küstengewässer erzielen zusätzliches Einkommen durch den privaten Schiffsverkehr und andere Aktivitäten am und im Meer. Segeln, Angeln, Schwimmen,

Surfen, Sightseeing und Tauchen, insbesondere zur Beobachtung von Meeresbewohnern, ist heute für viele Küstengemeinden die Haupteinnahmequelle.

INTERNATIONALER HANDEL

Um einen Eindruck von der Warenmenge zu bekommen, die von Schiffen transportiert wird, betrachten wir einmal einen kleinen Frachter. Jeder 6 m große

Standardcontainer fasst 30 000 kg. Das Schiff kann 500 Container transportieren, was ein Gesamtgewicht von fast 15 000 t ausmacht. Der größte Frachter der Welt, aktuell die *Emma Maersk,* befördert bis zu 15 200 Container. Da es weltweit über 9000 Containerschiffe gibt, wird die enorme Menge an Fracht deutlich, die sie transportieren. Diese Zahl schließt aber noch nicht die anderen 26 000 Schiffe, vorwiegend Tanker und Massengutfrachter für Weizen, Kohle usw., ein. Die Gesamtkapazität all dieser Schiffe liegt bei über einer Milliarde Tonnen, und im Jahr 2007 transportierten sie insgesamt über sieben Milliarden Tonnen.

FISCHFANG

Nach letzten Schätzungen besteht die Fischereiflotte weltweit aus ungefähr vier Millionen Fahrzeugen, von denen über 99 Prozent kleine Fischerboote sind. Die große Mehrheit aller Fischer – fast 90 Prozent von insgesamt 15 Millionen – leben in kleinen Städten und Dörfern und fischen für den eigenen Lebensunterhalt. Am gesamten Fang in Höhe von ungefähr 90 Millionen Tonnen pro Jahr sind sie aber zu weniger als 50 Prozent beteiligt. Der Rest wird von gut 40 000 kommerziellen Schiffen eingebracht. Europäische Flotten fischen im Atlantik, während Schiffe aus Russland, Japan, Südkorea, den USA und anderen Ländern in erster Linie im Indischen Ozean und dem Pazifik unterwegs sind.

NEUE WIRTSCHAFT

Da die Erde im Grunde ein Wasserplanet ist, werden die Meere seit Langem als eine unserer wichtigsten Rohstoffquellen anerkannt. Durch ihre enorme Größe erscheinen sie als unerschöpfliche Quellen für Nahrung, Transport, Bodenschätze und Freizeit. Heute kennen wir jedoch ihre Beschränkungen. Umweltverschmutzung, Überfischung und der Abbau von Bodenschätzen haben Spuren hinterlassen. Jüngste Studien über den Wert der Ozeane für Gesundheit und Wohlbefinden gehen über das Traditionelle hinaus und beziehen Faktoren wie Luftqualität und die Fähigkeit zur Verarbeitung von Nahrung und Abfällen mit ein.

Moderne Schifffahrtswege

Obwohl es in den Weltmeeren Hunderte von Schifffahrtsrouten gibt, nutzen die meisten Schiffe bekannte Straßen und Passagen auf den Wegen, die die großen Weltwirtschaftszentren verbinden.

OBEN An einem geschäftigen Tag durchqueren Hunderte von Schiffen den Suezkanal und verkürzen so ihre Fahrt zwischen Asien und dem Mittelmeer um Tausende von Kilometern.

OBEN Dieses wunderbare alte Plakat wirbt für eine Kreuzfahrtgesellschaft, die Post von und nach Kanada und Europa transportiert.

BEKANNTE ROUTEN

Der älteste Seehandelsweg verläuft vom Mittelmeer durch den Nahen Osten, Kleinasien und den Indischen Ozean nach China. Jahrtausendelang nutzten Ägypter, Griechen, Römer, Araber, Inder und Chinesen diese Route. Nach der Eröffnung des Suezkanals (1869) wurde er sofort zu einer großen Durchgangsroute. Heute wird er vor allem von Öltankern genutzt.

Die zweitälteste Route verläuft zwischen Europa und dem Indischen Ozean über das Kap der Guten Hoffnung in Südafrika. 1498 erschloss Vasco da Gama die Route, die lange Zeit den kürzesten Weg von Asien und Australien nach Europa darstellte. Heute wird sie von Schiffen genutzt, die zu groß für den Suezkanal sind oder somalische Piraten vermeiden wollen.

1492 überquerte Christoph Kolumbus als Erster den Atlantik. Seitdem ist die Atlantikroute neben dem Indischen Ozean die geschäftigste Route der Welt, da sie die wirtschaftlichen Großmächte Europa und USA verbindet. Die Pazifikrouten, die Asien und Australien verbinden, entstanden als Letztes. Mit dem Aufstieg Chinas zur Wirtschaftsmacht nahm der transpazifische Verkehr enorm zu. Rohmaterialien werden importiert, in China zu verschiedenen Produkten verarbeitet und dann in die ganze Welt exportiert.

ABKÜRZUNG

Zwei beeindruckende Ingenieursleistungen revolutionierten die Schifffahrt: der Suez- und der Panamakanal. Der 192 km lange Suezkanal verbindet Port Said am Mittelmeer mit dem Golf von Suez im Roten Meer. Der 1869 fertiggestellte Kanal ist sehr geschichtsträch-

tig. Im 2. Jahrtausend V. CHR. bauten die Ägypter einen Ost-West-Kanal zwischen dem Nil und dem Roten Meer. Er ermöglichte ihnen den Zugang zum Roten Meer und der ostafrikanischen Küste und erschloss eine indirekte Verbindung zwischen dem Mittelmeer und dem Roten Meer. Im Laufe der Zeit versandete er, wurde wiedereröffnet, umkämpft und erweitert.

Trotz anfänglicher internationaler Skepsis und aktiver Opposition der Briten veränderte der Kanal den Rhythmus des Welthandels völlig. Heute passieren fast 20 000 Schiffe pro Jahr den Suezkanal, die etwa 7,5 Prozent aller Handelswaren transportieren.

Im Gegensatz zur flachen Umgebung des Suezkanals, der keine Schleusen benötigt, standen die Ingenieure bei den drei Schleusen des Panamakanals vor enormen Herausforderungen. Obwohl er nur 48 km lang ist, starben bei den Bauarbeiten ungefähr 27 500 Arbeiter an Malaria, Gelbfieber und Erdrutschen. 1880 begannen die Franzosen mit den Arbeiten unter der

NORDPOLARMEER

GRÖNLAND

RUSSLAND

KANADA

NORD-
AMERIKA

USA
ALASKA

Ochotskisches
Meer

Beringmeer

Golf von
Alaska

MONGOLEI

ASIEN

JAPAN

NORD-
PAZIFIK

New York

NORD-
ATLANTIK

Japan. Meer

SÜD
KOREA Pusan

Yokohama

CHINA

Shanghai

USA

Hongkong

Golf von
Mexiko

Nördl. Wendekreis

DIEN

Ost-
chin.
Meer

MEXIKO

Longbeach

Golf von
Bengalen

PHILIPPINEN

Karibik

Äquator

SINGAPUR

INDISCHER
OZEAN

INDONESIEN

Neuguinea

SÜD-
AMERIKA

BRASILIEN

PERU

AUSTRALIEN

Südl. Wendekreis

Die wichtigsten Schifffahrtrouten

SÜD-
PAZIFIK

Rio de Janeiro
Santos

Sydney

Auckland

Tasman-
see

NEU-
SEELAND

Tasmanien

ARGENTINIEN

SÜD-
ATLANTIK

Magellan-
straße

Kap Hoorn

SÜDPOLARMEER

— Älteste Handelsroute – Transport von
Waren über Land vom Mittelmeer zum
Roten Meer vor Bau des Suezkanals

— Zweitälteste Handelsroute – genutzt
vor dem Bau des Suezkanals, schnellster
Weg nach Afrika und Australien

— Atlantikroute – die meistbefahrene

— Pazifikroute – die „neueste"

--- Moderne Landesgrenzen

Obhut Ferdinand de Lesseps', gaben jedoch 1893 auf.
Nun übernahmen die Amerikaner die Aufgabe und
vollendeten den Kanal 1914. Bis 1999 war dieser unter
US-Aufsicht, wird heute aber von der Panama Control
Authority betrieben. Der Panamakanal hatte wahrlich
dramatische Auswirkungen auf die Schifffahrt, denn
er verkürzt die Reise vom Atlantik zum Pazifik um über
die Hälfte. Jedes Jahr absolvieren etwa 15 000 Schiffe
die zehnstündige Fahrt durch den Kanal.

ENTFÜHRUNGEN AUF SEE

Weltweit wird die Schifffahrt von Piraten beeinträchtigt.
In der Malakkastraße zwischen Malaysia und Sumatra
ersetzen Piraten auf Fischerbooten ihre Angelgeräte
durch Waffen, sobald sich ein Opfer nähert. Die gut
organisierten somalischen Piraten nutzen hingegen
Hochtechnologie für ihre Überfälle auf Schiffe vor der
afrikanischen Küste. Nur mit einer gemeinschaftlichen
Marineoperation wird man ihrer Herr werden.

LINKS Ein Containerschiff mit
maximaler Ladung wird mithilfe
von Schleppbooten aus dem
Hafen gelotst. Schlepper werden
noch immer dazu eingesetzt,
riesige Schiffe in kleinen oder
sehr geschäftigen Häfen hin-
und herzumanövrieren.

Das Meer als Mülldeponie

Die Meere sind seit Langem unserem Missbrauch ausgesetzt. Vielfältige Formen der Umweltverschmutzung bedrohen die Gesundheit der Meere und ihrer Bewohner. Etwa 80 Prozent der Verschmutzung stammen aus Abflüssen landgebundener Aktivitäten. Einiges davon ist natürlichen Ursprungs, das meiste stammt jedoch vom Menschen und bedroht die Meere und Ozeane zunehmend.

OBEN Ölpesten sind die schlimmsten Umweltsünder und führen zu verheerenden Schäden an den Küsten. Seevögeln und anderen Meeresbewohnern bringen sie Krankheiten und Tod.

UNTEN Im Jahr 2006 verdreckte der Strand von Acapulco zunehmend als die Müllmänner streikten. Selbst mit regelmäßiger Müllabfuhr landen jährlich Hunderte Tonnen Unrat an Mexikos Küsten.

DIE UMWELTHERAUSFORDERUNG

Ein Großteil der Verschmutzung besteht aus Abfällen und Abwässern, die direkt ins Meer geschüttet werden. Die Schlagzeilen berichten über Plastikprodukte, die Meerestiere umbringen, Nadeln, die am Strand von New Jersey angespült werden usw. Andere Bedrohungen machen keine Schlagzeilen, vergiften dennoch die Nahrungskette. Gefährlichen Algenblüten z. B. werden in erster Linie durch chemische Nährstoffe wie Stickstoff und Phosphor aus Düngern hervorgerufen.

Was wird alles ins Meer geworfen? Plastik in Form von Flaschen, Verpackungen, Plastikringe von Sechserpacks, Becher, Tüten, Fischernetze und Kondome sind die Hauptschuldigen und machen etwa 80 Prozent des Abfalls aus. Sie sind besonders gefährlich, da Plastik sich in Meerwasser nicht zersetzt. Viele Tiere halten es für Nahrung, fressen es und verenden elend. Andere verfangen sich darin und ersticken.

SAMMELPUNKTE

Vorherrschende Winde und Meeresströmungen haben zur Bildung unvorstellbarer Müllhalden in den Ozeanen geführt. 1997 wurde im Pazifik zwischen Hawaii und Kalifornien ein gewaltiges Abfallfeld entdeckt, das noch immer wächst. Ebenso verhält es sich mit Teilen der Sargassosee im Nordatlantik. 90 Prozent der Abfälle sind aus Plastik, 80 Prozent davon stammen vom Land.

Aber auch andere Gifte verseuchen die Meere, darunter landwirtschaftliche Abwässer mit ihren Düngern und Pestiziden. Diese werden von Plankton, dem Benthos (Bodenbewohner) und anderen winzigen Kreaturen am Anfang der Nahrungskette aufgenommen, die viele Fressfeinde haben.

Eine weitere Quelle der Verschmutzung sind Schiffe. Ölkatastrophen vergiften regelmäßig zahllose Wassertiere und Vögel und sind äußerst schwierig zu beseitigen. Schiffe spülen Abfälle aus ihren Frachträumen ins Meer, fügen ihm so weitere Giftstoffe hinzu, führen neue Arten in Regionen ein, wo diese keine natürlichen Feinde haben, und bringen so die Natur aus dem Gleichgewicht.

Die Meeresverschmutzung nimmt aber auch weniger sichtbare Formen an. Die Meere werden immer saurer, weil sich die Menge an Kohlenstoff in der Atmosphäre erhöht und sich in den Meeren löst – eine Nebenwirkung der Verbrennung fossiler Treibstoffe. Die Auswirkungen auf die Ozeane sind noch nicht vollständig bekannt, aber viele Experten sagen verheerende Konsequenzen voraus.

AUFRÄUMVERSUCHE

Die einzige Hoffnung für die Zukunft unserer Ozeane liegt in der Reduzierung unseres Konsums und der Verschmutzung. Das Seerechtsübereinkommen der UN aus dem Jahr 1994 verlangt von jeder Regierung, die Meeresverschmutzung aus Quellen an Land zu verhindern, zu reduzieren und zu kontrollieren.

Andere Übereinkommen regeln Themen wie die Verklappung und den Schutz der Korallenriffe. Zahlreiche Verträge sind jedoch nur regionaler Art.

Einige Nationen weigern sich jedoch, derartige Abkommen zu unterzeichnen und handeln weiter, wie sie es immer getan haben. Die Abkommen durchzusetzen ist nahezu unmöglich, da die völlige Überwachung der Ozeane unsere Kapazitäten sprengen würde.

Wollen wir die Qualität unserer Ozeane erhalten und verbessern, unsere Meerestiere schützen und unser maritimes Erbe bewahren, so ist der vielleicht wichtigste Faktor die Aufklärung.

OBEN Eine der schlimmsten Ölkatastrophen war der Unfall der *Exxon Valdez,* die 1989 bei der Green-Insel in Alaska auf ein Riff lief und zerbrach. Rohöl verseuchte Tausende Kilometer der einst unberührten See.

LINKS 1990 explodierte der norwegische Frachter *Mega Borg* bei Galveston, Texas, und ging in Flammen auf. Es dauerte Monate, die daraus resultierende Umweltverschmutzung zu beseitigen.

Bedrohte Tierarten

Jeder, der gern Fisch und Meeresfrüchte isst, ist sich einer Sache bewusst: die Preise sind heftig gestiegen, und die Vielfalt, Verfügbarkeit und Qualität der Delikatessen aus dem Meer haben nachgelassen. Der Rückgang ist so ernst, dass heute die meisten Spezialitäten künstlich gezüchtet und aufgezogen werden – begleitet von einem Mangel an Geschmack. Was ist im letzten halben Jahrhundert nur geschehen?

Mitte des 20. Jh. galten die Meere als unerschöpfliches Vorratslager für Nahrung und andere Ressourcen. Aufgrund der rasant wachsenden Erdbevölkerung und der großen Nachfrage nach Fisch und Meeresfrüchten wurden einige Bestände fast leergefischt. In anderen Fällen führten Veränderungen in der Umwelt zu einer Bedrohung vieler Arten.

FISCHFANG

An den Küsten gelegene Staaten verfügen über eine Ausschließliche Wirtschaftszone (AWZ), in der fremde Flotten nicht fischen dürfen. Jenseits dieser 200 Meilen großen Zone liegen internationale Gewässer, die jedem Fischer offenstehen. Dort gibt es nur wenig Anreiz, den Fang zu beschränken. Gibt es etwas umsonst, rückt der Umweltschutz an die zweite Stelle hinter den Gewinn.

Durch moderne Technologie entgeht praktisch keine kommerziell wertvolle Art mehr der Entdeckung. Sonar, Fernaufnahmen und Suchflugzeuge sind nur einige Methoden zum Aufspüren großer Fischschwärme. Gewaltige Flotten mit zahlreichen Booten und riesigen Fabrikschiffen ziehen über die Meere, auf der Suche nach verwertbaren Fischbeständen. Viele Fischfangmethoden und Netzarten machen keine Unterschiede. Das Schleppnetzfischen hat eine hohe Beifangquote – Meerestiere, die einfach weggeworfen werden, weil sie zu klein sind oder keinen ökonomi-

schen Wert haben. Diese Methode ist extrem zerstörerisch und kann einst ertragreiche Fischgründe in ozeanische Wüsten verwandeln.

Das Fischen in großem Maßstab erschöpft nicht nur die Fischbestände, sondern führt auch zu anderen Problemen. Delfine, Robben und andere Meerestiere wie Schildkröten ertrinken, wenn sie sich in alten Netzen verfangen oder in irrläufigen Angelhaken hängen bleiben. Angelschnüre wickeln sich um Korallenriffe und zerstören sie langsam. Zusätzlich verlieren viele weitere Tiere wie Seevögel ihre Nahrungsquelle und werden auch zu einer bedrohten Art.

WEITERE BEDROHUNGEN

Die Umweltverschmutzung ist eine ernsthafte Bedrohung für den Lebensraum Meer, ebenso wie für den Rest unseres Planeten. Überall in den Weltmeeren stößt man auf Abfall. Seevögel ersticken an Plastik und Korallen leiden unter den Sedimenten, die aus Küstenbauprojekten ins Meer gelangen.

Auch der Abbau von Bodenschätzen im offenen Meer hat schlimme Auswirkungen. Das Ausbaggern zerstört oder schrumpft nicht nur viele Lebensräume, sondern führt auch zum Tod zahlloser Meeresbewohner. Ölkatastrophen verseuchen Seevögel, Schildkröten, Fische und Meerespflanzen. Ökosysteme werden vernichtet und ganze Arten verschwinden einfach.

Bei einer Reihe von Arten, inklusive Korallen, Austern, Muscheln, Miesmuscheln, Hummern und Krebsen hat die Verschmutzung und die jüngste Erwärmung der Ozeane bereits zu einem Rückgang der Bestände geführt.

Die Einführung ortsfremder Arten ist in einigen Regionen ein Problem und führt zu der Bedrohung

UNTEN Stellersche Seelöwen, die im Nordpazifik beheimatet sind. Der Rückgang ihrer Zahlen liegt vermutlich an schwindenden Nahrungsquellen durch Überfischung.

einheimischer Arten, die entweder zu Beute werden oder mit den neuen Arten um schwindende Nahrungsbestände konkurrieren müssen.

VERSCHWINDENDE ARTEN

Im Laufe der letzten 50 Jahre sind die Bestände vieler Fischarten um 90 Prozent oder noch mehr gesunken. Kabeljaue, Haie, Zackenbarsche, Fächerfische und Seebarsche sind ebenso bedroht wie der Blauflossen-Thun und der Marlin. Im Ostpazifik ist die Lachspopulation eingebrochen. Verschiedene Walarten stehen kurz vor dem Aussterben. 1930 wurden allein im Südpolarmeer 30 000 Blauwale gefangen. Heute gibt es nur noch etwa 10 000 von ihnen. Die meisten Wale stehen heute unter strengem Schutz, aber manche Populationen erholen sich nur sehr langsam.

WAS KÖNNEN WIR TUN?

Die meisten Fischgründe der Weltmeere stehen heute großen Herausforderungen gegenüber. Greifen wir nicht umgehend ein, werden viele Arten aussterben. Fangquoten müssen auf ein tragfähiges Niveau gesenkt, Laichgebiete gesetzlich geschützt und die Verschmutzung der Meere stark reduziert werden.

Einige bedrohte Arten

Buckelwal *(Megaptera novaeangliae)*
Stellerscher Seelöwe *(Eumetopias jubatus)*
Saimaa-Ringelrobbe *(Phoca hispida saimensis)*
Mittelmeer-Mönchsrobbe *(Monachus monachus)*
Königslachs *(Oncorhynchus tshawytscha)*
Zackenbarsch *(Epinephelus itajara)*
Unechte Karettschildkröte *(Caretta caretta)*
Suppenschildkröte *(Chelonia mydas)*
Lederschildkröte *(Dermochelys coriacea)*
Echte Karettschildkröte *(Eretmochelys imbricata)*

OBEN Obwohl die Population der Buckelwale seit dem internationalen Verbot des kommerziellen Walfangs wieder leicht gestiegen ist, gelten diese Riesen der Meere noch immer als bedroht.

LINKS Die Unechte Karettschildkröte wird oft zum Beifang in den Netzen und Schnüren der kommerziellen Fischereiflotten. Eine Methode, die dabei hilft, den Tod von Schildkröten in den Netzen zu reduzieren, ist das Turtle Excluder Device (TED), das es gefangenen Tieren theoretisch ermöglicht, aus dem feinen Netz zu entkommen. Leider funktioniert es oft nicht wie vorgesehen.

Bewahrung unseres maritimen Erbes

Auf unserem Weg durch die Generationen haben wir viele Dinge aufbewahrt – chinesische Vasen, griechische Skulpturen, flämische Gemälde und ägyptische Tempel, um nur einiges zu nennen. Wir erkennen von uns aus den Wert und die Großartigkeit der Werke von Tausenden von Generationen vor uns, und lernen daraus, was sie lange vor unserer Zeit durchlebt und entdeckt haben.

RECHTE SEITE Meeresarchitekten untersuchen die Planken im Rumpf des antiken griechischen „Schiffes von Kyrenia". Unterwasserarchäologen der Universität von Pennsylvania hoben das Wrack Mitte der 1960er-Jahre.

OBEN Der in mühseliger Kleinarbeit restaurierte Teeklipper *Cutty Sark* in Greenwich, Großbritannien. Die 1869 vom Stapel gelaufene *Cutty Sark* transportierte Fracht über den Atlantik und den Pazifik, bevor sie 1954 in Greenwich pensioniert wurde.

Unter den vielen Dingen, die wir an unserer Vergangenheit bewundern, ist auch unser maritimes Erbe. Meer und Schiffe haben eine enorm wichtige Rolle bei der Entwicklung unserer Sprache, Literatur, Kultur und des Handels gespielt. Ist es da verwunderlich, dass Menschen weltweit daran arbeiten, alles, was unser maritimes Erbe verkörpert, zu bewahren?

Die Bewahrung der Vergangenheit tritt in vielen Formen auf, von imposanten Marinemuseen mit ihren vielen Nationalschätzen wie dem National Maritime Museum in Greenwich, Großbritannien, bis zu wesentlich kleineren Regionalmuseen, die es in vielen Ländern gibt, die Artefakte und Erinnerungsstücke ihrer ansässigen Seefahrer ausstellen.

Dann sind da noch diejenigen, die die Schiffe selbst konservieren – von Eingeborenenflößen, die aus regionalen Materialen gebaut wurden, über Gefährte der Polynesier, Jollen, Ruderboote und Barkassen für Küstenhandel und Freizeit bis zu den großen Kriegsschiffen, die in Seeschlachten kämpften, und den Großseglern. Überall auf der Welt existieren liebevoll konservierte Beispiele dieser Schiffe.

SCHIFFSKONSERVIERUNG

Die 1960er- und 1970er-Jahre waren vielleicht der Wendepunkt in der Geschichte der Schiffskonservierung. 1961 regte die Hebung des schwedischen Kriegsschiffes *Wasa*, das 1628 im Hafen von Stockholm gesunken war, die Fantasie von Menschen weltweit an. Die erstaunliche Bergung des Rumpfes von Isambard Kingdom Brunels *Great Britain* vor den Falklandinseln und das Abschleppen vom Südatlantik in das Trockendock in Bristol, Großbritannien, aus dem sie stammte, war ein fesselndes Drama. San Franciscos Hafengebiet wurde durch den majestätischen Rahsegler *Balclutha* belebt. New York baute den South Street Seaport, eine Mischung aus alten Hafengebäuden und Schiffen wie der *Wavertree*, San Diego erweckte die *Star of India* wieder zum Leben und Galveston wurde Heimat des Rahseglers *Elissa*. Die letzten beiden Schiffe segeln noch

heute. Das berühmteste dieser Schiffe, die *Cutty Sark*, wurde sorgfältig restauriert und in Greenwich, Großbritannien, ins Trockendock gestellt.

In Australien wurde der Großsegler *Polly Woodside* restauriert und in Melbourne ausgestellt. 1972 begann in Sydney ein 30-jähriges Projekt zur Restaurierung der Bark *James Craig* (1874). Heute steht sie wieder unter Segeln und wird für Vergnügungsfahrten eingesetzt.

Es ist nicht weiter verwunderlich, dass vor allem Großsegler restauriert werden. Überall auf der Welt liebt man Segelschiffe, was immer dann deutlich wird, wenn Großsegler zusammenkommen, sei es bei den alljährlichen europäischen Tall Ship's Races, bei den Versammlungen amerikanischer Großsegler oder einfach, wenn ein einzelnes Exemplar – vielleicht auf Weltreise – in einem Hafen andockt.

Der Amerikaner Peter Stanford, einer der Anführer der Schiffsrestaurierungsbewegung des 20. Jh., erklärt ihre Anziehungskraft so: „Ein Segelschiff, das für die Hochsee gebaut wurde, ist ein fesselndes Artefakt. Es ist ein Ausdruck des Ziels, des Willens und der Arbeit, in die Männer mehr investiert haben, als die meisten von uns jemals in ihr Leben investieren! Das ist es, was dem gelangweilten Städter den Atem verschlägt, oder dem Kind, das ein solches Schiff sieht. Es spricht uns nicht mit Worten an, es ist eine stumme Bekundung der Sache an sich."

RESTAURIERUNG VON DAMPFSCHIFFEN

Nicht nur Segelschiffe werden mit Leidenschaft konserviert. Auch die Schiffsgeneration, die ihnen folgte – die Dampfer – hat ihre Anhänger. Weltweit gibt es viele Beispiele restaurierter Dampfer, aber aufgrund moderner Sicherheitsstandards und spezieller Fähigkeiten, die zum Warten und Betreiben eines Dampfers nötig sind, sind nur wenige funktionstüchtig. Hier ist Australien ein Vorreiter. Die Sydney Heritage Fleet besitzt zwei hundertjährige Dampfschiffe, die einsatzbereit sind und regelmäßig fahren: die elegante Dampf-Barkasse *Lady Hopetoun* und der robuste Dampf-Schlepper *Waratah*. Ein dritter Dampfer, die *John Oxley* (1927) wird derzeit in der Werft der Flotte restauriert.

In seinem Gedicht „Ships" schrieb der englische Dichter John Masefield (1878–1967):

„… They mark our passage as a race of men—
Earth will not see such ships as those again."

Die Erinnerungen, Artefakte, Traditionen und – in manchen Fällen – auch die Schiffe selbst bleiben uns jedoch erhalten.

Rettung unserer Meere

Mitte des 20. Jh. machte sich der Meeresforscher Jacques Cousteau daran, mehr über die Ökologie und die Bewohner der Sargassosee zu lernen. Er war erstaunt, dass die Schleppnetze, die er in dem mittelatlantischen Wirbel aussetzte voll Ölklumpen, Styropor, Plastik und anderem Müll zurückkamen. Sein Fund war so bestürzend, dass Cousteau zu einem Pionier des maritimen Umweltschutzes wurde, eine Mission, der er den Rest seines Lebens widmete.

Bis vor einem halben Jahrhundert glaubten wir noch, die Ozeane seien so gewaltig, dass sie niemals verschmutzt werden würden. Heute wissen wir um ihr äußerst empfindliches, bedrohtes Ökosystem.

DIE BEDROHTE MEERESUMWELT

Heute befinden sich die Weltmeere im Belagerungszustand. In den letzten Jahrzehnten erkannte die Öffentlichkeit zunehmend die vielen Gefahren, die der See drohten. Ökologisch verheerende Ölkatastrophen durch riesige Tanker sind allgegenwärtig. Zahlreiche Arten sind bedroht. Die Populationen vieler Fische und anderer kommerziell wertvoller Meerestiere sind eingebrochen. Anderenorts haben fremde Arten große Schäden angerichtet. Unsere Korallenriffe sind stark bedroht. Zahlreiche Strände sind mit Abfall übersät und mit Badeverbot belegt oder wurden durch explodierende Quallenpopulationen unbenutzbar. Die größten Mülldeponien der Welt liegen nicht auf dem Festland – sie befinden sich mitten im Pazifik und Atlantik. Diese und viele andere Probleme bedrohen die „Gesundheit" unserer Ozeane.

Rote Fluten, ausgelöst durch Algenblüten, produzieren Gifte, die den Tod vieler Schalen- und Krustentiere, Fische, Seevögel und Meeressäuger und anderer Organismen verursachen. Einige Algenblüten treten natürlich auf, die meisten sind aber das Ergebnis von Umweltverschmutzung durch den Menschen – und sie nehmen an Häufigkeit, Ausbreitung und Toxizität zu.

In den 1970er-Jahren bemerkten Ozeanografen, dass in großen, küstennahen Gebieten der Meere kein Leben mehr existerte. 2004 berichtete die UN von 150 dieser „Todeszonen" weltweit, von denen einige über 65,000 km² groß sind. Ausgelöst werden sie durch Hypoxie – Sauerstoffmangel. 2008 war die Zahl dieser Zonen bereits auf 400 gestiegen.

In den 1980er-Jahren bemerkten Wissenschaftler erstmals die ausgedehnten Müllfelder in Teilen des Atlantiks und Pazifiks. Das größte – der North Pacific Garbage Patch – soll eine Fläche größer als die USA

OBEN LINKS Die Meere sind seit Langem Abladeplatz für vielerlei menschlichen Müll, inklusive dieser Toilettenbecken. Heute erkennt man die Auswirkungen auf das aquatische Ökosystem.

LINKS Gefährliche Algenblüten führen zu den sogenannten „Roten Fluten". Die Algen produzieren Toxine, die sich schädlich auf die Meeresbewohner und die Nahrungskette auswirken.

bedecken und aus über 91 Millionen Tonnen Abfall bestehen. Ähnliche, wenn auch kleinere Müllfelder gibt es im Südpazifik sowie dem Nord- und Südatlantik. Der Müll sammelt sich in riesigen Wirbeln an, die durch vorherrschende Winde und daraus entstehende Meeresströmungen hervorgerufen werden. Gelangt der Abfall erst einmal in den Wirbel, bleibt er darin.

Auch die Küstenbereiche sind gefährdet. In den Tropen und Subtropen sind viele Mangrovenbestände akut bedroht. Mangroven schützen die Küste nicht nur vor Erosion, sondern sind gleichzeitig Lebensraum und Laichgründe zahlreicher Meeresbewohner. Die Verschmutzung an den Küsten gefährdet Austern, Krebse, Garnelen und Hummer und kann für die, die sie essen, schädlich sein.

DIE QUELLEN DER SCHADSTOFFE

Ein Großteil mariner Schadstoffe, inklusive festem Abfall und Flüssigkeiten, stammt aus Quellen auf dem Festland. Etwa zehn Prozent stammen von Schiffen.

Viele Kommunen, besonders in Entwicklungsländern, nutzen das Meer zur Beseitigung von Abwässern und Müll. Industrieabwässer fließen ungehindert in Flüsse, die ihrerseits ins Meer münden, ebenso wie landwirtschaftliche Abwässer, inklusive Tierfäkalien, Dünger, Pestiziden und Herbiziden.

BEWAHRUNG DER MEERESUMWELT

Erst in jüngster Zeit hat die Wissenschaft erkannt, wie empfindlich und gefährdet unsere Meere tatsächlich sind. Die meisten Initiativen zur Rettung der Meere stecken noch in den Kinderschuhen. Zumindest setzen sich heute aber viele Organisationen wie die UN, die (US) National Oceanic and Atmospheric Administration (NOAA) und das Weltressourceninstitut für den Schutz und die Wiederherstellung der Meere ein.

Weltweit wurden über 5000 Meeresschutzgebiete eingerichtet, um einzigartige Ökosysteme und Habitate zu schützen und bedrohten Arten zu helfen. Rote Fluten und Todeszonen lassen sich auf verschiedene Weise reduzieren. Die Verwendung von Düngern muss so angepasst werden, dass nur noch wenig ins Abwasser gerät. Tierische Fäkalien können anders entsorgt werden. Die Industrie muss dazu ermutigt werden, ihren Schadstoffausstoß in die Meere zu verringern; und vielerorts muss die Aufbereitung und Behandlung der Abwässer besser geregelt werden.

Die größten Ambitionen hat vielleicht die Organisation Environmental Cleanup Coalition, die sich zur Säuberung des North Pacific Garbage Patchs gegründet hat. Sie will den Plastikmüll mit einer Flotte von Schiffen sammeln und daraus ein schwimmendes Labor – Gyre Island – bauen.

OBEN Indonesische Kinder pflanzen in diesem Schutzgebiet bei Jakarta Mangroven. Das Projekt dient der Wiederaufforstung eines Mangrovenwaldes, der im 20. Jh. durch die industrielle Entwicklung zerstört wurde.

OBEN Ein See-Elefantenbulle räkelt sich unter einem Schild, das ein Schutzgebiet für wilde Tiere in der Año Nuevo State Reserve, Kalifornien, ausweist.

OBEN Zwerg-Seepferdchen *(Hippocampus bargabanti)*.

GANZ OBEN Seegurke *(Bohadschia argus)*.

RECHTE SEITE Kammkoralle *(Ctenocella pectinata)*.

VORHERIGE SEITEN Königspinguine *(Aptenodytes patagonicus)* konfrontieren eine Robbe.

OBEN Clown-Fangschreckenkrebs *(Odontodactylus scyllarus)*.

GANZ OBEN Garnele die über Felsen kriecht.

LINKE SEITE Falscher Clownfisch *(Amphiprion ocellaris)*.

FOLGENDE SEITEN Seevogel der über einen schmelzenden Tafeleisberg fliegt

OBEN Buckelwal *(Megaptera novaeangliae).*

GANZ OBEN Weddellrobbe *(Leptonychotes weddellii)* mit Jungem.

RECHTE SEITE Eisbär *(Ursus maritimus)* mit Jungen.

FOLGENDE SEITEN Seeotter *(Enhydra lutris).*

OBEN Spiralröhrenwürmer *(Spriobranchus sp.)*, auch als Weihnachtsbaumwürmer bekannt.

GANZ OBEN Pyjama-Kardinalbarsch *(Sphaeramia nematoptera)*.

RECHTE SEITE Verschiedene tropische Fische.

FOLGENDE SEITEN Augen der Großen Fechterschnecke *(Strombus gigas)*.

de los Estrechos

Trabaios

Tuchano

ocino

TOLM.

Totontae flu.

QVIVIRA

Quiutra

Rio Grande

Sierra neuada

Ra los primeros

Cicuic

Axa

Chucho

Tiguas rio.

TOTO   TEAC.

Suala mons

Tiguex

Joton teac

Ceuola

Rio Hermoso

MARATA.

Abacus, nunc

Granata

CVLIACAN.

Guanaual rio.

TERLICHICHI

P. Sardinas

Costa blanca

Baia de los fuegos

P. de S. Clara

B. del papagaio

Lancanada

Marata

ASTATLAN.

Ya del reparo

Cazanes. ins.

Coata

Astatlan

Perlatan

Ometlan

Culiacan

Chamet

HISPANIA NOVA

XALISCO

Chcilticalo

R. Palmar

Las dos hermanas

Los boloanes

Ya del riparo

Los diamantes

CCal. forme

Vacapa

Apetatlan

Guaxaca

TOPIRA

Caraconi

Cuchillo

S. aucho

Chinao

Malabrigo

La farfana

La Verna

Ya d. Paxaros

Baia de Trinidad

fns. de Xalisco

Tala

Calchucim

MECHVACAN

ARCHIPELAGO DI

Los Monges

e adfurenzia

Rocha partida

S. Thomas

SAN LAZARO.

Reftinga de ladrones

Yla de S. y.

La Ambrada

Zamal

Anf. de los corales

Infa de S. Stevan

MAR DEL   SVR, quod

Los iardines

Anf. de lo reys

OCCIDENS

Circulus   Aequinoctialis

210

220

230

240

250

260

Barbada

Caimana

Los Bolcanos

Mualat.

P. Escondido

Nombre de Iefus

Isola Atreguada

Tarama

Xaura

Agonaro

Pacalsam

Isabella

Las Marias

Amacisre

de la Xo.

B. s. Benito

S. Catalina

S. Anna

et PACIFICVM.

S. Nicolas

Nauo

Botut

Veserra

NOVA GVINEA. Andre=

as Corfalus Florent. videtur eam

fub nomine Terrae Piceunnacoli

defignare.

Tuberones

Infulae Salomonis

S. Petri

Tierra baxa

20

30

TERRA AVSTRA-

LIS, SIVE

MAGELLA-

NICA HAC-

TENVS IN

COGNITA.

40

50

AMERICAE SIVE

NOVI ORBIS, NO-

VA DESCRIPTIO.

OZEANE

Legende

▢   Oberfläche (ca.)

▽   tiefster Punkt (ca.)

♡   Küstenlänge (ca.)

⟨⟩   angrenzende Kontinente

Atlantischer Ozean

▢   76 762 000 km^2

▽   8605 m

♡   111 866 km

⟨⟩   Afrika, Europa, Nordamerika, Südamerika

Nordpolarmeer

▢   14 060 000 km^2

▽   5502 m

♡   45 389 km

⟨⟩   Asien, Europa, Nordamerika

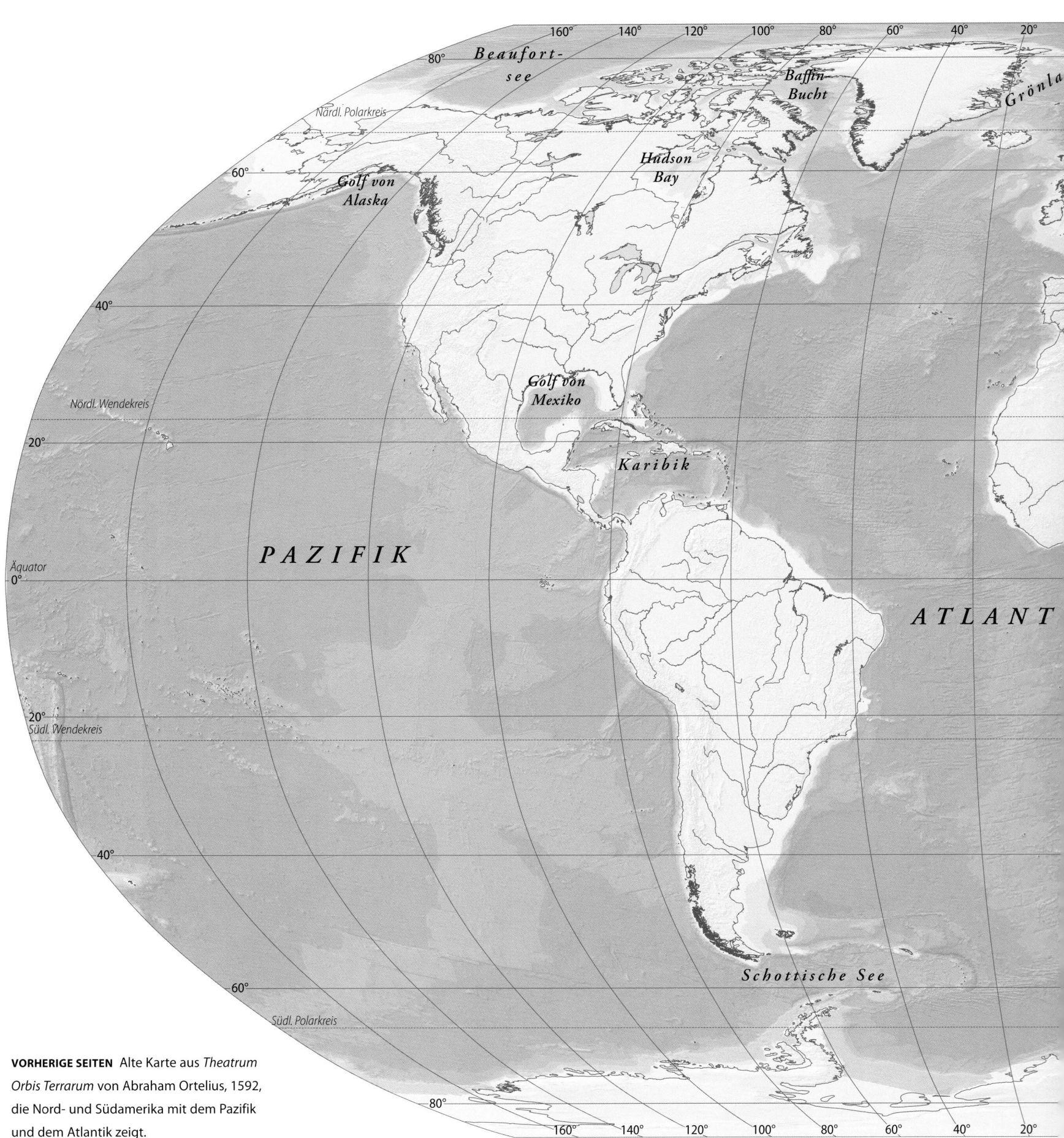

VORHERIGE SEITEN Alte Karte aus *Theatrum Orbis Terrarum* von Abraham Ortelius, 1592, die Nord- und Südamerika mit dem Pazifik und dem Atlantik zeigt.

Indischer Ozean

- ☐ 67 500 000 km²
- ▽ 7258 m
- ♡ 66 500 km
- ⁂ Afrika, Asien, Australien, Europa

Pazifischer Ozean

- ☐ 155 400 000 km²)
- ▽ 10 911 m
- ♡ 135 663 km
- ⁂ Australien, Asien, Nordamerika, Südamerika

Südpolarmeer

- ☐ 20 000 000 km²
- ▽ 7235 m
- ♡ 17 968 km
- ⁂ Antarktika

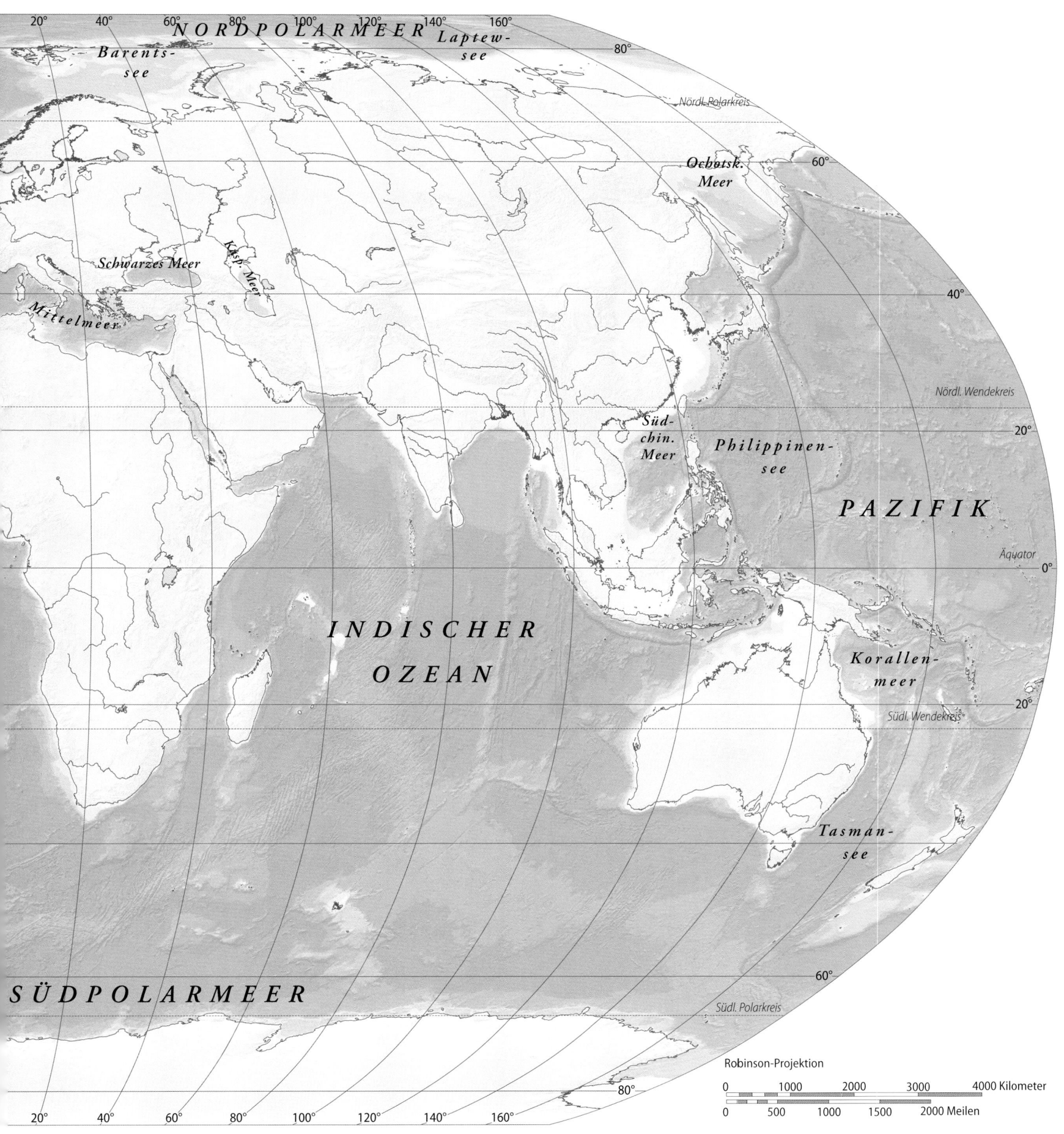

MEERE

Legende

☐ Oberfläche (ca.)   ◯ wichtigste Küstenstädte

≋ Wassertemperatur   ⇄ angrenzende Länder

▽ tiefster Punkt (ca.)   ≈ wichtigste Zuflüsse

◇ relevante Merkmale   > bedrohte Fischarten

Adria

☐ 131 050 km²

≋ 10 °C–24 °C

▽ 1300 m

◇ Kanäle von Venedig

◯ Neapel, Rom, Venedig

⇄ Albanien, Kroatien, Italien, Montenegro, Slowenien

≈ Po, Straße von Otranto

> Gardaseeforelle *(Salmo carpio)*, Chondrostoma soetta *(Chondrostoma soetta)*, Malteser Rochen *(Leucoraja melitensis)*, Po-Gründling *(Romanogobio benacensis)*, Scardinius scardafa *(Scardinius scardafa)*, Squalius lucumonis *(Squalius lucumonis)*

Ägäis

☐ 214 000 km²

≋ 10 °C–24 °C

▽ 3543 m

◇ über 1400 Inseln

◯ Athen

⇄ Griechenland, Türkei

≈ Schwarzes Meer

> Phoxinus strymonicus *(Phoxinus strymonicus)*, Mittelmeer-kärpfling *(Aphanius almiriensis)*, Alosa vistonica *(Alosa vistonica)*, Cobitis hellenica *(Cobitis hellenica)*, Cobitis arachthosensis *(Cobitis arachthosensis)*, Cobitis trichonica *(Cobitis trichonica)*, Cobitis stephanidisi *(Cobitis stephanidisi)*, Valencia letourneuxi *(Valencia letourneuxi)*, Alburnus macedonicus *(Alburnus macedonicus)*, Griechischer Neunstachliger Stichling *(Pungitius hellenicus)*, Griechisches Bachneunauge *(Eudontomyzon hellenicus)*, Griechische Rotfeder *(Scardinius graecus)*, Griechische Grundel *(Knipowitschia thessala)*, Knipowitschia milleri *(Knipowitschia milleri)*, Echte Grundel *(Economidichthys trichonis)*, Pelasgus laconicus *(Pelasgus laconicus)*, Pelasgus epiroticus *(Pelasgus epiroticus)*, Barbus euboicus *(Barbus euboicus)*, Rutilus ylikiensis *(Rutilus ylikiensis)*, Perlfisch *(Rutilus meidingeri)*, Kammzahnschleimfisch *(Salaria economidisi)*, Squalius moreoticus *(Squalius moreoticus)*, Squalius keadicus *(Squalius keadicus)*, Telestes beoticus *(Telestes beoticus)*, Alburnus vistonicus *(Alburnus vistonicus)*, Alburnus volviticus *(Alburnus volviticus)*

Andamanensee

☐ 797 000 km²

≋ ganzjährig über 20 °C

▽ 3777 m

◇ Malakkastraße

○ Medan, Rangun

⇄ Indonesien, Malaysia, Myanmar (Burma), Thailand

≈ Irrawaddy-Delta, Salween

❯ Asiatischer Gabelbart *(Scleropages formosus)*, Banggai-Kardinalbarsch *(Pterapogon kauderni)*, Harlekin-Regenbogenfisch *(Melanotaenia boesemani)*, Betta spilotogena *(Betta spilotogena)*, Entenschnabelkärpfling *(Adrianichthys kruyti)*, Reisfisch *(Xenopoecilus oophorus, Oryzias orthognathus)*, Kiemensackwels *(Encheloclarias kelioides)*, Rundstechrochen *(Urolophus javanicus)*, Gestreckter Poso-Kärpfling *(Xenopoecilus poptae)*, Poso-Bungu-Grundel *(Weberogobius amadi)*, Sarasins Schaufelkärpfling *(Xenopoecilus sarasinorum)*, Sentani Regenbogenfisch *(Chilatherina sentaniensis*, Haibarbe *(Balantiocheilos melanopterus)*

Arabisches Meer

☐ 3 862 009 km²

≋ ganzjährig über 20 °C

▽ 4652 m

◇ Handelsroute zwischen Europa und Asien

○ Karatschi, Mumbai, Porbandar

⇄ Indien, Iran, Oman, Pakistan

≈ Indus

❯ Sägerochen *(Anoxypristis cuspidata, Pristis zijsron)*, Adlerrochen *(Aetobatus flagellum)*, Pondicherryhai *(Carcharhinus hemiodon)*

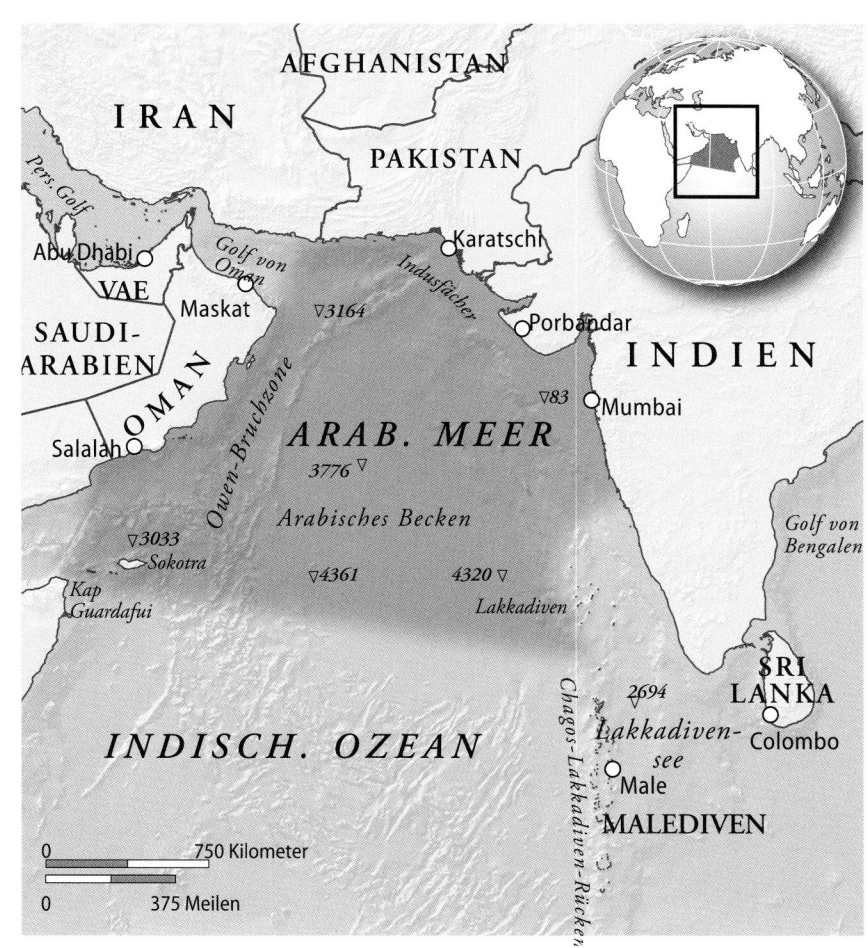

Arafurasee

- ☐ 650 000 km²
- ≈ ganzjährig um 31 °C
- ▽ 3600 m
- ◇ Unterseeische Gasvorkommen
- ○ Kladar
- ⇄ Australien, Indonesien, Papua-Neuguinea, Osttimor (Timor-Leste)
- ≈ Timorstrom
- ➢ Kiunga-Blauauge (Kiunga ballochi), Säge-rochen (Anoxypristis cuspidata), Wanam-Regenbogenfisch (Glossolepis wanamensis), Speerzahnhai (Glyphis glyphis)

Ostsee

- ☐ 377 000 km²
- ≈ 2 °C–14 °C
- ▽ 459 m
- ◇ Nord-Ostsee-Kanal
- ○ Kopenhagen, Stockholm
- ⇄ Dänemark, Estland, Finnland, Lettland, Deutschland, Polen, Litauen, Russland, Schweden
- ≈ Nordsee
- ➢ Europäischer Aal (Anguilla anguilla)

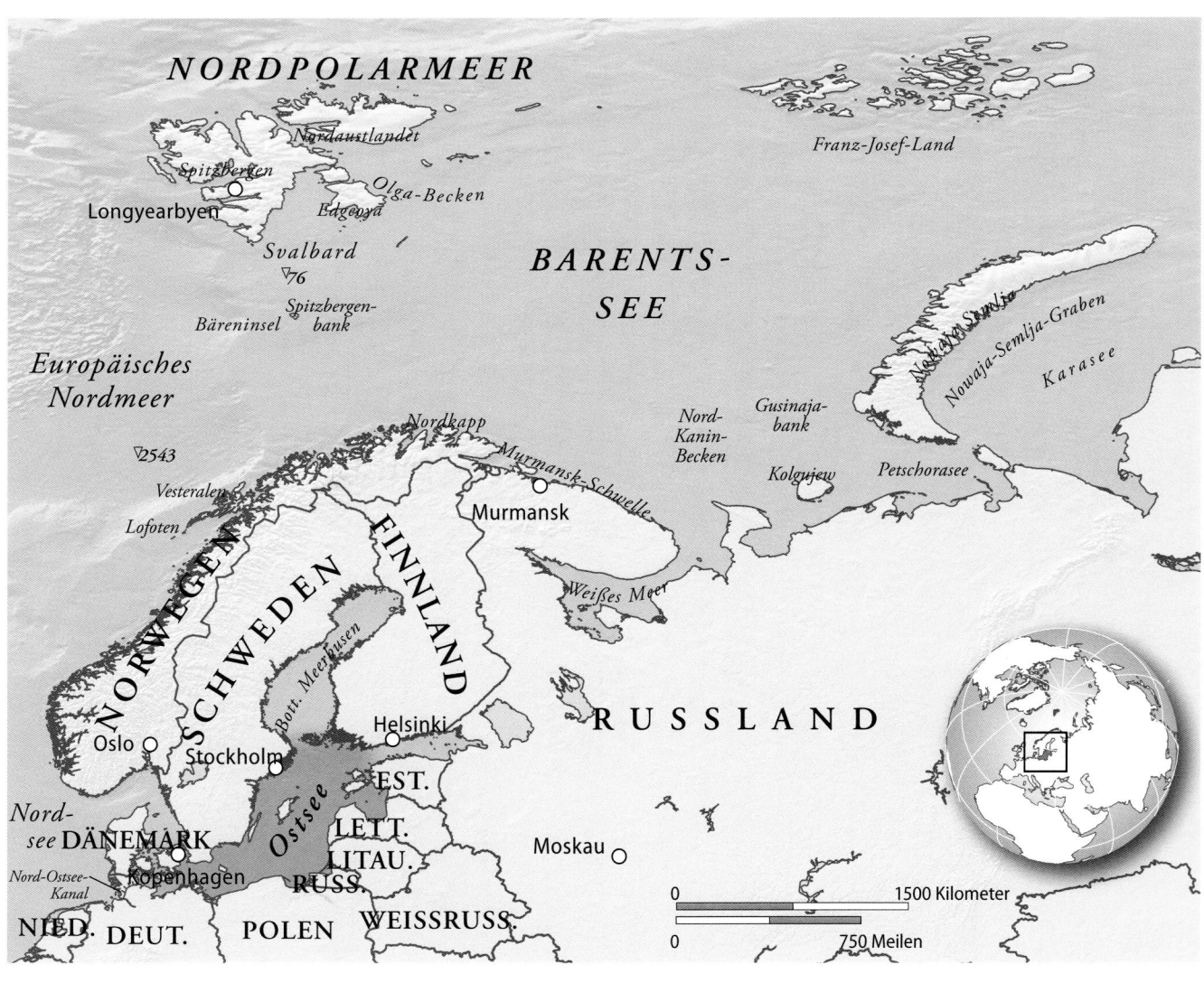

Barentssee

- ☐ 1 405 000 km²
- ≈ 3 °C–14 °C
- ▽ 600 m
- ◇ ausgedehnte Fischfanggründe
- ○ Murmansk
- ⇄ Norwegen, Russland
- ≈ Nordatlantikstrom
- ❯ Europäischer Aal (Anguilla anguilla)

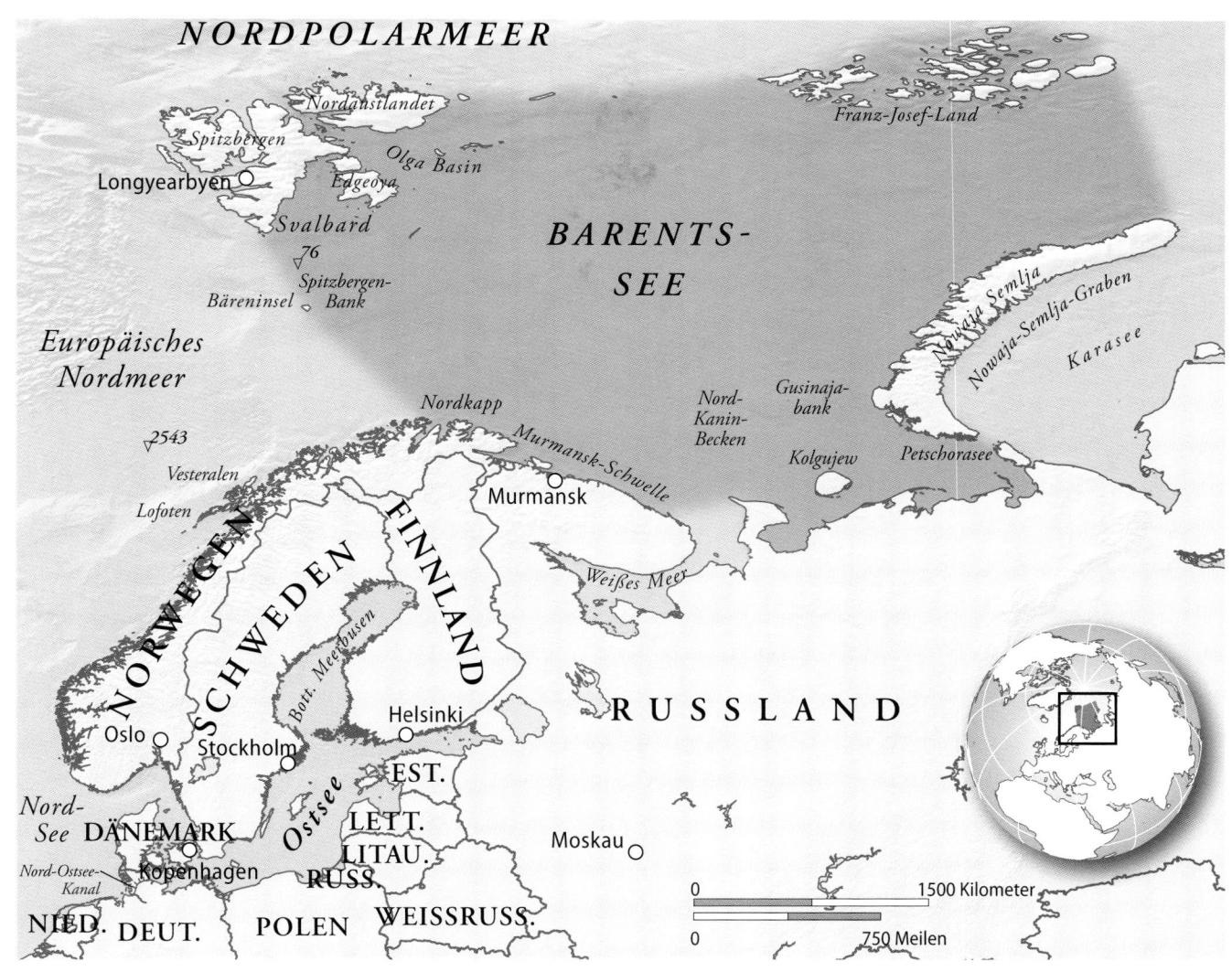

Beringmeer

- ☐ 2 304 000 km²
- ≈ 0 °C–3 °C)
- ▽ 4100 m
- ◇ Beringstraße
- ○ Anadyr, Togiak, Ust-Kamtschatsk
- ⇄ Russland, USA
- ≈ Kamtschatkastrom
- ❯ Keine bedrohten Fischarten

Bismarcksee

☐ 40 000 km²

≅ 25 °C–29 °C

▽ 2500 m

◇ Admiralitätsinseln

○ Kokopo

⇄ Papua-Neuguinea

≈ Neuguinea-Küstenstrom

❯ Kiunga-Blauauge *(Kiunga ballochi)*, Sägerochen *(Anoxypristis cuspidata)*, Wanam-Regenbogenfisch *(Glossolepis wanamensis)*, Speerzahnhai *(Glyphis glyphis)*

Karibik

☐ 2 753 000 km²

≅ 21 °C–29 °C

▽ 7500 m

◇ Korallenriffe

○ Cancun, Caracas, Kingston

⇄ Belize, Kolumbien, Costa Rica, Kuba, Dominikanische Republik, Haiti, Honduras, Jamaika, Mexiko, Nicaragua, Panama, Trinidad und Tobago, Venezuela

≈ Karibische Strömung

❯ keine bedrohten Fischarten

Korallenmeer

- □ 4 183 510 km²
- ≈ 24 °C–28 °C
- ▽ 9165 m
- ◇ Great Barrier Reef
- ○ Bundaberg, Cairns, Mackay, Noumea, Port Moresby, Rockhampton, Townsville
- ⇄ Australien, Papua-Neuguinea, Salomon-Inseln, Vanuatu
- ≈ Südäquatorialstrom
- ⟩ Gemusterter Adlerrochen (*Aetomylaeus vespertilio, Myliobatis hamlyni*), Rotflossen-Blauauge (*Scaturiginichthys vermeilipinnis*)

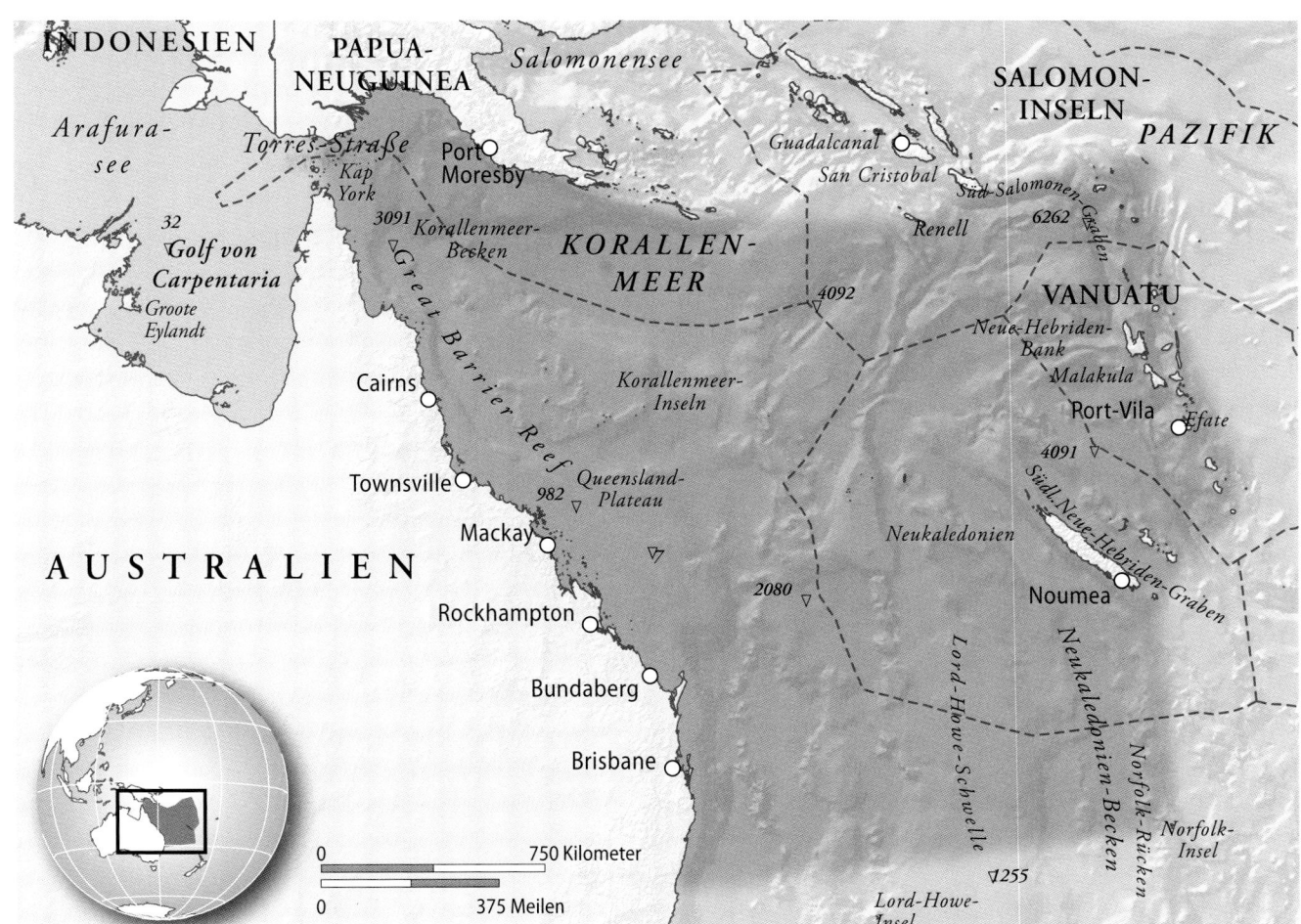

Ostchinesisches Meer

- □ 1 243 200 km²
- ≈ 21 °C–29 °C
- ▽ 2782 m
- ◇ Jangtse-Delta
- ○ Hangzhou, Kagoshima, Shanghai
- ⇄ China, Japan, Südkorea
- ≈ Jangtse, Philippinensee, Südchinesisches Meer
- ⟩ Anabarilius polylepis (*Anabarilius polylepis*), Schwertstör (*Psephurus gladius*), Chinesischer Stör (*Acipenser sinensis*), Jangtse-Stör (*Acipenser dabryanus*), Stachelwels (*Pseudobagrus medianalis*), Cyprinus micristius (*Cyprinus micristius*), Bitterling (*Acheilognathus elongates*), Sinocyclocheilus grahami (*Sinocyclocheilus grahami*), Kaluga-Hause (*Huso dauricus*), Liobagrus kingi (*Liobagrus kingi*), Xenocypris yunnanensis (*Xenocypris yunnanensis*), Schizothorax grahami (*Schizothorax grahami*), Echter Wels (*Silurus mento*), Liobagrus nigricauda (*Liobagrus nigricauda*), Schizothorax lepidothorax (*Schizothorax lepidothorax*), Anabarilius alburnops (*Anabarilius alburnops*), Sphaerophysa dianchiensis (*Sphaerophysa dianchiensis*), Tor yunnanensis (*Tor yunnanensis*), Bachschmerle (*Yunnanilus nigromaculatus, Yunnanilus discoloris*)

Grönland-see

- ☐ 1 205 000 km²
- ⇌ 0 °C–6 °C
- ▽ 4800 m
- ◇ treibende arktische Eisberge
- ○ Longyearbyen
- ⇄ Grönland
- ≈ Nordpolarmeer, Ostgrönlandstrom
- ❯ Rotbarsch (Sebastes fasciatus)

Irische See

- ☐ 100 000 km²
- ⇌ 8 °C–14 °C
- ▽ 175 m
- ◇ Erdgas und -öl
- ○ Dublin
- ⇄ Irland, Vereinigtes Königreich
- ≈ Mündungen von Dee, Mersey und Ribble, Firth of Clyde, Belfast Lough
- ❯ Alosa killarnensis (Alosa killarnensis), Coregonus pollan (Coregonus pollan), Salvelinus obtusus (Salvelinus obtusus), Salvelinus grayi (Salvelinus grayi)

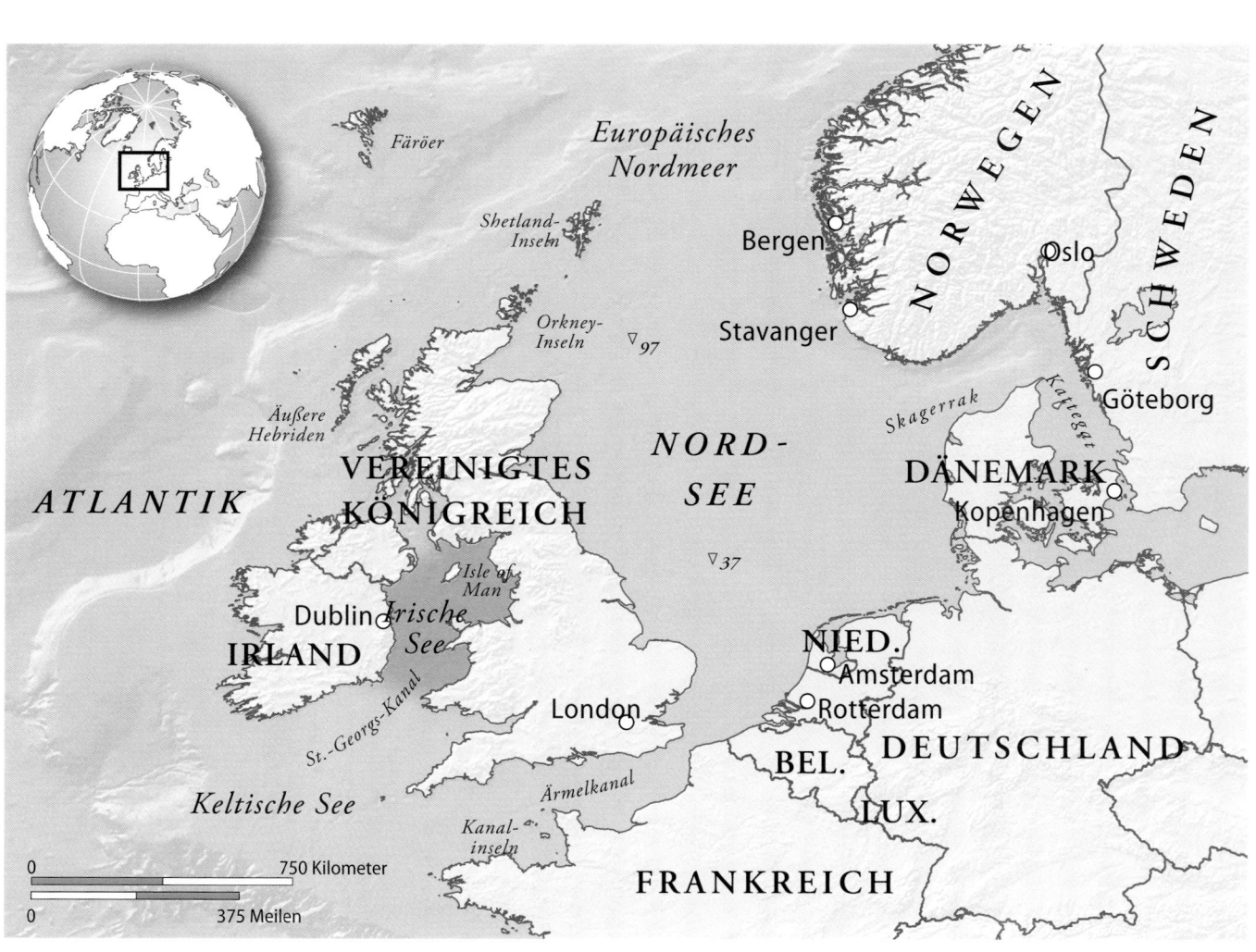

Lakkadivensee

☐ Malediven – 90 000 km²

≈ 22 °C–28 °C

▽ 4735 m

◇ Malediven

◯ Colombo, Male

⥀ Indien, Malediven, Sri Lanka

≈ Indischer Ozean

❯ Napoleon-Lippfisch *(Cheilinus undulates)*, Gemusterter Adlerrochen *(Aetomylaeus vespertilio)*

Mittelmeer

☐ 2 510 000 km²

≈ 5 °C Golf von Triest – 31 °C Golf von Sidra

▽ 4900 m

◇ praktisch keine Gezeiten

◯ Algier, Athen, Barcelona, Marseille, Rom, Tripolis, Tunis

⥀ Ägypten, Albanien, Algerien, Frankreich, Griechenland, Israel, Italien, Jordanien, Kroatien, Libanon, Libyen, Marokko, Montenegro, Spanien, Syrien, Türkei

≈ Atlantik

❯ Europäischer Aal *(Anguilla anguilla)*, *siehe auch* Adria und Ägäis

459

Nordsee

- □ 750 000 km²
- ≈ 6 °C–17 °C
- ▽ 750 m
- ◇ Kelpwälder
- ○ Amsterdam, Bergen, Rotterdam, Stavanger
- ⇄ Belgien, Dänemark, Deutschland, Frankreich, Niederlande, Norwegen, Großbritannien
- ≈ Atlantik, Ärmelkanal
- ➤ Heilbutt (Hippoglossus hippoglossus), Europäischer Aal (Anguilla anguilla)

Europ. Nordmeer

- □ 1 380 000 km²
- ≈ 0 °C–6 °C
- ▽ 3970 m
- ◇ Fjorde
- ○ Torshavn
- ⇄ Island, Norwegen
- ≈ Norweg. Strom
- ➤ Europäischer Aal (Anguilla anguilla)

Philippinensee

□ 1 000 000 km²

≋ ganzjährig um 28,9 °C

▽ 10 911 m – tiefster Punkt der Erde

◇ Marianengraben

○ Davao, Manila

⇄ Japan, Mikronesien, Palau, Philippinen, Yap

≈ Südchinesisches Meer

❯ Puntius clemensi *(Puntius clemensi)*, Puntius baoulan *(P. baoulan)*, Ospatulus truncates *(Ospatulus truncates)*, Cephalakompsus pachycheilus *(Cephalakompsus pachycheilus)*, Puntius disa *(P. disa)*, Zwerggrundel *(Pandaka pygmaea)*, Hampala lopezi *(Hampala lopezi)*, Puntius lanaoensi *(P. lanaoensi)*, Puntius flavifuscus *(P. flavifuscus)*, Puntius katolo *(P. katalo)*, Puntius manala *(P. manala)*, Mandibularca resinus *(Mandibularca resinus)*, Ospatulus palaemophagus *(Ospatulus palaemophagus)*, Puntius amarus *(P. amarus)*, Spratellicypris palata *(Spratellicypris palata)*, Puntius herrei *(P. herrei)*, Puntius tras *(P. tras)*, Weissflossen-Hundshai *(Hemitriakis leucoperiptera)*

461

Rotes Meer

□ 440 000 km²

≋ 20 °C–30 °C

▽ 3039 m

◇ Suezkanal

○ Dschidda

⇄ Ägypten, Eritrea, Jemen, Saudi-Arabien, Sudan,

≈ Golf von Aden

> Meerengel *(Squatina squatina)*, Geigenrochen
(Rhinobatos cemiculus, Rhinobatos rhinobatos),
Brauner Zackenbarsch *(Epinephelus margina-
tus)*, Mobularochen *(Mobula mobular)*,
Napoleon-Lippfisch *(Cheilinus undulates)*,
Hammerhai *(Sphyrna mokarran)*, Gemeine
Meerbrasse *(Pagrus pagrus)*

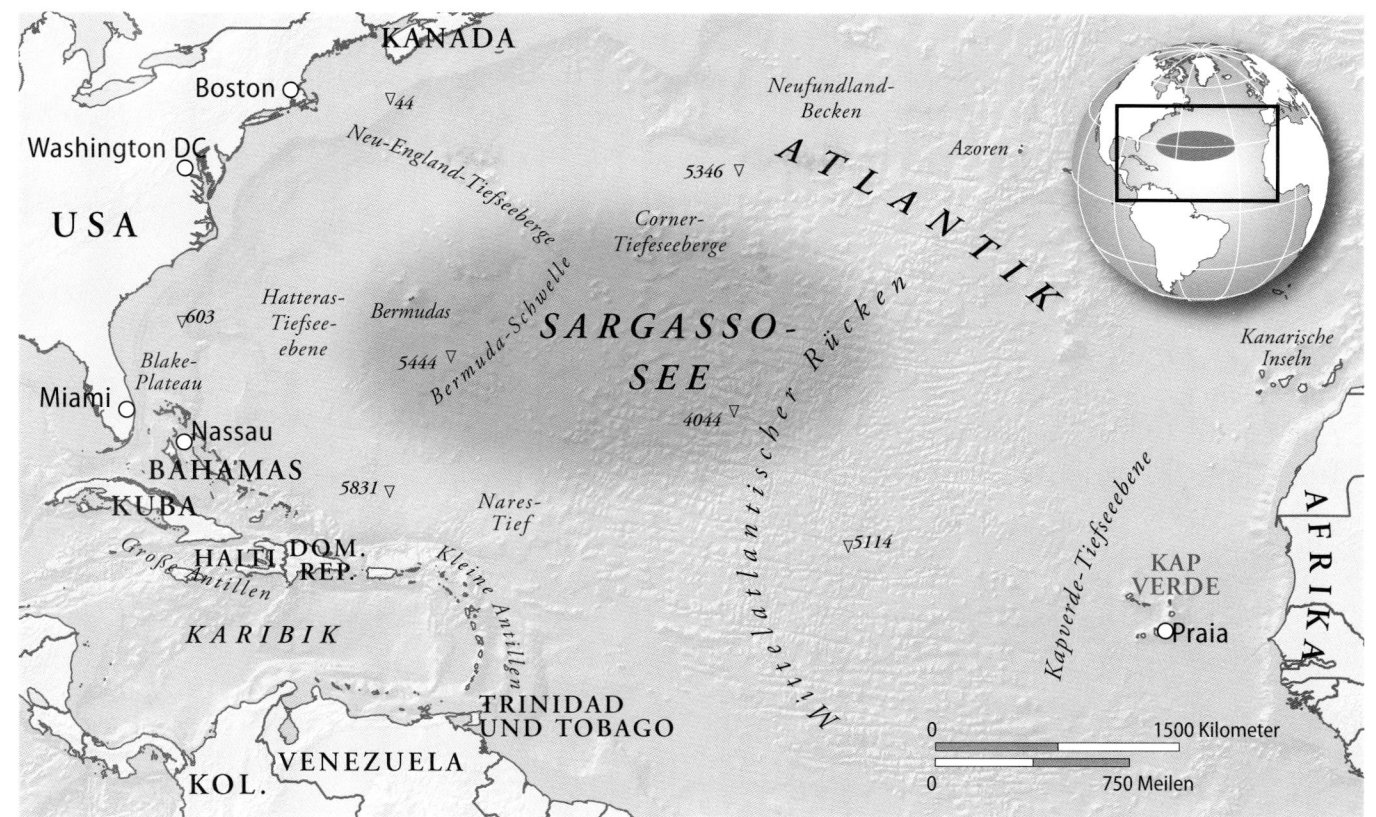

Sargassosee

- ☐ 3 900 000 km²
- ≅ ganzjährig um 27 °C
- ▽ 5444 m
- ◇ sammelt Müll aus dem Atlantik
- ○ keine Küsten
- ⟆ internationale Gewässer
- ≈ Golfstrom
- ＞ keine gefährdeten Fischarten

Schottische See

- ☐ 900 000 km²
- ≅ 6 °C–17 °C
- ▽ 8200 m
- ◇ Drakestraße
- ○ keine
- ⟆ Argentinen, Chile
- ≈ Antarktischer Zirkumpolarstrom, Weddellmeer, Tiefseeströmung
- ＞ Weichnasenrochen (B. griseocauda), Primitivwels (Diplomystes chilensis)

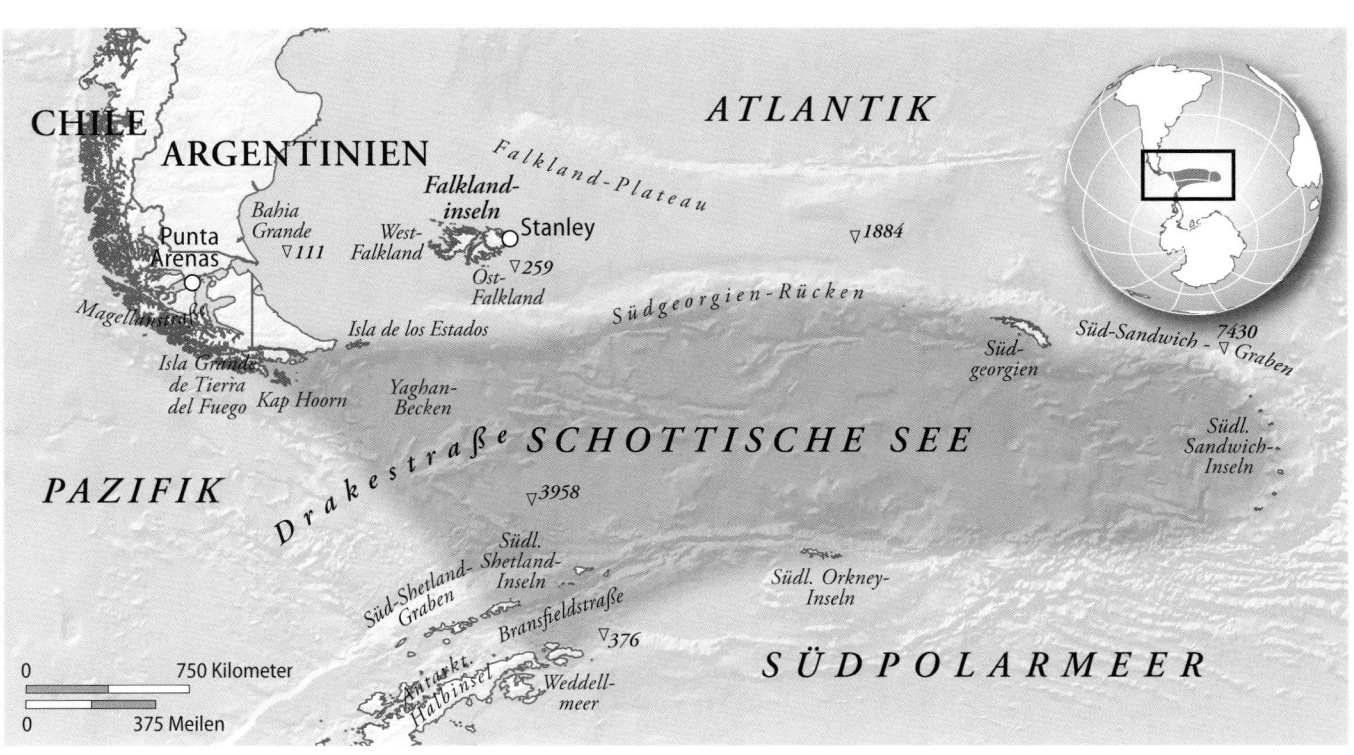

Japanisches Meer

- ☐ 978 000 km²
- ≈ 11 °C–17 °C
- ▽ 3742 m
- ◇ fast keine Gezeiten
- ○ Wladiwostok
- ⥲ Japan, Nordkorea, Südkorea, Russland
- ≈ Tsushimastrom, Limanstrom
- ❯ Prachtschmerle *(Leptobotia curta)*, Chinesischer Stör *(Acipenser sinensis)*, Epinephelus akaara *(Epinephelus akaara)*, Huchen *(Hucho perryi)*, Saiblinge *(Salvelinus japonicus)*, Tanakia tanago *(Tanakia tanago)*, Coreobagrus ichikawai *(Coreobagrus ichikawai)*, Satsukimasu-Lachs *(Oncorhynchus ishikawai)*

Ochotskisches Meer

- ☐ 1 580 000 km²
- ≈ 0 °C–3 °C
- ▽ 2500 m
- ◇ Meereis
- ○ Magadan
- ⇅ Japan, Russland
- ≈ La-Pérouse-Straße, Pazifik, Japanisches Meer
- › Amur-Stör *(Acipenser schrenckii)*, Heringe *(Clupeonella abrau)*, Huchen *(Hucho perryi)*, Salmo ezenami *(Salmo ezenami)*, Sachalin-Stör *(Acipenser mikadoi)*, Stachelkopf *(Sebastolobus alascanus)*

Salomonensee

- ☐ 720 000 km²
- ≈ ganzjährig 30 °C
- ▽ 9140 m
- ◇ mit das wärmste Wasser der Welt
- ○ Honiara
- ⇅ Papua-Neuguinea, Salomon-Insel
- ≈ Bismarcksee, Korallenmeer
- › Napoleon-Lippfisch *(Cheilinus undulates)*

Südchinesisches Meer

- ☐ 3 600 000 km²
- ≈ 21 °C–28 °C
- ▽ 5490 m
- ◇ Golf von Tonkin
- ○ Hong Kong, Manila
- ⚥ Brunei, China, Malaysia, Philippinen, Vietnam
- ≈ Roter Fluss, Mekong, Min, Jiulong, Rajang, Pasig und Pahang
- ❯ Zackenbarsch*(Epinephelus akaara)*, Anoxypristis cuspidate *(Anoxypristis cuspidate)*, Fleckiger Adlerrochen *(Aetomylaeus maculates)*, Oncorhynchus formosanus *(Oncorhynchus formosanus)*, Onychostoma alticorpus *(Onychostoma alticorpus)*, Gemusterter Adlerrochen *(Aetomylaeus vespertilio)*

Tasmansee

- ☐ 2 300 000 km²
- ≈ 7 °C–13 °C
- ▽ 5090 m
- ◇ Cookstraße
- ○ Auckland, Hobart, Sydney, Wellington
- ⚥ Australien, Neuseeland
- ≈ Ostaustralstrom
- ❯ Südl. Blauflossen-Thun *(Thunnus maccoyii)*

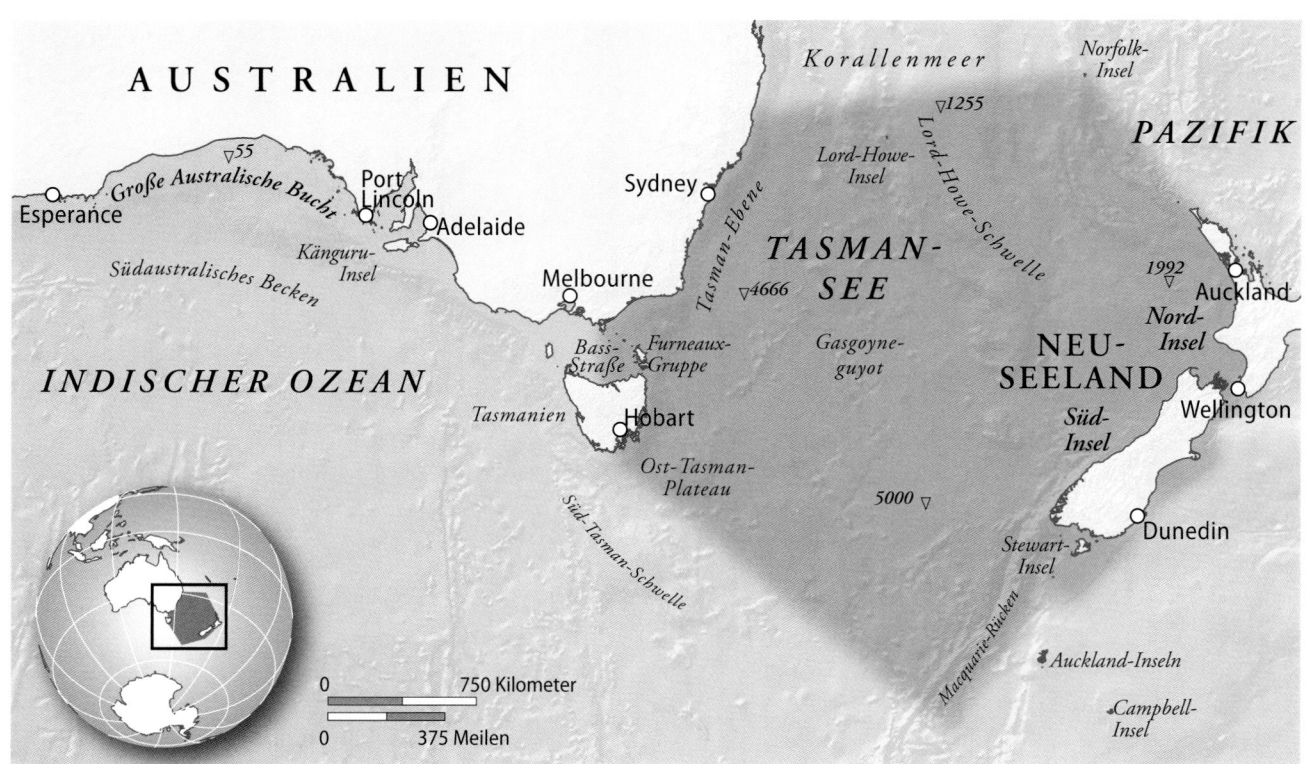

Timorsee

⬜ 610 000 km²

≈ ganzjährig um 28 °C

▽ 3300 m

◇ Erdgas

◯ Darwin, Dili

⇄ Australien, Ost-Timor

≈ Indischer Ozean

❯ Napoleon-Lippfisch (Cheilinus undulates)

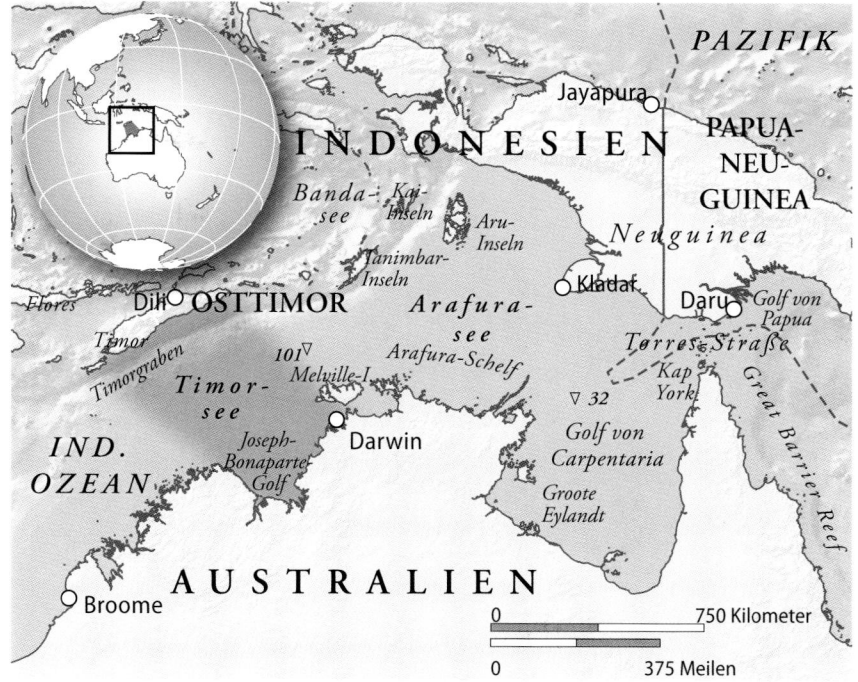

Gelbes Meer

⬜ 404 000 km²

≈ 11 °C–24 °C

▽ 152 m

◇ starke Sedimentablagerungen und Gezeiten

◯ Qingdao, Dal

⇄ China, Nordkorea, Südkorea

≈ Huang He (Gelber Fluss)

❯ Borneohai (Carcharhinus borneensis), Schwertstör (Psephurus gladius), Chinesischer Stör (Acipenser sinensis), Jangtse-Stör (Acipenser dabryanus), Sinocyclocheilus grahami (Sinocyclocheilus grahami), Zackenbarsch (Epinephelus akaara), Schlankwels (Liobagrus kingi, Liobagrus nigricauda), Xenocypris yunnanensis (Xenocypris yunnanensis), Schizothorax grahami (Schizothorax grahami), Silurus mento (Silurus mento), Oncorhynchus formosanus (Oncorhynchus formosanus), Onychostoma alticorpus (Onychostoma alticorpus), Schizothorax lepidothorax (Schizothorax lepidothorax), Sphaerophysa dianchiensis (Sphaerophysa dianchiensis)

GOLFE

Legende

☐ Oberfläche (ca.)

≈ Wassertemperatur

◇ relevante Merkmale

○ wichtigste Küsten-
städte

↯ angrenzende Länder

= grenzt an

> bedrohte Fischarten

Persischer Golf

☐ 240 500 km²

≈ ganzjährig um 28 °C

◇ Straße von Hormus

○ Abu Dhabi, Kuwait City, Bandar Abbas,
Ganaveh

↯ Bahrain, Iran, Irak, Kuwait, Katar, VAE

= Golf von Oman

> Hammerhai *(Sphyrna mokarran)*

Golf von Aden

☐ 533 000 km²

≈ ganzjährig um 25 °C

◇ eine der wichtigsten Schifffahrtsrouten

○ Al-Mukalla, Dschibuti

↯ Somalia, Jemen

= Rotes Meer, Indischer Ozean

> Napoleon-Lippfisch *(Cheilinus undulates)*,
Hammerhai *(Sphyrna mokarran)*

VORHERIGE SEITEN Luftaufnahme von
Clearwater, Florida, am Golf von Mexiko.
Durch umfangreiche Landrückgewinnung
entstanden luxuriöse Wohnanlagen und
Ankerplätze.

Golf von Alaska

- ☐ 1 533 000 km²
- ≈ 5 °C–15 °C
- ◇ heftige Stürme
- ○ Anchorage, Juneau
- ⇄ Kanada, USA
- ═ Beringmeer, Pazifik
- ❯ Heilbutt *(Hippoglossus hippoglossus)*, Stachelkopf *(Sebastolobus alascanus)*

Golf von Kalifornien

- ☐ 155 000 km²
- ≈ 18 °C–22 °C
- ◇ viele durchziehende Meeresbewohner
- ○ Guaymas, La Paz
- ⇄ Mexiko
- ═ Pazifik
- ❯ Wrackbarsch *(Stereolepis gigas)*, Stachelkopf *(Sebastes paucispinus)*, Gewöhnlicher Sägefisch *(Pristis pristis)*, Wüstenkärpfling *(Cyprinodon macularius)*, Mycteroperca jordani *(Mycteroperca jordani)*, Xyrauchen texanus *(Xyrauchen texanus)*, Totoaba *(Cynoscion macdonaldi)*

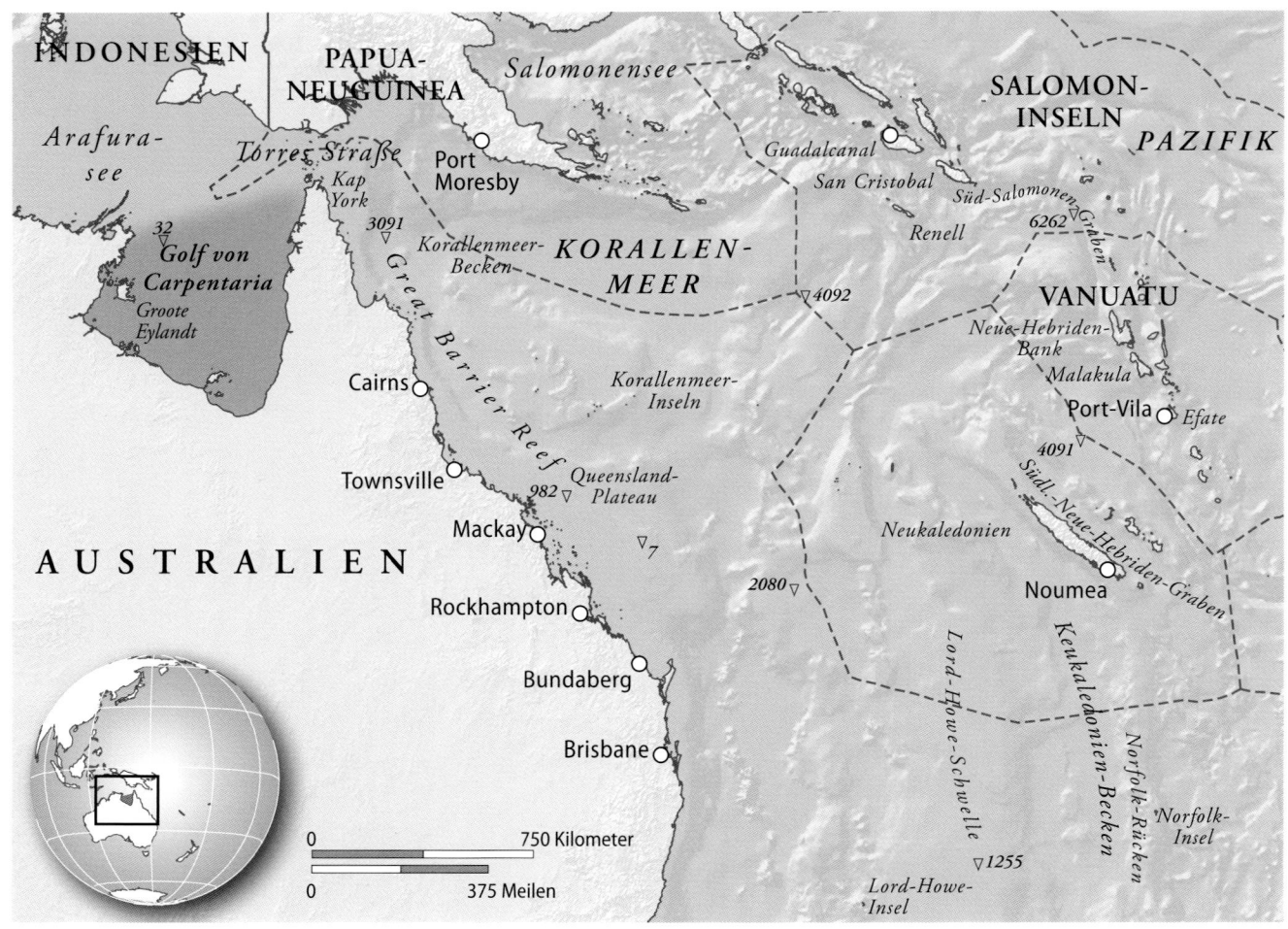

Golf von Carpentaria

- ☐ 300 000 km²
- ≋ ganzjährig um 27 °C
- ◇ relativ unberührt
- ○ keine
- ⇄ Australien
- = Arafurasee
- ⟩ Gemusterter Adlerrochen (*Aetomylaeus vespertilio*)

Golf von Guinea

- ☐ 724 km lang
- ≋ ganzjährig um 27 °C
- ◇ Erdölreserven
- ○ Accra, Lagos, Lomé, Malabo, Porto Novo, São Tomé
- ⇄ Benin, Kamerun, Côte d'Ivoire, Äquatorialguinea, Gabun, Ghana, Nigeria, Togo
- = Atlantik
- ⟩ Rhynchobatus luebberti (*Rhynchobatus luebberti*), Saumrochen (*Rostroraja alba*), Squatina aculeate (*Squatina aculeate*)

Golf von Mexiko

☐ 1 550 000 km²

≈ ganzjährig um 28 °C

◇ Tiefsee-Korallenriffe

◯ Campeche, Corpus Christi, New Orleans, Tampa, Veracruz

⇄ Kuba, Mexiko, USA

⚌ Karibik

> Blinder Kiemenschlitzaal *(Ophisternon infernale)*, Hochlandkärpfling *(Ilyodon whitei, Characodon lateralis)*, Wüstenkärpfling *(Cyprinodon beltrani, Cyprinodon pachycephalus, Cyprinodon veronicae, Cyprinodon verecundus, Cyprinodon meeki, Cyprinodon fontinalis, Cyprinodon longidorsalis, Cyprinodon macrolepis, Cyprinodon maya, Cyprinodon alvarezi, Cyprinodon labiosus)*, Notropis simus *(Notropis simus)*, Megupsilon aporus *(Megupsilon aporus)*, Zackenbarsch *(Epinephelus drummondhayi)*, Neuweltlicher Ährenfisch *(Poblana alchichica, Poblana letholepis, Poblana squamata)*, Gila nigrescens *(Gila nigrescens)*, Gila modesta *(Gila modesta)*, Cualac tessellates *(Cualac tessellates)*, Cyprinella panarcys *(Cyprinella panarcys)*, Cyprinella xanthicara *(Cyprinella xanthicara)*, Ameca-Kärpfling *(Ameca splendens)*, Gambusen *(Gambusia eurystoma)*, Turners Hochlandkärpfling *(Hubbsina turneri)*, Girardinichthys viviparous *(Girardinichthys viviparous)*, Katzenwels *(Prietella phreatophila)*, Buntbarsch *(Cichlasoma labridens)*, Breitpunktkärpfling *(Poecilia latipunctata)*, Schwefelmolly *(Poecilia sulphuraria)*, Monterrey-Platy *(Xiphophorus couchianus)*, Makrele *(Scomberomorus concolor)*, Gefleckter Kärpfling *(Allotoca maculata)*, Xiphophorus gordoni *(Xiphophorus gordoni)*, Xiphophorus meyeri *(Xiphophorus meyeri)*, Hybognathus amarus *(Hybognathus amarus)*, Fundulidae *(Lucania interioris)*, Cyprinella bocagrande *(Cyprinella bocagrande)*, Notropis moralesi *(Notropis moralesi)*, Dionda mandibularis *(Dionda mandibularis)*, Ritterkärpfling *(Xenoophorus captivus)*, Towers Hochlandkärpfling *(Ataeniobius toweri)*, Cyprinella alvarezdelvillari *(Cyprinella alvarezdelvillari)*, Frances Hochlandkärpfling *(Skiffia francesae)*

Golf von Oman

☐ 202 000 km²

≈ ganzjährig um 28 °C

◇ Straße von Hormus

◯ Maskat

⇄ Iran, Oman, VAE

⚌ Persischer Golf, Arabisches Meer

> Hammerhai *(Sphyrna mokarran)*

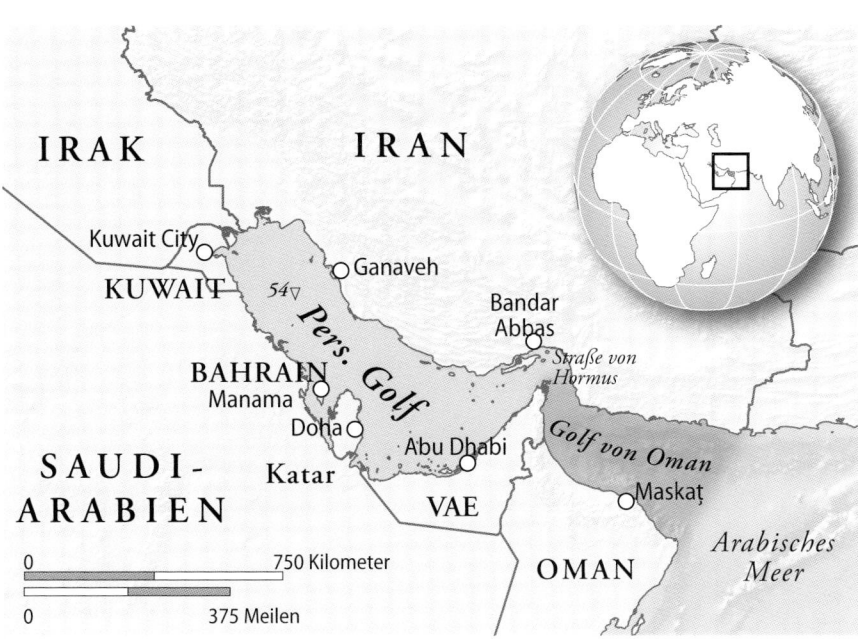

Golf von Panama

☐ 2300 km²

≈ ganzjährig um 28 °C

◇ Panamakanal

○ Panama

⇄ Panama

〢 Pazifik

➤ Grunzer *(Anisotremus moricandi)*, Gewöhnlicher Sägefisch *(Pristis pristis)*, Hammerhai *(Sphyrna mokarran)*, Nassau-Zackenbarsch *(Epinephelus striatus)*, Gemeine Meerbrasse *(Pagrus pagrus)*

Golf von Thailand

☐ 320 000 km²

≈ ganzjährig um 29 °C

◇ Korallenriffe

○ Bangkok

⇄ Kambodscha, Malaysia, Thailand, Vietnam

〢 Südchinesisches Meer

➤ Asiatischer Gabelbart *(Scleropages formosus)*, Chela caeruleostigmata *(Chela caeruleostigmata)*, Prachtschmerle *(Botia sidthimunki)*, Vielfraß-Haiwels *(Pangasius sanitwongsei)*, Probarbus jullieni *(Probarbus jullieni)*, Anoxypristis cuspidate *(Anoxypristis cuspidate)*, Hering *(Tenualosa thibaudeaui)*, Stechrochen *(Himantura oxyrhyncha)*, Fleckiger Adlerrochen *(Aetomylaeus maculates)*, Feuerschwanz-Fransenlipper *(Epalzeorhynchos bicolor)*, Haibarbe *(Balantiocheilos melanopterus)*, Mekong-Riesenwels *(Pangasianodon gigas)*

BUCHTEN

Legende

- ☐ Oberfläche (ca.)
- ≈ Wassertemperatur
- ◇ relevante Merkmale
- ○ wichtigste Küstenstädte
- ⤣ angrenzende Länder
- = grenzt an
- › bedrohte Fischarten

Golf von Bengalen

- ☐ 2 172 000 km²
- ≈ ganzjährig um 28 °C
- ◇ große Deltas
- ○ Chennai, Chittagong, Dhaka, Kolkata
- ⤣ Bangladesch, Indien, Indonesien, Myanmar (Burma), Sri Lanka
- = Indischer Ozean
- › Anoxypristis cuspidate (Anoxypristis cuspidate)

Hudson Bay

- ☐ 819 000 km²
- ≈ 0 °C–8 °C
- ◇ weltweit längste Küstenlinie einer Bucht
- ○ Akulivik, Chesterfield Inlet, Churchill, Chisasibi, Fort Severn
- ⤣ Kanada
- = Foxe-Becken, Labradorsee
- › Hartnasenrochen (Dipturus laevis), Kurznasen-Stör (Acipenser brevirostrum), Stachelkopf (Sebastolobus alascanus), Weißer Stör (Acipenser transmontanus)

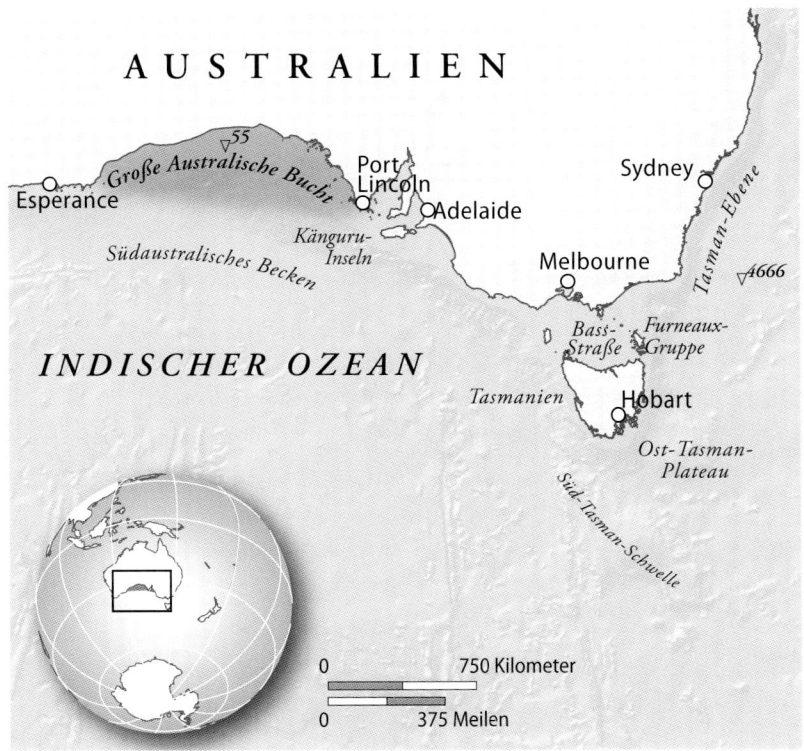

Große Australische Bucht

- ☐ 19 395 km²
- ≈ ganzjährig um 15°C
- ◇ steile, zerklüftete Klippen
- ○ keine
- ⤣ Australien
- = Indischer Ozean
- › keine bedrohten Arten

Delfine, Tümmler und Wale – ORDNUNG : CETACEA: Delfine/Tümmler, Schweinswale und Wale

UNTERORDNUNG	FAMILIE	GATTUNG	ART

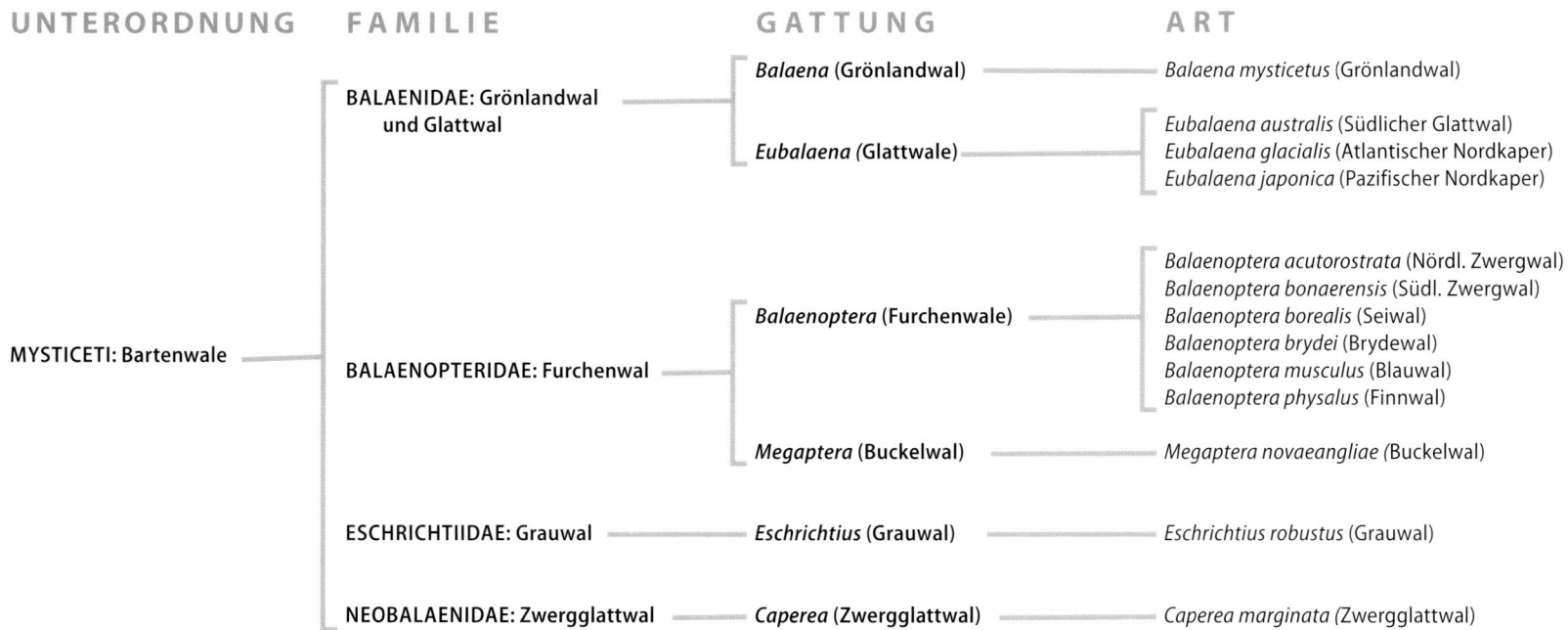

BALAENIDAE: Grönlandwal und Glattwal
- *Balaena* (Grönlandwal) — *Balaena mysticetus* (Grönlandwal)
- *Eubalaena* (Glattwale) — *Eubalaena australis* (Südlicher Glattwal) / *Eubalaena glacialis* (Atlantischer Nordkaper) / *Eubalaena japonica* (Pazifischer Nordkaper)

MYSTICETI: Bartenwale

BALAENOPTERIDAE: Furchenwal
- *Balaenoptera* (Furchenwale) — *Balaenoptera acutorostrata* (Nördl. Zwergwal) / *Balaenoptera bonaerensis* (Südl. Zwergwal) / *Balaenoptera borealis* (Seiwal) / *Balaenoptera brydei* (Brydewal) / *Balaenoptera musculus* (Blauwal) / *Balaenoptera physalus* (Finnwal)
- *Megaptera* (Buckelwal) — *Megaptera novaeangliae* (Buckelwal)

ESCHRICHTIIDAE: Grauwal
- *Eschrichtius* (Grauwal) — *Eschrichtius robustus* (Grauwal)

NEOBALAENIDAE: Zwergglattwal
- *Caperea* (Zwergglattwal) — *Caperea marginata* (Zwergglattwal)

OBEN Zügeldelfin *(Stenella frontalis).*

ODONTOCETI: Zahnwale
(Fortsetzung rechte Seite)

DELPHINIDAE: Delfine, Schwertwale, Grindwale und Verwandte

- *Cephalorhynchus* (Weißbauchdelfine, Commerson-Delfine, Heaviside-Delfine und Hector-Delfine) — *Cephalorhynchus commersonii* (Commerson-Delfin) / *Cephalorhynchus eutropia* (Weißbauchdelfin) / *Cephalorhynchus heavisidii* (Heaviside-Delfin) / *Cephalorhynchus hectori* (Hector-Delfin)
- *Delphinus* (Delfine) — *Delphinus capensis* (Langschnäuziger Gemeiner Delfin) / *Delphinus delphis* (Gemeiner Delfin)
- *Feresa* (Zwerggrindwal) — *Feresa attenuata* (Zwerggrindwal)
- *Globicephala* (Grindwale) — *Globicephala macrorhyncus* (Kurzflossen-Grindwal) / *Globicephala melas* (Grindwal)
- *Grampus* (Rundkopfdelfin) — *Grampus griseus* (Rundkopfdelfin)
- *Lagenodelphis* (Borneodelfin) — *Lagenodelphis hosei* (Borneodelfin)
- *Lagenorhynchus* (Weißschnauzendelfine, Weißseitendelfine und Verwandte) — *Lagenorhynchus acutus* (Weißseitendelfin) / *Lagenorhynchus albirostris* (Weißschnauzendelfin) / *Lagenorhynchus australis* (Peale-Delfin) / *Lagenorhynchus cruciger* (Stundenglasdelfin) / *Lagenorhynchus obliquidens* (Weißstreifendelfin) / *Lagenorhynchus obscurus* (Schwarzdelfin)
- *Lissodelphis* (Glattdelfine) — *Lissodelphis borealis* (Nördlicher Glattdelfin) / *Lissodelphis peronii* (Südlicher Glattdelfin)
- *Orcaella* (Irawadidelfin) — *Orcaella brevirostris* (Irawadidelfin)
- *Orcinus* (Schwertwal/Orca) — *Orcinus orca* (Schwertwal)
- *Peponocephala* (Breitschnabeldelfin) — *Peponocephala electra* (Breitschnabeldelfin)
- *Pseudorca* (Kleiner Schwertwal) — *Pseudorca crassidens* (Kleiner Schwertwal)
- *Sotalia* (Sotalia/Tucuxi) — *Sotalia fluviatilis* (Sotalia/Tucuxi)
- *Sousa* (Buckeldelfine) — *Sousa chinensis* (Chinesischer Weißer Delfin) / *Sousa teuszii* (Kamerunflussdelfin)
- *Stenella* (Ostpazifischer Delfine, Fleckdelfine und Streifendelfine) — *Stenella attenuata* (Schlankdelfin) / *Stenella clymene* (Clymene-Delfin) / *Stenella coeruleoalba* (Streifendelfin) / *Stenella frontalis* (Zügeldelfin) / *Stenella longirostris* (Ostpazifischer Delfin)
- *Steno* (Rauzahndelfin) — *Steno bredanensis* (Rauzahndelfin)
- *Tursiops* (Delfine) — *Tursiops aduncus* (Indopazifischer Tümmler) / *Tursiops truncates* (Großer Tümmler)

VORHERIGE SEITEN Das größte Geschöpf auf Erden, der Blauwal *(Balaenoptera musculus)*, ist zugleich das lauteste. Sein Walgesang erreicht 188 dB. Der Blauwal ernährt sich vorwiegend von Krill.

Delfine, Tümmler und Wale (Fortsetzung) — ORDNUNG : CETACEA: Delfine/Tümmler, Schweinswale und Wale

UNTERORDNUNG	FAMILIE	GATTUNG	ART

Inia (Amazonasdelfin) —— *Inia geoffrensis* (Amazonasdelfin)

INIIDAE: Flussdelfine —— *Lipotes* (Baiji/Chinesischer Flussdelfin) — *Lipotes vexillifer* (Baiji/Chinesischer Flussdelfin)

Pontoporia (La-Plata-Delfin) —— *Pontoporia blainvillei* (La-Plata-Delfin)

MONODONTIDAE: Gründelwale —— *Delphinapterus* (Beluga) —— *Delphinapterus leucas* (Beluga)

Monodon (Narwal) —— *Monodon monoceros* (Narwal)

Neophocaena (Glattschweinswal) —— *Neophocaena phocaenoides* (Glattschweinswal)

PHOCOENIDAE: Schweinswale —— *Phocoena* (Gewöhnliche Schweinswale) —— *Phocoena dioptrica* (Brillenschweinswal)
Phocoena phocaena (Gewöhnlicher Schweinswal)
Phocoena sinus (Kalifornischer Schweinswal/Vaquita)
Phocoena spinipinnis (Burmeister-Schweinswal)

Phocoenoides (Weißflankenschweins.) —— *Phocoenoides dalli* (Weißflankenschweinswal)

PHYSETERIDAE: Pottwale —— *Kogia* (Zwergpottwale) —— *Kogia breviceps* (Zwergpottwal)
Kogia simus (Kleiner Pottwal)

ODONTOCETI: Zahnwale
(Fortsetzung von vorheriger Seite)

Physeter (Pottwal) —— *Physeter catodon* (Pottwal)

PLATANISTIDAE: Gangesdelfine —— *Platanista* (Gangesdelfin) —— *Platanista gangetica* (Ganges- u. Indus-Delfine)

Berardius (Schwarzwale) —— *Berardius arnuxii* (Südlicher Schwarzwal)
Berardius bairdii (Baird-Wal)

Hyperoodon (Entenwale) —— *Hyperoodon ampullatus* (Nördlicher Entenwal)
Hyperoodon planifrons (Südlicher Entenwal)

Indopacetus (Longman-Schnabelwal) —— *Indopacetus pacificus* (Longman-Schnabelwal)

Mesoplodon bidens (Sowerby-Zweizahnwal)
Mesoplodon bowdoini (Andrews-Zweizahnwal)
Mesoplodon carlhubbsi (Hubbs-Zweizahnwal)
Mesoplodon densirostris (Blainvilles-Zweizahnwal)
Mesoplodon europaeus (Gervais'-Zweizahnwal)
Mesoplodon ginkgodens (Japanischer Schnabelwal)

ZIPHIDAE: Schnabelwale —— *Mesoplodon* (Zweizahnwale) —— *Mesoplodon grayi* (Grays-Zweizahnwal)
Mesoplodon hectori (Hectors-Zweizahnwal)
Mesoplodon layardii (Layards-Zweizahnwal)
Mesoplodon mirus (Trues-Zweizahnwal)
Mesoplodon perrini (Perrins-Zweizahnwal)
Mesoplodon peruvianus (Peruanischer Schnabelwal)
Mesoplodon stejnegeri (Stejnegers-Schnabelwal)
Mesoplodon traversii (Bahamonde-Schnabelwal)

Tasmacetus (Shepherd-Wal) —— *Tasmacetus shepherdi* (Shepherd-Wal)

Ziphius (Cuvier-Schnabelwal) —— *Ziphius cavirostris* (Cuvier-Schnabelwal)

LINKS Beluga *(Delphinapterus leucas).*

Walrosse, Seelöwen und Robben – ORDNUNG : CARNIVORA: Raubtiere

UNTERORDNUNG	FAMILIE	GATTUNG	ART
	ODOBENIDAE: Walross	*Odobenus* (Walross)	*Odobenus rosmarus* (Walross)

Arctocephalus (Südliche Seebären)
- *Arctocephalus australis* (Südamerikanischer Seebär)
- *Arctocephalus forsteri* (Neuseeländischer Seebär)
- *Arctocephalus galapagoensis* (Galápagos-Seebär)
- *Arctocephalus gazella* (Antarktischer Seebär)
- *Arctocephalus philippii* (Juan-Fernández-Seebär)
- *Arctocephalus pusillus* (Südafrikanischer Seebär)
- *Arctocephalus townsendi* (Guadalupe-Seebär)
- *Arctocephalus tropicalis* (Subantarktischer Seebär)

OTARIIDAE: Seebären und Seelöwen

Callorhinus (Nördlicher Seebär) — *Callorhinus ursinus* (Nördlicher Seebär)

Eumetopias (Stellerscher Seelöwe) — *Eumetopias jubatus* (Stellerscher Seelöwe)

Neophoca (Australischer Seelöwe) — *Neophoca cinerea* (Australischer Seelöwe)

Otaria (Mähnenrobbe) — *Otaria flavescens* (Mähnenrobbe)

Phocarctos (Neuseeländischer Seelöwe) — *Phocarctos hookeri* (Neuseeländischer Seelöwe)

Zalophus (Seelöwen)
- *Zalophus californianus* (Kalifornischer Seelöwe)
- *Zalophus japonicus* (Japanischer Seelöwe)
- *Zalophus wollebaeki* (Galápagos-Seelöwe)

CANOIDEA: Hundeartige

PINNIPEDIA: Robben

Cystophora (Klappmütze) — *Cystophora cristata* (Klappmütze)

Erignathus (Bartrobbe) — *Erignathus barbatus* (Bartrobbe)

Halichoerus (Kegelrobbe) — *Halichoerus grypus* (Kegelrobbe)

Histriophoca (Bandrobbe) — *Histriophoca fasciata* (Bandrobbe)

Hydrurga (Seeleopard) — *Hydrurga leptonyx* (Seeleopard)

Leptonychotes (Weddellrobbe) — *Leptonychotes weddellii* (Weddellrobbe)

Lobodon (Krabbenfresser) — *Lobodon carcinophaga* (**Krabbenfresser**)

Mirounga (See-Elefanten)
- *Mirounga angustirostris* (Nördlicher See-Elefant)
- *Mirounga leonina* (Südlicher See-Elefant)

Monachus (Mönchsrobben)
- *Monachus monachus* (Mittelmeer-Mönchsrobbe)
- *Monachus schauinslandi* (Hawaii-Mönchsrobbe)
- *Monachus tropicalis* (Karibische Mönchsrobbe)

Ommatophoca (Rossrobbe) — *Ommatophoca rossii* (Rossrobbe)

Pagophilus (Sattelrobbe) — *Pagophilus groenlandicus* (Sattelrobbe)

Phoca (Echte Hundsrobben)
- *Phoca largha* (Largha-Robbe)
- *Phoca vitulina* (Seehund)

Pusa (Ringel-, Baikal- und Kaspische Robben)
- *Pusa caspica* (Kaspische Robbe)
- *Pusa hispida* (Ringelrobbe)
- *Pusa sibirica* (Baikalrobbe)

LINKS Südlicher See-Elefant *(Mirounga leonina)*.

Pinguine – ORDNUNG: SPHENISCIFORMES: Pinguine

FAMILIE   GATTUNG   ART

SPHENISCIDAE: Pinguine

Aptenodytes (Kaiser- und Königspinguine)
- *Aptenodytes forsteri* (Kaiserpinguin)
- *Aptenodytes patagonicus* (Königspinguin)

Eudyptes (Felsen-, Goldschopf- und verwandte Pinguine)
- *Eudyptes chrysocome* (Felsenpinguin)
- *Eudyptes chrysolophus* (Goldschopfpinguin)
- *Eudyptes pachyrynchus* (Dickschnabelpinguin)
- *Eudyptes robustus* (Snaresinselpinguin)
- *Eudyptes schlegeli* (Haubenpinguin)
- *Eudyptes sclateri* (Kronenpinguin)

Eudyptula (Zwergpinguin)
- *Eudyptula minor* (Zwergpinguin)

Megadyptes (Gelbaugenpinguin)
- *Megadyptes antipodes* (Gelbaugenpinguin)

Pygoscelis (Adélie-, Zügel- und Eselspinguine)
- *Pygoscelis adeliae* (Adélie-Pinguin)
- *Pygoscelis antarcticus* (Zügelpinguin)
- *Pygoscelis papua* (Eselspinguin)

Spheniscus (Brillenpinguine)
- *Spheniscus demersus* (Brillenpinguin)
- *Spheniscus humboldti* (Humboldt-Pinguin)
- *Spheniscus magellanicus* (Magellan-Pinguin)
- *Spheniscus mendiculus* (Galápagos-Pinguin)

UNTEN Königspinguine *(Aptenodytes patagonicus)*.

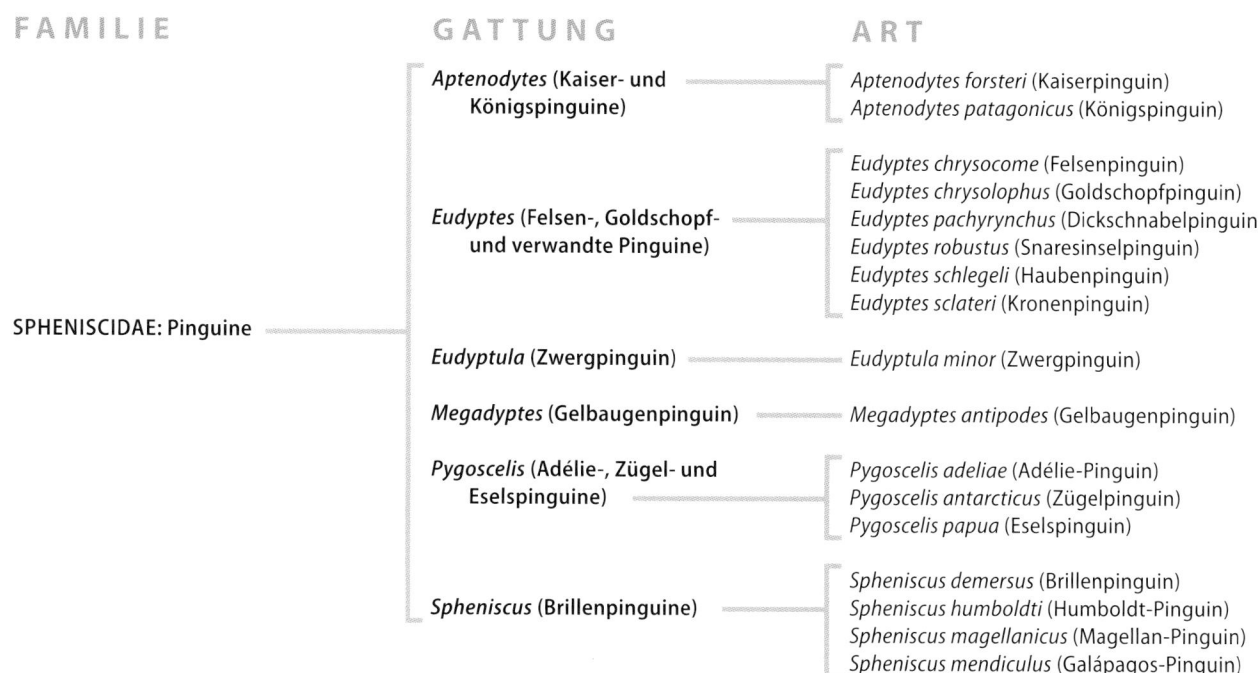

Dugongs, Manatis und Seekühe — ORDNUNG : SIRENIA: Dugongs, Manatis und Seekühe

FAMILIE	UNTERFAMILIE	GATTUNG	ART
DUGONGIDAE: Dugong und Seekuh	DUGONGINAE	*Dugong* (Dugong)	*Dugong dugon* (Dugong)
	HYDRODAMALINAE	*Hydrodamalis* (Seekuh)	*Hydrodamalis gigas* (Stellers Seekuh)
TRICHECHIDAE: Manatis		*Trichechus* (Manatis)	*Trichechus inunguis* (Amazonas-Manati)
			Trichechus manatus (Karibik-Manati)
			Trichechus senegalensis (Afrikanischer Manati)

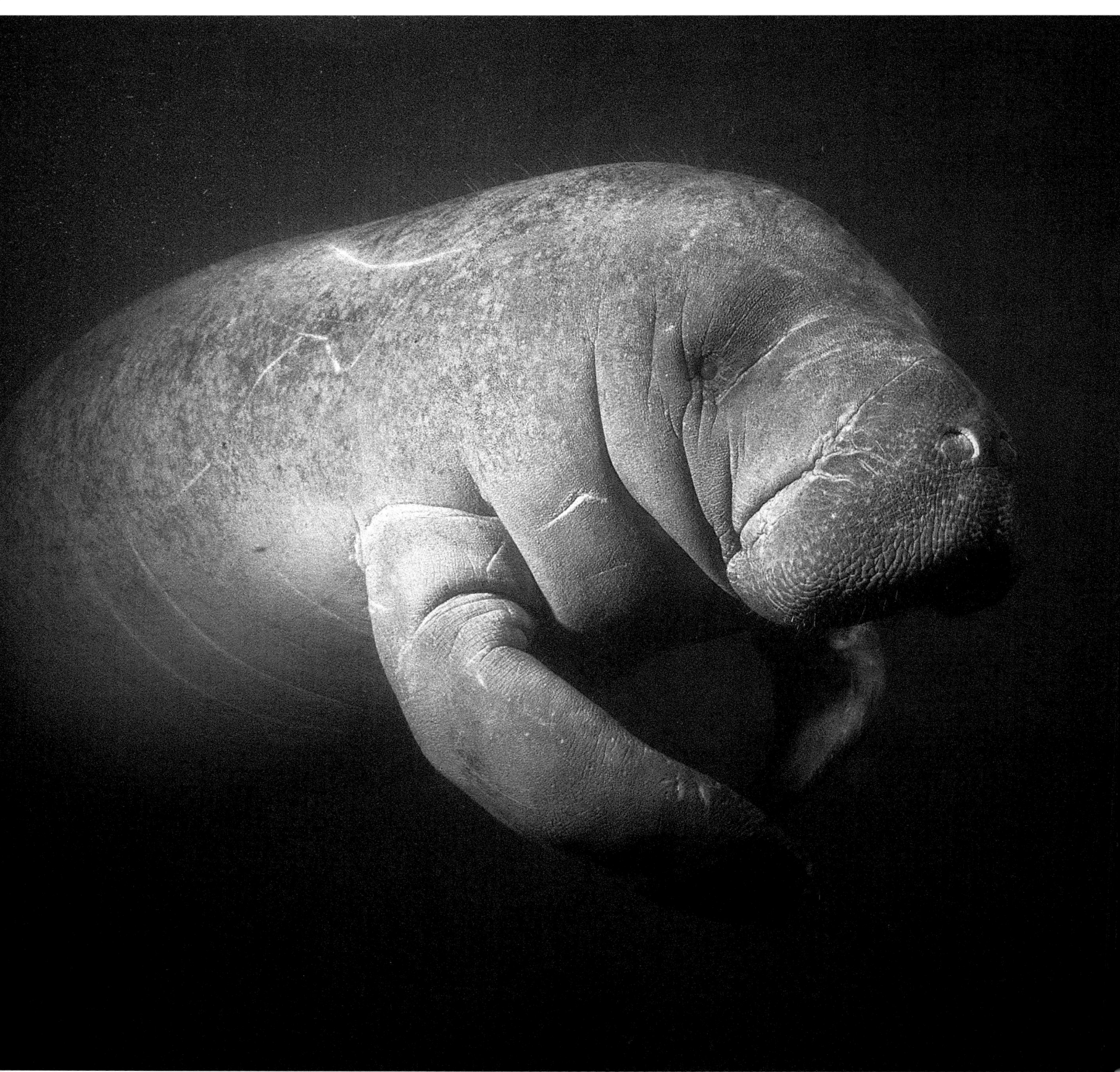

Eisbären – ORDNUNG : CARNIVORA: Raubtiere

UNTERORDNUNG	FAMILIE	GATTUNG	ART
CANOIDEA: Hundeartige Raubtiere	URSIDAE: Bären	*Ursus* (Schwarz-, Braun- und Eisbären)	*Ursus maritimus* (Eisbär)

RECHTS Eisbär *(Ursus maritimus)* mit Jungen.

LINKE SEITE Amazonas-Manati *(Trichechus inunguis)*.

Otter — ORDNUNG : CARNIVORA: Raubtiere — UNTERORDNUNG : CANOIDEA: Hundeartige Raubtiere

FAMILIE	UNTERFAMILIE	GATTUNG	ART
MUSTELIDAE: Dachse, Otter, Wiesel und Verwandte	LUTRINAE: Otter	*Aonyx* (Fingerotter)	*Aonyx capensis* (Kapotter) *Aonyx cinerea* (Zwergotter)
		Enhydra (Seeotter)	*Enhydra lutris* (Seeotter)
		Hydrictis (Fleckenhalsotter)	*Hydrictis maculicollis* (Fleckenhalsotter)
		Lontra (Neuweltotter)	*Lontra canadensis* (Nordamerikanischer Fischotter) *Lontra felina* (Küstenotter) *Lontra longicaudis* (Südamerikanischer Fischotter) *Lontra provocax* (Südlicher Flussotter)
		Lutra (Altweltotter)	*Lutra lutra* (Fischotter) *Lutra nippon* (Japanischer Otter) *Lutra sumatrana* (Haarnasenotter)
		Lutrogale (Indischer Fischotter)	*Lutrogale perspicillata* (Indischer Fischotter)
		Pteronura (Riesenotter)	*Pteronura brasiliensis* (Riesenotter)

LINKS Seeotter *(Enhydra lutris)*.

1840 (vorherige Seiten)

James Clark Ross erforscht die Antarktis und lotet mit einem Hanfseil erstmals die Tiefe aus. Die *HMS Erebus* und *HMS Terror* blieben beide im Packeis stecken.

480 V. CHR.

Eine griechische Triere – ein hochmodernes Kriegsschiff – kann unter Segel und Riemen längere Distanzen zurücklegen.

◀ 480 V. CHR.   **um 150 V. CHR ▶**

SVBSO LANVS

***um* 150 V. CHR.**
Auf Ptolemäus' Weltkarte sind erste
Kontinente, Winde und Meere
eingezeichnet.

***um* 285 V. CHR. (linke Seite)**
Der Pharos von Alexandria – ein
gewaltiger Leuchtturm – wird in
Alexandria, Ägypten, gebaut.

1000
Leif Eriksson,
der nordische
Entdecker, landet
in Nordamerika.

◄ 1000

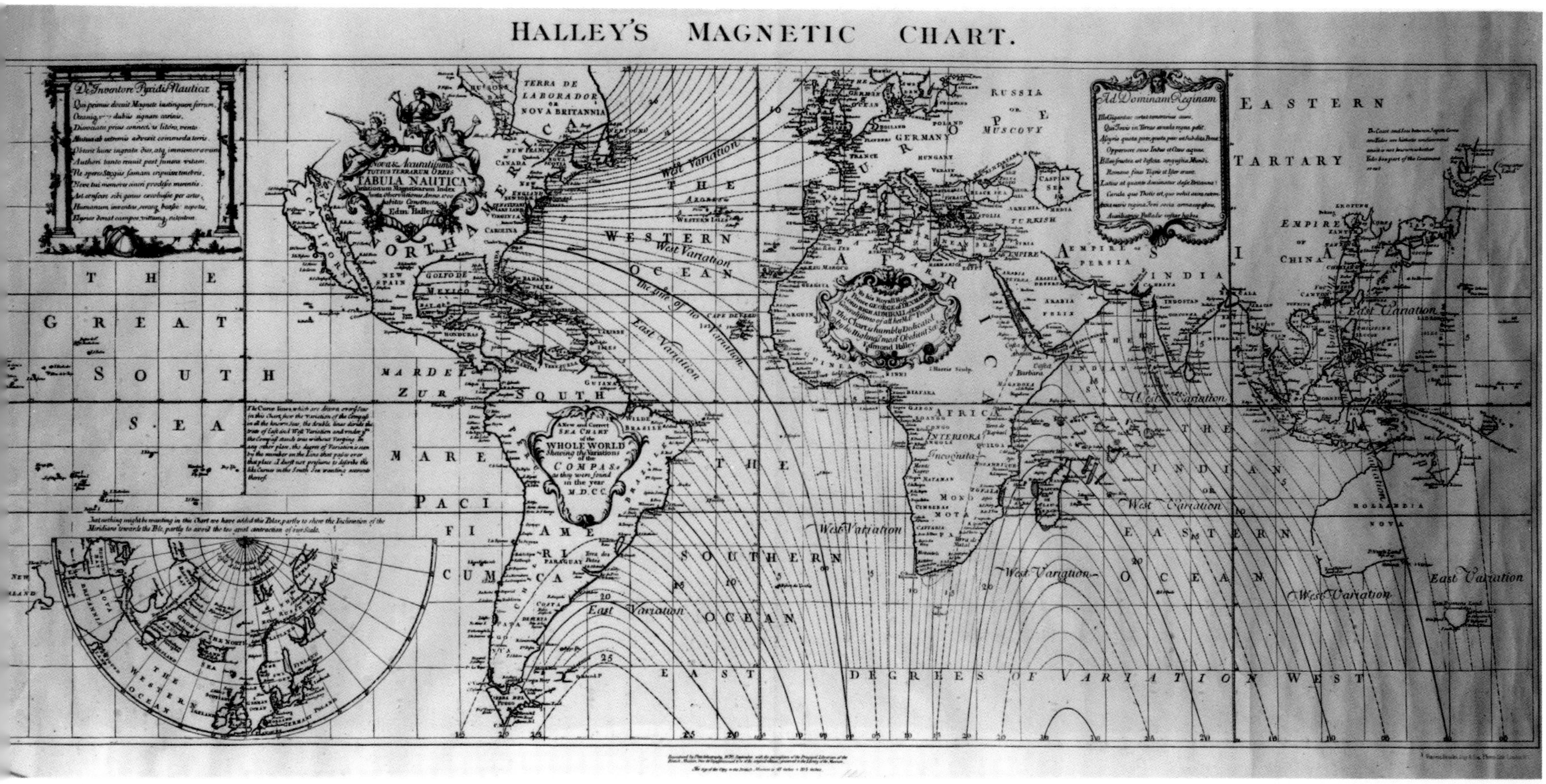

HALLEY'S MAGNETIC CHART.

1702

1702 (oben)
Isogonenkarte Edmund Halleys,
auf der er die Deklinationslinien
in den Ozeanen darstellt.

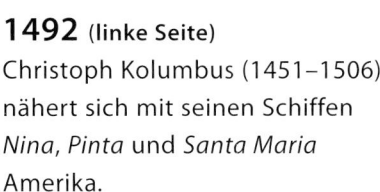

1492 (linke Seite)
Christoph Kolumbus (1451–1506)
nähert sich mit seinen Schiffen
Nina, *Pinta* und *Santa Maria*
Amerika.

1520
Ferdinand Magellan (1480–1521)
entdeckt mit seiner Flotte eine
Passage vom Atlantik in den Pazifik
– die Magellanstraße

1770

Nach einer unvorstellbaren Reise über die Ozeane landet Kapitän
James Cook in Botany Bay und beansprucht Australien für England.

1857
Samuel Hallett und
der Graf von Rottermunde
entwickeln die U-Boot-artige
Tauchglocke *Nautilis*.

◀ 1770   1843 ▶

1837–1843
Auf ihrer fünfjährigen Expedition
mit Charles Darwin erreicht die
HMS Beagle die Magellanstraße.

1883

1912
Die *RMS Titanic* sinkt
nach der Kollision mit
einem Eisberg.

1925
Duke Kahanamoku macht das
Surfen populär und entwickelt
das Longboard.

1943
Jacques-Yves Cousteau –
1960 an Bord der *Calypso*
aufgenommen – entwickelte
mit dem Ingenieur Émile
Gagnan das Tauchgerät.

1883 (linke Seite)
Der Ausbruch des Krakataus in
Indonesien, der heftigste Vulkanausbruch in der Geschichte, sorgte
weltweit für Schlagzeilen.

1946 ▶

1946
Auf dem Bikini-
Atoll im Südpa-
zifik explodiert
eine Atombombe.

1947
Der norwegische Abenteurer Thor Heyerdahl startet auf dem Floß *Kon-Tiki* eine Expedition und beweist die Möglichkeit einer Migration südamerikanischer Völker auf die Pazifikinseln.

1959 (unten)
Die Tiefseetauchkapsel *Trieste* der US-Marine taucht in den Marianengraben.

◀ 1947

2001

Nach einer Reihe von
Explosionen beginnt
die Bohrinsel P-36 vor
Brasilien zu sinken.

2001

1966

Francis Chichester umrundet
als erster Solosegler in seiner
Gipsy Moth IV die Erde.

2004
Der schrecklichste Tsunami seit Menschengedenken verwüstet Teile Südostasiens.

◀ 2004   2009 ▶

2009
Die Whale Shark Expedition, ein Teil des Cousteau-Forschungsprogrammes Divers Aware of Sharks, beobachtet und identifiziert Walhaie *(Rhincodon typus)* im Golf von Tadjoura.

2009
Versuch, nach dem Absturz von Air France Flug 447 in den Rossbreiten des Atlantiks, bei dem 228 Menschen ums Leben kamen, die Blackbox zu bergen.

Glossar

Ablandig: Beschreibung vieler Merkmale, die sich in einer undefinierten Entfernung vom Ufer befinden.

Ästuar: Ästuare entstehen an den Mündungen von Flüssen oder Strömen, die ins Meer fließen, und zwar in tief liegenden Gebieten, in denen das Süßwasser nicht abrupt in den Ozean gelangt.

Algen: Der Begriff „Algen" bezieht sich auf eine Vielfalt von Meerespflanzen, die mithilfe der Fotosynthese aus Kohlendioxid organische Verbindungen produzieren und als Nebenprodukt Sauerstoff freisetzen. Zu ihnen gehört auch der Seetang – von glitschigen, grasartigen Fäden bis zu harten, ledrigen Kelpwedeln.

Archipel: Eine Inselgruppe oder langgezogene Inselkette.

Atoll: Ein rundes Korallenriff, das an oder nahe der Wasseroberfläche entsteht.

Astronomische Navigation: Bestimmung der eigenen Position anhand der Sterne oder anderer Himmelskörper. Früher zur Navigation auf See genutzt.

Auftrieb: Das Aufsteigen kälteren, nährstoffreicheren Wassers in die Oberflächenschicht.

Barriereriffe: Diese Riffe entstehen an den Kanten der Kontinentalschelfe; offenes Wasser trennt sie vom Festland. Sie bilden nicht zwangsläufig einen durchgehenden Streifen; stattdessen können sie durch Kanäle, Felsvorsprünge oder Schluchten in einzelne Riffabschnitte geteilt werden. Ein Barriereriff entsteht meist auf einem älteren Riff, das durch das Sinken des Meeresspiegels freigelegt und später wieder überspült wurde.

Bathypelagial: Ein Lebensraum in der Tiefsee unterhalb 1000 m. Durch fehlende Sonneneinstrahlung ist es völlig dunkel.

Beaufortskala: Eine 12-Punkte-Skala zum Messen der Windgeschwindigkeit, basierend auf der Beobachtung der Windeffekte.

Unter 1 herrscht völlig Windstille, 12 ist ein Orkan.

Biolumineszenz: Fähigkeit von Lebewesen, durch chemische Reaktionen selbst Licht zu erzeugen, so wie einige Bewohner der Tiefseee.

Bireme: Antikes Kriegsschiff, das auf jeder Seite zwei übereinanderliegende Reihen von Riemen hatte. Eine Triere hatte drei Reihen von Ruderern.

Brandungsströmung: Eine meist auf die Oberfläche beschränkte Strömung, die entsteht, wenn Wellen in einem Winkel auf die Küste treffen.

Bucht: Eine ausgedehnte „Ausbeulung" in der Küstenlinie, die zum Meer hin offen ist.

Buhne (Wellenbrecher): Eine niedrige, meist aus Holz gebaute Struktur, die ins Wasser hineinreicht und dabei helfen soll, die Stranderosion zu vermindern.

Carley-Floß: Umdrehbares Rettungsfloß.

Corioliskraft: Die scheinbare Ablenkung eines frei beweglichen Objektes, ausgelöst durch die Erdrotation. Auf der Nordhalbkugel werden Objekte nach rechts (im Uhrzeigensinn) abgelenkt, auf der Südhalbkugel nach links (entgegen dem Uhrzeigersinn). In höheren Breiten ist der Effekt stärker spürbar und beeinflusst die Meeresströmungen.

Dreadnought: Schlachtschiff aus dem 20. Jh., das mit schweren Geschützen gleichen Kalibers ausgerüstet ist.

Ekman-Spirale: Tritt immer auf, wenn die kombinierten Einflüsse des Windes und der Corioliskraft Meeresströmungen dazu zwingen, in einem Winkel zur vorherrschenden Windrichtung zu fließen.

El Niño: Eine Klimastörung, die durch die Erwärmung des Pazifiks am Äquator um mindestens 0,5 °C hervorgerufen wird und die normalen Meeresströmungen und Windbewegungen ändert. Das Phänomen

hat weitreichende, zum Teil katastrophale Auswirkungen auf das Wetter weltweit und führt z. B. zu Starkregen in Südamerika und Dürre in Australien. Tritt etwa alle 4–5 Jahre auf.

Epipelagial: Der Oberflächenbereich der Ozeane, in den noch ausreichend Sonnelicht dringt, um die Fotosynthese zu ermöglichen.

Eustatische Meeresspiegelschwankung: Weltweite Veränderung, die alle Ozeane betrifft. Wird in jüngster Zeit durch das Abschmelzen der Polkappen hervorgerufen.

Galeere: Kleines Schiff, das durch Ruderer angetrieben wird.

Galleasse: Große Galeere mit Segeln und Riemen.

Gletscher: Große bis sehr große Eismasse, die im Laufe der Zeit durch die Verdichtung und Umkristallisierung von Schnee entstanden ist und Jahr für Jahr überdauert. Aufgrund seines Eigengewichtes bewegt sich ein Gletscher sehr langsam den Hang hinab.

Guyot: Abgeflachter unterseeischer Berg meist vulkanischen Ursprungs, der über 200 m unter der Wasseroberfläche liegt. Guyots werden durch Wellenbewegung, Veränderungen in der Höhe des Meeresspiegels und tektonische Vorgänge abgeflacht.

Hydrothermaler Schlot: *siehe* Schwarze Raucher.

Insel: Die international anerkannte Definition lautet: Natürlich entstandene Landmasse, die auf allen Seiten von Wasser umgeben ist und über der Flutlinie liegt.

Kanal: *siehe* Straße.

Kiellinie: Formation von Schiffen, die genau hintereinander fahren, sodass sich die hinteren Schiffe genau im Kielwasser ihrer Vordermänner befinden.

Küstennah: Überschwemmtes Land, das sich eine kurze, aber prinzipiell undefinierte Distanz von der Küste aus seewärts erstreckt.

Küstenvorland: Auch Intertidal- oder Littoralzone genannt; der Teil des Strandes, der bei Flut überschwemmt und bei Ebbe freigelegt wird.

La Niña: Gegenteil von El Niño; charakterisiert durch eine Abkühlung der Äquatorialgewässer des Pazifiks um mindestens 0,5 °C; führt zu Dürre in Südamerika und Starkregen in Australien.

Loxodrome: Eine gerade Linie, die von einem Schiff von dessen ursprünglichen Kurs aus verfolgt wird, ohne die tatsächliche (nicht magnetische) Richtung zu ändern. Eine Loxodrome kreuzt alle Längengrade im gleichen Winkel.

Mangrove: Ein immergrüner tropischer Baum oder Strauch mit stelzenartigen Wurzeln, der in dichten Wäldern entlang Gezeitenküsten wächst.

Marine Ablagerungen: Angeschwemmte Ablagerungen an der Küste eines Meeres, die sich nach außen bis zum Rand des Kontinentalschelfs erstrecken.

Mesopelagial: Der Lebensraum in der mittleren Tiefe zwischen 200 und 1000 m; markiert den Beginn der Tiefsee.

Mittelatlantischer Rücken: Teil eines Systems aus Mittelozeanischen Rücken, die die längste Bergkette der Welt bilden; sie erstreckt sich über 16 000 km in Nord-Süd-Richtung.

Mittelozeanische Bruchzone: Eine tiefe Verwerfung im Kamm des Mittelozeanischen Rückens; wird auch Grabenbruch genannt.

Nippflut: Kleine Fluten, die bei zu- oder abnehmendem Mond entstehen. Sie führen zum geringsten Tidenhub.

Ozeanbecken: Teile einer Tiefseeebene, die von Rücken, Gräben oder Kontinenten begrenzt werden.

Pazifischer Feuerring: Ein gewaltiges, das Becken des Pazifiks umgebendes Gebiet mit starker vulkanischer Aktivität, die sich in häufigen Erdbeben und Vulkanausbrüchen manifestiert; wird manchmal auch Zirkumpazifischer Feuerring oder Feuergürtel genannt.

Pangaea: (auch Pangäa oder Pangea) Ein Superkontinent, der zwischen dem Paläozoikum und dem Mesozoikum vor 300 bis 200 Millionen Jahren existierte. Er wurde durch die Kontinentaldrift getrennt, die zur Entstehung der aktuellen Kontinente führte.

Passage: *siehe* Straße.

Pelagial: Der uferferne Freiwasserbereich eines Gewässers.

Phytoplankton: Mikroskopisch kleine einzellige Algen, die in der obersten Schicht des Ozeans treiben.

Plankton: Mikroskopisch kleine Organsimen, die im Ozean treiben. Es besteht aus Krustentieren, Algen, Diatomeen, Protozoen und den Eiern anderer Meeresbewohner. Plankton ist für viele Lebewesen eine wichtige Nahrungsquelle.

Rossbreiten: Weite Gebiete, in denen fast immer Windstille herrscht, charakterisiert durch Wärme und Trockenheit in subtropischen Hochdruckgebieten, die zwischen dem 30° und 35°N und S liegen.

Schwarzer Raucher: Hydrothermale Schlote auf dem Boden der Tiefsee. Sie entstehen an divergierenden Plattengrenzen oder in Zentren, in denen heißes Wasser, Schwefelwasserstoff und andere Gase ausgestoßen werden. Der Schwefelwasserstoff bildet Schwefelpräzipitate, die aussehen, als würde der Schlot schwarzen Rauch ausstoßen.

Sextant: Ein Navigationsgerät zur Bestimmung des Winkels zwischen dem Horizont und einem Himmelskörper, anhand dessen der Längen- und Breitengrad errechnet werden kann.

Springflut: Die höchste Flut, verursacht durch die Konjunktion oder Opposition von Sonne und Mond.

Straße: Ein schmaler Wasserstreifen zwischen zwei oder mehr Landmassen; auch als Kanal oder Passage bekannt.

Sturmflut: Durch einen Sturm mit auflandigen Winden (stark) erhöhter Tidenstrom.

Tektonische Platten: Teile der Erdkurste und der obersten Schicht des Erdmantels, die zusammen die Litosphäre darstellen. Tektonische Platten sind etwa 100 km dick und bestehen vorwiegend aus ozeanischer und Kontinentalkruste. Ozeanische Kruste setzt sich überwiegend aus Basaltgestein zusammen, während Kontinentalkruste grundsätzlich aus granitartigem, weniger dichtem Gestein besteht.

Tidefluss: Ein Flussabschnitt, der abhängig vom Gezeitenstand wechselnde Wasserhöhen hat; im unteren Bereich herrscht Brackwasser vor, im oberen Süßwasser.

Tiefseeberg: Ein unterseeischer Berg, der nicht die Wasseroberfläche durchdringt.

Tiefseeebene: Ausgedehnte ebene Region auf den Meeresboden, die meist an einem Kontinentalfuß liegt.

Tsunami: Welle, die durch ein unterseeisches Erdbeben, einen Erdrutsch oder einem Vulkanausbruch ausgelöst wird. Wird oft inkorrekt als Flutwelle bezeichnet. Die Wellen können sehr hoch werden und genug Energie enthalten, um ganze Ozeane zu überqueren. Ihre mittlere Geschwindigkeit liegt bei 725 km/h.

Unterseeischer Canyon: Vollständig überschwemmter, v-förmiger Canyon mit steilen Wänden, der sich den Kontinentalhang hinab erstreckt.

Watt: Ausgedehnte, völlig flache, morastige Gebiete an Gezeitenküsten, die je nach Gezeitenstand überschwemmt oder freigelegt werden.

Wellenkamm: Der höchste Punkt einer Welle. Das Wellental zwischen zwei Wellen ist ihr tiefster Punkt.

Wirbel: Eine große, kreisförmige Oberflächenströmung, die vom Wind angetrieben wird.

Register

Fett gedruckte Seitenzahlen beziehen sich auf den Haupteintrag; *kursiv* gedruckte Seitenzahlen auf Fotos oder Zeichnungen.

Bildnachweis und Danksagung

Der Verlag dankt den folgenden Bildarchiven und weiteren Urheberrechteinhabern für die Genehmigung zur Verwendung dieser Bilder.

LEGENDE: (o) oben, (u) unten, (l) links, (r) rechts, (m) Mitte

1 Copyright Corbis Australien; 2–3 White Images/Scala, Florenz; 4–5 Paul Nicklen/National Geographic/Getty Images; 6–7 Copyright Corbis Australien; 8–9 Copyright Corbis Australien; 12–13 Copyright Corbis Australien; 14(om) Copyright Corbis Australien; 14–15(u) Jeff Rotman/Iconica/ Getty Images; 15(ol) Copyright Corbis Australien; 15(or) Gary Bell/Taxi/Getty Images; 16(ul) Copyright Corbis Australien; 16(or) Copyright Corbis Australien; 17(o) USGS National Center for EROS and NASA Landsat Project Science Office; 18(um) Copyright Corbis Australien; 18(ol) Copyright Corbis Australien; 19(ur) The Art Archive; 19(o) uniquedimension. com-Edimedia; 20–21 NASA/Goddard Space Flight Center Scientific Visualization Studio; 22–23(u) Millennium House; 23(om) Copyright Corbis Australien; 24(u) Copyright Corbis Australien; 24(ol) Copyright Corbis Australien; 25(um) NASA; Jacques Descloitres, MODIS Land Rapid Response Team, NASA/GSFC; 25(o) NASA; NASA Goddard Space Flight Center; 28–29 Yannick Le Gal/Getty Images; 30(m) NASA Johnson Space Center; 30–31(u) Eric Meola/The Image Bank/ Getty Images; 31(mr) Copyright Corbis Australien; 31(ol) Copyright Corbis Australien; 31(or) Copyright Corbis Australien; 32(um) uniquedimension.com-World History Archive; 32(um) uniquedimension.com-World History Archive; 32(ml) Copyright Corbis Australien; 33(o) Copyright Corbis Australien; 34(um) Copyright Corbis Australien; 34(ol) Copyright Corbis Australien; 34(or) NASA; NASA Visible Earth/Jacques Descloitres, MODIS Land Science Team; 35 Copyright Corbis Australien; 36(u) Copyright Corbis Australien; 37(m) Copyright Corbis Australien; 37(or) Millennium House; 38(ol) uniquedimension.com-World History Archive; 38(ol) uniquedimension.com-World History Archive; 38–39(o) Copyright Corbis Australien; 40(ul) Copyright Corbis Australien; 40(ml) Copyright Corbis Australien; 41(or) uniquedimension.com-World History Archive;/NOAA/NASA; 42(ol) NASA/GSFC/MITI/ERSDAC/ JAROS, and U.S./Japan ASTER Science Team; 43(ur) Copyright Corbis Australien; 43(om) Copyright Corbis Australien; 44–45 Copyright Corbis Australien; 46(om) Copyright Corbis Australien; 46–47(u) Darrell Gulin/Getty Images; 47(m) Copyright Corbis Australien; 47(or) Copyright Corbis Australien; 48(ul) Copyright Corbis Australien; 48(ol) NASA Visible Earth/Jeff Schmaltz, MODIS Rapid Response Team, NASA/GSFC; 49(um) Copyright Corbis Australien; 49(o) Copyright Corbis Australien; 52 Copyright Corbis Australien; 52–53(o) Tim Laman/Getty Images; 56(ul) Copyright Corbis Australien; 57(mr) Copyright Corbis Australien; 57(ol) Copyright Corbis Australien; 60(ul) Copyright Corbis Australien; 60(ol) Copyright Corbis Australien; 61(o) Copyright Corbis Australien; 64(u) Copyright Corbis Australien; 65(mr) Copyright Corbis Australien; 65(ol) Copyright Corbis Australien; 69(u) Copyright Corbis Australien; 69(u) Copyright Corbis Australien; 69(ol) Copyright Corbis Australien; 69(ol) Copyright Corbis Australien; 69(or) Copyright Corbis Australien; 69 or) Copyright Corbis Australien; 70(u) Copyright Corbis Australien; 71(mr) Copyright Corbis Australien; 72(ol) Copyright Corbis Australien; 73 Copyright Corbis Australien; 74(ol) Copyright Corbis Australien; 75(ur) Jacques Descloitres, MODIS Rapid Response Team, NASA/GSFC; 75(o) Copyright Corbis Australien; 76(u) Copyright Corbis Australien; 77(ul) Copyright Corbis Australien; 77(ur) Copyright Corbis Australien; 78(u) NASA; SeaWiFS Project, NASA/Goddard Space Flight Center, and ORBIMAGE; 79(um) Copyright Corbis Australien; 79(mr) uniquedimension.com-World History Archive; 80(m) Copyright Corbis Australien; 80(ml) Copyright Corbis Australien; 81(o) uniquedimension. com-World History Archive; 82(u) Copyright Corbis Australien; 82(ol) Copyright Corbis Australien; 83(ur) Copyright Corbis Australien; 83(ol) NASA; SeaWiFS Project, NASA/Goddard Space Flight Center, and ORBIMAGE; 84(ol) Copyright Corbis Australien; 84(or) Copyright Corbis Australien; 85(u) Copyright Corbis Australien; 85(or) Copyright Corbis Australien; 86(ol) Copyright Corbis Australien; 86(or) Copyright Corbis Australien; 87(u) Copyright Corbis Australien; 87(or) Copyright Corbis Australien; 88(ur) Copyright Corbis Australien; 88(ml) Copyright Corbis Austra lia; 89(ul) Copyright Corbis Australien; 89(or) Copyright Corbis Australien; 90(ul) Copyright Corbis Australien; 90(ol) NASA; Jacques Descloitres, MODIS Land Science Team; 91(o) Copyright Corbis Australien; 92(ul) NASA; Robert Simmon, NASA's Earth Observatory, basierend auf Daten copyright Space Imaging; 92(ol) Copyright Corbis Australien; 93(u) Copyright Corbis Australien; 93(or) Copyright Corbis Australien; 94(u) Copyright Corbis Australien; 95(mr) Copyright Corbis Australien; 95(ol) Copyright Corbis Australien; 96(ul) Copyright Corbis Australien; 96(ml) Copyright Corbis Australien; 97(o) NASA; Jacques Descloitres, MODIS Land Rapid Response Team, NASA/GSFC; 98(ml) Copyright Corbis Australien; 98(om) Copyright Corbis Australien; 99(m) NASA/ GSFC/METI/ERSDAC/JAROS, and U.S./Japan ASTER Science Team; 99(mr) Copyright Corbis Australien; 99(ol) Copyright Corbis Australien; 100(ml) Copyright Corbis Australien; 100(or) Copyright Corbis Australien; 101(r) Copyright Corbis Australien; 101(ol) Copyright Corbis Australien; 102(um) Copyright Corbis Australien; 102(o) Copyright Corbis Australien; 103(um) NASA; Jacques Descloitres, MODIS Land Rapid Response Team, NASA/GSFC; 103(or) Copyright Corbis Australien; 104(ur) Copyright Corbis Australien; 104(ml) Copyright Corbis Australien; 105(ur) NASA; SeaWiFS Project, NASA/Goddard Space Flight Center und ORBIMAGE; 105(or) Copyright Corbis Australien; 106(l) Copyright Corbis Australien; 107(or) Copyright Corbis Australien; 108(ml) Copyright Corbis Australien; 108(ol) Copyright Corbis Australien; 109(o) Copyright Corbis Australien; 110(ul) Copyright Corbis Australien; 110(or) Copyright Corbis Australien; 111(u) Copyright Corbis Australien; 111(or) Copyright Corbis Australien; 112(u) Copyright Corbis Australien; 112(ol) Copyright Corbis Australien; 113(r) Copyright Corbis Australien; 114(ul) NASA; 114(ur) Copyright Corbis Australien; 115(ul) Copyright Corbis Australien; 115(mr) Copyright Corbis Australien; 116(o) Copyright Corbis Australien; 117(mr) Copyright Corbis Australien; 117(ol) Copyright Corbis Australien; 118(u) Copyright Corbis Australien; 118(om) Copyright Corbis Australien; 119(or) Copyright Corbis Australien; 120(ml) Copyright Corbis Australien; 121(ur) Copyright Corbis Australien; 121(o) Copyright Corbis Australien; 122(ol) Copyright Corbis Australien; 122–123(o) Copyright Corbis Australien; 124(ol) Copyright Corbis Australien; 125(ul) Copyright Corbis Australien; 125(o)(o) Copyright Corbis Australien; 126(ul) Copyright Corbis Australien; 126(ml) Copyright Corbis Australien; 126(ol) Copyright Corbis Australien; 127 Copyright Corbis Australien; 127(ul) Copyright Corbis Australien; 127(o) Copyright Corbis Australien; 130(ol) Copyright Corbis Australien; 131(o) Copyright Corbis Australien; 132(ul) Copyright Corbis Australien; 132(ol) Copyright Corbis Australien; 133(ur) Copyright Corbis Australien; 133(o) Copyright Corbis Australien; 134(ul) Copyright Corbis Australien; 134(m) Copyright Corbis Australien; 134(ol) Copyright Corbis Australien; 135(o) Copyright Corbis Australien; 136(ul) Copyright Corbis Australien; 136(ml) Copyright Corbis Australien; 137 Copyright Corbis Australien; 138–139 Pete Atkinson/Getty Images; 140(ul) Copyright Corbis Australien; 140(om) Copyright Corbis Australien; 140–141(Hintergrund) Copyright Corbis Australien; 141(om) Copyright Corbis Australien; 142(ul) Copyright Corbis Australien; 143 Copyright Corbis Australien; 146(ur) Copyright Corbis Australien; 147(o) Copyright Corbis Australien; 148(ur) Copyright Corbis Australien; 148(mr) NASA; 149(o) Copyright Corbis Australien; 150(ml) Copyright Corbis Australien; 151(ur) Copyright Corbis Australien; 151(o) Copyright Corbis Australien; 152(ur) Copyright Corbis Australien; 152(o) Copyright Corbis Australien; 153(ur) The Art Archive/ Bibliothèque des Arts Décoratifs Paris/Alfredo Dagli Orti; 153(or) Copyright Corbis Australien; 154–155 Copyright Corbis Australien; 156(om) Copyright Corbis Australien; 156(or) Copyright Corbis Australien; 157(mr) Copyright Corbis Australien; 157(or) Copyright Corbis Australien; 158(u) Copyright Corbis Australien; 159(ul) Copyright Corbis Australien; 159(or) Copyright Corbis Australien; 160(ml) Copyright Corbis Australien; 160(or) Copyright Corbis Australien; 161 Copyright Corbis Australien; 162(ml) Copyright Corbis Australien; 162(or) Copyright Corbis Australien; 163 Copyright Corbis Australien; 164(u) Copyright Corbis Australien; 165(ur) Copyright Corbis Australien; 165(ol) Copyright Corbis Australien; 165(or) Copyright Corbis Australien; 166(ul) Copyright Corbis Australien; 166(or) Copyright Corbis Australien; 167(o) Copyright Corbis Australien; 168(u) Copyright Corbis Australien; 169(ur) Copyright Corbis Australien; 169(m) Copyright Corbis Australien; 169(om) Copyright Corbis Australien; 170(um) Copyright Corbis Australien; 170(ml) uniquedimension. com-World History Archive; 171(um) Copyright Corbis Australien; 171(o) Copyright Corbis Australien; 172(ml) Copyright Corbis Australien; 173(ur) Copyright Corbis Australien; 173(ol) Copyright Corbis Australien; 174(ul) Copyright Corbis Australien; 174(ol) Copyright Corbis Australien; 175(o) Copyright Corbis Australien; 176(ml) Copyright Corbis Australien; 176(ol) Copyright Corbis Australien; 177(o) Copyright Corbis Australien; 178(um) Copyright Corbis Australien; 178(ml) Copyright Corbis Australien; 179(um) Copyright Corbis Australien; 179(o) Copyright Corbis Australien; 180(o) Copyright Corbis Australien; 180(u) Copyright Corbis Australien; 181 Copyright Corbis Australien; 182–183(o) Copyright Corbis Australien; 183(ul) Copyright Corbis Australien; 183(ur) Copyright Corbis Australien; 183(mr) Copyright Corbis Australien; 183(or) Copyright Corbis Australien; 184(ul) uniquedimension.com-World History Archive/Drow; 184(m) Copyright Corbis Australien; 185(ur) Copyright Corbis Australien; 185(o) uniquedimension. com-World History Archive/Jon Hanson; 186(ml) Copyright Corbis Australien; 187 DEA Picture Library/Getty Images; 188(ul) Copyright Corbis Australien; 189 Copyright Corbis Australien; 190(ul) Copyright Corbis Australien; 190(ol) Copyright Corbis Australien; 190(or) Copyright Corbis Australien; 191(o) Copyright Corbis Australien; 192(u) Copyright Corbis Australien; 193(ur) Copyright Corbis Australien; 193(om) Copyright Corbis Australien; 194(ul) Copyright Corbis Australien; 194(m) Copyright Corbis Australien; 195(ur) Peter David/Getty Images; 195(ol) Copyright Corbis Australien; 196(ul) Copyright Corbis Australien; 196(or) Bill Curtsinger/National Geographic/Getty Images; 197(ur) David Wrobel/Getty Images; 197(o) Copyright Corbis Australien; 198(u) Copyright Corbis Australien; 199(ur) Copyright Corbis Australien; 199(or) Copyright Corbis Australien; 200(ur) Copyright Corbis Australien; 200(ol) Copyright Corbis Australien; 201(ur) Copyright Corbis Australien; 201(o) Copyright Corbis Australien; 202–203(u) Copyright Corbis Australien; 203(ur) Copyright Corbis Australien; 203(mr) Copyright Corbis Australien; 203(ol) Copyright Corbis Australien; 204(ml) Copyright Corbis Australien; 205(ul) Copyright Corbis Australien; 205(o) Copyright Corbis Australien; 206–207(o) Copyright Corbis Australien; 207(mr) Copyright Corbis Australien; 207(or) Copyright Corbis Australien; 208(ul) Copyright Corbis Australien; 208–209(o) Copyright Corbis Australien; 209(ur) Copyright Corbis Australien; 210(ml) Copyright Corbis Australien; 210–211(u) Copyright Corbis Australien; 211(ur) Copyright Corbis Australien; 212(ml) Copyright Corbis Australien; 212(ol) Copyright Corbis Australien; 213(um) Copyright Corbis Australien; 213(o) Copyright Corbis Australien; 214(ul) Copyright Corbis Australien; 214–215(o) Copyright Corbis Australien; 215(ur) Copyright Corbis Australien; 216(ul) Copyright Corbis Australien; 217 Copyright Corbis Australien; 218–219(o) Copyright Corbis Australien; 219(ul) Copyright Corbis Australien; 219(ur) Copyright Corbis Australien; 219(mr) Copyright Corbis Australien; 219(or) Copyright Corbis Australien; 220(ml) Copyright Corbis Australien; 221(u) Copyright Corbis Australien; 221(ol) Copyright Corbis Australien; 222(ul) Copyright Corbis Australien; 222(ml) Copyright Corbis Australien; 223(ur) Copyright Corbis Australien; 223(o) Copyright Corbis Australien; 224(ul) Copyright Corbis Australien; 225 Copyright Corbis Australien; 226–227 George Carter/Getty Images; 228(o) Copyright Corbis Australien; 229(om) Copyright Corbis Australien; 229(or) Copyright Corbis Australien; 230(ul) uniquedimension.com-World History Archive; 231(mr) Photo Scala Florenz/HIP; 231(o) uniquedimension. com-World History Archive/Museum für Antike Schiffahrt in Mainz; 232(ul) uniquedimension.com-World History Archive; 232(or) The Art Archive/Museo Storico Navale Venice/Gianni Dagli Orti; 233 The Art Archive/Science Academy Lissabon/ Gianni Dagli Orti; 234(ol) Copyright Corbis Australien; 235(u) Copyright Corbis Australien; 235(or) Copyright Corbis

Australien; 236(ol) uniquedimension.com-World History Archive; 236–237(u) The Art Archive/Bibliothèque Musée du Louvre/Gianni Dagli Orti; 237(ul) The Art Archive/Musée du Louvre Paris/Gianni Dagli Orti; 237(mr) Copyright Corbis Australien; 238(ml) Copyright Corbis Australien; 239 Copyright Corbis Australien; 240(ul) The Art Archive/Universitätsbibliothek Genf/Kharbine-Tapabor/Coll. J. Vigne; 240(ol) The Art Archive/Bibliothèque des Arts Décoratifs Paris/Gianni Dagli Orti; 241(o) The Art Archive/British Library; 242(ul) uniquedimension.com-World History Archive; 242(or) The Art Archive/Museo Naval Madrid/Gianni Dagli Orti; 243(ur) uniquedimension.com-World History Archive; 243(or) Copyright Corbis Australien; 244(ul) Copyright Corbis Australien; 245(ul) Copyright Corbis Australien; 245(ol) uniquedimension.com-World History Archive; 246(ul) uniquedimension.com-World History Archive; 247(um) The Art Archive/Real Monasterio del Escorial Spanien/Laurie Platt Winfrey; 247(o) Copyright Corbis Australien; 248(um) uniquedimension.com-World History Archive; 248(ol) The Art Archive/Museo Correr Venedig/Gianni Dagli Orti; 249 The Art Archive/Marinemuseum Genua/Alfredo Dagli Orti; 250–251(u) Photo Werner Forman Archive/Scala, Florenz; 251(ur) White Images/Scala, Florenz; 251(mr) Photo Werner Forman Archive/Scala, Florenz; 251(ol) Copyright Corbis Australien; 251(or) Copyright Corbis Australien; 252(um) uniquedimension.com-World History Archive; 252(ol) The Art Archive/Museo de Arte Antiga Lissabon/Gianni Dagli Orti; 253(o) e Art Archive/Monastery of the Rabida, Palos, Spanien/Alfredo Dagli Orti; 254(ol) Hulton Archive/Staff/Hulton Archive/Getty Images; 254–255(o) The Art Archive/Musée Carnavalet Paris/Gianni Dagli Orti; 256(l) Copyright Corbis Australien; 257(ul) The Art Archive/Alfredo Dagli Orti; 257(or) The Art Archive/British Library; 258(ul) Copyright Corbis Australien; 259(om) The Art Archive/Marine Museum Lisbon/Gianni Dagli Orti; 259(or) The Art Archive/Museo Naval Madrid/Gianni Dagli Orti; 260(ul) uniquedimension.com-World History Archive; 260(ol) The Art Archive/Museo Naval Madrid/Gianni Dagli Orti; 260–261(o) Copyright Corbis Australien; 262(l) Copyright Corbis Australien; 262–263(o) The Art Archive/Musée Lapérouse Albi/Gianni Dagli Orti; 263(ur) The Art Archive/The Admiralty Whitehall; 264(u) The Art Archive/Bibliothèque des Arts Décoratifs Paris/Gianni Dagli Orti; 265(or) The Art Archive/Museu do Caramulo Portugal/Gianni Dagli Orti; 266(ul) The Art Archive/British Library; 266(ml) The Art Archive/Bodleian Library Oxford; 267(ul) The Art Archive/Berry Hill Galleries NY; 267(o) The Art Archive; 268(ur) Copyright Corbis Australien; 268(l) uniquedimension.com-World History Archive; 269(o) Copyright Corbis Australien; 270(ul) Copyright Corbis Australien; 270(o) The Art Archive/Musée Carnavalet Paris/Gianni Dagli Orti; 271(r) uniquedimension.com-World History Archive; 273(o) Copyright Corbis Australien; 274(o) White Images/Scala, Florenz; 275(m) The Art Archive/Global Book Publishing; 275(o) White Images/Scala, Florenz; 276(ul) The Art Archive; 276(ml) The Art Archive/Musée Carnavalet Paris/Gianni Dagli Orti; 277(o) Photo Scala Florenz/HIP; 278(ol) Copyright Corbis Australien; 279(ur) Copyright Corbis Australien; 279(ol) Georg Rosen/Collection: The Bridgeman Art Library/Credit: Georg Rosen; 280(um) The Art Archive/Tate Gallery London; 280(ml) Photo Scala Florenz/HIP; 281(o) Copyright Corbis Australien; 282(ol) Copyright Corbis Australien; 282–283(o) Copyright Corbis Australien; 284(ul) Copyright Corbis Australien; 285(o) Copyright Corbis Australien; 286(ml) Copyright Corbis Australien; 286(o) Copyright Corbis Australien; 287(um) Robert Cianflone/Staff/Collection: Getty Images Sport/Credit: Getty Images; 287(o) Copyright Corbis Australien; 288(m) Copyright Corbis Australien; 288(ol) Copyright Corbis Australien; 289(ur) The KOBAL Collection; 289(om) The Art Archive/H.M. Herget/NGS Image Collection; 289(or) The KOBAL Collection; 290(ml) The Art Archive/Bibliothèque Municipale de Toulouse/Kharbine-Tapabor/Coll. J. Vigne; 291(mr) Copyright Corbis Australien; 291(o) The Art Archive/Imperial War Museum/Eileen Tweedy; 292(ul) uniquedimension.com-World History Archive; 293(mu) The Art Archive/Domenica del Corriere/Alfredo Dagli Orti; 293(o) Copyright Corbis Australien; 294(ul) Copyright Corbis Australien; 295 Copyright Corbis Australien; 296–297 Copyright Corbis Australien; 298–299 Copyright Corbis Australien; 299(or) The Art Archive/Laurie Platt Winfrey; 300(ul) pd-art The Art Archive/Musée des Arts Décoratifs Paris/Alfredo Dagli Orti; 301 The Art Archive/Museo Capitolino Rome/Gianni Dagli Orti; 302–303(o) Copyright Corbis Australien; 302(u) Copyright Corbis Australien; 304 (ol) Photo Ann Ronan/HIP/Scala, Florence; 304(ul) The Art Archive/Bibliothèque Nationale Paris/Harper Collins Publishers; 305(o) Copyright Corbis Australien; 306(um) The Art Archive/Imperial War Museum; 307(mr) Spencer Platt/Getty Images; 307(o) Copyright Corbis Australien; 308(ul) The Art Archive/Eileen Tweedy; 309(ur) The Art Archive; 309(o) The Art Archive/Musée de la Marine Paris/Gianni Dagli Orti; 310(ul) Copyright Corbis Australien; 310(m) The Art Archive/Bodleian Library Oxford; 311(o) The Art Archive/Bibliothèque Nationale Paris; 312(ul) Copyright Corbis Australien; 313(ul) Copyright Corbis Australien; 313(o) uniquedimension.com-World History Archive; 314(ul) The Art Archive/Private Collection/Marc Charmet; 314(om) uniquedimension.com-World History Archive; 315(um) The Art Archive; 315(o) The Art Archive/Eileen Tweedy; 316(ul) Copyright Corbis Australien; 317(o) The Art Archive/Suntory Museum of Art Tokio/Laurie Platt Winfrey; 318(ul) US NAVY; U.S. Navy photo/Mass communication Specialist 2nd Class Jason R. Zalasky; 318(ml) US NAVY; U.S. Navy photo/Seaman David Brown; 319(o) US NAVY; U.S. Navy photo/Mass Communication Specialist 2nd Class Jesse B. Awalt; 320–321(o) Copyright Corbis Australien; 321(u) Copyright Corbis Australien; 321(mr) Copyright Corbis Australien; 321(or) The Art Archive/Eileen Tweedy; 321(or) The Art Archive/Eileen Tweedy; 322(u) Copyright Corbis Australien; 322(ol) Copyright Corbis Australien; 323(ur) The Art Archive; 323(o) Copyright Corbis Australien; 324(ur) The Art Archive; 324(ml) uniquedimension.com-World History Archive; 325(o) Copyright Corbis Australien; 326(ul) The Art Archive/University Library Geneva/Gianni Dagli Orti; 327(mr) uniquedimension.com-World History Archive; 327(or) Photo Scala Florenz/HIP; 328(mr) uniquedimension.com-World History Archive; 328–329(um) uniquedimension.com-Edimedia; 329(or) uniquedimension.com-Ann Ronan Picture Library; 330(ol) uniquedimension.com-World History Archive; 331(o) Photo Scala Florenz/HIP; 332(u) unique-dimension.com-World History Archive; 332(ol) Copyright Corbis Australien; 333(o) uniquedimension.com-World History Archive; 334(ur) Copyright Corbis Australien; 334(ol) Photo Scala Florence/HIP; 335(o) Copyright Corbis Australien; 336(um) The Art Archive/National Archives Washington DC; 336(mr) Copyright Corbis Australien; 337(um) Time Life Pictures/US Navy/Time Life Pictures/Getty Images; 337(o) Copyright Corbis Australien; 338(ul) Copyright Corbis Australien; 339(o) Copyright Corbis Australien; 340(ul) Copyright Corbis Australien; 341(ul) Copyright Corbis Australien; 341(or) Copyright Corbis Australien; 342–343 Photo Scala, Florenz; 344(om) Copyright Corbis Australien; 344(ol) Copyright Corbis Australien; 344–345(u) Kim Westerskov/Stone/Getty Images; 346(ur) Copyright Corbis Australien; 347(ul) Copyright Corbis Australien; 347(ur) Copyright Corbis Australien; 347(mr) uniquedimension.com-World History Archive; 347(o) Copyright Corbis Australien; 348(u) The Art Archive/Magdalene College Cambridge/Eileen Tweedy; 349(um) Copyright Corbis Australien; 349(or) Copyright Corbis Australien; 350(ul) uniquedimension.com-World History Archive; 351(o) Copyright Corbis Australien; 352(ul) Copyright Corbis Australien; 352(om) The Art Archive/Ocean Memorabilia Collection; 353(u) The Art Archive/Ocean Memorabilia Collection; 353(or) Copyright Corbis Australien; 354(ol) The Art Archive/Australian War Memorial; 355(um) DoD CoA Department of Defence/Copyright Commonwealth of Australia 2009; 355(o) DoD CoA Department of Defence/Copyright Commonwealth of Australia 2009; 356(u) Copyright Corbis Australien; 357(ur) Copyright Corbis Australien; 357(or) Copyright Corbis Australien; 358(ul) Copyright Corbis Australien; 358(ur) The Art Archive/British Library; 359 Copyright Corbis Australien; 360(ul) Copyright Corbis Australien; 361(ur) Copyright Corbis Australien; 361(o) Copyright Corbis Australien; 362(um) Copyright Corbis Australien; 362(ml) Copyright Corbis Australien; 363(o) Copyright Corbis Australien; 364–365(m) Guy Edwardes/Getty Images; 365(ul) Copyright Corbis Australien; 365(ul) Copyright Corbis Australien; 365(or) Copyright Corbis Australien; 366(u) Copyright Corbis Australien; 367(ur) Copyright Corbis Australien; 367(om) Copyright Corbis Australien; 368(ul) Copyright Corbis Australien; 368(ol) Copyright Corbis Australien; 369 Copyright Corbis Australien; 370(ul) Copyright Corbis Australien; 371(um) Copyright Corbis Australien; 371(o) uniquedimension.com-World History Archive; 372–373(u) Copyright Corbis Australien; 373(ur) Copyright Corbis Australien; 373(om) NASA Visible Earth/Jeff Schmaltz, MODIS Rapid Response Team, NASA/GSFC; 373(or) Copyright Corbis Australien; 374(ml) NASA/GSFC/LaRC/JPL, MISR Team; 374–375 Spencer Platt/Getty Images; 376(or) Copyright Corbis Australien; 377(or) The Art Archive/Royal Society/Eileen Tweedy; 378(ul) NASA TRMM; 378(ol) NASA; NOAA Photo Library, NOAA Central Library; OAR/ERL/National Severe Storms Laboratory (NSSL); 379(o) Copyright Corbis Australien; 380(ol) Copyright Corbis Australien; 381 NASA/Jesse Allen, Earth Observatory; 382(ul) Copyright Corbis Australien; 382–383(o) Copyright Corbis Australien; 383(ur) Copyright Corbis Australien; 383(or) Copyright Corbis Australien; 384(ul) Copyright Corbis Australien; 385 Copyright Corbis Australien; 386–387 White Images/Scala, Florenz; 388(or) Copyright Corbis Australien; 388–389(u) Copyright Corbis Australien; 389(or) uniquedimension.com-World History Archive; 390(ul) Photo Ann Ronan/HIP/Scala, Florenz; 390(om) Copyright Corbis Australien; 390(om) The Art Archive/Bibliothèque des Arts Décoratifs Paris/Gianni Dagli Orti; 391(o) Copyright Corbis Australien; 392(m) Copyright Corbis Australien; 393(mr) The Art Archive/Maritime Museum Schloss Kronborg Dänemark/Gianni Dagli Orti; 393(om) White Images/Scala, Florenz; 394(um) Copyright Corbis Australien; 394(ml) The Art Archive/Victoria and Albert Museum London/Eileen Tweedy; 395(ur) uniquedimension.com-World History Archive; 395(o) uniquedimension.com-World History Archive; 396(ul) Copyright Corbis Australien; 396(ml) The Art Archive; 397(m) The Art Archive/Francoise Cazanave; 397(o) White Images/Scala, Florenz; 398–399 Copyright Corbis Australien; 400(m) Copyright Corbis Australien; 400–401(u) Copyright Corbis Australien; 401(or) Copyright Corbis Australien; 402(ul) Copyright Corbis Australien; 403(u) Copyright Corbis Australien; 403(om) uniquedimension.com-World History Archive; 404(u) Copyright Corbis Australien; 405(um) Copyright Corbis Australien; 405(mr) Copyright Corbis Australien; 405(or) Copyright Corbis Australien; 406(um) Copyright Corbis Australien; 406(ol) Copyright Corbis Australien; 407(ur) Copyright Corbis Australien; 407(o) Copyright Corbis Australien; 408(u) Copyright Corbis Australien; 409(ol) Copyright Corbis Australien; 409(or) Copyright Corbis Australien; 410 uniquedimension.com-World History Archive; 411(or) Copyright Corbis Australien; 412(ul) Copyright Corbis Australien; 412(ol) Copyright Corbis Australien; 413(o) Copyright Corbis Australien; 414–415 Stephen Frink/Getty Images; 416(or) Copyright Corbis Australien; 416–417(u) Copyright Corbis Australien; 417(m) Copyright Corbis Australien; 417(or) Copyright Corbis Australien; 418(ul) Copyright Corbis Australien; 418(or) Copyright Corbis Australien; 419(u) uniquedimension.com-World History Archive;/US Navy/Ron Garrison; 419(o) Copyright Corbis Australien; 420–421(u) Copyright Corbis Australien; 421(mr) Copyright Corbis Australien; 421(ol) Copyright Corbis Australien; 422(ul) The Art Archive/Kharbine-Tapabor/Coll. Perrin; 422(ol) Copyright Corbis Australien; 423(um) Copyright Corbis Australien; 424(ul) Copyright Corbis Australien; 424(ol) Copyright Corbis Australien; 425(ul) Copyright Corbis Australien; 425(o) Copyright Corbis Australien; 426(ul) Copyright Corbis Australien; 427(m) Copyright Corbis Australien; 427(o) Copyright Corbis Australien; 428(ml) Copyright Corbis Australien; 429 Copyright Corbis Australien; 430(ul) Copyright Corbis Australien; 430(ml) Copyright Corbis Australien; 431(ml) Copyright Corbis Australien; 431(o) Copyright Corbis Australien; 432–433 Copyright Corbis Australien; 434(u) Copyright Corbis Australien; 434(o) Copyright Corbis Australien; 435 Copyright Corbis Australien; 436 Copyright Corbis Australien; 437(u) Copyright Corbis Australien; 437(o) Copyright Corbis Australien; 438–439 Copyright Corbis Australien; 440(b Copyright Corbis Australien; 440(o) Copyright Corbis Australien; 441 Copyright Corbis Australien; 442–443 Copyright Corbis Australien; 444(u) Copyright Corbis Australien; 444(o) Copyright Corbis Australien; 445 Copyright Corbis Australien; 446–447 Copyright Corbis Australien; 448–449 The Art Archive/Bodleian Library Oxford; 468–469 Copyright Corbis Australien; 476–477 Copyright Corbis Australien; 478(ml) Copyright Corbis Australien; 479(ul) Copyright Corbis Australien; 480(ul) Copyright Corbis Australien; 481(u) Copyright Corbis Australien; 482(u) Copyright Corbis Australien; 483(ul) Copyright Corbis Australien; 483(or) Copyright Corbis Australien; 484–485 Copyright Corbis Australien; 486(u) Copyright Corbis Australien; 486(o) Copyright Corbis Australien; 487 The Art Archive/British Library; 488(u) Copyright Corbis Australien; 488(o) Copyright Corbis Australien; 489(o) Copyright Corbis Australien; 489(o) The Art Archive; 490 The Art Archive/Royal Commonwealth Society/Eileen Tweedy; 491(ur) Copyright Corbis Australien; 491(or) The Art Archive/Musée Carnavalet Paris/Gianni Dagli Orti; 492(ul) Copyright Corbis Australien; 492(ur) Copyright Corbis Australien; 492(o) Copyright Corbis Australien; 493(u) Copyright Corbis Australien; 493(o) Copyright Corbis Australien; 494(u) Copyright Corbis Australien; 494(o) Copyright Corbis Australien; 495(ul) Copyright Corbis Australien; 495(or) Copyright Corbis Australien; 496(ul) Copyright Corbis Australien; 496(ur) Copyright Corbis Australien; 496(o) Copyright Corbis Australien

Der Verlag dankt außerdem Alexander Goldberg und Jason Newman von uniquedimension.com für ihre Mitarbeit bei der Bildrecherche.